甘肃洮河
国家级自然保护区
维管植物

杨 映 刘晓娟 李改香 著

中国林业出版社
China Forestry Publishing House

图书在版编目（CIP）数据

甘肃洮河国家级自然保护区维管植物 / 杨映, 刘晓娟, 李改香著. -- 北京 : 中国林业出版社, 2024.6
　ISBN 978-7-5219-2342-1

Ⅰ. ①甘… Ⅱ. ①杨… ②刘… ③李… Ⅲ. ①自然保护区—维管植物—甘肃—图集 Ⅳ. ①Q949.408-64

中国国家版本馆CIP数据核字(2023)第176437号

策划编辑：甄美子
责任编辑：甄美子
装帧设计：北京八度出版服务机构
————————————————
出版发行：中国林业出版社
　　　　（100009，北京市西城区刘海胡同 7 号，电话 83143616）
电子邮箱：cfphzbs@163.com
网址：www.cfph.net
印刷：河北京平诚乾印刷有限公司
版次：2024 年 6 月第 1 版
印次：2024 年 6 月第 1 次
开本：889mm×1194mm　1/16
印张：34
字数：910 千字
定价：350.00 元

《甘肃洮河国家级自然保护区维管植物》
编写分工

杨　映：蕨科、中国蕨科、铁线蕨科、裸子蕨科、蹄盖蕨科、铁角蕨科、岩蕨科、鳞毛蕨科、水龙骨科、槲蕨科、卷柏科、木贼科、松科、柏科、麻黄科、香蒲科、眼子菜科、禾本科、莎草科、天南星科、灯芯草科、百合科、鸢尾科、兰科、杨柳科、桦木科、桑科、荨麻科、檀香科、蓼科、藜科、石竹科、毛茛科

刘晓娟：前言、总论、小檗科、罂粟科、十字花科、景天科、虎耳草科、蔷薇科、豆科、酢浆草科、牻牛儿苗科、亚麻科、远志科、大戟科、水马齿科、卫矛科、槭树科、凤仙花科、鼠李科、锦葵科、猕猴桃科、藤黄科、柽柳科、堇菜科、瑞香科、胡颓子科、柳叶菜科、杉叶藻科、五加科、伞形科、山茱萸科、鹿蹄草科、杜鹃花科

李改香：报春花科、白花丹科、龙胆科、萝藦科、旋花科、花荵科、紫草科、马鞭草科、唇形科、茄科、玄参科、紫葳科、列当科、狸藻科、车前科、茜草科、忍冬科、五福花科、败酱科、川续断科、葫芦科、桔梗科、菊科、中文名索引、学名索引

黄河，是中华民族的母亲河，保护黄河是事关中华民族伟大复兴的千秋大计。党的十八大以来，习近平总书记多次实地考察黄河流域生态保护和经济社会发展情况，把推动黄河流域生态保护和高质量发展作为重大国家战略，提出要共同抓好大保护，协同推进大治理，着力加强生态保护治理，让黄河成为造福人民的幸福河。黄河在甘肃省境内"两进两出"，入甘南、经临夏、穿兰州、过白银，流经913千米，补充了1/5以上的径流量。甘肃省是黄河重要的水源涵养区，承担着黄河上游生态修复、水土保持和污染防治的重任，是我国西部重要的生态安全屏障。

"生态兴则文明兴"。久经沧桑的母亲河，从雪域高原一路走来，接百川、纳细流，在雪水中融化、在峡谷中奔驰，孕育了以仰韶文化、大汶口文化、马家窑文化等为代表的灿烂文化。为保护黄河上游生态环境，国务院在甘肃省批准成立了黄河首曲、洮河等7个国家级自然保护区，甘肃省政府先后设立了阿夏、博峪河等9个省级自然保护区，将黄河上游境内的各类重要生态系统纳入保护区范围，保护了黄河上游野生动植物和生物多样性、维护了黄河流域生态平衡。黄河上游的各类自然保护区对保护流域内的天然原始山地寒温性暗针叶林生态系统、珍稀野生动植物资源及其栖息地、稳定维系黄河中下游生态安全发挥了十分重要的作用。

"林草兴则生态兴"。习近平总书记两次视察甘肃，多次发表重要讲话、作出重要指示，明确了"加快建设经济发展、山川秀美、民族团结、社会和谐的幸福美好新甘肃"的奋斗目标，寄予了"构筑国家西部生态安全屏障"的殷切期望。甘肃省委、省政府始终把保护生态环境作为"国之大者""省之要者""民之盼者"，始终把生态文明建设作为中国式现代化甘肃实践的重要内容。省委十四届三次全会审议通过了《关于进一步加强生态文明建设的决定》，为全省生态文明建设提供了思想指引和强大精神力量。近年来，甘肃省林业和草原局在习近平生态文明思想的科学指引下，按照省委、省政府整体部署和国家林草局工作安排，以全面落实林长制为总抓手，全面加强了林草湿荒资源保护管理，加快构建了以国家公园为主体、以自然保护区为基础、以自然公园为补充的自然保护地体系，将全省234处自然保护地建成了生态文明的核心载体、美丽甘肃的重要标志，对自然保护地开展生物多样性调查研究和动态监测搭建了系统完整的广阔平台。

洮河，是甘肃省黄河上游的一级支流，是黄河上游地区地下水涵养和经济社会发展的重要保障。为了更好地保护洮河中上游生态系统、维系黄河中下游生态安全，2009年，经国务院批准将位于洮河中上游迭山北坡的287759公顷森林资源纳入了国家级自然保护区的管理序列，设立了甘肃洮河国家级自然保护区。近年来，甘肃洮河国家级自然保护区牢固树立和践行"绿水青山就是金山银山"的发展理念，将生物多样性作为保护区高质量发展的基础，立足于保护区本底，积极与甘肃农业大学、中国科学院西北生态环境研究院、中国科学院动物研究所等科研院所开展合作，持续加强对野生动植物的保护与监测，对保护区内的维管植物多样性开展了全面的调查工作，整理了植物标本目录、植物图片库、采信记录等信息，取得了详实的基础数据，编著出版了《甘肃洮河国家级自然保护区野生植物资源调查研究技术报告》，并基于调查成果编著了《甘肃洮河国家级自然保护区维管植物》一书，建立了植物群落和重点野生植物监测体系，是推进甘肃生态文明建设的一次实际行动，为今后重新观察与科学研究洮河流域的动植物资源提供了大量基础资料。该书的出版填补了甘肃洮河国家级自然保护区植物本底研究的空白，充实了保护区生物多样性本底数据库，是一本各自然保护区专业技术人员值得翻阅和收藏的野生植物保护重要书籍，为保护区制定生物多样性保护规划和精准管理措施、推动黄河上游生态资源保护和洮河流域生物多样性监测提供了科学依据。

习近平总书记在党的二十大报告中对推动绿色发展，促进人与自然和谐共生，提升生态系统的多样性、稳定性、持续性作出了重要部署。维护生物多样性不仅是人类社会赖以生存和发展的基础，也是生态文明建设的重要内容。林草行业肩负着保护自然生态系统、保护野生动植物、维护生物多样性的重大使命。甘肃林草人要进一步解放思想、拓宽视野，忠诚践行习近平生态文明思想和对甘肃重要讲话重要指示批示精神，不断增强责任感和使命感，为保护野生植物、构建生物多样性监测体系、推动林草事业高质量发展、谱写美丽中国建设的甘肃篇章作出新的更大贡献！

甘肃省林业和草原局党组书记、局长

2024 年 5 月 11 日

前言

甘肃洮河国家级自然保护区（以下简称保护区）位于甘肃省南部，地跨甘南藏族自治州的卓尼县、临潭县、迭部县、碌曲县和合作市五县（市），地处洮河南岸的迭山北坡，地理位置东经102°46′02″～103°44′40″，北纬34°10′07″～34°42′05″，土地面积287759公顷，森林覆盖率44.36%。保护区位于青藏高原、黄土高原和秦巴山地的过渡地带，地形地貌独特，相对高差2520米，生境类型多样，孕育了良好的植被条件和丰富的生物多样性。自2009年保护区晋升国家级以来，对于保护区生物资源的调查和研究工作一直在陆续开展。2021—2022年，保护区管护中心与甘肃农业大学合作开展了全面深入的野生植物资源调查研究工作，经过两年的野外调查、文献整理、标本考证等工作，基本查清了保护区的维管植物种类、区系特征、植被类型、资源现状和分布情况等，初步完善了保护区植物多样性本底数据。

通过对保护区维管植物种类、系统分类、形态特征、分布范围、生境等方面调查研究成果的汇总和整理，并对调查中拍摄的4万余幅植物照片进行鉴定、分类和筛选，编著了《甘肃洮河国家级自然保护区维管植物》一书。书中共收录了保护区分布的维管植物87科371属968种（含种下单位），涵盖了保护区95%以上的维管植物种类，是迄今为止保护区最为全面和准确的植物本底资料。

本书包含两大部分内容——总论和各论，其中，总论部分对保护区的维管植物资源进行了全面阐述，各论部分对各个类群的维管植物进行了详细描述，各类群的排序和系统分类均参考《中国植物志》。每种植物的描述包括中文名、学名、所属的科和属、主要形态识别特征，以及在保护区的分布范围、生境和海拔，并配有1～4张能够反映其主要识别特征的彩色照片。植物中文名和学名的核定以《中国植物志》为准，在保护区的分布范围具体到各沟系，按照从东到西、从主沟到支沟的顺序排列。书后附有中文名索引和学名索引，便于读者快速查找。

本书的出版得到了"甘肃洮河国家级自然保护区野生植物资源本底调查项目"的资助，在调查过程中得到了管护中心全体工作人员的大力支持和帮助，在此表示衷心感谢。

由于编者水平所限，书中难免疏漏，敬请读者批评指正。

著者

2023年9月

目 录

序
前 言

总 论

1 植物种类多样性 002

2 植物生活型多样性 002

3 植物区系 004

4 植被类型 010

5 国家重点保护野生植物 021

6 外来入侵植物 025

7 植物资源多样性 027

各 论

1 蕨类植物 033

蕨科 Pteridiaceae 034

中国蕨科 Sinopteridaceae 034

铁线蕨科 Adiantaceae 035

裸子蕨科 Hemionitidaceae 037

蹄盖蕨科 Athyriaceae 037

铁角蕨科 Aspleniaceae 040

岩蕨科 Woodsiaceae 042

鳞毛蕨科 Dryopteridaceae 044

水龙骨科 Polypodiaceae 049

槲蕨科 Drynariaceae 050

卷柏科 Selaginellaceae 051

木贼科 Equisetaceae 051

2 裸子植物 ·········· 053

松科 Pinaceae ·········· 054
柏科 Cupressaceae ·········· 058
麻黄科 Ephedraceae ·········· 062

3 被子植物 ·········· 063

香蒲科 Typhaceae ·········· 064
眼子菜科 Potamogetonaceae ·········· 064
禾本科 Gramineae ·········· 066
莎草科 Cyperaceae ·········· 086
天南星科 Araceae ·········· 091
灯芯草科 Juncaceae ·········· 091
百合科 Liliaceae ·········· 094
鸢尾科 Iridaceae ·········· 108
兰科 Orchidaceae ·········· 109
杨柳科 Salicaceae ·········· 125
桦木科 Betulaceae ·········· 136
桑科 Moraceae ·········· 138
荨麻科 Urticaceae ·········· 139
檀香科 Santalaceae ·········· 142
蓼科 Polygonaceae ·········· 142
藜科 Chenopodiaceae ·········· 154
石竹科 Caryophyllaceae ·········· 158
毛茛科 Ranunculaceae ·········· 170
小檗科 Berberidaceae ·········· 198
罂粟科 Papaveraceae ·········· 203
十字花科 Cruciferae ·········· 214
景天科 Crassulaceae ·········· 223
虎耳草科 Saxifragaceae ·········· 230
蔷薇科 Rosaceae ·········· 249
豆科 Fabaceae ·········· 283
酢浆草科 Oxalidaceae ·········· 308
牻牛儿苗科 Geraniaceae ·········· 308
亚麻科 Linaceae ·········· 313
远志科 Polygalaceae ·········· 313
大戟科 Euphorbiaceae ·········· 314
水马齿科 Callitrichaceae ·········· 315
卫矛科 Celastraceae ·········· 316
槭树科 Aceraceae ·········· 318
凤仙花科 Balsaminaceae ·········· 319
鼠李科 Rhamnaceae ·········· 320

锦葵科 Malvaceae ································· 322

猕猴桃科 Actinidlaceae ························· 322

藤黄科 Guttiferae ································· 323

柽柳科 Tamaricaceae ···························· 323

堇菜科 Violaceae ································· 324

瑞香科 Thymelaeacae ··························· 327

胡颓子科 Elaeagnaceae ·························· 329

柳叶菜科 Onagraceae ···························· 329

杉叶藻科 Hippuridaceae ························ 332

五加科 Araliaceae ······························ 333

伞形科 Umbelliferae ··························· 335

山茱萸科 Cornaceae ···························· 352

鹿蹄草科 Pyrolaceae ···························· 353

杜鹃花科 Ericaceae ····························· 355

报春花科 Primulaceae ·························· 358

白花丹科 Plumbaginaceae ······················ 366

龙胆科 Gentianaceae ···························· 366

萝藦科 Asclepiadaceae ·························· 380

旋花科 Convolvulaceae ·························· 381

花荵科 Polemoniaceae ·························· 382

紫草科 Boraginaceae ···························· 383

马鞭草科 Verbenaceae ·························· 390

唇形科 Labiatae ································· 390

茄科 Solanaceae ································· 400

玄参科 Scrophulariaceae ························ 401

紫葳科 Bignoniaceae ···························· 427

列当科 Orobanchaceae ·························· 427

狸藻科 Lentibulariaceae ························ 428

车前科 Plantaginaceae ·························· 428

茜草科 Rubiaceae ······························ 430

忍冬科 Caprifoliaceae ·························· 434

五福花科 Adoxaceae ···························· 444

败酱科 Valerianaceae ·························· 444

川续断科 Dipsacaceae ·························· 447

葫芦科 Cucurbttaceae ·························· 449

桔梗科 Campanulaceae ·························· 449

菊科 Asteraceae ································· 453

主要参考文献 ··································· 517

中文名索引 ···································· 518

学名索引 ······································ 523

总　论

甘肃洮河国家级自然保护区维管植物

甘肃洮河国家级自然保护区地处青藏高原向黄土高原的过渡带，位于甘肃南部洮河中上游的迭山北坡，总面积287759公顷。保护区内山峦起伏，地势西南高东北低，最低海拔2400米，最高海拔4920米，相对高差2520米。保护区气候为典型的山地寒温型气候，光照充足，寒冷湿润，降水较丰富，温度和降水垂直变异大，山地小气候类型复杂多样。保护区独特的地理位置和错综复杂的地形条件形成了多样的生态环境，也孕育了丰富的植物多样性。

1 植物种类多样性

经过野外调查和馆藏标本的考证，甘肃洮河国家级自然保护区内共有野生维管植物88科377属1015种（含59变种、13亚种和3变型）（表1）。其中，蕨类植物12科19属40种（含1变种），分别占保护区维管植物科、属、种数的13.64%、5.04%和3.94%，表明蕨类植物在本区分布较少，且各科在本区仅分布有1种或少数几种。调查发现蕨类植物在保护区内大多为零星分布，各种类均未形成大规模居群。种子植物76科358属975种（含58变种、13亚种和3变型），其中，裸子植物3科7属18种（含1变型），仅占保护区维管植物科、属、种数的3.41%、1.86%和1.77%，是保护区种类最少的类群，但却是组成保护区针叶林的建群种或优势种，在保护区形成了大面积的森林。保护区被子植物的种类最多，共有73科351属957种（含58变种、13亚种和2变型），占保护区维管植物科、属、种数的82.95%、93.10%和94.29%。其中又以双子叶植物占绝对优势，共64科280属819种，分别占保护区维管植物科、属、种数的72.73%、74.27%和80.69%。保护区单子叶植物共计9科71属138种，分别占保护区维管植物科、属、种数的10.22%、18.83%和13.60%，单子叶植物大多数科在保护区分布的种类较少，种类主要集中在禾本科（Gramineae）、百合科（Liliaceae）和兰科（Orchidaceae），这3个科共计110种，占保护区单子叶植物总种数的79.71%。

表1 甘肃洮河国家级自然保护区维管植物种类

植物类别		科	占保护区维管植物总科数的百分比	属	占保护区维管植物总属数的百分比	种	占保护区维管植物总种数的百分比
蕨类植物		12	13.64%	19	5.04%	40	3.94%
裸子植物		3	3.41%	7	1.86%	18	1.77%
被子植物	双子叶植物	64	72.73%	280	74.27%	819	80.69%
	单子叶植物	9	10.22%	71	18.83%	138	13.60%
合计		88	100%	377	100%	1015	100%

2 植物生活型多样性

保护区木本植物共有166种，占保护区维管植物总种数的16.35%，半木本植物6种，占保护区维管植物总种数的0.59%，草本植物共计843种，占保护区维管植物总种数的83.06%，可见保护区内草本植物的种类最多，物种多样性最为丰富（表2）。

保护区木本植物中有乔木36种、灌木122种、木质藤本7种、竹类1种，分别占保护区维管植物总种数的 3.55%、12.02%、0.69% 和 0.10%，说明保护区的木本植物主要为灌木，这些灌木往往在保护区内形成大面积灌丛，或伴生在乔木林下。乔木种类不多，其中许多种类却是构成保护区森林群落的建群种或优势种。木质藤本在保护区有 12 种，主要是毛茛科（Ranunculaceae）铁线莲属（*Clematis*）的植物，分布在灌丛和疏林中，常见的有甘青铁线莲 [*Clematis tangutica* (Maxim.) Korsh.]、短尾铁线莲（*Clematis brevicaudata* DC.）等。保护区的竹类仅 1 种，为矮箭竹（*Fargesia demissa* Yi），在保护区内有零星分布。木本植物中常绿的种类共计 20 种，占保护区维管植物总种数的 1.98%，占保护区木本植物总种数的 12.05%，主要是松科（Pinaceae）和柏科（Cupressaceae）的树种，如巴山冷杉（*Abies fargesii* Franch.）、云杉（*Picea asperata* Mast.）、祁连圆柏（*Sabina przewalskii* Kom.）、大果圆柏（*Sabina tibetica* Kom.）等，以及杜鹃花科（Ericaceae）的一些常绿灌木，如陇蜀杜鹃（*Rhododendron przewalskii* Maxim.）、烈香杜鹃（*Rhododendron anthopogonoides* Maxim.）等。保护区木本植物中的大多数种类是落叶木本植物，共计 146 种，占保护区维管植物总种数的 14.38%，占保护区木本植物总种数的 87.95%。常绿和落叶木本植物的种类数量差异悬殊，主要和保护区的气候条件有关，保护区地处青藏高原边缘地带，气候寒冷阴湿，能够生长的常绿木本植物种类不多，更多分布的是一些较耐寒的落叶木本植物种类，如桦木属（*Betula*）和柳属（*Salix*）的种类。

保护区的草本植物在种类数量上占绝对优势，共计 843 种。其中，又以多年生草本植物的种类最多，有 712 种，占草本植物总种数的 84.46%。一、二年生草本植物的种类较少，共有 124 种。寄生草本植物有 3 种，为旋花科（Convolvulaceae）的菟丝子（*Cuscuta chinensis* Lam.）和欧洲菟丝子（*Cuscuta europaea* Linn.），以及列当科（Orobanchaceae）的丁座草（*Boschniakia himalaica* Hook. f. et Thoms.）。水生草本植物有 4 种，分别为香蒲科（Typhaceae）的长苞香蒲（*Typha angustata* Bory et Chaubard），眼子菜科（Potamogetonaceae）的小眼子菜（*Potamogeton pusillus* Linn.）和穿叶眼子菜（*Potamogeton perfoliatus* Linn.），以及杉叶藻科（Hippuridaceae）的杉叶藻（*Hippuris vulgaris* Linn.）。

表 2　甘肃洮河国家级自然保护区维管植物生活型

生活型			种数	占保护区维管植物总种数的百分比
木本植物	乔木	常绿乔木	13	1.28%
		落叶乔木	23	2.27%
	灌木	常绿灌木	7	0.69%
		落叶灌木	115	11.33%
	藤本植物	落叶藤本	7	0.69%
	竹类		1	0.10%
半木本植物	半灌木和亚灌木		6	0.59%
草本植物	多年生草本植物		712	70.15%
	一二年生草本植物		124	12.22%
	寄生草本植物		3	0.30%
	水生草本植物		4	0.39%
合计			1015	100%

3 植物区系

3.1 蕨类植物区系

将保护区蕨类植物科的分布区划分为5种类型，世界分布、热带分布、热带和亚热带分布、亚热带分布和温带分布（表3）。在各分布类型中，以世界分布科占主体，共8科，占保护区蕨类植物总科数的66.68%，热带分布科、热带和亚热带分布科、亚热带分布科和温带分布科在保护区均仅有1科，这4种分布类型占保护区蕨类植物总科数的23.32%。因此，保护区蕨类植物科的分布区类型以世界分布为主。

表3 甘肃洮河国家级自然保护区蕨类植物科的分布区类型

分布区类型	科名
世界分布	蕨科、水龙骨科、木贼科、铁角蕨科、铁线蕨科、卷柏科、蹄盖蕨科、鳞毛蕨科
热带分布	槲蕨科
热带和亚热带分布	裸子蕨科
亚热带分布	中国蕨科
温带分布	岩蕨科

参照吴征镒关于中国种子植物属分布区的划分标准，对甘肃洮河国家级自然保护区蕨类植物的19属的分布区类型进行了划分（表4），划分为世界分布、热带亚洲至热带大洋洲分布、热带亚洲至热带非洲分布、北温带分布、温带亚洲分布、东亚分布及其变型、旧世界温带分布和中国特有分布8种分布类型。

表4 甘肃洮河国家级自然保护区蕨类植物属的分布区类型

分布区类型	属数	占蕨类植物总属数的百分比	种数	占蕨类植物总种数的百分比
世界分布	10	52.64%	26	65.00%
热带亚洲至热带大洋洲分布	1	5.26%	1	2.50%
热带亚洲至热带非洲分布	1	5.26%	3	7.50%
北温带分布	3	15.80%	6	15.00%
温带亚洲分布	1	5.26%	1	2.50%
东亚分布及其变型	1	5.26%	1	2.50%
旧世界温带分布	1	5.26%	1	2.50%
中国特有分布	1	5.26%	1	2.50%
合计	19	100%	40	100%

（1）世界分布

世界分布的属在保护区占主体，共计10属26种，占保护区蕨类植物总属数的52.64%，总种数的65.00%。保护区世界分布的属有木贼属、铁角蕨属、鳞毛蕨属、铁线蕨属、冷蕨属、蹄盖蕨属、耳蕨属、蕨属、粉背蕨属和卷柏属。

（2）热带分布

热带分布共2种类型，分别是热带亚洲至热带大洋洲分布和热带亚洲至热带非洲分布，共2属4种，占保护区蕨类植物总属数的10.52%，总种数的10.00%。保护区热带分布的属为槲蕨属和瓦韦属，热带分布的属在保护区所占比例甚微。

（3）温带分布

温带分布类型包括了北温带分布、温带亚洲分布、东亚分布和旧世界温带分布4种类型，共6属9种，占保护区蕨类植物总种数的31.58%，总种数的22.50%。在温带分布类型中，又以北温带分布为主，共3属6种，分别为岩蕨属、珠蕨属和羽节蕨属。温带亚洲分布的仅假冷蕨属，东亚分布的属仅有水龙骨属，是东亚广布属，旧世界温带分布的为金毛裸蕨属。可见，保护区蕨类植物属的温带性质较为明显。

（4）中国特有分布

保护区的中国特有蕨类植物属仅1属，为玉龙蕨属，仅分布有1种，即玉龙蕨（*Sorolepidium glaciale* Christ）。玉龙蕨属分布于中国西部高山冰川洞穴或岩石缝中，原记载玉龙蕨分布于我国四川、云南及西藏。在本保护区分布于光盖山和扎录沟海拔3650～4030米的高山岩石缝隙中。

综上，甘肃洮河国家级自然保护区的蕨类植物共12科19属40种，保护区地处青藏高原边缘地带，气候寒冷，不适宜蕨类植物生长，仅有极少种类，主要是一些耐寒耐旱的中小型蕨类在本区有分布。该地区长期保存着蕨类植物可生存和发展的条件，使得保护区的蕨类植物在系统发育和进化上比较连贯。保护区蕨类植物的科和属的分布类型以世界分布为主，但世界分布的科和属对于了解该地区的植物区系特征意义不大，因此保护区蕨类植物的区系特征还是表现出一定的温带性质以及少量的热带残遗。

3.2 种子植物区系

3.2.1 种子植物科的区系

按照吴征镒种子植物科的分布区类型系统对保护区的76个种子植物科进行划分，共划分为6种分布类型和4个变型（表5）。

表5 甘肃洮河国家级自然保护区种子植物科的分布区类型

分布区类型	科数	占保护区种子植物总科数的百分比
1 世界分布	38	50.00%
2 泛热带分布	11	14.47%
2-2 热带亚洲-热带非洲-热带美洲分布	1	1.32%
3 东亚(热带、亚热带)及热带南美间断分布	2	2.63%
8 北温带分布	7	9.21%
8-4 北温带和南温带间断分布	12	15.78%
8-5 欧亚和南美温带间断分布	2	2.63%
10 旧世界温带分布	1	1.32%

分布区类型	科数	占保护区种子植物总科数的百分比
10-3 欧亚和南非分布	1	1.32%
14 东亚分布	1	1.32%
合计	76	100%

（1）世界分布

保护区世界分布科共38科，占保护区种子植物总科数的50.00%，占绝对优势。其中，种类较多的科有菊科（Compositae）（129种）、蔷薇科（Rosaceae）（70种）、毛茛科（Ranunculaceae）（60种）、玄参科（Scrophulariaceae）（52种）、豆科（Leguminosae）（51种）、禾本科（Poaceae）（50种）等。世界分布型科生态幅广、适应能力强、具有庞大种系，虽然对于反映一个地区的植物区系意义不大，但在本区系中，在温带占优势的世界分布科所含种数较多，体现出一定的温带性质。

（2）热带分布

保护区热带分布的科共14个科，划分为2种分布类型和1个变型，占保护区种子植物总科数的18.42%。其中，以泛热带分布的科数最多，为11科。虽然热带分布的科在数量上占有一定比例，但这些科内所含种数均较少，大多数是单种科，说明保护区已经是这些热带科分布的边缘地带。

（3）温带分布

保护区温带分布有3种类型和3种变型，共24科，占总科数的31.58%，其中，北温带分布及其变型共21科，是温带分布科的主体。含种数较多的科有罂粟科（Papaveraceae）（25种）、杨柳科（Salicaceae）（22种），其余科所含种数均不多，都在10种以下。除世界广布类型外，温带分布的科数最多，表明保护区在种子植物科的分布类型上还是表现出明显的温带性质。

3.2.2　种子植物属的区系

保护区种子植物属的分布类型可以划分成13个类型和12个变型，说明本区地理成分比较复杂（表6）。

（1）世界分布

本区该类型有46属，占保护区种子植物总属数的12.85%。这些属大多是草本层常见植物，如黄耆属（Astragalus）、龙胆属（Gentiana）、薹草属（Carex）等，也有少部分木本植物，如铁线莲属（Clematis）、悬钩子属（Rubus）等。这些世界广布属的主产地大多在北温带和热带高山地区，表明本区的世界广布属表现出一定的温带性质。

（2）泛热带分布

该类型保护区共有9属，占保护区种子植物总属数的2.51%。种类最多的是卫矛属（Euonymus），共5种，其余属在保护区均只分布有1～3种。这些属在保护区分布的种多为亚洲温带分布，已无明显热带性质。

（3）旧世界热带分布及其变型

该类型在保护区分布有3属，分别为天门冬属（*Asparagus*）、香茶菜属（*Rabdosia*）和虎舌兰属（*Epipogium*）。此外，该类型相近的1个变型，即热带亚洲、非洲和大洋洲间断分布，在保护区分布有1属，为百蕊草属（*Thesium*），该属广布于世界温带地区，少数产于热带地区，在保护区分布有1种，为急折百蕊草（*Thesium refractum* C. A. Mey. ）。

表6　甘肃洮河国家级自然保护区种子植物属的分布区类型

分布区类型			属数	占保护区种子植物总属数的百分比
		1 世界分布	46	12.85%
热带成分	热带分布	2 泛热带分布	9	2.51%
		4 旧世界热带分布	3	0.84%
		4-1 热带亚洲、非洲和大洋洲间断分布	1	0.28%
		6 热带亚洲至热带非洲分布	2	0.56%
		7 热带亚洲（印度-马来西亚）分布	3	0.84%
小计			18	5.03%
温带成分	温带分布	8 北温带分布	125	34.91%
		8-1 环北极分布	2	0.56%
		8-2 北极-高山分布	2	0.56%
		8-4 北温带和南温带间断分布	28	7.82%
		8-5 欧亚和南美温带间断分布	2	0.56%
		9 东亚和北美洲间断分布	11	3.07%
		10 旧世界温带分布	47	13.12%
		10-1 地中海区、西亚（或中亚）和东亚间断分布	5	1.40%
温带成分	温带分布	10-2 地中海区和喜马拉雅间断分布	1	0.28%
		10-3 欧亚和南部非洲间断分布	1	0.28%
		11 温带亚洲分布	16	4.47%
	古地中海分布	12 地中海区、西亚至中亚分布	7	1.96%
		12-3 地中海区至温带-热带亚洲、大洋洲和南美洲间断分布	1	0.28%
		13 中亚分布	4	1.12%
		13-2 中亚至喜马拉雅和我国西南分布	2	0.56%
	东亚分布	14 东亚分布	9	2.51%
		14-1 中国-喜马拉雅分布	17	4.75%
		14-2 中国-日本分布	1	0.28%
小计			281	78.49%
特有	中国特有分布	15 中国特有分布	13	3.63%
合计			358	100%

（4）热带亚洲至热带非洲分布

保护区这一类型有2属，分别是赤瓟属（*Thladiantha*）和大丁草属（*Gerbera*），均在保护区仅分布有1种。

（5）热带亚洲（印度-马来西亚）分布

本区该类型分布有苦荬菜属（*Ixeris*）、苦苣菜属（*Sonchus*）和斑叶兰属（*Goodyera*），均在保护区仅分布有1～2种，这些种类已无明显热带性质。

以上热带分布共18属33种，占保护区种子植物总属数和总种数的5.03%和3.38%，无论从类型数量还是占有比例上都表明本区与热带区系联系较弱，原因是本区远离热带和亚热带，少数的热带成分存在一方面是因为有少数古老残遗属，另一方面是因为有对寒旱环境适应性较强、生态幅较大的草本种类存在，但本区不是这些属的分布中心，而是热带向温带的延伸，是这些热带性质属分布的北界，且这些属内种的分布区主要在温带，进一步说明本区热带性质微弱。

（6）北温带分布及其变型

北温带分布及其变型在保护区共有159属566种，分别占保护区种子植物总属数和总种数的44.41%和58.05%，是本区包含属数和种数最多的分布类型，表明此分布类型最适应于保护区的自然环境，体现了保护区植物区系的特征是以北温带为主的温带性质。其中，典型北温带分布125属446种，分别占保护区种子植物总属数和总种数的34.92%和45.74%，是本区最优势的分布类型。其中有构成保护区针叶林的主要类群，云杉属（*Picea*）、冷杉属（*Abies*）和圆柏属（*Sabina*），也有保护区阔叶林的优势类群，杨属（*Populus*）、桦木属（*Betula*），还有保护区灌丛的主要组成类群，柳属（*Salix*）、茶藨子属（*Ribes*）、绣线菊属（*Spirea*）、杜鹃属（*Rhododendron*），以及常见于各类草地植被中的风毛菊属（*Saussurea*）、棘豆属（*Oxytropis*）、委陵菜属（*Potentilla*）、蒿属（*Artemisia*）、葱属（*Allium*）等，这些属大多适应寒冷环境，在本区都有很大的分布范围，表明典型北温带分布属在保护区植物区系特征的形成过程中起着决定性作用。该类型下还有4个变型，其中，环北极分布类型在保护区有2属2种，分别是单侧花属（*Orthilia*）的钝叶单侧花[*Orthilia obtusata* (Turcz.) Hara]和北极果属（*Arctous*）的红北极果[*Arctous ruber* (Rehd. et Wils.) Nakai]。北极-高山分布类型包含金莲花属（*Trollius*）和红景天属（*Rhodiola*），这两个属在保护区共分布有10种，主要分布在保护区海拔较高的山区。北温带和南温带间断分布有28属98种，是本区最大的分布变型。代表属有唐松草属（*Thalictrum*）、婆婆纳属（*Veronica*）、蝇子草属（*Silene*）、金腰属（*Chrysosplenium*）、荨麻属（*Urtica*）等。它们多是伴生种，广泛分布于保护区，在保护区植被建成中起到补充作用。欧亚和南美温带间断分布有2属10种，其中赖草属（*Leymus*）含2种、火绒草属（*Leontopodium*）含8种。火绒草属主要分布于亚洲和欧洲的寒带、温带和亚热带地区的山地，我国有40余种，主要集中于西部和西南部的高山和亚高山，在保护区也是广泛分布于高山地带。

（7）东亚和北美洲间断分布

该类型保护区有11属13种，主要有珍珠梅属（*Sorbaria*）、野决明属（*Thermopsis*）等。其中，珍珠梅属广泛分布于保护区海拔较低的沟谷地带，其余各属在保护区大多均分布仅1种，且都为零星分布。

（8）旧世界温带分布及其变型

该类型及其变型在保护区共有54属92种，分别占保护区种子植物总属数和总种数的15.08%和9.44%。其中旧世界温带分布有47属80种，是本分布类型的主体。其中，橐吾属（*Ligularia*）、天名精属（*Carpesium*）、沙参属（*Adenophora*）、草木樨属（*Melilotus*）等为沿途常见类群，糙苏属（*Phlomis*）、鼬瓣花属（*Galeopsis*）等通常伴生在林下。该类型下有3个变型，其中，地中海区、西亚（或中亚）和东亚间断分布有5属6种，为鲜卑花属（*Sibiraea*）、窃衣属（*Torilis*）、鸦葱属（*Scorzonera*）等。地中海区和喜马拉雅间断分布有刺续断属（*Morina*）的圆萼刺参[*Morina chinensis* (Bat.) Diels]和白花刺参［*Morina nepalensis* D. Don var. *alba*（Hand.-Mazz.）Y. C. Tang］。欧亚和南部非洲间断分布有苜蓿属（*Medicago*）的4个种。

（9）温带亚洲分布

该类型保护区共有16属23种，分别占保护区种子植物总属数和总种数的4.47%和2.36%。其中细柄茅属（*Ptilagrostis*）和亚菊属（*Ajania*）是来自北温带的菊蒿属（*Tanacetum*）和针茅属（*Stipa*）的衍生成分，表明本区植物区系具有年轻性，而且还表明本区存在着以适应高寒生态因子影响为主而形成的高山特化类群。大黄属（*Rheum*）、锦鸡儿属（*Caragana*）等适应寒旱的气候，反映了本区寒旱的气候特点。

（10）地中海区、西亚至中亚分布及其变型

该类型保护区有8属9种，在本区植物区系与地中海植物区系的联系中贡献最大。该类型的变型地中海区至温带–热带亚洲、大洋洲和南美洲间断分布有1属，为牻牛儿苗属（*Erodium*）。本分布类型及变型中，都是仅包含1种的属，零星分布或偶见，这些种的存在可以反映本区系与地中海植物区系有一定联系。本区地中海区成分不包括地中海区至热带非洲和喜马拉雅间断分布，可以推断，喜马拉雅山脉和青藏高原的隆起阻断了本区植物区系与西南地中海植物区系的联系，对本区植物区系的形成影响深刻。

（11）中亚分布及其变型

该类型在保护区有4属4种，分别为迷果芹属（*Sphallerocarpua*）的迷果芹[*Sphallerocarpua gracilis* (Bess.) K.–Pol.]、鸡娃草属（*Plumbagella*）的鸡娃草[*Plumbagella micrantha* (Ledeb.) Spach]、凹乳芹属（*Vicatia*）的西藏凹乳芹（*Vicatia thibetica* de Boiss.）、高河菜属（*Megacarpaea*）的高河菜（*Megacarpaea delavayi* Franch.），在保护区均为偶见种类。该分布类型的变型中亚至喜马拉雅和我国西南分布有2属2种，为角蒿属（*Incarvillea*）的密生波罗花（*Incarvillea compacta* Maxim.），以及拟耧斗菜属（*Paraquilegia*）的拟耧斗菜［*Paraquilegia microphylla* (Royle) Drumm. et Hutch.］，在保护区均为零星分布。

（12）东亚分布及其变型

共有27属51种，分别占保护区种子植物总属数和总种数的7.54%和5.23%。其中东亚分布9属

18种，主要是五加属（*Acanthopanax*）、蟹甲草属（*Parasenecio*）、党参属（*Codonopsis*）等的一些种类。中国–喜马拉雅分布有17属32种，体现了本区植物区系与青藏高原植物区系的联系。中国–日本分布有扁穗草属（*Blysmus*）的华扁穗草（*Blysmus sinocompressus* Tang et Wang）1属1种，说明本区与中国–日本植物区系交流不多。

以上温带成分的分布类型共7个类型11个变型，包含281属，占保护区种子植物总属数的78.49%，可见保护区的植物区系具有明显的温带性质。

（13）中国特有分布

保护区共有13个中国特有属，有羌活属（*Notopterygium*）的羌活（*Notopterygium incisum* C. T. Ting ex H. T. Chang）和宽叶羌活（*Notopterygium forbesii* de Boiss.）、羽叶点地梅属（*Pomatosace*）的羽叶点地梅（*Pomatosace filicula*）、黄缨菊属（*Xanthopappus*）的黄缨菊（*Xanthopappus subacaulis*）等。它们多是主产于我国西北、西南的特有单种属，其中还有从其亲缘种衍生而来的，体现出本区植物区系的年轻性和衍生性质。

综上所述，保护区植物区系温带性质显著，其中又以北温带性质为主体，旧世界温带分布为其重要补充，体现了本区以温带气候为主，由于本区海拔较高，寒温带气候有一定的分布。保护区地处黄土高原与青藏高原的交汇地带，是多种区系成分交汇的地区，植物种类丰富，区系成分复杂多样，多种区系成分在保护区都有渗透，但所占比例都较小，表明保护区植物区系与各大洲交流较少，这与保护区处于亚欧大陆腹地有关。中国特有成分不多，植物区系以年轻成分为主，并伴有一些衍生类群，说明保护区植物区系成分较为年轻。

4 植被类型

4.1 植被类型系统

基于样地调查和路线踏查所收集的数据和图片资料，参照《甘肃植被》中制定的甘肃植被分类系统和各植被分类等级的划分标准，将甘肃洮河国家级自然保护区植物群落归纳为8个植被型组19个植被类型19个植被亚型，并进一步按照群落优势层片的建群种和优势种相同原则划分为71个植物群系。

甘肃洮河国家级自然保护区植被类型系统

Ⅰ 针叶林植被型组

一、寒温带针叶林植被型

（一）寒温带落叶针叶林植被亚型

1.红杉群系（Form. *Larix potaninii*）

2.华北落叶松群系（Form. *Larix principis-rupprechtii*）

（二）寒温带常绿针叶林植被亚型

1.岷江冷杉群系（Form. *Abies faxoniana*）

2.巴山冷杉群系（Form. *Abies fargesii*）

3.云杉群系（Form. *Picea asperata*）

4.紫果云杉群系（Form. *Picea purpurea*）

5.青海云杉群系（Form. *Picea crassifolia*）

6.方枝柏群系（Form. *Sabina saltuaria*）

7.祁连圆柏群系（Form. *Sabina przewalskii*）

8.大果圆柏群系（Form. *Sabina tibetica*）

红杉群系

巴山冷杉群系

云杉群系

紫果云杉群系

方枝柏群系

祁连圆柏群系

大果圆柏群系

二、温带针叶林植被型

（一）温带常绿针叶林植被亚型

1.油松群系（Form. *Pinus tabulaeformis*）

II 阔叶林植被型组

一、温带阔叶林植被型

（一）温带山地落叶阔叶林植被亚型

1.山杨群系（Form. *Populus davidiana*）

2.白桦群系（Form. *Betula platyphylla*）

3.红桦群系（Form. *Betula albo-sinensis*）

4.糙皮桦群系（Form. *Betula utilis*）

III 灌丛植被型组

一、温带灌丛植被型

（一）落叶阔叶灌丛植被亚型

1.中国沙棘群系（Form. *Hippophae rhamnoides* subsp. *sinensis*）

2.西康扁桃群系（Form. *Amygdalus tangutica*）

3.虎榛子群系（Form. *Ostryopsis davidiana*）

4.匙叶小檗群系（Form. *Berberis vernae*）

5.堆花小檗群系（Form. *Berberis aggregata*）

6.鲜黄小檗群系（Form. *Berberis diaphana*）

7.毛叶水栒子群系（Form. *Cotoneaster submultiflorus*）

8.珍珠梅群系（Form. *Sorbaria* spp.）

9.黑水柳群系（Form. *Salix heishuiensis*）

10.洮河柳群系（Form. *Salix taoensis*）

二、高寒灌丛植被型

（一）落叶阔叶灌丛植被亚型

1.大苞柳群系（Form. *Salix pseudospissa*）

白桦群系

中国沙棘群系

堆花小檗群系

华北珍珠梅群系

洮河柳群系

大苞柳群系

2.匙叶柳群系（Form. *Salix spathulifolia*）

3.山生柳群系（Form. *Salix oritrepha*）

4.毛叶绣线菊群系（Form. *Spiraea mollifolia*）

5.高山绣线菊群系（Form. *Spiraea alpina*）

6.鲜卑花群系（Form. *Sibiraea laevigata*）

7.银露梅群系（Form. *Potentilla glabra*）

8.小叶金露梅群系（Form. *Potentilla parvifolia*）

9.鬼箭锦鸡儿群系（Form. *Caragana jubata*）

（二）常绿阔叶灌丛植被亚型

1.陇蜀杜鹃群系（Form. *Rhododendron przewalskii*）

2.头花杜鹃群系（Form. *Rhododendron capitatum*）

（三）常绿针叶灌丛植被亚型

1.高山柏群系（Form. *Sabina squamata*）

Ⅳ 草原植被型组

一、温带草甸草原植被型

（一）根茎禾草草甸草原植被亚型

1.假苇拂子茅群系（Form. *Calamagrostis pseudaphragmites*）

2.拂子茅群系（Form. *Calamagrostis epigeios*）

二、温带典型草原植被型

（一）丛生禾草典型草原植被亚型

1.长芒草群系（Form. *Stipa bungeana*）

三、温带荒漠草原植被型

（一）杂类草荒漠草原植被亚型

1.马蔺群系（Form. *Iris lactea* var. *chinensis*）

2.披针叶野决明群系（Form. *Thermopsis lanceolata*）

3.草木樨群系（Form. *Melilotus officinalis*）

4.刺儿菜群系（Form. *Cirsium setosum*）

鲜卑花群系

银露梅群系

陇蜀杜鹃群系

头花杜鹃群系

拂子茅群系

少花薹莎群系

华扁穗草群系

四、高寒草原植被型

（一）丛生禾草高寒草甸草原植被亚型

1. 垂穗披碱草群系（Form. *Elymus nutans*）

2. 老芒麦群系（Form. *Elymus sibiricus*）

3. 早熟禾群系（Form. *Poa faberi*）

V 草甸植被型组

一、森林草甸植被型

（一）杂类草草甸植被亚型

1. 蕨麻群系（Form. *Potentilla anserina*）

2. 尼泊尔酸模群系（Form. *Rumex nepalensis*）

二、沼泽化草甸植被型

（一）薹草沼泽化草甸植被亚型

1. 黑褐穗薹草群系（Form. *Carex atrofusca* subsp. *minor*）

2. 膨囊薹草群系（Form. *Carex lehmanii*）

（二）莎草沼泽化草甸植被亚型

1. 华扁穗草群系（Form. *Blysmus sinocompressus*）

三、盐化草甸植被型

（一）禾草盐化草甸植被亚型

1.赖草群系（Form. *Leymus secalinus*）

2.碱茅群系（Form. *Puccinellia distans*）

3.芦苇群系（Form. *Phragmites australis*）

四、高寒草甸植被型

（一）嵩草草甸植被亚型

1.甘肃嵩草群系（Form. *Kobresia kansuensis*）

2.矮生嵩草群系（Form. *Kobresia humilis*）

（二）杂类草草甸植被亚型

1.珠芽蓼群系（Form. *Polygonum viviparum*）

2.圆穗蓼群系（Form. *Polygonum macrophyllum*）

VI 冻原及高山垫状植被型组

一、高山垫状植被型

（一）垫柳植被亚型

1.扇叶垫柳群系（Form. *Salix flabellaris*）

2.黄花垫柳群系（Form. *Salix souliei*）

二、流石滩稀疏植被型

VII 沼泽植被型组

一、莎草沼泽植被型

1.细秆藨草群系（Form. *Scirpus setaceus*）

2.少花荸荠群系（Form. *Heleocharis pauciflora*）

二、杂类草沼泽植被型

1.长苞香蒲群系（Form. *Typha angustata*）

2.酸模叶蓼群系（Form. *Polygonum lapathifolium*）

3.问荆群系（Form. *Equisetum arvense*）

4.空茎驴蹄草群系（Form. *Caltha palustris* var. *barthei*）

VIII 水生植被型组

一、沉水植被型

1.小眼子菜群系（Form. *Potamogeton pusillus*）

2.穿叶眼子菜群系（Form. *Potamogeton perfoliatus*）

二、挺水植被型

1.水葱群系（Form. *Scirpus validus*）

2.藨草群系（Form. *Scirpus triqueter*）

长苞香蒲群系

小眼子菜群系

水葱群系

藨草群系

4.2 植被类型概述

4.2.1 针叶林植被型组

针叶林是指以针叶树种为建群种所组成的各类森林植物群落的总称。针叶林是保护区最主要的植被类型，广泛分布于保护区海拔2600～3800米山地。针叶林是保护区森林生态系统的主导成分，在水土保持、涵养水源、调节生态环境等方面，起着决定性的作用。针叶林植被型组在保护区包含两种植被型，寒温带针叶林植被型和温带针叶林植被型。

4.2.1.1 寒温带针叶林植被型

寒温带针叶林植被型主要分布于寒温带地区以及温带、暖温带、亚热带、热带高海拔地区。保护区这类植被型可分为寒温带落叶针叶林和寒温带常绿针叶林两个植被亚型。前者主要是由落叶松属（*Larix*）的红杉（*Larix potaninii* Batalin）和华北落叶松（*Larix principis-rupprechtii* Mayr）组成，后者由云杉属（*Picea*）、冷杉属（*Abies*）和圆柏属（*Sabina*）的种类组成。

（1）寒温带落叶针叶林植被亚型

该植被亚型在保护区包含红杉群系和华北落叶松群系。红杉亦称波氏落叶松，为我国特有树种，主产于甘肃南部和四川等地。保护区内红杉群系主要集中分布于大峪沟的八十沟、小阿角沟和旗布沟，生于海拔2700～3000米的半阴坡、半阳坡、谷底及陡壁上，是该地区寒温带落叶针叶林的主要类型。

华北落叶松为我国特有树种，为华北地区高山针叶林带中的主要森林树种，产于河北及山西等地。华北落叶松在保护区没有天然分布，均为引种栽培。在保护区大峪沟、拉力沟、博峪沟、卡车沟及车巴沟海拔2600～3100米地带有人工群落分布，生长发育良好。

（2）寒温带常绿针叶林植被亚型

该植被亚型在保护区包含8种群系，主要由松科（Pinaceae）和柏科（Cupressaceae）的树种组成。

其中，松科树种组成的主要有冷杉林和云杉林，也称为暗针叶林，在保护区广泛分布。岷江冷杉（*Abies faxoniana* Rehd. et Wils.）和巴山冷杉（*Abies fargesii* Franch.）均为我国特有树种，本保护区也是这两种树种的主产区。保护区内巴山冷杉群系和岷江冷杉群系广泛分布于海拔2700～3300米地带。冷杉林群落结构稳定，对于维持森林生态系统的稳定性和涵养水源具有重要的作用。

以云杉属树种为建群种的群系在保护区主要有云杉群系、紫果云杉群系和青海云杉群系。云杉群系在保护区广泛分布于海拔2700～3300米地带，青海云杉群系主要分布于大峪沟、卡车沟、粒珠沟海拔3000米左右地带，有时也和云杉混交在一起，紫果云杉（*Picea purpurea* Mast.）在保护区广泛分布于海拔2900～3300米地带，集中分布于卡车沟和车巴沟。云杉属树种组成的群落结构稳定，自然生态良好，具有较强的保持水土、涵养水源等生态功能，且该属树种材质优良，紫果云杉为珍贵用材树种，因此对于保护区的紫果云杉林应进一步加强保护。

以圆柏属树种为建群种的群系也是保护区寒温带常绿针叶林的重要组成部分，在保护区有方枝柏群系、祁连圆柏群系和大果圆柏群系。方枝柏群系主要分布于大峪沟，在卡车沟和车巴沟也有少量分布，分布海拔在2800～3000米阳坡。祁连圆柏群系主要分布于卡车沟和车巴沟，在阳坡形成大面积群落，分布海拔在2600～3100米。大果圆柏群系主要分布于卡车沟，在大峪沟和车巴沟有少量分布，分布海拔在2800～3100米。本保护区是甘肃省圆柏类群系分布最为广泛和集中的地区，这些种类耐干旱、耐严寒，在保护区生长良好，在保护区的水土保持方面发挥着重要作用。同时，这些种类均为优良用材树种，但其生长缓慢，过度砍伐后很难恢复，因此应加大保护力度。

4.2.1.2 温带针叶林植被型

温带针叶林为分布在温暖地区的低山丘陵和北亚热带的中山地带的针叶林，主要是由松属（Pinus）和侧柏属（Platycladus）的种类组成。保护区整体海拔较高，气候冷凉，因此该植被型在保护区仅分布有油松群系，仅在卡车沟口2600米左右陡坡有小面积分布。

4.2.2 阔叶林植被型组

阔叶林是指由各种阔叶树种所组成的各种森林群落的总称。包括阔叶纯林、阔叶混交林和以阔叶树种为优势种的针阔混交林。阔叶林在本区分布相对较少，主要为云杉、冷杉林等原生植被人为采伐破坏或火烧以后所形成的次生植被类型，主要分布于原有伐区、火烧迹地及人为活动频繁的公路两侧、山坡下部及河谷等区域，分布广但面积小。该植被型组在保护区分布的是温带阔叶林。

保护区的阔叶林均为温带山地落叶阔叶林，主要有山杨群系、白桦群系、红桦群系和糙皮桦群系。山杨群系主要分布在洮河南岸山坡，在海拔2650米左右形成小面积纯林，山杨（*Populus davidiana* Dode）也与桦木属（*Betula*）树种混交在一起形成混交林，或散生在杂木林中。白桦（*Betula platyphylla* Suk.）喜光、耐寒，在大峪沟、卡车沟及洮河南岸海拔2560～3100米地带形成小面积纯林，或与山杨等形成混交林。红桦林主要分布于大峪沟和卡车沟海拔2650～3100米地带，常以纯林出现，或与白桦、山杨形成混交林，也与云杉、冷杉等形成针阔混交林。糙皮桦群系主要出现在大峪沟、卡车沟、拉力沟海拔2800～3200米地带，常伴生有红桦（*Betula albo-sinensis* Burk.）、紫果云杉、巴山冷杉等。

4.2.3 灌丛植被型组

灌丛在保护区是常见的植被类型，在河谷、山坡、高山等都有分布。该植被型组在保护区有2个植被型4个植被亚型22个群系。

4.2.3.1 温带灌丛植被型

保护区的温带灌丛主要是落叶阔叶灌丛，共10个群系，分别为中国沙棘群系、西康扁桃群系、虎榛子群系、匙叶小檗群系、堆花小檗群系、鲜黄小檗群系、毛叶水栒子群系、珍珠梅群系、黑水柳群系和洮河柳群系。中国沙棘群系广泛分布于保护区各沟系海拔2800～3200米阳坡、谷地、干涸河床，生长于多砾石或砂质土壤或黄土上，常形成单优势种群落。中国沙棘（*Hippophae rhamnoides* Linn. subsp. *sinensis* Rousi）耐干旱、耐严寒、萌蘗能力强，是良好的固土植物和薪炭材，同时也为保护区内的鸟类和小型动物提供食物来源和庇护场所。西康扁桃群系主要分布于下巴沟、车巴沟和洮河南岸，分布海拔2600～2900米，生长于山坡向阳处或溪流边，形成小面积灌丛。虎榛子群系分布于洮河南岸阴坡和半阴坡，分布海拔2400米左右，分布面积较小。小檗属（*Berberis*）在本保护区有8个种，但形成群落的主要是匙叶小檗（*Berberis vernae* Schneid.）、堆花小檗（*Berberis aggregata* Schneid.）和鲜黄小檗（*Berberis diaphana* Maxin.）。小檗灌丛广泛分布于保护区各沟系及洮河南岸海拔2560～3100米山坡、河滩地。小檗耐寒、耐旱、耐瘠薄，生态幅广，自然繁殖能力较强，往往形成大面积灌丛，具有很强的水土保持功能。毛叶水栒子（*Cotoneaster submultiflorus* Popov.）是阔叶林下常见的下木，故多见于阔叶林破坏后的迹地或林缘地带，毛叶水栒子灌丛主要分布于大峪沟、博峪沟、卡车沟海拔2560～2700米地带。保护区的珍珠梅群系由华北珍珠梅和高丛珍珠梅共同构成，这两个种往往伴生在一起，在形态上也十分接近。珍珠梅灌丛主要分布在大峪沟、卡车沟和洮河南岸海拔2600～3000米沟谷、路旁、山坡等处。柳树灌丛在保护区较为常见，属于温带灌丛植被型的主要有黑水柳群系和洮河柳群系，广泛分布于沟谷和河滩地。

4.2.3.2 高寒灌丛植被型

该植被型在保护区可划分为3个植被亚型和12个群系。高寒灌丛中，落叶阔叶灌丛植被亚型中包含的群系较多，有9个，分别为大苞柳群系、匙叶柳群系、山生柳群系、毛叶绣线菊群系、高山绣线菊群系、鲜卑花群系、银露梅群系、小叶金露梅群系、鬼箭锦鸡儿群系。这些灌丛的建群种都是耐寒冷的种类，分布于保护区的高山地带，大多在海拔2800米以上，形成大面积的高山灌丛，对维持高山生态系统起着重要作用。保护区的高寒灌丛中也有少数的常绿灌丛，其中，常绿阔叶灌丛有陇蜀杜鹃群系和头花杜鹃群系，常绿针叶灌丛有高山柏群系。杜鹃灌丛分布于保护区海拔3000米以上的高山地带，最高可达3800米。高山柏群落主要分布于光盖山海拔3800～3900米地带，是保护区分布海拔最高的常绿木本植物，群落面积较小。

4.2.4　草原植被型组

草原是在半干旱、半湿润的气候条件下发育而成的，由耐寒、旱生的多年生草本植物为优势组成的植物群落。本区草原分布很少，仅在局部区域小面积存在。本区草原植被型有4种植被型4种植被亚型10个群系。因处于青藏高原东缘，海拔高、气候寒冷，所以草原植被主要为温带草原和高寒草原植被。其中，温带草甸草原植被有假苇拂子茅群系和拂子茅群系，假苇拂子茅群系主要分布于洮河南岸海拔2650米左右地带，拂子茅群系主要分布于车巴沟海拔2900～3000米地带，群落面积都不大。温带典型草原植被在保护区的代表植被为长芒草群系，主要分布于洮河南岸干旱山坡上，伴生有耐旱的禾草和蒿属的一些种类。温带荒漠草原植被在保护区主要是一些杂类草群系，主要有马蔺群系、披针叶野决明群系、草木樨群系、刺儿菜群系。马蔺群系主要分布于大峪沟的一些支沟和拉力沟海拔2800～3000米地带，群落面积不大。披针叶野决明群系主要分布于大峪沟、拉力沟、车巴沟和洮河南岸海拔2500～3000米地带，有零星的小面积群落分布。草木樨群系广泛分布于保护区海拔2600～3100米沟谷、河滩地、山坡，通常伴生有白香草木樨（*Melilotus alba* Medic. ex Desr.）。刺儿菜群系广泛分布于保护区海拔2560～2900米沟谷、河滩地、山坡等处，分布广泛，但群落面积都不大。高寒草原植被有垂穗披碱草群系、老芒麦群系和早熟禾群系，均为丛生禾草。垂穗披碱草群系主要分布于洮河南岸及各沟系海拔2580～3150米山地平缓阳坡、河谷草地及坡麓，在保护区分布较广。老芒麦群系见于卡车沟海拔3000米左右沟谷及山坡，分布少且面积小。早熟禾群系见于旗布沟、拉力沟海拔3100米左右地带，常生于路旁、田野水沟或荫蔽荒坡湿地。

4.2.5　草甸植被型组

草甸植被型组包含森林草甸植被型、沼泽化草甸植被型、盐化草甸植被型和高寒草甸植被型。森林草甸植被型主要是蕨麻群系和尼泊尔酸模群系，蕨麻群系广泛分布于保护区各沟系海拔2620～3200米地带，在林缘、沟谷、平缓的阳坡、半阳坡都有分布，伴生草本植物种类较多。尼泊尔酸模群系常见于保护区各沟系海拔2800～3200米地带，主要分布于牧场周围退化草地。沼泽化草甸常见的有黑褐穗薹草群系、膨囊薹草群系和华扁穗草群系，这几种群落均分布于土壤较湿润的低湿地、沼泽地和水边，伴生有少量其他喜湿的草本植物。盐化草甸植被型在保护区分布有赖草群系、碱茅群系和芦苇群系。赖草 [*Leymus secalinus* (Georgi) Tzvel.] 是一类耐盐的禾本科植物，在微盐渍化土壤上良好，主要分布于大峪沟海拔2560米左右地带。碱茅群落也是盐碱地上常见的植物群落，多见于大峪沟、车巴沟和洮河南岸，分布较少，面积也不大。芦苇 [*Phragmites australis* (Cav.) Trin. ex Steud.] 生态幅很广，但在保护区分布不多，主要分布于洮河南岸低洼地，有小面积群落。保护区分布的高寒草甸植被型主要是嵩草草甸和杂类草草甸，嵩草草甸包括甘肃嵩草群系和矮生嵩草群系，两种群落均分布于海拔3000米以上高山地带，是高寒环境典型的草甸类型，植株生长密集，常形成单优势种群落。杂类草草甸包括珠芽蓼群系和圆穗蓼群系，这两种群落在分布上基本一致，且常常伴生在一起，主要在高海拔地区成片分布，分布海拔高达3800米，群落中的伴生种类也较为丰富。

4.2.6 冻原及高山垫状植被型组

在保护区海拔3600米以上地区，植被稀疏，植物稀少，主要是一些极耐寒的高山植物。在这一地带分布有一类特殊的植被类型，即高山垫状植被，有两种垫状植物在这里构成群落，分别为扇叶垫柳群系和黄花垫柳群系。这两种柳树均为垫状灌木，匍匐于地面生长，在扎录沟和光盖山3600米以上成片分布。此外，保护区海拔3600米以上的高山流石滩上，还分布着高山流石滩稀疏植被，但植物种类和个体都较稀少，没有明显的优势种类，常见的植物种类有水母雪兔子（*Saussurea medusa* Maxim.）、黑蕊无心菜 [*Arenaria melanandra* (Maxim.) Mattf. ex Hand. –Mazz.]、喜马拉雅垂头菊（*Cremanthodium decaisnei* C. B. Clarke）、小舌垂头菊（*Cremanthodium microglossum* S. W. Liu）、矮垂头菊（*Cremanthodium humile* Maxim.）、拉萨厚棱芹（*Pachypleurum lhasanum* H. T. Chang et Shan）、暗绿紫堇（*Corydalis melanochlora* Maxim.）等。

4.2.7 沼泽植被型组

沼泽植被是由湿生植物为主而组成的植物群落类型，在保护区主要有莎草沼泽植被型和杂类草沼泽植被型。莎草沼泽植被型有细秆藨草群系和少花荸荠群系，分布于下巴沟和车巴沟海拔2600～3000米的低湿地和沼泽。杂类草沼泽植被在保护区分布有4个群系，长苞香蒲群系分布于洮河沿岸海拔2640米左右水边和浅水中，组成单纯群落；酸模叶蓼群系分布于拉力沟、下巴沟和洮河南岸海拔2600～2800米河漫滩和低洼地；问荆群系分布于保护区海拔2700～3000米沼泽、浅水边和低湿地中；空茎驴蹄草群系分布于保护区海拔2600～3000米浅水边和低湿地。

4.2.8 水生植被型组

水生植物指长期生长在水域环境中的植物群落，保护区有沉水植被型和挺水植被型两种。其中沉水植被是小眼子菜群系和穿叶眼子菜群系，这两种植物都为沉水植物，生于净水和缓流中。小眼子菜群系分布于海拔2700～3000米地带静水中，穿叶眼子菜群系分布于洮河沿岸海拔2650米左右水体中。挺水植被在保护区有水葱群系和藨草群系，均分布于洮河沿岸海拔2650米左右水体中。

5 国家重点保护野生植物

参照国家林业和草原局、农业农村部公告（2021年第15号）《国家重点保护野生植物名录》，调查发现保护区共分布有国家重点保护野生植物19种，均为国家二级保护野生植物。

独叶草

毛茛科1种，独叶草，国家二级保护野生植物，在保护区见于大峪沟的支沟旗布沟一线天和三角石沟，以及拉力沟，生于冷杉林下，分布海拔3000～3200米。该种为我国特有单种属植物，仅分布于川藏高原东缘，在保护区内种群规模小，个体稀少。

桃儿七

小檗科1种，桃儿七，国家二级保护野生植物，分布于大峪沟的支沟桑布沟、郭扎沟、八十沟、章巴库沟、卡布川，拉力沟，卡车沟支沟车路沟等，生于林下、林缘、灌丛下、草地等生境，分布海拔2600～3000米。桃儿七根、茎、果实入药，且果实可食用，地上部分也被牛羊啃食。因此，被人为采挖和放牧啃食的风险极大，保护区现存资源量较少。

红花绿绒蒿

罂粟科1种，红花绿绒蒿，国家二级保护野生植物，分布于大峪沟的支沟桑布沟、小阿角沟、三角石沟、章巴库沟、旗布沟，拉力沟，卡车沟支沟色树隆沟、车路沟，车巴沟齐河等，生于高山草地，分布海拔2780～3200米。在保护区零星分布，资源量较少。

四裂红景天

云南红景天

景天科2种，四裂红景天，国家二级保护野生植物，仅见于卡车沟支沟扎路沟，生于高山岩石缝隙中，分布海拔3500米左右。在保护区的分布范围狭窄，且零星分布，资源量稀少。云南红景天，国家二级保护野生植物，仅见于大峪沟支沟小阿角沟，生于林下、灌丛分布海拔2950米左右。在保护区的分布范围狭窄，且零星分布，资源量稀少。

五加科2种，秀丽假人参，国家二级保护野生植物，分布于大峪沟支沟八十沟、桑布沟、尼玛尼嘎沟，大峪沟七车，下巴沟干塘，生于阴湿林下，分布海拔2560～3100米。羽叶三七，国家二级保护野生植物，分布于下巴沟干塘，生于阴湿林下，分布海拔2620米左右。这两种植物均为根状茎入药，存在人为采挖风险，在保护区零星分布，资源量极稀少。

秀丽假人参　羽叶三七

报春花科1种，羽叶点地梅，国家二级保护野生植物，仅见于旗布沟，生于公路旁沙地，分布海拔2800米左右。该种为我国特有单种属植物，在保护区的分布范围狭窄，且生境不稳定，资源量极稀少。

羽叶点地梅

菊科1种，水母雪兔子，国家二级保护野生植物，分布于卡车沟支沟扎路沟和车巴沟光盖山，生于高山流石滩，分布海拔3800～4150米。该种的生境严酷，生存风险大，资源量稀少，且全草入药，是藏药的常用药材，存在人为采挖风险。

水母雪兔子

禾本科1种，毛披碱草，国家二级保护野生植物，分布于卡车沟主沟，生于山沟、低湿草地，分布海拔2910米左右。该种为优良牧草，易被家畜啃食，且在保护区的分布范围狭窄，资源量稀少。

毛披碱草

川贝母

华西贝母

甘肃贝母

百合科3种，甘肃贝母，国家二级保护野生植物，分布于大峪沟支沟八十沟、小阿角沟、旗布沟，卡车沟支沟车路沟，生于灌丛中，分布海拔2820～3130米。华西贝母，国家二级保护野生植物，分布于拉力沟大钟山，生于灌丛中，分布海拔3000～3100米。川贝母，国家二级保护野生植物，分布于大峪沟支沟八十沟，生于灌丛中，分布海拔2800米。这3个种的鳞茎入药，均为药材"川贝"的来源，存在人为采挖风险，在保护区零星分布，资源量十分稀少。

黄花杓兰

西藏杓兰

毛杓兰

褐花杓兰

无苞杓兰

西南手参

兰科6种，其中，杓兰属5种，手参属1种。杓兰属的西藏杓兰、褐花杓兰、毛杓兰、无苞杓兰和黄花杓兰，均为国家二级保护野生植物。西藏杓兰分布于大峪沟支沟八十沟和尼玛尼嘎沟，生于林下、林缘、草地、坡地等生境，分布海拔2800～2900米。褐花杓兰分布于大峪沟支沟八十沟、尼玛尼嘎沟、小阿角沟、旗布沟、桑布沟，博峪沟和拉力沟，生于林缘、灌丛、草地等生境，分布海拔2760～3000米。毛杓兰分布于大峪沟支沟尼玛尼嘎沟、小阿角沟，大峪沟七车，生于疏林下、灌丛中、草地、坡地等生境，分布海拔2560～3000米。无苞杓兰仅见于大峪沟支沟八十沟，生于灌丛中，分布海拔2760～2840米。黄花杓兰仅见于大峪沟支沟八十沟，生于岩石上苔藓层，分布海拔2760～2840米。杓兰属植物的花大，花型独特，在花期容易引起注意而被采摘，这5个种大多为零星分布，资源量十分稀少，黄花杓兰虽有较大种群，但其主要分布于大峪沟旅游线路旁，人为采摘风险极大。西南手参，国家二级保护野生植物，分布于大峪沟支沟八十沟、尼玛尼嘎沟、小阿角沟、旗布沟、桑布沟、郭扎沟，拉力沟，卡车扎路沟，车巴齐河，尼巴大沟，生于草地，分布海拔2800～3600米。其根状茎药用，存在人为采挖风险，在保护区零星分布，资源量稀少。

以上19种国家级重点保护野生植物均有较高的科学研究价值或经济价值，但在保护区现存种群规模小，生境狭窄，易于遭受人为干扰的威胁和破坏，亟待采取有效的保护措施。

6 外来入侵植物

根据"中国外来入侵物种信息系统"（http://www.iplant.cn/ias/）对保护区的外来入侵物种进行了统计和分析（表7）。保护区共发现13种外来入侵植物，其中12种为国外入侵植物，1种为中国原产入侵植物。这些入侵种类中，草木樨、白花草木樨和紫苜蓿分布较为广泛，其余种类分布均较少，大多数种类主要分布在人居环境周围和浅山地带。目前这些种类并未表现出对本地植被和生物多样性构成威胁，也不能判定它们将来的发展趋势，以及对生态环境是否安全。但对于这些种类，保护区应该加强监测，一旦发现有进一步的入侵趋势，要及时清除。

表7　甘肃洮河国家级自然保护区外来入侵植物种类

科	种	学名	原产地	保护区分布
禾本科	野燕麦	*Avena fatua* Linn.	欧洲南部和地中海沿岸	卡车沟
桑科	大麻	*Cannabis sativa* Linn.	不丹、印度及中亚	拉力沟、下巴沟
藜科	灰绿藜	*Chenopodium glaucum* Linn.	原产地不详	洮河沿岸、车巴沟
	杂配藜	*Chenopodium hybridum* Linn.	欧洲和西亚	大峪沟、下巴沟、洮河沿岸
十字花科	荠	*Capsella bursa-pastoris* (Linn.) Medic.	西亚和欧洲	大峪沟、拉力沟、卡车沟
豆科	白花草木樨	*Melilotus alba* Medic. ex Desr.	西亚至南欧	保护区广布
	草木樨	*Melilotus officinalis* (Linn.) Pall.	西亚至南欧	保护区广布
	紫苜蓿	*Medicago sativa* Linn.	西亚	保护区广布
玄参科	阿拉伯婆婆纳	*Veronica persica* Poir.	西亚	大峪沟、卡车沟
菊科	欧洲千里光	*Senecio vulgaris* Linn.	欧洲	车巴沟、下巴沟
	长喙婆罗门参	*Tragopogon dubius* Scopoli	中亚和欧洲	洮河沿岸、大峪沟
	苦苣菜	*Sonchus oleraceus* Linn.	欧洲和地中海沿岸	大峪沟
	同花母菊	*Matricaria matricarioides* (Less.) Porter ex Britton	吉林	大峪沟

野燕麦

大麻

灰绿藜

杂配藜

荠

白花草木樨

草木樨

紫苜蓿

阿拉伯婆婆纳

欧洲千里光

长喙婆罗门参

苦苣菜

同花母菊

7 植物资源多样性

植物资源就是可以被人类直接或间接利用的一切植物的总和，是人类生产和发展的物质基础之一。植物资源可以分为很多类，如油脂植物、饲用植物、药用植物、材用植物等。保护区内野生维管植物主要包括药用植物、可食用植物、饲用植物、有毒植物、芳香植物、纤维植物、油脂植物七大类。

7.1 药用植物

根据《甘肃中草药资源志》《青藏高原甘南藏药植物志》和"植物智"网站（http://www.iplant.cn/）进行查询和检索，统计得出保护区共有药用植物386种，占保护区维管植物总种数的38.03%，药用植物资源丰富。对所有药用植物的入药部位进行了统计，可入药的部位有全草、根及根茎、果实和种子、根皮和茎皮、花和花序、茎、叶、球果等。其中，应用较为广泛的药用植物有柴胡属（*Bupleurum*）、大黄属（*Rheum*）、黄耆属（*Astragalus*）、羌活属（*Notopterygium*）等，如黑柴胡（*Bupleurum smithii* H. Wolff）、红柴胡（*Bupleurum scorzonerifolium* Willd.）、鸡爪大黄（*Rheum tanguticum* Maxim. ex Balf.）、蒙古黄耆［*Astragalus membranaceus* (Fisch.) Bunge var. *mongholicus* (Bunge) P. K. Hsiao］、羌活（*Notopterygium incisum* C. T. Ting ex H. T. Chang）、宽叶羌活（*Notopterygium forbesii* de Boiss.）等，以毛茛科、豆科、蔷薇科和伞形科的植物居多。其中，以全草入药的植物种类最多，有196种，如木贼（*Equisetum hyemale* Linn.）、萹蓄（*Polygonum aviculare* Linn.）、瞿麦（*Dianthus superbus* Linn.）、菥蓂（*Thlaspi arvense* Linn.）、益母草[*Leonurus artemisia* (Lour.) S. Y. Hu]、薄荷（*Mentha haplocalyx* Briq.）、蒲公英（*Taraxacum mongolicum* Hand.–Mazz.）等。以根和根茎入药的植物种类也较多，有137种，如鸡爪大黄、升麻（*Cimicifuga foetida* Linn.）、孩儿参［*Pseudostellaria heterophylla* (Miq.) Pax］、桃儿七［*Sinopodophyllum hexandrum* (Royle) Ying］、蕨麻（*Potentilla anserina* Linn.）等。以果实和种子入药的植物有39种，如桃儿七、独行菜（*Lepidium apetalum* Willd.）、菥蓂、葶苈（*Draba nemorosa* Linn.）、中国沙棘（*Hippophae rhamnoides* Linn. subsp. *sinensis* Rousi）等。此外，还有以叶入药的植物，有20种，常见的有鲜卑花［*Sibiraea laevigata* (Linn.) Maxim.］、窄叶鲜卑花［*Sibiraea angustata* (Rehd.) Hand. –Mazz.］、小叶金露梅（*Potentilla parvifolia* Fisch.）、千里香杜鹃（*Rhododendron thymifolium* Maxim.）、烈香杜鹃（*Rhododendron anthopogonoides* Maxim.）等。以花或花序入药的植物有20种，如甘菊［*Dendranthema lavandulifolium* (Fisch. ex Trautv.) Ling et Shih]、矮垂头菊（*Cremanthodium humile* Maxim.）、红花绿绒蒿（*Meconopsis punicea* Maxim.）等。以根皮或茎皮入药的植物有7种，如黄瑞香（*Daphne giraldii* Nitsche）和唐古特瑞香（*Daphne tangutica* Maxim.）的茎皮，入药称为祖师麻。此外，油松（*Pinus tabulaeformis* Carr.）和长苞香蒲（*Typha angustata* Bory et Chaubard）的花粉也有药用价值。

7.2 可食用植物

保护区可食用的植物主要有作为蔬菜食用的和果实可以食用的两大类，此外还有种子可食或榨油供食用的，共计96种。其中，可作为蔬菜食用的植物有61种，主要有蕨［*Pteridium aquilinum*

(Linn.) Kuhn var. *latiusculum* (Desv.) Underw. ex Heller］、荨麻属（*Urtica*）植物、葱属（*Allium*）植物、独行菜（*Lepidium apetalum* Willd.）、菥蓂（*Thlaspi arvense* Linn.）、野豌豆（*Vicia sepium* Linn.）、紫苜蓿（*Medicago sativa* Linn.）、五加属（*Acanthopanax*）和楤木属（*Aralia*）植物的嫩叶等。果实可以食用的植物在保护区有26种，如山楂属（*Crataegus*）、悬钩子属（*Rubus*）、草莓属（*Fragaria*）、樱属（*Cerasus*）、中国沙棘（*Hippophae rhamnoides* Linn. subsp. *sinensis* Rousi）、蓝果忍冬（*Lonicera caerulea* Linn.）等植物的果实。蕨麻的根部膨大，含丰富淀粉，俗称"蕨麻"或"人参果"，又可供甜制食品及酿酒用。燕麦属（*Avena*）的种子为很有营养价值的粮食，亚麻属（*Linum*）、狼紫草（*Lycopsis orientalis* Linn.）和微孔草［*Microula sikkimensis* (Clarke) Hemsl.］的种子可榨油供食用和药用。此外，中亚卫矛（*Euonymus semenovii* Regel et Herd.）的叶还可以代茶用。

7.3　饲用植物

本区部分植物可作为饲草，有些为优良的饲用植物，有些适口性不好。统计结果表明，保护区共有饲用植物107种，包括可用于饲喂家畜的植物。其中以禾本科（Gramineae）的饲用植物最多，共有44种，如禾本科的早熟禾属（*Poa*）、黑麦草属（*Lolium*）、披碱草属（*Elymus*）、雀麦属（*Bromus*）、针茅属（*Stipa*）等的草本植物，均为优良的饲用植物。豆科（Leguminosae）植物富含蛋白质，大多数也是优良的饲用植物。保护区豆科的饲用植物共有15种，主要是野豌豆属（*Vicia*）和苜蓿属（*Medicago*）的种类。蓼科（Polygonaceae）、藜科（Chenopodiaceae）、十字花科（Cruciferae）和蔷薇科（Rosaceae）的少数种类也可作为饲用植物。菊科（Compositae）蒿属（*Artemisia*）的一些种类也是营养价值良好的饲用植物。

7.4　有毒植物

调查发现保护区共有160种有毒植物，这些植物大多数具有药用价值，还有一些可作为兽用药，有一些毒性较大的种类，如狼毒（*Stellera chamaejasme* Linn.）、天仙子（*Hyoscyamus niger* Linn.）、铁棒锤（*Aconitum pendulum* Busch）等，可作为植物性农药或杀虫剂。有毒植物中，以毛茛科的种类最多，有55种，主要是乌头属（*Aconitum*）、翠雀属（*Delphinium*）、唐松草属（*Thalictrum*）、铁线莲属（*Clematis*）的植物，这些类群都含有生物碱，可供药用，有些可制生物农药。罂粟科（Papaveraceae）紫堇属（*Corydalis*）的植物均含有异喹啉生物碱，也是有毒植物，被广泛用于藏药，保护区共分布有17种。豆科棘豆属（*Oxytropis*）、野决明属（*Thermopsis*）、草木犀属（*Melilotus*）的植物也有一定毒性。大戟科（Euphorbiaceae）、瑞香科（Thymelaeaceae）的有毒植物也较多，如泽漆（*Euphorbia helioscopia* Linn.）、黄瑞香、狼毒等。杜鹃花属（*Rhododendron*）的植物大都毒性剧烈，常引起人、畜的中毒，有些种虽未发现对人、畜的危害，但毒性实验中表现出较强的毒性，保护区分布的6种杜鹃花属植物均有毒。菊科（Compositae）橐吾属（*Ligularia*）植物含有多种化学成分，也是有毒植物，在保护区分布有12种，较为常见。

7.5　芳香植物

芳香植物具有香气和可供提取芳香油，统计结果表明，保护区共有芳香植物169种。其中，裸子植物主要是松科（Pinaceae）和柏科（Cupressaceae）的树种，共计16种，这些树种大多含有树脂和芳香油，因此枝、叶具有芳香的气味，可以用来提取芳香油，如油松（*Pinus tabuliformis* Carr.）、高山柏 [*Sabina squamata* (Buch.-Hamilt.) Ant.]、密枝圆柏 [*Sabina convallium* (Rend. et Wils.) Cheng et W. T. Wang] 等，当地群众也用这些植物的枝叶做熏香或香料。被子植物的中的芳香植物以百合科（Liliaceae）、唇形科（Labiatae）、蔷薇科（Rosaceae）、伞形科（Umbelliferae）和菊科（Compositae）的植物居多。其中唇形科植物以富含多种芳香油而著称，其中有不少芳香油成分可供药用，本科常见的芳香植物有薄荷（*Mentha haplocalyx* Briq.）、香薷 [*Elsholtzia ciliata* (Thunb.) Hyland.] 等。蔷薇科的许多种类花大而芳香，可以提取芳香油，如蔷薇属（*Rosa*）、桃属（*Amygdalus*）、樱属（*Cerasus*）等。伞形科的芳香植物也较多，主要有藁本属（*Ligusticum*）、羌活属（*Notopterygium*）、独活属（*Heracleum*）、葛缕子属（*Carum*）等的植物。菊科的芳香植物主要以蒿属（*Artemisia*）和香青属（*Anaphalis*）的植物居多，共42种芳香植物。目前，国内外对芳香植物的需求量较大，芳香植物是具有广阔市场前景的植物，保护区可对这类植物开展专项调查和研究，以期进一步开发利用。

7.6 纤维植物

保护区的纤维植物种类不多，共计36种，主要是一些木本植物，如冷杉属（*Abies*）、云杉属（*Picea*）、落叶松属（*Larix*）的树种，这些种类的树皮纤维发达，可代麻制绳索、麻袋或作人造棉与造纸原料等。也有一些草本植物，如禾本科的芦苇 [*Phragmites australis* (Cav.) Trin. ex Steud.]、芨芨草 [*Achnatherum splendens* (Trin.) Nevski]、燕麦属（*Avena*）的种类等，荨麻属（*Urtica*）、瑞香属（*Daphne*）、马蔺 [*Iris lactea* Pall. var. *chinensis* (Fisch.) Koidz] 等的茎皮纤维也很发达。

7.7 油脂植物

油脂植物包括可以提取油脂的植物和体内含有树脂、树胶和鞣质的植物，保护区此类植物共计102种。其中，可提取芳香油的植物有46种，主要有云杉属（*Picea*）的树种、蔷薇属（*Rosa*）的植物、杜鹃花属（*Rhododendron*）的种类、蒿属（*Artemisia*）的植物等。种子可榨油的植物在保护区有46种，这些植物的种子含油量高，可榨油供食用、药用和工业用。常见的有荨麻属（*Urtica*）植物，种子可榨油供工业用。十字花科的个别种类，如独行菜（*Lepidium apetalum* Willd.）种子既可药用也可榨油，菥蓂（*Thlaspi arvense* Linn.）的种子油供制肥皂，也作润滑油，还可食用，弹裂碎米荠（*Cardamine impatiens* Linn.）的种子含油量高达36%。紫草科的一些种类种子也富含油脂，如狼紫草（*Lycopsis orientalis* Linn.）的种子可榨油供食用，其油脂含有 γ-亚麻酸，具有一定的经济价值，微孔草 [*Microula sikkimensis* (Clarke) Hemsl.] 是我国特有的珍稀油料植物，油脂中富含 γ-亚麻酸，是开发保健食用油的理想原料。鼠李属（*Rhamnus*）植物的种子含脂肪油和蛋白质，榨油供制润滑油、油墨和肥皂等。此外，云杉属和冷杉属植物均含有树脂和鞣质，可供工业用。保护区共发现15种植物富含鞣质，可用于提制栲胶，如虎榛子（*Ostryopsis davidiana* Decne.）、西南花楸（*Sorbus rehderiana* Koehne）、陕甘花楸（*Sorbus koehneana* Schneid.）、路边青（*Geum aleppicum* Jacq.）、金露梅（*Potentilla fruticosa* Linn.）等。

各　论

甘肃洮河国家级自然保护区维管植物

蕨类植物

甘肃洮河国家级自然保护区维管植物

1

蕨

***Pteridium aquilinum* (Linn.) Kuhn var. *latiusculum* (Desv.) Underw. ex Heller**

科 蕨科 Pteridiaceae
属 蕨属 *Pteridium*

地生草本，高可达1米。叶远生；叶柄长20～80厘米；叶片阔三角形或长圆三角形，长30～60厘米，宽20～45厘米，三回羽状；羽片4～6对，基部一对最大，向上略变小，三角形，长15～25厘米，宽14～18厘米，柄长3～5厘米；小羽片约10对，披针形，长6～10厘米，宽1.5～2.5厘米；裂片10～15对，长圆形，长约14毫米，宽约5毫米，全缘。孢子囊群沿叶边成线形分布。

产于拉力沟。生于海拔2700～3000米山地阳坡及林缘。

稀叶珠蕨

***Cryptogramma stelleri* (Gmel.) Prantl**

科 中国蕨科 Sinopteridaceae
属 珠蕨属 *Cryptogramma*

地生或石生草本，高10～15厘米。叶二型，疏生；不育叶较短，卵形或卵状长圆形，一或二回羽裂，羽片3～4对，近圆形；能育叶的柄长6～8厘米，叶片长4～7厘米，宽1.8～4厘米，阔披针形或长圆形，二回羽状，羽片4～5对，小羽片1～2对，阔披针形。孢子囊群生于小脉顶部，彼此分开。

产于旗布沟、扎路沟、光盖山。生于海拔3100～3700米石缝中。

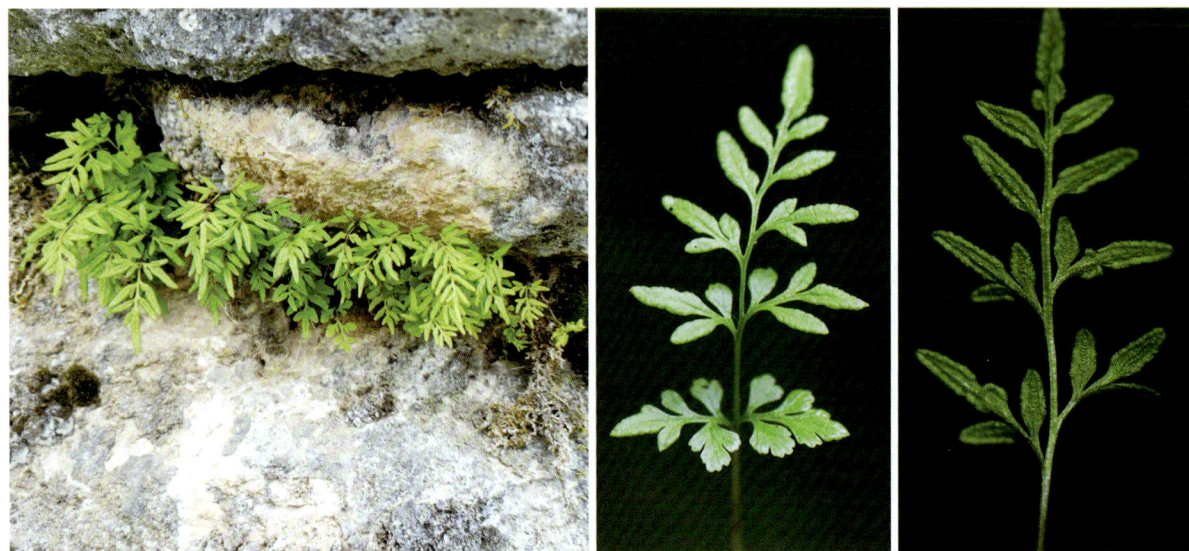

银粉背蕨

Aleuritopteris argentea (Gmel.) Fée

　　石生草本，高15～30厘米。叶簇生，下面被乳白色或淡黄色粉末；叶柄长10～20厘米，红棕色；叶片五角形，长宽几相等，5～7厘米，羽片3～5对，基部三回羽裂，中部二回羽裂，上部一回羽裂；基部一对羽片直角三角形，小羽片3～4对，有裂片3～4对，裂片三角形或镰刀形；第二对羽片为不整齐的一回羽裂，裂片3～4对；自第二对羽片向上渐次缩短；裂片边缘有细齿牙。孢子囊群较多。

　　产于下巴沟。生于海拔2600～2900米石灰岩石缝中。

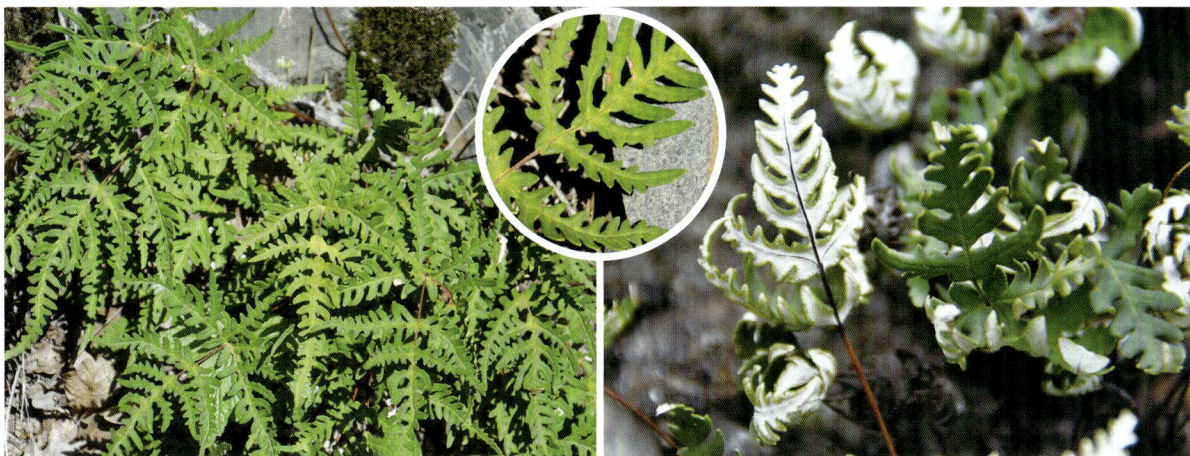

掌叶铁线蕨

Adiantum pedatum Linn.

　　地生或石生草本，高40～60厘米。叶簇生或近生；叶柄长20～40厘米；叶片阔扇形，长达30厘米，宽达40厘米，从叶柄的顶部二叉成左右两个弯弓形的分枝，再从每个分枝的上侧生出4～6片一回羽状的线状披针形羽片，中央羽片最长，侧生羽片向外略缩短；小羽片20～30对，中部对开式的小羽片较大，基部小羽片略小，扇形或半圆形。孢子囊群横生于裂片先端的浅缺刻内。

　　产于大峪沟。生于海拔2400～2600米林下沟旁。

白背铁线蕨

Adiantum davidii Franch.

科 铁线蕨科 Adiantaceae
属 铁线蕨属 *Adiantum*

石生草本，高20～30厘米。叶远生；柄长10～20厘米；叶片三角状卵形，长10～15厘米，基部宽6～10厘米，三回羽状；羽片3～5对，互生，有短柄；小羽片4～5对，互生，有短柄；末回小羽片1～4对，互生，扇形，长宽各4～7毫米，顶部圆形，具锯齿。每末回小羽片具1枚孢子囊群，少有2枚，横生于小羽片顶部弯缺内。

产于扎路沟。生于海拔3100～3200米溪旁岩石上。

陇南铁线蕨

Adiantum roborowskii Maxim.

科 铁线蕨科 Adiantaceae
属 铁线蕨属 *Adiantum*

石生草本，高9～25厘米。叶簇生或近生；叶柄长4～20厘米；叶片披针形或卵状椭圆形，长5～18厘米，宽2～6厘米，下部为三回羽状，上部为奇数一回羽状；羽片3～6对，基部一对略大，卵状三角形，二回羽状；小羽片1～2对；末回小羽片近三角形或狭扇形，不育的上缘圆形，能育的全缘而中部具1～2深陷的缺刻，着生1～2枚孢子囊群。

产于八十沟。生于海拔2800～3000米湿林下石缝中、悬崖上和沟边石上。

滇西金毛裸蕨

Gymnopteris delavayi (Bak.) Underw.

石生草本，高10～30厘米。叶丛生；叶柄长8～12厘米；叶片长5～14厘米，宽2～4厘米，阔线状披针形或长圆披针形，一回羽状；羽片5～15对，互生，长1.5～2.5厘米，宽约5毫米，镰状披针形，基部圆形或上侧有耳状凸起，具短柄或上部的无柄；叶下面密覆褐棕色卵状披针形鳞片。孢子囊群沿侧脉着生，隐没于鳞片下。

产于八十沟。生于海拔2800～2900米疏林下石灰岩缝。

皱孢冷蕨

Cystopteris dickieana Sim

地生或地生草本。叶柄长5～20厘米；叶片披针形至阔披针形，长17～28厘米，二回羽状；羽片12～15对，中下部的近对生，上部的互生，几无柄，卵形；一回小羽片4～7对，倒卵形或长圆形，有锯齿。孢子囊群小，圆形，背生于每小脉中部，每一小羽片2～4对；孢子具皱纹或不规则的矮凸起。

产于扎路沟。生于海拔3400～3500米高山灌丛、阴坡石缝。

膜叶冷蕨

Cystopteris pellucida (Franch.) Ching ex C. Chr.

科 蹄盖蕨科 Athyriaceae
属 冷蕨属 *Cystopteris*

地生草本，高30～50厘米。叶远生；能育叶长20～60厘米，叶柄长10～32厘米，叶片卵形至狭卵状长圆形，长10～33厘米，宽5～25厘米，一回羽状，羽片10～17对，羽裂至二回羽状，小羽片8～12对，有锯齿，基部两侧极不对称，裂片3～5对，长圆形或卵形。孢子囊群圆形，着生于上侧小脉背上。

产于八十沟、桑布沟、章巴库沟。生于海拔2800～3200米山坡林下或沟边阴湿处。

高山冷蕨

Cystopteris montana (Lam.) Bernh. ex Desv.

科 蹄盖蕨科 Athyriaceae
属 冷蕨属 *Cystopteris*

地生草本，高20～30厘米。叶远生；能育叶长20～49厘米，叶柄长6～31厘米，叶片近五角形，长宽几相等，5～20厘米，三至四回羽状，羽片4～10对，基部一对最大，三角状卵形或三角形，一回小羽片3～10对，二回小羽片约6对，卵形至长圆形，三回小羽片4～5对。孢子囊群小，圆形，着生于小脉背上。

产于八十沟、旗布沟、三角石沟、章巴库沟、光盖山。生于海拔3100～3600米高山林下潮湿处。

羽节蕨
Gymnocarpium jessoense (Koidz.) Koidz.

地生草本。能育叶长16～50厘米，叶柄长8～51厘米，叶片三角状卵形，长7～27厘米，宽7～30厘米，一至二回羽状；小羽片深羽裂，羽片3～8对，一回羽状；小羽片羽裂或深羽裂，一回小羽片5～8对，三角状披针形，一回羽状或羽裂；裂片5～10对，长方形至长卵形。孢子囊群小，生于小脉背上。

产于下巴沟。生于海拔2600～2700米林下阴湿处或山坡。

三角叶假冷蕨
Pseudocystopteris subtriangularis (Hook.) Ching

地生草本，高60～70厘米。叶柄长5～55厘米；叶片广卵状三角形，长8～40厘米，基部宽10～45厘米，二至三回羽状；羽片10～20对，长14～28厘米，二回羽状，基部一对羽片有一回小羽片10～20对，中部以下的小羽片逐渐缩短；末回裂片先端及边缘具尖锯齿。孢子囊群圆形，生于小脉背上。

产于大峪沟、八十沟、尼玛尼嘎沟。生于海拔2400～2900米山坡草地或疏林下。

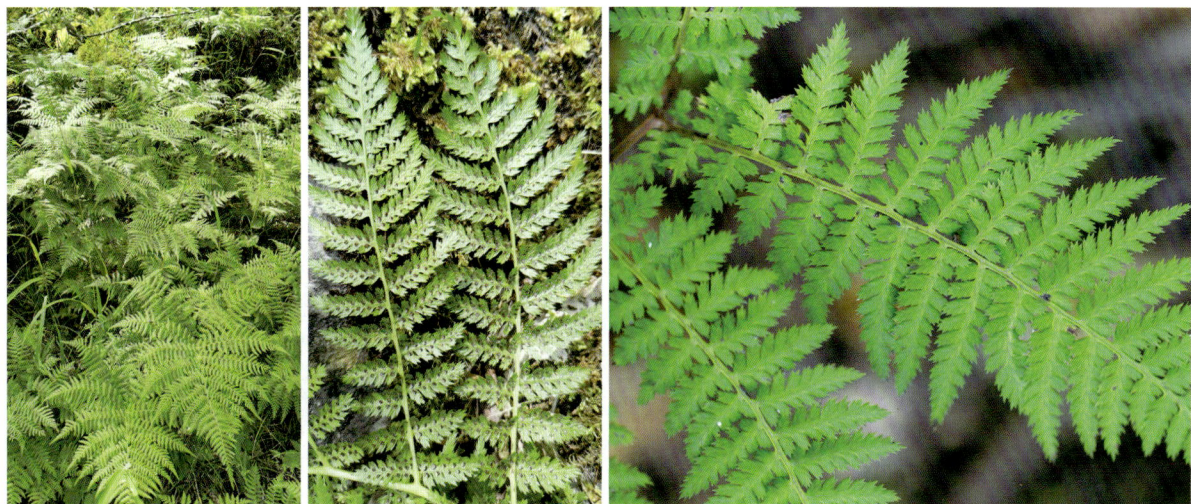

中华蹄盖蕨
Athyrium sinense Rupr.

科 蹄盖蕨科 Athyriaceae
属 蹄盖蕨属 *Athyrium*

地生草本。叶簇生；叶柄长10～26厘米；叶片长圆状披针形，长25～65厘米，宽15～25厘米，二回羽状；羽片约15对，一回羽状；小羽片约18对，边缘浅羽裂；裂片4～5对，近圆形。孢子囊群多为长圆形，少有弯钩形或马蹄形，生于基部上侧小脉。

产于八十沟、桑布沟、三角石沟、章巴库沟、郭扎沟。生于海拔2800～3200米林下及林缘。

北京铁角蕨
Asplenium pekinense Hance

科 铁角蕨科 Aspleniaceae
属 铁角蕨属 *Asplenium*

石生草本，高8～20厘米。叶簇生；叶柄长2～4厘米；叶片披针形，长6～12厘米，中部宽2～3厘米，二或三回羽状；羽片9～11对，三角状椭圆形，一回羽状；小羽片2～5对，基部上侧一片最大，边缘羽状深裂，裂片3～4片，舌形或线形，其余的小羽片较小，不为深裂。孢子囊群近椭圆形，每小羽片有1～2枚，基部一对小羽片有2～4枚，位于小羽片中部。

产于卡车沟。生于海拔3000米左右岩石上或石缝中。

细茎铁角蕨

Asplenium tenuicaule Hayata

石生或附生草本，高8~10厘米。叶簇生；叶柄长1.5~3厘米；叶片披针形，长6~9厘米，中部宽1.5~2厘米，二回羽状；羽片12~18对，互生，有短柄，三角状卵形，一回羽状；小羽片2~4对，互生，基部上侧一片最大，倒卵形，顶端二至三浅裂，裂片顶端有波状圆齿，其余小羽片较小，顶端不裂而有波状圆齿。孢子囊群阔线形，生于小脉中部，上部小羽片各有1枚，下部小羽片各有2~3枚。

产于小阿角沟、洮河南岸。生于海拔2500~3200米林中树干上或岩石缝隙中。

变异铁角蕨

Asplenium varians Wall. ex Hook. et Grev.

石生草本，高10~22厘米。叶簇生，薄草质；叶柄长4~10厘米；叶片披针形，长7~13厘米，宽2.5~4厘米，二回羽状；羽片10~11对，三角状卵形，一回羽状；小羽片2~3对，基部上侧一片较大，倒卵形，顶端有6~8个小锯齿，其余的小羽片较小。孢子囊群短线形，生于小脉下部，每小羽片有2~4枚。

产于洮河南岸。生于海拔2500~2600米杂木林下潮湿岩石上或岩壁上。

光岩蕨

***Woodsia glabella* R. Brown ex Richards.**

科 岩蕨科 Woodsiaceae
属 岩蕨属 *Woodsia*

石生草本，高5～10厘米。叶密集簇生；叶柄纤细，长仅1～2厘米；叶片线状披针形，长3～6厘米，二回羽裂；羽片4～9对，无柄，基部一对往往为扇形，中部羽片三角状卵形，深羽裂几达羽轴；裂片2～3对，椭圆形或舌形，边缘波状或顶部为圆齿状。孢子囊群圆形，生于小脉的中部或分叉处。

产于桑布沟、扎路沟。生于海拔3000～3700米林下岩石缝隙中。

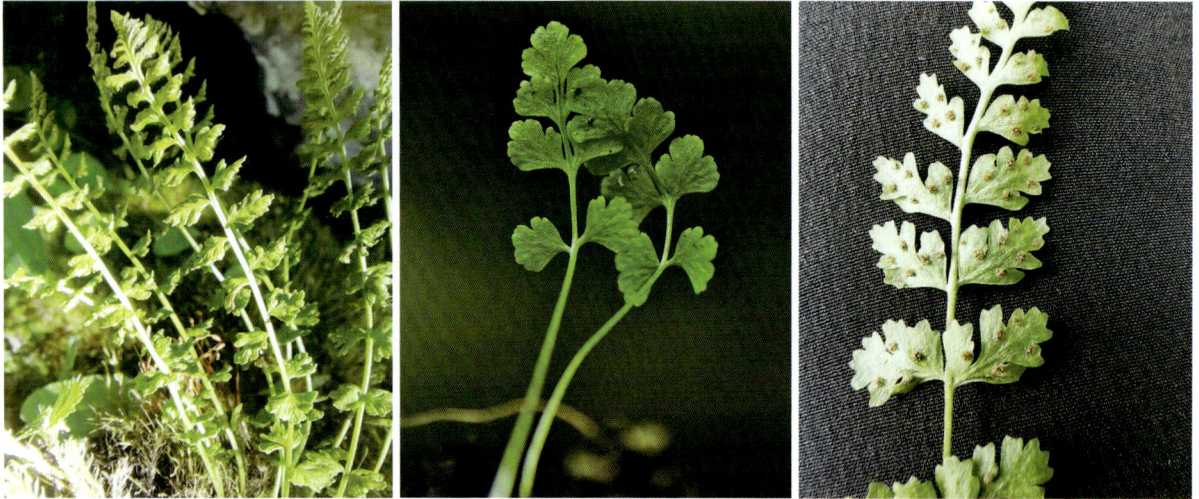

华北岩蕨

***Woodsia hancockii* Baker**

科 岩蕨科 Woodsiaceae
属 岩蕨属 *Woodsia*

石生草本，高3～10厘米。叶密集簇生；叶柄长1～2厘米；叶片披针形，长2～8厘米，二回深羽裂；羽片7～14对，无柄，中部羽片较大，斜卵形，深羽裂达于羽轴；裂片2～3对，倒卵形或舌形，边缘波状或顶部具1～2小齿；叶两面无毛。孢子囊群圆形，位于小脉的顶端或中部以上，通常每裂片有1～3枚。

产于八十沟、小阿角沟、桑布沟、章巴库沟、扎路沟、鹿儿沟。生于海拔2800～3200米潮湿岩石缝隙中。

甘南岩蕨
Woodsia macrospora C. Chr. et Maxon

　　石生草本，高12～17厘米。叶密集簇生；叶柄长6～9厘米；叶片狭披针形，偶数一回羽状；羽片10～11对，对生，疏离，无柄，中部羽片较大，长椭圆形，边缘为不整齐的波状，稍为内卷。孢子囊群圆形，着生于小脉的分叉处或分枝小脉的中部，位于叶缘与主脉之间；叶两面疏被短毛，下面较密。

　　产于八十沟、尼玛尼嘎沟、小阿角沟、旗布沟、章巴库沟、扎路沟。生于海拔2800～3200米山谷岩壁上。

蜘蛛岩蕨
Woodsia andersonii (Bedd.) Christ

　　石生草本，高10～20厘米。叶密集簇生；叶柄长5～10厘米；叶片披针形，长5～10厘米，宽1～2厘米，二回羽状深裂；羽片6～9对，无柄，中部羽片卵圆形或近菱形，羽状半裂；裂片椭圆形，基部一对最大，先端有2～3枚粗齿，两侧全缘或为波状；叶两面密被锈色毛。孢子囊群圆形，着生于小脉上侧分叉的中部或上部。

　　产于小阿角沟、扎路沟。生于海拔2800～3300米林下石缝中或石壁上。

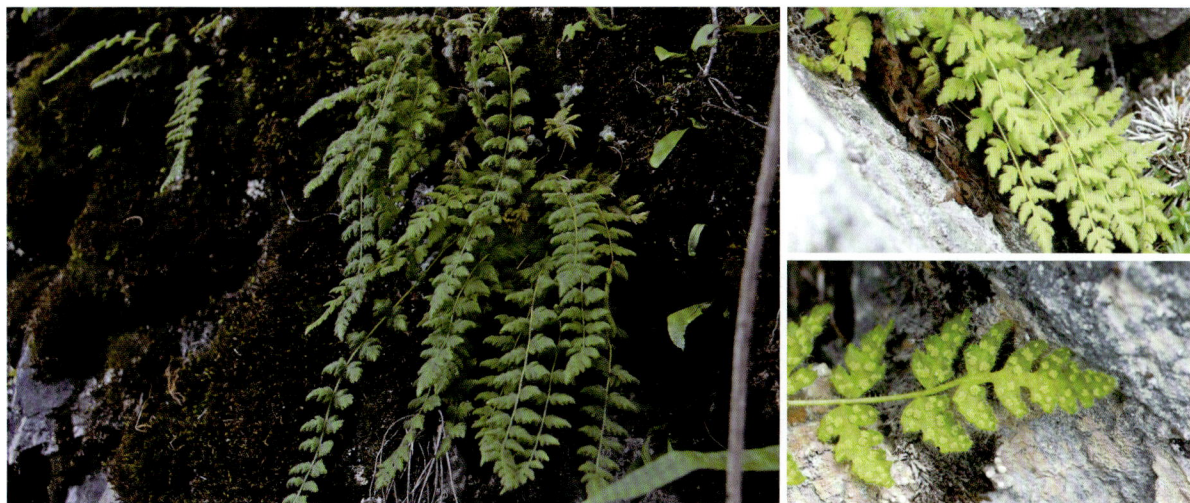

近多鳞鳞毛蕨
Dryopteris komarovii Kossinsky

地生草本，高30～50厘米。叶簇生；叶柄长8～18厘米；叶片长圆状披针形，长20～35厘米，宽8～10厘米，二回偶三回羽状分裂；侧生羽片18～20对，中部羽片长3.5～5.0厘米，披针形；小羽片8～10对，长圆形，具整齐的三角形齿牙；叶轴、羽轴密被棕色披针形鳞片；羽片下面具纤维状鳞毛。孢子囊群生于小羽轴两侧。

产于八十沟、扎路沟。生于海拔2700～3500米灌丛石缝中、林下或山坡草地。

华北鳞毛蕨
Dryopteris goeringiana (Kunze) Koidz.

地生草本，高50～90厘米。叶柄长25～50厘米；叶片卵状长圆形，长25～50厘米，宽15～40厘米，三回羽状深裂；羽片具短柄，披针形或长圆披针形，中下部羽片较长，长11～27厘米；小羽片披针形，羽状深裂；裂片长圆形，顶端有尖锯齿；羽轴及小羽轴背面生有毛状鳞片。孢子囊群近圆形，通常沿小羽片中肋排成2行。

产于大峪沟、桑布沟、拉力沟。生于海拔2600～3100米林缘草地上。

拟穆坪耳蕨
Polystichum paramoupinense Ching

地生或石生草本，高约12厘米。叶簇生；叶柄长2～3厘米；叶片线形，长9～14厘米，宽1.4～1.6厘米，一回羽状；羽片20～28对，互生，密接，无柄，卵形，先端钝，基部宽楔形或近圆形，两侧有耳状凸，边缘呈钝齿状或羽状浅裂；叶薄革质；叶柄、叶轴和叶背面均有狭披针形及毛状浅棕色鳞片。孢子囊群生在中部以上羽片，位于主脉两侧各成一行。

产于扎路沟。生于海拔3600～3700米高山草甸、砾石滩。

陕西耳蕨
Polystichum shensiense Christ

地生或石生草本，高12～24厘米。叶簇生；叶柄长3～10厘米；叶片线状倒披针形或倒披针形，长11～30厘米，宽1.2～2.4厘米，二回羽状深裂；羽片24～32对，狭卵形，基部两侧有耳状凸，羽状深裂；裂片4～6对，倒卵形至卵形，常有数个尖齿；叶轴两面疏生淡棕色鳞片。孢子囊群生在叶中部及以上羽片。

产于八十沟、章巴库沟、桑布沟、旗布沟、拉力沟、车路沟、扎路沟、鹿儿沟、光盖山。生于海拔2800～3200米高山草甸或高山针叶林下、岩壁缝中。

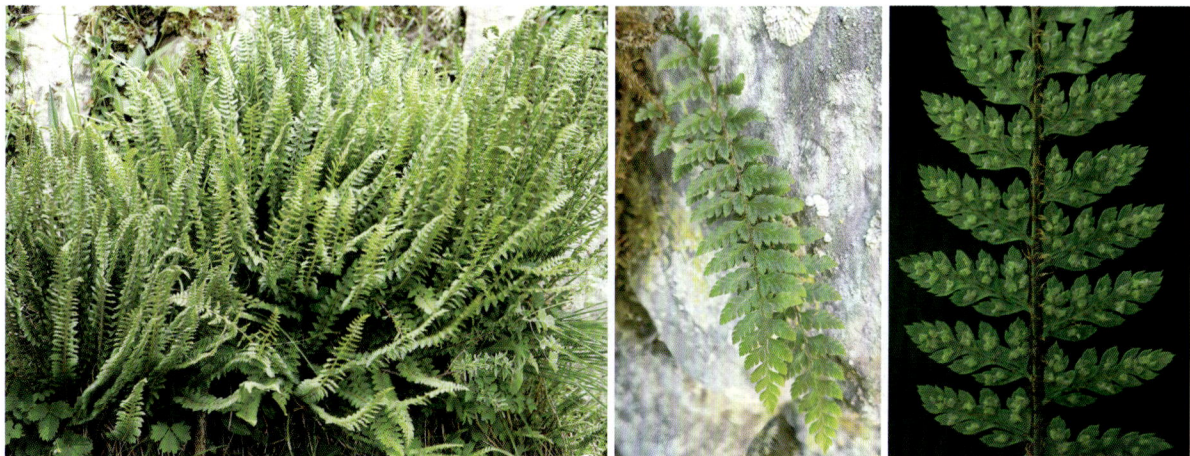

昌都耳蕨
Polystichum qamdoense Ching et S. K. Wu

　　地生或石生草本，高30～40厘米。叶簇生；叶柄长8～13厘米；叶片披针形，长24～30厘米，宽3～4厘米，二回羽状深裂；羽片24～30对，三角状披针形，中部的长1.5～2厘米，宽8～10毫米，基部上侧有耳凸，羽状深裂；裂片3～5对，矩圆形或倒卵形，上部两侧有齿；叶背面有长纤毛状小鳞片；叶轴有棕色鳞片。孢子囊群位于羽片主脉两侧。

　　产于八十沟、旗布沟、章巴库沟、郭扎沟、拉力沟、扎路沟、鹿儿沟、色树隆沟。生于海拔2800～3200米高山针叶林下或草甸上、岩壁缝中。

中华耳蕨
Polystichum sinense Christ

　　地生草本，高20～70厘米。叶簇生；叶柄长5～34厘米，密被棕色鳞片；叶片狭椭圆形或披针形，长25～58厘米，宽4～14厘米，二回羽状；羽片24～32对，披针形，中部的长2.5～7厘米，宽0.6～2厘米，基部上侧有耳凸，羽状深裂；裂片7～14对，斜卵形，两侧有前倾的尖齿；叶两面有纤毛状小鳞片，背面较密。孢子囊群位于裂片主脉两侧。

　　产于八十沟、尼玛尼嘎沟、小阿角沟、章巴库沟、拉力沟、鹿儿沟。生于海拔2800～3100米高山针叶林下或草甸上。

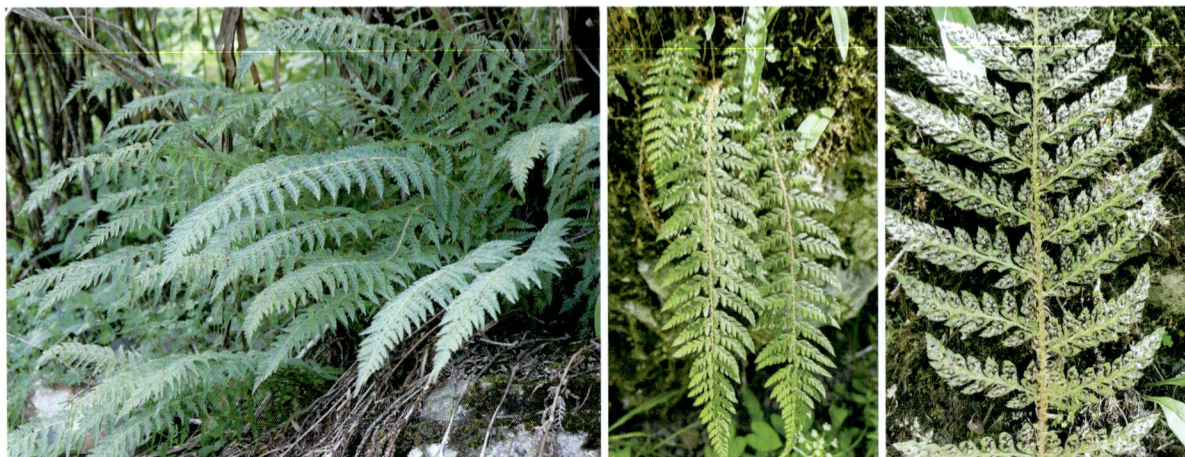

毛叶耳蕨

Polystichum mollissimum Ching

科 **鳞毛蕨科 Dryopteridaceae**
属 **耳蕨属 Polystichum**

　　地生或石生草本，高8～20厘米。叶簇生；叶柄长2～8厘米，密生棕色鳞片；叶片披针形，长7～18厘米，二回羽状；羽片11～24对，披针形，中部的长0.8～2厘米，宽4～8毫米，基部上侧有耳凸，羽状深裂；裂片3～6对，斜矩圆形，两侧有前倾的小齿；叶两面均有纤毛状的小鳞片，背面较密。孢子囊群位于羽轴两侧或裂片主脉两侧。

　　产于鹿儿沟。生于海拔3000～3100米岩壁缝中或灌丛下。

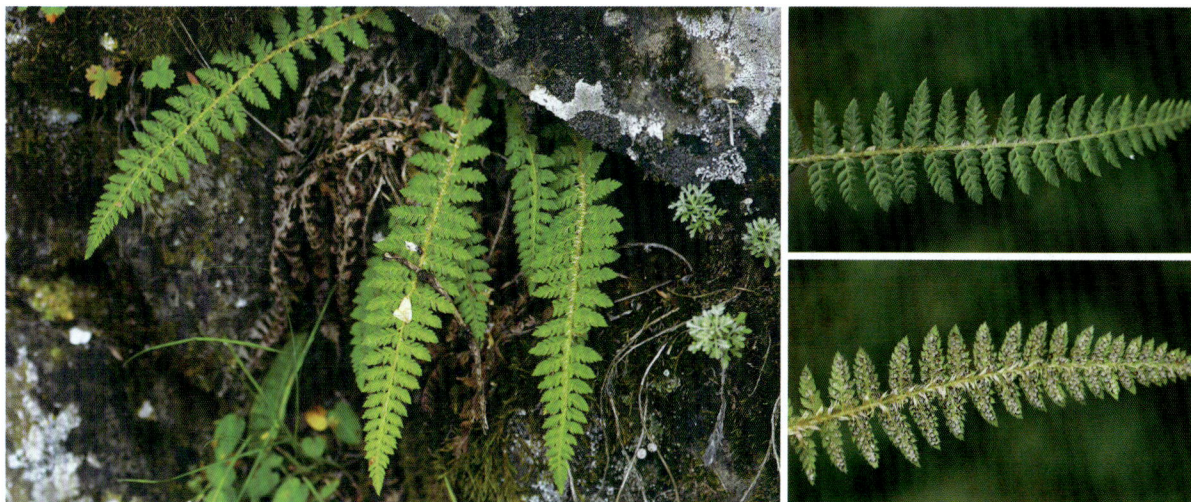

秦岭耳蕨

Polystichum submite (Christ) Diels

科 **鳞毛蕨科 Dryopteridaceae**
属 **耳蕨属 Polystichum**

　　地生草本，高12～30厘米。叶簇生；叶柄长3～12厘米；叶片披针形，长10～27厘米，宽2～5厘米，二回羽状深裂；羽片12～24对，互生，柄极短，卵形，羽状深裂；裂片2～10对，互生，斜矩圆形或菱状卵形，两侧有前倾的小尖齿；叶背面有纤毛状的棕色小鳞片；叶轴两面密生披针形及线形棕色鳞片。孢子囊群位于裂片中脉两侧。

　　产于八十沟。生于海拔2800米左右林下。

基芽耳蕨
Polystichum capillipes (Baker) Diels

石生草本，高5～30厘米。叶多数簇生；叶柄长2～8厘米；叶片狭长椭圆披针形，长4～17厘米，中部宽0.7～2厘米，二回羽状分裂；侧生羽片15～30对，近矩圆形，具短柄，基部深裂几达中肋；裂片倒卵形或短披针形，顶端有2～4个粗齿或浅裂；叶两面疏被红棕色小鳞片，基部上面第一对羽片之间常有1个小的芽胞。孢子囊群背生于小脉下部，接近羽片中肋。

产于小阿角沟。生于海拔3200米左右山地阴湿处岩石缝隙。

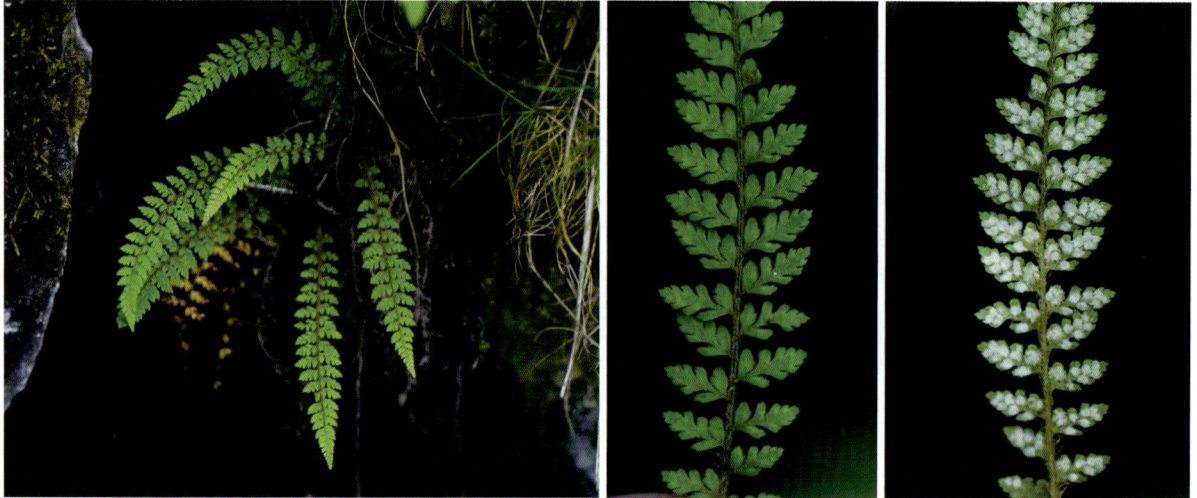

玉龙蕨
Sorolepidium glaciale Christ

石生草本，高约20厘米；全体密被鳞片或长柔毛。叶簇生；叶柄长4～8厘米；叶片线形，长12～15厘米，宽2～2.5厘米，一回羽状；羽片近无柄，长圆形，全缘或略浅裂；叶厚革质，两面密被灰白色长柔毛；羽轴及主脉下面密被淡棕色阔披针形鳞片。孢子囊群圆形，生于小脉顶端。

产于扎路沟、光盖山。生于海拔3600～4100米高山冰川穴洞、岩缝。

中华水龙骨

Polypodiodes chinensis (Christ) S. G. Lu

石生或附生草本。叶柄长10～20厘米；叶片卵状披针形或阔披针形，长15～25厘米，宽7～10厘米，羽状深裂或基部几全裂；裂片15～25对，线状披针形，长3～5厘米，宽5～7毫米，边缘有锯齿；叶两面近无毛，背面疏被小鳞片。孢子囊群圆形，较小，生内藏小脉顶端。

产于大峪沟。生于海拔2500～2600米石上或树干上。

有边瓦韦

Lepisorus marginatus Ching

石生或附生草本，高18～25厘米。叶近生或远生；叶柄长2～10厘米；叶片披针形，长15～25厘米，中部最宽，叶边有软骨质狭边，干后呈波状，多少反折，叶下面多少有贴生小鳞片；主脉上下均隆起，小脉不见。孢子囊群圆形或椭圆形，着生于主脉与叶边之间。

产于八十沟。生于海拔2800米左右林下树干或岩石上。

网眼瓦韦

Lepisorus clathratus (C. B. Clarke) Ching

石生或附生草本，高5～18厘米。叶柄长0.7～3厘米，纤细；叶片披针形，长10～16厘米，中部宽1.1～1.7厘米，向两端渐狭，基部略下延，边缘平直。孢子囊群近圆形，位于主脉与叶边之间。

产于尼玛尼嘎沟、扎路沟。生于海拔2800～3000米常绿阔叶林中树干上或山坡岩石缝。

秦岭槲蕨

Drynaria sinica Diels

石生或地生，偶有树上附生。根状茎直径1～2厘米。基生不育叶椭圆形，长5～15厘米，宽3～6厘米，羽状深裂达叶片的2/3或更深，裂片10～20对；正常能育叶的叶柄长2～10厘米，具明显的狭翅，叶片长22～50厘米，宽7～12厘米，裂片16～30对，边缘锯齿状；叶片上下两面多少被毛。孢子囊群在裂片中脉两侧各1行。

产于大峪沟、卡车沟、扎古录。生于海拔2600～2900米山坡林下岩石上。

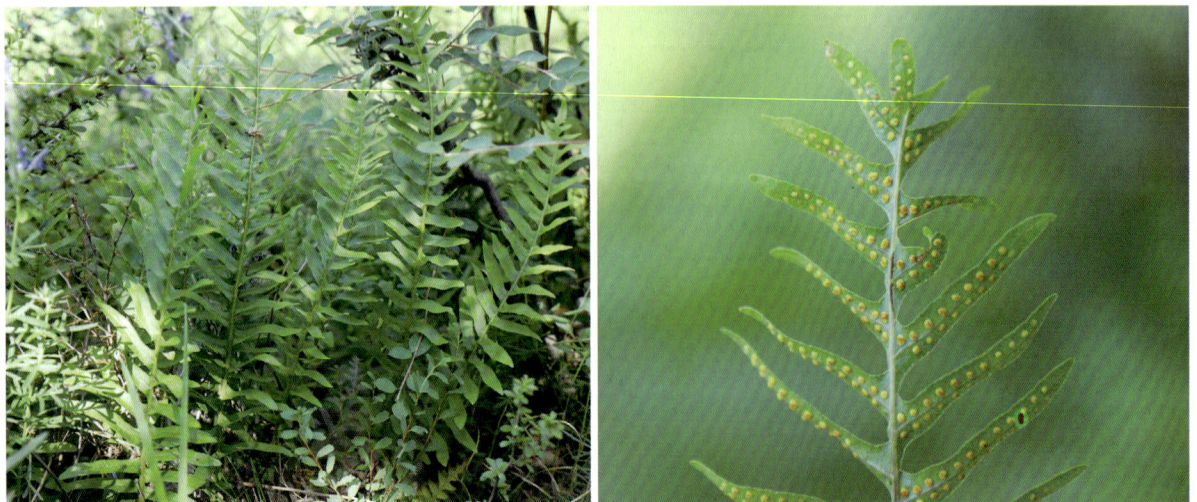

伏地卷柏

Selaginella nipponica **Franch. et Sav.**

　　土生草本，匍匐，能育枝直立。茎自近基部开始分枝，侧枝3～4对，不分叉或分叉或一回羽状分枝，叶状分枝背腹压扁。叶交互排列，二型；分枝上的腋叶长1.5～1.8毫米，边缘有细齿，中叶长1.6～2.0毫米；侧枝上的侧叶宽卵形，常反折，长1.8～2.2毫米。孢子叶穗疏松，通常背腹压扁，单生于小枝末端，或1～3次分叉，长18～50毫米；孢子叶二型，和营养叶近似，边缘具细齿。

　　产于八十沟、尼玛尼嘎沟。海拔2800～3000米山坡林下阴湿地、溪边岩石上或路旁阴湿地。

草问荆

Equisetum pratense **Ehrh.**

　　地生草本。枝二型；能育枝高15～25厘米，有脊10～14条，脊上光滑，鞘筒灰绿色，鞘齿10～14枚，淡棕色，披针形；不育枝高30～60厘米，轮生分枝多，主枝有脊14～22条，鞘筒长约3毫米，鞘齿14～22枚，披针形；侧枝柔软纤细，扁平状，有3～4条狭而高的脊。孢子囊穗椭圆柱状，长1～2.2厘米，成熟时柄长1.7～4.5厘米。

　　产于巴什沟。生于海拔2800～2900米林下、村缘。

问荆

***Equisetum arvense* Linn.**

　　地生草本。枝二型；能育枝春季先萌发，高5～35厘米，无轮茎分枝，鞘筒长约0.8厘米，鞘齿9～12枚，栗棕色，狭三角形，孢子散后能育枝枯萎；不育枝后萌发，高达40厘米，轮生分枝多，鞘筒绿色，鞘齿三角形，5～6枚；侧枝柔软纤细，扁平状，有3～4条狭而高的脊，鞘齿3～5个，披针形。孢子囊穗圆柱形，长1.8～4.0厘米，成熟时柄长3～6厘米。

　　产于小阿角沟、章巴库沟、郭扎沟、拉力沟、车路沟、下巴沟。生于海拔2600～3000米灌丛、草地或山沟林缘。

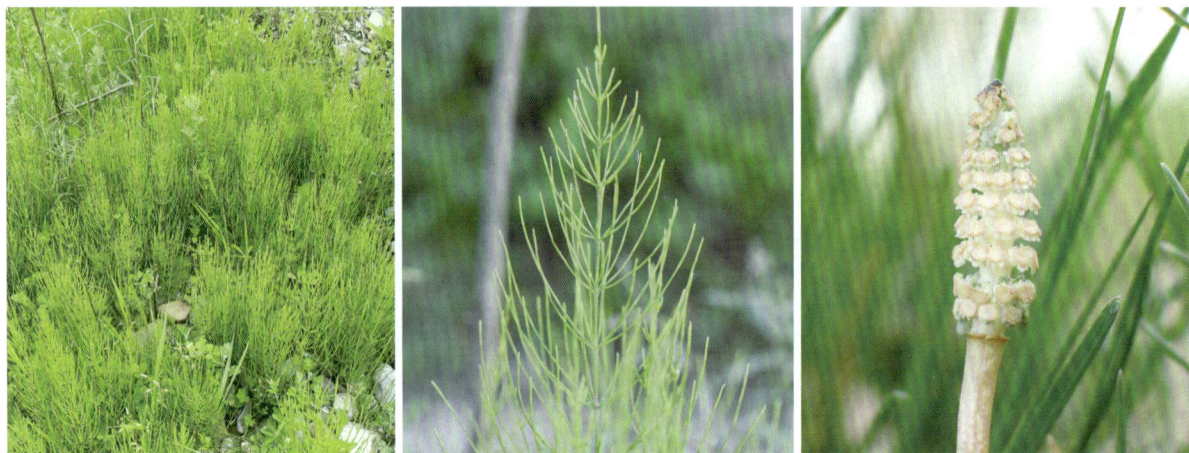

节节草

***Equisetum ramosissimum* Desf.**

　　地生草本。枝一型，高20～60厘米，主枝多在下部分枝，常形成簇生状，主枝有脊5～14条，脊的背部弧形，鞘筒狭长达1厘米，鞘齿5～12枚，三角形，灰白色或少数中央为黑棕色；侧枝较硬，圆柱状，有脊5～8条，鞘齿5～8个，披针形，上部棕色。孢子囊穗短棒状或椭圆形，长0.5～2.5厘米，无柄。

　　产于大峪沟、尼玛尼嘎沟、三角石沟、郭扎沟、车路沟、华尔盖沟、下巴沟。生于海拔2600～3200米溪边。

2

裸子植物

甘肃洮河国家级自然保护区维管植物

岷江冷杉
Abies faxoniana Rehd. et Wils.

常绿乔木。小枝淡黄褐色或淡褐色，较细。枝条下面的叶排成两列；叶扁平条形，长1～2.5厘米，宽约2.5毫米，先端有凹缺，边缘常微向下卷，背面白色。球果着生叶腋，直立，卵状椭圆形或圆柱形，长3.5～10厘米，径3～4厘米；熟时深紫黑色；种鳞扇状四边形，长0.9～1.5厘米，宽1.3～1.8厘米；苞鳞上端露出或仅尖头露出，边缘有细缺齿，中央有凸尖。

产于三角石沟、郭扎沟、鹿儿沟。生于海拔2700～3300米高山地带。

巴山冷杉
Abies fargesii Franch.

常绿乔木。小枝红褐色或微带紫色，无毛。枝条下面的叶排成两列；叶扁平条形，长1～3厘米，宽1.5～4毫米，先端钝有凹缺，背面发白。球果着生叶腋，直立，柱状矩圆形，长5～8厘米，直径3～4厘米，成熟时淡紫色至紫黑色；种鳞扇状肾形，长0.8～1.2厘米，宽1.5～2厘米；苞鳞倒卵状楔形，边缘有细缺齿，先端有急尖的短尖头，尖头露出或微露出。

产于八十沟、尼玛尼嘎沟、旗布沟、三角石沟、桑布沟、郭扎沟、拉力沟、车巴沟、扎路沟、鹿儿沟。生于海拔2800～3200米山坡或阴凉山谷地带。

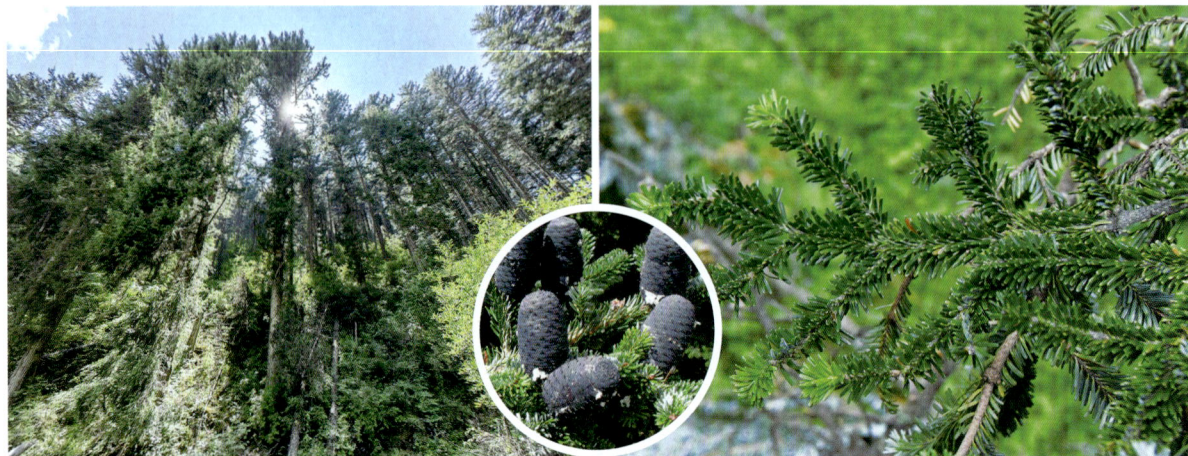

云杉
Picea asperata Mast.

常绿乔木。叶脱落后在枝条留下凸起的叶枕。叶四棱状条形，在枝条上螺旋状散生，长1～2厘米，宽1～1.5毫米，先端尖。球果单生枝顶，下垂，柱状矩圆形或圆柱形，长5～16厘米，径2.5～3.5厘米，成熟后淡褐色或栗色；种鳞倒卵形，长约2厘米，宽约1.5厘米；苞鳞不外露。

产于大峪沟、八十沟、旗布沟、桑布沟、章巴库沟、郭扎沟、博峪沟、拉力沟、卡车沟、业母沟、色树隆沟、鹿儿沟、扎古录。生于海拔2700～3300米地带。

青海云杉
Picea crassifolia Kom.

常绿乔木。小枝有白粉。叶较粗，四棱状条形，长1.2～3.5厘米，宽2～3毫米，先端钝。球果单生枝顶，下垂，矩圆状圆柱形，长7～11厘米，直径2～3.5厘米，成熟前种鳞背部露出部分绿色，上部边缘紫红色；种鳞倒卵形，长约1.8厘米，宽约1.5厘米；苞鳞不外露。

产于大峪沟、三角石沟、郭扎沟、卡车沟、鹿儿沟、粒珠沟。生于海拔3000～3100米山谷与阴坡地带。

青杆
Picea wilsonii Mast.

常绿乔木；树冠塔形。叶排列较密，四棱状条形、细、短，长0.8～1.3厘米，宽1.2～1.7毫米，先端尖。球果单生枝顶，下垂，卵状圆柱形，长5～8厘米，直径2.5～4厘米，成熟时黄褐色；种鳞倒卵形，长1.4～1.7厘米，宽1～1.4厘米；苞鳞不外露。

产于旗布寺、郭扎沟、鹿儿沟、卡车沟、刀告、齐河、尕扎沟、阴家山。生于海拔2800～2900米山坡或沟谷地带。

紫果云杉
Picea purpurea Mast.

常绿乔木。小枝较细，有很密的柔毛。叶扁四棱状条形，长0.7～1.2厘米，宽1.5～1.8毫米，背部先端具明显斜方形平面。球果单生枝顶，下垂，卵圆形或椭圆形，长2.5～4厘米，直径1.7～3厘米，成熟前后均为紫黑色或淡红紫色；种鳞排列疏松，斜方状卵形，长1.3～1.6厘米，宽约1.3厘米，边缘波状、有细缺齿；苞鳞不外露。

产于八十沟、小阿角沟、郭扎沟、章巴库沟、旗布寺、博峪沟、拉力沟、卡车沟、车路沟、扎路沟、鹿儿沟、华尔盖沟、齐河、业母沟、色树隆沟、什巴大沟、断桥沟、粒珠沟。生于海拔2900～3300米地带。

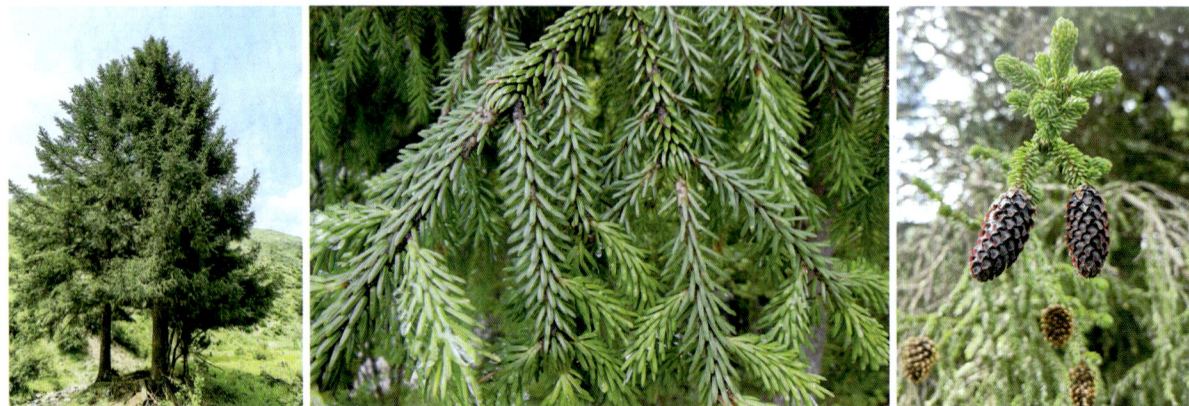

红杉

Larix potaninii **Batalin**

科 松科 Pinaceae
属 落叶松属 *Larix*

落叶乔木。小枝下垂。叶在长枝上螺旋状散生，在短枝上簇生；叶倒披针状窄条形，长1.2～3.5厘米，宽1～1.5毫米。球果单生短枝顶端，矩圆状圆柱形，长3～5厘米，直径1.5～2.5厘米，熟时紫褐色或淡灰褐色；种鳞35～65枚，近方形或方圆形，长0.8～1.3厘米，宽0.8～1.1厘米；苞鳞矩圆状披针形，长1.4～1.8厘米，露出部分直或微反曲。

产于八十沟、小阿角沟、旗布沟。生于海拔2700～3000米地带。

华北落叶松

Larix principis-rupprechtii **Mayr.**

科 松科 Pinaceae
属 落叶松属 *Larix*

落叶乔木。叶在长枝上螺旋状散生，在短枝上簇生，窄条形，长2～3厘米，宽约1毫米。球果单生短枝顶端，长卵圆形或卵圆形，长2～4厘米，直径约2厘米，熟时淡褐色；种鳞26～45枚，五角状；苞鳞暗紫色，带状矩圆形，中肋延长成尾状尖头，仅球果基部苞鳞的先端露出。

产于郭扎沟、拉力沟、博峪沟、车巴沟、卡车沟。生于海拔2600～3100米地带。

油松
Pinus tabulaeformis Carr.

常绿乔木。小枝淡红褐色。针叶2针一束，粗硬，长10~15厘米，径约1.5毫米。雄球花圆柱形，长1.2~1.8厘米，在新枝下部聚生成穗状。球果卵形或圆卵形，长4~9厘米，有短梗；种鳞矩圆状倒卵形，长1.6~2厘米，宽约1.4厘米，鳞盾肥厚，扁菱形或菱状多角形，鳞脊显著，鳞脐凸起有尖刺；种子卵圆形，长6~8毫米，具翅。

产于卡车沟口。生于海拔2580米左右山坡。

祁连圆柏
Sabina przewalskii Kom.

常绿乔木，稀灌木状；树皮裂成条片脱落。叶二型；幼树上通常全为刺叶，壮龄树上兼有二型，大树或老树则几全为鳞叶；鳞型叶交互对生，菱状卵形，长1.2~3毫米；刺型叶3枚轮生，长4~7毫米，三角状披针形。雌雄同株，球花单生枝顶；雄球花卵圆形，长约2.5毫米，雄蕊5对。球果卵圆形或近圆球形，长8~13毫米，熟后蓝褐色至黑色。

产于小阿角沟、卡车沟、车路沟、车巴沟、业母沟、色树隆沟。生于海拔2600~3100米高山地带阳坡，或散生于针叶林中。

垂枝祁连圆柏

Sabina przewalskii Kom. f. pendula Cheng et L. K. Fu

与祁连圆柏的区别：小枝细长，下垂。

产于旗布沟、三角石沟、色树隆沟。生于海拔3000～3200米高山地带阳坡。

高山柏

Sabina squamata (Buch.-Hamilt.) Ant.

科 柏科 Cupressaceae
属 圆柏属 Sabina

常绿灌木，或匍匐状，或为乔木；树皮裂成不规则薄片脱落。叶全为刺型，3枚轮生，披针形，基部下延，长5～10毫米，宽1～1.3毫米，先端具刺状尖头，上面稍凹，具白粉带。雌雄异株，球花单生枝顶；雄球花卵圆形，长3～4毫米，雄蕊4～7对。球果卵圆形或近球形，熟后黑色或蓝黑色，无白粉。

产于光盖山、八十沟。生于海拔2800～3900米山地。

方枝柏

Sabina saltuaria (Rehd. et Wils.) Cheng et W. T. Wang

科 柏科 Cupressaceae
属 圆柏属 *Sabina*

常绿乔木；树皮裂成薄片状脱落。小枝四棱形，径1～1.2毫米。叶二型；鳞型叶交叉对生或轮生，成四列排列，紧密，菱状卵形，长1～4毫米；幼树之叶刺型，3枚轮生，长4.5～6毫米，上部渐窄成锐尖头，上面凹下，微被白粉。雌雄同株，球花单生枝顶；雄球花近圆球形，长约2毫米，雄蕊2～5对。球果直立，卵圆形或近圆球形，长5～8毫米，熟时黑色或蓝黑色，无白粉。

产于八十沟、小阿角沟、章巴库沟、车巴沟、业母沟、粒珠沟。产于海拔2800～3100米山地。

大果圆柏

Sabina tibetica Kom.

科 柏科 Cupressaceae
属 圆柏属 *Sabina*

常绿乔木，树皮裂成不规则薄片脱落。叶二型；鳞型叶交互对生；刺型叶3枚轮生，上面有白粉。雌雄异株或同株，雄球花近球形，长2～3毫米，雄蕊3对。球果卵圆形或近圆球形，成熟前绿色或有黑色小斑点，熟时红褐色至紫黑色，长9～16毫米，直径7～13毫米，肉质，不开裂。

产于八十沟、卡车沟、鲁延沟口、业母沟、色树隆沟、车路沟。生于海拔2800～3100米山地的阳坡或半阳坡。

密枝圆柏

Sabina convallium (Rehd. et Wils.) Cheng et W. T. Wang

常绿乔木。分枝密；小枝近弧形或直，下垂。叶二型；鳞型叶交叉对生，排列紧密，长1～1.5毫米；刺型叶仅生于幼树上，3枚轮生或交叉对生，斜展，长3～8毫米，先端刺尖。雌雄异株或同株，球花单生枝顶；雄球花卵圆形或近球形，长1.5～2.5毫米，雄蕊5对。球果锥状卵圆形或圆球形，长6～10毫米，径5～8毫米，熟时红褐色或暗褐色，无白粉。

产于卡车沟、车巴沟。生于海拔2900～3000米高山地带。

刺柏

Juniperus formosana Hayata

常绿乔木；树皮纵裂成长条薄片脱落。小枝下垂，三棱形。三叶轮生，条状披针形或条状刺形，长1.2～2厘米，宽1.2～2毫米，先端渐尖具锐尖头，上面稍凹。球花单生叶腋；雄球花圆球形或椭圆形，长4～6毫米。球果近球形或宽卵圆形，长6～10毫米，径6～9毫米，熟时淡红褐色，被白粉或白粉脱落。

产于加当湾沟、洮河南岸、下巴沟。生于海拔2500～2650米阳坡、半阳坡地带。

单子麻黄

Ephedra monosperma Gmel. ex Mey.

科 麻黄科 Ephedraceae
属 麻黄属 *Ephedra*

草本状矮小灌木。木质茎短小，多分枝；绿色小枝常微弯曲，节间细短。叶2片对生，膜质鞘状，下部1/3～1/2合生，裂片短三角形。雄球花多成复穗状；雌球花苞片3对，成熟时肉质红色，微被白粉，卵圆形。种子外露，多为1粒。

产于八十沟、章巴库沟、色树隆沟、扎路沟。生于海拔2800～3100米山坡石缝中或草坡。

矮麻黄

Ephedra minuta Florin

科 麻黄科 Ephedraceae
属 麻黄属 *Ephedra*

矮小灌木，高5～25厘米。小枝直立。叶膜质鞘状，2裂，长2～2.5毫米，下部1/2以上合生。雌雄同株，雄球花常生于枝条较上部分，单生或对生于节上，无梗，苞片3～4对，假花被倒卵圆形；雌球花多生于枝条近基部，单生或对生于节上，有短梗或几无梗，矩圆状椭圆形，苞片通常3对。雌球花成熟时肉质红色，被白粉，矩圆形或矩圆状卵圆形，长8～12毫米，径6～7毫米。种子1～2粒，包于苞片内。

产于八十沟、小阿角沟。生于海拔2800～3000米石崖地带。

3 被子植物

甘肃洮河国家级自然保护区维管植物

长苞香蒲

Typha angustata Bory et Chaubard

多年生水生或沼生草本，高达 2.5 米。叶片长 40～150 厘米，宽 0.3～0.8 厘米，上部扁平，中部以下背面逐渐隆起；叶鞘很长，抱茎。雌雄花序远离；雄花序长 7～30 厘米，叶状苞片 1～2 枚，长约 32 厘米，与雄花先后脱落；雌花序位于下部，长 4.7～23 厘米，叶状苞片比叶宽，花后脱落。

产于鹿儿台子。生于 2640 米左右湖泊、沼泽。

海韭菜

Triglochin maritimum Linn.

多年生草本，植株稍粗壮。叶全部基生，条形，长 7～30 厘米，宽 1～2 毫米，基部具鞘。花莛直立，较粗壮，中上部着生多数排列较紧密的花，呈顶生总状花序；无苞片；花梗长约 1 毫米，开花后长可达 2～4 毫米；花被片 6 枚，绿色，2 轮排列，外轮呈宽卵形，内轮较狭。蒴果六棱状椭圆形或卵形，长 3～5 毫米，径约 2 毫米。

产于八十沟、光盖山。生于海拔 2800～3400 米高山草甸或湿润沙地。

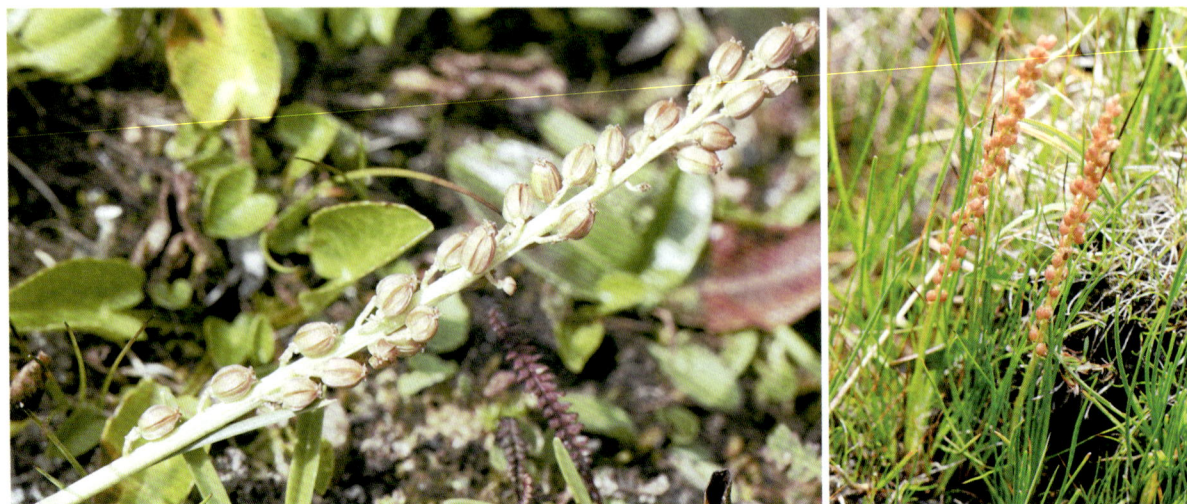

水麦冬

Triglochin palustris Linn.

　　多年生湿生草本，植株弱小。叶全部基生，条形，长达20厘米，宽约1毫米，基部具鞘。花莛细长，直立；总状花序，花排列较疏散，无苞片；花梗长约2毫米；花被片6枚，绿紫色，椭圆形或舟形，长2～2.5毫米。蒴果棒状条形，长约6毫米。

　　产于大峪沟、扎路沟。生于海拔2600～3300米咸水湿地或浅水处。

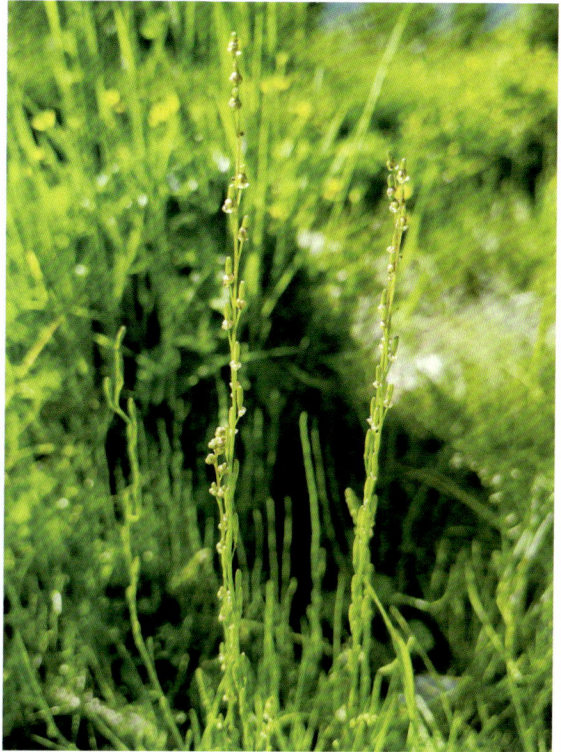

小眼子菜

Potamogeton pusillus Linn.

　　沉水草本。茎纤细，具分枝，并于节处生出白色须根，节间长1.5～6厘米。叶线形，无柄，长2～6厘米，宽约1毫米，全缘；托叶为无色透明的膜质，长0.5～1.2厘米，合生成套管状而抱茎，常早落。穗状花序顶生，具花2～3轮，间断排列；花小，被片4枚，绿色；雌蕊4枚。果实斜倒卵形，顶端具短喙。

　　产于华尔盖沟、粒珠沟。生于海拔2700～3000米湖泊、沼泽及沟渠等静水或缓流中。

穿叶眼子菜
Potamogeton perfoliatus Linn.

科 眼子菜科 Potamogetonaceae
属 眼子菜属 *Potamogeton*

多年生沉水草本，具发达白色根茎，节处生有须根。茎圆柱形，上部多分枝。叶互生，卵形，基部心形抱茎，边缘波状，常具极细微的齿。穗状花序顶生，具花4～7轮；花被片4枚，绿色；雌蕊4枚，离生。小坚果倒卵形，顶端具短喙，背部3脊。

产于鹿儿台子。生于海拔2640米左右水体中。

矮箭竹
Fargesia demissa Yi

科 禾本科 Gramineae
属 箭竹属 *Fargesia*

灌木状。秆高1～1.5米。小枝具2～4叶；叶鞘长2.2～2.7厘米；叶耳无；叶舌截形，高约0.4毫米；叶柄长1毫米；叶片披针形，长3.8～7.2厘米，宽7～10毫米，无毛，叶缘具小锯齿。

产于大峪沟、阿角沟、八十沟、旗布寺、博峪沟、拉力沟、卡车沟。生于海拔2800～2900米针叶林下。

芦苇

Phragmites australis (Cav.) Trin. ex Steud.

多年生草本，高1～4米。秆直立，直径1～4厘米，具20多节。叶鞘下部者短于而上部者长于其节间；叶舌边缘密生短纤毛；叶片披针状线形，长30厘米，宽2厘米。圆锥花序大型，长20～40厘米，宽约10厘米，分枝多数，着生稠密下垂的小穗；小穗长约12毫米，含4花。

产于术布电站。生于海拔2650米河滩、低湿地。

菫色早熟禾

Poa ianthina Keng ex H. L. Yang

多年生草本，高30～40厘米。秆具3～4节，中部以上裸露。叶鞘长于节间，顶生者长10～15厘米；叶片两面粗糙，长3～8厘米，宽2毫米，扁平或内卷。圆锥花序狭长圆形，紫色，长5～11厘米，宽2～3厘米，每节具2～3分枝；小穗长3.5～5毫米，含2～4小花；颖紫色而有黄白色边缘，先端锐尖。

产于扎路沟。生于海拔3600米左右干燥山坡草地。

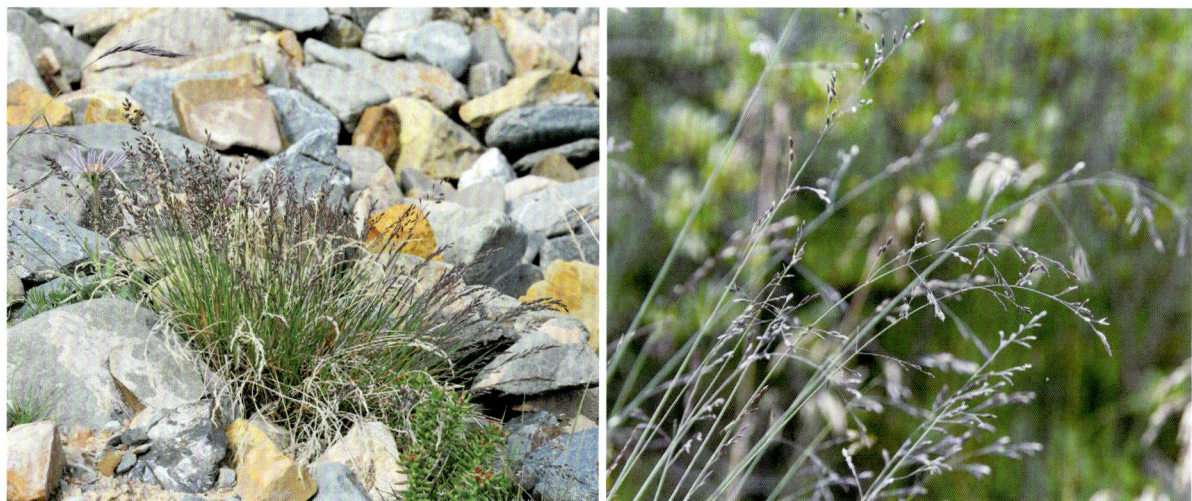

硬质早熟禾
Poa sphondylodes Trin.

多年生草本，高30～60厘米。秆具3～4节。叶片长3～7厘米，宽1毫米。圆锥花序紧缩而稠密，长3～10厘米，宽约1厘米；分枝长1～2厘米，4～5枚着生于主轴各节；小穗绿色，熟后草黄色，长5～7毫米，含4～6小花。

产于洮河南岸。生于海拔2600米左右山坡草地、干燥沙地。

碱茅
Puccinellia distans (Linn.) Parl.

多年生草本，高20～60厘米。秆具2～3节，常压扁。叶鞘长于节间，顶生者长约10厘米；叶片线形，长2～10厘米，宽1～2毫米，扁平或对折。圆锥花序开展，长5～15厘米，宽5～6厘米，每节具2～6分枝；分枝细长，平展或下垂；小穗含5～7小花；颖具细齿裂；外稃边缘具不整齐细齿。

产于大峪沟、车巴沟、洮河南岸。生于海拔2600～3100米轻度盐碱性湿润草地、田边、盐化沙地。

黑麦草
Lolium perenne Linn.

多年生草本，高30～90厘米。秆具3～4节。叶舌长约2毫米；叶片线形，长5～20厘米，宽3～6毫米，具微毛，有时具叶耳。穗状花序直立或稍弯，长10～20厘米，宽5～8毫米；颖披针形，长为小穗的1/3；外稃长圆形，基盘明显，顶端无芒；内稃与外稃等长，两脊生短纤毛。

产于大峪沟、卡车沟、洮河南岸。生于海拔2560～3000米草地、路旁。

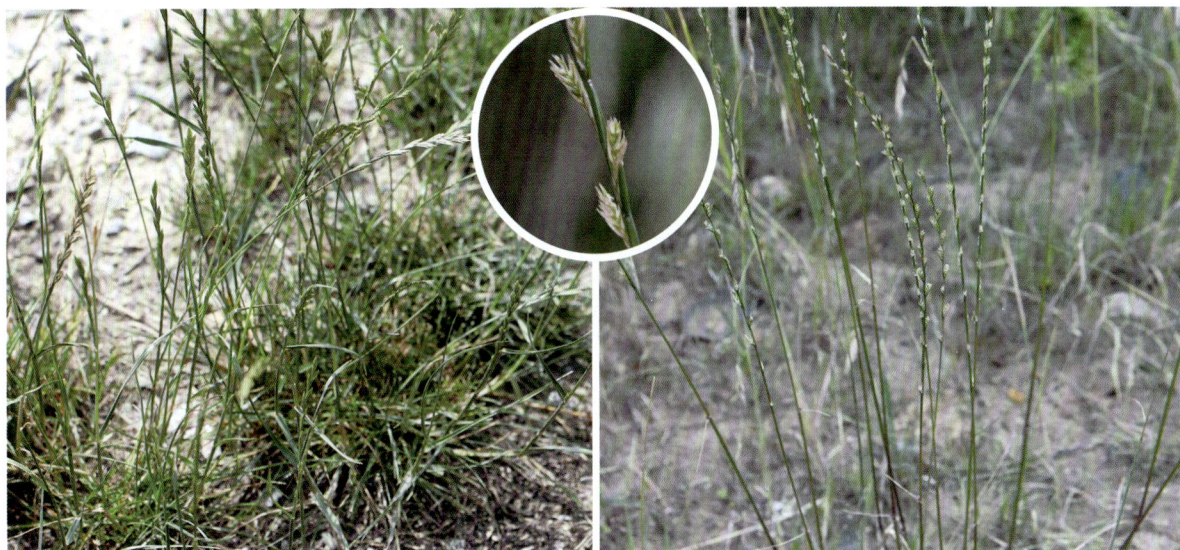

疏花黑麦草
Lolium remotum Schrank

一年生草本，高30～80厘米。秆细弱。叶片线形，扁平，长达25厘米，宽1～6毫米。穗形总状花序长6～12厘米，细瘦，穗轴平滑；小穗长8～16毫米，含5～7小花；颖线形，长6～16毫米，短于其小穗；外稃长4～5毫米，无芒。

产于洮河南岸。生于海拔2580米田边、路旁。

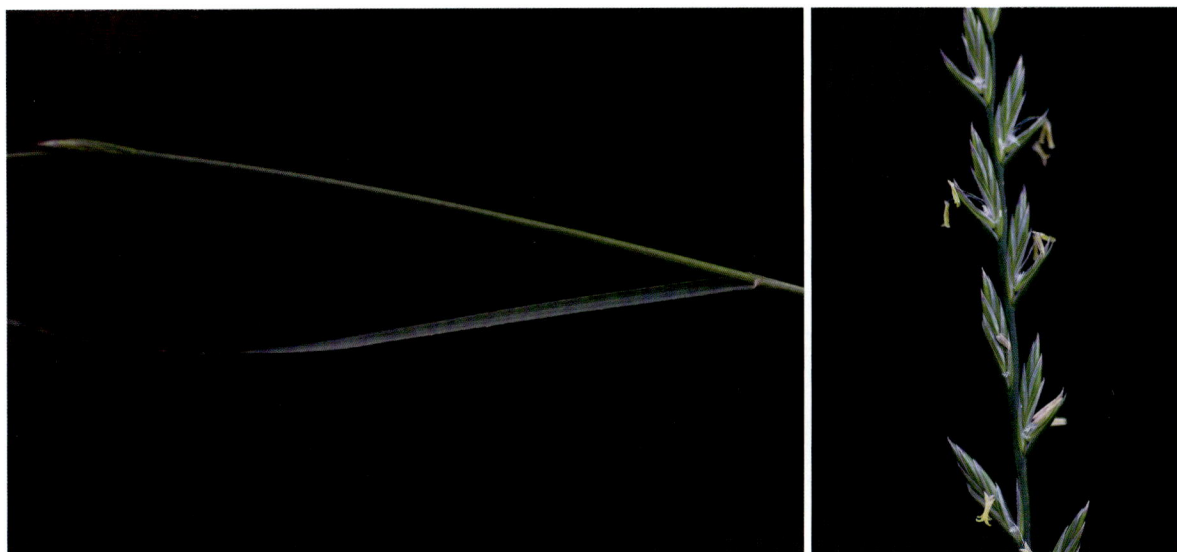

欧黑麦草
Lolium persicum **Boiss. et Hoh. ex Boiss.**

　　一年生草本，高20～70厘米。秆具3～4节。叶片线形，长10～15厘米，宽2～3毫米，扁平。穗形总状花序长10～20厘米，穗轴节间长1～2厘米；小穗含5～7小花，长10～15毫米；颖长约1厘米；外稃披针形，长9～15毫米，芒长7～12毫米。

　　产于洮河南岸。生于海拔2580米河边、山坡、路旁、盐碱地。

广序臭草
Melica onoei **Franch. et Sav.**

　　多年生草本，高75～150厘米。秆具10余节。叶鞘闭合几达鞘口，紧密抱茎，长于节间；叶舌长约0.5毫米；叶片长10～25厘米，宽3～14毫米，上面常带白粉色，两面均粗糙。圆锥花序开展成金字塔形，长15～35厘米，每节具2～3分枝；小穗柄细弱；小穗绿色，线状披针形，长5～7毫米，含孕性小花2～3枚，顶生不育外稃1枚。

　　产于大峪沟、卡车沟、色树隆沟。生于海拔2700～3100米山坡阴湿处或林下。

无芒雀麦

Bromus inermis **Leyss.**

多年生草本，高50～120厘米。叶片扁平，长20～30厘米，宽4～8毫米。圆锥花序长10～20厘米，较密集，花后开展；分枝长达10厘米，着生2～6枚小穗，3～5枚轮生于主轴各节；小穗含6～12花，长15～25毫米；颖披针，第一颖长4～7毫米，第二颖长6～10毫米；外稃长8～12毫米，顶端无芒；内稃短于外稃。

产于大峪沟。生于海拔2600米左右林缘草地、山坡、谷地、路旁。

雀麦

Bromus japonicus **Thunb. ex Murr.**

一年生草本，高40～90厘米。叶鞘闭合，被柔毛；叶舌膜质，长1～2.5毫米；叶片线形，长12～30厘米，宽4～8毫米，两面生柔毛。圆锥花序疏松开展，长20～30厘米，宽5～10厘米，具2～8分枝，向下弯垂；分枝长5～10厘米，上部着生1～4枚小穗；小穗黄绿色，密生7～11小花，长12～20毫米；颖近等长；芒长5～10毫米，成熟后外弯。

产于冰角村、车巴沟。生于海拔2500～3100米山坡林缘、荒野路旁、河漫滩湿地。

短柄草
***Brachypodium sylvaticum* (Huds.) Beauv.**

科 **禾本科 Gramineae**
属 **短柄草属 *Brachypodium***

多年生草本，高50～90厘米。秆具6～7节，节密生细毛。叶鞘大多短于节间，被倒向柔毛；叶舌长1～2毫米；叶片长10～30厘米，宽6～12毫米。穗形总状花序长10～18厘米，着生10余枚小穗；穗轴节间长1～2厘米；小穗圆筒形，长20～30毫米，含6～16小花；颖披针形，上部与边缘被短毛；芒细直，长8～12毫米。

产于卡车沟。生于海拔2700米左右林下、林缘、灌丛。

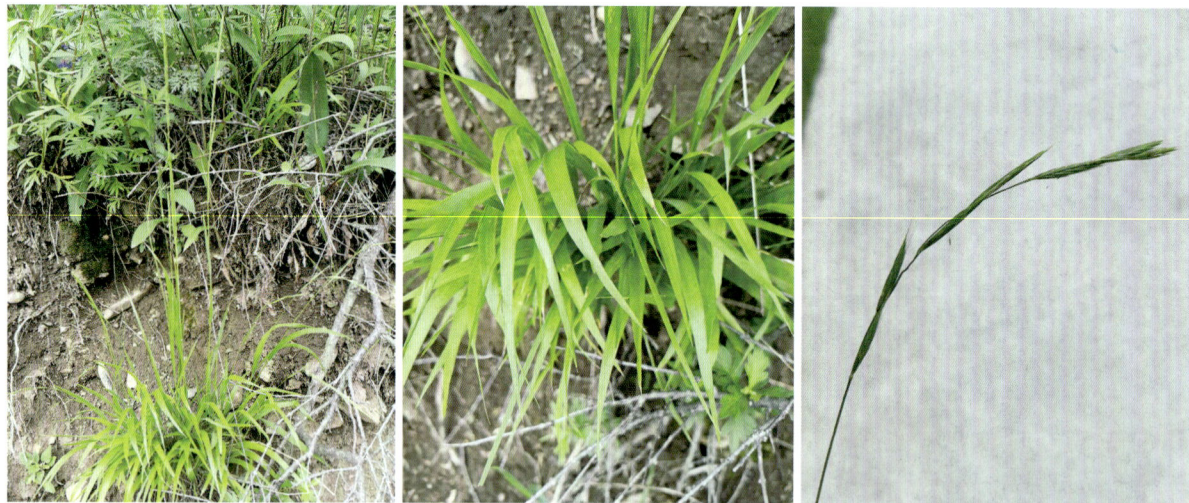

老芒麦
***Elymus sibiricus* Linn.**

科 **禾本科 Gramineae**
属 **披碱草属 *Elymus***

多年生草本，高60～90厘米。叶鞘无毛；叶片扁平，长10～20厘米，宽5～10毫米。穗状花序较疏松而下垂，长15～20厘米，每节具2枚小穗，有时基部和上部的各节仅具1枚小穗；小穗灰绿色或稍带紫色，含4～5小花；颖狭披针形，先端渐尖或具长达4毫米的短芒；外稃披针形，第一外稃顶端芒长15～20毫米。

产于色树隆沟。生于海拔3000～3100米路旁和山坡上。

短芒披碱草

Elymus breviaristatus (Keng) Keng f.

科　禾本科 Gramineae
属　披碱草属 *Elymus*

多年生草本，高约70厘米。叶鞘光滑；叶片扁平，长4～12厘米，宽3～5毫米。穗状花序疏松，柔弱而下垂，长10～15厘米；小穗灰绿色稍带紫色，长13～15毫米，含4～6小花；颖长圆状披针形，先端渐尖或具短尖头；外稃披针形，第一外稃顶端具长2～5毫米的粗糙短芒。

产于拉力沟、洮河南岸。生于海拔2580～3000米山坡上。

垂穗披碱草

Elymus nutans Griseb.

科　禾本科 Gramineae
属　披碱草属 *Elymus*

多年生草本，高50～70厘米。叶片扁平，长6～8厘米，宽3～5毫米。穗状花序较紧密，通常曲折而先端下垂，长5～12厘米，基部的1～2节均不具发育小穗；小穗绿色，成熟后带紫色，长12～15毫米，含3～4小花；颖长圆形，先端渐尖或具长1～4毫米的短芒；第一外稃顶端延伸成粗糙的芒，芒向外反曲或稍展开，长12～20毫米。

产于旗布沟、拉力沟、洮河南岸。生于海拔2580～3150米草地、路旁、林缘。

禾本科

禾本科

3
被子植物

麦薲草
Elymus tangutorum (Nevski) Hand.-Mazz.

科 禾本科 Gramineae
属 披碱草属 *Elymus*

多年生草本，高可达120厘米。叶片扁平，长10～20厘米，宽6～14毫米。穗状花序直立；小穗长8～15厘米，每节具2枚小穗，接近先端各节仅1枚小穗；小穗绿色稍带有紫色，长9～15毫米，含3～4小花；颖披针形，长7～10毫米，先端具长1～3毫米的短芒；第一外稃长8～12毫米，芒粗糙，长3～11毫米；内稃与外稃等长。

产于大峪沟、车巴沟。生于海拔2560～3100米山坡、草地。

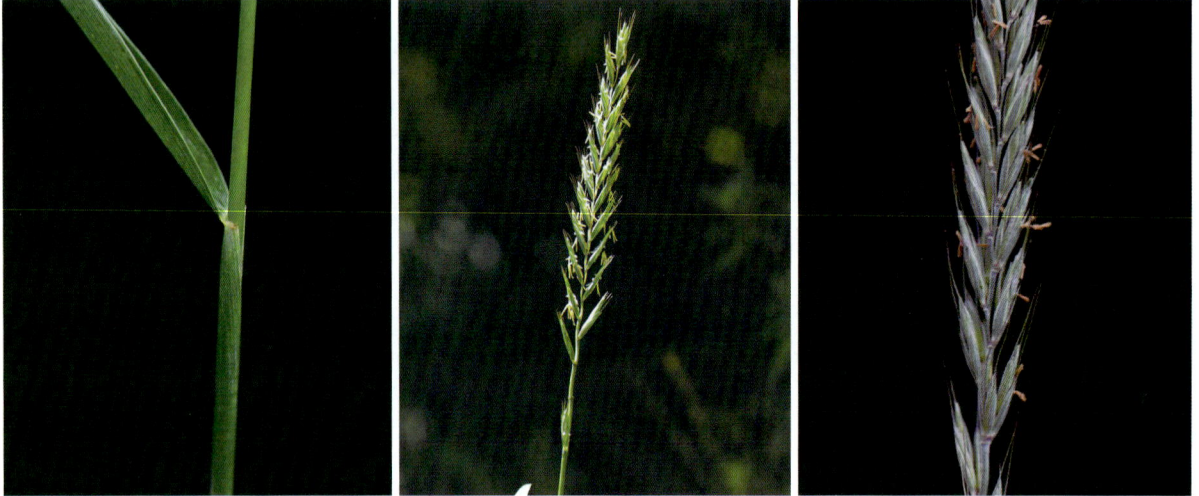

圆柱披碱草
Elymus cylindricus (Franch.) Honda

科 禾本科 Gramineae
属 披碱草属 *Elymus*

多年生草本，高40～80厘米。叶鞘无毛；叶片干后内卷，长5～12厘米，宽约5毫米。穗状花序直立，长7～14厘米，粗约5毫米，除接近先端各节仅具1枚小穗外，其余各节具2小穗；小穗绿色或带有紫色，长9～11毫米（芒除外），含2～3小花；颖披针形，长7～8毫米，先端具长达4毫米的短芒；外稃披针形，全部被微小短毛，顶端芒粗糙，长6～13毫米；内稃脊上有纤毛。

产于车巴沟。生于海拔2900米左右山坡或路旁草地。

毛披碱草

Elymus villifex C. P. Wang et H. L. Yang

科 禾本科 Gramineae
属 披碱草属 Elymus

多年生草本，高60～75厘米。叶鞘密被长柔毛；叶两面及边缘被长柔毛，长9～15厘米，宽3～6毫米。穗状花序微弯曲，长9～12厘米；每节生2枚小穗，上部及下部仅具1枚，小穗长6～10毫米，含2～3小花；颖窄披针形，长4.5～7.5毫米，先端渐尖成长1.5～2.5毫米的芒尖；外稃长圆状披针形，上部疏被短硬毛；内稃脊上被短纤毛。

产于鲁延沟口。生于海拔2910米左右山沟、低湿草地。

窄颖赖草

Leymus angustus (Trin.) Pilger

科 禾本科 Gramineae
属 赖草属 Leymus

多年生草本，高60～100厘米。秆具3～4节。叶鞘常短于节间；叶片长15～25厘米，宽5～7毫米，粉绿色，大部内卷。穗状花序直立，长15～20厘米，宽7～10毫米；小穗2枚生于1节，长10～14毫米，含2～3小花；颖线状披针形，长10～13毫米；外稃披针形，密被柔毛，顶端延伸成长约1毫米的芒。

产于大峪沟。生于海拔2560米左右盐渍化草地。

赖草

Leymus secalinus (Georgi) Tzvel.

多年生草本，高40～100厘米。秆具3～5节。叶鞘无毛；叶舌长1～1.5毫米；叶片长8～30厘米，宽4～7毫米，扁平或内卷。穗状花序直立，长10～24厘米，宽10～17毫米，灰绿色；小穗长10～20毫米，含4～10个小花；颖短于小穗，线状披针形，先端狭窄如芒；外稃披针形，先端渐尖或具长1～3毫米的芒。

产于大峪沟。生于海拔2560米左右山地、草原。

芒洽草

Koeleria litvinowii Dom.

多年生草本，高25～50厘米。叶鞘遍布柔毛，上部叶鞘膨大；叶片扁平，边缘具较长的纤毛，长3～5厘米，宽2～4毫米。圆锥花序穗状，长圆形，下部常有间断，长4.5～12厘米；小穗长5～6毫米，含2个小花；颖长圆形至披针形；外稃披针形，顶端芒长1～2.5毫米。

产于扎路沟。生于海拔3600米左右山坡草地。

银洽草

Koeleria litvinowii Dom. subsp. *argentea* (Griseb.)
S. M. Phillips et Z. L. Wu

与芒洽草的区别：叶鞘通常无毛。圆锥花序灰绿色；外稃先端具2短尖。

产于扎路沟、光盖山。生于海拔3100～3400米草地、砾石中。

野燕麦

Avena fatua Linn.

一年生草本，高60～120厘米。秆具2～4节。叶鞘松弛；叶片扁平，长10～30厘米，宽4～12毫米。圆锥花序开展，金字塔形，长10～25厘米；小穗长18～25毫米，含2～3小花，其柄弯曲下垂；颖草质，几相等；外稃质地坚硬，第一外稃背面中部以下具硬毛，芒长2～4厘米，膝曲，芒柱扭转。

产于卡车沟。生于海拔2780米荒芜田野或为田间杂草。

虉草
Phalaris arundinacea Linn.

多年生草本，高60～140厘米。秆有6～8节。叶鞘无毛；叶片扁平，长6～30厘米，宽1～1.8厘米。圆锥花序紧密狭窄，长8～15厘米，分枝直向上举，密生小穗；小穗长4～5毫米；颖沿脊上粗糙；孕花外稃宽披针形，上部有柔毛；内稃舟形，背具1脊；不孕外稃2枚，退化为线形，具柔毛。

产于拉力沟、洮河南岸。生于海拔2600～2700米林下、潮湿草地或水湿处。

糙野青茅
Deyeuxia scabrescens (Griseb.) Munro ex Duthie

多年生草本，高60～100厘米。秆具3～4节。叶鞘疏松；叶舌披针形，长4～6毫米；叶片长15～25厘米，宽3～5毫米，内卷。圆锥花序紧密，长15～20厘米，宽约3厘米，分枝数枚簇生；小穗长4.5～6毫米；颖片长圆状披针形，粗糙；外稃长4～5毫米，顶端具细齿，芒长6～8毫米。

产于扎路沟。生于海拔3160米左右高山草地、岩石缝隙。

黄花野青茅

Deyeuxia flavens Keng

科 禾本科 Gramineae
属 野青茅属 *Deyeuxia*

多年生草本，高40～60厘米。秆具2节。叶片扁平，长3～12厘米，宽3～5毫米。圆锥花序疏松开展，长8～15厘米，宽5～8厘米，分枝细弱，长2.5～7厘米，常孪生，稀3或4枚簇生；小穗长4～6毫米，黄褐色或紫色；颖片卵状披针形；外稃长3.5～5毫米，顶端具2长约1毫米的短芒尖，芒长5～6毫米。

产于车巴沟。生于海拔3000米左右草地、灌丛。

假苇拂子茅

Calamagrostis pseudophragmites (Hall. f.) Koel.

科 禾本科 Gramineae
属 拂子茅属 *Calamagrostis*

多年生草本，高40～100厘米。叶舌膜质，长4～9毫米；叶片长10～30厘米，宽1.5～7毫米，扁平或内卷。圆锥花序长圆状披针形，疏松开展，长10～35厘米，宽2～5厘米，分枝簇生，直立，细弱；小穗长5～7毫米，草黄色或紫色；颖线状披针形，成熟后张开；外稃透明膜质；芒细直，长1～3毫米。

产于洮河南岸。生于海拔2640米山坡草地或河岸阴湿处。

拂子茅
***Calamagrostis epigeios* (Linn.) Roth**

科 **禾本科 Gramineae**
属 **拂子茅属 *Calamagrostis***

多年生草本，高45～100厘米。叶鞘短于或基部者长于节间；叶舌膜质，长5～9毫米；叶片长15～27厘米，宽4～13毫米，扁平或边缘内卷。圆锥花序紧密，圆筒形，具间断，长10～30厘米，中部径1.5～4厘米，分枝直立或斜上升；小穗长5～7毫米；两颖近等长或第二颖微短；外稃顶端具2齿；芒细直，长2～3毫米。

产于车巴沟。生于海拔2900～3100米潮湿地及沟渠旁。

巨序剪股颖
***Agrostis gigantea* Roth**

科 **禾本科 Gramineae**
属 **剪股颖属 *Agrostis***

多年生草本，高30～130厘米。秆具2～6节。叶片扁平，长5～30厘米，宽0.3～1厘米。花序长圆形或尖塔形，疏松或紧缩，长10～25厘米，宽3～10厘米，每节具5至多数分枝；小穗草绿色或带紫色，长2～2.5毫米；颖片舟形；无芒。

产于下巴沟。生于海拔2700米左右山坡和山谷草地上。

华北剪股颖

Agrostis clavata Trin.

| 科 | 禾本科 Gramineae |
| 属 | 剪股颖属 *Agrostis* |

多年生草本，高35～90厘米。秆具3～4节。叶片扁平，长6～15厘米，宽1.5～5毫米。圆锥花序疏松开展，长10～24厘米，宽5～10厘米，分枝纤细，每节具2至多数分枝；小穗黄绿色或带紫色，长约2毫米；两颖近等长；无芒。

产于八十沟、旗布沟、扎路沟。生于海拔2800～3200米林下、林缘。

疏花剪股颖

Agrostis perlaxa Pilger

| 科 | 禾本科 Gramineae |
| 属 | 剪股颖属 *Agrostis* |

多年生草本，高达50厘米。秆具3节，平滑。叶片扁平，长6～10厘米，宽1.5～2毫米。圆锥花序细瘦，披针形或宽线形，花后开展，长10～20厘米，宽1～4厘米，每节具2～3分枝；小穗黄绿色；芒膝曲，长2～8毫米。

产于车巴沟。生于海拔3000米湿润处。

菵草
Beckmannia syzigachne (Steud.) Fern.

　　一年生直立草本，高15～90厘米。秆具2～4节。叶鞘无毛，长于节间；叶舌膜质，长3～8毫米；叶片扁平，长5～20厘米，宽3～10毫米。圆锥花序长10～30厘米，分枝稀疏；小穗扁平，圆形，常含1小花，长约3毫米；颖边缘白色，背部灰绿色。

　　产于大峪沟、八十沟、扎路沟、车巴沟。生于海拔2600～3200米湿地、水沟边及浅的流水中。

高山梯牧草
Phleum alpinum Linn.

　　多年生草本，高14～60厘米。秆具3～4节。叶鞘松弛；叶舌膜质，长2～3毫米；叶片直立，长2～13厘米，宽2～9毫米。圆锥花序短圆柱状，暗紫色；小穗扁压，长圆形；颖长3～4毫米，脊上具硬纤毛，顶端具长1.5～3毫米的短芒。

　　产于章巴库沟、扎路沟。生于海拔3100～3500米草地。

长芒草

Stipa bungeana Trin.

科 禾本科 Gramineae
属 针茅属 *Stipa*

多年生密丛型草本，高20～60厘米。秆有2～5节。叶片纵卷似针状，秆生者长3～15厘米，基生者长可达17厘米。圆锥花序长约20厘米，每节有2～4细弱分枝，小穗灰绿色或紫色；两颖近等长，先端延伸成细芒；芒两回膝曲扭转，第一芒柱长1～1.5厘米，第二芒柱长0.5～1厘米，芒针长3～5厘米，稍弯曲。

产于加当湾。生于海拔2540米左右石质山坡。

短花针茅

Stipa breviflora Griseb.

科 禾本科 Gramineae
属 针茅属 *Stipa*

多年生密丛型草本，高20～60厘米。秆具2～3节。叶片纵卷如针状。圆锥花序狭窄，基部常为顶生叶鞘所包藏，分枝细而光滑，孪生，上部可再分枝而具少数小穗；小穗灰绿色或呈浅褐色；颖披针形，长1～1.5厘米；外稃长5.5～7毫米；芒两回膝曲扭转，第一芒柱长1～1.6厘米，第二芒柱长0.7～1厘米，具柔毛，芒针长3～6厘米，具羽状毛。

产于光盖山。生于海拔3800～3900米石质山坡。

芨芨草

Achnatherum splendens (Trin.) Nevski

科 **禾本科 Gramineae**
属 **芨芨草属 *Achnatherum***

多年生密丛型草本，高 50～250 厘米。秆无毛。叶鞘无毛；叶舌长 5～15 毫米；叶片纵卷，长 30～60 厘米，宽 5～6 毫米。圆锥花序长 30～60 厘米，开展，分枝细弱，2～6 枚簇生，长 8～17 厘米；小穗灰绿色，基部带紫褐色；颖膜质，披针形；外稃背部密生柔毛；芒长 5～12 毫米，易断落。

产于卡车沟、洮河南岸。生于海拔 2580～2620 米微碱性的草滩及沙土山坡上。

狗尾草

Setaria viridis (Linn.) Beauv.

科 **禾本科 Gramineae**
属 **狗尾草属 *Setaria***

一年生草本，高 10～100 厘米。叶鞘松弛，边缘具较长的密绵毛状纤毛；叶片扁平，长三角状狭披针形或线状披针形，长 4～30 厘米，宽 2～18 毫米，边缘粗糙。圆锥花序紧密呈圆柱状或基部稍疏离，长 2～15 厘米；刚毛长 4～12 毫米，通常绿色、褐黄色至紫色；小穗椭圆形，长 2～2.5 毫米。

产于车巴沟。生于海拔 2900 米左右荒野、道旁。

金色狗尾草
Setaria glauca (Linn.) Beauv.

科 禾本科 Gramineae
属 狗尾草属 *Setaria*

　　一年生草本，高20～90厘米。叶鞘下部扁压；叶舌具一圈纤毛；叶片线状披针形或狭披针形，长5～40厘米，宽2～10毫米。圆锥花序紧密呈圆柱状或狭圆锥状，长3～17厘米，直立；刚毛金黄色或稍带褐色，长4～8毫米；小穗卵圆形。

　　产于洮河南岸。生于海拔2500～2620米林边、山坡、路边和荒地。

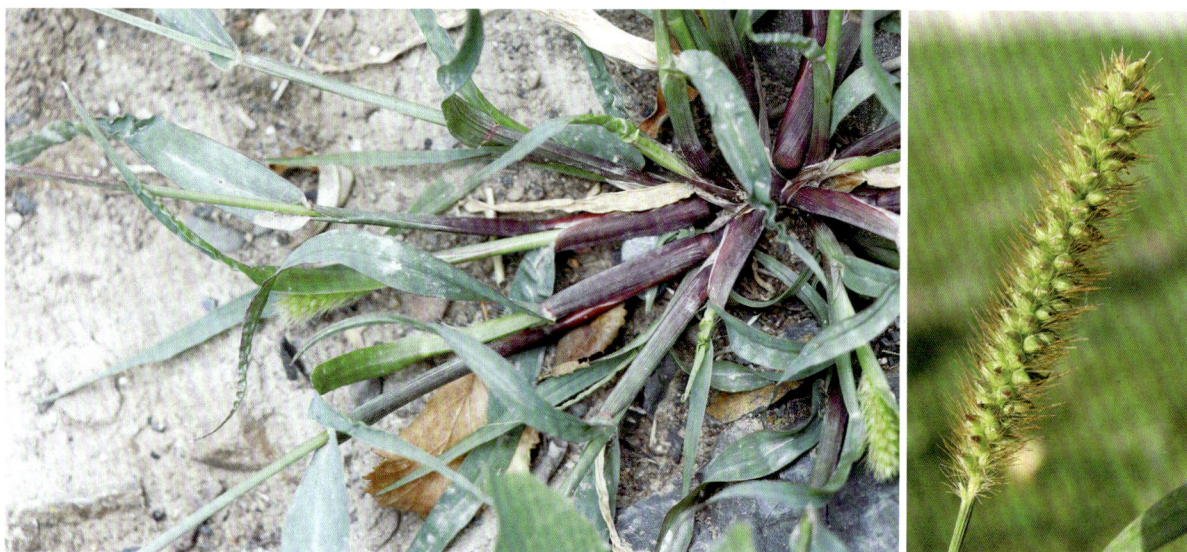

白草
Pennisetum centrasiaticum Tzvel.

科 禾本科 Gramineae
属 狼尾草属 *Pennisetum*

　　多年生草本，高20～90厘米。秆单生或丛生。叶鞘疏松；叶片狭线形，长10～25厘米，宽5～10毫米，两面无毛。圆锥花序紧密，直立或稍弯曲，长5～15厘米，宽约10毫米；刚毛长8～15毫米，灰绿色或紫色；小穗通常单生，卵状披针形，长3～8毫米；第一小花雄性；第二小花两性。

　　产于术布电站附近。生于海拔2600～2650米山坡和干燥处。

蔗草
Scirpus triqueter Linn.

科 莎草科 Cyperaceae
属 蔗草属 *Scirpus*

多年生草本。秆三棱形，高20~90厘米，基部具2~3个鞘。叶扁平，长1.3~8厘米。聚伞花序假侧生，有1~8个辐射枝；苞片1枚，为秆的延长，三棱形，长1.5~7厘米；每辐射枝顶端有1~8个簇生的小穗；小穗卵形或长圆形，长6~15毫米，密生多花。

产于洮河南岸。生于海拔2640米左右水沟或沼泽地。

水葱
Scirpus validus Vahl

科 莎草科 Cyperaceae
属 蔗草属 *Scirpus*

多年生草本。秆圆柱状，高1~2米，基部具3~4个叶鞘，鞘长可达38厘米。叶片线形，长1.5~11厘米。苞片1枚，为秆的延长，直立，钻状，常短于花序；长侧枝聚伞花序简单或复出，具4至多个辐射枝；小穗单生或2~3个簇生于辐射枝顶端，卵形或长圆形，长5~10毫米，具多数花。

产于洮河南岸。生于海拔2640米左右湖边或浅水塘中。

细秆藨草
Scirpus setaceus Linn.

矮小丛生草本，高3～12厘米。秆直径约0.5毫米，圆柱状。叶片线状，短于秆，有时很短，呈三角形，或有时只有叶鞘。小穗单生或2～3个簇生于秆的顶端，卵形，长2.5～4毫米，具多数花；苞片1～2枚，卵状披针形，长3～10毫米；鳞片卵形，长1.5毫米；花柱短，柱头2～3个，细长。

产于车巴沟、下巴沟。生于海拔2600～3100米水边、潮湿地。

华扁穗草
Blysmus sinocompressus Tang et Wang

多年生草本。秆扁三棱形，高5～30厘米。叶短于秆，边略内卷并有疏而细的小齿，宽1～3.5毫米；苞片叶状，一般高出花序。穗状花序1个，顶生，长圆形，长1.5～3厘米，宽6～11毫米；小穗3～10个，排成二列或近二列，最下部1至数个小穗常远离；小穗卵形或长椭圆形，长5～7毫米。小坚果宽倒卵形，长2毫米。

产于大峪沟、尼玛尼嘎沟、桑布沟、三角石沟、章巴库沟、拉力沟。生于海拔2600～3000米潮湿地区。

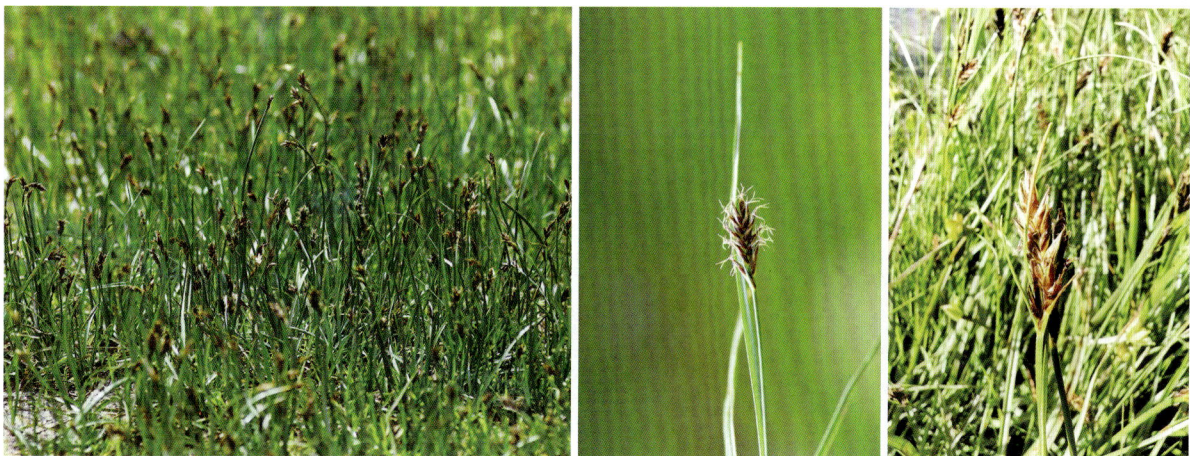

少花荸荠

Heleocharis pauciflora (Lightf.) Link

科 莎草科 Cyperaceae
属 荸荠属 *Heleocharis*

　　多年生草本。秆钝五棱柱状，灰绿色，高3～30厘米。叶缺如，只在秆基部有1～2叶鞘。小穗卵形或球形，长4～7毫米，淡褐色，有2～7朵花，小穗基部的一片鳞片不育，其余鳞片全有花，卵状披针形；柱头3。

　　产于车巴沟。生于海拔3000米左右沼泽、湿地。

具刚毛荸荠

Heleocharis valleculosa Ohwi f. *setosa* (Ohwi) Kitag.

科 莎草科 Cyperaceae
属 荸荠属 *Heleocharis*

　　多年生草本。秆圆柱状，高6～50厘米。叶缺如，在秆的基部有1～2个长叶鞘。小穗长圆状卵形或线状披针形，长7～20毫米，有多数密生的两性花；小穗基部有2片鳞片无花，其余鳞片全有花，卵形或长圆状卵形；下位刚毛4条，其长明显超过小坚果，具密的倒刺；柱头2。

　　产于洮河南岸。生于海拔2640米左右浅水中。

甘肃嵩草

Kobresia kansuensis Kukenth.

科 莎草科 Cyperaceae

属 嵩草属 *Kobresia*

多年生草本，高30～90厘米。秆坚挺，三棱形。叶短于秆，宽6～10毫米。圆锥花序紧缩，圆锥形或圆柱形，长3.5～6.5厘米，粗1～1.2厘米；苞片鳞片状；小穗多数，密集，下部的线状长圆形，长1.5～2.5厘米，向上渐短；支小穗多数，密生；鳞片长圆状披针形，长4～6毫米。小坚果三棱形，长3～5毫米。

产于旗布沟、扎路沟、车巴沟。生于海拔3000～3320米高山灌丛、河漫滩、潮湿草地、山坡阴处和林边草地。

膨囊薹草

Carex lehmannii Drejer

科 莎草科 Cyperaceae

属 薹草属 *Carex*

多年生草本。秆三棱形，高15～70厘米。叶与秆近等长，宽2～5毫米。苞片叶状，长于花序。小穗3～5个，顶生，雌雄顺序，长圆形，长5～8毫米；侧生小穗雌性，卵形或长圆形，长5～9毫米；雌花鳞片宽卵形，暗紫色或中间淡绿色。果囊倒卵形，长2～2.2毫米，顶端具暗紫红色的短喙。

产于大峪沟、阿角沟、八十沟、小阿角沟、尼玛尼嘎沟、旗布沟、桑布沟、博峪沟、拉力沟、卡车沟、鲁延沟、业目沟、车巴沟、华尔盖沟、粒珠沟、下巴沟。生于海拔2560～3200米山坡草地、林中和溪边。

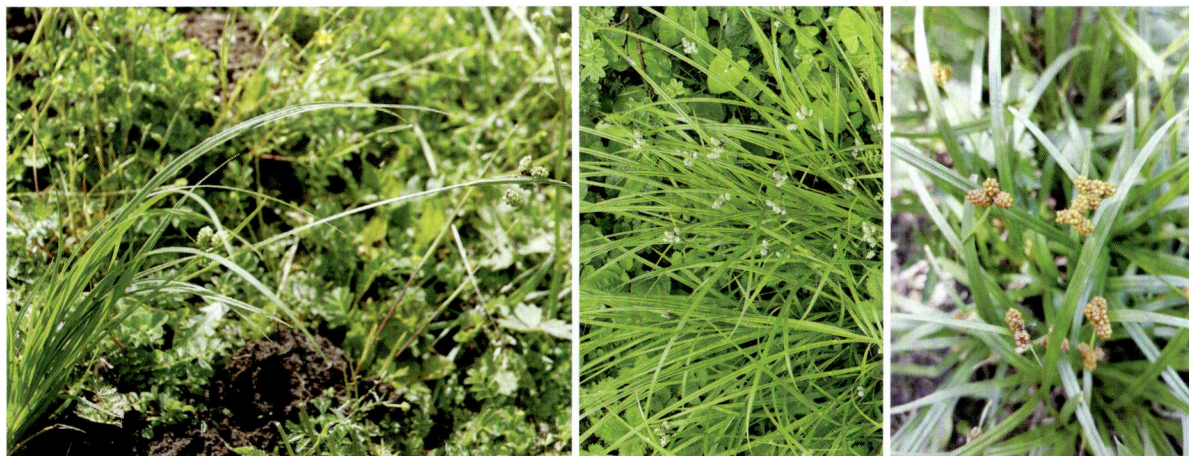

黑褐穗薹草

Carex atrofusca Schkuhr subsp. *minor* (Boott) T. Koyama

　　多年生草本。秆三棱形。叶平展。苞片最下部1个短叶状，上部的鳞片状。小穗2～5个，顶生1～2个雄性，其余雌性，长圆形；小穗柄稍下垂。雌花鳞片卵状披针形，暗紫红色，边缘白色膜质。果囊长于鳞片，长圆形，上部暗紫色，下部麦秆黄色，顶端急缩成短喙。

　　产于八十沟、拉力沟、扎路沟。生于海拔2850～3700米高山草地、杂木林下。

云雾薹草

Carex nubigena D. Don

　　多年生草本。秆三棱形，高10～70厘米。叶短于秆，线形，平展或对折。苞片下部的1～2枚叶状，显著长于花序，上部的刚毛状。小穗多数，卵形，长5～9毫米，雄雌顺序；穗状花序圆柱形，长2.5～5厘米，先端密集，下部离生；鳞片绿白色；果囊长于鳞片，长2.5～3.5毫米，先端渐狭成长喙。

　　产于三角石沟。生于海拔2000～2400米生水边、林缘或山坡路旁。

一把伞南星

Arisaema erubescens (Wall.) Schott

　　多年生草本。块茎扁球形，直径达6厘米。鳞叶绿白色、粉红色，有紫褐色斑纹；叶1，极稀2，叶柄长40～80厘米，中部以下具鞘；叶片放射状分裂，裂片无定数，披针形至椭圆形，长渐尖。佛焰苞绿色，背面有清晰的白色条纹，或淡紫色至深紫色而无条纹，管部圆筒形，长4～8毫米；肉穗花序单性。浆果红色。

　　产于八十沟、达子多。生于海拔2500～2850米林下、灌丛、草坡、荒地。

小灯芯草

Juncus bufonius Linn.

　　一年生草本，高4～30厘米。叶基生和茎生；茎生叶常1枚，线形，扁平，长1～13厘米。花序二歧聚伞状，或排列成圆锥状，生于茎顶，花序分枝细弱而微弯；叶状总苞片长1～9厘米；花被片披针形；花柱短。蒴果三棱状椭圆形。

　　产于扎路沟、车巴沟、下巴沟。生于海拔3000～3240米湿草地、河边、沼泽地。

葱状灯芯草
Juncus allioides Franch.

科 **灯芯草科** Juncaceae
属 **灯芯草属** *Juncus*

多年生草本，高10～55厘米。低出叶鳞片状，褐色；基生叶常1枚，长可达21厘米；茎生叶常1枚，长1～5厘米；叶片圆柱形，稍压扁。头状花序单一顶生，有7～25朵花，直径10～25毫米；苞片3～5枚，披针形，最下方1～2枚较大，长1.5～2.3厘米；花被片披针形，长5～8毫米，膜质；花柱较长。蒴果长卵形，长5～7毫米。

产于大峪沟、八十沟、小阿角沟、旗布沟、章巴库沟、博峪沟、扎路沟、光盖山、车路沟。生于海拔2600～3700米山坡、草地和林下潮湿处。

单枝灯芯草
Juncus potaninii Buchen.

科 **灯芯草科** Juncaceae
属 **灯芯草属** *Juncus*

多年生草本，高6～15厘米。低出叶鞘状或鳞片状；茎生叶常2枚，下方1枚丝状，长5～11厘米，上方的长约2厘米。头状花序单生于茎顶，常具2花；苞片2～3枚，宽卵形，膜质；花被片披针形，长约4毫米。蒴果卵状长圆形，稍长于花被。

产于旗布沟、光盖山。生于海拔3100～3700米山坡林下阴湿地或岩石裂缝中。

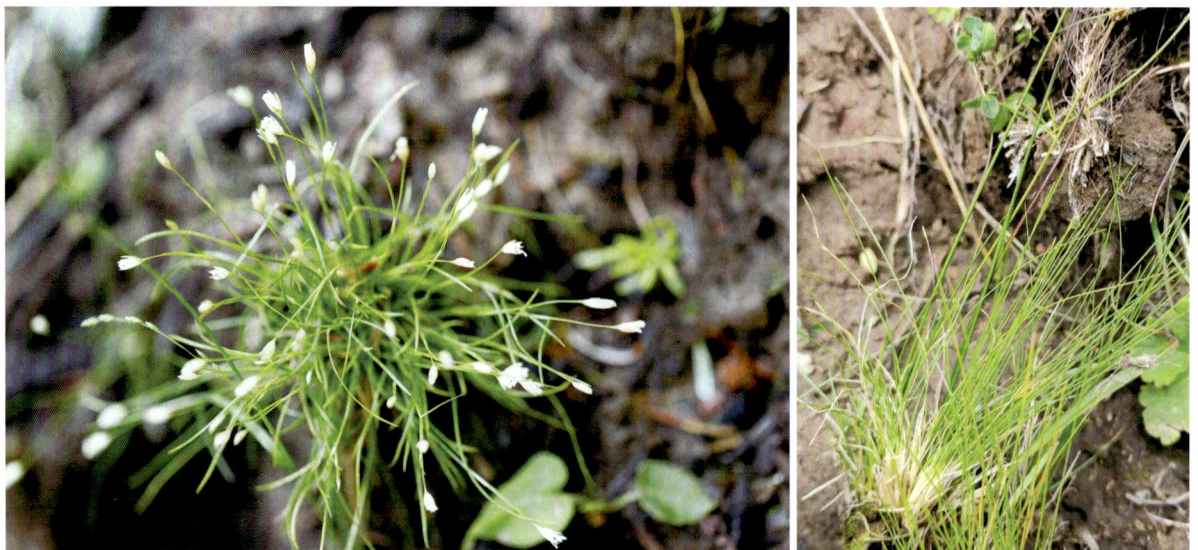

陕甘灯芯草
Juncus tanguticus G. Sam.

多年生草本，高8～25厘米。叶基生和茎生；低出叶鞘状，抱茎；基生叶线形；茎生叶常1枚，比茎短。头状花序单一顶生，倒圆锥形至半圆球形，直径0.8～1.2厘米，有4～8朵花；苞片4～5枚，卵状披针形，长5.5～7毫米；花被片外轮3片舟形，内轮者披针形，长约5毫米，膜质，淡白色至栗色；花柱长2～3毫米。果实三棱状卵球形，短于花被片。

产于旗布沟。生于海拔3190米左右山地。

喜马灯芯草
Juncus himalensis Klotzsch

多年生草本，高30～70厘米。低出叶较少，鞘状抱茎；基生叶3～4枚，长14～24厘米，叶鞘长6～15厘米；茎生叶1～2枚，线形，长18～31厘米。由3～7个头状花序组成顶生聚伞花序；头状花序直径6～10毫米，有3～8朵花；叶状总苞片1～2枚，线状披针形，长4～20厘米；花被片狭披针形，长5～6毫米。蒴果三棱状长圆形，长6.5～7.5毫米。

产于旗布沟、三角石沟、扎路沟。生于海拔2800～3350米山坡、草地、河谷水湿处。

多花地杨梅
Luzula multiflora (Ehrh.) Lej.

多年生草本，高16～35厘米。基生叶丛生；茎生叶1～3枚，线状披针形，长4～11厘米，宽1.5～3.5毫米，边缘具白色丝状长毛；鞘口密生丝状长毛。由5～12个头状花序排列成顶生聚伞花序；叶状总苞片线状披针形，长2～5厘米；头状花序半球形，直径4～7毫米，含3～8朵花；花被片披针形，长2.5～3毫米。蒴果三棱状倒卵形。

产于章巴库沟。生于海拔3170米左右林缘潮湿处。

岩菖蒲
Tofieldia thibetica Franch.

多年生草本。叶长4～20厘米，宽3～7毫米。花葶高10～35厘米；总状花序长2～12厘米；花梗长3～12毫米；花白色；花被片6枚；花柱3，分离，长约1毫米。蒴果倒卵状椭圆形，上端分裂一般不到中部，宿存花柱长1～1.5毫米。

产于八十沟、小阿角沟。生于海拔2800～2950米岩缝中。

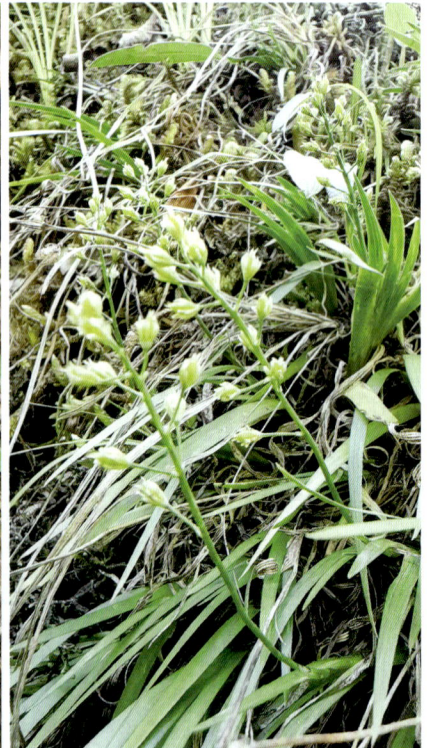

藜芦

Veratrum nigrum Linn.

多年生草本，高可达1米。叶椭圆形至卵状披针形，通常长22～25厘米，宽约10厘米，基部无柄或生于茎上部的具短柄。圆锥花序密生黑紫色花；侧生总状花序近直立伸展，长4～22厘米，通常具雄花；顶生总状花序常较侧生花序长2倍以上，几乎全部着生两性花；花被片6枚，开展或略反折，矩圆形，长5～8毫米，宽约3毫米。蒴果长1.5～2厘米，宽1～1.3厘米。

产于小阿角沟。生于海拔3200米左右山坡林下或草丛中。

川贝母

Fritillaria cirrhosa D. Don

多年生草本，高15～50厘米。鳞茎由2枚鳞片组成。叶条形，长4～12厘米，宽3～10毫米。花通常单朵，紫色至黄绿色，通常有小方格；每花有3枚叶状苞片；花被片长3～4厘米，外三片宽1～1.4厘米，内三片宽达1.8厘米。蒴果具狭翅。

产于八十沟。生于海拔2800米左右林中、灌丛下、草地。

华西贝母
Fritillaria sichuanica S. C. Chen

多年生草本，高20～50厘米。鳞茎具2～3鳞片，卵球形。叶4～10枚，基部的常对生，中上部的互生或对生；叶线形，长3～14厘米，宽2～8毫米，先端不卷曲。花1～3朵；每花具1枚叶状苞片；花俯垂，钟状；花梗长0.8～2.5厘米；花被片黄绿色，被紫色斑点或小方格，有时因斑点过密而使花被片呈紫色，长2.5～4厘米，宽5～13毫米。蒴果具窄翅。

产于拉力沟、卡车沟。生于海拔3000～3100米灌丛或草地上。

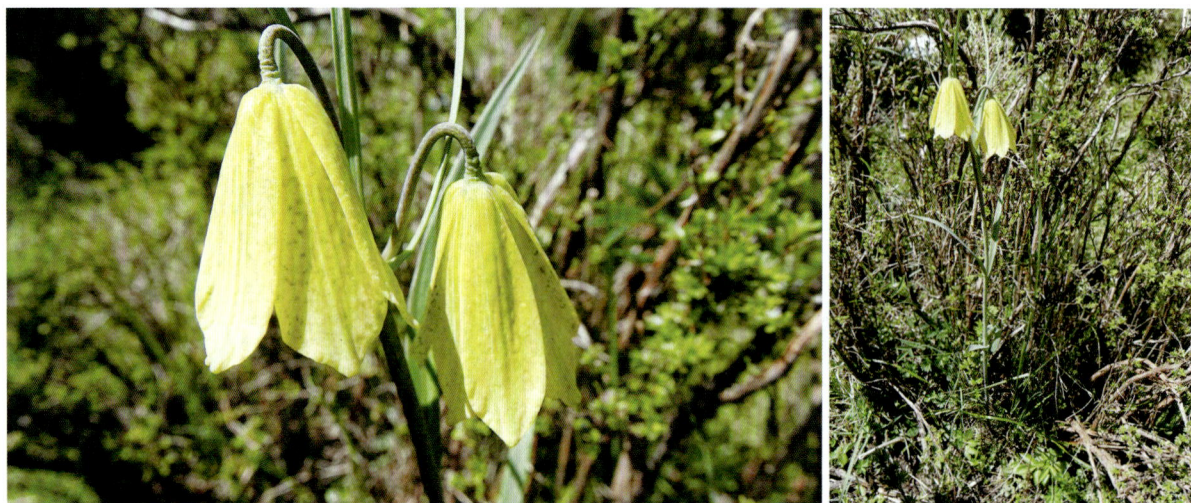

甘肃贝母
Fritillaria przewalskii Maxim. ex Batal.

多年生草本，高20～40厘米。鳞茎由2枚鳞片组成。叶条形，通常最下面的2枚对生，上面的2～3枚散生，长3～7厘米，宽3～4毫米，先端通常不卷曲。花单朵，少有2朵的，浅黄色，有黑紫色斑点；叶状苞片1枚；花被片长2～3厘米，宽6～7毫米。蒴果长约1.3厘米，宽1～1.2厘米，棱上的翅很狭。

产于八十沟、小阿角沟、旗布沟、车路沟。生于海拔2800～3150米灌丛或草地。

宝兴百合

Lilium duchartrei **Franch.**

科 **百合科** Liliaceae
属 **百合属** *Lilium*

　　多年生草本。鳞茎卵圆形；茎高50～85厘米，有淡紫色条纹。叶散生，披针形至矩圆状披针形，长4.5～5厘米，宽约1厘米。花单生或数朵排成总状花序或伞形总状花序；苞片叶状，长2.5～4厘米，宽4～6毫米；花梗长10～22厘米；花下垂，白色或粉红色，有紫色斑点；花被片反卷，长4.5～6厘米，宽1.2～1.4厘米。蒴果椭圆形，长2.5～3厘米，宽约2.2厘米。

　　产于大峪沟、八十沟、卡车沟。生于海拔2560～2820米高山草地、林缘或灌丛。

山丹

Lilium pumilum **DC.**

科 **百合科** Liliaceae
属 **百合属** *Lilium*

　　多年生草本。鳞茎卵形或圆锥形；茎高15～60厘米。叶散生于茎中部，条形，长3.5～9厘米，宽1.5～3毫米。花单生或数朵排成总状花序，鲜红色，下垂；花被片反卷，长4～4.5厘米，宽0.8～1.1厘米。蒴果矩圆形，长2厘米，宽1.2～1.8厘米。

　　产于大峪沟、达加沟。生于海拔2560米左右山坡草地或林缘。

卵叶韭
Allium ovalifolium Hand.-Mazz.

多年生草本。鳞茎单一或2～3枚聚生，近圆柱状。叶2枚，披针状矩圆形至卵状矩圆形，长6～15厘米，宽2～7厘米；叶柄明显，长1厘米以上。花葶高30～60厘米；总苞2裂，常宿存；伞形花序球状，具多而密集的花；小花梗近等长；花白色，稀淡红色；花被片狭矩圆形或卵形，先端钝或凹陷；花丝比花被片长。

产于八十沟、拉力沟。生于海拔2800～3100米林下、阴湿山坡、沟边或林缘。

川甘韭
Allium cyathophorum Bur. et Franch. var. *farreri* Stearn

多年生草本。鳞茎单生或数枚聚生，圆柱状。叶条形，背面呈龙骨状隆起，通常比花葶短，宽2～5毫米。花葶高13～35厘米；总苞单侧开裂，宿存；伞形花序近扇状，多花，松散；小花梗不等长，基部无小苞片；花紫红色至深紫色；花被片卵状披针形，内轮的稍长；花丝比花被片短。

产于八十沟、上卡车村、业母沟、达加沟。生于海拔2800～2900米山坡或草地。

青甘韭

Allium przewalskianum Regel

多年生草本。鳞茎外皮红色。叶半圆柱状至圆柱状，短于或略长于花葶。花葶高10～40厘米；总苞单侧开裂，宿存；伞形花序球状或半球状，具多而稍密集的花；小花梗近等长，基部无小苞片；花淡红色至深紫红色；花被片内轮的矩圆形，外轮的卵形；花丝长于花被片。

产于大峪沟、大钟山、上卡车村、刀告、扎古录。生于海拔2560～2850米干旱山坡、石缝、灌丛下或草坡。

短齿韭

Allium dentigerum Prokh.

多年生草本。鳞茎丛生，圆柱状。叶半圆柱状，短于花葶。花葶高15～35厘米；总苞2裂，宿存；伞形花序半球状至球状，具多而密集的花；小花梗近等长，基部无小苞片；花紫红色；外轮花被片卵形，内轮的卵状矩圆形，常有不规则小齿；花丝略短于或等长于花被片。

产于洮河南岸。生于海拔2670米左右山坡草地。

高山韭
Allium sikkimense Baker

多年生草本。鳞茎数枚聚生，圆柱状。叶狭条形，扁平，比花葶短。花葶高5～40厘米；总苞单侧开裂，早落；伞形花序半球状，具多而密集的花；小花梗近等长，基部无小苞片；花钟状，天蓝色；花被片卵形或卵状矩圆形，内轮的边缘常具1至数枚疏离的不规则小齿；花丝短于花被片。

产于扎路沟、光盖山。生于海拔3400～3700米山坡、草地、林缘或灌丛下。

多叶韭
Allium plurifoliatum Rendle

多年生草本。鳞茎常数枚簇生，圆柱状。叶条形，扁平，近与花葶等长。花葶高15～40厘米；总苞单侧开裂，宿存或早落；伞形花序稍松散；小花梗近等长，基部无小苞片；花淡红色、淡紫色至紫色；花被片内轮的卵状矩圆形，外轮的卵形；花丝长于花被片。

产于扎路沟、下巴沟。生于海拔2600～3300米山坡、草地或林下。

折被韭
Allium chrysocephalum Regel

　　多年生草本。鳞茎圆柱状。宽条形，扁平，略呈镰状弯曲，短于花葶。花葶高5～27厘米；总苞2～3裂，宿存；伞形花序球状或半球状，具多而密集的花；小花梗近等长；花亮草黄色；外轮花被片矩圆状卵形，舟状，内轮的矩圆状披针形，先端向外反折；花丝短于花被片。

　　产于光盖山。生于海拔3880米左右草地、岩石缝隙中。

野葱
Allium chrysanthum Regel

　　多年生草本。鳞茎圆柱状。叶圆柱状，中空，比花葶短。花葶高20～50厘米；总苞2裂；伞形花序球状，具多而密集的花；小花梗近等长，基部无小苞片；花黄色至淡黄色；花被片卵状矩圆形，外轮的稍短；花丝长于花被片。

　　产于八十沟、扎路沟。生于海拔2800～3200米山坡或草地。

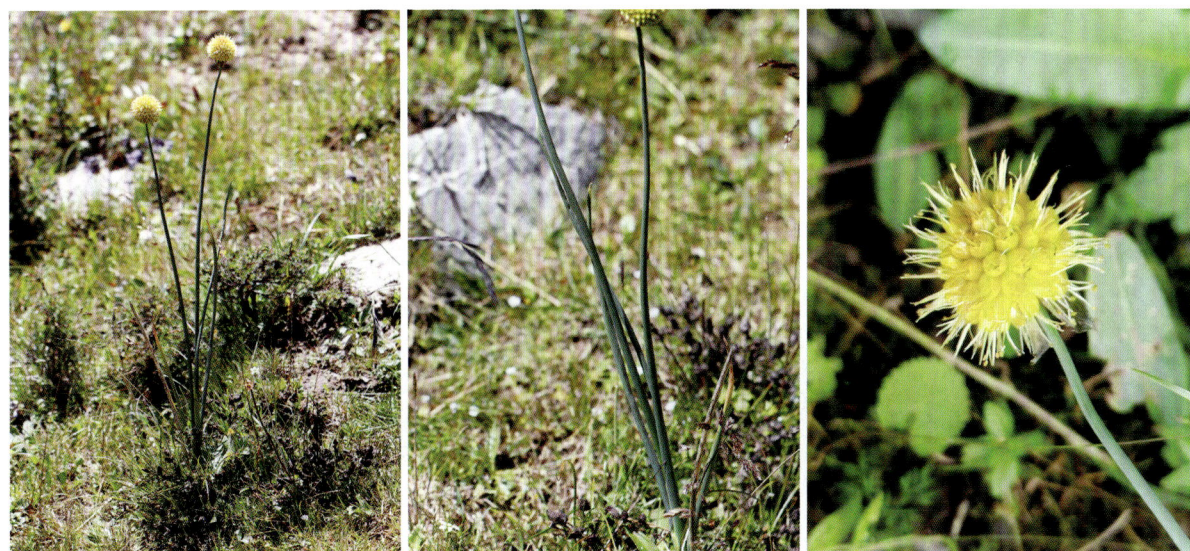

七筋姑
Clintonia udensis Trautv. et Mey.

科 **百合科 Liliaceae**
属 **七筋姑属 _Clintonia_**

多年生草本。叶3~4枚，纸质或厚纸质，椭圆形、倒卵状矩圆形或倒披针形，长8~25厘米，宽3~16厘米，基部成鞘状抱茎或后期伸长成柄状。花葶密生白色短柔毛，长10~20厘米，果期伸长可达60厘米；总状花序有花3~12朵；花白色；花被片矩圆形，长7~12毫米，宽3~4毫米。浆果球形至矩圆形，长7~14毫米。

产于八十沟。生于海拔2840米左右阴坡疏林下。

合瓣鹿药
Smilacina tubifera Batal.

科 **百合科 Liliaceae**
属 **鹿药属 _Smilacina_**

多年生草本，高10~30厘米。叶2~5枚，卵形或矩圆状卵形，长3~9厘米，宽2~4.5厘米，近无柄或具短柄。总状花序具2~3朵花，有时多达10朵花，长1~7厘米；花梗长1~4毫米；花白色，有时带紫色，直径5~6毫米，偶达10毫米；筒高1~2毫米；裂片矩圆形，长2.5~5毫米。浆果球形，直径6~7毫米。

产于八十沟、旗布沟。生于海拔2800~3100米林下阴湿处。

舞鹤草

Maianthemum bifolium (Linn.) F. W. Schmidt

科 **百合科** Liliaceae
属 **舞鹤草属** *Maianthemum*

多年生草本。茎高8～25厘米。茎生叶通常2枚，互生于茎上部，三角状卵形，长3～10厘米，宽2～9厘米，先端急尖至渐尖，基部心形，弯缺张开；叶柄长1～2厘米。总状花序直立，长3～5厘米，有10～25朵花；花白色，直径3～4毫米，单生或成对；花梗细，长约5毫米；花被片矩圆形，长2～2.5毫米。浆果直径3～6毫米，绿色，密被红色斑点。

产于大峪沟云江、加当湾沟、卡车沟。生于海拔2450～2720米高山阴坡林下。

扭柄花

Streptopus obtusatus Fassett

科 **百合科** Liliaceae
属 **扭柄花属** *Streptopus*

多年生草本，高15～35厘米。茎直立，不分枝或中部以上分枝。叶卵状披针形或矩圆状卵形，长5～8厘米，宽2.5～4厘米，基部心形，抱茎。花单生于上部叶腋，淡黄色，内面有时带紫色斑点，下垂；花梗长2～2.5厘米；花被片长8～9毫米，宽1～2毫米；花药长箭形，长3～4毫米；柱头3裂至中部以下。浆果红色，直径6～8毫米。

产于云江、博峪沟。生于海拔2450～2580米山坡针叶林下。

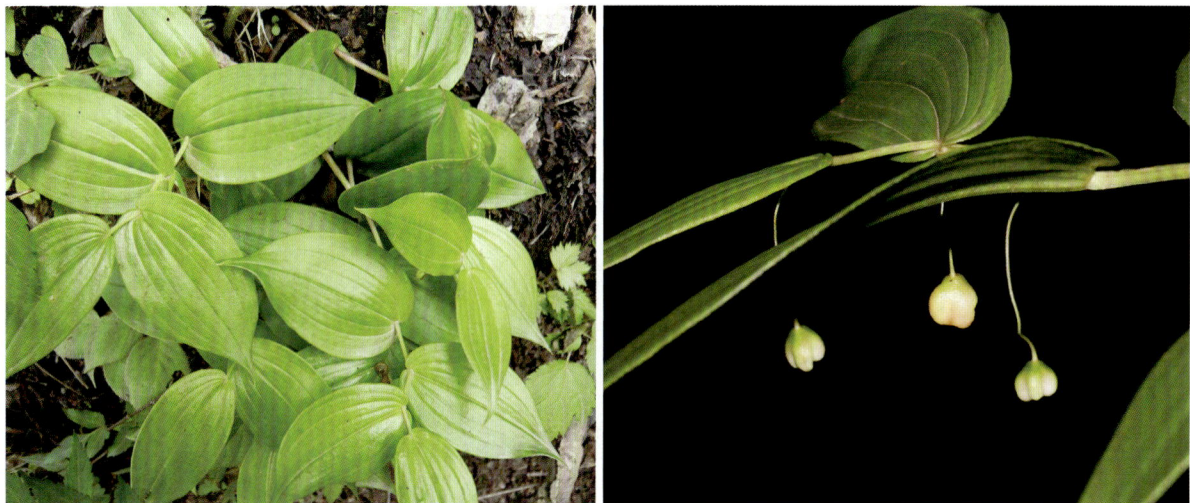

轮叶黄精
Polygonatum verticillatum (Linn.) All.

多年生草本。根状茎，一头粗，一头较细；茎高20～80厘米。3叶轮生，或间有少数对生或互生，矩圆状披针形至条形。花单朵或2～4朵组成花序；花梗长3～10毫米，俯垂；花被淡黄色或淡紫色，全长8～12毫米，裂片长2～3毫米。浆果红色，直径6～9毫米。

产于尼玛尼嘎沟、八十沟、革古村。生于海拔2780～2820米林下或山坡草地。

卷叶黄精
Polygonatum cirrhifolium (Wall.) Royle

多年生草本。根状茎肥厚，圆柱状或根状连珠状；茎高30～90厘米。叶3～6枚轮生，细条形至条状披针形，长4～12厘米，宽2～15毫米，先端拳卷或弯曲成钩状，边缘常外卷。花序轮生，通常具2花；总花梗长3～10毫米，花梗长3～8毫米，俯垂；花被淡紫色，长8～11毫米，裂片长约2毫米。浆果红色或紫红色，直径8～9毫米。

产于大峪沟、八十沟、拉力沟、革古村。生于海拔2560～3000米林下、山坡或草地。

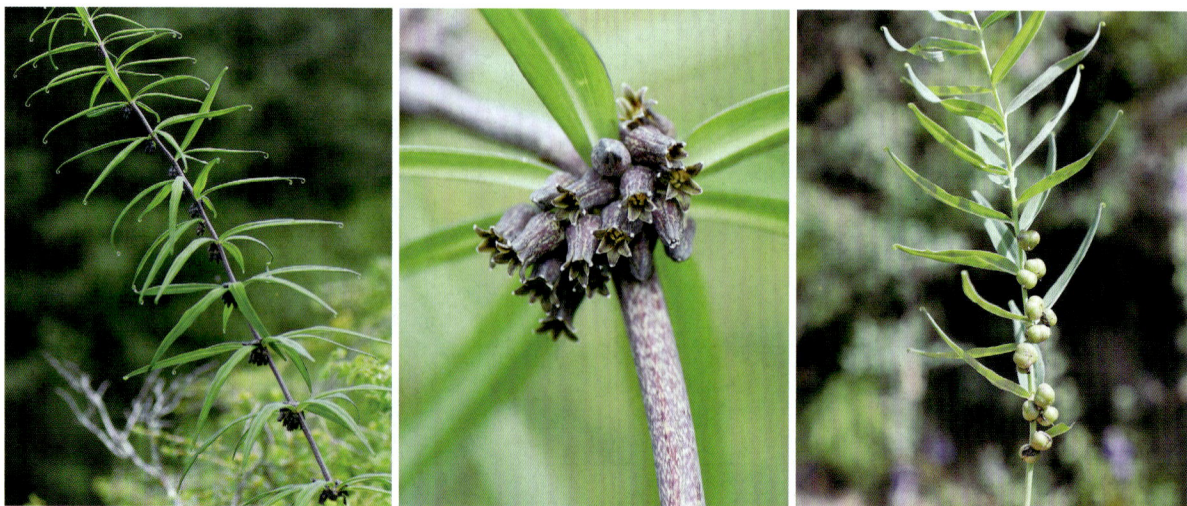

羊齿天门冬

Asparagus filicinus Ham. ex D. Don

科 百合科 Liliaceae
属 天门冬属 Asparagus

多年生直立草本，高50～70厘米。根成簇，纺锤状膨大。分枝通常有棱，有时稍具软骨质齿；叶状枝每5～8枚成簇，扁平，镰刀状，长3～15毫米，宽0.8～2毫米。花1～2朵腋生，淡绿色，有时稍带紫色；花梗纤细，长12～20毫米。浆果直径5～6毫米。

产于旗布林卡。生于海拔2630米左右丛林下或山谷阴湿处。

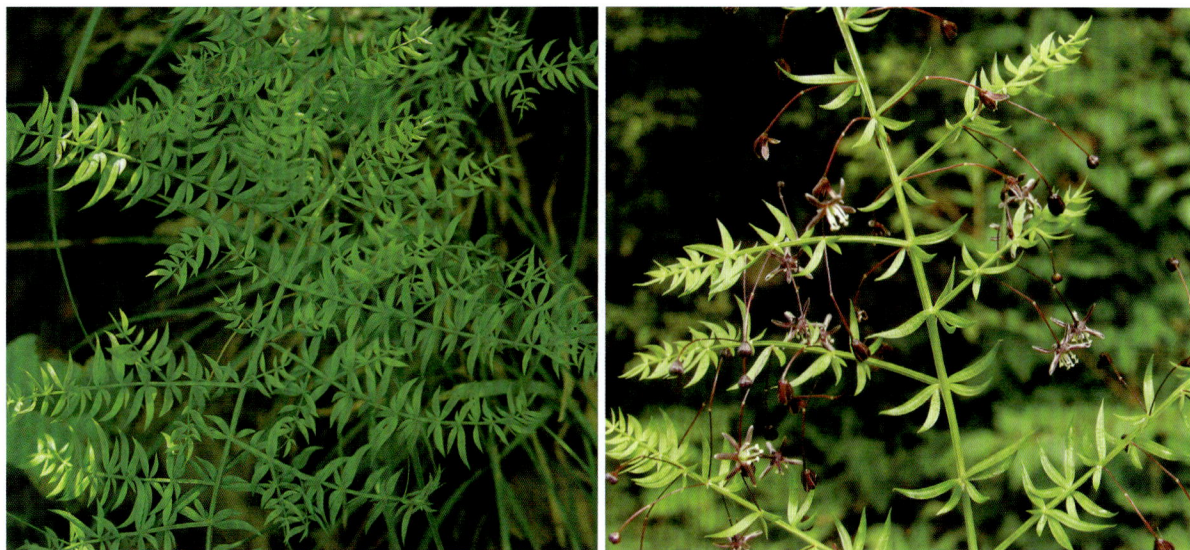

攀援天门冬

Asparagus brachyphyllus Turcz.

科 百合科 Liliaceae
属 天门冬属 Asparagus

攀援植物。茎长20～100厘米，通常有软骨质齿；叶状枝每4～10枚成簇，近扁的圆柱形，伸直或弧曲，长4～20毫米，粗约0.5毫米，有软骨质齿。鳞片状叶基部有刺状短距。花2～4朵腋生，淡紫褐色；花梗长3～6毫米；雄花花被长7毫米；雌花花被长约3毫米。浆果直径6～7毫米，熟时红色。

产于色树隆沟、下巴沟。生于海拔2650～3030米山坡、田边或灌丛中。

长花天门冬

Asparagus longiflorus Franch.

　　近直立草本，高20～170厘米。茎稍有软骨质齿；叶状枝每4～12枚成簇，近扁的圆柱形，长6～15毫米，通常有软骨质齿。鳞片状叶基部有刺状距。花通常2朵腋生，淡紫色；花梗长6～15毫米；雄花花被长6～7毫米；雌花花被长约3毫米。浆果直径7～10毫米，熟时红色。

　　产于洮河南岸、卡车沟、下巴沟。生于海拔2600～2910米山坡、林下或灌丛中。

北天门冬

Asparagus przewalskyi N. A. Ivanova ex Grubov et T. V. Egorova

　　多年生草本，雌雄异株。茎直立，通常单一，长10～30厘米；叶状枝每5～7枚成簇，镰状，长0.4～3.2厘米，粗约0.7毫米，近圆柱形，略扁。鳞片状叶几无刺。花成对腋生；花梗长3～4毫米；雄花花被淡紫色，长约7毫米；雌花花被长约4毫米。浆果直径约7毫米。

　　产于洮河南岸。生于海拔2620米左右山坡灌丛下。

腺毛粉条儿菜

Aletris glandulifera Bur. et Franch.

科 **百合科** Liliaceae
属 **粉条儿菜属** *Aletris*

多年生草本。叶条形，长5～18厘米，宽2～5毫米，先端渐尖。花莛高10～30厘米，有腺毛，中下部有几枚长1.5～5厘米的苞片状叶；总状花序长2～7.5厘米，疏生8～23朵花；苞片2枚，1枚明显长于花；花梗长1～3毫米；花被白色，长3～3.5毫米，裂片卵形，长1.2～1.5毫米，有腺毛。蒴果球形，长2.5～3毫米，有腺毛。

产于八十沟。生于海拔2820米左右草丛中或山坡林下。

防己叶菝葜

Smilax menispermoidea A. DC.

科 **百合科** Liliaceae
属 **菝葜属** *Smilax*

落叶攀援灌木。茎无刺。单叶，纸质，卵形或宽卵形，长2～6厘米，宽2～5厘米，先端急尖，基部浅心形至近圆形，下面苍白色；叶柄长5～12毫米，2/3～3/4具狭鞘，通常有卷须。伞形花序具几朵至10余朵花；总花梗纤细，比叶柄长2～4倍；花序托稍膨大，有宿存小苞片；花紫红色。浆果直径7～10毫米，熟时紫黑色。

产于旗布林卡。生于海拔2630米左右林下、灌丛中或山坡阴处。

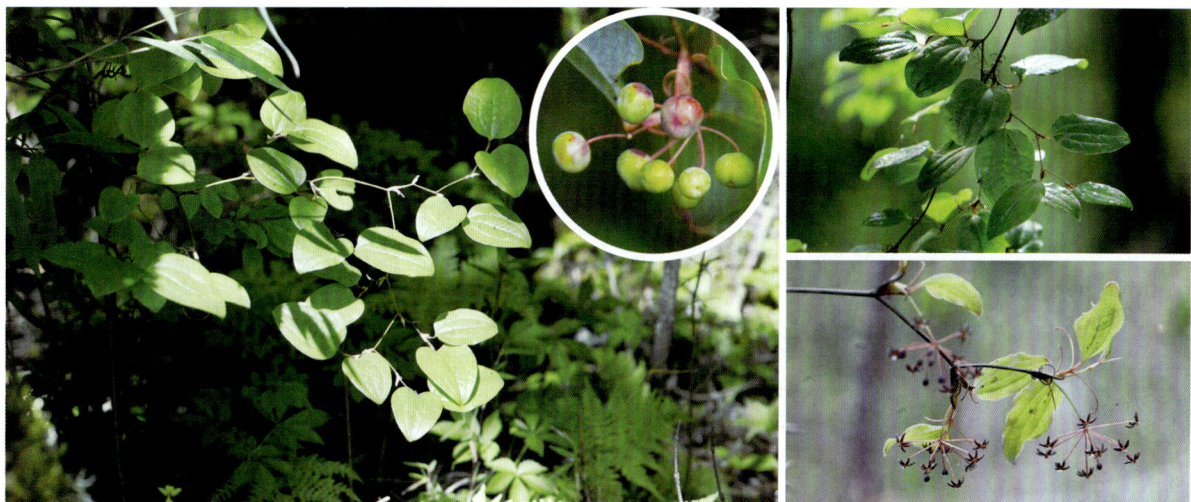

马蔺
Iris lactea Pall. var. chinensis (Fisch.) Koidz

多年生密丛草本。叶坚韧，灰绿色，条形或狭剑形，长约50厘米，宽6～10毫米。花茎高3～10厘米；苞片3～5枚，内包含有2～4朵花；花蓝色或蓝紫色；花梗长4～7厘米；外花被裂片倒披针形，内花被裂片狭倒披针形。蒴果长椭圆状柱形，长4～6厘米，直径1～1.4厘米，有6条明显的肋，顶端有短喙。

产于郭扎沟、拉力沟。生于海拔2800～3000米荒地、路旁、山坡草地。

多斑鸢尾
Iris farreri Dykes

多年生密丛草本，植株基部残留有折断的红棕色老叶叶鞘。叶灰绿色，条形或狭剑形，长35～70厘米，宽4～7毫米，基部鞘状。花茎高30～35厘米，有1～2枚茎生叶；苞片3枚，披针形，长13～20厘米，宽1.6～2.5厘米；花紫色，有紫褐色的网状花纹，直径7～9厘米；花梗长7～9厘米；外花被裂片提琴形，内花被裂片倒披针形。蒴果长3.5～7厘米，直径约1.6厘米。

产于大峪沟、小阿角沟、旗布沟、业母沟。生于海拔2630～3240米湿草地及向阳坡地。

锐果鸢尾
Iris goniocarpa Baker

多年生草本。叶条形，长10～25厘米，宽2～3毫米。花茎高10～25厘米；苞片2枚，顶端向外反折，内包含1朵花；花蓝紫色；花梗甚短或无；外花被裂片倒卵形或椭圆形，有深紫色的斑点，内花被裂片狭椭圆形或倒披针形。蒴果三棱状圆柱形或椭圆形，长3～4厘米，直径1.2～2厘米，顶端有短喙。

产于八十沟、旗布沟、光盖山。生于海拔3200～3850米草地或山坡向阳干燥处。

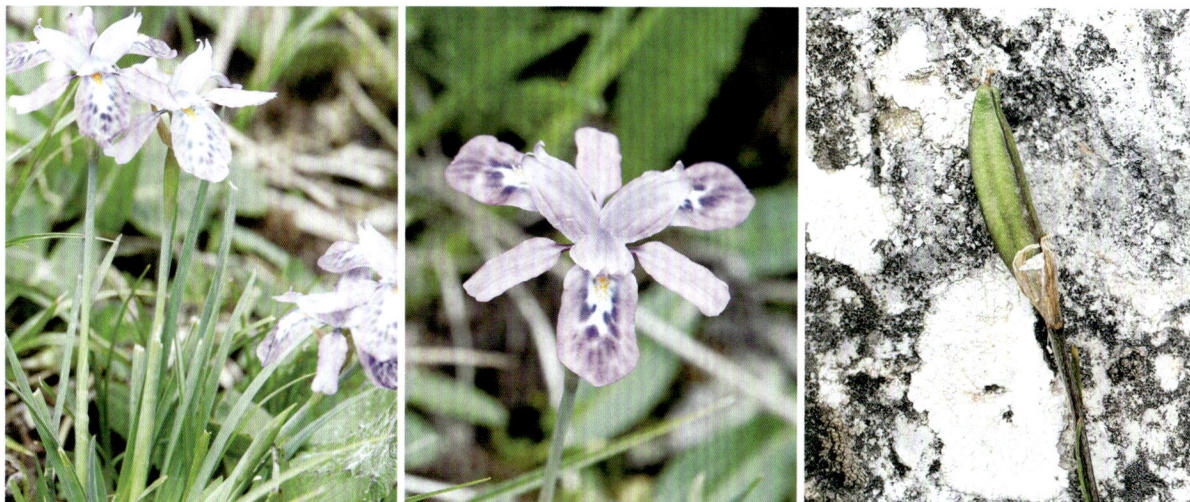

黄花杓兰
Cypripedium flavum P. F. Hunt et Summerh.

地生草本，高30～50厘米。叶较疏离，椭圆形至椭圆状披针形，长10～16厘米，宽4～8厘米，两面被毛。花序顶生，具1花；苞片叶状，长4～8厘米；花黄色，有时有红色晕；中萼片长3～3.5厘米，宽1.5～3厘米，合萼片宽椭圆形，长2～3厘米，宽1.5～2.5厘米；花瓣长圆形，稍斜歪，长2～4厘米，宽1～2厘米；唇瓣深囊状，椭圆形，长3～4.5厘米，囊底具长柔毛。

产于八十沟。生于海拔2760～2840米林下、林缘、灌丛中或草地上多石湿润之地。

西藏杓兰
Cypripedium tibeticum King ex Rolfe

　　地生草本，高15～35厘米。叶椭圆形或卵状椭圆形，长8～16厘米，宽3～9厘米。花序顶生，具1花；花苞片叶状，长6～11厘米，宽2～5厘米；花大，俯垂，紫色、紫红色或暗栗色，通常有淡绿黄色的斑纹；中萼片椭圆形，长3～6厘米，宽2.5～4厘米，合萼片略短而狭；花瓣披针形，长3～6厘米，宽1.5～3厘米；唇瓣深囊状，近球形至椭圆形，长3.5～6厘米，囊口周围有白色或浅色的圈，囊底有长毛。

　　产于八十沟、尼玛尼嘎沟。生于海拔2800～2900米透光林下、林缘、灌木坡地、草坡或乱石地上。

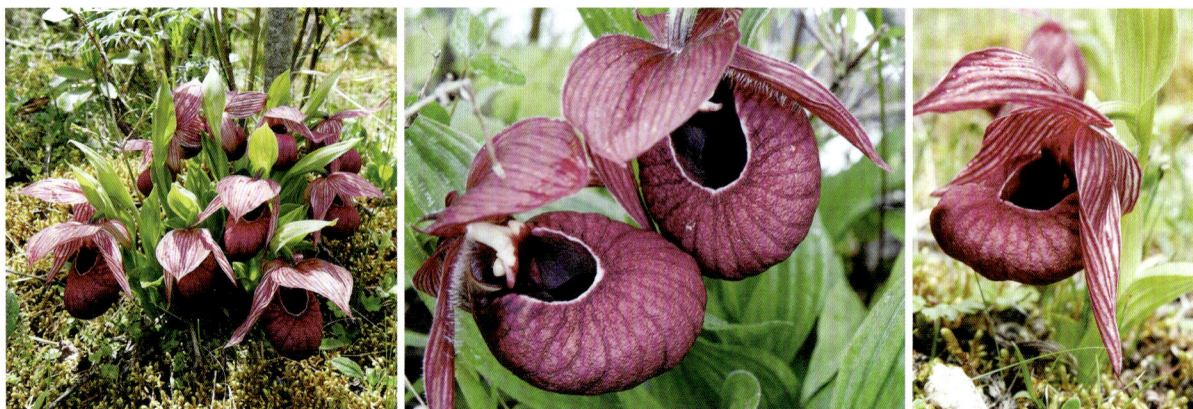

褐花杓兰
Cypripedium calcicola Schltr.

　　地生草本，高15～45厘米。叶椭圆形，长5～17厘米，宽4～6厘米，边缘有细缘毛。花序顶生，具1花；花苞片叶状，长10厘米，宽2～2.5厘米；花深紫色或紫褐色；中萼片椭圆状卵形，长3～5厘米，宽1.9～2.2厘米，合萼片椭圆状披针形，长3～4厘米，宽1.5～2厘米，先端2浅裂；花瓣卵状披针形，长4～5厘米，宽8～9毫米；唇瓣深囊状，椭圆形，长3.5～4.2厘米，宽2.5～2.8厘米，囊底有毛。

　　产于八十沟、尼玛尼嘎沟、小阿角沟、旗布沟、桑布沟、博峪沟、拉力沟。生于海拔2760～3000米林下、林缘、灌丛中、草坡上或山溪河床旁多石湿润处。

毛杓兰

Cypripedium franchetii E. H. Wilson

科 兰科 Orchidaceae
属 杓兰属 Cypripedium

地生草本，高20～35厘米。叶椭圆形或卵状椭圆形，长10～16厘米，宽4～7厘米。花序顶生，具1花；花苞片叶状，长6～8厘米，宽2～3.5厘米；花淡紫红色至粉红色，有深色脉纹；中萼片椭圆状卵形或卵形，长4～5.5厘米，宽2.5～3厘米，合萼片椭圆状披针形，长3.5～4厘米，宽1.5～2.5厘米，先端2浅裂；花瓣披针形，长5～6厘米，宽1～1.5厘米；唇瓣深囊状，椭圆形或近球形，长4～5.5厘米，宽3～4厘米。

产于大峪沟、尼玛尼嘎沟、小阿角沟。生于海拔2560～3000米疏林下、灌木林中或湿润草坡上。

无苞杓兰

Cypripedium bardolphianum W. W. Smith et Farrer

科 兰科 Orchidaceae
属 杓兰属 Cypripedium

地生草本，高8～12厘米。茎顶端具2枚叶，近对生，椭圆形，长6～7厘米，宽2.5～3厘米。花序顶生，具1花；无苞片；花较小，萼片与花瓣淡绿色而有密集的褐色条纹，唇瓣金黄色；中萼片椭圆形或卵状椭圆形，长1.5～2厘米，合萼片较短，先端2浅裂；花瓣长圆状披针形，斜歪，长1.5～1.8厘米，常多少围抱唇瓣；唇瓣囊状，长1.2～1.5厘米。

产于八十沟。生于海拔2760～2840米林缘或疏林下腐殖质丰富、湿润、多苔藓之地，常成片生长。

火烧兰
Epipactis helleborine (Linn.) Crantz

科 **兰科 Orchidaceae**
属 **火烧兰属 Epipactis**

地生草本，高20～70厘米。叶4～7枚，互生，卵圆形至椭圆状披针形，长3～13厘米，宽1～6厘米，上部叶披针形或线状披针形。总状花序具3～40朵花；花苞片叶状，向上逐渐变短；花小，绿色或淡紫色，下垂；中萼片舟状，侧萼片斜卵状披针形；花瓣椭圆形；唇瓣中部明显缢缩，下唇兜状，上唇近三角形或近扁圆形。

产于大峪沟、八十沟、旗布林卡、郭扎沟、拉力沟、鲁延沟、华尔盖沟、粒珠沟、下巴沟、洮河南岸。生于海拔2590～3200米山坡林下、灌丛。

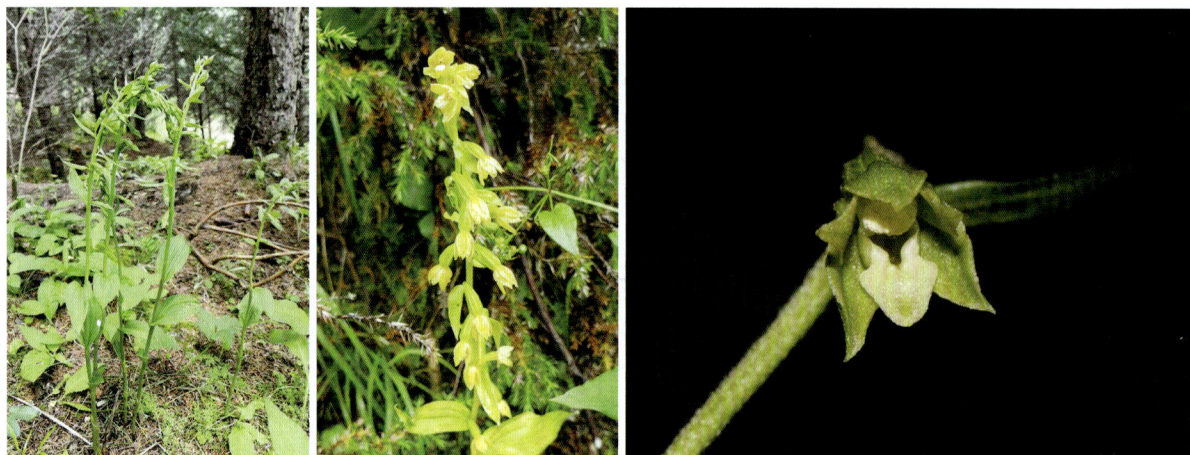

高山鸟巢兰
Neottia listeroides Lindl.

科 **兰科 Orchidaceae**
属 **鸟巢兰属 Neottia**

腐生草本，高15～35厘米。茎中部以下具3～5枚鞘，无绿叶。总状花序顶生，具10～20朵或更多的花；花苞片明显长于花梗；花小，淡绿色；花梗长6～8毫米，被短柔毛；萼片长圆状卵形，侧萼片斜歪；花瓣近线形；唇瓣狭倒卵状长圆形，先端2深裂。

产于八十沟、拉力沟、尼巴大沟。生于海拔2800～3000米林下或荫蔽草坡上。

尖唇鸟巢兰

Neottia acuminata Schltr.

科 兰科 Orchidaceae
属 鸟巢兰属 *Neottia*

　　腐生草本，高14～30厘米。茎中部以下具3～5枚膜质抱茎的鞘，无绿叶。总状花序顶生，具20余朵花；花小，黄褐色，常3～4朵聚生而呈轮生状；花梗长3～4毫米；中萼片狭披针形，侧萼片与中萼片相似；花瓣狭披针形；唇瓣卵形、卵状披针形或披针形，边缘稍内弯。

　　产于八十沟、尼玛尼嘎沟、旗布沟、三角石沟、章巴库沟、桑布沟、博峪沟、拉力沟。生于海拔2800～3200米林下或荫蔽草坡上。

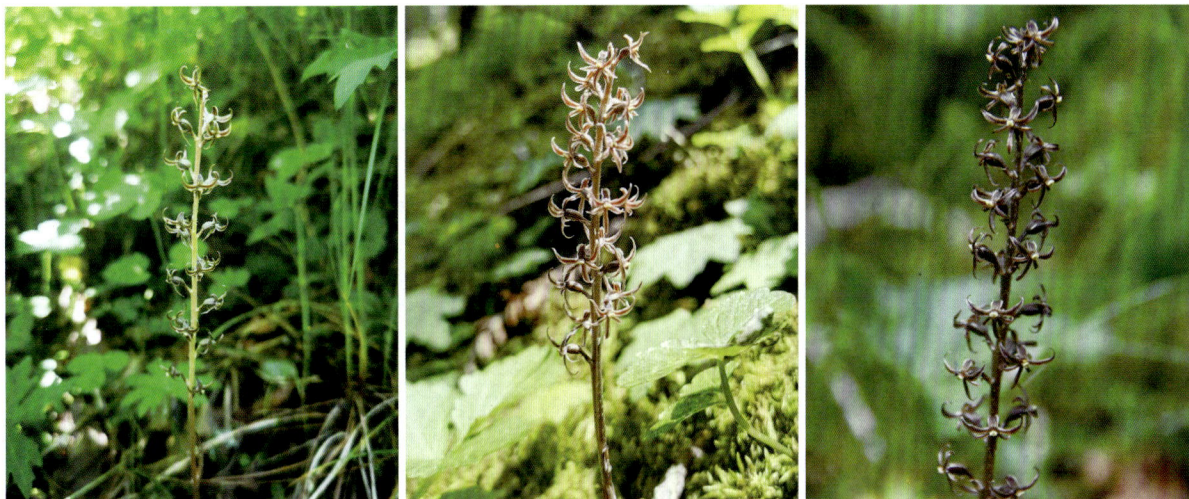

西藏对叶兰

Listera pinetorum Lindl.

科 兰科 Orchidaceae
属 对叶兰属 *Listera*

　　地生小草本，高6～33厘米。茎中部或以上具2枚对生叶，叶宽卵形至卵状心形，长1～3.5厘米，宽1～4厘米，无柄。总状花序具2～14朵花；花梗长4～5毫米；子房长3～5毫米；花绿黄色；中萼片狭椭圆形或近长圆形，侧萼片斜狭椭圆形；花瓣线形；唇瓣形状变化较大，从倒卵状楔形、长圆状楔形至近线状楔形或倒披针形，先端2裂，两裂片平行向前伸或叉开。

　　产于桑布沟。生于海拔2880米左右云杉林下。

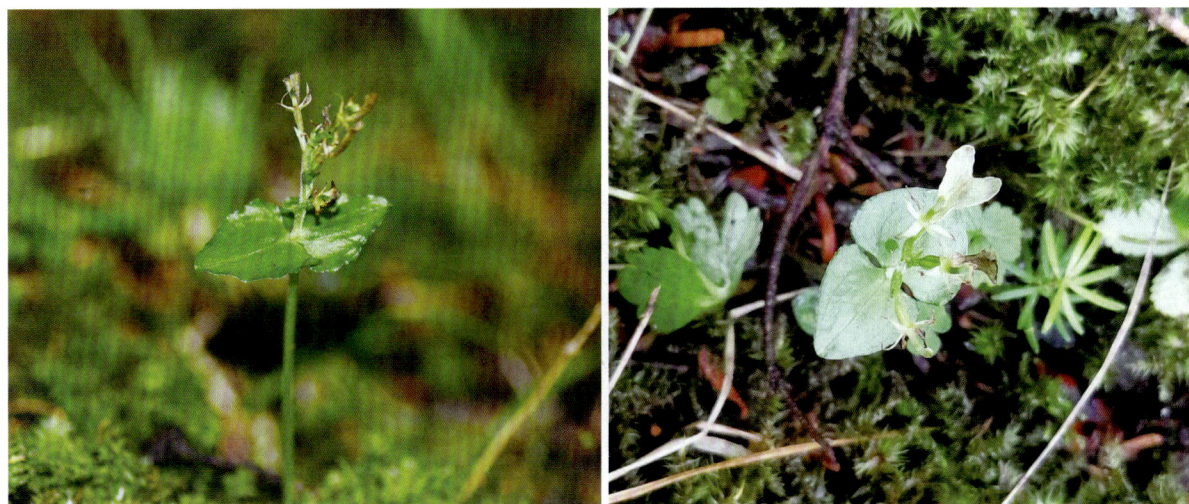

小斑叶兰

Goodyera repens (Linn.) R. Br.

地生草本，高10～20厘米。叶卵形或卵状椭圆形，长1～2厘米，宽5～15毫米，上面深绿色具黄绿色斑纹；叶柄长5～10毫米，基部扩大成抱茎的鞘。花茎被白色腺状柔毛；总状花序具几朵至10余朵密生、多少偏向一侧的花；花小，白色或带绿色或带粉红色，半张开；萼片背面多少被腺状柔毛；唇瓣卵形，基部凹陷呈囊状，前部短舌状，略外弯。

产于八十沟、尼玛尼嘎沟、旗布沟、桑布沟、卡车沟。生于海拔2800～3100米山坡、沟谷林下。

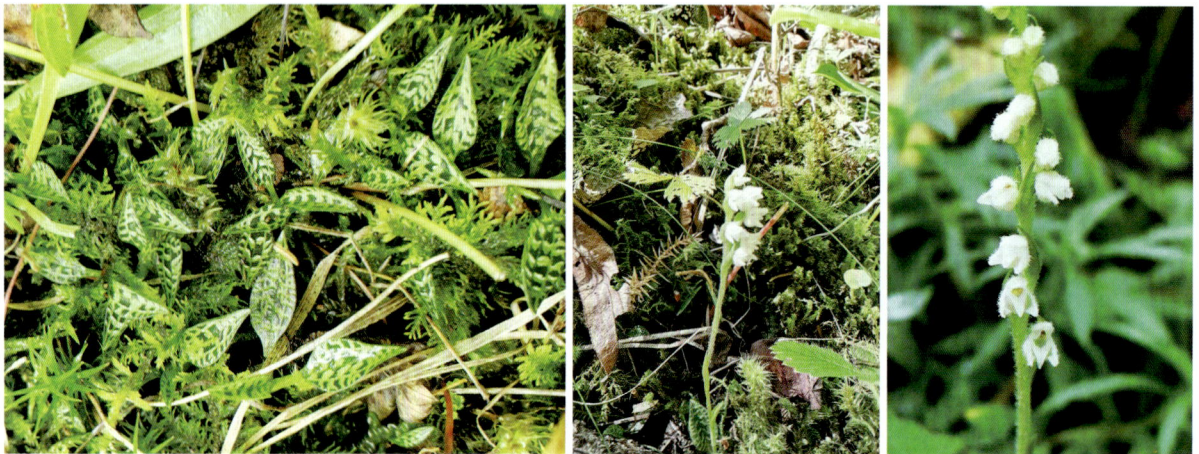

卧龙斑叶兰

Goodyera wolongensis K. Y. Lang

地生草本，高15～18厘米。叶片卵形，长1.5～2厘米，宽1～1.5厘米，基部骤狭成抱茎的柄。花茎被短柔毛；总状花序具12～18朵花；花苞片较子房长；花小，白色，半张开；萼片浅褐色，被毛；唇瓣半球形、帽状，前部短而钝，后部长，凹陷，囊状。

产于旗布沟、车巴沟。生于海拔3000～3100米林下苔藓层。

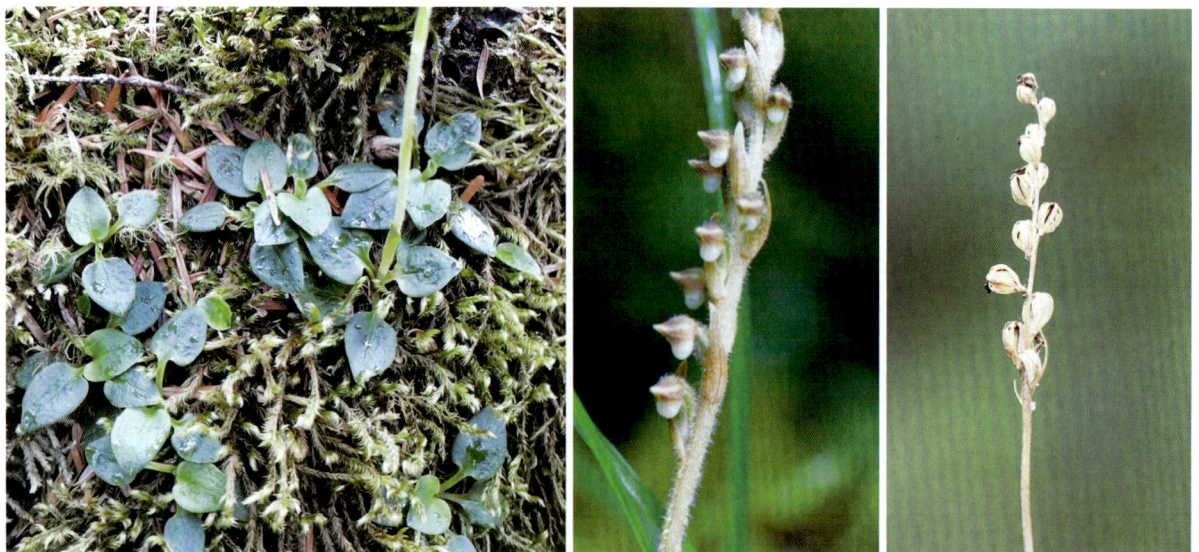

布袋兰
Calypso bulbosa (Linn.) Oakes

地生草本，高10～20厘米。叶1枚，卵形或卵状椭圆形，长3～4厘米，宽2～3厘米；叶柄长2～3厘米。花葶长10～12厘米；花单朵，直径3～4厘米；萼片与花瓣相似，向后伸展，线状披针形；唇瓣扁囊状，3裂，侧裂片半圆形，近直立，中裂片扩大，呈铲状，基部有髯毛3束或更多；囊向前延伸，有紫色粗斑纹，末端呈双角状。

产于旗布沟。生于海拔2900米左右云杉或冷杉林下。

绶草
Spiranthes sinensis (Pers.) Ames

地生草本，高10～30厘米。叶椭圆形或狭长圆形，长3～10厘米，宽5～10毫米，基部收狭为柄状抱茎的鞘。总状花序顶生，具多数密生的小花，似穗状，呈螺旋状扭转；花小，紫红色、粉红色或白色；中萼片舟状，与花瓣靠合呈兜状，侧萼片披针形；花瓣斜菱状长圆形；唇瓣宽长圆形，凹陷，边缘具皱波状啮齿。

产于大峪沟、八十沟、尼玛尼嘎沟、旗布沟、三角石沟、拉力沟、卡车沟、鹿儿台子。生于海拔2600～2900米山坡林下、灌丛下、草地或沼泽草甸。

河北红门兰
Orchis tschiliensis (Schltr.) Soo

科 **兰科 Orchidaceae**
属 **红门兰属 *Orchis***

　　地生草本，高6～15厘米。叶1枚，基生，长圆状匙形至宽卵形，长3～5厘米，宽1.2～2.6厘米。花序具1～6朵花，多偏向一侧；花苞片卵状披针形；子房连花梗长10～13毫米；花紫红色、淡紫色或白色；中萼片凹陷呈舟状，与花瓣靠合呈兜状，侧萼片直立伸展；花瓣直立，偏斜，长圆状披针形；唇瓣卵状披针形或卵状长圆形，与花瓣近等长；无距。

　　产于八十沟。生于海拔2800～2900米山坡林下或草地上。

二叶红门兰
Orchis diantha Schltr.

科 **兰科 Orchidaceae**
属 **红门兰属 *Orchis***

　　地生草本，高8～15厘米。叶通常2枚，近对生，狭匙状倒披针形、椭圆形或匙形，长2.5～9厘米，宽0.5～3厘米，基部渐狭成柄。花序具1～20余朵花，多偏向一侧；花苞片披针形；花紫红色或粉红色；中萼片凹陷呈舟状，与花瓣靠合呈兜状，侧萼片向后反折；花瓣斜狭卵形；唇瓣向前伸展，3裂；距圆筒状或圆筒状锥形，向后斜展或近平展。

　　产于八十沟、尼玛尼嘎沟、光盖山。生于海拔2800～3800米山坡灌丛或高山草地。

广布红门兰

Orchis chusua D.Don

科 兰科 Orchidaceae
属 红门兰属 Orchis

地生草本，植株高 5～45 厘米。块茎长圆形；叶 1～5 枚，多为 2～3 枚，长圆状披针形，长 3～15 厘米，宽 1～3 厘米，基部收狭成抱茎的鞘。花序具 1～20 余朵花，多偏向一侧；花紫红色或粉红色；中萼片长圆形，直立，凹陷呈舟状，与花瓣靠合呈兜状，侧萼片向后反折，卵状披针形；花瓣直立，斜狭卵形；唇瓣向前伸展，3 裂；距圆筒状，常向后斜展或近平展。

产于八十沟、尼玛尼嘎沟、小阿角沟、旗布沟、章巴库沟、桑布沟、郭扎沟、博峪沟、拉力沟、卡车沟、扎路沟、业母沟、色树隆沟、车路沟、尼巴大沟。生于海拔 2820～3100 米山坡林下、灌丛下、高山灌丛草地或高山草甸中。

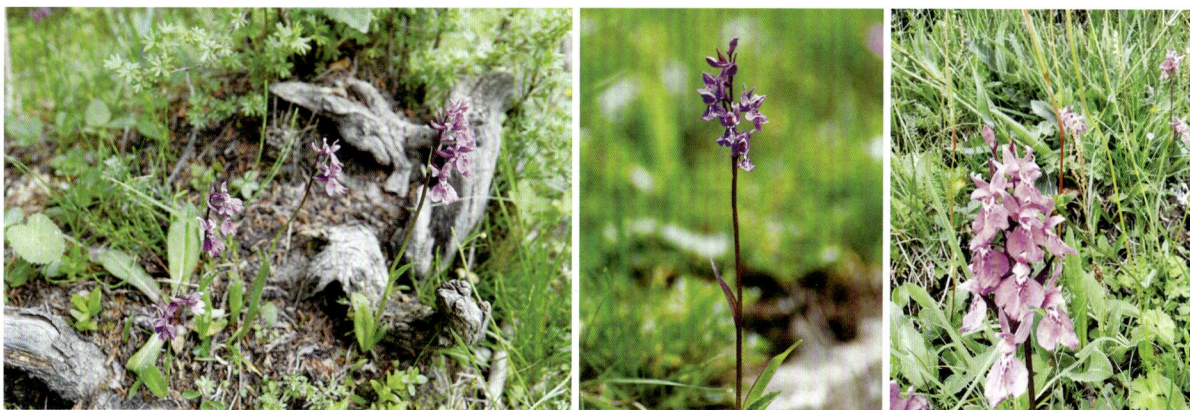

小花舌唇兰

Platanthera minutiflora Schltr.

科 兰科 Orchidaceae
属 舌唇兰属 Platanthera

地生草本，高 10～30 厘米。叶匙形或椭圆状匙形，长 5～10 厘米，宽 1～2.5 厘米，基部收狭成抱茎的柄。总状花序长 3～8 厘米，具 4～12 朵花；花苞片披针形，几与花等长；子房连花梗长可达 1 厘米；花黄绿色或绿白色，较小；萼片绿色，中萼片舟状，侧萼片张开，镰状卵形；花瓣黄色或近白色，与中萼片靠合呈兜状；唇瓣黄色或白色，舌状，肉质；距圆锥形，甚短。

产于旗布沟。生于海拔 3000 米山坡林下。

凹舌兰
Coeloglossum viride (Linn.) Hartm

地生草本，高14～25厘米。块茎肉质，前部呈掌状分裂。叶3～5枚，狭倒卵状长圆形或椭圆状披针形，长5～12厘米，宽1.5～5厘米，基部收狭成抱茎的鞘。总状花序具多数花，长3～15厘米；花绿黄色或绿棕色；中萼片凹陷呈舟状，侧萼片卵状椭圆形；花瓣线状披针形；唇瓣肉质，倒披针形，较萼片长，前部3裂；距卵球形，长2～4毫米。

产于大峪沟、八十沟、桑布沟、郭扎沟、拉力沟、扎路沟、华尔盖沟、洮河南岸。生于海拔2600～3200米山坡林缘、灌丛或林间空地。

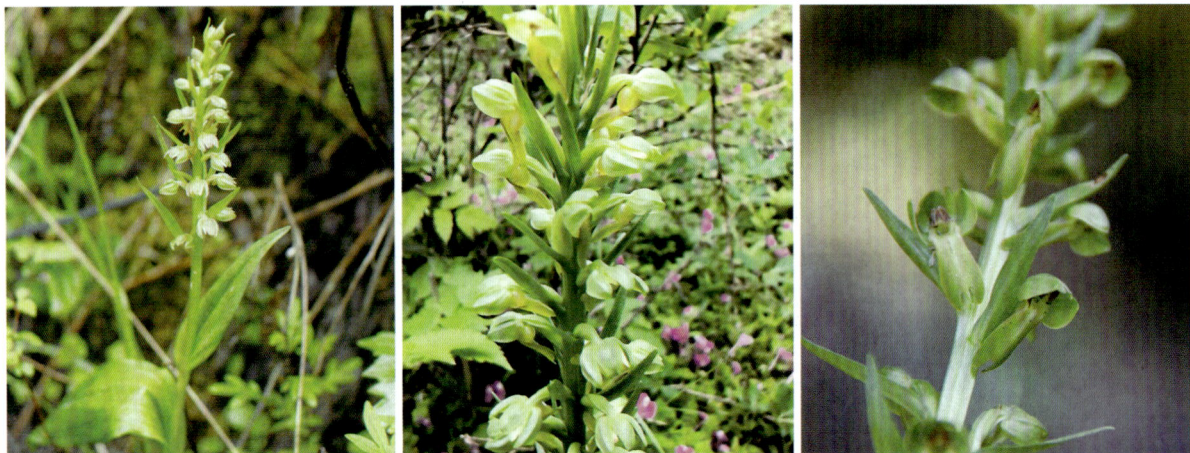

蜻蜓兰
Tulotis fuscescens (Linn.) Czer

地生草本，高20～60厘米。叶片倒卵形或椭圆形，长6～15厘米，宽3～7厘米，基部收狭成抱茎的鞘。总状花序狭长，具多数密生的花；花苞片狭披针形；子房连花梗长约1厘米；花小，黄绿色；中萼片凹陷呈舟状，侧萼片较中萼片稍长而狭，多少向后反折；花瓣与中萼片相靠合，宽不及2毫米；唇瓣舌状披针形，肉质，基部两侧各具1枚小的侧裂片；距细圆筒状，下垂，稍弧曲。

产于八十沟、尼玛尼嘎沟、小阿角沟、洮河南岸。生于海拔2600～3000米山坡林下或沟边。

角盘兰

Herminium monorchis (Linn.) R. Br.

科 **兰科** Orchidaceae
属 **角盘兰属** *Herminium*

地生草本，高6～35厘米。块茎球形，肉质。叶片狭椭圆状披针形或狭椭圆形，长3～10厘米，宽8～25毫米，基部渐狭并略抱茎。总状花序具多数花，长达15厘米；花小，黄绿色，垂头；中萼片椭圆形或长圆状披针形，侧萼片长圆状披针形；花瓣近菱形，较萼片稍长，在中部多少3裂；唇瓣与花瓣等长，基部凹陷呈浅囊状，近中部3裂，中裂片线形，侧裂片三角形，较中裂片短很多。

产于大峪沟、八十沟、小阿角沟、旗布沟、章巴库沟、桑布沟、郭扎沟、博峪沟、拉力沟、扎路沟、业母沟、色树隆沟、车巴沟、华尔盖沟。生于海拔2600～3100米山坡阔叶林至针叶林下、灌丛下、山坡草地或河滩沼泽草地。

一花无柱兰

Amitostigma monanthum (Finet) Schltr

科 **兰科** Orchidaceae
属 **无柱兰属** *Amitostigma*

地生草本，高6～12厘米。块茎圆球形。叶1枚，披针形至狭长圆形，长2～3厘米，宽6～10毫米，基部收狭成抱茎的鞘。花1朵顶生，淡紫色、粉红色或白色，具紫色斑点；中萼片凹陷呈舟状，侧萼片狭长圆状椭圆形；花瓣直立，斜卵形，与中萼片相靠合；唇瓣向前伸展，中部之下3裂；距圆筒状，下垂。

产于八十沟、旗布沟。生于海拔2900～3300米山坡林间砾石滩草丛中或山坡矮草丛中。

二叶兜被兰

Neottianthe cucullata (Linn.) Schltr.

科 **兰科** Orchidaceae
属 **兜被兰属** *Neottianthe*

地生草本，高4～24厘米。块茎球形。叶1～2枚，卵形至椭圆形，长4～9厘米，宽1～3.5厘米，基部骤狭成抱茎的短鞘，叶上面有时具紫红色斑点。总状花序具几朵至10余朵花，常偏向一侧；花紫红色或粉红色；萼片彼此紧密靠合成兜；花瓣披针状线形，与萼片贴生；唇瓣向前伸展，长5～9毫米，中部3裂；距圆筒状圆锥形，长4～6毫米。

产于八十沟、尼玛尼嘎沟、扎路沟、光盖山。生于海拔2800～3800米山坡林下或草地。

密花兜被兰

Neottianthe calcicola (W. W. Smith) Schltr.

科 **兰科** Orchidaceae
属 **兜被兰属** *Neottianthe*

地生草本，高6～20厘米。块茎球形。基生叶2枚，披针形或狭长圆形，长4～9厘米，宽1～2.5厘米，基部收狭成抱茎的鞘。总状花序具6～15朵花；花淡红色或玫瑰红色，密集，常偏向一侧；萼片紧密靠合成兜，中萼片披针形，侧萼片稍斜镰状披针形；花瓣与中萼片紧密贴生；唇瓣向前伸展，中裂片线状舌形，侧裂片线形；距粗圆锥形。

产于八十沟、尼玛尼嘎沟、旗布沟、三角石沟、车巴沟、扎路沟、光盖山。生于海拔2800～3500米山坡林下、灌丛下和高山草地。

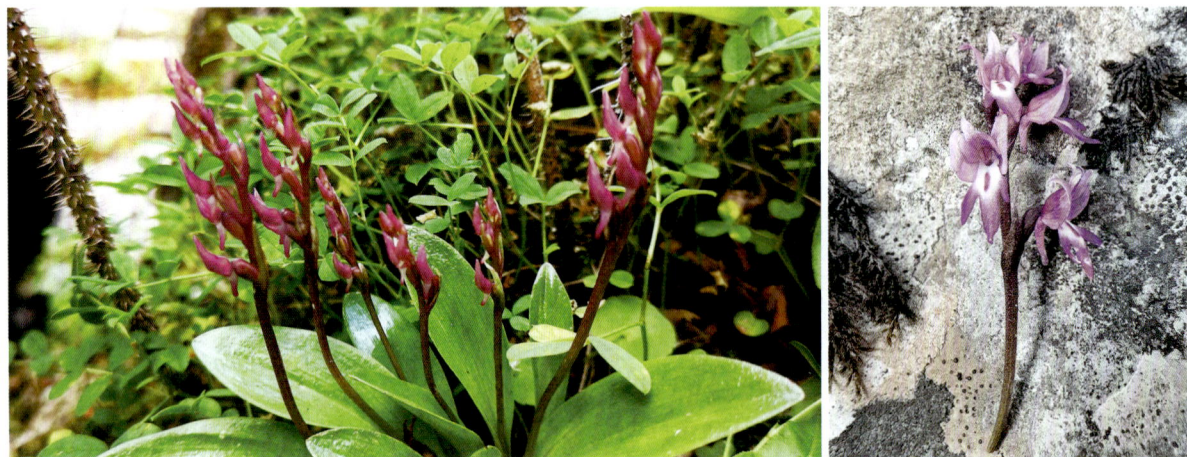

一叶兜被兰

Neottianthe monophylla (Ames et Schltr.) Schltr.

科 兰科 Orchidaceae
属 兜被兰属 *Neottianthe*

地生草本，高6～20厘米。块茎近球形。基生叶1枚，椭圆形或椭圆状披针形，长3～10厘米，宽1～3厘米，基部收狭成抱茎的鞘。总状花序具几朵至多朵花，偏向一侧；花紫红色或粉红色；萼片靠合成兜，中萼片披针形，侧萼片斜镰状披针形；花瓣线状披针形；唇瓣向前伸展，上面具密的细乳突，中部以下3裂，中裂片线状舌形，侧裂片线形；距粗圆锥形，稍向前弯。

产于小阿角沟、博峪沟、扎路沟。生于海拔2900～3100米山坡林下或草地。

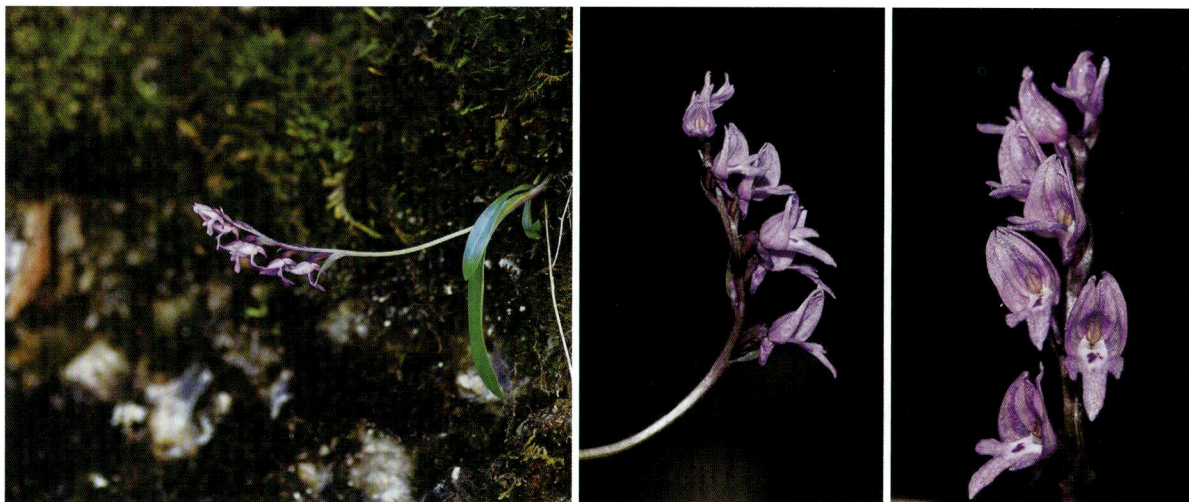

西南手参

Gymnadenia orchidis Lindl.

科 兰科 Orchidaceae
属 手参属 *Gymnadenia*

地生草本，高17～35厘米。块茎肉质，下部掌状分裂。叶椭圆形或椭圆状长圆形，长4～16厘米，宽2.5～4.5厘米，基部收狭成抱茎的鞘。总状花序具多数密生的花，长4～14厘米；花苞片披针形，最下部的明显长于花；子房连花梗长7～8毫米；花紫红色或粉红色；中萼片卵形，侧萼片反折，斜卵形；花瓣斜宽卵状三角形，边缘具波状齿；唇瓣3裂；距细长，下垂。

产于八十沟、尼玛尼嘎沟、小阿角沟、旗布沟、桑布沟、郭扎沟、博峪沟、拉力沟、扎路沟、车巴沟、尼巴大沟。生于海拔2800～3600米山坡林下、灌丛和高山草地。

西藏玉凤花

Habenaria tibetica Schltr.

科 **兰科** Orchidaceae
属 **玉凤花属** *Habenaria*

地生草本，高18～35厘米。块茎肉质，近球形或椭圆形。叶2枚，近对生，卵形或近圆形，长3～6.5厘米，宽2.5～7厘米，基部骤狭并抱茎，叶上面具5～7条白色脉。总状花序具3～8朵疏生的花；花黄绿色至近白色；中萼片凹陷呈舟状，与花瓣靠合呈兜状，侧萼片反折；花瓣直立，2浅裂，上裂片斜卵状披针形，下裂片较小；唇瓣3深裂，裂片线形，反折；距细圆筒状棒形。

产于小阿角沟、华尔盖沟、光盖山。生于海拔3100～3600米林下、灌丛或草地。

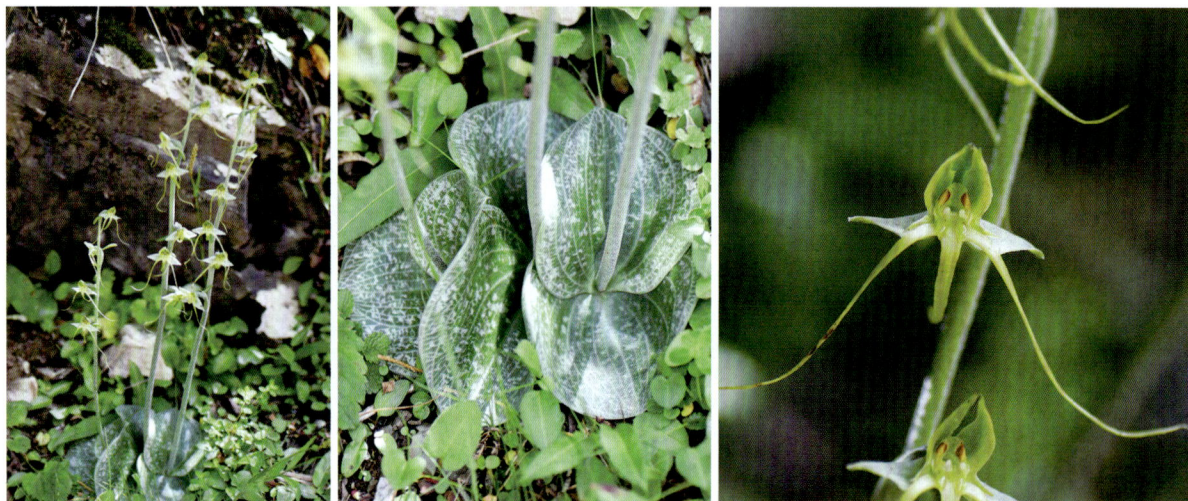

孔唇兰

Porolabium biporosum (Maxim.) T. Tang et F. T. Wang

科 **兰科** Orchidaceae
属 **孔唇兰属** *Porolabium*

地生草本，高10～12厘米。块茎圆球形，肉质。叶1枚，线状披针形，长约7厘米，宽约8毫米，基部成抱茎的鞘。总状花序顶生，具几朵疏生的花；子房连花梗长5～6毫米；花小，黄绿色或淡绿色；中萼片直立，凹陷呈舟状，与花瓣靠合呈兜状，侧萼片反折或张开，斜狭卵形；花瓣直立，斜卵形；唇瓣向前伸展，舌状，无距，基部扩大并在内面具2个凹穴。

产于光盖山。生于海拔3650～3770米高山草地。

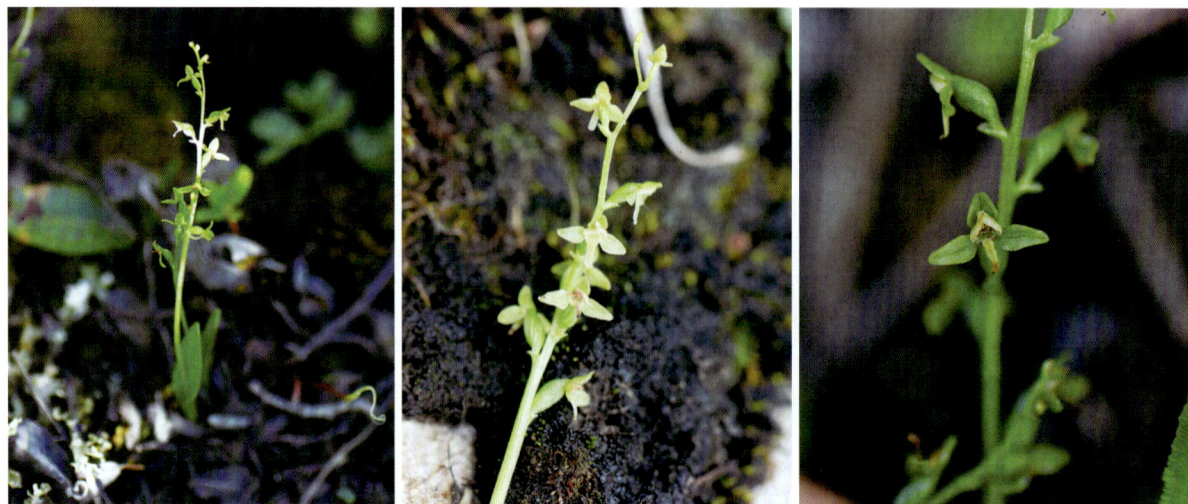

裂唇虎舌兰

Epipogium aphyllum (F. W. Schmidt) Sw.

腐生草本，高10～30厘米。地下具珊瑚状根状茎。茎淡褐色，无绿叶，具数枚膜质抱茎的鞘。总状花序具2～6朵花；花黄色而带粉红色或淡紫色晕，多少下垂；萼片披针形；花瓣与萼片相似；唇瓣近基部3裂，侧裂片直立，中裂片凹陷，内面常有4～6条紫红色的皱波状纵脊；距粗大，末端浑圆。

产于尼玛尼嘎沟、博峪沟、鲁延沟。生于海拔2820～3000米山谷密林下、岩隙或苔藓丛生之地。

沼兰

Malaxis monophyllos (Linn.) Sw.

地生草本，高10～40厘米。叶1枚，较少2枚，卵形、长圆形或近椭圆形，长2.5～12厘米，宽1～6厘米，基部收狭成柄；叶柄长3～8厘米，抱茎或上部离生。总状花序具数10朵或更多的花；花小，较密集，淡黄绿色至淡绿色；中萼片披针形，侧萼片线状披针形；花瓣近丝状；唇瓣长3～4毫米。

产于八十沟、小阿角沟、旗布沟、章巴库沟、桑布沟、郭扎沟、博峪沟、拉力沟、卡车沟、扎路沟、业母沟、大日卡沟、尼巴大沟、光盖山。生于海拔2800～3200米林下、灌丛或草坡。

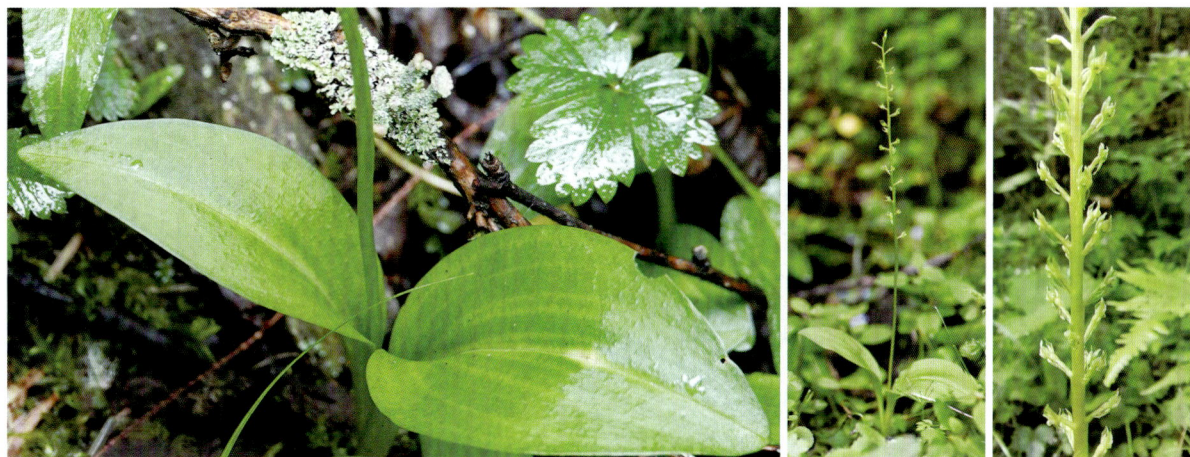

硬叶山兰
Oreorchis nana Schltr.

地生草本。叶1枚，卵形至狭椭圆形，长2～4厘米，宽0.8～1.5厘米；叶柄长1～3厘米。花葶长10～20厘米；总状花序具5～14朵花，罕有2～3花；花梗和子房长3～5毫米；花直径约1厘米；萼片与花瓣上面暗黄色，背面栗色，唇瓣有紫色斑；萼片近狭长圆形，侧萼片略斜歪；花瓣镰状长圆形；唇瓣轮廓近倒卵状长圆形，3裂。

产于八十沟、尼玛尼嘎沟、扎路沟、光盖山。生于海拔2800～3200米高山草地、林下、灌丛中或岩石积土上。

软叶筒距兰
Tipularia cunninghamii (King et Prain) S. C. Chen

地生草本，高10～20厘米。叶1枚，宽卵形至心形，长2.5～4厘米，宽1.7～3.5厘米，叶缘微波状；叶柄长2～3.5厘米。花葶长12～25厘米，花序疏生8～15朵花；花黄绿色，有时萼片和花瓣带褐紫色；花梗和子房长3.5～4毫米；萼片椭圆形；花瓣线状披针形；唇瓣倒卵状椭圆形，舟状；距囊状。

产于旗布沟。生于海拔3100～3150米针叶林下苔藓层。

珊瑚兰

Corallorhiza trifida Chat.

　　腐生草本，高10～22厘米。根状茎肉质，珊瑚状。无绿叶。总状花序具3～7朵花；花淡黄色或白色；中萼片狭长圆形，侧萼片略斜歪；花瓣近长圆形，多少与中萼片靠合成盔状；唇瓣近长圆形或宽长圆形，3裂。

　　产于尼玛尼嘎沟、博峪沟。生于海拔2890～3000米林下或灌丛中。

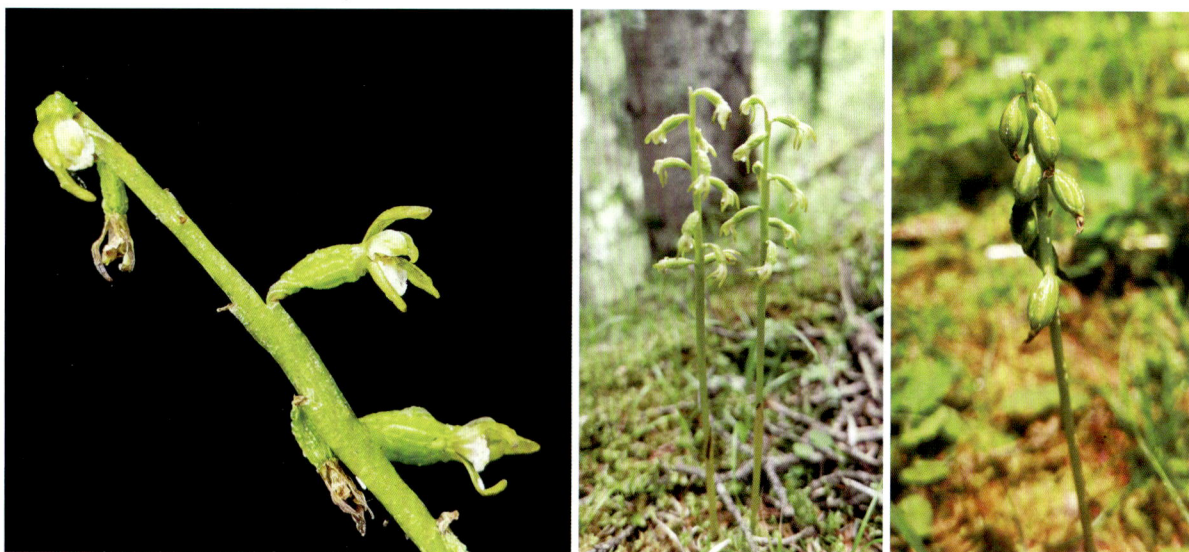

山杨

Populus davidiana Dode

　　落叶乔木。单叶互生，三角状卵圆形或近圆形，长宽近等，长3～6厘米，先端钝尖、急尖或短渐尖，基部圆形、截形或浅心形，边缘有密波状浅齿；叶柄侧扁，长2～6厘米。柔荑花序下垂；雄花序长5～9厘米；雌花序长4～7厘米。果序长达12厘米；蒴果卵状圆锥形，长约5毫米，有短柄，2瓣裂。

　　产于洮河河谷、拉力沟。生于海拔2650～2800米山坡、山脊、沟谷地带。

小叶杨
Populus simonii Carr.

科 杨柳科 Salicaceae
属 杨属 Populus

　　落叶乔木。单叶互生，菱状卵形、菱状椭圆形或菱状倒卵形，长3～6厘米，宽2～5厘米，中部以上较宽，先端突急尖或渐尖，基部楔形或窄圆形，边缘具细锯齿，两面无毛；叶柄圆筒形，长0.5～4厘米。柔荑花序下垂；雄花序长2～7厘米；雌花序长2.5～6厘米。果序长达15厘米；蒴果小，2～3瓣裂，无毛。

　　产于拉力沟、卡车沟、车巴沟、洮河沿岸。生于海拔2600～2850米沟谷。

青杨
Populus cathayana Rehd.

科 杨柳科 Salicaceae
属 杨属 Populus

　　落叶乔木。单叶互生，长枝或萌枝叶较大，卵状长圆形，长10～15厘米，基部常微心形，叶柄长1～3厘米；短枝叶卵形、椭圆状卵形或狭卵形，长5～10厘米，宽3.5～7厘米，先端渐尖，基部圆形，边缘具腺圆锯齿，叶下面绿白色，叶柄长2～7厘米。柔荑花序下垂；雄花序长5～6厘米；雌花序长4～5厘米。果序长10～20厘米；蒴果卵圆形，长6～9毫米，3～4瓣裂。

　　产于车巴沟、扎古录。生于海拔2600～2850米沟谷、河岸和阴坡山麓。

康定柳
Salix paraplesia Schneid.

科 杨柳科 Salicaceae
属 柳属 *Salix*

落叶小乔木。单叶互生，倒卵状椭圆形或椭圆状披针形，长3.5～6.5厘米，宽1.8～2.8厘米，先端渐尖或急尖，基部楔形，下面带白色，两面无毛，边缘有明显的细腺锯齿；叶柄长5～8毫米，先端有腺点。柔荑花序与叶同时开放；花序梗长，具3～5叶；雄花序长3.5～6厘米，粗约7毫米；雌花序长2～4厘米。果序达5厘米；蒴果卵状圆锥形，长约9毫米。

产于八十沟、小阿角沟、拉力沟、郭扎沟、车路沟、业母沟、色树隆沟、华尔盖沟。生于海拔2800～3200米山沟及山脊。

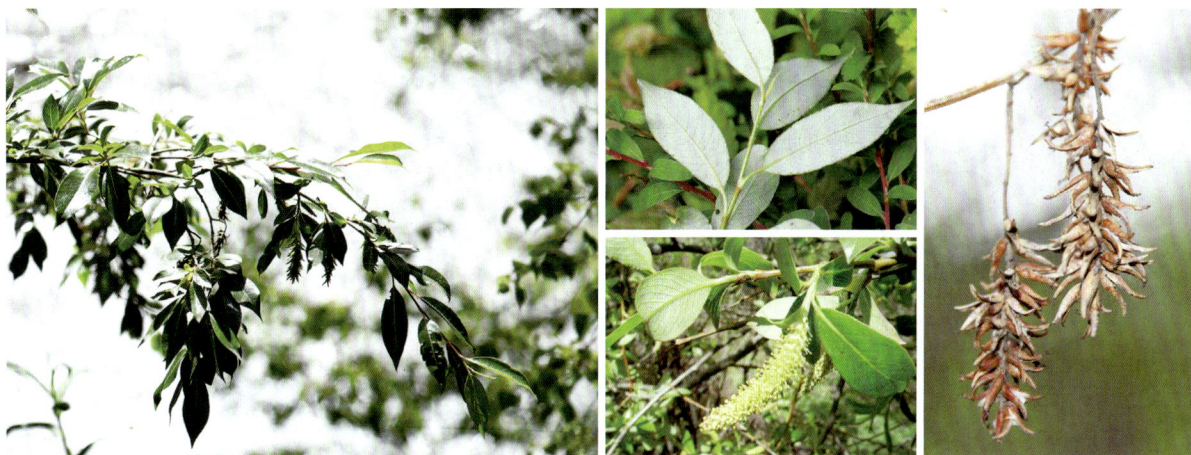

狭叶康定柳
Salix paraplesia Schneid. f. *lanceolata* C. Wang et C. Y. Yu

科 杨柳科 Salicaceae
属 柳属 *Salix*

与康定柳的区别：叶披针形，下面明显苍白色，边缘有细锯齿。
产于八十沟、博峪沟。生于海拔2780～3000米山坡。

杨柳科

杨柳科

黑水柳
Salix heishuiensis N. Chao

科 杨柳科 Salicaceae
属 柳属 *Salix*

灌木，高达4米。单叶互生，狭披针形至狭长椭圆形，长达4.5厘米，宽达1厘米，先端钝或急尖，基部楔形，下面密被平伏柔毛，边全缘或有不明显细腺齿；叶柄长2～5毫米，有毛和小腺点。柔荑花序长1～1.5厘米，粗约3毫米，密花。果序长约2.5厘米，粗约7毫米；蒴果长2.5～3毫米，柄极短。

产于桑布沟、拉力沟、郭扎沟、大日卡沟、扎古录、粒珠沟。生于海拔2700～3000米山坡林缘及山沟。

丝毛柳
Salix luctuosa Lévl.

科 杨柳科 Salicaceae
属 柳属 *Salix*

落叶灌木，高1.5～3米。小枝初有丝状茸毛，老枝无毛。单叶互生，椭圆形或狭椭圆形，长1～4厘米，宽5～15毫米，下面初有绢质柔毛，后近无毛，但中脉仍有毛，两端钝，全缘；叶柄长1～3毫米。柔荑花序；雄花序长3～4.5厘米，粗6～9毫米，花序梗基部有3～4小叶；雌花序长3厘米，粗约6毫米，花序梗基部有2～3小叶。果序长达5厘米；蒴果长约3毫米。

产于八十沟。生于海拔2700～2820米河边、山沟及山坡杂木林。

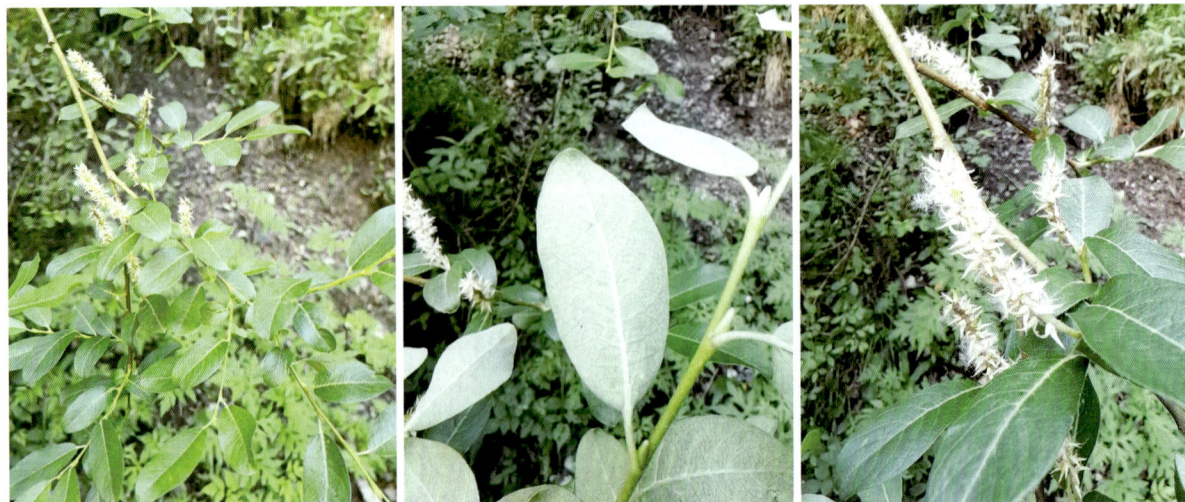

扇叶垫柳

Salix flabellaris Anderss.

　　垫状灌木。单叶互生，匙状倒卵圆形，较小的叶椭圆形，长9～15毫米，宽5～10毫米，边缘有整齐的腺圆齿；叶柄长约1厘米。柔荑花序与叶同时展开，长约1.5厘米，多花，较稀疏，花序梗有数枚小叶。果序长2～4厘米；蒴果长卵形，无毛。

　　产于扎路沟、光盖山。生于海拔3600～3770米高山地带。

黄花垫柳

Salix souliei Seemen

　　垫状灌木。单叶互生，革质，椭圆形或卵状椭圆形，长8～13毫米，宽4～6毫米，上面亮绿色，具皱纹，下面苍白色或有白粉，全缘；叶柄长4～7毫米。柔荑花序，与叶同时展开，椭圆形，少花，着生于当年生枝的顶端。蒴果长达3毫米，无毛。

　　产于扎路沟、光盖山。生于海拔3600～3770米高山草地或裸露岩石上。

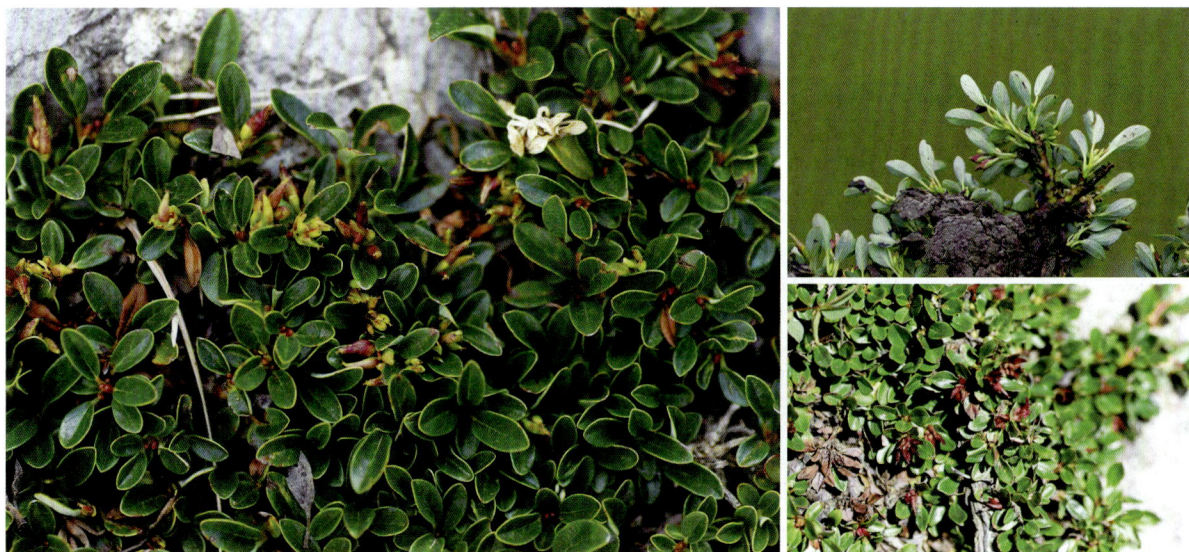

山生柳
Salix oritrepha Schneid.

　　直立矮小灌木。单叶互生，椭圆形或卵圆形，长 1～1.5 厘米，萌枝叶长可达 2.4 厘米，先端钝或急尖，基部圆形或钝，下面灰色或苍白色，后无毛，全缘；叶柄长 5～8 毫米，紫色。雄花序圆柱形，长 1～1.5 厘米，粗约 5 毫米，花密集，花序梗短；雌花序长 1～1.5 厘米，粗约 1 厘米，花密生，花序梗长 3～7 毫米，具 2～3 叶。蒴果卵形，密被灰白柔毛，2 瓣裂。

　　产于旗布沟、齐河、光盖山。生于海拔 3000～3700 米山脊、山坡及山沟河边灌丛。

青山生柳
Salix oritrepha Schneid. var. *amnematchinensis* (Hao ex Fang et Skvortsov) G. Zhu

　　与山生柳的区别：叶椭圆状卵形或椭圆状披针形。

　　产于扎路沟、旗布沟。生于海拔 3000～3320 米山坡。

奇花柳

Salix atopantha Schneid.

落叶灌木，高1～2米。单叶互生，椭圆状长圆形或长圆形，长1.5～4厘米，宽5～10毫米，先端急尖或钝，基部楔形至圆形，下面带白色，边缘有不明显腺锯齿或少数小叶全缘；叶柄长2～6毫米。柔荑花序与叶同时开放，长圆形至短圆柱形，长1.5～2厘米，粗5～6毫米，花序梗长4～10毫米，具3～4叶。蒴果卵形，密被毛。

产于八十沟、章巴库沟、拉力沟、色树隆沟、业母沟、车路沟、郭扎沟。生于海拔2830～3200米山坡或山谷。

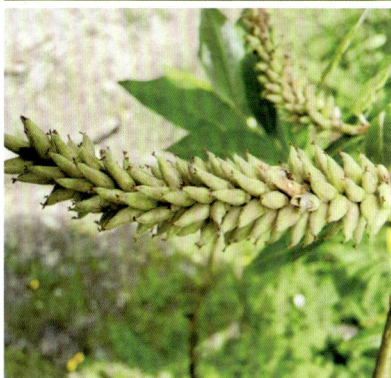

大苞柳

Salix pseudospissa Gorz

科 杨柳科 Salicaceae
属 柳属 *Salix*

落叶灌木。小枝较粗壮，多节，紫黑色。单叶互生，倒卵形，薄革质，长3～5厘米，下面发白色，边缘有明显的锯齿。花与叶同时开放；雄花序圆柱形，长约3厘米，粗约1.2厘米，花序梗无或极短，通常有1～3小叶，轴有柔毛。果序圆柱形，长达6厘米；蒴果长圆锥状，被毛。

产于扎路沟。生于海拔3650米左右灌丛、河岸及山沟斜坡上。

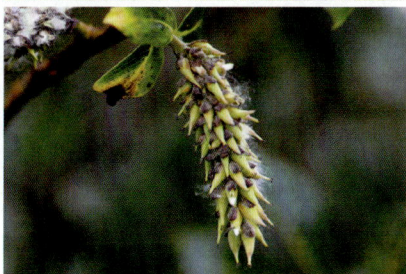

脱毛银背柳

Salix ernesti Schneid. f. glabrescens Y. L. Chou et C. F. Fang

科 杨柳科 Salicaceae
属 柳属 *Salix*

落叶灌木。单叶互生，椭圆形或倒卵状椭圆形，长达11厘米，宽达4厘米，先端圆钝或急尖，基部圆形至楔形，叶两面无毛或近无毛，全缘或上部具不明显的腺细齿；叶柄长达1厘米，被丝状长柔毛。柔荑花序与叶同时开放，长4～5厘米，雄花序粗达1厘米，雌花序较细，花序梗长1～3.5厘米，具正常叶。果序长达13厘米；蒴果长5毫米，被毛。

产于扎路沟。生于海拔3620米左右山坡灌丛。

匙叶柳

Salix spathulifolia Seemen

科 杨柳科 Salicaceae
属 柳属 *Salix*

落叶灌木。单叶互生，倒卵状长圆形至椭圆形，长4～9厘米，宽1.5～3.5厘米，先端急尖或钝尖，基部宽楔形或近圆形，下面苍白色或有白粉，边缘有不规则的细锯齿，稀近全缘；叶柄长达1.5厘米。花序梗明显，具有2～4个正常叶，花序长2～4厘米，粗6～8毫米。蒴果卵状长圆形，密被灰白色柔毛，无柄或具短柄。

产于尼玛尼嘎沟、旗布沟、章巴库沟、桑布沟、拉力沟、车路沟。生于海拔2800～3200米山梁、山坡林缘。

川滇柳
Salix rehderiana Schneid.

　　落叶灌木或小乔木。小枝褐色或紫褐色。单叶互生，披针形至倒披针形，长5～11厘米，宽1.2～2.5厘米，先端钝或急尖，基部楔形，下面浅绿色，边缘近全缘或有腺圆锯齿，向下反卷，叶两面及叶柄均具白柔毛。柔荑花序先叶开放或近同时开放；雄花序椭圆形至短圆柱形，无梗，长达2.5厘米，粗约10毫米；雌花序圆柱形，长2～6厘米，有短梗。蒴果有毛或无毛。

　　产于八十沟、拉力沟、业母沟。生于海拔2800～2900米山坡、山脊、林缘、灌丛中或山谷溪流旁。

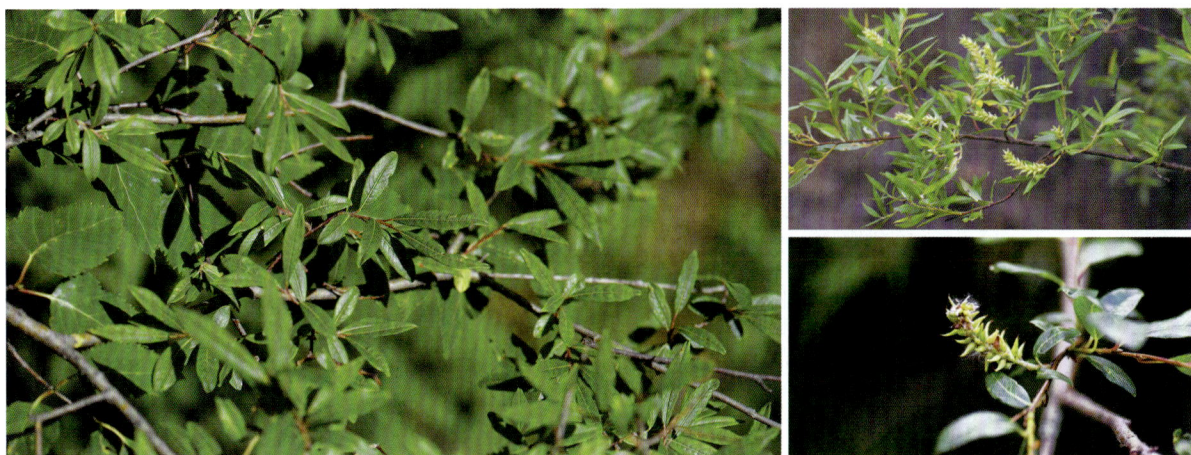

秦岭柳
Salix alfredii Gorz

　　落叶灌木或小乔木。小枝细。单叶互生，椭圆形、卵状椭圆形至卵状披针形，长2.5～4.5厘米，宽1.5～2.5厘米，先端急尖，基部圆形，下面浅绿色或灰蓝色，近无毛，全缘。花序与叶同时开放，有短梗；雄花序长1.5～3厘米，粗6～10毫米。幼果序长2.5～4厘米，粗4～5毫米；蒴果近球形，长3毫米，散生短柔毛，有明显的柄。

　　产于八十沟、桑布沟、郭扎沟。生于海拔2800～2950米山坡、沟谷杂木林或云杉、冷杉林缘。

洮河柳
Salix taoensis Gorz

　　落叶大灌木。小枝红褐色、紫红色至黑紫色。单叶互生，狭倒卵状长圆形至狭倒披针形，长2~4厘米，宽0.5~1厘米，先端急尖，基部楔形至圆形，下面淡绿色或稍发白色，边缘有锯齿，或向基部全缘；叶柄短。柔荑花序先叶开放或近同时开放，无梗；雄花序长1.2~2.5厘米，粗约1厘米；雌花序长约1厘米，粗约7毫米。果序长1.5~4厘米，无梗；蒴果卵球形，被毛。

　　保护区广布。生于海拔2800~3100米河谷、山坡。

乌柳
Salix cheilophila Schneid.

　　落叶灌木或小乔木。小枝灰黑色或黑红色。单叶互生，线形或线状倒披针形，长2.5~5厘米，宽3~7毫米，先端渐尖或具短硬尖，上面疏被柔毛，下面灰白色，密被绢状柔毛，边缘外卷，上部具腺锯齿，下部全缘。花序近无梗；雄花序长1.5~2.3厘米，粗3~4毫米，密花；雌花序长1.3~2厘米，粗1~2毫米，密花。果序长达3.5厘米，蒴果长3毫米，密被短毛。

　　产于八十沟、七车、扎古录、卡车沟、车巴沟。生于海拔2800~3100米河沟边。

红皮柳

Salix sinopurpurea C. Wang et Ch. Y. Yang

科 杨柳科 Salicaceae
属 柳属 *Salix*

落叶灌木。单叶对生或斜对生，披针形，长5～10厘米，宽1～1.2厘米，先端短渐尖，基部楔形，边缘有腺锯齿，下面苍白色；萌条叶较长而宽。柔荑花序先叶开放，圆柱形，长2～3厘米，粗5～6毫米，对生或互生，无花序梗。蒴果卵形，密被灰绒毛，2瓣裂。

产于洮河沿岸。生于海拔2590～2610米山地灌丛或河滩地。

拉马山柳

Salix lamashanensis Hao

科 杨柳科 Salicaceae
属 柳属 *Salix*

落叶灌木。单叶互生，倒披针形，长4～6厘米，宽5～12毫米，先端渐尖，基部楔形，边缘有疏锯齿，下面灰白色；叶柄长5～10毫米。柔荑花序卵形，长约1厘米，无花序梗。蒴果淡黄色，有茸毛。

产于桑布沟、拉力沟、业母沟、车路沟、齐河。生于海拔2800～3100米山地灌丛或河滩地。

毛榛
Corylus mandshurica Maxim.

落叶灌木。小枝被长柔毛。单叶互生，宽卵形，长6～12厘米，宽4～9厘米，顶端骤尖或尾状，基部心形，边缘具不规则粗锯齿，疏被毛。雄花序长圆柱状柔荑花序，2～4枚排成总状，下垂。果单生或2～6枚簇生；果苞管状，在坚果上部缢缩，外面密被毛；坚果近球形，顶端具小突尖，外面密被白茸毛。

产于羊化湾。生于海拔2460米左右山坡灌丛中或林下。

虎榛子
Ostryopsis davidiana Decne.

落叶灌木。单叶互生，卵形或椭圆状卵形，长2～6.5厘米，宽1.5～5厘米，顶端渐尖或锐尖，基部心形或几圆形，缘具重锯齿；下面沿脉密被短柔毛。雄花序短圆柱形，单生。小坚果宽卵球形，长5～6毫米，多枚排成总状，下垂，生于枝顶；果苞上部延伸呈管状，外被密短毛，成熟后一侧开裂，顶端4浅裂。

产于东湾咀。生于海拔2410米山坡，也见于杂木林及油松林下。

白桦

Betula platyphylla Suk.

落叶乔木；树皮灰白色，纸状剥落。单叶互生，三角状卵形至宽卵形，长3～9厘米，宽2～7.5厘米，顶端锐尖至尾状渐尖，基部截形至楔形，边缘具重锯齿或单齿，近无毛；叶柄细瘦，长1～2.5厘米。穗状果序单生，圆柱形，下垂，长2～5厘米；序梗细瘦。

产于大峪沟、八十沟、旗布沟、桑布沟、七车、卡车沟、色树隆沟、车路沟、郭扎沟、洮河南岸。生于海拔2560～3100米山坡或林中。

糙皮桦

Betula utilis D. Don

落叶乔木；树皮暗褐色至黑褐，呈层剥裂。单叶互生，厚纸质，卵形至椭圆形或矩圆形，长4～9厘米，宽2.5～6厘米，顶端渐尖，基部圆形或近心形，边缘具不规则重锯齿。穗状果序单生或兼有2～4枚排成总状，圆柱形，长3～5厘米，直径7～12毫米。

产于八十沟、拉力沟、鲁延沟、车路沟、郭扎沟。生于海拔2800～3000米山坡林中。

红桦
Betula albo-sinensis Burk.

科 桦木科 Betulaceae
属 桦木属 *Betula*

落叶乔木；树皮淡红褐色或紫红色，有光泽和白粉，呈薄层状剥落。叶互生，卵形或卵状矩圆形，长3～8厘米，宽2～5厘米，顶端渐尖，基部圆形，边缘具不规则重锯齿。雄花序圆柱形，长3～8厘米，直径3～7毫米，无梗。穗状果序单生或兼有2～4枚排成总状，圆柱形，斜展，长3～4厘米，直径约1厘米。

产于八十沟、小阿角沟、桑布沟、卡车沟、洮河南岸。生于海拔2650～3100米山坡杂木林中。

大麻
Cannabis sativa Linn.

科 桑科 Moraceae
属 大麻属 *Cannabis*

一年生直立草本，高1～3米。茎密生灰白色贴伏毛。叶掌状全裂，裂片披针形或线状披针形，长7～15厘米，中裂片最长，宽0.5～2厘米，边缘具向内弯的粗锯齿；叶柄长3～15厘米，密被灰白色贴伏毛；托叶线形。花单性；雄花序长达25厘米，花黄绿色，花被5枚；雌花绿色，花被1枚，紧包子房。瘦果为宿存黄褐色苞片所包。

拉力沟、下巴沟有逸生。生于海拔2630～2800米河谷地带。

毛果荨麻

Urtica triangularis Hand.-Mazz. subsp. trichocarpa C. J. Chen

科 荨麻科 Urticaceae
属 荨麻属 Urtica

多年生草本。茎四棱形，疏生刺毛和细糙毛。单叶对生，卵形至披针形，长2.5～11厘米，宽15厘米，先端锐尖或渐尖，基部常圆形，有时浅心形，边缘具粗牙齿，两面疏生刺毛，钟乳体点状；叶柄长1～5厘米，生稍密的刺毛和细糙毛。雌雄同株；雄花序圆锥状，生下部叶腋，开展；雌花序近穗状，生上部叶腋。果序多少下垂；瘦果双凸透镜状，表面有较明显的疏微毛和细注点。

产于桑布沟、三角石沟、扎路沟、色树隆沟、车路沟、下巴沟。生于海拔2650～3100米山谷湿润处或半阴山坡灌丛路旁。

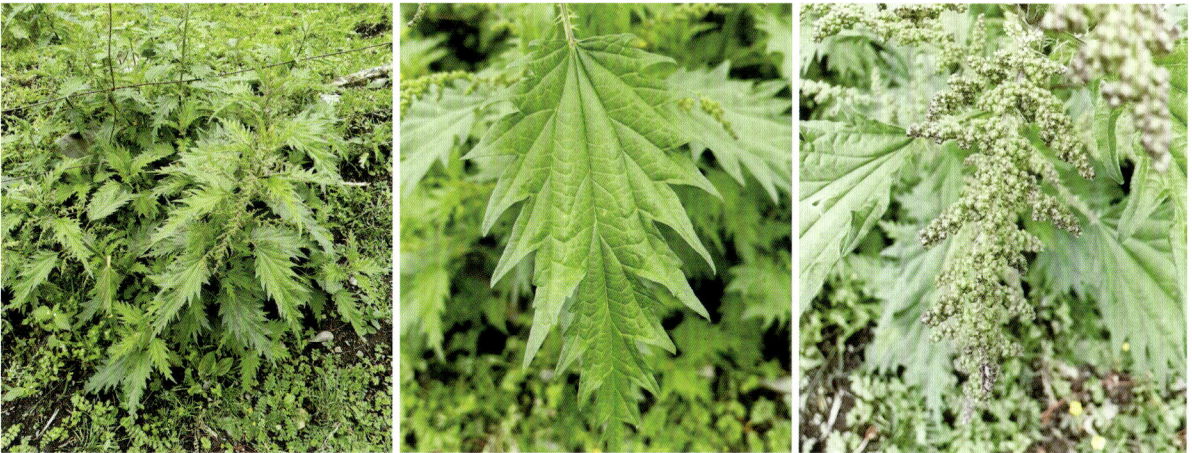

羽裂荨麻

Urtica triangularis Hand.-Mazz. subsp. pinnatifida (Hand.-Mazz.) C. J. Chen

科 荨麻科 Urticaceae
属 荨麻属 Urtica

多年生草本。茎四棱形，疏生刺毛和细糙毛。叶三角状披针形，边缘上部为粗牙齿或锐裂锯齿，下部具数对半裂至深裂的羽裂片，其最下对最大，裂片常在外缘有数枚不规则的牙齿状锯齿，两面疏生刺毛。雄花序圆锥状，生下部叶腋；雌花序近穗状，生上部叶腋。瘦果熟时具较粗的疣点。

产于下巴沟。生于海拔2650米左右山坡灌丛、路边、草地。

麻叶荨麻
Urtica cannabina Linn.

多年生草本。茎四棱形，常近于无刺毛。单叶对生，叶片轮廓五角形，掌状3全裂，一回裂片再羽状深裂，自下而上变小，二回裂片常有裂齿或浅锯齿，钟乳体细点状，在上面密布；叶柄长2～8厘米，生刺毛或微柔毛。雌雄同株；雄花序圆锥状，生下部叶腋，长5～8厘米，斜展；雌花序生上部叶腋，常穗状，长2～7厘米，直立或斜展。瘦果狭卵形，长2～3毫米；宿存花被片4枚。

产于博峪沟、郭扎沟、下巴沟。生于海拔2650～3000米丘坡地、河谷、溪旁。

宽叶荨麻
Urtica laetevirens Maxim.

多年生草本。茎四棱形，在节上密生细糙毛。单叶对生，卵形或披针形，向上的常渐变狭，长4～10厘米，宽2～6厘米，先端短渐尖至尾状渐尖，基部圆形或宽楔形，边缘除基部和先端全缘外，有锐或钝的牙齿，两面疏生刺毛和细糙毛，钟乳体常短杆状，有时点状；叶柄长1.5～7厘米，向上的渐变短。雌雄同株，稀异株；雄花序近穗状，生上部叶腋，长达8厘米；雌花序近穗状，生下部叶腋，较短。瘦果双凸透镜状，多少有疣点。

产于尼玛尼嘎沟、章巴库沟。生于海拔2890～3200米山谷溪边或山坡林下阴湿处。

异株荨麻
Urtica dioica Linn.

多年生草本。茎四棱形，密生刺毛。单叶对生，卵形或狭卵形，长5～7厘米，宽2.5～4厘米，先端渐尖，基部心形，边缘有锯齿，上面疏生刺毛和细糙毛，钟乳体点状；叶柄长为叶片之半。雌雄异株，稀同株；花序圆锥状，长3～7厘米；雌花序在果时常下垂；雄花具短梗；花被片4枚。瘦果双凸透镜状，光滑。

产于章巴库沟、拉力沟、车路沟。生于海拔2890～3000米山坡阴湿处。

墙草
Parietaria micrantha Ledeb.

一年生铺散草本。茎上升平卧或直立，肉质，纤细，被短柔毛。单叶互生，卵形或卵状心形，长0.5～3厘米，宽0.4～2.2厘米，边缘全缘，上面疏生短糙伏毛，下面疏生柔毛，钟乳体点状，在上面明显；叶柄纤细，长0.4～2厘米。花杂性，聚伞花序腋生，常有少数几朵花组成，具短梗或近簇生状。果卵形，长1～1.3毫米，具宿存的花被和苞片。

产于扎路沟、业母沟。生于海拔3000～3200米山坡阴湿草地或岩石下阴湿处。

急折百蕊草
***Thesium refractum* C. A. Mey.**

多年生草本，高20～40厘米。茎有明显的纵沟。叶线形，长3～5厘米，宽2～2.5毫米，无柄，两面粗糙。总状花序腋生或顶生；总花梗呈"之"字形曲折；苞片1枚，长6～8毫米，叶状，开展；花梗长5～7毫米，花后外倾并渐反折；花白色，长5～6毫米；花被筒状或阔漏斗状，上部5裂，裂片线状披针形。坚果椭圆状或卵形，长3毫米；宿存花被长1.5厘米；果柄长达1厘米，果熟时反折。

产于加当湾、大理。生于海拔2510～2690米草地和多砂砾坡地。

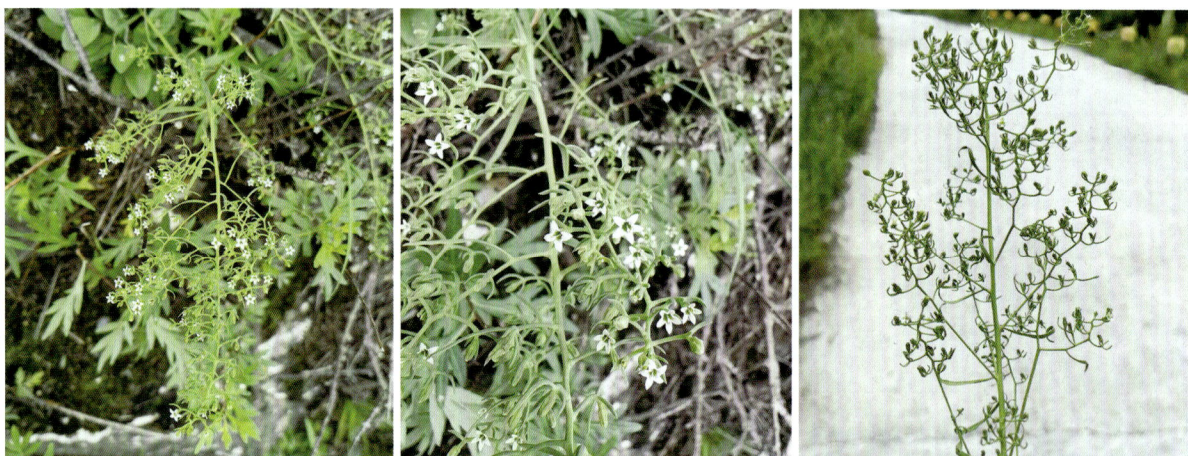

冰岛蓼
***Koenigia islandica* Linn.**

一年生矮小草本，高3～7厘米。茎细弱，通常簇生，分枝开展。叶互生，宽椭圆形或倒卵形，长3～6毫米，宽2～4毫米，无毛；叶柄长1～3毫米。花簇腋生或顶生；花被3深裂，淡绿色，花被片宽椭圆形，长约1毫米。瘦果长卵形，双凸镜状，比宿存花被稍长。

产于小阿角沟、章巴库沟、拉力沟、鲁延沟、业母沟、车路沟。生于海拔2950～3200米山顶草地、山沟水边、山坡草地。

萹蓄
Polygonum aviculare Linn.

一年生草本。茎平卧、上升或直立。单叶互生，椭圆形至披针形，长1～4厘米，宽3～12毫米，全缘；叶柄短或近无柄。单生或数朵簇生于叶腋，遍布植株；花梗细；花被5深裂，花被片绿色，边缘白色或淡红色。瘦果卵形，具3棱，与宿存花被近等长或稍超过。

产于桑布沟、拉力沟、车路沟、鹿儿沟、齐河、下巴沟、洮河南岸。生于海拔2620～3020米田野、路旁以及潮湿阳光充足之处。

酸模叶蓼
Polygonum lapathifolium Linn.

一年生草本。单叶互生，披针形或宽披针形，长5～15厘米，宽1～3厘米，上面常有一个大的黑褐色新月形斑点，全缘；叶柄短；托叶鞘筒状，长1.5～3厘米，顶端截形。总状花序呈穗状，顶生或腋生，近直立，花紧密，通常由数个花穗再组成圆锥状；花被淡红色或白色，4～5深裂，花被片椭圆形，外面两片较大。瘦果宽卵形，双凹，包于宿存花被内。

产于拉力沟、下巴沟、洮河南岸。生于海拔2590～2800米路旁、水边、田边、荒地或沟边湿地。

珠芽蓼
Polygonum viviparum Linn.

科 **蓼科 Polygonaceae**
属 **蓼属 *Polygonum***

多年生草本。基生叶长圆形或卵状披针形，长3～10厘米，宽0.5～3厘米，边缘外卷，叶柄长；茎生叶较小，披针形，近无柄；托叶鞘筒状，膜质，开裂。总状花序呈穗状，顶生，紧密，下部生珠芽；花被5深裂，白色或淡红色。瘦果卵形，具3棱，包于宿存花被内。

保护区广布。生于海拔2630～3770米山坡林下、高山草甸。

细叶珠芽蓼
Polygonum viviparum Linn. var. *angustum* A. J. Li

科 **蓼科 Polygonaceae**
属 **蓼属 *Polygonum***

与珠芽蓼的区别：叶片线形，长3～7厘米，宽0.2～0.3厘米。

产于拉力沟、车路沟。生于海拔2800～3000米山坡草地、林缘、河谷湿地。

圆穗蓼

Polygonum macrophyllum D. Don

多年生草本。基生叶长圆形或披针形，长3～11厘米，宽1～3厘米，顶端急尖，基部近心形，边缘外卷，叶柄长3～8厘米；茎生叶较小，狭披针形或线形，叶柄短或近无柄。总状花序呈短穗状，顶生，长1.5～2.5厘米，直径1～1.5厘米；花被5深裂，淡红色或白色。瘦果卵形，具3棱，包于宿存花被内。

产于大峪沟、扎路沟、光盖山。生于海拔2632～3770米山坡草地、高山草甸。

狭叶圆穗蓼

Polygonum macrophyllum D. Don var. *stenophyllum* (Meisn.) A. J. Li

与圆穗蓼的区别：叶线形或线状披针形，宽0.2～0.5厘米。

产于扎路沟。生于海拔4000米左右高山草甸。

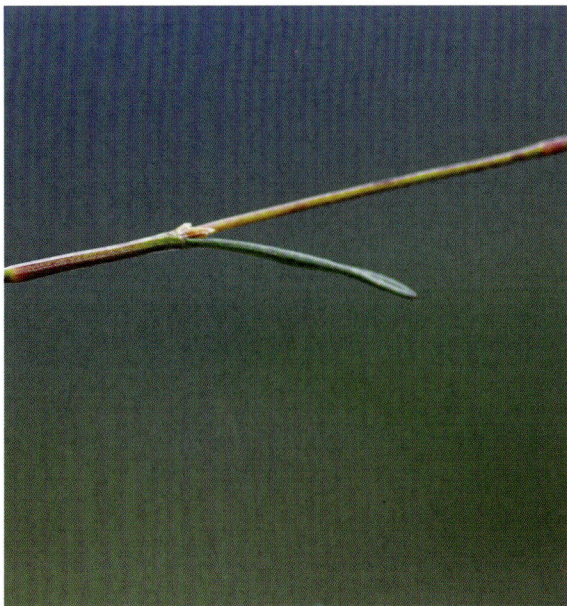

尼泊尔蓼
Polygonum nepalense Meisn.

一年生草本。茎下部叶卵形或三角状卵形，长3～5厘米，宽2～4厘米，基部沿叶柄下延成翅；茎上部叶较小，叶柄长1～3厘米，或近无柄，抱茎；托叶鞘筒状，长5～10毫米。花序头状，顶生或腋生，基部常具1叶状总苞片；花被通常4裂，淡紫红色或白色。瘦果宽卵形，双凸镜状，包于宿存花被内。

产于八十沟、扎路沟。生于海拔2800～3240米山坡草地、山谷路旁。

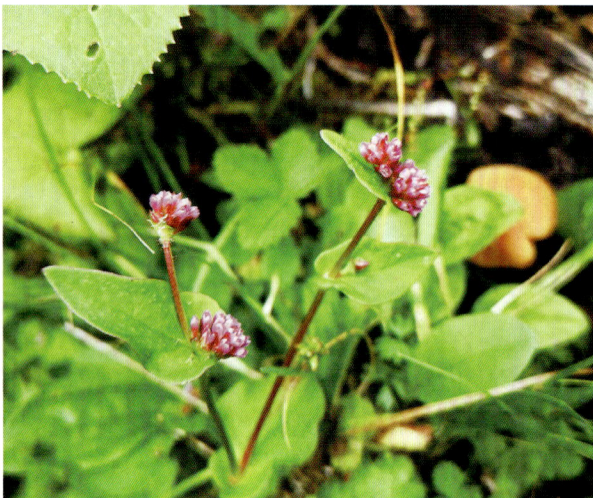

冰川蓼
Polygonum glaciale (Meisn.) Hook.

一年生矮小草本，高10～15厘米。茎细弱，铺散，无毛。叶互生，卵形或宽卵形，长0.8～2厘米，宽6～10毫米，无毛；叶柄与叶片近等长或比叶片长。花序头状，直径5～6毫米，顶生或腋生；花被5裂，白色或淡红色，花被片大小近相等。瘦果卵形，具3棱，长1～1.5毫米，包于宿存花被内。

产于三角石沟、桑布沟、拉力沟。生于海拔2780～3100米山顶、山坡草地、山谷湿地。

柔毛蓼
Polygonum sparsipilosum A. J. Li

一年生草本。单叶互生，宽卵形，长1～1.5厘米，宽0.8～1厘米，两面疏生柔毛；叶柄长4～8毫米；托叶鞘筒状，开裂，基部密生柔毛。头状花序顶生或腋生；每苞内具1花；花梗短；花被4深裂，白色，花被片大小不等。瘦果卵形，具3棱，包于宿存花被内。

保护区广布。生于海拔2800～3200米山坡草地、山谷湿地。

青藏蓼
Polygonum fertile (Maxim.) A. J. Li

科 蓼科 Polygonaceae
属 蓼属 *Polygonum*

一年生草本，高5～8毫米。茎细弱，分枝开展，无毛。叶互生，倒卵形或椭圆形，长3～6毫米，宽2～4毫米；叶柄细弱，长1～2毫米。花簇腋生或顶生；花被4深裂，白色。瘦果长卵形，双凸镜状，比宿存花被稍长。

产于三角石沟、拉力沟、华尔盖沟。生于海拔2780～3200米山坡草地、山谷湿地。

硬毛蓼
Polygonum hookeri Meisn.

多年生草本。茎不分枝，疏生长硬毛。叶互生，长椭圆形或匙形，长5～10厘米，宽1.5～3厘米，两面疏生长硬毛，边缘全缘；茎生叶较小；叶柄长0.5～1厘米。花单性，雌雄异株；花序圆锥状，顶生，分枝稀疏；苞片狭披针形，每苞内具1花；雌花花被5深裂，深紫红色，边缘黄绿色，花被片大小不等。瘦果宽卵形，具3棱，稍突出花被之外。

产于光盖山。生于海拔3200～3790米高山草甸、山谷灌丛。

西伯利亚蓼
Polygonum sibiricum Laxm.

多年生草本。叶互生，长椭圆形或披针形，无毛，长5～13厘米，宽0.5～1.5厘米，边缘全缘；叶柄长8～15毫米。花序圆锥状，顶生，花排列稀疏，通常间断；苞片漏斗状，每苞片内具4～6花；花被5深裂，黄绿色。瘦果卵形，具3棱，包于宿存的花被内或凸出。

产于上卡车村、下巴沟。生于海拔2620～2850米路边、河滩、山坡湿地、沙质盐碱地。

卷茎蓼

Fallopia convolvulus (Linn.) A. Löve

一年生草本。茎缠绕，具纵棱。叶互生，卵形或心形，长2～6厘米，宽1.5～4厘米，顶端渐尖，基部心形，两面无毛，边缘全缘；叶柄长1.5～5厘米。总状花序腋生或顶生，花稀疏，下部间断，有时成花簇，生于叶腋；苞片长卵形，每苞具2～4花；花被5深裂，淡绿色，边缘白色，外面3片花被片背部具龙骨状突起或狭翅，果时稍增大。瘦果椭圆形，具3棱，包于宿存花被内。

产于拉力沟、加当湾。生于海拔2510米左右山坡草地、山谷灌丛、沟边湿地。

苦荞麦

Fagopyrum tataricum (Linn.) Gaertn.

一年生草本。叶宽三角形，长2～7厘米；下部叶具长叶柄，上部叶较小，具短柄。花序总状，顶生或腋生，花排列稀疏；每苞内具2～4花；花被5深裂，白色或淡红色。瘦果长卵形，具3棱及3条纵沟，比宿存花被长。

产于冰角村、尼巴大沟。生于海拔2560～2920米田边、路旁、山坡、河谷。

酸模
Rumex acetosa Linn.

科 蓼科 Polygonaceae
属 酸模属 *Rumex*

多年生草本。基生叶和茎下部叶箭形，长3~12厘米，宽2~4厘米，全缘或微波状；叶柄长2~10厘米；茎上部叶较小，具短叶柄或无柄。花单性，雌雄异株；花序狭圆锥状，顶生，分枝稀疏；花被片6枚，成2轮；雌花内花被片果时增大，外花被片椭圆形，反折。瘦果椭圆形，具3锐棱，包于增大的内花被片内。

产于八十沟、桑布沟、大峪沟、拉力沟、扎路沟、齐河、华尔盖沟、光盖山。生于海拔2630~3790米山坡、林缘、沟边、路旁。

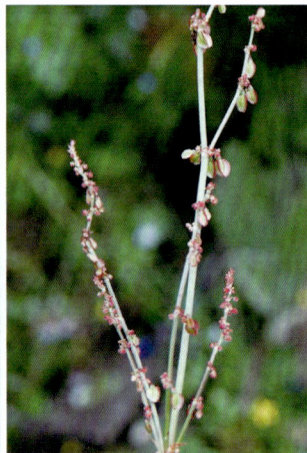

水生酸模
Rumex aquaticus Linn.

科 蓼科 Polygonaceae
属 酸模属 *Rumex*

多年生草本。基生叶长圆状卵形或卵形，长10~30厘米，宽4~13厘米，顶端尖，基部心形，边缘波状；叶柄与叶片近等长；茎生叶较小。花序圆锥状，狭窄，分枝近直立；花两性；花梗丝状；内花被片果时增大。瘦果椭圆形，具3锐棱。

产于三角石沟。生于海拔2840米山谷水边，沟边湿地。

巴天酸模
Rumex patientia Linn.

　　多年生草本。基生叶长圆形或长圆状披针形，长15～30厘米，宽5～10厘米，基部圆形或近心形，边缘波状，叶柄粗壮，长5～15厘米；茎上部叶披针形，较小，具短叶柄或近无柄；托叶鞘筒状，膜质，长2～4厘米，易破裂。花两性；花序圆锥状，大型；内花被片果时增大，宽心形。瘦果卵形，具3锐棱，包于增大的内花被片内。

　　产于大峪沟、拉力沟、卡车沟。生于海拔2600～3000米沟边湿地、水边。

皱叶酸模
Rumex crispus Linn.

　　多年生草本。基生叶披针形或狭披针形，长10～25厘米，宽2～5厘米，基部楔形，边缘皱波状；茎生叶较小，狭披针形；叶柄长3～10厘米；托叶鞘膜质，易破裂。花两性，淡绿色；花序狭圆锥状；花被片6枚，内花被片果时增大。瘦果卵形，具3锐棱，包于增大的内花被片内。

　　产于色树隆沟、鹿儿沟。生于海拔3030米左右河滩、沟边湿地。

尼泊尔酸模
Rumex nepalensis Spreng.

多年生草本。基生叶长圆状卵形，长 10～15 厘米，宽 4～8 厘米，顶端急尖，基部心形，边缘全缘；茎生叶卵状披针形；叶柄长 3～10 厘米；托叶鞘膜质，易破裂。花两性；花序圆锥状；花被片 6 枚，成 2 轮，内花被片果时增大，边缘每侧具 7～8 刺状齿，齿端成钩状。瘦果卵形，具 3 锐棱，包于增大的内花被片内。

产于小阿角沟、八十沟、章巴库沟、拉力沟、鲁延沟、色树隆沟、业母沟、车路沟、郭扎沟。生于海拔 1900～4300 米山坡路旁、山谷草地。

光茎大黄
Rheum glabricaule Sam.

多年生草本，高 1 米。茎光滑无毛。基生叶大，心状卵形，长 11～25 厘米，宽 10～17 厘米，全缘；叶柄较叶片长；茎生叶较小，叶柄短。圆锥花序较窄，呈疏总状；花被片近等大，背面淡绿色，顶部及边缘紫色。瘦果距圆状卵形，长 5～8 毫米，紫红色。

产于小阿角沟、章巴库沟、业母沟、尼巴大沟。生于海拔 2900～3200 米山坡、林缘或灌丛中。

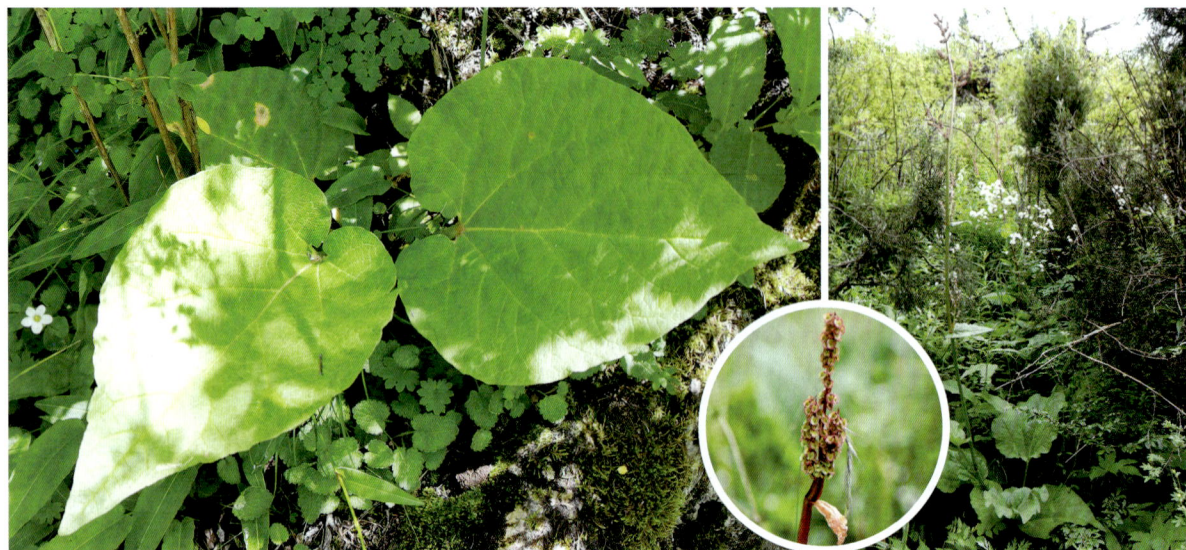

鸡爪大黄
Rheum tanguticum Maxim. ex Balf.

科 蓼科 Polygonaceae
属 大黄属 *Rheum*

　　多年生高大草本，高1.5~2米。茎生叶大型，叶片近圆形或及宽卵形，长30~60厘米，掌状5深裂，中间3个裂片多为三回羽状深裂，小裂片窄长披针形，叶上面具乳突或粗糙，下面具密短毛；叶柄与叶片近等长；茎生叶较小，叶柄较短，裂片狭窄；托叶鞘大型，多破裂。大型圆锥花序，分枝较紧聚，花小，紫红色，稀淡红色。瘦果矩圆状卵形到矩圆形，长8~9.5毫米，宽7~7.5毫米，翅宽2~2.5毫米。

　　产于八十沟、旗布沟、桑布沟，色树隆沟有栽培。生于海拔2800~3220米高山沟谷、林缘或林中。

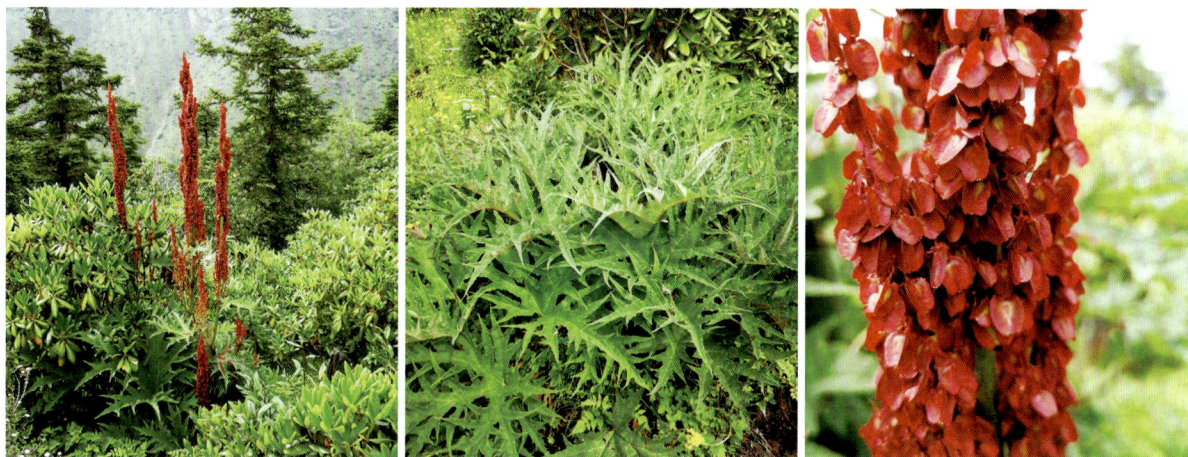

小大黄
Rheum pumilum Maxim.

科 蓼科 Polygonaceae
属 大黄属 *Rheum*

　　多年生草本，高10~25厘米。基生叶2~3片，卵状椭圆形或卵状长椭圆形，长1.5~5厘米，宽1~3厘米，近革质，基部浅心形，全缘；叶柄半圆柱状，与叶片等长或稍长，被短毛；茎生叶1~2片，较窄小。窄圆锥状花序，分枝稀疏，具短毛，花2~3朵簇生；花梗极细，长2~3毫米；花被不开展，边缘为紫红色。瘦果三角形或三角状卵形，长5~6毫米，顶端微凹，翅窄。

　　产于扎路沟、光盖山。生于海拔3270~4000米山坡或灌丛下。

轴藜
Axyris amaranthoides Linn.

　　一年生草本。单叶互生；基生叶大，披针形，长3～7厘米，宽0.5～1.3厘米；枝生叶和苞叶较小，边缘通常内卷。花单性，雌雄同株；雄花序穗状，花被裂片3枚；雌花数朵构成二歧聚伞花序，腋生，花被片3枚，膜质。果长椭圆状倒卵形，侧扁，长2～3毫米，顶端具一冠状附属物。

　　产于拉力沟。生于海拔2350米山坡、草地、荒地、河边或路旁。

华北驼绒藜
Ceratoides arborescens (Losinsk.) Tsien et C. G. Ma

　　灌木。单叶互生，披针形或矩圆状披针形，长2～7厘米，宽7～15毫米，向上渐狭；柄平直或呈舟状。花单性，同株；雄花序细长而柔软，长可达8厘米，花被片4枚，背部被星状毛；雌花管倒卵形，长约3毫米，上部分裂成2个角状或耳状裂片。果实狭倒卵形，被毛。

　　产于拉力沟、洮河南岸、下巴沟。生于海拔2500～2600米荒地或山坡。

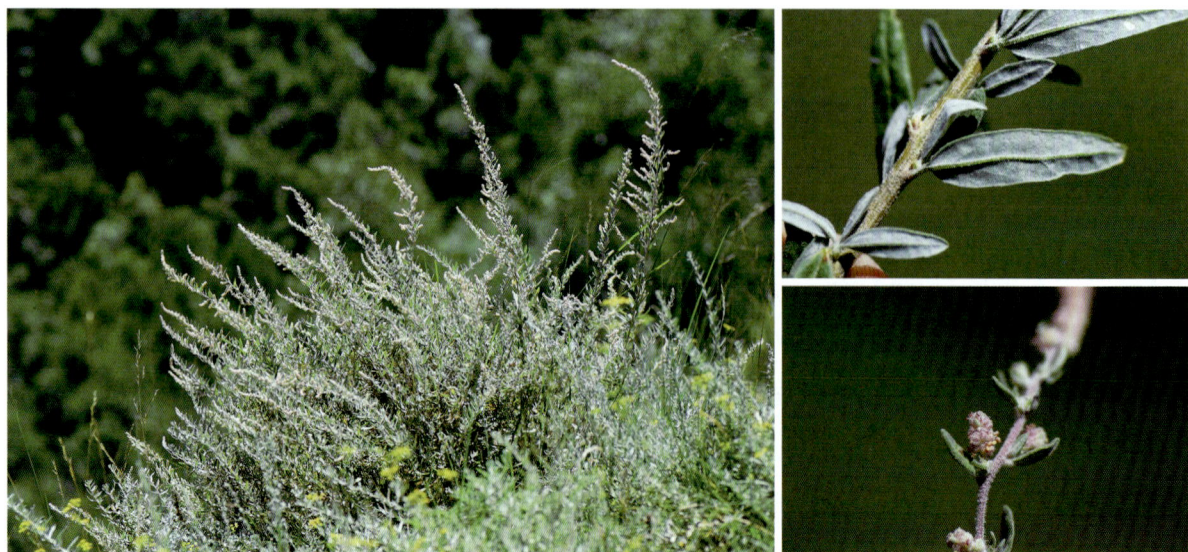

灰绿藜

Chenopodium glaucum Linn.

一年生草本。茎平卧或外倾,具条棱及绿色或紫红色条纹。单叶互生,矩圆状卵形至披针形,长2～4厘米,宽6～20毫米,边缘具缺刻状牙齿,下面有粉而呈灰白色;叶柄长5～10毫米。花两性兼有雌性;数花聚成团伞花序,再于分枝上排列成有间断而通常短于叶的穗状或圆锥状花序;花被裂片3～4枚,浅绿色,长不及1毫米。胞果顶端露出于花被外。

产于洮河沿岸、车巴沟。生于海拔2600～3050米路旁、水边等轻度盐碱地。

杂配藜

Chenopodium hybridum Linn.

一年生草本。单叶互生;宽卵形至卵状三角形,长6～15厘米,宽5～13厘米,边缘掌状浅裂,裂片2～3对,不等大,轮廓略呈五角形;上部叶较小,多呈三角状戟形,边缘具少数裂片状锯齿,有时几全缘;叶柄长2～7厘米。花两性兼有雌性;通常数个团集,在分枝上排列成开散的圆锥状花序。胞果双凸镜状。

产于大峪沟、下巴沟、安思梁。生于海拔2500～2820米林缘、山坡灌丛间或沟沿。

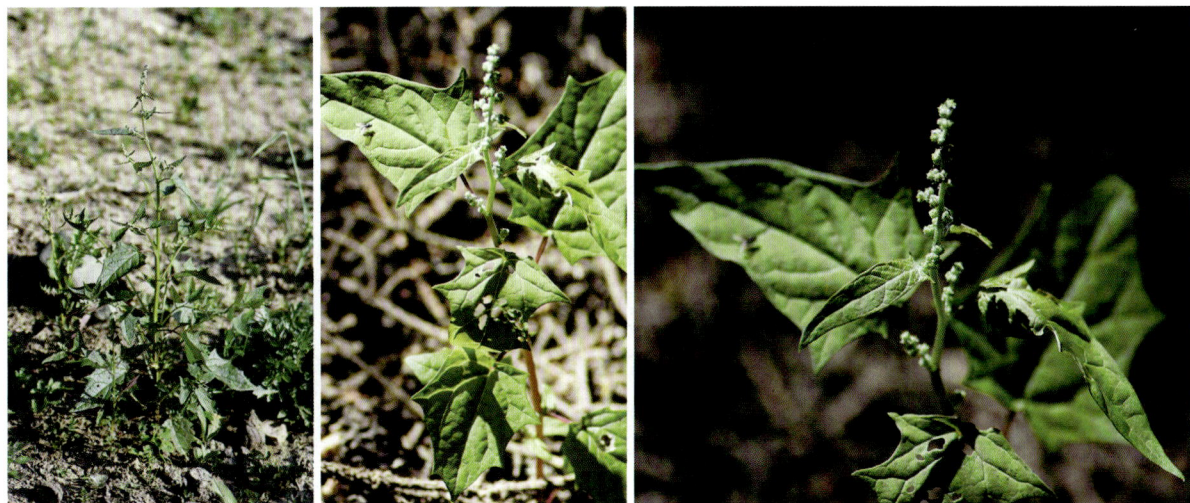

藜
Chenopodium album Linn.

一年生草本。单叶互生；菱状卵形至宽披针形，长3～6厘米，宽2.5～5厘米，边缘具不整齐锯齿。花两性；簇于枝上部排列成或大或小的穗状圆锥状或圆锥状花序；花被裂片5枚，背面具纵隆脊，有粉。胞果双凸镜形。

产于大峪沟、卡车沟、下巴沟。生于海拔2600～2850米路旁或荒地。

角萼香藜
Neobotrydium corniculatum G. L. Chu et M. L. Zhang

一年生草本植物，全株有头状腺毛和强烈气味。单叶互生；卵形，不规则羽状深裂至全裂，长2～5厘米，宽1～3厘米；裂片卵状长圆形到椭圆形，不等长，边缘齿状或羽状裂；叶表面有黄色腺体颗粒，背面有短腺毛；叶柄长3～15毫米。两性花和雌花兼有；二歧聚伞花序腋生和顶生，长2～5厘米，稍平展；花扁球状，5裂近基部，果期裂片背部近先端各发育一个角状附属物。

产于扎古录。生于海拔2600～2800米山谷路旁、桦木林下或草坡。

鸟爪状香藜

Neobotrydium ornithopodum G. L. Chu et M. L. Zhang

科 藜科 Chenopodiaceae
属 香藜属 *Neobotrydium*

一年生草本，全株有腺毛和强烈气味。单叶互生；椭圆形到长圆形，长3～5厘米，宽2～2.5厘米，边缘不等的羽状分裂，裂片全缘；叶柄长1～1.5厘米。花两性；二歧聚伞花序着生叶腋，通常短于叶，花排列紧密；花梗鸟足状弯曲，密被腺毛；花被近球形，直径0.6～1毫米，5裂，裂片不等长，背面具纵向龙骨状脊和短腺毛。

产于大峪沟、拉力沟、下巴沟。生于海拔2560～2650米河边、阳坡草地、路旁。

地肤

Kochia scoparia (Linn.) Schrad.

科 藜科 Chenopodiaceae
属 地肤属 *Kochia*

一年生草本。单叶互生；披针形或条状披针形，长2～5厘米，宽3～7毫米；茎上部叶较小，无柄。花两性或雌性；1～3朵生于上部叶腋，构成疏穗状圆锥状花序；花被近球形，淡绿色。胞果扁球形。

产于拉力沟、洮河南岸。生于海拔2630～2700米田边、路旁或荒地。

猪毛菜
Salsola collina Pall.

一年生草本。单叶互生，极少为对生；无柄；叶片丝状圆柱形，长2～5厘米，宽0.5～1.5毫米，生短硬毛，顶端有刺状尖，基部边缘膜质，稍扩展而下延。花两性，单生或簇生于苞腋；花序穗状，生枝条上部；苞片顶部延伸，有刺状尖；花被片卵状披针形，膜质，顶端尖，果时变硬，自背面中上部生鸡冠状突起，花被片在凸起以上部分近革质，顶端为膜质，向中央折曲成平面，紧贴果实，有时在中央聚集成小圆锥体。

产于洮河沿岸。生于海拔2550～2650米路边及荒地。

蔓孩儿参
Pseudostellaria davidii (Franch.) Pax

多年生草本。茎匍匐，细弱。单叶对生，卵形或卵状披针形，长2～3厘米，宽1.2～2厘米，顶端急尖，基部圆形或宽楔形，具极短柄，边缘具缘毛。开花受精花单生于茎中部以上叶腋，花梗长3.8厘米，萼片5片，披针形，长约3毫米，花瓣5枚，白色，长倒卵形，全缘，比萼片长1倍；闭花受精花通常1～2朵，腋生，花梗长约1厘米，萼片4，狭披针形。蒴果宽卵圆形，稍长于宿存萼。

产于桑布沟、粒珠沟。生于海拔2700～3000米混交林、杂木林、溪旁或林缘石质坡。

卷耳

Cerastium arvense Linn.

多年生疏丛草本。茎基部匍匐。单叶对生，线状披针形或长圆状披针形，长1～2.5厘米，宽1.5～4毫米，顶端急尖，基部楔形，抱茎。聚伞花序顶生，具3～7花；花梗长1～1.5厘米；萼片5片，披针形，长约6毫米；花瓣5枚，白色，倒卵形，比萼片长1倍或更长，顶端2裂深达1/4～1/3。蒴果长圆形，长于宿存萼1/3，10齿裂。

产于小阿角沟、八十沟、博峪沟、业母沟、色树隆沟、车路沟。生于海拔2800～3000米高山草地、林缘。

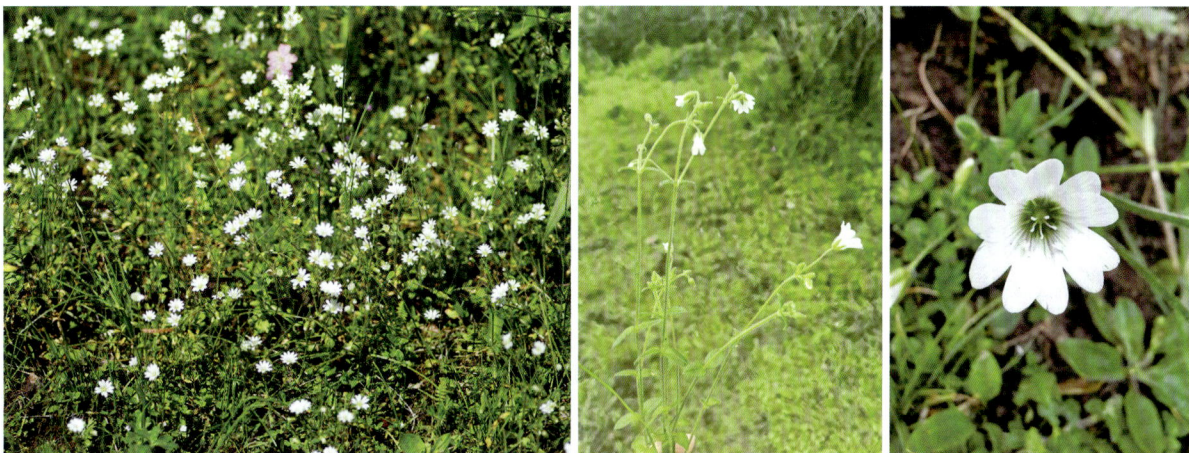

缘毛卷耳

Cerastium furcatum Cham. et Schlecht

多年生草本。茎单生或丛生，被柔毛和腺毛。单叶对生；基生叶匙形；茎生叶卵状披针形至椭圆形，长1～3厘米，宽4～11毫米。聚伞花序具5～11朵花；花梗长1～3.5厘米，密被柔毛和腺毛，果期弯垂；萼片5片，长圆状披针形，长约5毫米；花瓣5枚，白色，倒心形，长于花萼0.5～1倍，顶端2浅裂，基部被缘毛。蒴果长圆形，比宿存萼长1倍。

产于八十沟。生于海拔2800米左右高山林缘及草地。

簇生卷耳

Cerastium fontanum Baumg. subsp. *triviale* (Link) Jalas

科 **石竹科** Caryophyllaceae
属 **卷耳属** *Cerastium*

多年生或一、二年生草本。茎单生或丛生，被柔毛和腺毛。单叶对生；基生叶近匙形或倒卵状披针形，基部渐狭呈柄状，两面被短柔毛；茎生叶近无柄，卵形至披针形，长1～4厘米，宽3～12毫米。聚伞花序顶生；花梗长5～25毫米，密被长腺毛，花后弯垂；萼片5片，长圆状披针形，长5.5～6.5毫米，外面密被长腺毛；花瓣5枚，白色，倒卵状长圆形，等长或微短于萼片，顶端2浅裂。蒴果圆柱形，长为宿存萼的2倍，顶端10齿裂。

产于郭扎沟。生于海拔2900米左右山地林缘或疏松沙质土壤。

腺毛繁缕

Stellaria nemorum Linn.

科 **石竹科** Caryophyllaceae
属 **繁缕属** *Stellaria*

一年生草本，全株被疏腺柔毛。茎铺散。基生叶较小，卵形，具柄；茎中部叶片长圆状卵形，长2～4厘米，宽2～3厘米，基部心脏形，全缘，叶柄长2～4厘米；上部叶较小，具短柄、无柄至半抱茎。疏散聚伞花序顶生；花梗长2～3厘米，被白色柔毛；萼片5片，披针形，长5～8毫米；花瓣白色，2深裂达近基部，稍长于萼片。蒴果卵圆形，长于宿存萼1.5～2倍。

产于桑布沟、拉力沟。生于海拔2870～3000米山坡草地。

繁缕

Stellaria media (Linn.) Cyr.

　　一年生草本。茎俯仰或上升。叶宽卵形或卵形，长1.5～2.5厘米，宽1～1.5厘米，顶端渐尖或急尖，基部渐狭或近心形，全缘；基生叶具长柄，上部叶无柄或具短柄。疏聚伞花序顶生；花梗细弱，花后伸长，下垂，长7～14毫米；萼片5片，卵状披针形，长约4毫米；花瓣白色，长椭圆形，比萼片短，深2裂达基部，裂片近线形。蒴果卵形，稍长于宿存萼，顶端6裂。

　　产于拉力沟、大理村、冰角村。生于海拔2560～3000米原野及耕地上。

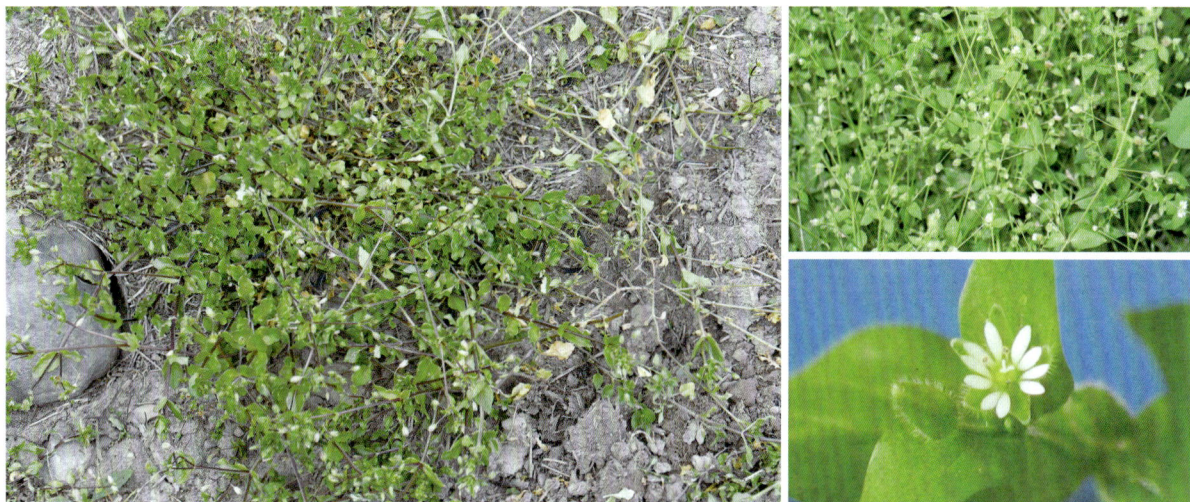

禾叶繁缕

Stellaria graminea Linn.

　　多年生草本，全株无毛。茎细弱，具4棱。叶无柄，线形，长0.5～5厘米，宽1.5～4毫米。聚伞花序顶生或腋生，有时具少数花；花梗长0.5～2.5厘米；花直径约8毫米；萼片5片，披针形，长4～4.5毫米；花瓣5枚，稍短于萼片，白色，2深裂。蒴果卵状长圆形，显著长于宿存萼。

　　产于下巴沟。生于海拔2800米山坡草地、林下或石隙中。

甘肃雪灵芝
Arenaria kansuensis Maxim.

　　多年生垫状草本。叶针状线形，长1～2厘米，宽约1毫米，基部抱茎，边缘狭膜质，顶端急尖呈短芒状，紧密排列于茎上。花单生枝端；花梗长2.5～4毫米；萼片5片，披针形，长5～6毫米；花瓣5枚，白色，倒卵形，长4～5毫米。

　　产于扎路沟、光盖山。生于海拔3700～3900米高山草甸、山坡草地和砾石带。

福禄草
Arenaria przewalskii Maxim.

　　多年生草本，密丛生，高10～12厘米。基生叶线形，长2～3厘米，宽1～2毫米，基部连合成鞘，边缘稍反卷；茎生叶披针形，长1～1.5厘米，宽2～3毫米。花3朵，呈聚伞状花序；花梗长3～4毫米，密被腺毛；萼片5片，紫色，宽卵形，长4～5毫米；花瓣5枚，白色，倒卵形，长8～10毫米。

　　产于光盖山。生于海拔3770米左右高山草甸。

西南无心菜

Arenaria forrestii **Diels**

科 **石竹科 Caryophyllaceae**
属 **无心菜属** *Arenaria*

多年生草本，高2～15厘米。茎丛生。茎下部的叶鳞片状，长3～4毫米；茎上部的叶革质，卵状长圆形或长圆状披针形，长5～12毫米，宽1.5～3毫米，边缘稍硬，具软骨质，顶端急尖。花单生枝端；花梗长5～15厘米；萼片5片，长圆状披针形，长5～8毫米，顶端锐尖；花瓣5枚，白色或粉红色，倒卵状椭圆形，长7～15毫米。

产于扎路沟、光盖山。生于海拔3600～3900米高山草甸、流石滩。

黑蕊无心菜

Arenaria melanandra **(Maxim.) Mattf. ex Hand. -Mazz.**

科 **石竹科 Caryophyllaceae**
属 **无心菜属** *Arenaria*

多年生草本，高6～10厘米。叶长圆形或长圆状披针形，长1～1.8厘米，宽3～5毫米；茎下部叶具短柄，上部叶无柄；叶腋生不育枝。花1～3朵，呈聚伞状；花梗长0.5～2厘米；萼片5片，椭圆形，长5～6毫米，外面疏被黑紫色腺柔毛；花瓣5枚，白色，宽倒卵形，长1～1.2厘米，顶端微凹；花药黑紫色。

产于扎路沟、光盖山。生于海拔3900～4100米高山草甸或高山流石滩。

四齿无心菜
Arenaria quadridentata (Maxim.) Will.

科 石竹科 Caryophyllaceae
属 无心菜属 *Arenaria*

多年生草本。茎丛生，细弱。下部茎生叶匙形或长圆状匙形，上部茎生叶卵状椭圆形或披针形，长1～2厘米，宽3～5毫米。聚伞花序具少数花；花梗长1～2厘米；萼片5片，长圆形或披针形，长4～5毫米，外面被腺柔毛；花瓣5枚，白色，倒卵形或长椭圆形，顶端4齿裂。蒴果球形，顶端4裂。

产于三角石沟、拉力沟、齐河。生于海拔3000～3100米高山草地、灌丛。

漆姑草
Sagina japonica (Sw.) Ohwi

科 石竹科 Caryophyllaceae
属 漆姑草属 *Sagina*

一年生小草本。茎丛生，稍铺散。叶片线形，长5～20毫米，宽0.8～1.5毫米。花小形，单生枝端；花梗长1～2厘米；萼片5片，卵状椭圆形，长约2毫米；花瓣5枚，狭卵形，稍短于萼片，白色。蒴果卵圆形，微长于宿存萼，5瓣裂。

产于云江。生于海拔2500米左右河岸沙质地、撂荒地或路旁草地。

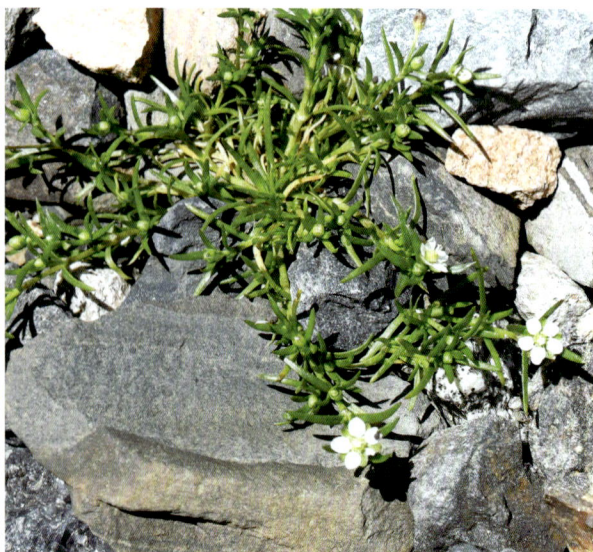

薄蒴草

Lepyrodiclis holosteoides (C. A. Mey.) Fisch. et Mey.

一年生草本，全株被腺毛。叶披针形，长3～7厘米，宽2～5毫米，有时达10毫米。圆锥花序开展；花梗细，长1～3厘米，密生腺柔毛；萼片5片，线状披针形，长4～5毫米；花瓣5枚，白色，宽倒卵形，与萼片等长或稍长。蒴果卵圆形，短于宿存萼，2瓣裂。

产于八十沟、洮河南岸。生于海拔2630～2800米山坡草地、荒芜农地或林缘。

蔓茎蝇子草

Silene repens Patr.

多年生草本，全株被短柔毛。叶片线状披针形至长圆状披针形，长2～7厘米，宽3～12毫米。总状圆锥花序，小聚伞花序常具1～3花；花梗长3～8毫米；花萼筒状棒形，11～15毫米，直径3～4.5毫米，常带紫色，萼齿宽卵形；花瓣白色，稀黄白色，爪不露出花萼，瓣片平展，浅2裂或深达中部；副花冠片长圆状。蒴果卵形，比宿存萼短。

产于大理村。生于海拔2700米左右林下、湿润草地、溪岸或石质草坡。

细蝇子草
Silene gracilicaulis C. L. Tang

多年生草本。基生叶线状倒披针形，长6~18厘米，宽2~5毫米，基部渐狭成柄状；茎生叶线状披针形，比基生叶小，基部半抱茎。花序总状，花多数，对生，稀呈假轮生，花梗与花萼几等长；花萼狭钟形，长8~12毫米，直径约4毫米，纵脉紫色，萼齿三角状卵形；花瓣白色或灰白色，下面带紫色，瓣片露出花萼，2裂达瓣片中部或更深；副花冠片小，长圆形。蒴果长圆状卵形，长6~8毫米。

产于洮河南岸、下巴沟。生于海拔2670~2800米多砾石草地或山坡。

长梗蝇子草
Silene pterosperma Maxim.

多年生草本。基生叶簇生，倒披针状线形或线形，长15~30厘米，宽1~3毫米，基部渐狭呈柄状；茎生叶1~2对，比基生叶短小，基部半抱茎。总状花序，花常对生，微俯垂；花梗纤细，呈丝状，比花萼长2倍以上；花萼狭钟形，长8~9毫米，果期可达11毫米，脉淡紫色，萼齿卵状；花瓣黄白色，瓣片外露，深2裂，裂片条形。蒴果长圆卵形，微长于宿存萼。

产于八十沟、七车村、卡车沟、车路沟、扎古录、洮河南岸。生于海拔2560~2880米草地或石缝中。

隐瓣蝇子草

Silene gonosperma (Rupr.) Bocquet

多年生草本。茎密被短柔毛，上部被腺毛和黏液。基生叶线状倒披针形，长3～6厘米，宽4～8毫米，基部渐狭成柄状，两面被短柔毛；茎生叶1～3对，无柄，叶片披针形。花单生，稀2～3朵，俯垂；花梗长2～5厘米，密被腺柔毛；花萼狭钟形，长13～15毫米，被柔毛和腺毛，纵脉暗紫色，萼齿三角形；花瓣暗紫色，内藏。蒴果椭圆状卵形，长10～12毫米，10齿裂。

产于扎路沟、光盖山。生于海拔3200～3800米山坡、流石滩、高山草甸。

喜马拉雅绳子草

Silene himalayensis (Rohrb.) Majumdar

多年生草本。基生叶狭倒披针形，长4～10厘米，宽4～10毫米，基部渐狭成柄状；茎生叶3～6对，披针形或线状披针形。总状花序具3～7花，微俯垂；花梗长1～5厘米；花萼卵状钟形，长约10毫米，紧贴果实，密被短柔毛和腺毛，纵脉紫色，萼齿三角形；花瓣暗红色，长约10毫米，不露或微露出花萼。蒴果卵形，长8～10毫米，短于宿存萼，10齿裂。

产于八十沟、拉力沟、齐河村、光盖山。生于海拔2800～3790米灌丛间或高山草甸。

女娄菜

***Silene aprica* Turcz. ex Fisch. et Mey.**

科 **石竹科** Caryophyllaceae
属 **蝇子草属** *Silene*

一或二年生草本，全株密被灰色短柔毛。基生叶倒披针形或狭匙形，长4～7厘米，宽4～8毫米，基部渐狭成长柄状；茎生叶比基生叶稍小。圆锥花序较大型；花梗长5～40毫米，直立；花萼卵状钟形，长6～8毫米，密被短柔毛，果期长达12毫米，纵脉绿色，萼齿三角状披针形；花瓣白色或淡红色，倒披针形，微露出花萼或与花萼近等长，瓣片倒卵形，2裂。蒴果卵形，长8～9毫米，与宿存萼近等长或微长。

产于革古村。生于海拔2790米左右山坡或荒地。

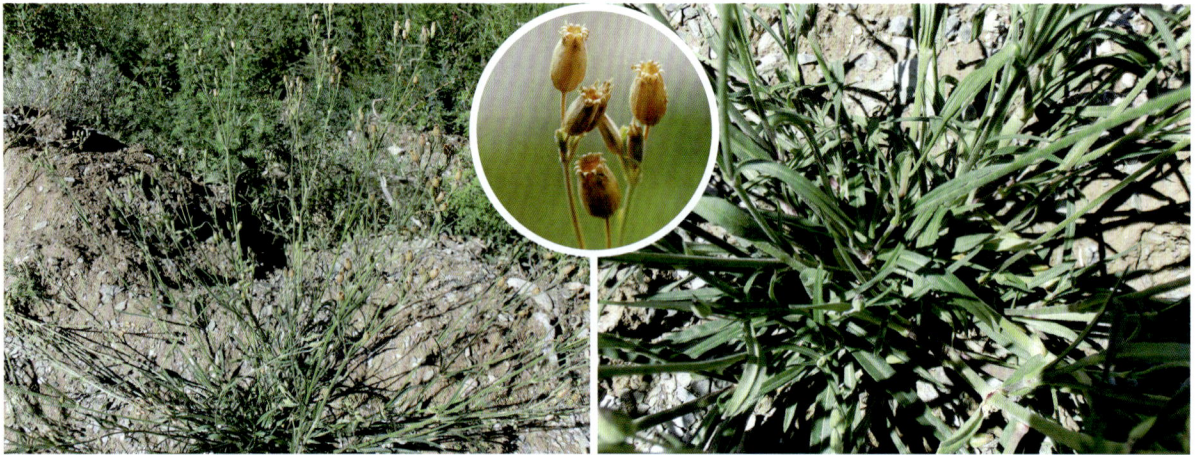

石生绳子草

***Silene tatarinowii* Regel**

科 **石竹科** Caryophyllaceae
属 **蝇子草属** *Silene*

多年生草本，全株被短柔毛。叶披针形或卵状披针形，长2～5厘米，宽5～20毫米，基部宽楔形或渐狭成柄状，顶端长渐尖。二歧聚伞花序疏松，大型；花梗长8～50毫米；花萼筒状棒形，长12～15毫米，直径3～5毫米，纵脉绿色，萼齿三角形；花瓣白色，轮廓倒披针形，爪不露或微露出花萼，瓣片倒卵形，长约7毫米，浅2裂达瓣片的1/4。蒴果卵形或狭卵形，比宿存萼短。

产于大峪沟、七车村。生于海拔2560～2630米灌丛、疏林下或多石质的山坡、岩石缝中。

麦瓶草
Silene conoidea Linn.

　　一年生草本，全株被短腺毛。基生叶匙形，茎生叶长圆形或披针形，长5～8厘米，宽5～10毫米。二歧聚伞花序具数花；花直立，直径约20毫米；花萼圆锥形，长20～30毫米，果期膨大，萼齿狭披针形；花瓣淡红色，长25～35毫米，爪不露出花萼，瓣片倒卵形，长约8毫米，全缘或微凹缺，有时微啮蚀状；副花冠片狭披针形，长2～2.5毫米，白色，顶端具数浅齿。蒴果梨状，长约15毫米。

　　产于洮河南岸。生于海拔2750米左右麦田中或荒地草坡。

瞿麦
Dianthus superbus Linn.

　　多年生草本。叶线状披针形，长5～10厘米，宽3～5毫米，基部合生成鞘状。花1或2朵生枝端；花萼圆筒形，长2.5～3厘米，直径3～6毫米，常染紫红色晕，萼齿披针形，长4～5毫米；花瓣长4～5厘米，爪包于萼筒内，瓣片宽倒卵形，边缘繸裂至中部或中部以上，通常淡红色或带紫色，稀白色，喉部具丝毛状鳞片。蒴果圆筒形，与宿存萼等长或微长，顶端4裂。

　　产于八十沟、业母沟、洮河南岸。生于海拔2700～2900米疏林下、林缘、草地、沟谷溪边。

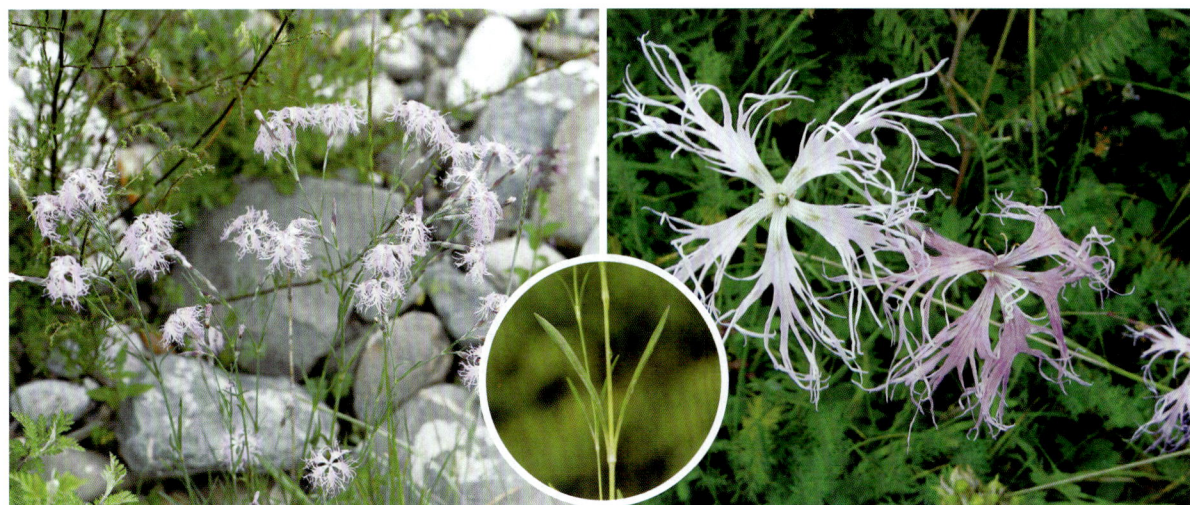

川赤芍
Paeonia veitchii Lynch

多年生草本，高30～80厘米。叶微二回三出复叶，叶柄长3～9厘米；小叶羽状分裂，裂片窄披针形至披针形，顶端渐尖，全缘，背面淡绿色。花2～4朵生茎顶端及叶腋，直径4～10厘米；花瓣6～9枚，倒卵形，紫红色或粉红色，偶有白色；心皮2～5个，密生黄色茸毛。蓇葖果卵圆形，长1～2厘米，密生黄色茸毛。

产于八十沟、章巴库沟、拉力沟、色树隆沟、业母沟、车路沟、郭扎沟、洮河南岸。生于海拔2700～3100米山坡林下草丛、山坡疏林中及路旁。

空茎驴蹄草
Caltha palustris Linn. var. *barthei* Hance

多年生草本，高达120厘米，全株无毛。茎中空。基生叶3～7枚，叶片圆形、圆肾形或心形，基部深心形或二裂片互相覆压，边缘密生正三角形小牙齿；叶柄长4～24厘米；茎生叶向上渐小，叶柄渐短或无。花序分枝较多，常有多数花；花梗长1.5～10厘米；苞片三角状心形，边缘生牙齿；萼片5片，花瓣状，黄色，长1～2.5厘米。蓇葖果长约1厘米，喙长约1毫米。

产于大峪沟、博峪沟、拉力沟、鲁延沟、业母沟、车路沟、郭扎沟。生于海拔2600～3000米山地溪边、草坡或林中。

花莛驴蹄草

Caltha scaposa Hook. f. et Thoms.

科 **毛茛科 Ranunculaceae**
属 **驴蹄草属 *Caltha***

多年生低矮草本，高3～26厘米，全株无毛。基生叶心状卵形或肾形，基部深心形，边缘全缘或带波形，有时疏生小牙齿；叶柄长2.5～15厘米，基部具膜质长鞘。花单生茎顶，或2朵组成单歧聚伞花序；萼片5片，花瓣状，黄色，长1～1.9厘米，顶端圆形。蓇葖果长1～1.6厘米。

产于章巴库沟、桑布沟、光盖山。生于海拔3000～3600米高山湿草甸或山谷沟边湿草地。

矮金莲花

Trollius farreri Stapf

科 **毛茛科 Ranunculaceae**
属 **金莲花属 *Trollius***

多年生草本，高5～17厘米，全株无毛。叶3～4枚基生或近基生，有长柄；叶片五角形，基部心形，3全裂达基部，中央全裂片菱状倒卵形，3浅裂，小裂片生2～3枚不规则三角形牙齿，侧全裂片不等2裂，二回裂片生稀疏小裂片及三角形牙齿。花单独顶生，直径1.8～3.4厘米；萼片5～6片，花瓣状，黄色，外面常带暗紫色。蓇葖长0.9～1.2厘米，喙直，长约2毫米。

产于扎路沟。生于海拔3600～3700米山地或山地草坡。

毛茛状金莲花
***Trollius ranunculoides* Hemsl.**

科 **毛茛科** Ranunculaceae
属 **金莲花属** *Trollius*

多年生草本，高6～30厘米，全株无毛。基生叶数枚，茎生叶1～3枚，较小；叶片圆五角形，基部深心形，3全裂，中央全裂片宽菱形，3深裂至中部，深裂片又2或3裂，小裂片生1～2枚牙齿，侧全裂片斜扇形，不等2深裂近基部；叶柄长3～13厘米。花单独顶生，直径2.2～4厘米；萼片5～8片，花瓣状，黄色。蓇葖长约1厘米，喙直，长约1毫米。

产于大峪沟、尼玛尼嘎沟、八十沟、章巴库沟、扎路沟、华尔盖沟。生于海拔2600～3300米山地草坡、水边草地或林中。

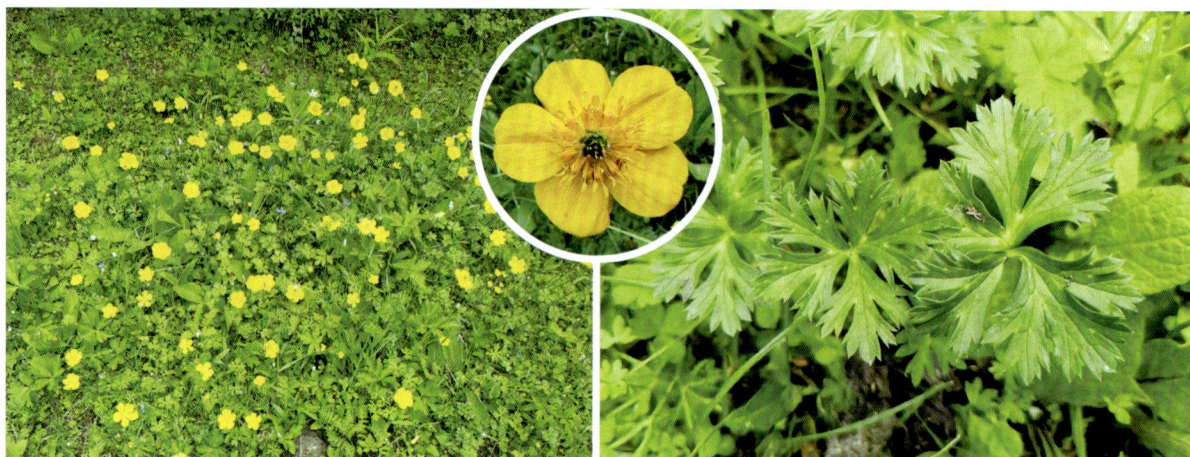

黄三七
***Souliea vaginata* (Maxim.) Franch.**

科 **毛茛科** Ranunculaceae
属 **黄三七属** *Souliea*

多年生草本，高25～75厘米。叶二至三回三出全裂，叶片三角形，长达24厘米；一回裂片具长柄，卵形至卵圆形，中央二回裂片具较长的柄，轮廓卵状三角形，中央三回裂片菱形，再一至二回羽状分裂，边缘具不等的锯齿；叶柄长5～34厘米。总状花序有4～6花；花先叶开放，白色，直径1.2～1.4厘米；萼片长8～11毫米，顶端不规则浅波状。蓇葖1～3个，长3.5～7厘米。

产于八十沟、旗布沟。生于海拔2800～3200米山地林中、林缘或草坡。

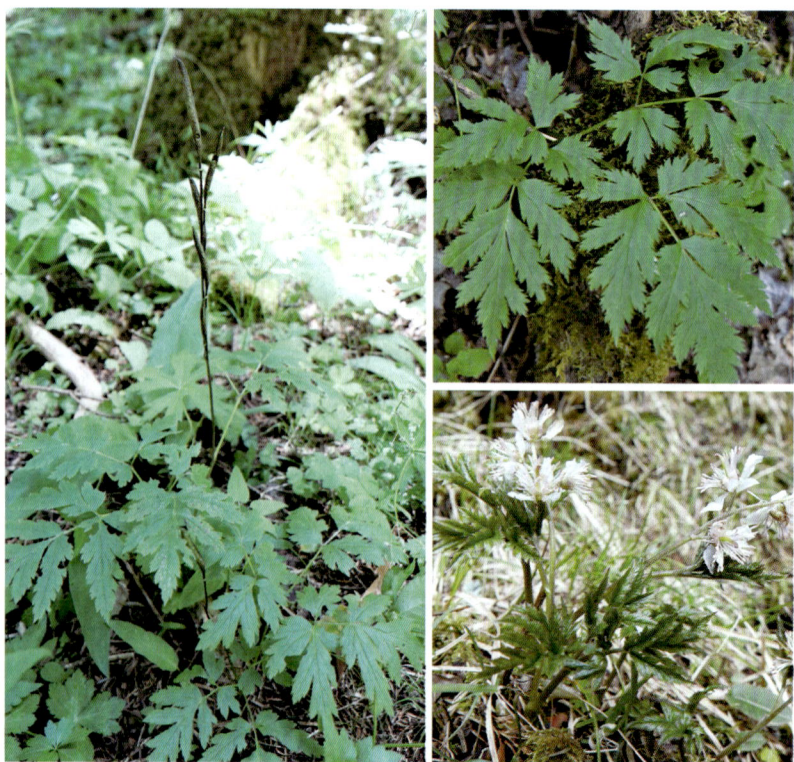

升麻

Cimicifuga foetida Linn.

多年生草本，高1～2米。二至三回三出状羽状复叶；茎下部叶片三角形，宽达30厘米，顶生小叶菱形，常浅裂，边缘有锯齿，侧生小叶斜卵形，叶柄长达15厘米；茎上部叶较小，具短柄或无柄。花序具分枝3～20条，长达45厘米；萼片花瓣状，倒卵状圆形，白色或绿白色，长3～4毫米。蓇葖长圆形，长8～14毫米，有伏毛，基部渐狭成长2～3毫米的柄，顶端有短喙。

产于八十沟、博峪沟、拉力沟、鹿儿沟、业母沟、色树隆沟、车路沟、郭扎沟。生于海拔2800～3100米山地林缘、林中或路旁草丛中。

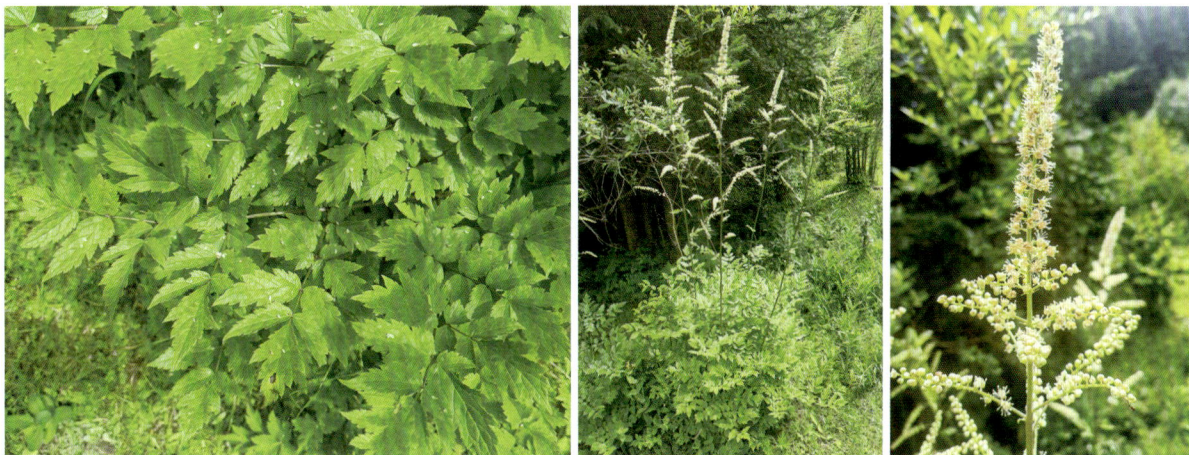

高乌头

Aconitum sinomontanum Nakai

多年生草本，高60～150厘米。叶片肾形，3深裂，中裂片菱形，边缘有不整齐的三角形锐齿，侧生裂片较大，不等3裂；叶柄长30～50厘米。总状花序具密集的花；萼片蓝紫色或淡紫色，外面密被短曲柔毛，上萼片圆筒形，高1.6～3厘米。蓇葖长1.1～1.7厘米。

产于八十沟、小阿角沟、三角石沟、章巴库沟、桑布沟、鲁延沟、车路沟、郭扎沟。生于海拔2800～3200米山坡草地或林中。

甘青乌头
Aconitum tanguticum (Maxim.) Stapf

多年生草本，高8～50厘米。基生叶7～9枚，叶片圆形或圆肾形，3深裂，深裂片互相稍覆压，叶柄长3.5～14厘米，基部具鞘；茎生叶1～2枚，较小。总状花序有3～5花；下部花梗长2.5～4.5厘米，上部的变短；萼片蓝紫色，偶尔淡绿色，外面被短柔毛，上萼片船形。蓇葖长约1厘米。

产于扎路沟、光盖山。生于海拔3200～4050米山地草坡或沼泽草地。

褐紫乌头
Aconitum brunneum Hand.-Mazz.

多年生草本，高85～110厘米。叶肾形或五角形，3深裂，中央深裂片倒卵形，3浅裂，侧深裂片扇形，不等2裂近中部，两面无毛；下部叶柄长20～25厘米，具鞘，中部以上的渐变短。总状花序具多花；花梗长0.5～5.8厘米；萼片褐紫色或灰紫色，外面疏被短柔毛，上萼片船形，自基部至喙长约1厘米。蓇葖长1.2～2厘米，无毛。

产于桑布沟。生于海拔3000米左右山坡阳处或冷杉林。

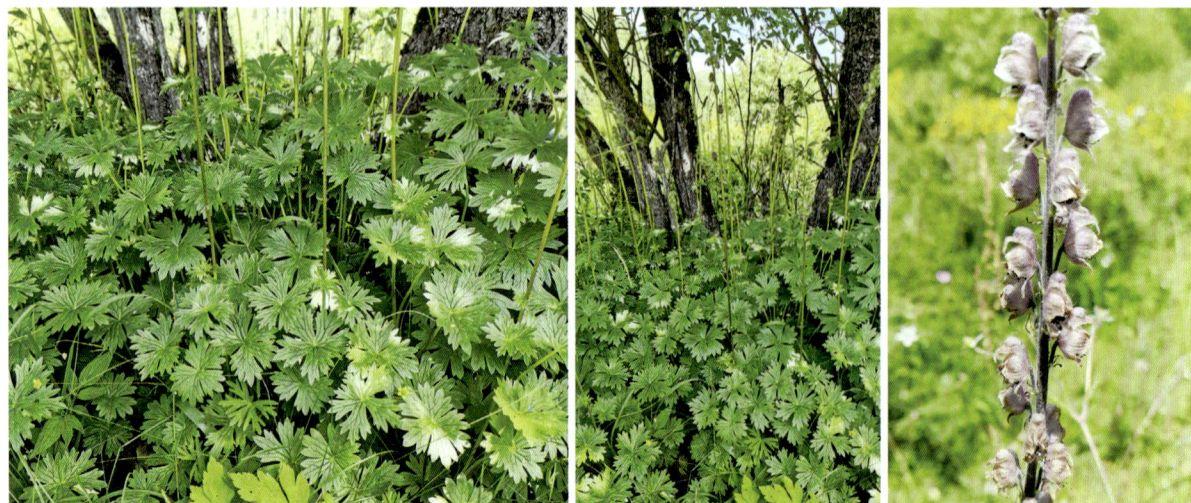

弯喙乌头

Aconitum campylorrhynchum Hand.-Mazz.

科 **毛茛科 Ranunculaceae**
属 **乌头属 Aconitum**

缠绕草本。叶卵状五角形，3裂至近基部，中央全裂片卵状菱形，近羽状深裂，侧全裂片斜扇形，不等2深裂；茎下部叶具较长柄，中部的稍短。总状花序有10～16花；花梗长2～4.5厘米，稍弧状弯曲；萼片蓝紫色，上萼片盔形或高盔形，高2～2.8厘米，外面疏被短柔毛，喙长约5毫米，上弯。蓇葖长1.2～1.7厘米。

产于华尔盖沟。生于海拔3200米左右山地灌丛或云杉林中。

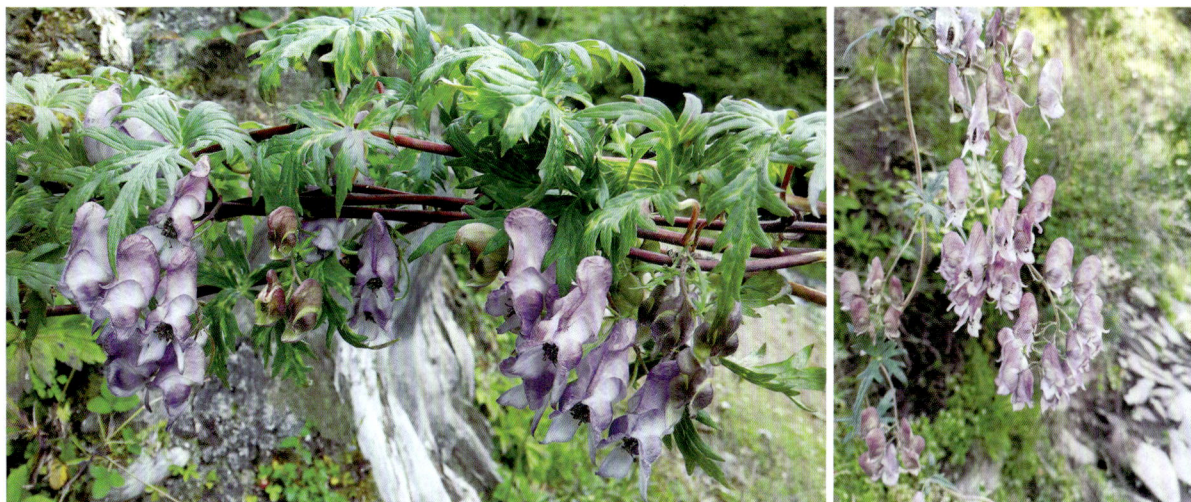

松潘乌头

Aconitum sungpanense Hand.-Mazz.

科 **毛茛科 Ranunculaceae**
属 **乌头属 Aconitum**

缠绕草本。叶五角形，3全裂，中央全裂片卵状菱形，渐尖，3裂，边缘疏生钝牙齿；叶柄比叶片短，无鞘。总状花序有3～9花；花梗长2～4厘米；萼片淡蓝紫色，有时带黄绿色，上萼片高盔形，先端具短喙。蓇葖长1～1.5厘米，无毛或疏被短柔毛。

产于章巴库沟、拉力沟、郭扎沟。生于海拔2600～3000米山地林中、林边或灌丛中。

川鄂乌头
Aconitum henryi Pritz.

科 **毛茛科** Ranunculaceae
属 **乌头属** *Aconitum*

缠绕草本。叶卵状五角形，3全裂，中央全裂片披针形或菱状披针形，边缘疏生或稍密生钝牙齿；叶柄比叶片短。花序有3～6花；花梗长1.8～5厘米；萼片蓝色，上萼片高盔形，先端具尖喙。蓇葖3个，无毛或子房疏被短柔毛。

产于下巴沟、洮河南岸。生于海拔2600～2800米山地丛林中。

伏毛铁棒锤
Aconitum flavum Hand.-Mazz.

科 **毛茛科** Ranunculaceae
属 **乌头属** *Aconitum*

多年生草本，高35～100厘米。中部或上部被反曲而紧贴的短柔毛，密生多数叶。叶宽卵形，3全裂，全裂片细裂，末回裂片线形；叶柄长3～4毫米。顶生总状花序有12～25朵花；花梗长4～8毫米；下部苞片似叶，中部以上的苞片线形；萼片黄色带绿色，或暗紫色，外面被短柔毛，上萼片盔状船形。蓇葖无毛，长1.1～1.7厘米。

产于扎路沟、光盖山。生于海拔3400～3900米山地草坡或疏林下。

甘肃洮河国家级自然保护区维管植物

毛茛科

露蕊乌头

Aconitum gymnandrum Maxim.

科 **毛茛科** Ranunculaceae
属 **乌头属** *Aconitum*

一年生草本，高25～60厘米。叶片宽卵形或三角状卵形，3全裂，全裂片二至三回深裂，小裂片狭卵形至狭披针形，表面疏被短伏毛；下部叶柄长4～7厘米，上部的叶柄渐变短，具狭鞘。总状花序有6～16朵花；花梗长1～5厘米；基部苞片叶状，下部苞片3裂，中部以上苞片线形；萼片蓝紫色，少有白色，外面疏被柔毛，有较长爪，上萼片船形，高约1.8厘米。蓇葖长0.8～1.2厘米。

产于八十沟、三角石沟、七车村、卡车沟、业母沟、色树隆沟、车路沟、郭扎沟、尼巴大沟。生于海拔2700～3100米山地草坡、田边草地或河边沙地。

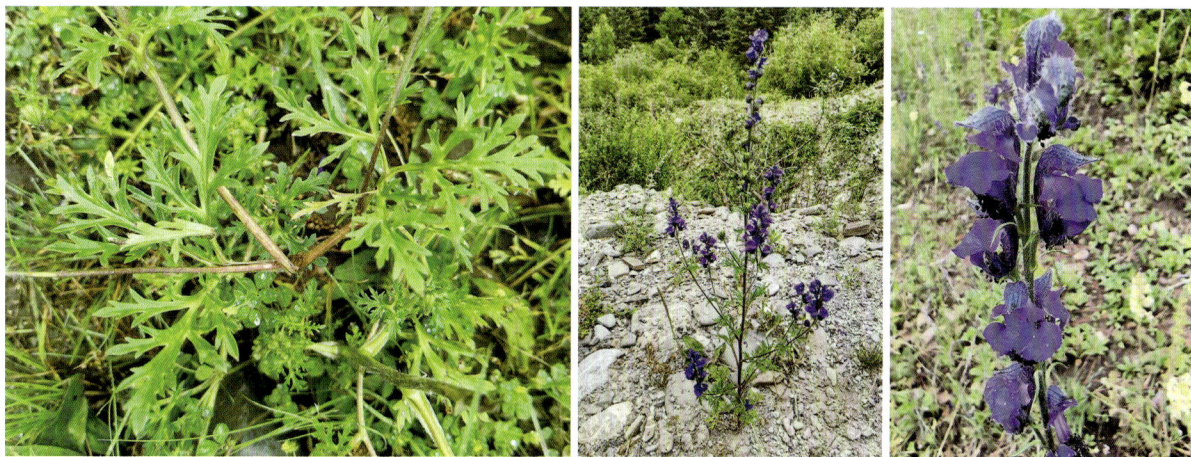

毛翠雀花

Delphinium trichophorum Franch.

科 **毛茛科** Ranunculaceae
属 **翠雀属** *Delphinium*

多年生草本，高25～65厘米，被糙毛，有时变无毛。叶片圆肾形，深裂片互相覆压或稍分开；叶柄长5～20厘米。总状花序狭长；下部苞片叶状，具短柄，上部苞片变小；花序轴及花梗有开展的糙毛；萼片淡蓝色或紫色，内外两面均被长糙毛，上萼片船状卵形，距下垂，钻状圆筒形，长1.8～2.4厘米，末端钝。蓇葖长1.8～2.8厘米。

产于扎路沟、齐河村、光盖山。生于海拔3000～4000米高山草坡。

白蓝翠雀花
Delphinium albocoeruleum Maxim.

多年生草本，高10～100厘米。叶片五角形，3裂至近基部，一回裂片一至二回多少深裂，或偶而浅裂，小裂片狭卵形至线形，常有1～2枚小齿，两面疏被短柔毛；叶柄长3.5～13厘米。伞房花序有3～7花；花梗长3～12厘米；萼片蓝紫色或蓝白色，外面被短柔毛，距圆筒状钻形，长1.7～3.3厘米，末端稍向下弯曲。蓇葖长约1.4厘米，密被紧贴的短柔毛。

产于三角石沟、扎路沟、光盖山。生于海拔3000～4000米山地草坡。

细须翠雀花
Delphinium siwanense Franch. var. *leptopogon* (Hand. -Mazz.) W. T. Wang

多年生草本，高约1米，无毛，多分枝。叶五角形，3全裂近基部，中央全裂片3深裂或不裂，侧全裂片扇形，不等2深裂，二回裂片不等2～3裂，末回小裂片披针形至条形，两面均被白色短伏毛；叶柄长4.5～10厘米。伞房花序有2～7朵花；花梗长1.5～3厘米；萼片蓝紫色，外面被短柔毛，距钻形，长1.6～1.8厘米，直或末端稍向下弯曲。蓇葖长约1.2厘米。

产于大峪沟、下巴沟、洮河南岸。生于海拔2560～2700米山地草坡、林边或灌丛中。

川西翠雀花

Delphinium tongolense Franch.

科　毛茛科 Ranunculaceae
属　翠雀属 *Delphinium*

多年生草本，高50～160厘米。叶五角形，3深裂，中央深裂片菱形，3中裂，边缘上部有小裂片和牙齿，侧深裂片斜扇形，不等2深裂，两面疏被糙伏毛或近无毛；叶柄长5～10厘米。总状花序有8～25花；花梗长1.8～7厘米；萼片蓝紫色，外面疏被短柔毛，距钻形，长1.5～2.4厘米。

产于尼玛尼嘎沟。生于海拔2800米左右草坡或林中。

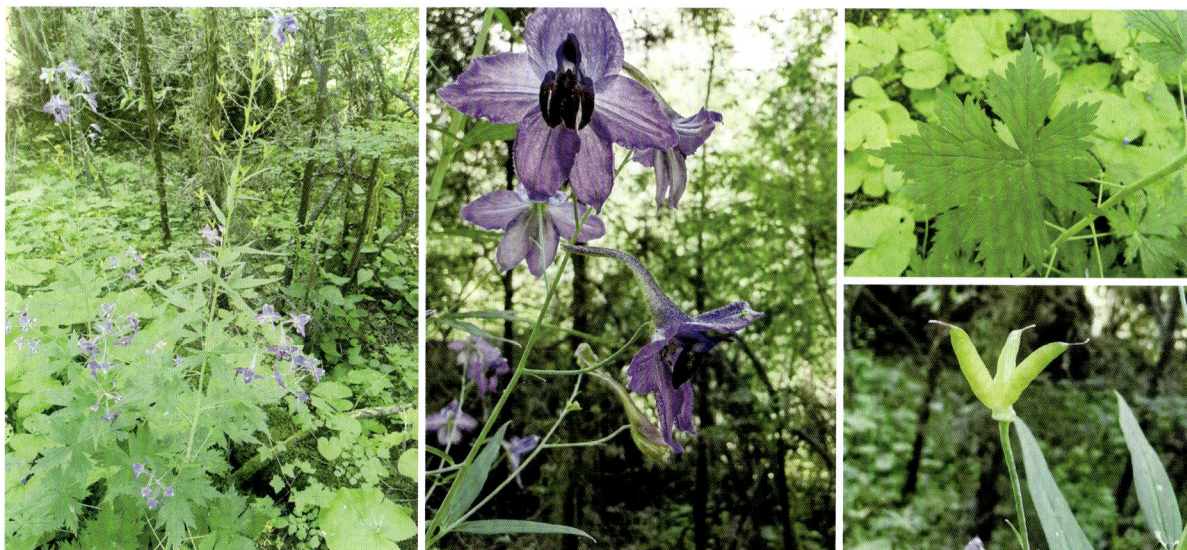

弯距翠雀花

Delphinium campylocentrum Maxim.

科　毛茛科 Ranunculaceae
属　翠雀属 *Delphinium*

多年生草本，高75～100厘米。叶五角形，3全裂，中央全裂片菱形，渐尖，中部以下全缘，在中部3裂，二回裂片有小裂片和牙齿，侧面裂片斜扇形，不等2深裂，两面均被短柔毛；叶柄稍长于叶片。圆锥花序有多数花；花梗长2.2～6厘米；萼片蓝紫色，在顶端之下具长2.5～3.5毫米的角状突起，距钻形，长1.8～2厘米，呈"U"字形或马蹄形向下弯曲，或成直角下弯。蓇葖长1～1.4厘米。

产于八十沟、三角石沟、旗布沟、鲁延沟、色树隆沟、车路沟、郭扎沟。生于海拔3000～3200米山地云杉林或林边草坡。

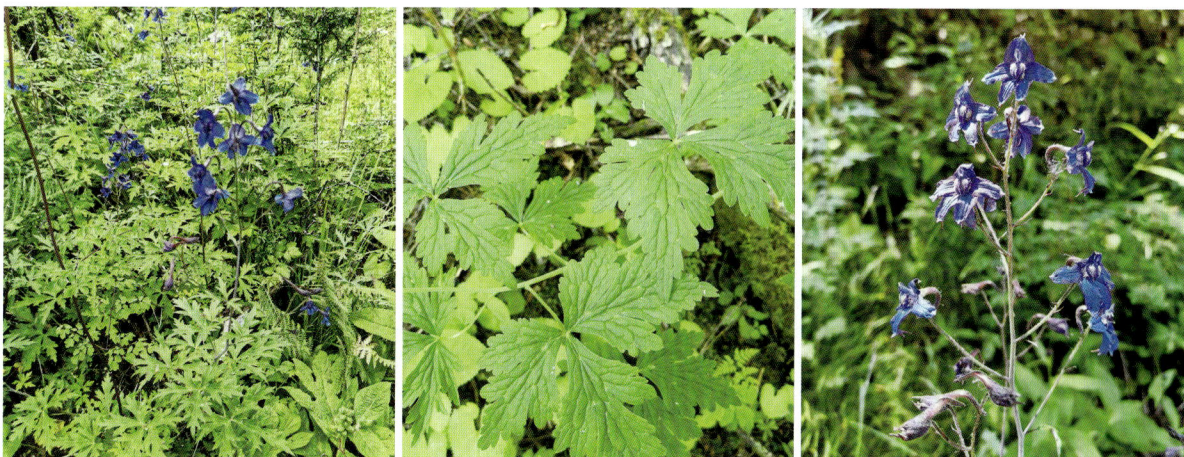

展毛翠雀花

Delphinium kamaonense Huth var. *glabrescens* (W. T. Wang) W. T. Wang

多年生草本，高达60厘米，被开展的柔毛。叶圆五角形，3全裂近基部，中全裂片楔状菱形，3深裂，二回裂片有1～2个狭卵形或条状披针形小裂片，侧全裂片扇形，不等2深裂，深裂片又二回细裂；叶柄长8～12厘米。花序复总状，有多数花；花梗长1.5～5厘米；萼片深或淡蓝色，偶尔白色，外面有短伏毛，距钻形，长1.8～2.5厘米，末端稍向下弯。蓇葖长约1厘米。

产于八十沟、七车村、卡车沟、郭扎沟、齐河村、洮河南岸。生于海拔2700～3300米高山草地。

蓝翠雀花

Delphinium caeruleum Jacq. ex Camb.

多年生草本，高8～60厘米。叶近圆形，3全裂，中央全裂片菱状倒卵形，细裂，末回裂片线形，侧全裂片扇形，二至三回细裂；叶柄长3.5～14厘米。伞房花序常呈伞状，有1～7花；花梗长5～8厘米；萼片紫蓝色，偶而白色，外面有短柔毛，距钻形，长2～3厘米。蓇葖长1.1～1.3厘米。

产于扎路沟。生于海拔3960米左右山地草坡或多石砾山坡。

扁果草

Isopyrum anemonoides **Kar. et Kir.**

多年生草本，高10～23厘米。基生叶多数，二回三出复叶，无毛，叶片轮廓三角形，中央小叶等边菱形至倒卵状圆形，3全裂或3深裂，裂片有3枚粗圆齿或全缘，不等的2～3深裂或浅裂，叶柄长3.2～9厘米；茎生叶1～2枚，较小。单歧聚伞花序有2～3花；花梗纤细，长达6厘米；花直径1.5～1.8厘米；萼片5片，花瓣状，白色。蓇葖扁平，长约6.5毫米，宿存花柱微外弯，无毛。

产于三角石沟。生于海拔3100米林下。

拟耧斗菜

Paraquilegia microphylla **(Royle) Drumm. et Hutch.**

多年生草本。叶多数，二回三出复叶，无毛；叶片轮廓三角状卵形，中央小叶宽菱形至肾状宽菱形，3深裂，每深裂片再2～3细裂，小裂片倒披针形；叶柄长2.5～11厘米。花葶直立，长3～18厘米；花直径2.8～5厘米；萼片5片，花瓣状，淡堇色或淡紫红色，偶为白色。蓇葖直立，喙长2毫米。

产于八十沟、扎路沟。生于海拔2800～3300米山地石壁或岩石上。

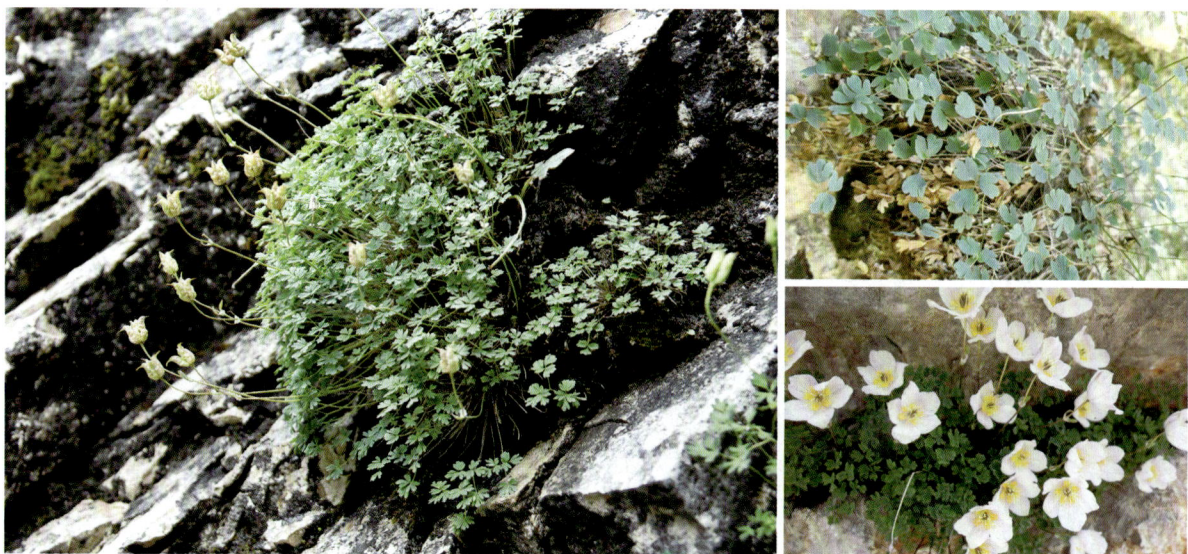

无距耧斗菜
Aquilegia ecalcarata Maxim.

　　多年生草本，高20～60厘米。二回三出复叶；中央小叶3深裂或3浅裂，裂片有2～3个圆齿，侧生小叶不等2裂，背面粉绿色；叶柄长7～15厘米。花2～6朵，直立或有时下垂；花梗长达6厘米，被伸展的白色柔毛；萼片紫色，近平展，椭圆形；花瓣直立，长方状椭圆形，与萼片近等长，顶端近截形，无距或有短距。蓇葖长8～11毫米，宿存花柱长3～5毫米，疏被长柔毛。

　　产于八十沟、小阿角沟。生于海拔2800～3000米山地林下或路旁。

甘肃耧斗菜
Aquilegia oxysepala Trautv. et Mey. var. *kansuensis* Brühl

　　多年生草本，高40～80厘米。二回三出复叶；中央小叶3浅裂或3深裂，裂片顶端圆形，常具2～3个粗圆齿；叶柄长10～20厘米，被开展的柔毛或无毛。花3～5朵，较大，微下垂；萼片紫色，狭卵形，长1.6～2.5厘米，顶端急尖；花瓣黄白色，长1～1.3厘米，顶端近截形，距长1.5～2厘米，末端强烈内弯呈钩状。蓇葖5个，长1.2～1.7厘米。

　　产于八十沟、下巴沟。生于海拔2600～2850米山地草坡。

钩柱唐松草

Thalictrum uncatum Maxim.

科 **毛茛科** Ranunculaceae
属 **唐松草属** *Thalictrum*

多年生草本，茎高45～90厘米，全株无毛。茎下部叶有长柄，为四至五回三出复叶；叶片长达15厘米；顶生小叶楔状倒卵形，3浅裂；叶柄长约7厘米。花序狭长，生茎和分枝顶端；花梗细，长2～4毫米；萼片4片，淡紫色。瘦果扁平，半月形，心皮柄长1～2毫米，宿存花柱长约2毫米，顶端拳卷。

产于八十沟、业母沟、色树隆沟、车路沟。生于海拔2820～3100米山地草坡或灌丛边。

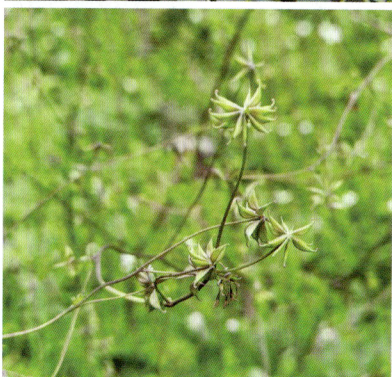

贝加尔唐松草

Thalictrum baicalense Turcz. ex Ledeb.

科 **毛茛科** Ranunculaceae
属 **唐松草属** *Thalictrum*

多年生草本，高45～80厘米，全株无毛。茎中部叶有短柄，为三回三出复叶；顶生小叶宽菱形，3浅裂，裂片有圆齿。花序圆锥状；花梗细，长4～9毫米；萼片4片，绿白色。瘦果卵球形，稍扁。

产于加当湾、郭扎沟。生于海拔2500～2900米山地林下或湿润草坡。

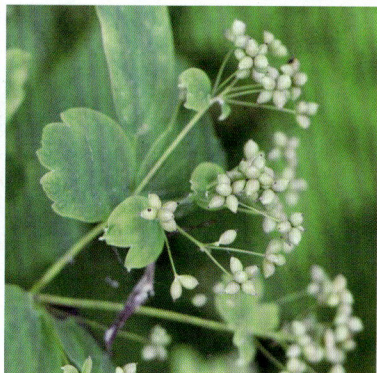

长柄唐松草
***Thalictrum przewalskii* Maxim.**

科 **毛茛科** Ranunculaceae
属 **唐松草属** *Thalictrum*

多年生草本，高50～120厘米。叶为四回三出复叶，具长柄；小叶卵形或倒卵形，3裂，全缘或具疏牙齿。花序圆锥状，常多分枝；花梗长3～5毫米；萼片白色或稍带黄色。瘦果斜倒卵形，扁平，子房柄长0.8～3毫米，宿存花柱长约1毫米。

产于八十沟、博峪沟、拉力沟、业母沟、色树隆沟、车路沟、郭扎沟。生于海拔2600～3100米山地灌丛边、林下或草坡。

稀蕊唐松草
***Thalictrum oligandrum* Maxim.**

科 **毛茛科** Ranunculaceae
属 **唐松草属** *Thalictrum*

多年生草本，高20～60厘米，全株无毛。基生叶有长柄，为三回三出复叶；顶生小叶宽倒卵形，3浅裂。顶生花序圆锥状，有稀疏分枝；花梗细，长2～12毫米；萼片4片，白色。瘦果菱状卵形，心皮柄丝形，长1～3.5毫米，宿存花柱长约0.4毫米。

产于八十沟、旗布沟。生于海拔2800～3100米山地林中。

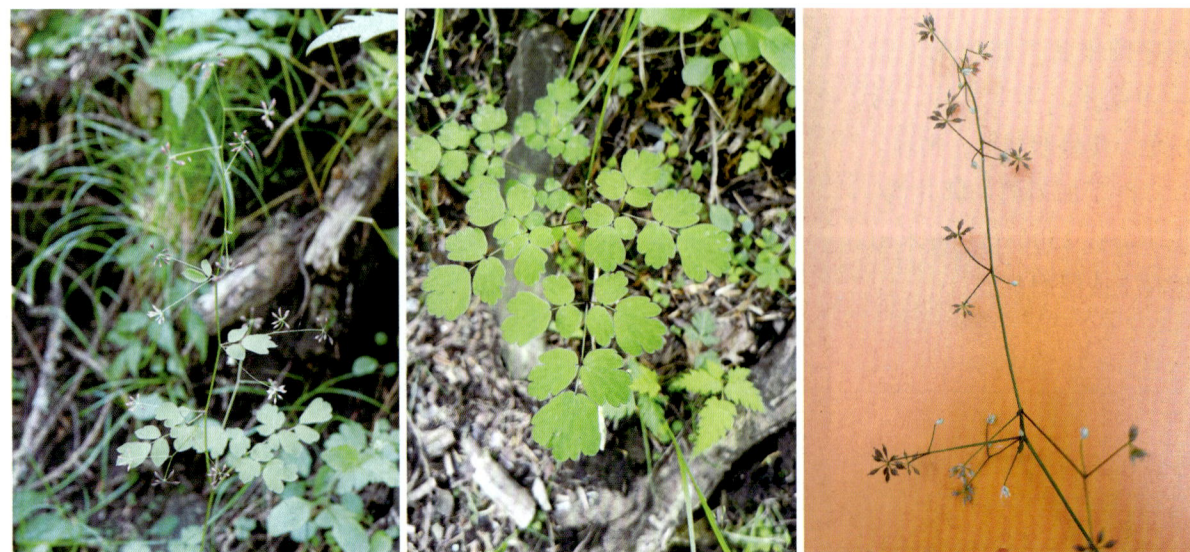

芸香叶唐松草

Thalictrum rutifolium Hook. f. et Thoms.

　　多年生草本，高11～50厘米，全株无毛。三至四回近羽状复叶；顶生小叶楔状倒卵形，3裂或不裂；叶柄长达6厘米。花序狭长；花梗长2～7毫米；萼片4片，淡紫色，早落。瘦果倒垂，镰状半月形，有8条纵肋，宿存花柱长约0.3毫米，反曲。

　　产于大理村。生于海拔2690米左右草坡、河滩或山谷。

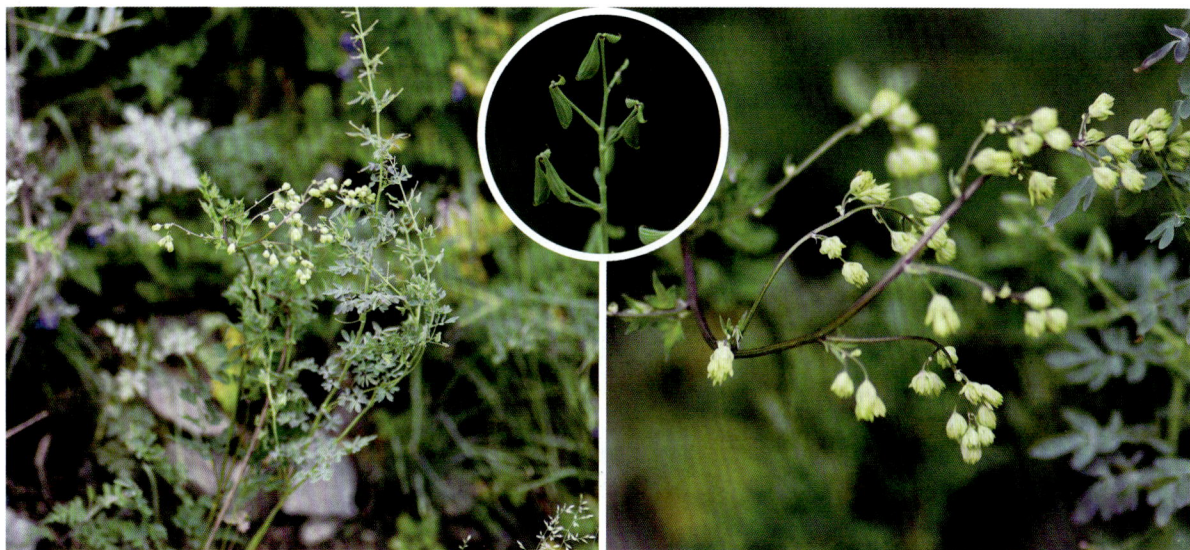

亚欧唐松草

Thalictrum minus Linn.

　　多年生草本，全株无毛。四回三出羽状复叶；顶生小叶楔状倒卵形、近圆形或狭菱形，背面淡绿色；叶柄长达4厘米。圆锥花序长达30厘米；花梗长3～8毫米；萼片4片，淡黄绿色。瘦果狭椭圆球形，稍扁。

　　产于大峪沟、卡车沟。生于海拔2600～2800米山地林缘或山谷沟边。

短梗箭头唐松草
Thalictrum simplex Linn. var. brevipes Hara

科 毛茛科 Ranunculaceae
属 唐松草属 Thalictrum

多年生草本，高50～100厘米，全株无毛。茎生叶为二回羽状复叶，茎下部的小叶多为楔形，3裂，小裂片狭三角形，顶端锐尖；茎上部的小叶倒卵形或楔状倒卵形。圆锥花序；花梗较短，长1～5毫米；萼片4片，早落，狭椭圆形。瘦果狭椭圆球形或狭卵球形，长约2毫米。

产于大峪沟。生于海拔2600米左右山地草坡或沟边。

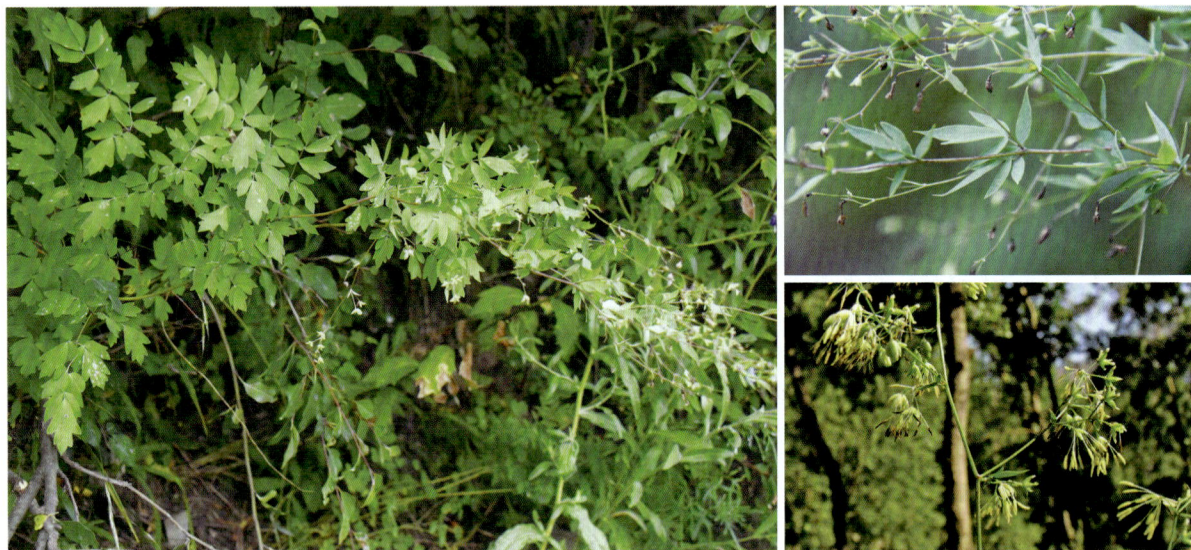

高山唐松草
Thalictrum alpinum Linn.

科 毛茛科 Ranunculaceae
属 唐松草属 Thalictrum

多年生小草本，全株无毛。叶均基生，二回羽状三出复叶；小叶圆菱形或倒卵形，3浅裂；叶柄长1.5～3.5厘米。花莛1～2条，高6～20厘米；总状花序；花梗长1～10毫米；萼片4片，脱落。瘦果狭椭圆形，稍扁。

产于八十沟、小阿角沟、旗布沟、章巴库沟、业母沟、色树隆沟、车路沟、华尔盖沟。生于海拔2800～3200米高山草地、山谷阴湿处或沼泽地。

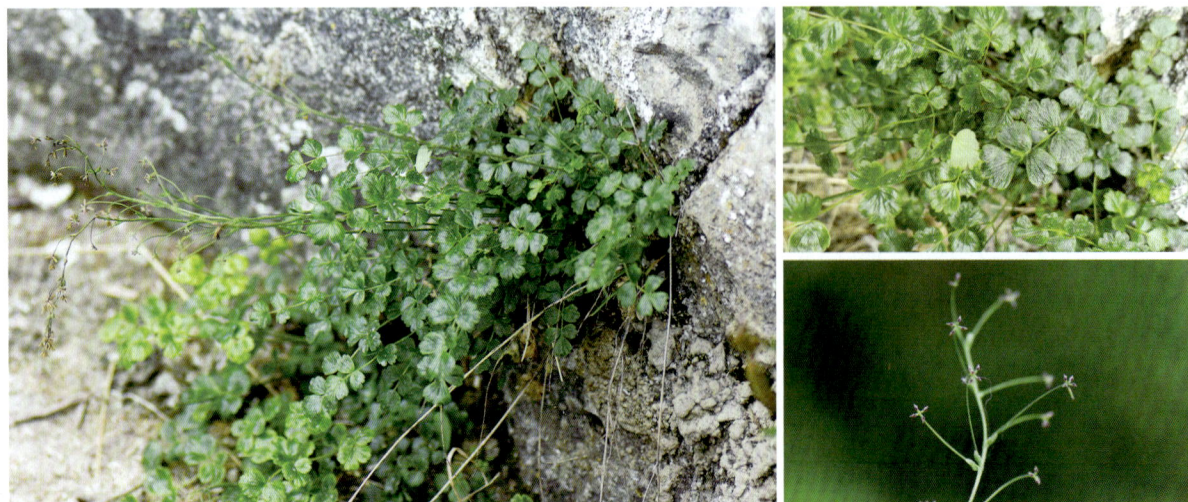

小银莲花

Anemone exigua Maxim.

多年生低矮草本，高5～24厘米。基生叶2～5枚，有长柄；叶心状五角形，长1～3厘米，宽1.7～4厘米，3全裂，中裂片3浅裂，中部以上边缘有少数钝牙齿，侧裂片不等2浅裂。花莛1～2；叶状苞片3片，具柄；花梗1～4个，长1～3厘米；萼片5片，花瓣状，白色，长5.5～9.5毫米。瘦果黑色，长约2.6毫米，疏被短毛。

产于八十沟、桑布沟。生于海拔2800～3000米山地云杉林中或灌丛中。

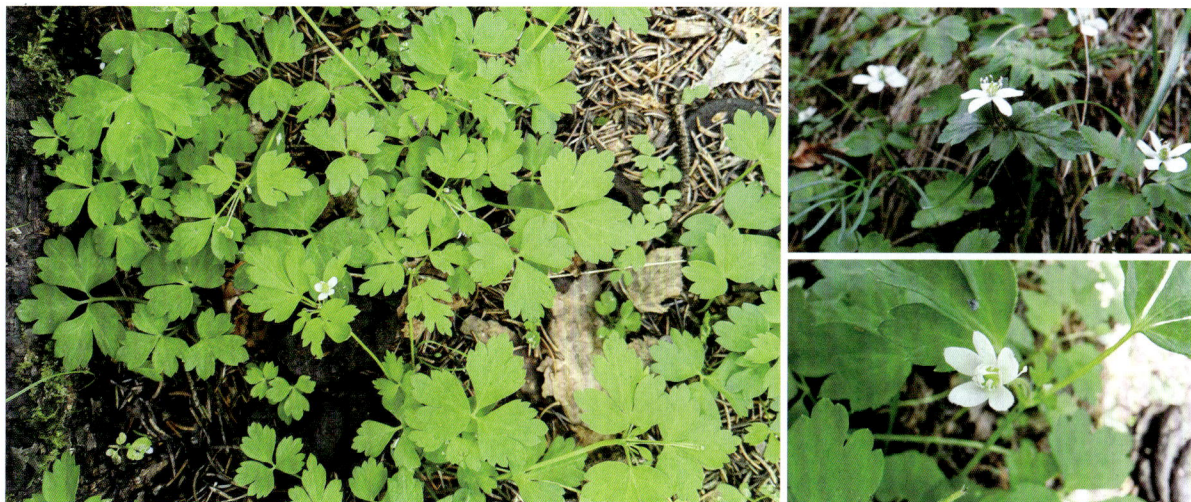

小花草玉梅

Anemone rivularis Buch.-Ham. ex DC. var. *flore-minore* Maxim

多年生草本，高40～125厘米。基生叶3～5枚；叶片肾状五角形，长1.6～7.5厘米，宽2～14厘米，3全裂，中央裂片具少数小裂片和牙齿；两侧裂片不等2深裂；叶柄长3～22厘米。聚伞花序；苞片3片，宽菱形，3裂近基部，裂片披针形至披针状线形；萼片5～6片，白色，长6～9毫米。聚合果近球形，瘦果先端具钩状喙。

保护区广布。生于海拔2600～3200米山地林边或草坡。

大火草

Anemone tomentosa (Maxim.) Pei

多年生草本，高40～150厘米。基生叶3～4枚，为三出复叶，有时有1～2单叶；叶柄长6～48厘米；中央小叶有长柄，小叶片卵形至三角状卵形，长9～16厘米，宽7～12厘米，3浅裂至3深裂，边缘有不规则小裂片和锯齿，表面有糙伏毛，背面密被白色茸毛，侧生小叶稍斜。聚伞花序2～3回分枝；花梗长3.5～6.8厘米；萼片5片，花瓣状，淡粉红色或白色，长1.5～2.2厘米，背面有短茸毛。聚合果球形，直径约1厘米；瘦果密被绵毛。

产于七车村、博峪沟、拉力沟。生于海拔2560～2900米山地草坡或路边阳处。

疏齿银莲花

Anemone obtusiloba D. Don subsp. *ovalifolia* Brühl

多年生草本，高3～15厘米。基生叶7～15枚，有长柄，多少密被短柔毛；叶片肾状五角形或宽卵形，长0.8～2.2厘米，基部心形，3全裂，中全裂片二回浅裂，侧全裂片长度是中全裂片的1/2，3浅裂。花葶2～5个；花序有1花；萼片5片，花瓣状，白色、蓝色或黄色；心皮多数，子房密被白色柔毛。

产于八十沟、旗布沟、扎路沟、纳浪沟。生于海拔2400～3650米高山草地或灌丛边。

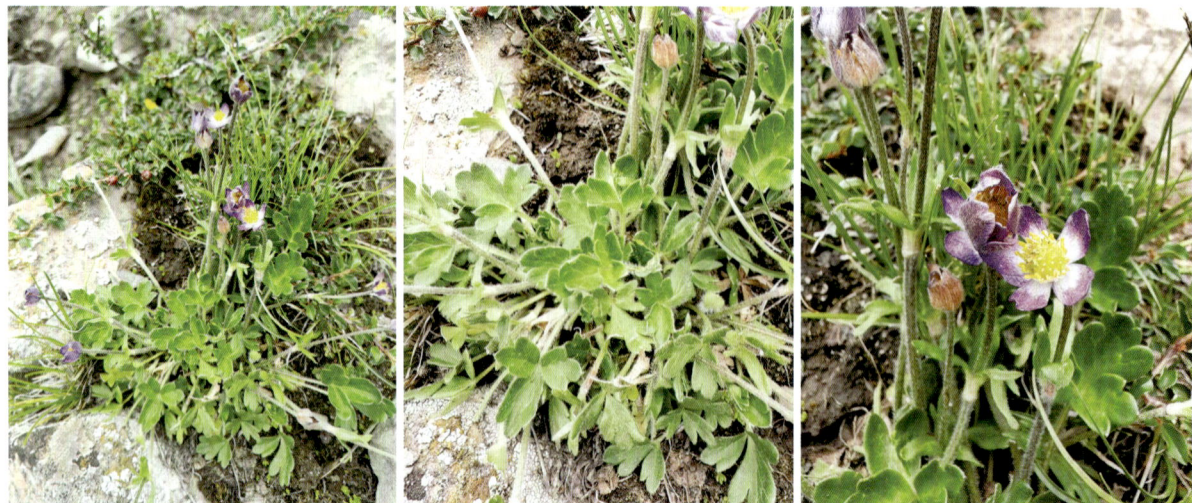

岷山银莲花

Anemone rockii Ulbr.

多年生草本，高15～26厘米。基生叶5～15枚，有长柄；叶片宽卵形，长1.6～3厘米，宽1.5～4.5厘米，基部心形，3全裂，二回裂片多少细裂，末回裂片互相稍覆压或邻接，叶柄长5～12厘米。花莛2～10个；花梗长2.5～8.5厘米；萼片7～8片，花瓣状，白色；心皮多数，无毛或近无毛。

产于八十沟、旗布沟。生于海拔2800～3350米山地草坡。

条叶银莲花

Anemone trullifolia Hook. f. et Thoms. var. linearis (Brühl) Hand.-Mazz.

多年生草本，高10～18厘米。叶较狭，线状倒披针形或匙形，长3～6厘米，宽0.7～2厘米，不分裂，顶端有3～6锐齿，偶尔全缘或不明显3浅裂。花莛1～4个；花梗1个，长0.5～3厘米；萼片5～6片，花瓣状，白色、蓝色或黄色；心皮密被黄色柔毛。

产于旗布沟。生于海拔3640米高山草地或灌丛中。

长瓣铁线莲

***Clematis macropetala* Ledeb.**

科　**毛茛科 Ranunculaceae**
属　**铁线莲属 *Clematis***

　　木质藤本。二回三出复叶，小叶9枚，卵状披针形或菱状椭圆形，长2～4.5厘米，宽1～2.5厘米，顶端渐尖，边缘有整齐的锯齿或分裂；小叶柄短；叶柄长3～5.5厘米。花单生；花梗长8～12.5厘米；花萼钟状，直径3～6厘米；萼片4片，蓝色或淡紫色，狭卵形，长3～4厘米；退化雄蕊花瓣状，与萼片等长或微短。瘦果长5毫米，宿存花柱长4～4.5厘米。

　　产于洮河南岸。生于海拔2550～2650米山坡、岩石缝隙及林下。

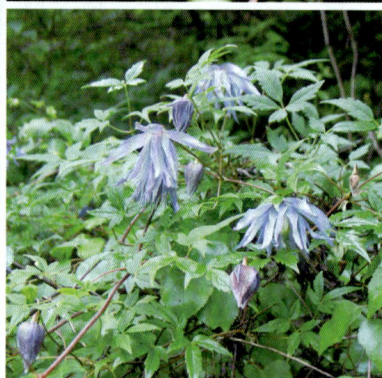

甘青铁线莲

***Clematis tangutica* (Maxim.) Korsh.**

科　**毛茛科 Ranunculaceae**
属　**铁线莲属 *Clematis***

　　落叶木质藤本。一回羽状复叶，对生；小叶5～7枚，卵状长圆形、狭长圆形或披针形，长3～4厘米，基部常浅裂、深裂或全裂，侧生裂片小，中裂片较大，边缘有不整齐缺刻状锯齿；叶柄长2～7.5厘米。花单生，有时为单歧聚伞花序，有3花，腋生；萼片4片，黄色外面带紫色，狭卵形或椭圆状长圆形，长1.5～2.5厘米。瘦果长约4毫米，宿存花柱长达4厘米。

　　产于八十沟、七车村、拉力沟、业母沟、色树隆沟、车路沟、扎古录、尼巴大沟、洮河南岸。生于海拔2550～3100米灌丛或高原草地。

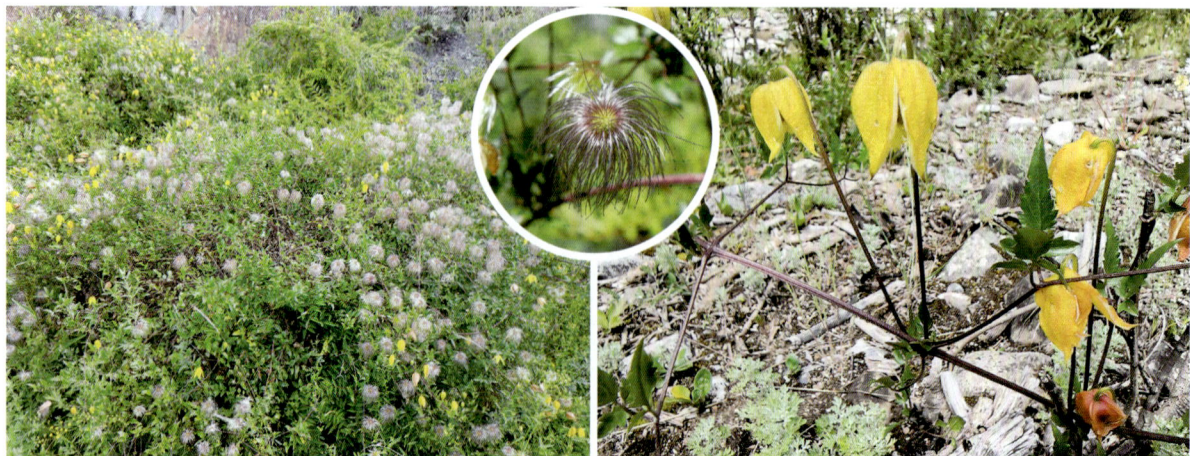

甘川铁线莲

Clematis akebioides (Maxim.) Hort. ex Veitch

　　木质藤本。一回羽状复叶；有5～7小叶；小叶片基部常2～3浅裂或深裂，侧生裂片小，中裂片较大，长2～4厘米，边缘有不整齐浅锯齿，裂片常2～3浅裂或不裂。花单生或2～5朵簇生；花梗长5～10厘米；萼片4～5片，黄色，斜上展，椭圆形或宽披针形，长1.8～2.5厘米，顶端锐尖成小尖头。瘦果长约3毫米，宿存花柱长3～4厘米。

　　产于七车村、业母沟、扎路沟、下巴沟。生于海拔2700～3000米高原草地、灌丛或河边。

短尾铁线莲

Clematis brevicaudata DC.

　　木质藤本。一至二回羽状复叶或二回三出复叶，有5～15小叶，有时茎上部为三出复叶；小叶片长卵形至披针形，长1～6厘米，顶端渐尖或长渐尖，基部圆形、截形至浅心形，边缘疏生粗锯齿或牙齿，有时3裂。圆锥状聚伞花序腋生或顶生；花直径1.5～2厘米；萼片4片，开展，白色，狭倒卵形，长约8毫米。瘦果长约3毫米，宿存花柱长1.5～3厘米。

　　产于大峪沟、卡车沟、大理村、扎那村、洮河南岸。生于海拔2550～2800米山地灌丛或疏林。

薄叶铁线莲
Clematis gracilifolia Rehd. et Wils.

　　木质藤本。三出复叶至一回羽状复叶，有3～5小叶，数叶与花簇生，或为对生，小叶片2或3裂至3全裂，小叶卵状披针形至倒卵形，长0.5～4厘米，顶端锐尖，基部圆形或楔形，边缘有缺刻状锯齿或牙齿。花1～5朵与叶簇生；花直径2.5～3.5厘米；萼片4片，开展，白色或外面带淡红色，长圆形至宽倒卵形。瘦果长约4毫米，宿存花柱长1.5～2.5厘米。

　　产于卡车沟。生于海拔2900米左右河谷岸边、坡林中阴湿处或沟边草丛中。

美花铁线莲
Clematis potaninii Maxim.

　　木质藤本。一至二回羽状复叶，有5～15小叶，茎上部有时为三出复叶，基部2对常2～3深裂、全裂至3小叶，顶生小叶片常不等3浅裂至深裂；小叶片倒卵状椭圆形至宽卵形，长1～7厘米，顶端渐尖，基部楔形、圆形或微心形，边缘有缺刻状锯齿。花单生或聚伞花序有3花；花直径3.5～5厘米；萼片5～7片，开展，白色，楔状倒卵形。瘦果长4～5毫米，宿存花柱长达3厘米。

　　产于八十沟、小阿角沟、博峪沟、拉力沟、卡车沟、业母沟、郭扎沟。生于海拔2600～2900米山坡灌丛或山谷林下或林边。

独叶草

***Kingdonia uniflora* Balf. f. et W. W. Smith**

多年生小草本，无毛。叶基生，心状圆形，宽3.5～7厘米，5全裂，中、侧全裂片3浅裂，最下面的全裂片不等2深裂，顶部边缘有小牙齿，背面粉绿色；叶柄长5～11厘米。花两性，直径约8毫米；花莛高7～12厘米；萼片4～7片，淡绿色，卵形，长5～7.5毫米。瘦果扁，狭倒披针形，长1～1.3厘米，宿存花柱长3.5～4毫米，向下反曲。

产于旗布沟、三角石沟、拉力沟。生于海拔3000～3200米山地冷杉林下或杜鹃灌丛下。

星叶草

***Circaeaster agrestis* Maxim.**

一年生小草本，高3～10厘米。宿存的2子叶和叶簇生；子叶线形或披针状线形，长4～11毫米；叶菱状倒卵形、匙形或楔形，长0.35～2.3厘米，宽1～11毫米，边缘上部有小牙齿，齿端有刺状短尖，叶背面粉绿色。花小，两性；萼片2～3片，狭卵形，长约0.5毫米。瘦果狭长圆形或近纺锤形，长2.5～3.8毫米，有密或疏的钩状毛。

产于八十沟、博峪沟、拉力沟、业母沟、车路沟。生于海拔2600～3000米山谷沟边、林中或湿草地。

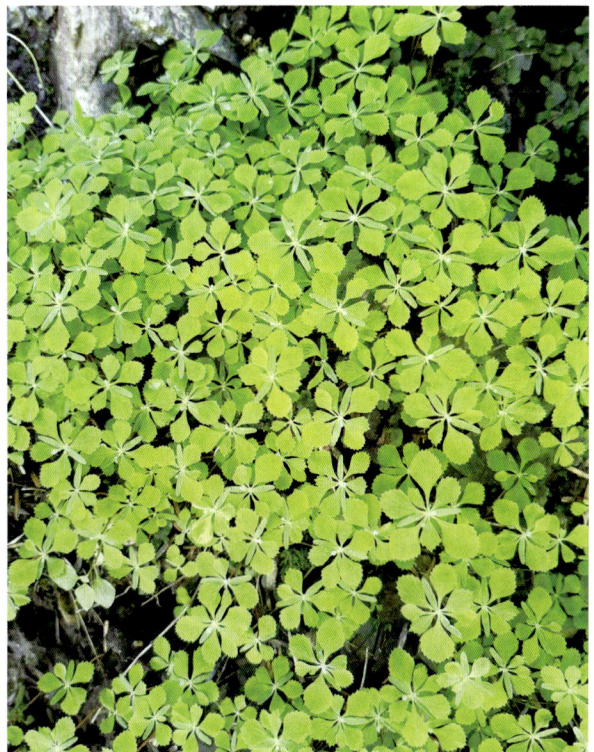

蓝侧金盏花
Adonis coerulea Maxim.

科 毛茛科 Ranunculaceae
属 侧金盏花属 *Adonis*

多年生草本，高3～15厘米。茎下部叶有长柄，上部的有短柄或无柄；叶片长圆形或长圆状狭卵形，长1～4.8厘米，二至三回羽状细裂，羽片4～6对，末回裂片狭披针形。花单生，直径1～1.8厘米；萼片5～7片，长4～6毫米；花瓣约8枚，淡紫色或淡蓝色，狭倒卵形，长5.5～11毫米，顶端有少数小齿。瘦果倒卵形，下部有稀疏短柔毛。

产于小阿角沟、下巴沟。生于海拔2800～3000米云冷杉林下或山地草坡。

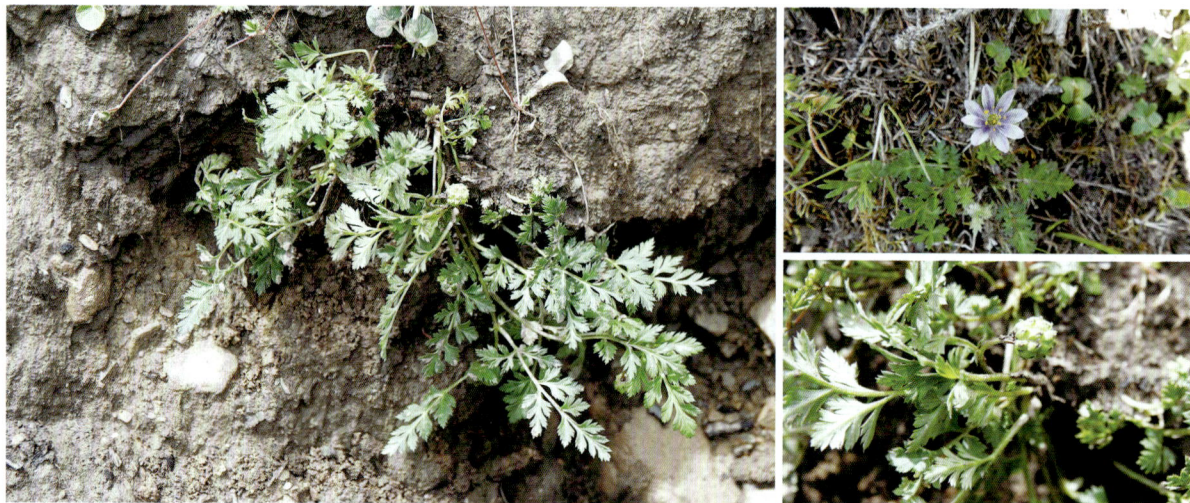

云生毛茛
Ranunculus longicaulis C. A. Mey. var. *nephelogenes*
(Edgew.) L. Liou

科 毛茛科 Ranunculaceae
属 毛茛属 *Ranunculus*

多年生草本，高3～12厘米。基生叶披针形或条状披针形，长1～5厘米，宽2～8毫米，全缘或有疏钝齿；叶柄长1～4厘米；茎生叶无柄，披针形至条形。花单生，直径1～1.5厘米；花梗长2～5厘米或果期伸长；萼片常带紫色；花瓣5枚，倒卵形，长6～8毫米。聚合果长圆形，直径5～8毫米；瘦果卵球形，喙直伸，长约1毫米。

产于章巴库沟、桑布沟、郭扎沟。生于海拔3000～3100米高山草甸、河滩湖边及沼泽草地。

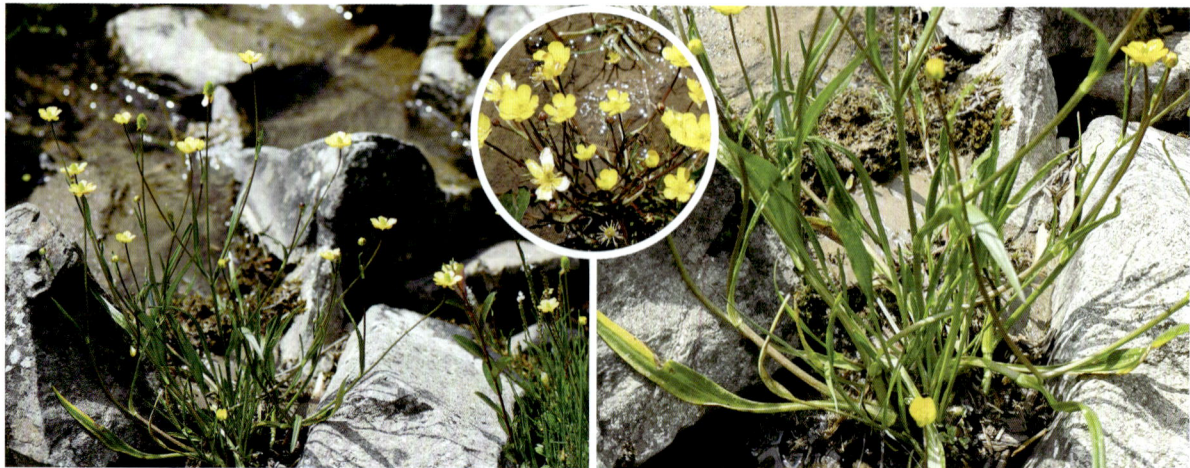

高原毛茛

Ranunculus tanguticus (Maxim.) Ovcz.

多年生草本，高10～30厘米。三出复叶，小叶片二至三回3全裂至中裂，末回裂片披针形至线形；小叶柄短或近无；上部叶渐小，3～5全裂，裂片线形，有短柄至无柄。花单生，直径8～18毫米；花瓣5枚，长5～8毫米。聚合果长圆形，长6～8毫米；瘦果卵球形，较扁。

产于章巴库沟、旗布沟、拉力沟、扎路沟、业母沟、色树隆沟、车路沟、郭扎沟。生于海拔2900～3200米山坡或沟边沼泽湿地。

浮毛茛

Ranunculus natans C. A. Mey.

多年生水生草本。基生叶和下部叶有长柄，肾形，长1～1.5厘米，宽1.5～2.5厘米，基部浅心形或截形，3～5浅裂，裂片钝圆，有时疏生圆齿，叶柄长2～8厘米，基部有长鞘；上部叶小，3浅裂或不裂。花对叶单生，直径约7毫米；花梗长1～4厘米；花瓣倒卵圆形，稍长于萼片。聚合果近球形；瘦果卵球形，稍扁，喙短。

产于光盖山。生于海拔3100米左右浅水中或沼泽湿地。

毛茛
Ranunculus japonicus Thunb.

多年生草本，高30～70厘米。基生叶圆心形或五角形，长及宽为3～10厘米，3深裂，中裂片又3浅裂，侧裂片不等地2裂；叶柄长达15厘米；最上部叶线形，全缘，无柄。聚伞花序有多数花，疏散；花直径1.5～2.2厘米；花梗长达8厘米；花瓣5枚，长6～11毫米。聚合果近球形，直径6～8毫米；瘦果扁平。

产于小阿角沟、八十沟、大峪沟、拉力沟、鲁延沟、业母沟、色树隆沟、车路沟、郭扎沟。生于海拔2600～3100米湿草地上。

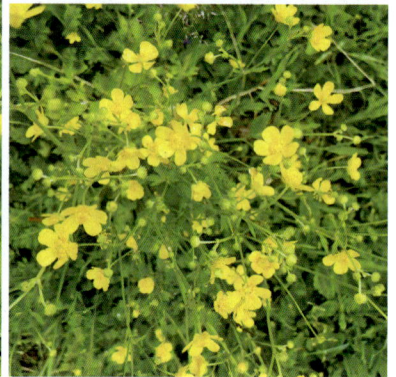

褐鞘毛茛
Ranunculus vaginatus Hand.-Mazz.

多年生草本，高5～20厘米。三出复叶，小叶宽倒卵形，3中裂，边缘有粗齿牙；叶柄长6厘米，基部有褐色膜质宽鞘；上部叶较小，3裂。花单生茎顶或与上部叶对生，直径0.8～1厘米；花梗长3～5厘米；花瓣5～6枚，黄白色或下部暗褐色。聚合果球形，直径约6毫米；瘦果扁平，喙呈镰刀状外弯。

保护区广布。生于海拔2500～3150米左右山坡草地和沟旁。

鸦跖花

Oxygraphis glacialis Bunge

多年生小草本，高2～9厘米。叶全部基生，卵形至椭圆状长圆形，长0.3～3厘米，宽5～25毫米，全缘；叶柄较宽扁，长1～4厘米，基部鞘状。花莛1～5条；花单生，直径1.5～3厘米；花瓣橙黄色或表面白色。聚合果近球形。

产于扎路沟、光盖山。生于海拔3800～4000米高山草甸或高山灌丛。

水葫芦苗

Halerpestes cymbalaria (Pursh) Green

科 **毛茛科** Ranunculaceae
属 **碱毛茛属** *Halerpestes*

多年生草本；匍匐茎细长。叶多数；叶片纸质，多近圆形，或肾形、宽卵形，长0.5～2.5厘米，基部圆心形、截形或宽楔形，边缘有3～11个圆齿，有时3～5裂。花莛1～4条；花小，直径6～8毫米，黄色；萼片反折。聚合果椭圆球形，直径约5毫米。

产于小阿角沟、扎路沟、郭扎沟、华尔盖沟、齐河村、尼巴大沟、粒珠沟、下巴沟。生于海拔2620～3200米湿草地、沼泽地。

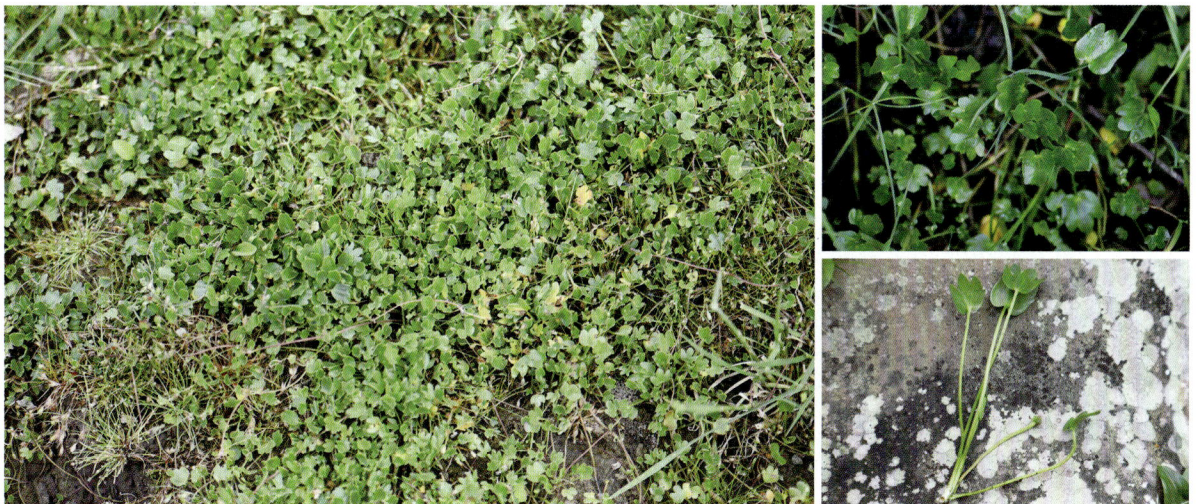

鲜黄小檗

Berberis diaphana Maxim.

　　落叶灌木，高1～3米。茎刺三分叉。单叶互生，坚纸质，长圆形或倒卵状长圆形，边缘具2～12刺齿，偶全缘；叶柄短。花2～5朵簇生，偶单生，黄色；花梗长12～22毫米；萼片2轮。浆果红色，卵状长圆形，长1～1.2厘米，具明显宿存花柱。

　　产于小阿角沟、八十沟、博峪沟、拉力沟、卡车沟、业母沟、色树隆沟、车路沟、郭扎沟。生于海拔2760～3100米灌丛、草地、林缘、坡地或云杉林。

短柄小檗

Berberis brachypoda Maxim.

　　落叶灌木，高1～3米。茎刺三分叉，稀单生。单叶互生，厚纸质，椭圆形至长圆状椭圆形，上面有折皱，疏被短柔毛，叶缘每边具刺齿；叶柄长3～10毫米。穗状总状花序直立或斜上，长5～12厘米，密生多花；花梗长约2毫米；花淡黄色；萼片3轮，边缘具短毛。浆果长圆形，直径约5毫米，鲜红色，顶端具明显宿存花柱。

　　产于东湾咀。生于海拔2410米左右山坡灌丛、林下、林缘、路边或山谷。

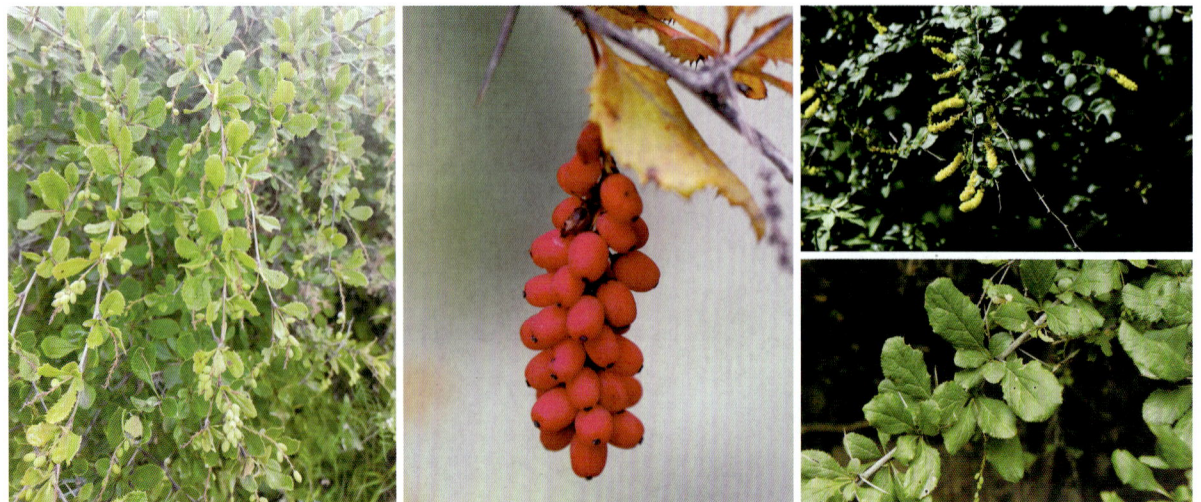

匙叶小檗
Berberis vernae Schneid.

　　落叶灌木，高0.5～1.5米。茎刺粗壮，单生。单叶互生，纸质，匙状倒披针形，叶缘全缘，偶具1～3刺齿；叶柄长2～6毫米。穗状总状花序具多花；花梗长1.5～4毫米；花黄色；萼片2轮。浆果长圆形，淡红色，长4～5毫米，顶端不具宿存花柱。

　　产于大峪沟、博峪沟、革古村、扎古录、下巴沟、洮河南岸。生于海拔2600～2850米河滩地或山坡灌丛。

甘肃小檗
Berberis kansuensis Schneid.

　　落叶灌木，高达3米。茎刺单生或三分叉。单叶互生，厚纸质，近圆形或阔椭圆形，基部渐狭成柄，背面灰色，微被白粉，叶缘具刺齿；叶柄长1～2厘米。总状花序具多花；花梗长4～8毫米；花黄色；萼片2轮。浆果长圆状倒卵形，红色，长7～8毫米，顶端不具宿存花柱。

　　产于三角石沟。生于海拔2780米左右山坡灌丛或杂木林。

直穗小檗
***Berberis dasystachya* Maxim.**

科 小檗科 Berberidaceae
属 小檗属 *Berberis*

落叶灌木，高2～3米。茎刺单一。单叶互生，纸质，长圆状椭圆形至近圆形，基部骤缩，叶缘具细小刺齿；叶柄长1～4厘米。总状花序直立，具多花；花梗长4～7毫米；花黄色；萼片2轮。浆果椭圆形，长6～7毫米，红色，顶端无宿存花柱。

产于小阿角沟、博峪沟、业母沟。生于海拔2900～3150米向阳山地灌丛、林缘、林下。

置疑小檗
***Berberis dubia* Schneid.**

科 小檗科 Berberidaceae
属 小檗属 *Berberis*

落叶灌木，高1～3米。茎刺单一或三分叉。单叶互生，纸质，狭倒卵形，先端渐尖，基部渐狭，叶缘具细刺齿；叶柄长1～3毫米。总状花序具5～10朵花；花梗长3～6毫米；花黄色；萼片2轮。浆果倒卵状椭圆形，红色，长约8毫米，顶端不具宿存花柱。

产于扎古录、洮河南岸。生于海拔2600～2700米山坡灌丛、石质山坡、河滩地或林下。

松潘小檗

Berberis dictyoneura C. K. Schneid.

科　小檗科 Berberidaceae
属　小檗属 *Berberis*

　　落叶灌木，高1~2米。茎刺三分叉或单一。单叶互生，纸质，椭圆形或椭圆状倒卵形，先端圆形，基部楔形，叶缘每边具7~15细密刺齿；叶柄长2~8毫米。总状花序具7~14朵花；花梗长4~6毫米；花黄色；萼片2轮。浆果倒卵状长圆形，粉红色或淡红色，顶端具宿存短花柱。

　　产于卡车沟。生于海拔2910米左右路边、河边草坡、灌丛中或林缘。

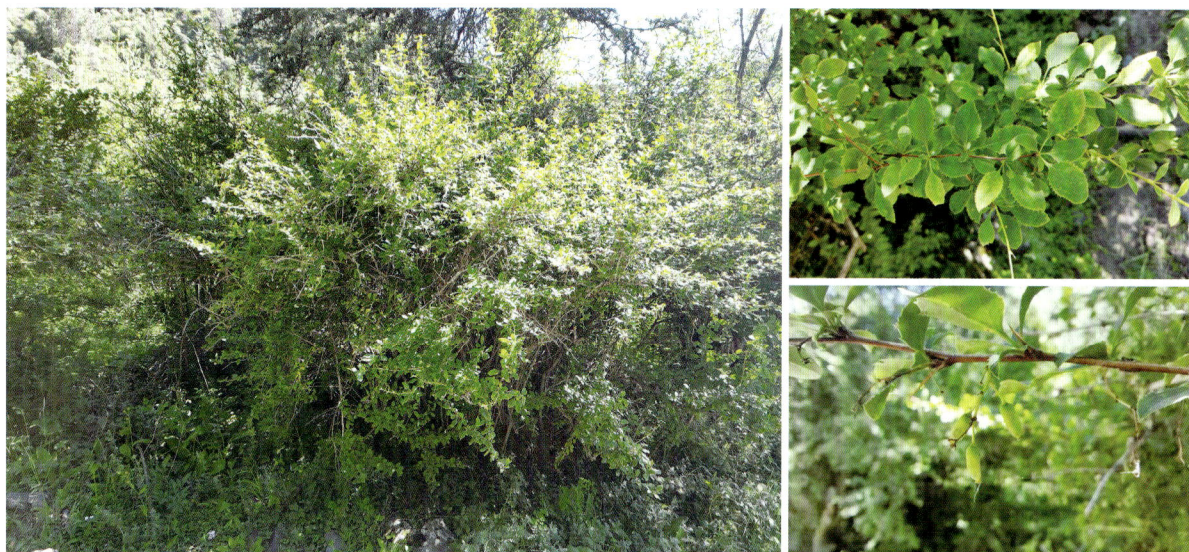

堆花小檗

Berberis aggregata Schneid.

科　小檗科 Berberidaceae
属　小檗属 *Berberis*

　　半常绿或落叶灌木，高2~3米。茎刺三分叉。单叶互生，近革质，倒卵状长圆形至倒卵形，先端具1刺尖头，叶缘每边具2~8刺齿，有时全缘；叶柄短或近无柄。短圆锥花序具10~30朵花，紧密，近无总梗；花梗长1~3毫米；花淡黄色；萼片2轮。浆果近球形，长6~7毫米，红色，顶端具明显宿存花柱。

　　产于大峪沟、桑布沟、卡车沟、郭扎沟、扎古录、华尔盖沟。生于海拔2560~3000米山谷灌丛、山坡路旁、河滩、林中、林缘。

桃儿七
Sinopodophyllum hexandrum (Royle) Ying

多年生草本，高20～50厘米。叶2枚，基部心形，3～5深裂几达中部，裂片不裂或有时2～3小裂，叶背面被柔毛，边缘具粗锯齿；叶柄长10～25厘米。花单生，大，先叶开放，两性，粉红色；萼片6片；花瓣6枚，倒卵形，先端略呈波状。浆果卵圆形，长4～7厘米，熟时橘红色。

产于八十沟、章巴库沟、桑布沟、卡布川、拉力沟、鲁延沟、业母沟、车路沟、郭扎沟。生于海拔2600～3000米林下、林缘、灌丛或草丛。

淫羊藿
Epimedium brevicornu Maxim.

多年生草本，高20～60厘米。二回三出复叶基生和茎生，具9枚小叶；小叶纸质或厚纸质，卵形或阔卵形，长3～7厘米，基部深心形，背面苍白色，叶缘具刺齿。圆锥花序长10～35厘米，具20～50朵花，花序轴及花梗被腺毛；花梗长5～20毫米；萼片2轮，外萼片暗绿色，长1～3毫米，内萼片白色或淡黄色，长约10毫米；花瓣片很小。蒴果长约1厘米，宿存花柱喙状。

产于云江、古雅川。生于海拔2500～2600米林下、沟边灌丛或山坡阴湿处。

全缘叶绿绒蒿

Meconopsis integrifolia (Maxim.) Franch.

一年生至多年生草本，全体被锈色和金黄色长柔毛。茎粗壮，不分枝。基生叶莲座状，叶片倒披针形，连叶柄长8～30厘米，宽1～5厘米，两面被毛，边缘全缘；茎生叶同形，较小。花4～5朵生茎生叶叶腋内；花梗长3～32厘米，果时延长；萼片舟状，长约3厘米，外面被毛；花瓣6～8枚，近圆形至倒卵形，长3～7厘米，宽3～5厘米，黄色。蒴果椭圆形，长2～3厘米，被金黄色或褐色长硬毛。

产于章巴库沟、恰盖梁、扎路沟、光盖山。生于海拔2860～3600米草坡或林下。

总状绿绒蒿

Meconopsis racemosa Maxim.

科 罂粟科 Papaveraceae
属 绿绒蒿属 *Meconopsis*

一年生草本，全体被黄褐色或淡黄色坚硬而平展的硬刺。茎不分枝，有时混生基生花葶。基生叶长圆状披针形至条形，长5～20厘米，边缘全缘或波状；叶柄长3～8厘米；茎生叶同形，渐小。花生于上部茎生叶叶腋内，有时也生于基生花葶上；花梗长2～5厘米；萼片长圆状卵形，外面被刺毛；花瓣5～8枚，倒卵状长圆形，长2～3厘米，天蓝色或蓝紫色。蒴果卵形，长0.5～2厘米，密被刺毛。

产于小阿角沟、扎路沟、光盖山。生于海拔3200～3900米草坡、石坡。

红花绿绒蒿

Meconopsis punicea Maxim.

多年生草本，全体密被淡黄色或棕褐色刚毛。叶全部基生，莲座状，狭倒卵形，长3～18厘米，宽1～4厘米，边缘全缘；叶柄长6～10厘米。花葶1～6个，从莲座叶丛中生出；花单生于花葶上，下垂；萼片卵形，长1.5～4厘米；花瓣4枚，有时6枚，椭圆形，长3～10厘米，宽1.5～5厘米，深红色。蒴果椭圆状长圆形，长1.8～2.5厘米，无毛或密被淡黄色刚毛。

产于小阿角沟、旗布沟、章巴库沟、三角石沟、桑布沟、拉力沟、鲁延沟、色树隆沟、车路沟、齐河村。生于海拔2780～3200米山坡草地。

多刺绿绒蒿

Meconopsis horridula Hook. f. et Thoms.

一年生草本，全体被黄褐色坚硬而平展的刺。叶全部基生，披针形，长5～12厘米，宽约1厘米，边缘全缘或波状；叶柄长0.5～3厘米。花葶5～12个或更多，长10～20厘米；花单生于花葶上，半下垂，直径2.5～4厘米；萼片外面被刺；花瓣5～8枚，有时4枚，宽倒卵形，长1.2～2厘米，蓝紫色。蒴果倒卵形，长1.2～2.5厘米。

产于扎路沟、光盖山。生于海拔3000～4000米草坡。

虞美人
Papaver rhoeas Linn.

　　一年生草本，全体被伸展的刚毛。单叶互生，叶片轮廓披针形或狭卵形，长3～15厘米，宽1～6厘米，羽状分裂，下部全裂，全裂片披针形，二回羽状浅裂；下部叶具柄，上部叶无柄。花单生于茎和分枝顶端；花梗长10～15厘米；萼片2片，宽椭圆形，长1～1.8厘米；花瓣4枚，圆形或宽倒卵形，长2.5～4.5厘米，全缘，紫红色或红色，基部通常具深紫色斑点。蒴果宽倒卵形，长1～2.2厘米，无毛。

　　大峪沟、卡车沟、洮河南岸有逸为野生者。生于海拔2560～2900米路旁。

苣叶秃疮花
Dicranostigma lactucoides Hook. f. et Thoms.

　　多年生草本，高15～60厘米，全体被短柔毛。基生叶丛生，叶片长12～25厘米，宽3～5厘米，大头羽状浅裂或深裂，裂齿呈粗齿状浅裂或基部裂片不分裂，表面灰绿色，背面具白粉；叶柄长3.5～5厘米，具翅；茎生叶同形，较小，无柄。聚伞花序；花梗长5～7.5厘米；萼片2片，长1.5～2厘米，淡黄色；花瓣4枚，宽倒卵形，长2～2.5厘米，橙黄色。蒴果圆柱形，两端渐尖，长5～11厘米，被短柔毛。

　　产于下巴沟、卡车沟、达加沟、洮河南岸。生于海拔2650～2900米石坡或岩屑坡。

细果角茴香

Hypecoum leptocarpum Hook. f. et Thoms

科 罂粟科 Papaveraceae
属 角茴香属 *Hypecoum*

　　一年生草本。茎丛生，铺散。基生叶多数，蓝绿色，叶片狭倒披针形，长5～20厘米，二回羽状全裂，裂片4～9对，疏离，小裂片披针形至倒卵形；叶柄长1.5～10厘米；茎生叶同形，较小。二歧聚伞花序；花直径5～8毫米；花梗细长；萼片2片，卵形，长2～4毫米；花瓣4枚，淡紫色，外面2枚全缘，里面2枚较小，3裂几达基部。蒴果圆柱形，长3～4厘米，成熟时在关节处分离成数小节。

　　产于三角石沟、卡车沟、安果梁。生于海拔2750～2900米山坡、草地、山谷、河滩、砾石坡、沙质地。

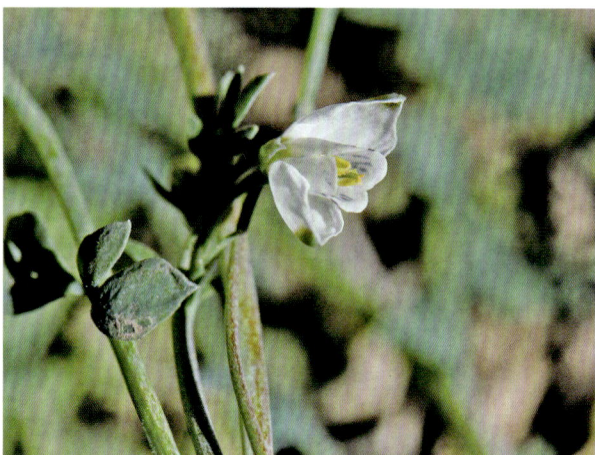

椭果黄堇

Corydalis ellipticarpa C. Y. Wu et Z. Y. Su

科 罂粟科 Papaveraceae
属 紫堇属 *Corydalis*

　　多年生灰绿色丛生草本，高20～30厘米。基生叶多数，叶柄长，叶片轮廓卵圆形，背面灰绿色，长约6厘米，宽约5厘米，二回三出分裂，末回裂片披针形，长3～5毫米。总状花序顶生，多花；苞片叶状，下部者长3～3.5厘米，3深裂，裂片羽状分裂，上部者较小；花梗长1～2厘米；萼片极小，三角形；花瓣黄色，距圆锥状，长1.6～1.8厘米。蒴果椭圆形，长1～1.5厘米。

　　产于章巴库沟、桑布沟。生于海拔3000～3150米林下或溪边。

糙果紫堇
Corydalis trachycarpa Maxim.

多年生草本，高15～50厘米。基生叶少数，叶柄长达10厘米，叶片轮廓宽卵形，长2.5～6厘米，宽2～4厘米，二至三回羽状分裂，小裂片狭倒卵形；茎生叶疏离。总状花序长3～10厘米，多花密集；苞片扇形，羽状或掌状全裂；花梗短于苞片；萼片鳞片状；花瓣白色或乳白色，先端黑紫色，受精后带紫色，距圆锥形，锐尖。蒴果狭倒卵形，长0.8～1厘米。

产于光盖山。生于海拔3800米左右高山草甸、灌丛、流石滩或山坡石缝中。

曲花紫堇
Corydalis curviflora Maxim. ex Hemsl.

多年生草本，高7～50厘米。基生叶少数，叶柄长2～13厘米，叶片轮廓圆形或肾形，背面具白粉，3全裂，全裂片2～3深裂；茎生叶1～4枚，疏离，柄极短或无，掌状全裂。总状花序长2.5～12厘米，有10～15花或更多，花期密集；苞片狭，全缘；花梗短或等长于苞片；萼片小，常早落；花瓣淡蓝色、淡紫色或紫红色，距圆筒形，粗壮，末端略渐狭并向上弯曲。蒴果线状长圆形，长0.5～1.2厘米。

产于古姆茨娜、八十沟、章巴库沟、拉力沟、车路沟。生于海拔2500～3100米山坡云杉林下、灌丛或草丛。

扇苞黄堇
Corydalis rheinbabeniana Fedde

多年生草本，高15～45厘米。茎生叶2～5枚，互生于茎上部，柄极短或无，叶片轮廓宽卵形至近圆形，背面具白粉，长2～8厘米，一回奇数羽状全裂，全裂片2～4对，狭披针形。总状花序顶生，长达10厘米，密集多花；苞片扇形，下部者二回羽状深裂，向上渐小；花梗长于或等于苞片；萼片鳞片状，白色；花瓣黄色，距圆筒形，末端下弯。蒴果狭倒卵形，长0.8～1厘米。

产于扎路沟、光盖山。生于海拔3260～3800米灌丛或草坡。

条裂黄堇
Corydalis linarioides Maxim.

多年生草本，高25～50厘米。基生叶少数，叶柄长达14厘米，叶片轮廓近圆形，长约4厘米，二回羽状分裂，第一回3全裂，小裂片线形，背面具白粉；茎生叶2～3枚，一回奇数羽状全裂，全裂片3对，线形。总状花序顶生，多花密集；苞片下部者羽状分裂，上部者线形；萼片鳞片状；花瓣黄色，距圆筒形。蒴果长圆形，长约1.2厘米。

产于章巴库沟、旗布沟、博峪沟。生于海拔3000～3150米林下、林缘、灌丛、草坡或石缝中。

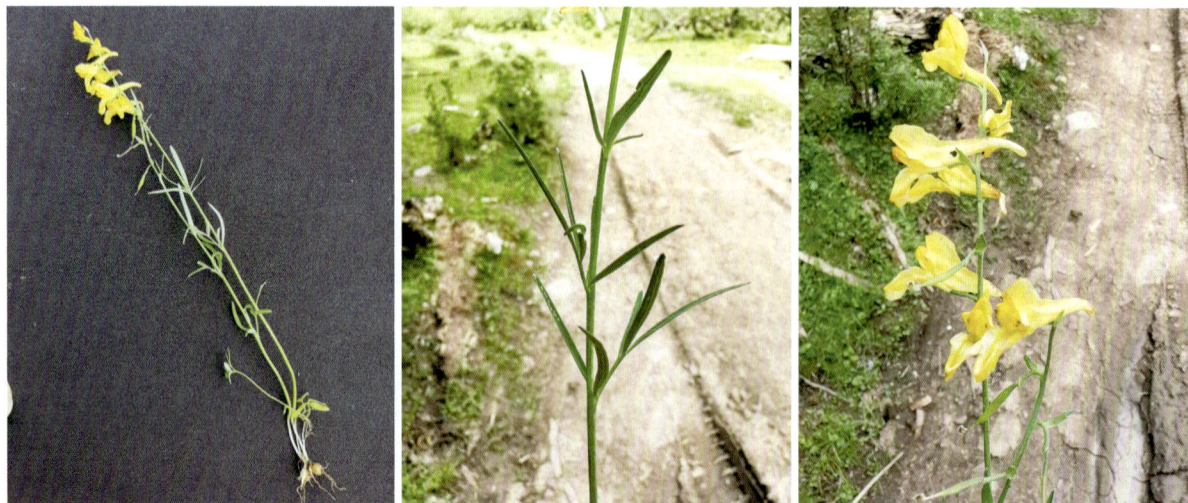

暗绿紫堇

Corydalis melanochlora Maxim.

多年生无毛草本，高5～18厘米。基生叶2～4枚，叶柄长达10厘米，叶片轮廓卵形，长2～3.5厘米，三回羽状全裂，小裂片不等的2～3浅裂；茎生叶2枚，生于茎上部。总状花序顶生，有4～8花，密集近于伞形；苞片指状全裂，裂片多数；花梗比苞片稍短；萼片小；花瓣天蓝色，距圆筒形，末端钝，略下弯。蒴果狭椭圆形，长6～7毫米。

产于扎路沟、光盖山。生于海拔3600～3900米高山草甸或流石滩。

斑花黄堇

Corydalis cheilosticta Z. Y. Su et Lidén

多年生草本。基生叶轮廓窄椭圆状卵形，长6～11厘米，宽3～5厘米，具5～6对羽状裂片，裂片又2～5裂，叶柄长4～10厘米；茎生叶渐小，几无柄。总状花序具7～15花，密集；苞片全缘或最下部的分裂；花梗长6～15毫米；萼片卵形，长3～4毫米；花乳黄色，具红色或污紫色边缘，距圆筒形，末端圆钝，略下弯。蒴果窄椭圆形，长10～20毫米。

产于扎古录。生于海拔2600～3200米多石河岸和高山砾石地。

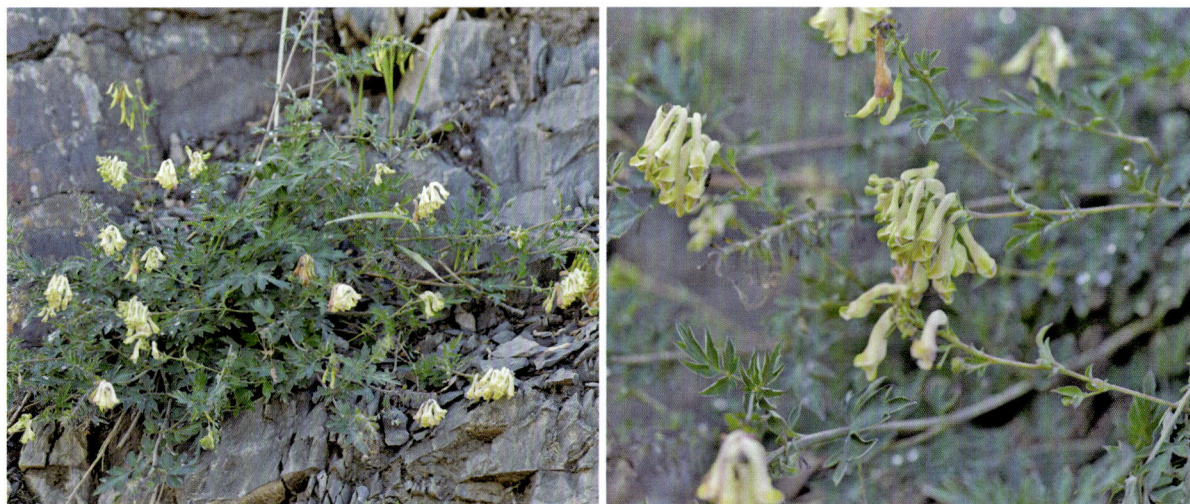

半裸茎黄堇
Corydalis potaninii Maxim.

多年生草本，高28～50厘米。基生叶1～5枚，叶片轮廓卵圆形，长6.5～9厘米，宽5～7厘米，下面苍白色，一回羽状全裂，裂片2～3裂，叶柄长8～14厘米；茎生叶2～3枚，较小。总状花序短，密花；苞片长于花梗；萼片小，三角形；花黄色，稀近白色或紫色，距圆筒形，近直，末端圆钝。蒴果线形，念珠状，长1～1.5厘米。

产于八十沟、章巴库沟、旗布沟。生于海拔2800～3100米林缘或高山草地。

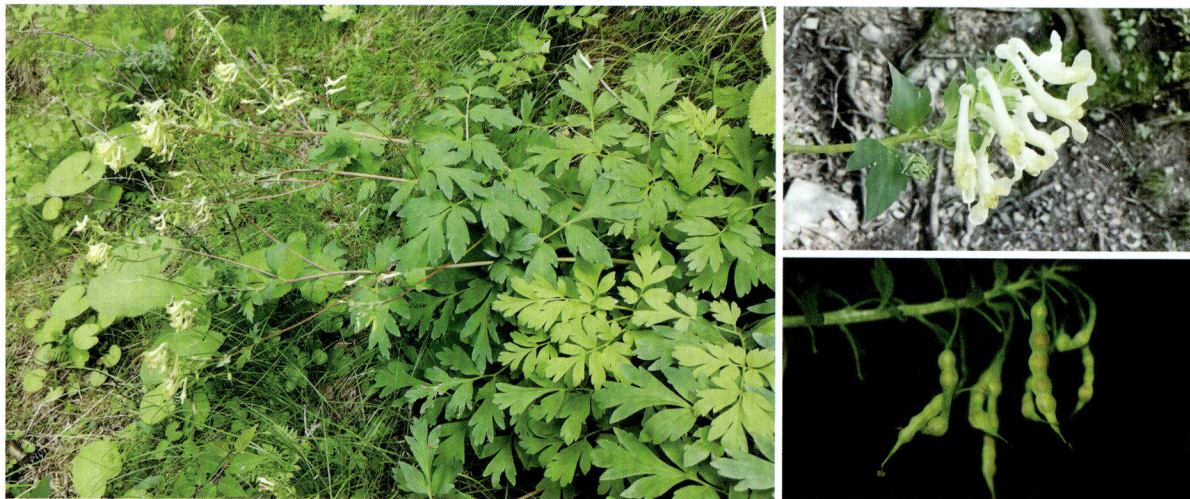

红花紫堇
Corydalis livida Maxim.

多年生草本，高15～60厘米。基生叶少数，下面苍白色，一至二回羽状全裂，末回羽片3深裂，裂片卵圆形，叶柄约与叶片等长，基部鞘状；茎生叶一回羽状全裂，羽片3深裂至二回3深裂。总状花序疏具10～15花；下部苞片叶状；萼片小；花冠紫红色或淡紫色，距圆筒形，末端圆钝，稍下弯。蒴果线形，长1.5～2厘米。

产于八十沟、小阿角沟。生于海拔2800～3000米针叶林下或林缘石缝中。

迭裂黄堇

Corydalis dasyptera Maxim.

科 罂粟科 Papaveraceae
属 紫堇属 *Corydalis*

多年生铅灰色草本，高10～30厘米。基生叶多数，叶片长圆形，一回羽状全裂，羽片5～7对，无柄，彼此叠压，3深裂，裂片卵圆形。总状花序密集多花；下部苞片长约2厘米，羽状深裂，上部的具齿至全缘，长于花梗；萼片小，椭圆形；花污黄色，外花瓣龙骨突起部位带紫褐色，距圆筒形，末端稍下弯。蒴果下垂，长圆形，长1～1.4厘米。

产于光盖山。生于海拔3900米高山草地、流石滩。

松潘黄堇

Corydalis laucheana Fedde

科 罂粟科 Papaveraceae
属 紫堇属 *Corydalis*

二年生无毛草本，高50～70厘米。茎生叶数枚，疏离，叶片轮廓卵形，下部叶长达8厘米，上部叶较小，三回三出分裂，背面具白粉，下部叶柄长达7厘米，上部柄较短，均具鞘。总状花序有10～15花，排列稀疏；苞片紫褐色；花梗与苞片近等长；萼片鳞片状；花淡黄白色，距圆筒形，纤细。蒴果圆柱形，长1.5～1.7厘米。

产于拉力沟。生于海拔2630米左右高山草地、流石滩。

小黄紫堇
Corydalis raddeana Regel

　　二年生无毛草本，高60～90厘米。基生叶少数，具长柄，叶片轮廓三角形，背面具白粉，长4～13厘米，宽2～9厘米，二至三回羽状分裂；茎生叶多数，柄渐短。总状花序有5～20花，稀疏；苞片狭卵形；花梗短于苞片；萼片鳞片状；花瓣黄色，先端带深紫色，距细圆筒形，末端略下弯状。蒴果圆柱形，长1.5～2.5厘米。

　　产于八十沟、洮河南岸。生于海拔2600～2800米杂木林下。

羽苞黄堇
Corydalis pinnatibracteata Y. W. Wang

　　多年生草本，高20～40厘米。茎生叶轮廓卵形，长2～3.5厘米，二回羽状分裂，末回裂片倒卵形。总状花序多花，先密后疏；苞片下部者叶状，羽状分裂，上部者掌状浅裂，长于花梗；萼片小；花瓣黄色，内花瓣先端紫色，距圆锥状，粗壮，稍向上弯曲，末端圆钝。蒴果圆柱状。

　　产于三角石沟、章巴库沟、桑布沟、博峪沟、色树隆沟、车路沟、齐河村、尼巴大沟、粒珠沟。生于海拔2850～3100米针叶林下或山坡路旁。

假北紫堇

Corydalis pseudoimpatiens **Fedde**

科 罂粟科 Papaveraceae
属 紫堇属 *Corydalis*

　　二年生草本，高50厘米以上。茎生叶多数，疏离，叶片轮廓卵形，三回三出分裂，叶柄向上渐短。总状花序多花，先密后疏；苞片下部者羽状深裂；花梗稍短于苞片；萼片鳞片状；花瓣黄色，鸡冠状凸起具不规则细齿，距圆筒形，粗壮，稍向上弯曲。蒴果狭圆柱形，长7～8毫米，稍压扁。

　　产于八十沟。生于海拔2900米针叶林下或山坡路旁。

灰绿黄堇

Corydalis adunca **Maxim.**

科 罂粟科 Papaveraceae
属 紫堇属 *Corydalis*

　　多年生灰绿色草本，高20～60厘米。基生叶高达茎的1/2～2/3，具长柄，叶片狭卵圆形，二回羽状全裂，二回羽片1～2对，近无柄，3深裂，有时裂片2～3浅裂；茎生叶具短柄，近一回羽状全裂。总状花序多花，常较密集；苞片狭披针形，约与花梗等长；萼片卵圆形；花黄色，外花瓣顶端浅褐色，兜状，距圆筒形，末端圆钝。蒴果长圆形，长约1.8厘米，宿存花柱长约5毫米。

　　产于下巴沟、洮河南岸。生于海拔2600～2800米干旱山地、河滩地或石缝中。

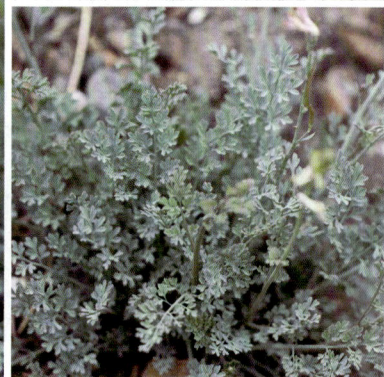

蛇果黄堇

Corydalis ophiocarpa Hook. f. et Thoms.

科 **罂粟科 Papaveraceae**
属 **紫堇属 *Corydalis***

一或二年生草本，高约30～120厘米。基生叶多数，叶片长圆形，一至二回羽状全裂，二回羽片2～3对，3～5裂，叶柄约与叶片等长；茎生叶同形，近一回羽状全裂。总状花序长10～30厘米，多花；苞片线状披针形；花梗长5～7毫米；花淡黄色至苍白色，内花瓣顶端暗紫红色至暗绿色，距短囊状。蒴果线形，长1.5～2.5厘米，蛇形弯曲。

产于下巴沟。生于海拔2620米左右沟谷林缘。

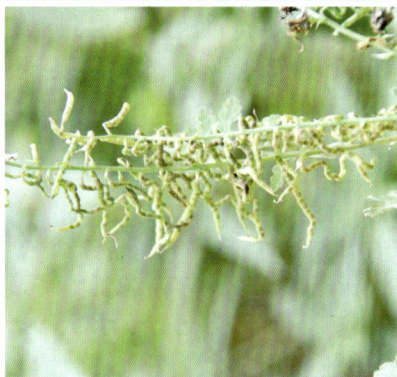

独行菜

Lepidium apetalum Willd.

科 **十字花科 Cruciferae**
属 **独行菜属 *Lepidium***

一年或二年生草本。基生叶窄匙形，一回羽状浅裂或深裂，长3～5厘米，宽1～1.5厘米，叶柄长1～2厘米；茎上部叶线形，有疏齿或全缘。总状花序在果期可延长至5厘米；萼片早落；花瓣不存或退化成丝状，比萼片短。短角果近圆形或宽椭圆形，扁平，长2～3毫米。

产于三角石沟、卡车沟、华尔盖沟。生于海拔2780～3200米山坡、山沟、路旁及村庄附近。

高河菜

Megacarpaea delavayi Franch.

　　多年生草本。羽状复叶；基生叶及茎下部叶具柄；中部叶及上部叶抱茎，外形长圆状披针形，长6～10厘米，小叶5～7对，卵形或卵状披针形，长1.5～2厘米，宽5～10毫米，边缘有不整齐锯齿或羽状深裂。总状花序顶生，成圆锥花序状；花粉红色或紫色，直径6～10毫米；萼片卵形，长3～4毫米，深紫色；花瓣倒卵形，长6～8毫米，顶端常有3齿。短角果顶端2深裂，黄绿色带紫色，偏平。

　　产于光盖山。生于海拔3750米左右高山灌丛、草地。

菥蓂

Thlaspi arvense Linn.

　　一年生草本。基生叶倒卵状长圆形，长3～5厘米，宽1～1.5厘米，基部抱茎，两侧箭形，边缘具疏齿，叶柄长1～3厘米；茎生叶互生，卵形或披针形，基部心形或箭形，抱茎。总状花序顶生；花白色，直径约2毫米；花梗长5～10毫米。短角果倒卵形或近圆形，长13～16毫米，宽9～13毫米，扁平，顶端凹入，边缘翅宽约3毫米。

　　产于大峪沟、八十沟、章巴库沟、拉力沟、业母沟、色树隆沟、车路沟、郭扎沟。生于海拔2600～3100米平地路旁、沟边或草坡。

双果荠

Megadenia pygmaea Maxim.

一年生草本，高3～15厘米，无毛。叶心状圆形，长5～20毫米，宽5～30毫米，基部心形，全缘，有3～7棱角；叶柄长1.5～10厘米。花直径约1毫米；花梗长4～10毫米；花瓣白色，长约1.5毫米。短角果横向卵形，长约2毫米，宽约5毫米，中间2深裂，宿存花柱长约1毫米。

产于鲁延沟、业母沟、石鲁纳、粒珠沟。生于海拔2900～3300米山坡灌丛下、林下。

荠

Capsella bursa-pastoris (Linn.) Medic.

一或二年生草本。基生叶丛生呈莲座状，大头羽状分裂，长可达12厘米，宽可达2.5厘米，叶柄长5～40毫米；茎生叶窄披针形或披针形，长5～6.5毫米，宽2～15毫米，基部箭形，抱茎，边缘有缺刻或锯齿。总状花序顶生及腋生，果期延长达20厘米；花梗长3～8毫米；花瓣白色，长2～3毫米。短角果倒三角形，长5～8毫米，扁平；果梗长5～15毫米。

产于八十沟、拉力沟、车路沟。生于海拔2880～3000米山坡、田边及路旁。

球果芥

Neslia paniculata (Linn.) Desv.

科 **十字花科 Cruciferae**
属 **球果芥属 Neslia**

一年生草本，有稍硬的分叉毛。基生叶早枯，叶片长圆形，长5～12厘米，宽1～2.5厘米，基部渐窄成柄，全缘或具疏齿；茎生叶无柄，叶片长圆状披针形，向上渐小，长2～12厘米，宽2～22毫米，基部箭形，具耳，抱茎，全缘或具疏齿。花序伞房状；花瓣长2～2.5毫米。短角果球形，宽大于长。

产于下巴沟。生于海拔2620米山坡草丛。

喜山葶苈

Draba oreades Schrenk

科 **十字花科 Cruciferae**
属 **葶苈属 Draba**

多年生草本，高2～10厘米。叶丛生成莲座状，有时呈互生，叶片长圆形至倒披针形，长6～25毫米，宽2～4毫米，全缘，有时有锯齿。花茎高5～8厘米，无叶或偶有1叶，密生毛。总状花序密集成头状，果时疏松；小花梗长1～2毫米；花瓣黄色，长3～5毫米。短角果短宽卵形，长4～6毫米，宽3～4毫米，顶端渐尖。

产于光盖山。生于海拔3850米左右高山石砾中。

毛葶苈
Draba eriopoda Turcz.

二年生草本。茎密被毛。基生叶莲座状，披针形，全缘；茎生叶较多，下部的长卵形，上部的卵形，两缘各有1～4锯齿，两面被毛，无柄或近于抱茎。总状花序有花20～50朵，密集成伞房状，花后显著伸长，疏松；小花梗长2～5毫米；花瓣金黄色，长3～4毫米。短角果卵形或长卵形，长5～10毫米；果梗长3～8毫米，与果序轴近直角开展。

产于八十沟、章巴库沟、云江、拉力沟、郭扎沟。生于海拔2500～3000米山坡、阴湿山坡、河谷草滩。

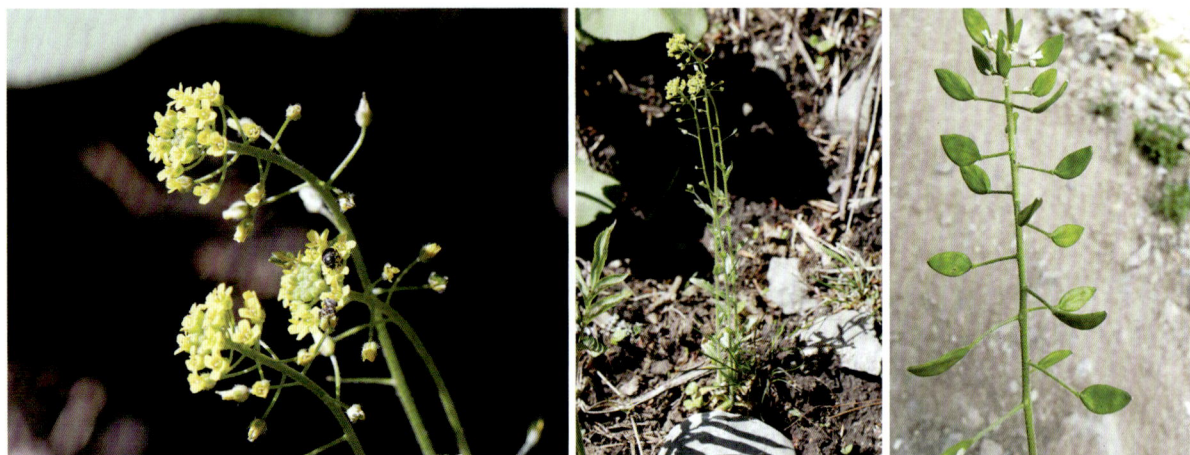

紫花碎米荠
Cardamine tangutorum O. E. Schulz

多年生草本。基生叶有长叶柄，小叶3～5对，长椭圆形，长1.5～5厘米，宽5～20毫米，边缘具钝齿，无小叶柄；茎生叶通常3枚，叶柄长1～4厘米，小叶3～5对。总状花序有10余朵花；花梗长10～15毫米；花瓣紫红色或淡紫色，长8～15毫米。长角果线形，扁平，长3～3.5厘米，宽约2毫米；果梗直立，长15～20毫米。

产于小阿角沟、旗布沟、博峪沟、拉力沟、扎路沟、华尔盖沟、光盖山。生于海拔2800～3750米高山山沟草地及林下阴湿处。

弹裂碎米荠

Cardamine impatiens Linn.

科 **十字花科 Cruciferae**
属 **碎米荠属 *Cardamine***

一或二年生草本。基生叶叶柄长1~3厘米，基部有1对托叶状耳，小叶2~8对，边缘有不整齐钝齿状浅裂，小叶柄显著；茎生叶具小叶5~8对。总状花序顶生和腋生，花多数，直径约2毫米，果期花序极延长；花梗长2~6毫米；花瓣白色。长角果狭条形而扁，长20~28毫米；果梗开展，长10~15毫米。

产于大峪沟、三角石沟、下巴沟。生于海拔2560~2780米路旁、山坡、沟谷、水边或阴湿地。

垂果南芥

Arabis pendula Linn.

科 **十字花科 Cruciferae**
属 **南芥属 *Arabis***

二年生草本，全株被硬毛。茎下部的叶长椭圆形至倒卵形，长3~10厘米，宽1.5~3厘米，边缘有浅锯齿，基部渐狭成柄，长达1厘米；茎上部的叶狭长椭圆形至披针形，较下部的叶略小，基部呈心形或箭形，抱茎。总状花序顶生或腋生，有花10余朵；花瓣白色，长3.5~4.5毫米。长角果线形，长4~10厘米，宽1~2毫米，弧曲，下垂。

产于八十沟、卡车沟、洮河南岸。生于海拔2600~2690米山坡、路旁、河边草丛及灌木林下。

硬毛南芥
Arabis hirsuta (Linn.) Scop.

一或二年生草本，全株被毛。基生叶长椭圆形或匙形，长2～6厘米，宽6～14毫米，边缘全缘或呈浅疏齿，叶柄长1～2厘米；茎生叶多数，常贴茎，叶片长椭圆形或卵状披针形，长2～5厘米，宽7～13毫米，边缘具浅疏齿，基部心形或呈钝形叶耳，抱茎或半抱茎。总状花序顶生或腋生，花多数；花瓣白色，长4～6毫米。长角果线形，长3.5～6.5厘米，直立，紧贴果序轴。

产于旗布沟。生于海拔3200米左右干燥山坡及路边草丛中。

沼生蔊菜
Rorippa islandica (Oed.) Borb.

一或二年生草本，光滑无毛或稀有单毛。基生叶多数，具柄，长圆形至狭长圆形，长5～10厘米，宽1～3厘米，羽状深裂或大头羽裂，裂片3～7对，边缘不规则浅裂或呈深波状；茎生叶向上渐小，近无柄。总状花序顶生或腋生，果期伸长；花小，多数，黄色；花梗长3～5毫米。短角果椭圆形或近圆柱形，有时稍弯曲，长3～8毫米。

产于华尔盖沟。生于海拔3200米左右山坡草地。

涩荠

Malcolmia africana (Linn.) R. Brown

　　二年生草本，密生单毛或叉状硬毛。叶长圆形、倒披针形或近椭圆形，长1.5～8厘米，宽5～18毫米，边缘有波状齿或全缘；叶柄长5～10毫米或近无柄。总状花序有10～30朵花，疏松排列，果期长达20厘米；花瓣紫色或粉红色，长8～10毫米。长角果圆柱形或近圆柱形，长3.5～7厘米，宽1～2毫米，近4棱。

　　产于尼巴大沟、下巴沟。生于海拔2800～2900米路边、荒地或田间。

红紫桂竹香

Cheiranthus roseus Maxim.

　　多年生草本，全体分叉毛。基生叶披针形或线形，长2～7厘米，宽3～5毫米，全缘或具疏生细齿；叶柄长1～4厘米；茎生叶较小，具短柄，上部叶无柄。总状花序有多数疏生的花，长达9厘米；花粉红色或红紫色，直径1.5～2厘米；花梗长5～10毫米；花瓣倒披针形，长12～15毫米，有深紫色脉纹。长角果线形，有4棱，长2～3.5厘米，稍弯曲。

　　产于八十沟、小阿角沟。生于海拔2800～3000米岩壁。

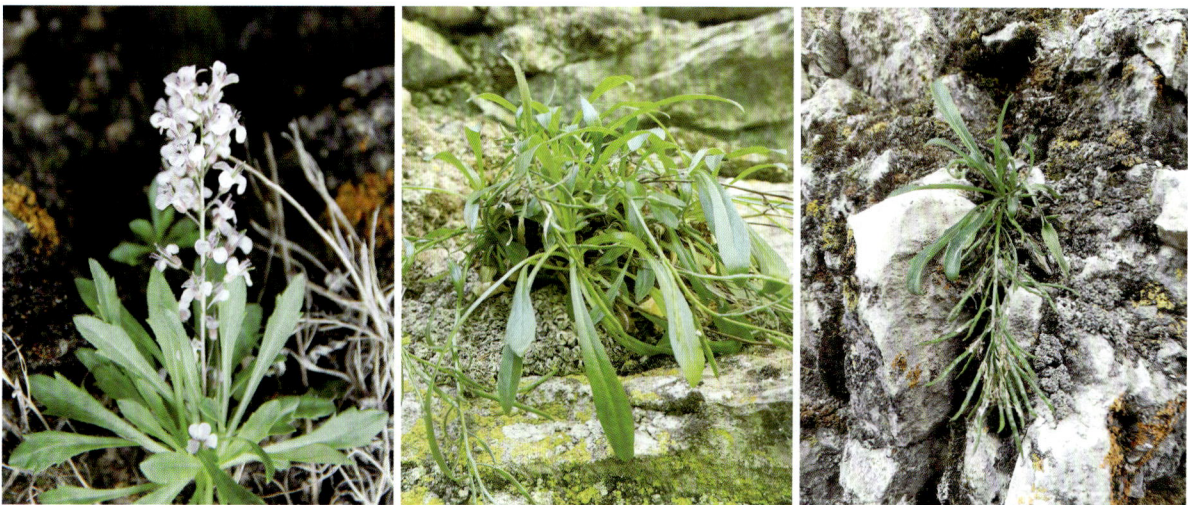

密序山萮菜

Eutrema heterophylla (W. W. Smith) Hara

科 十字花科 Cruciferae
属 山萮菜属 *Eutrema*

多年生草本，高3～20厘米，全体无毛。基生叶具长柄，叶片长圆状披针形至条形，长1～20厘米。花序密集成头状；花瓣白色；花梗长2～3毫米。角果直或微曲，长圆状条形，长6～12毫米；果梗长2～4毫米。

产于光盖山。生于海拔3800米左右山坡草丛或高山石缝中。

蚓果芥

Torularia humilis (C. A. Mey.) O. E. Schulz

科 十字花科 Cruciferae
属 念珠芥属 *Torularia*

多年生草本，被叉毛。基生叶窄卵形，早枯；下部的茎生叶变化较大，宽匙形至窄长卵形，长5～30毫米，宽1～6毫米，近无柄，全缘，或具2～3对钝齿；中、上部的叶条形；最上部数叶常入花序而成苞片。花序呈紧密伞房状，果期伸长；花瓣白色，长2～3毫米。长角果筒状，长8～30毫米，略呈念珠状；果梗长3～6毫米。

产于加当湾、扎古录、尼巴大沟、洮河南岸。生于海拔2530～3000米林下、河滩、草地。

播娘蒿

Descurainia Sophia (Linn.) Webb. ex Prantl

一年生草本。叶三回羽状深裂，长2～15厘米，末回裂片条形或长圆形，裂片长2～10毫米，宽0.8～2毫米，下部叶具柄，上部叶无柄。花序伞房状，果期伸长；萼片早落；花瓣黄色，长2～2.5毫米。长角果圆筒状，长2.5～3厘米，宽约1毫米，无毛，稍内曲；果梗长1～2厘米。

产于卡车沟、车路沟。生于海拔2900～3000米山坡、田野及农田。

瓦松

Orostachys fimbriata (Turcz.) Berge

二年生草本。莲座叶线形，先端增大，为白色软骨质，半圆形，有齿；叶互生，疏生，有刺，线形至披针形，长可达3厘米，宽2～5毫米。二年生花茎高10～20厘米；花序总状，紧密，或下部分枝，可呈宽20厘米的金字塔形；苞片线状渐尖；花梗长达1厘米，萼片5，长圆形；花瓣5，红色，披针状椭圆形，长5～6毫米。蓇葖5，长圆形，长5毫米，喙长1毫米。

产于洮河南岸。生于海拔2600米左右阳坡、岩缝。

轮叶八宝
Hylotelephium verticillatum (Linn.) H. Ohba

多年生草本，高40～500厘米。4叶少有5叶轮生，下部的常为3叶轮生或对生，叶长圆状披针形至卵状披针形，长4～8厘米，宽2.5～3.5厘米，边缘有整齐的疏牙齿，叶有柄。聚伞状伞房花序顶生；花密生，顶半圆球形，直径2～6厘米；萼片长0.5～1毫米；花瓣5枚，淡绿色至黄白色，长3.5～5毫米。

产于云江村拉力沟。生于海拔2510～2700米山坡草丛中或沟边阴湿处。

甘南景天
Sedum ulricae Fröd.

多年生草本，高6～18厘米，无毛。茎生叶无梗，卵状披针形至卵形，长7～9毫米，宽2.5～3.5毫米，先端锐尖，边缘具乳突。聚伞花序顶生；单性，雌雄异株；花瓣紫色；心皮4片，直立，先端具喙。

产于小阿角沟、三角石沟、章巴库沟、鲁延沟、业母沟、色树隆沟、车路沟。生于海拔2900～3100米岩石、流石滩。

阔叶景天

***Sedum roborowskii* Maxim.**

二年生草本。花茎近直立，高3.5～15厘米。叶互生，长圆形，长5～13毫米，宽2～6毫米，有钝距。近蝎尾状聚伞花序，疏生多数花；苞片叶形；花梗长达3.5毫米；萼片长圆形，不等长，有钝距；花瓣淡黄色，卵状披针形，长3.5～3.8毫米。蓇葖5个，长圆形。

产于七车村、扎路沟、色树隆沟。生于海拔2560～3100米山坡林下阴处或岩石上。

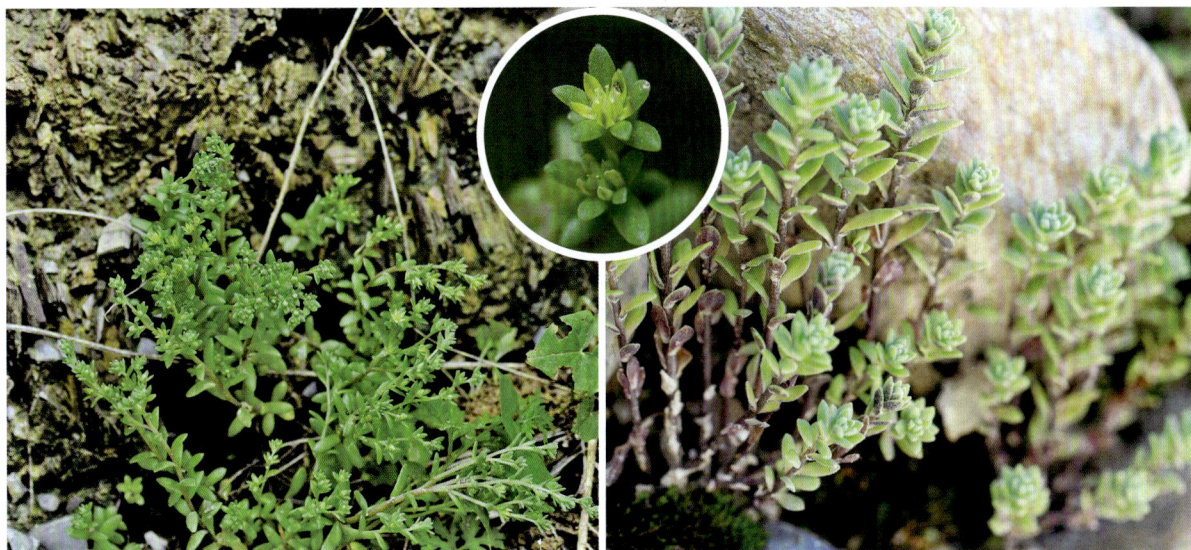

隐匿景天

***Sedum celatum* Fröd.**

二年生草本，无毛。花茎直立，自基部分枝，高3～9厘米。叶互生，披针形或狭卵形，长5～7毫米，有钝或近浅裂的距。花序伞房状，有3～9花；苞片叶形；花瓣黄色，披针形，长3.5～4.5毫米。蓇葖5个，半长圆形。

产于旗布沟、扎路沟、上卡车村、大日卡村、扎古录。生于海拔2850～3800米山坡。

费菜
Sedum aizoon Linn.

多年生草本。茎高20～50厘米，1～3条，不分枝。叶近革质，互生，狭披针形至卵状倒披针形，长3.5～8厘米，宽1.2～2厘米，边缘有不整齐锯齿。聚伞花序有多花，平展；萼片5片，线形，不等长；花瓣5枚，黄色，长圆形至椭圆状披针形，长6～10毫米，有短尖。蓇葖5个，星芒状排列，长约7毫米。

产于扎那村、洮河南岸。生于海拔2560～2700米山坡草地、林缘。

四裂红景天
Rhodiola quadrifida (Pall.) Fisch. et. Mey.

多年生草本。叶互生，密生，无柄，线形，长5～10毫米，宽1毫米，全缘。花茎高3～15厘米；伞房花序具少数花；萼片4片，线状披针形；花瓣4枚，紫红色，长圆状倒卵形，长4毫米。蓇葖4个，披针形，长5毫米，有先端反折的短喙，成熟时暗红色。

产于扎路沟。生于海拔3500米山坡石缝中或流石滩。

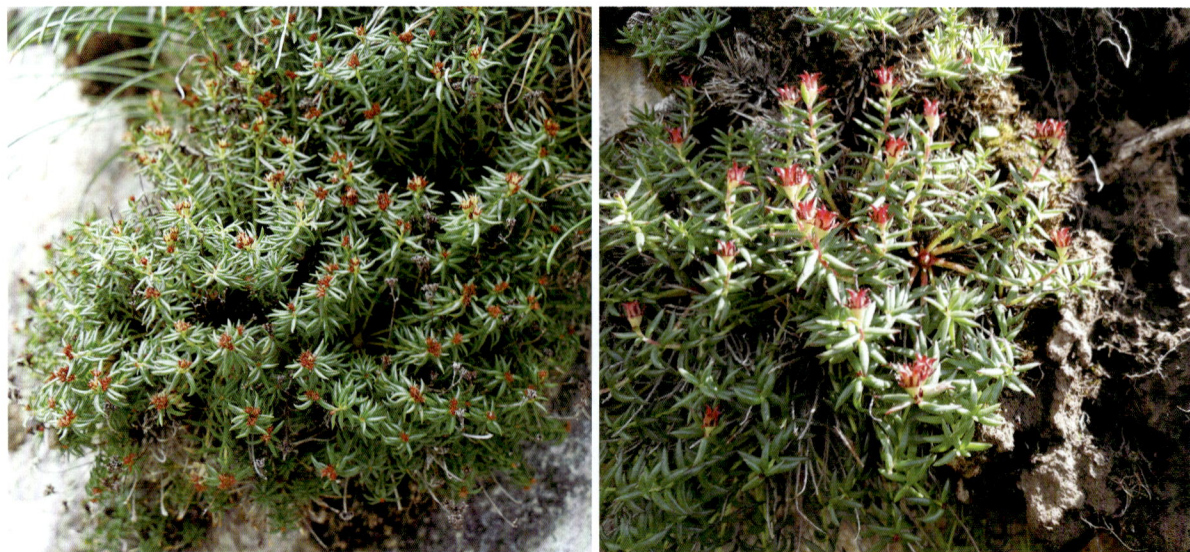

圆丛红景天
Rhodiola juparensis (Fröd.) S. H. Fu

多年生草本。茎密集丛生；宿存老茎多数。叶线状披针形，长3～5毫米，宽0.6毫米，先端急尖，有芒，全缘。雌雄异株；花序紧密，花少数；苞片线形；萼片5片，长圆形；花瓣5枚，黄色，近倒卵形，长2.5毫米。蓇葖5个，卵形，先端向后反曲。

产于扎路沟、光盖山。生于海拔3500～4000米流石滩。

甘南红景天
Rhodiola gannanica K. T. Fu

多年生草本，高6～18厘米，无毛。茎生叶无梗，卵状披针形至卵形，长7～9毫米，宽2.5～3.5毫米，先端锐尖，边缘具乳突。聚伞花序顶生；单性，雌雄异株；花瓣紫色；心皮4枚，直立，先端具喙。

产于小阿角沟、尼玛尼嘎沟、八十沟、旗布沟。生于海拔2800～3250米岩石、流石滩。

洮河红景天

Rhodiola taohoensis S. H. Fu

科 景天科 Crassulaceae
属 红景天属 *Rhodiola*

多年生草本，植株被柔毛，高达13厘米。叶互生，长披针形，长7～10毫米，宽1.6～1.8毫米，全缘，被柔毛。雌雄异株；花序伞房状，花紧密；上部叶苞片状，长2～2.2厘米，被柔毛；花梗短；萼片5片，长1.2～2毫米；花瓣5枚，紫红色，长圆形。蓇葖5个，披针形。

产于八十沟。生于海拔2600～2800米处山坡阴处、石崖上。

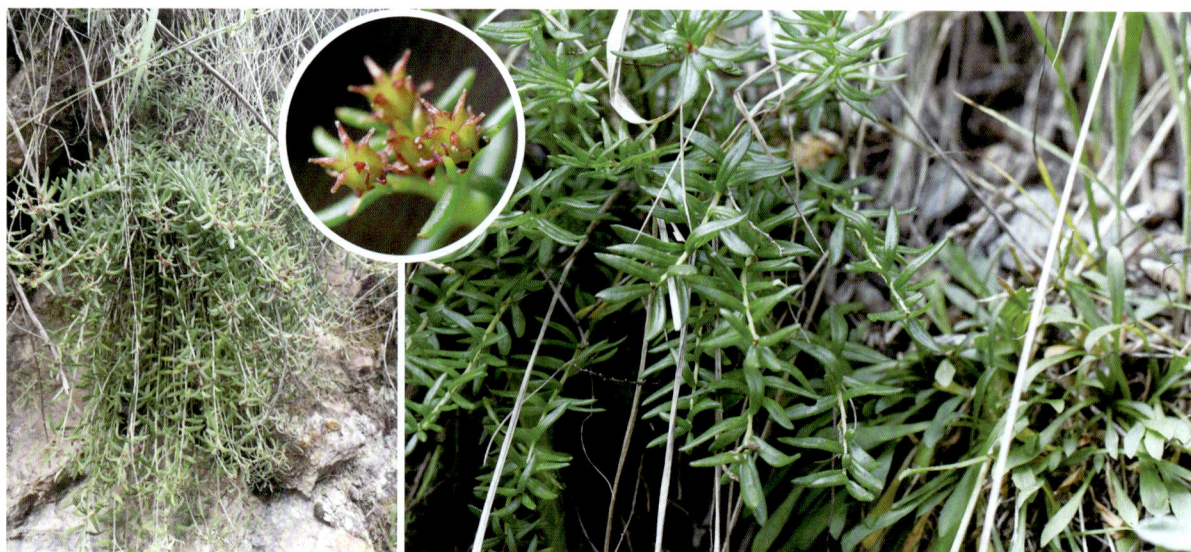

狭叶红景天

Rhodiola kirilowii (Regel) Maxim.

科 景天科 Crassulaceae
属 红景天属 *Rhodiola*

多年生草本。叶互生，线形至线状披针形，长4～6厘米，宽2～5毫米，边缘有疏锯齿或有时全缘，无柄。雌雄异株。伞房花序有多花；萼片5或4片，长2～2.5毫米；花瓣5或4枚，绿黄色，倒披针形，长3～4毫米。蓇葖披针形，长7～8毫米，有短而外弯的喙。

产于小阿角沟、旗布沟、七车村、拉力沟、业母沟、色树隆沟。生于海拔2600～3100米山地多石草地或石坡。

紫绿红景天
Rhodiola purpureoviridis (Praeg.) S. H. Fu

　　多年生草本。花茎少数，直立，高15～40厘米，密被腺毛。叶互生，多，狭长圆状披针形，长2.5～6厘米，宽3～10毫米，基部圆，边缘有疏牙齿，常反卷，叶下面有腺毛。伞房状花序伞形，多花；雌雄异株；花梗长，被腺毛；花瓣5枚，绿色，线状倒披针形，长3～4毫米。蓇葖5个，长6毫米，有外弯的喙。

　　产于七车村。生于海拔2600米左右山地草坡上或林边。

大果红景天
Rhodiola macrocarpa (Praeg.) S. H. Fu

　　多年生草本。花茎多数，高20～25厘米。叶近轮生，线状倒披针形，长1.3～2.5厘米，宽3～4毫米，边缘有疏锯齿1～6个。雌雄异株；花序顶生，密集；萼片5片，狭线形，长2～3.5毫米；花瓣5枚，紫红色或淡黄色，线状倒披针形，长4～5毫米。蓇葖5个，近有柄，有短喙，直立。

　　产于小阿角沟、八十沟、旗布沟、三角石沟、章巴库沟、拉力沟、扎路沟、鲁延沟、业母沟、色树隆沟、车路沟。生于海拔2850～3100米山坡林下或山坡沟边石上。

云南红景天

Rhodiola yunnanensis (Franch.) S. H. Fu

　　多年生草本。花茎单生或少数着生，高可达100厘米。3叶轮生，稀对生，卵状披针形至宽卵形，长4～7厘米，宽2～4厘米，边缘多少有疏锯齿，稀近全缘，下面苍白绿色，无柄。聚伞圆锥花序，多次三叉分枝；雌雄异株，稀两性花；萼片4片，长0.5毫米；花瓣4枚，黄绿色，匙形，长1.5毫米。蓇葖星芒状排列，长3～3.2毫米，基部合生，喙长约1毫米。

　　产于小阿角沟。生于海拔2950米山坡林下、灌丛。

珠芽虎耳草

Saxifraga granulifera H. Smith

　　多年生草本，高10～25厘米，具腺柔毛，茎生叶叶腋处具1～3珠芽。基生叶肾形至近圆形，径约1厘米，边缘浅裂，叶柄长1.5～2.5厘米；茎生叶肾形至宽圆形，5～7浅裂。花序伞房状；花梗长0.5～3厘米；萼片直立；花瓣白色或淡黄，楔形狭倒卵形，长5～8毫米。

　　产于扎路沟。生于海拔3670米左右高山草甸、高山碎石隙。

零余虎耳草
Saxifraga cernua Linn.

多年生草本，高6～25厘米。茎被腺柔毛，基部具芽，叶腋部具珠芽。基生叶肾形，长0.7～1.5厘米，宽0.9～1.8厘米，5～7浅裂，叶柄长3～8厘米；茎中下部叶肾形，5～9浅裂，上部者3浅裂，叶柄变短。单花生于茎顶或枝端，或聚伞花序具2～5花；花梗长0.6～3厘米；萼片在花期直立；花瓣白色或淡黄色，倒卵形，长4.5～10.5毫米。

产于小阿角沟。生于海拔2950米左右高山草地。

道孚虎耳草
Saxifraga lumpuensis Engl.

多年生草本，高5～27厘米。叶全部基生，卵形至长圆形，长0.6～2.5厘米，边缘具圆齿和睫毛；叶柄长1～5.7厘米。花葶被白色柔毛。聚伞花序圆锥状，具多花；萼片带紫红色，在花期开展至反曲；花瓣紫红色，卵形，长2.4～4.3毫米。蒴果长约4毫米。

产于小阿角沟、旗布沟、章巴库沟、扎路沟。生于海拔2950～3200米针叶林下或山坡、水边。

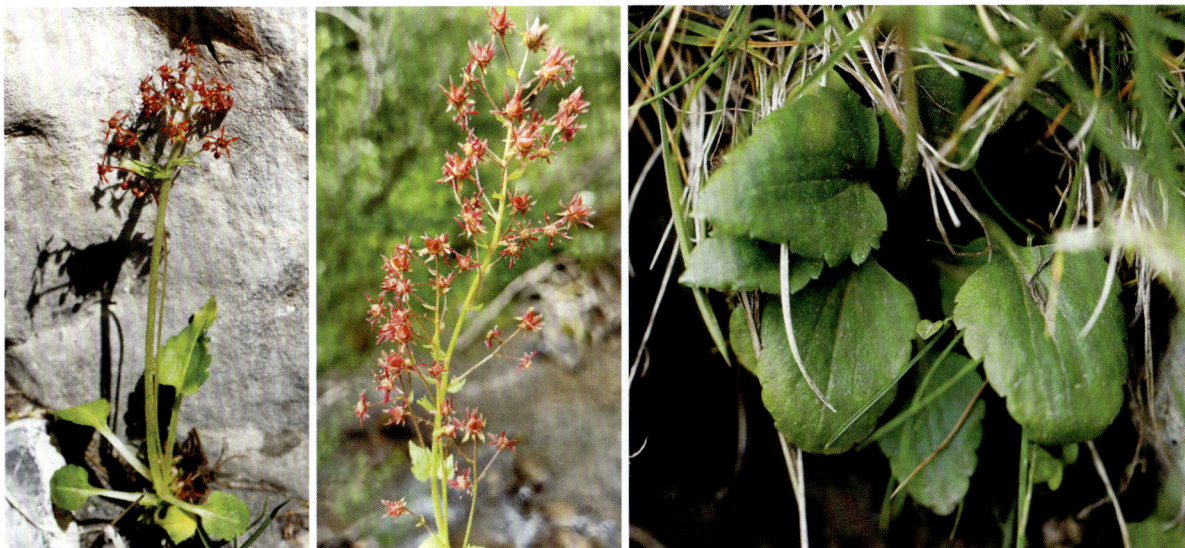

黑蕊虎耳草
***Saxifraga melanocentra* Franch.**

　　多年生草本，高3～22厘米。叶均基生，卵形至长圆形，长0.8～4厘米，边缘具圆齿状锯齿和腺睫毛，基部楔形；叶柄长0.7～3.6厘米。花莛被卷曲腺柔毛。聚伞花序伞房状；萼片在花期开展或反曲，长2.9～6.5毫米；花瓣白色，稀红色至紫红色，长3～6毫米；花药黑色；心皮2枚，黑紫色。蒴果阔卵球形，长约5毫米。

　　产于扎路沟、光盖山。生于海拔3200～3800米高山灌丛、高山草甸和高山碎山隙。

密花虎耳草
***Saxifraga congestiflora* Engl. et Irmscher**

　　多年生丛生草本，高8～35厘米。茎生叶卵形或狭椭圆形，长0.8～3厘米，全缘，被褐色卷曲长柔毛，无柄。聚伞花序伞房状，具6～10花；花梗长0.5～1厘米；萼片窄卵形，直立至开展；花瓣黄色，倒卵形，长5～6毫米，基部具橙色斑点。蒴果卵球形。

　　产于三角石沟、扎路沟。生于海拔3100～3500米高山灌丛、高山草甸、高山岩砾地带。

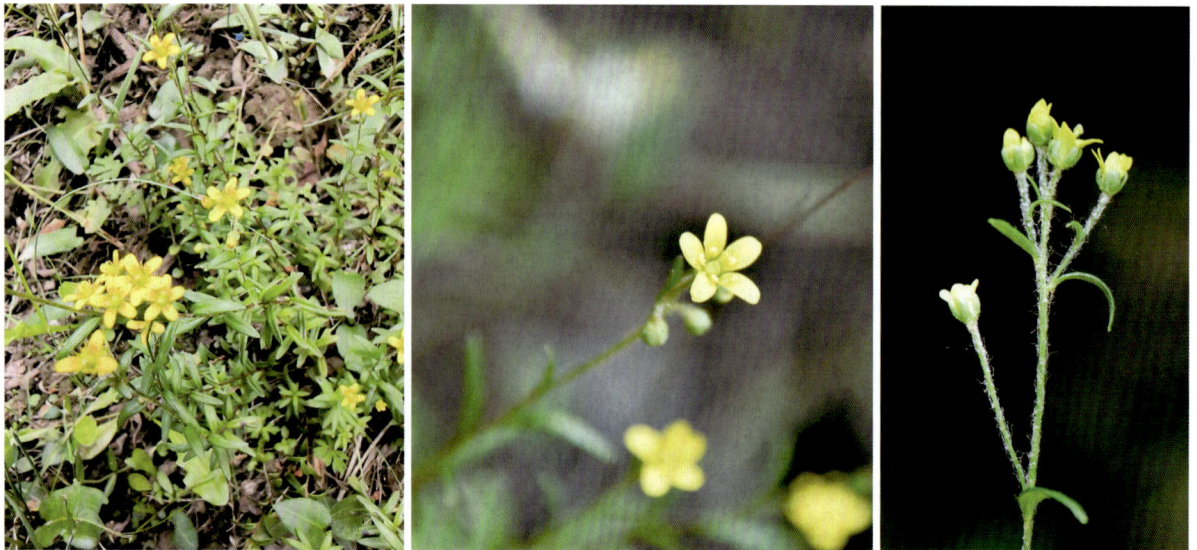

山地虎耳草
Saxifraga montana H. Smith

　　多年生丛生草本，高4.5～35厘米。茎疏被褐色卷曲柔毛。基生叶椭圆形至线状长圆形，长0.5～3.4厘米，无毛；叶柄长0.7～4.5厘米；茎生叶披针形至线形，长0.9～2.5厘米。聚伞花序长1.4～4厘米，具2～8花；花梗长0.4～1.8厘米；萼片在花期直立；花瓣黄色，倒卵形至椭圆形，长8～12.5毫米。

　　产于桑布沟、扎路沟、光盖山。生于海拔3000～3800米灌丛、高山草甸和高山碎石隙。

山羊臭虎耳草
Saxifraga hirculus Linn.

　　多年生草本，高6.5～21厘米。茎疏被褐色卷曲柔毛。基生叶椭圆形至线状长圆形，长1.1～2.2厘米，叶柄长1.2～2.2厘米；茎生叶向上渐变小，柄渐短。单花生于茎顶，或聚伞花序具2～4花；花梗长0.9～1.3厘米；萼片直立至反曲，花瓣黄色，椭圆形至狭卵形，长约1厘米。

　　产于光盖山。生于海拔3400～3700米林下、高山草甸及高山碎石隙。

优越虎耳草
Saxifraga egregia Engl.

科 虎耳草科 Saxifragaceae
属 虎耳草属 *Saxifraga*

多年生草本，高9～32厘米。基生叶心形至狭卵形，长1.6～3.2厘米；叶柄长1.9～5厘米；茎生叶向上渐小，柄渐短。多歧聚伞花序伞房状，具3～9花；花梗长0.4～6厘米；萼片在花期反曲；花瓣黄色，椭圆形至卵形，长5.3～8毫米。蒴果卵球形。

产于三角石沟、扎路沟、鹿儿沟、光盖山。生于海拔3000～3250米林下、灌丛、高山草甸和高山碎石隙。

繁缕虎耳草
Saxifraga stellariifolia Franch.

科 虎耳草科 Saxifragaceae
属 虎耳草属 *Saxifraga*

多年生草本，高7～35厘米。茎被褐色卷曲长腺毛。茎生叶具柄，卵形，长3～12毫米，宽1.9～7毫米，背面和边缘疏生腺柔毛；叶柄长0.2～1厘米。花单生于茎顶，或聚伞花序伞房状，具2～6花；花梗长0.2～1.2厘米；萼片在花期开展至反曲；花瓣黄色，卵形至椭圆形，长5～8毫米。蒴果卵球形。

产于扎路沟。生于海拔3600米左右高山流石滩。

秦岭虎耳草

Saxifraga giraldiana Engl.

多年生草本。茎被褐色卷曲长柔毛。基生叶和下部茎生叶于花期枯凋；中部以上茎生叶全部具柄，阔卵形至线状长圆形，长0.5～1.3厘米，宽0.2～1.15厘米，两面无毛或多少被腺柔毛，边缘疏生褐色卷曲长腺毛，叶柄长0.25～1.2厘米。单花生于茎顶，或伞房状聚伞花序，具2～6花；花梗长0.3～1.6厘米，密被褐色腺柔毛；萼片在花期开展，果期反曲；花瓣黄色，具褐色斑点。

产于旗布沟。生于海拔3350米左右林下。

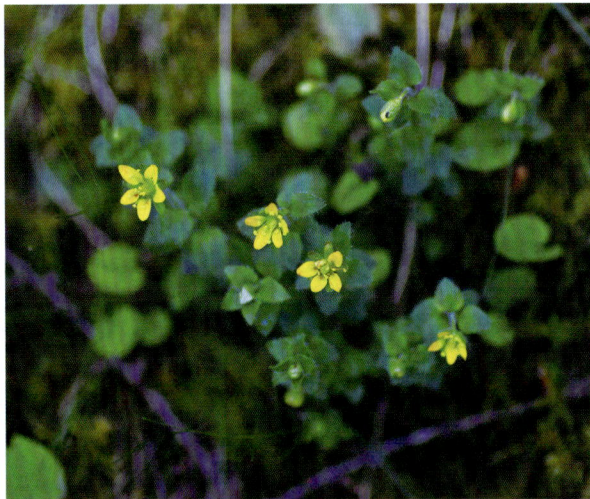

小芽虎耳草

Saxifraga gemmigera Engl. var. *gemmuligera*
(Engler) J. T. Pan et Gornall

多年生丛生草本，高4.5～17厘米。茎被腺毛，叶腋和苞腋具珠芽。基生叶呈莲座状，叶片近匙形，长3～5毫米，边缘具刚毛状睫毛；茎生叶近长圆形至卵形，长5.1～6.5毫米，边缘具睫毛。花单生茎顶；萼片在花期反曲；花瓣黄色，狭卵形，长约4毫米。蒴果卵球形。

产于扎路沟。生于海拔3800～3900米高山草地。

橙黄虎耳草
Saxifraga aurantiaca Franch.

多年生丛生草本，高5～7厘米。小主轴的叶近匙形，肉质肥厚，长约8.6毫米，宽1.8～2毫米，边缘疏生刚毛状睫毛；茎生叶线形，长约8.4毫米，边缘先端具极少刚毛状睫毛。聚伞花序具2～4花；花梗长0.9～1.7厘米；萼片在花期反曲；花瓣黄色，中部以下具紫色斑点，卵形至近长圆形，长约5.6毫米。蒴果阔卵球形。

产于八十沟、尼玛尼嘎沟、旗布沟、扎路沟。生于海拔2840～3200米高山草甸和石隙。

爪瓣虎耳草
Saxifraga unguiculata Engl.

多年生丛生草本，高2.5～13.5厘米。莲座叶匙形至近狭倒卵形，长0.4～1.9厘米；茎生叶稍肉质，长圆形至剑形，长4.4～8.8毫米，边缘具腺睫毛。花单生于茎顶，或聚伞花序具2～8花；花梗长0.3～2.5厘米；萼片初直立，后变开展至反曲，肉质，卵形；花瓣黄色，中下部具橙色斑点，狭卵形至披针形，长4.6～7.5毫米。蒴果阔卵球形。

产于扎路沟。生于海拔3200～3700米林下、高山草甸和高山碎石隙。

唐古特虎耳草

Saxifraga tangutica Engl.

　　多年生丛生草本，高 3.5～31 厘米。茎被褐色卷曲长柔毛。基生叶卵形，长 6～33 毫米，宽 3～8 毫米，叶柄长 1.7～2.5 厘米；茎生叶狭卵状披针形。多歧聚伞花序具多花；萼片在由直立变反曲；花瓣黄色，或腹面黄色而背面紫红色，卵形，长 2.5～4.5 毫米。蒴果卵球形。

　　产于扎路沟、光盖山。生于海拔 3200～3900 米林下、灌丛、高山草甸和高山碎石隙。

狭瓣虎耳草

Saxifraga pseudohirculus Engl.

　　多年生草本。茎被黑褐色腺毛。基生叶披针形至狭长圆形，长 2～11 毫米，两面和边缘均具腺毛，叶柄长 5.5～23 毫米；茎生叶近长圆形至倒披针形，长 8～35 毫米。聚伞花序具 2～12 花，或单花；花梗长 5～38 毫米，被黑褐色短腺毛；萼片在花期直立至开展；花瓣黄色，披针形至剑形，长 4～11 毫米。蒴果阔卵球形。

　　产于旗布沟、扎路沟、郭扎沟。生于海拔 3100～3700 米林下、灌丛、高山草甸和高山碎石隙。

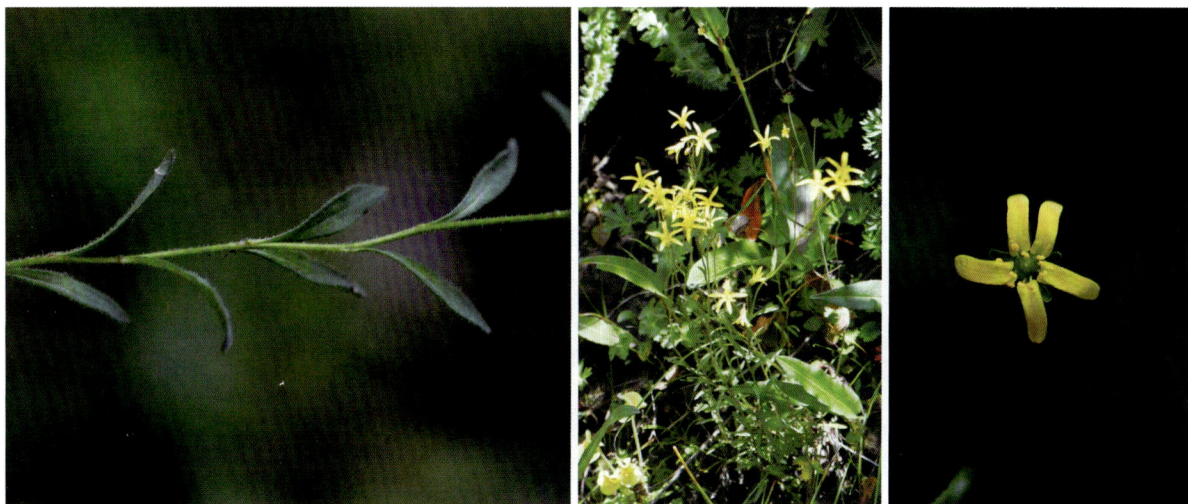

对叶虎耳草
Saxifraga contraria H. Smith

科 **虎耳草科** Saxifragaceae
属 **虎耳草属** *Saxifraga*

多年生草本，高约1厘米，丛生。叶对生，密集，呈莲座状，肉质肥厚，椭圆形，长约2毫米，宽约1.1毫米，两面无毛，边缘具刚毛状睫毛。花单生于茎顶；花梗长约1毫米；苞片2枚，对生，肉质肥厚，长约2毫米；萼片在花期开展，肉质，长1.5～1.8毫米；花瓣黄色，长约2毫米。

产于扎路沟。生于海拔3700米岩石缝隙。

鄂西虎耳草
Saxifraga unguipetala Engl.

科 **虎耳草科** Saxifragaceae
属 **虎耳草属** *Saxifraga*

多年生草本，呈座垫状。花茎长3～3.7厘米，密被腺毛。小主轴之叶密集呈莲座状，肉质，近长圆状匙形，长7.3～9.5毫米；茎生叶约7枚，狭长圆形至长圆状匙形，长4.6～5毫米，边缘具腺睫毛。花单生于茎顶；花梗密被腺毛；萼片在花期直立；花瓣白色，椭圆形至倒阔卵形，长6～6.5毫米。蒴果阔卵球形。

产于小阿角沟、八十沟、齐河村、光盖山。生于海拔2800～3800米岩石缝隙。

黄水枝
Tiarella polyphylla D. Don

多年生草本，高20～45厘米，密被腺毛。基生叶心形，长2～8厘米，宽2.5～10厘米，先端急尖，基部心形，掌状3～5浅裂，边缘具不规则浅齿，叶柄长2～12厘米，基部扩大呈鞘状；茎生叶2～3枚，同型，叶柄较短。总状花序长8～25厘米；花梗长达1厘米；萼片在花期直立，卵形，长约1.5毫米；无花瓣。蒴果长7～12毫米。

产于小阿角沟、桑布沟。生于海拔2800～3000米林下、灌丛和阴湿地。

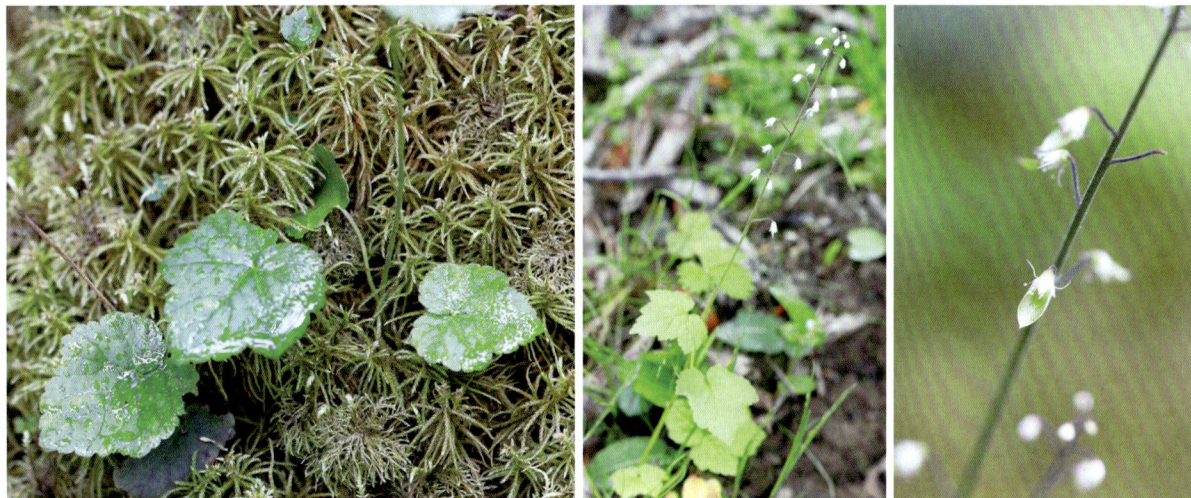

肾叶金腰
Chrysosplenium griffithii Hook. f. et Thoms.

多年生丛生草本，高8.5～32.7厘米。无基生叶，或仅具1枚；茎生叶互生，叶片肾形，长2.3～5厘米，宽3.2～6.5厘米，11～15浅裂，裂片长0.6～1.5厘米，两面无毛，叶柄长3～5厘米。聚伞花序长4～10厘米，具多花；花黄色，直径4.2～4.6毫米；萼片在花期开展，全缘。蒴果长约3毫米。

产于尼玛尼嘎沟、八十沟、旗布沟、色树隆沟。生于海拔2800～3200米林下、林缘、高山草甸和高山碎石隙。

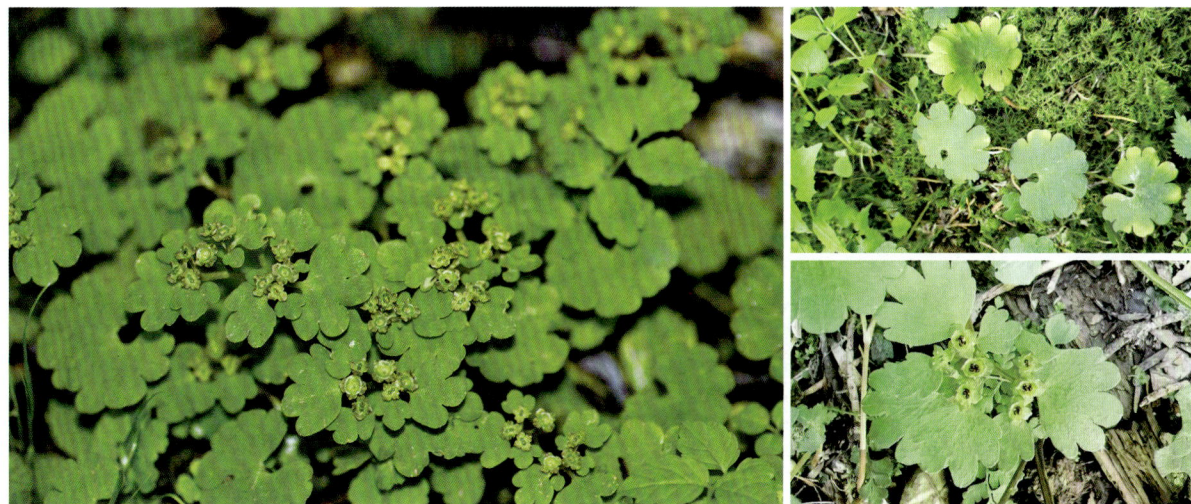

长梗金腰

Chrysosplenium axillare Maxim.

科 **虎耳草科** Saxifragaceae
属 **金腰属** *Chrysosplenium*

多年生草木，高18～30厘米。茎生叶数枚，互生，中上部者具柄，叶片阔卵形至卵形，长0.9～2.9厘米，宽1～1.7厘米，边缘具圆齿；下部叶较小，鳞片状，无柄。单花腋生，或疏聚伞花序；花梗长6～19毫米；花绿色，直径7.2毫米；萼片在花期开展。蒴果先端微凹。

产于小阿角沟、旗布沟。生于海拔2900～3200米林下、灌丛下或石隙。

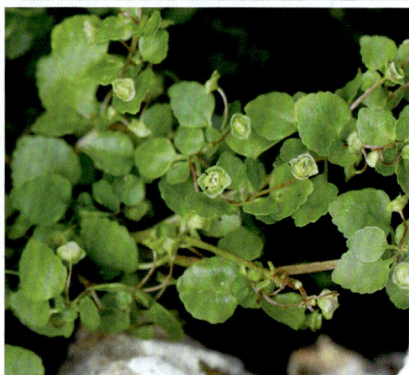

中华金腰

Chrysosplenium sinicum Maxim.

科 **虎耳草科** Saxifragaceae
属 **金腰属** *Chrysosplenium*

多年生草本，高3～33厘米。叶对生，阔卵形或近圆形，长0.6～1.7厘米，宽0.8～1.7厘米，边缘具钝齿，两面无毛，叶柄长0.5～17毫米；茎生叶近圆形至阔卵形，较小，叶柄较短。聚伞花序长2.2～3.8厘米，具4～10花；花梗无毛；花黄绿色；萼片在花期直立，阔卵形。蒴果长7～10毫米。

产于旗布沟。生于海拔3200米左右林下。

林金腰

Chrysosplenium lectus-cochleae Kitag.

多年生草本，高11～15厘米。叶对生，近扇形，长0.3～9毫米，宽0.2～10毫米，边缘具5～8个圆齿，两面无毛或多少具褐色柔毛，叶柄长3～6毫米。聚伞花序长1.3～3.5厘米；花序分枝疏生柔毛；花梗疏生柔毛；花黄绿色；萼片在花期直立，近阔卵形，长1.1～2.5毫米，宽1.8～2.6毫米，先端钝。蒴果长2.4～6毫米，喙长0.8～1毫米。

产于章巴库沟、桑布沟。生于海拔3000～3200米林下、林缘阴湿处或石隙。

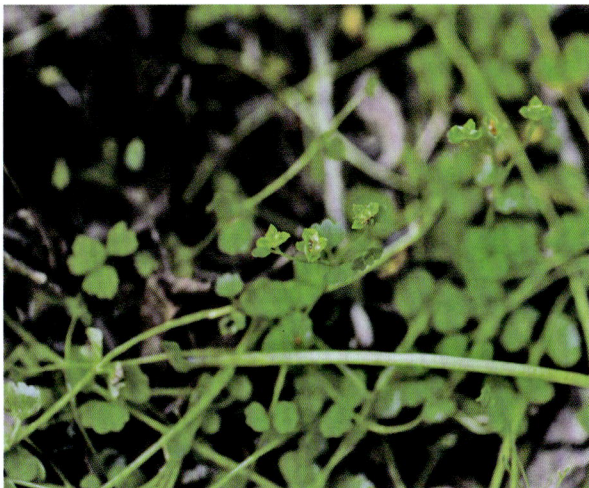

柔毛金腰

Chrysosplenium pilosum Maxim. var. *valdepilosum* Ohwi

多年生草本，高14～16厘米。不育枝和花茎生褐色柔毛。不育枝的叶对生，近扇形，长0.7～1.6厘米，宽0.7～2厘米，边缘具5～9个明显钝圆齿，叶柄长4～8毫米，具褐色柔毛；花茎的叶对生，扇形，较小，叶柄较短。聚伞花序长约2厘米；苞叶近扇形，边缘具3～5个明显钝圆齿；萼片阔卵形。蒴果长约5.5毫米。

产于八十沟、旗布沟。生于海拔2800～3200米林下阴湿处。

高山梅花草
Parnassia cacuminum Hand.-Mazz.

科 虎耳草科 Saxifragaceae
属 梅花草属 Parnassia

多年生矮小草本，高7～10厘米。基生叶5～7枚，具柄，叶片卵形，长10～15毫米，宽8～11毫米，基部心形，全缘，下面密被紫褐色小斑点，叶柄长1.7～3厘米；茎生叶卵形，长5～8毫米，宽4～7毫米，基部半抱茎。花单生茎顶，直径11～15毫米；萼筒陀螺状；萼片长5～6毫米，两面密被紫褐色小点；花瓣白色，匙形，长8～9毫米，宽3～4毫米，边缘啮蚀状，两面密被紫褐色小斑点。蒴果长卵球形。

产于光盖山。生于海拔3700～3800米高山草地。

玉树梅花草
Parnassia cacuminum Hand. -Mazz. f. yushuensis Ku

科 虎耳草科 Saxifragaceae
属 梅花草属 Parnassia

与高山梅花草的区别：植株矮小，高4～7厘米。基生叶片多卵状心形，基部心形；花瓣黄绿色或白绿色，和萼片均不具紫褐色小斑点。

产于小阿角沟、章巴库沟、旗布沟、扎路沟。生于海拔3200～3800米阴湿草地和潮湿沟边。

细叉梅花草
Parnassia oreophila Hance

多年生小草本，高17～30厘米。基生叶2～8枚，具柄，叶片卵状长圆形或三角状卵形，长2～3.5厘米，宽1～1.8厘米，基部常截形或微心形，有时下延于叶柄，全缘，叶柄长2～10厘米；茎生叶卵状长圆形，长2.5～4.5厘米，宽1～2.5厘米，基部半抱茎，无柄。花单生茎顶，直径2～3厘米；萼筒钟状；萼片披针形；花瓣白色，长1～1.5厘米。蒴果长卵球形，直径5～7毫米。

产于小阿角沟、尼玛尼嘎沟、八十沟、扎路沟。生于海拔2850～3270米高山草地、林缘、阴坡潮湿处以及路旁。

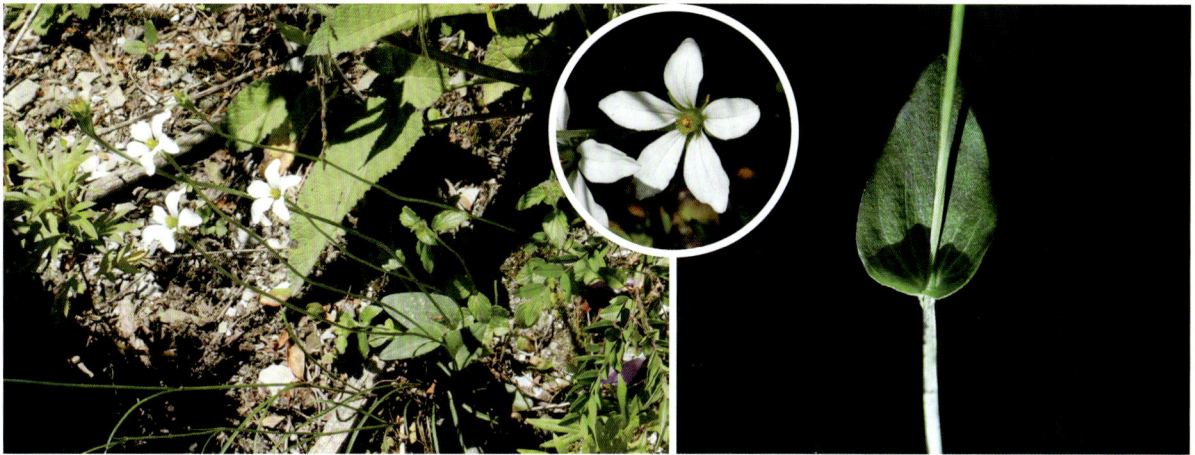

三脉梅花草
Parnassia trinervis Drude

多年生草本，高7～30厘米。基生叶4～9枚，具柄，叶片长圆形至卵状长圆形，长8～15毫米，宽5～12毫米，基部微心形、截形或下延而连于叶柄，叶柄长8～15毫米；茎生叶与基生叶同形，但较小，基部半抱茎，无柄。花单生茎顶，直径约1厘米；萼筒管漏斗状；花瓣白色，长约7.8毫米。蒴果长圆形。

产于扎路沟、齐河村、尼巴大沟。生于海拔3000～3500米山谷潮湿地、沼泽草甸或河滩上。

短柱梅花草

Parnassia brevistyla (Brieg.) Hand.-Mazz.

多年生草本，高11～23厘米。基生叶2～4枚，具长柄，叶片卵状心形或卵形，长1.8～2.5厘米，宽1.5～3.5厘米，基部深心形，全缘，叶柄长3～9厘米；茎生叶与基生叶同形，较小，基部半抱茎，无柄。花单生茎顶，直径1.8～3厘米；萼筒浅；花瓣白色，长1～2.5厘米，上部2/3的边缘呈浅而不规则啮蚀状，下部1/3具短的流苏状毛；花柱短。蒴果倒卵球形。

产于八十沟、小阿角沟、大峪沟。生于海拔2600～3000米山坡阴湿林下和林缘、云杉林间空地、山顶草坡或河滩草地。

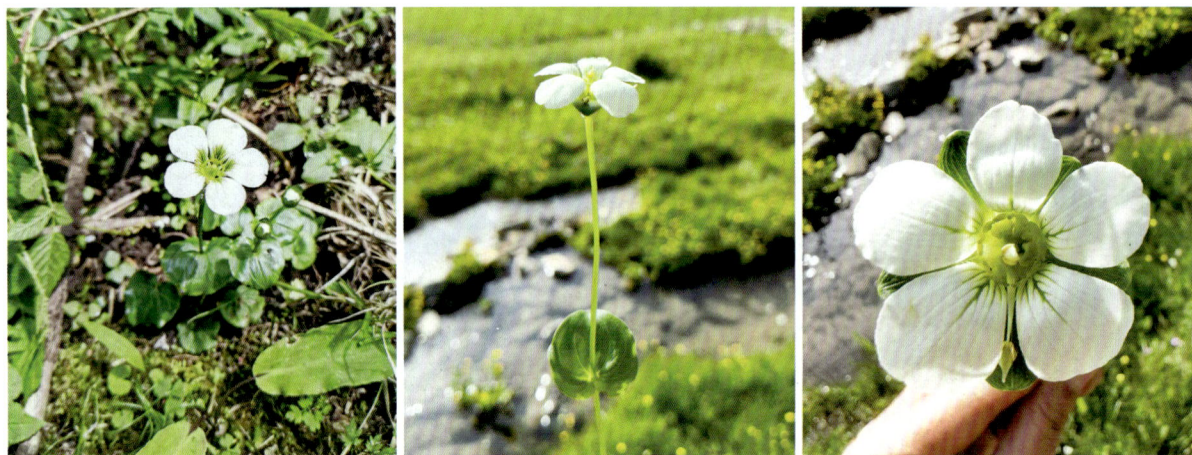

突隔梅花草

Parnassia delavayi Franch.

多年生草本，高12～35厘米。基生叶3～7枚，具长柄，叶片肾形或近圆形，长2～4厘米，宽2.5～4.5厘米，基部深心形，全缘，叶柄长3～16厘米；茎生叶与基生叶同形，基部半抱茎，无柄。花单生茎顶，直径3～3.5厘米；萼筒倒圆锥形；花瓣白色，长1.2～2.5厘米，上半部1/3有短而疏的流苏状毛；药隔连合伸长，呈匕首状，长可达5毫米。蒴果扁球形。

产于小阿角沟、八十沟、大峪沟、扎路沟、色树隆沟、车路沟。生于海拔2600～3300米溪边疏林中、林下以及草滩湿处。

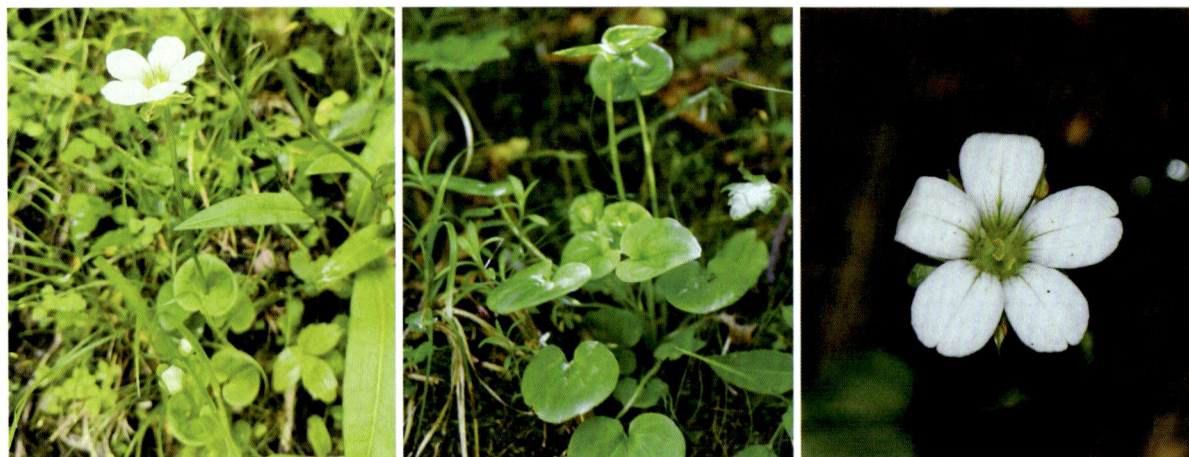

甘肃梅花草

Parnassia gansuensis Ku

科 虎耳草科 Saxifragaceae
属 梅花草属 *Parnassia*

多年生草本，高12～30厘米。基生叶2～5枚，具柄，叶片卵状心形，长1.5～2.2厘米，宽1.3～2厘米，基部深心形，全缘，叶柄长2～9厘米；茎生叶与基生叶同形，较小，基部抱茎，无柄。花单生茎顶，直径1.5～1.8厘米；萼筒陀螺状，萼片花后反折；花瓣白色，长约10毫米，下半部具长流苏状毛。蒴果卵球形，有褐色小点。

产于桑布沟。生于海拔2870米左右草坡。

甘肃山梅花

Philadelphus kansuensis (Rehd.) S. Y. Hu

科 虎耳草科 Saxifragaceae
属 山梅花属 *Philadelphus*

落叶灌木。单叶对生，卵形或卵状椭圆形，长5～10厘米，宽3～6.5厘米，边缘近全缘或具疏齿；叶脉稍离基出3～5条；叶柄长2～8毫米。总状花序具5～7朵花；花序轴长2～8厘米，紫红色，疏被糙伏毛；花梗长4～8毫米；花萼紫红色，外面疏被糙伏毛；花瓣4枚，白色，长圆状卵形，长1.2～1.5厘米，宽1～1.3厘米。蒴果倒卵形，长6～8毫米。

产于八十沟、拉力沟。生于海拔2550～2850米林下灌丛中。

东陵绣球
Hydrangea bretschneideri Dipp.

　　落叶灌木。单叶对生，卵形至长椭圆形，长7～16厘米，宽2.5～7厘米，边缘有具硬尖头的锯齿，下面密被柔毛或近无毛；叶柄长1～3.5厘米。伞房状聚伞花序较短小，直径8～15厘米；不育花萼片4片，白色或粉紫色，广椭圆形至近圆形，长1.3～1.7厘米，宽1～1.6厘米；孕性花萼筒杯状，长约1毫米，花瓣白色，长2.5～3毫米。蒴果卵球形。

　　产于大理村、洮河南岸。生于海拔2600米左右山坡林中。

长刺茶藨子
Ribes alpestre Wall. ex Decne.

　　落叶灌木。在叶下部的节上着生3枚粗壮刺，节间常疏生细小针刺或腺毛。单叶互生，宽卵圆形，长1.5～3厘米，宽2～4厘米，基部近截形至心脏形，3～5裂，裂片边缘具缺刻状粗钝锯齿或重锯齿。花两性，单生叶腋或2～3朵组成短总状花序；花萼绿褐色或红褐色；花瓣色较浅，带白色。果实近球形或椭圆形，长12～15毫米，紫红色，具腺毛。

　　产于尼巴大沟。生于海拔3000米灌丛、林缘。

长果茶藨子
Ribes stenocarpum Maxim.

　　落叶灌木。在叶下部的节上具1～3枚粗壮刺，刺长0.8～2厘米，节间散生稀疏小针刺或无刺。单叶互生，近圆形或宽卵圆形，长2～3厘米，宽2.5～4厘米，基部截形至近心脏形，掌状3～5深裂，裂片边缘具粗钝锯齿；叶柄长1～3厘米。花两性，2～3朵组成短总状花序或单生于叶腋；花萼浅绿色或绿褐色；花瓣长圆形，白色。果实长圆形，长2～2.5厘米，径约1厘米，无毛。

　　产于博峪沟、卡车沟、郭扎沟、鹿儿沟。生于海拔2600～3000米山坡灌丛、林下或山沟。

瘤糖茶藨子
Ribes himalense Royle ex Decne. var. *verruculosum* (Rehd.) L. T. Lu

　　落叶灌木。单叶互生，卵圆形或近圆形，叶下面脉上和叶柄具显著瘤状突起或混生少数短腺毛，叶掌状3～5裂，裂片卵状三角形，边缘具粗锐重锯齿或杂以单锯齿；叶柄长3～5厘米。花两性；总状花序长2.5～5厘米；花梗极短近无；花萼绿色带紫红色晕或紫红色；花瓣红色或绿色带浅紫红色。果实球形，直径6～7毫米，红色，无毛。

　　产于大峪沟、旗布沟、拉力沟、业母沟、车路沟、郭扎沟。生于海拔2560～3150米山坡灌丛、林下及林缘。

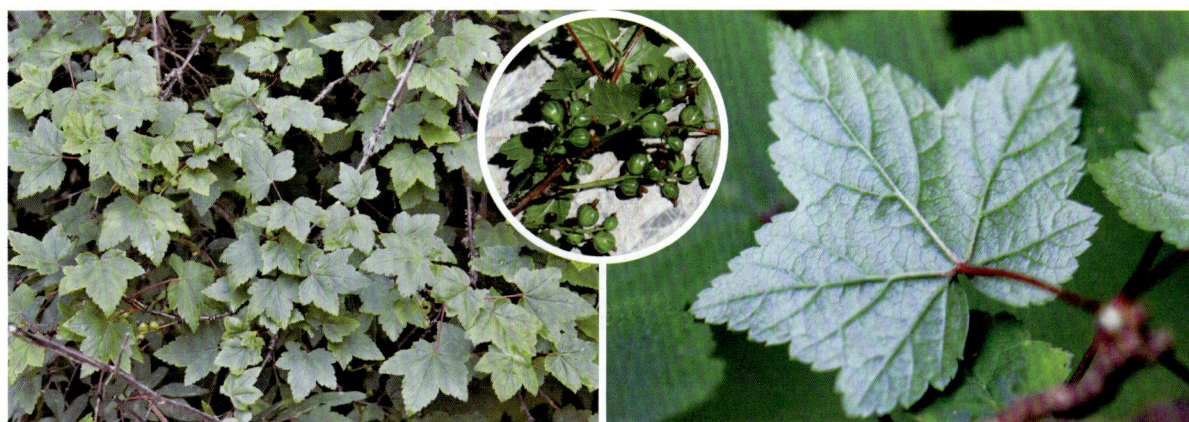

冰川茶藨子
Ribes glaciale Wall.

　　落叶灌木。小枝无刺。单叶互生，长卵圆形，长3～5厘米，宽2～4厘米，基部圆形或近截形，掌状3～5裂，顶生裂片三角状长卵圆形，先端长渐尖，比侧生裂片长2～3倍，边缘具粗大单锯齿；叶柄长1～2厘米。花单性，雌雄异株，总状花序；花萼近辐状，褐红色，外面无毛，萼片长1～2.5毫米；花瓣短于萼片。浆果近球形，直径5～7毫米，红色，无毛。

　　产于小阿角沟、八十沟、粒珠沟。生于海拔2800～3000米灌丛、林缘。

红萼茶藨子
Ribes rubrisepalum L. T. Lu

　　落叶灌木。小枝无刺。单叶互生，宽卵圆形或近圆形，长、宽各2.5～4.5厘米，基部心形，掌状3～5裂，顶生裂片长卵圆形，长于侧生裂片，先端短渐尖至渐尖，边缘具缺刻状粗锐锯齿；叶柄长1.5～2.5厘米。花单性，雌雄异株，总状花序；花萼深红色或紫红色，外面被短柔毛。萼片长2～2.5毫米；花瓣长0.6～1毫米。浆果近球形，直径5～9毫米，黑色，无毛。

　　产于小阿角沟、旗布沟、桑布沟、博峪沟、拉力沟、郭扎沟。生于海拔2900～3000米林下、林缘。

南川绣线菊

Spiraea rosthornii Pritz.

科 蔷薇科 Rosaceae
属 绣线菊属 *Spiraea*

　　落叶灌木。冬芽具2枚鳞片。单叶互生，卵状长圆形至卵状披针形，长2.5～8厘米，宽1～3厘米，边缘有缺刻和重锯齿，两面被短柔毛；叶柄长5～6毫米。复伞房花序生在侧枝先端，具多花；花梗长5～7毫米；花直径约6毫米；萼筒钟状，萼片三角形；花瓣白色；雄蕊长于花瓣。蓇葖果开张；萼片反折。

　　产于八十沟、拉力沟、鲁延沟、业母沟、色树隆沟、郭扎沟。生于海拔2800～3000米山坡杂木林。

乌拉绣线菊

Spiraea uratensis Franch.

科 蔷薇科 Rosaceae
属 绣线菊属 *Spiraea*

　　落叶灌木。冬芽有2枚鳞片。单叶互生，长圆卵形或长圆倒披针形，长1～3厘米，宽0.7～1.5厘米，全缘，两面无毛；叶柄长2～10毫米。复伞房花序着生于侧生小枝顶端，具多花；花梗长4～7毫米；花直径4～6毫米；萼筒钟状，萼片三角形；花瓣白色；雄蕊长于花瓣。蓇葖果直立开张；萼片直立。

　　产于业母沟。生于海拔2880米左右山沟、山坡。

高山绣线菊

Spiraea alpina Pall.

　　落叶灌木。冬芽具数枚鳞片。叶多数簇生，线状披针形至长圆倒卵形，长7～16毫米，宽2～4毫米，全缘，两面无毛，下面灰绿色，具粉霜；叶柄短或几无柄。伞形总状花序具3～15朵花；花梗长5～8毫米；花直径5～7毫米；萼筒钟状，萼片三角形；花瓣白色；雄蕊几与花瓣等长或稍短于花瓣。蓇葖果开张；萼片直立或半开张。

　　产于桑布沟、拉力沟、扎路沟、华尔盖沟。生于海拔2800～3200米向阳坡地或灌丛。

细枝绣线菊

Spiraea myrtilloides Rehd.

　　落叶灌木。冬芽具数枚鳞片。单叶互生，卵形至倒卵状长圆形，长6～15毫米，宽4～7毫米，全缘，稀先端有3至数个钝锯齿；叶柄长1～2毫米。伞形总状花序具7～20朵花；花梗长3～6毫米；花直径5～6毫米；萼筒钟状，萼片三角形；花瓣白色；雄蕊与花瓣等长。蓇葖果直立开张；萼片直立或开张。

　　产于小阿角沟、拉力沟、车路沟、郭扎沟、粒珠沟。生于海拔2900～3000米山坡、山谷或杂木林。

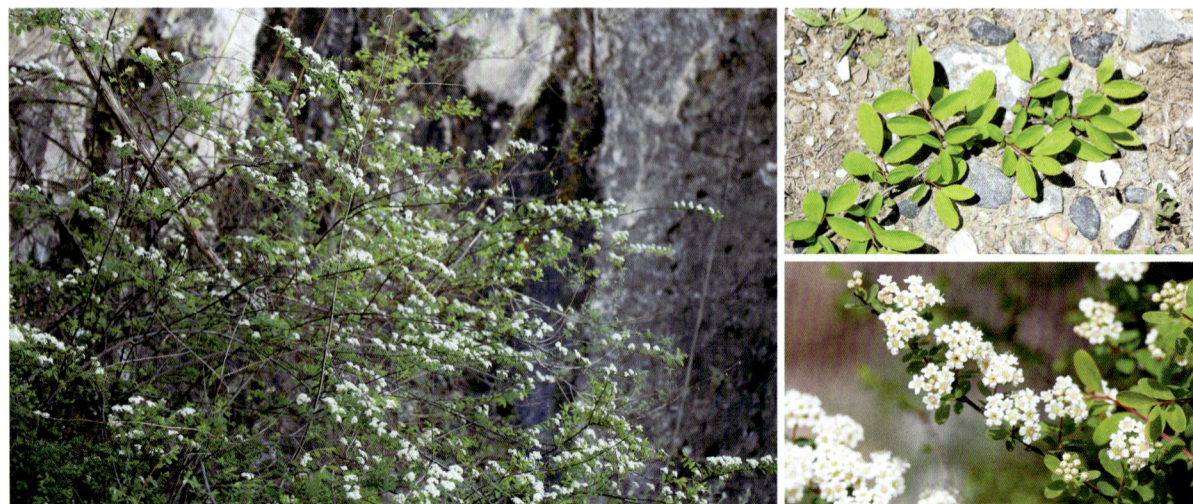

蒙古绣线菊
Spiraea mongolica Maxim.

科 蔷薇科 Rosaceae
属 绣线菊属 *Spiraea*

落叶灌木。冬芽具2枚鳞片。单叶互生，长圆形或椭圆形，长8～20毫米，宽3.5～7毫米，全缘，稀先端有少数锯齿；叶柄长1～2毫米。伞形总状花序具8～15朵花；花梗长5～10毫米；花直径5～7毫米；萼筒近钟状，萼片三角形；花瓣白色；雄蕊几与花瓣等长。蓇葖果直立开张；萼片直立或反折。

产于卡车沟。生于海拔2900米山坡灌丛、山顶及山谷多石砾地。

毛叶绣线菊
Spiraea mollifolia Rehd.

科 蔷薇科 Rosaceae
属 绣线菊属 *Spiraea*

落叶灌木，除花瓣外各部均密被长柔毛。冬芽具2枚鳞片。单叶互生，长圆形、椭圆形，稀倒卵形，长1～2厘米，宽0.4～0.6厘米，全缘或先端有少数钝锯齿；叶柄长2～5毫米。伞形总状花序具10～18朵花；花梗长4～8毫米；花直径5～7毫米；萼筒钟状，萼片三角形；花瓣白色；雄蕊几与花瓣等长。蓇葖果直立开张；萼片直立。

产于八十沟、光盖山。生于海拔2760～3100米山坡、山谷灌丛或林缘。

鲜卑花
Sibiraea laevigata (Linn.) Maxim.

科 蔷薇科 Rosaceae
属 鲜卑花属 *Sibiraea*

落叶灌木。单叶，在当年生枝条多互生，在老枝上丛生，叶片线状披针形至长圆倒披针形，长4～6.5厘米，宽1～2.3厘米，全缘；叶柄不显。花杂性，雌雄异株；顶生穗状圆锥花序，长5～8厘米；花梗长约3毫米；花直径约5毫米；萼筒浅钟状，萼片三角形；花瓣白色。蓇葖果5个，并立；萼片直立；果梗长5～8毫米。

产于八十沟、拉力沟、业母沟、色树隆沟、车路沟、郭扎沟、齐河村。生于海拔2800～3100米高山、溪边或草甸灌丛。

窄叶鲜卑花
Sibiraea angustata (Rehd.) Hand.-Mazz.

科 蔷薇科 Rosaceae
属 鲜卑花属 *Sibiraea*

落叶灌木。单叶，在当年生枝条上互生，在老枝上通常丛生，叶片窄披针形或倒披针形，长2～8厘米，宽1.5～2.5厘米，全缘，两面无毛；叶柄很短。花杂性，雌雄异株；顶生穗状圆锥花序，长5～8厘米；总花梗和花梗均密被短柔毛；花直径约8毫米；萼筒浅钟状，萼片宽三角形；花瓣白色。蓇葖果直立；萼片直立。

产于八十沟、七车村、拉力沟、业母沟、色树隆沟、车路沟。生于海拔2600～3100米山坡灌丛或山谷沙石滩。

假升麻
Aruncus sylvester Kostel.

　　多年生草本，基部木质化。大型羽状复叶，二回稀三回；小叶3～9枚，菱状卵形至长椭圆形，长5～13厘米，宽2～8厘米，边缘有不规则尖锐重锯齿。花单性，雌雄异株；大型穗状圆锥花序，长10～40厘米，直径7～17厘米；花梗长约2毫米；花直径2～4毫米；萼筒杯状，萼片三角形；花瓣白色。蓇葖果并立，果梗下垂。

　　产于八十沟。生于海拔2820米左右山沟、山坡杂木林。

高丛珍珠梅
Sorbaria arborea Schneid.

　　落叶灌木。羽状复叶互生；小叶13～17枚，相距2.5～3.5厘米，披针形至长圆披针形，长4～9厘米，宽1～3厘米，边缘有重锯齿。顶生大型圆锥花序，直径15～25厘米，长20～30厘米；花梗长2～3毫米；花两性，直径6～7毫米；萼筒浅钟状；花瓣5枚，白色；雄蕊约长于花瓣1.5倍。蓇葖果圆柱形，长约3毫米；萼片宿存，反折；果梗弯曲，果实下垂。

　　产于大峪沟、卡车沟、洮河南岸。生于海拔2600～2900米山坡林边、路旁。

华北珍珠梅
Sorbaria kirilowii (Regel) Maxim.

　　落叶灌木。羽状复叶互生；小叶13～21枚，对生，相距1.5～2厘米，披针形至长圆披针形，长4～7厘米，宽1.5～2厘米，先边缘有尖锐重锯齿。顶生大型密集的圆锥花序，直径7～11厘米，长15～20厘米；花梗长3～4毫米；花两性，直径5～7毫米；萼筒浅钟状；花瓣5枚，白色；雄蕊与花瓣等长或稍短。蓇葖果长圆柱形，长约3毫米；果梗直立。

　　产于大峪沟、八十沟、卡车沟、车路沟、郭扎沟、扎古录。生于海拔2600～2950米山坡阳处、杂木林中。

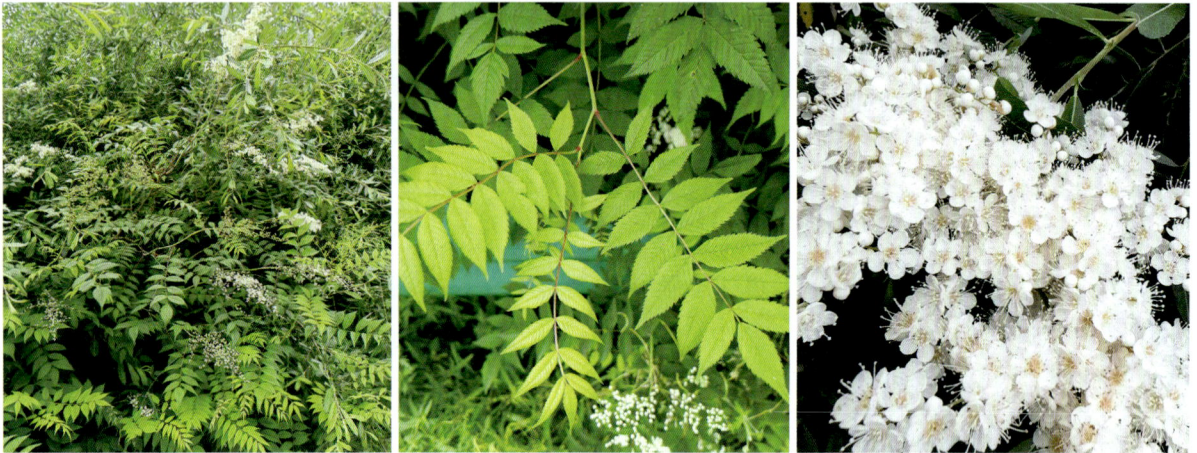

水栒子
Cotoneaster multiflorus Bunge

　　落叶灌木。枝条常呈弓形弯曲。单叶互生，卵形或宽卵形，长2～4厘米，宽1.5～3厘米；叶柄长3～8毫米。多数组成疏松的聚伞花序；花梗长4～6毫米；花直径1～1.2厘米；萼筒钟状，萼片三角形；花瓣5枚，白色，近圆形。梨果近球形或倒卵形，直径8毫米，红色。

　　产于加当湾。生于海拔2510米左右山坡。

毛叶水枸子

Cotoneaster submultiflorus Popov

科 蔷薇科 Rosaceae
属 枸子属 *Cotoneaster*

落叶灌木。单叶互生，卵形、菱状卵形至椭圆形，长2～4厘米，宽1.2～2厘米，全缘，上面无毛或幼时微具柔毛，下面具短柔毛；叶柄长4～7毫米。多花组成聚伞花序；总花梗和花梗具长柔毛，花梗长4～6毫米；花直径8～10毫米；萼筒钟状，外面被柔毛，萼片三角形；花瓣5枚，白色。梨果近球形，直径6～7毫米，亮红色。

产于大峪沟、博峪沟、卡车沟、达加沟、扎古录。生于海拔2560～2700米岩石缝间或灌木丛中。

准噶尔枸子

Cotoneaster soongoricus (Regel et Herd.) Popov

科 蔷薇科 Rosaceae
属 枸子属 *Cotoneaster*

落叶灌木。单叶互生，广椭圆形、近圆形或卵形，长1.5～5厘米，宽1～2厘米，叶脉常下陷，叶下面被白色绒毛；叶柄长2～5毫米，具绒毛；花3～12朵组成聚伞花序；总花梗和花梗被白色绒毛，花梗长2～3毫米；花直径8～9毫米；萼筒钟状，外被绒毛；花瓣平展，白色。果实卵形至椭圆形，长7～10毫米，红色。

产于大峪沟、古姆茨娜、车路沟、洮河南岸。生于海拔2500～2700米干燥山坡、林缘或沟谷边。

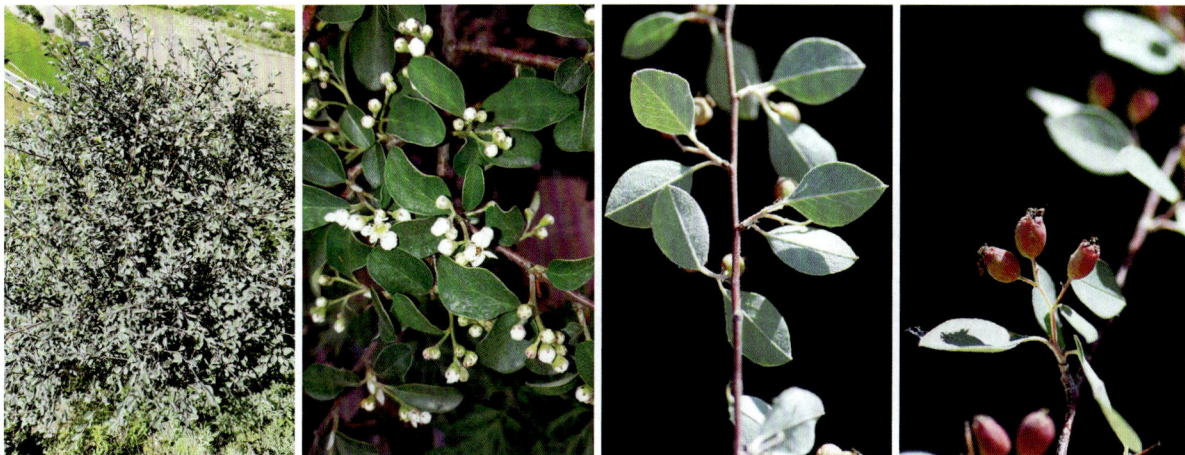

尖叶栒子
***Cotoneaster acuminatus* Lindl.**

落叶直立灌木。单叶互生，椭圆卵形至卵状披针形，长3～6.5厘米，宽2～3厘米，先端渐尖，全缘，两面被柔毛，下面毛较密；叶柄长3～5毫米，有柔毛。花1～5朵组成聚伞花序；总花梗和花梗被带黄色柔毛，花梗长3～5毫米；花直径6～8毫米；萼筒钟状，外面微具柔毛；花瓣直立，粉红色。果实椭圆形，长8～10毫米，直径7～8毫米，红色。

产于卡车沟、洮河南岸。生于海拔2700～2900米林下。

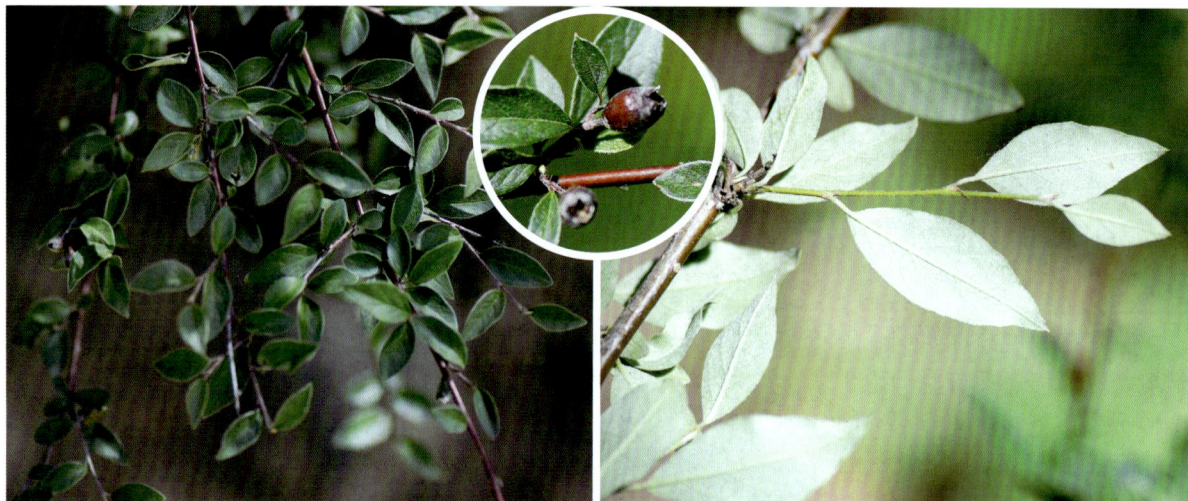

灰栒子
***Cotoneaster acutifolius* Turcz.**

落叶灌木。单叶互生，椭圆卵形至长圆卵形，长2.5～5厘米，宽1.2～2厘米，先端急尖，全缘，幼时两面均被长柔毛，老时渐脱落至近无毛；叶柄长2～5毫米。2～5朵花组成聚伞花序；总花梗和花梗被长柔毛，花梗长3～5毫米；花直径7～8毫米；萼筒钟状，外面被短柔毛，萼片三角形；花瓣5枚，白色外带红晕。梨果椭圆形，直径7～8毫米，黑色。

产于八十沟、加当湾沟、车路沟。生于海拔2500～2850米山坡、山麓、山沟及丛林中。

细枝栒子

Cotoneaster tenuipes **Rehd. et Wils.**

科 蔷薇科 Rosaceae
属 栒子属 *Cotoneaster*

落叶灌木。小枝细瘦。单叶互生，卵形至狭椭圆卵形，长1.5～3.5厘米，宽1.2～2厘米，先端急尖或稍钝，全缘，下面被灰白色平贴绒毛；叶柄长3～5毫米。花2～4朵组成聚伞花序；花梗长1～3毫米；花直径约7毫米；萼筒钟状，外面密被平贴柔毛，萼片卵状三角形；花瓣5枚，直径3～4毫米，白色有红晕。梨果卵形，直径5～6毫米，长8～9毫米，紫黑色。

产于大峪沟、小阿角沟、扎古录。生于海拔2560～2900米灌丛。

匍匐栒子

Cotoneaster adpressus **Bois**

科 蔷薇科 Rosaceae
属 栒子属 *Cotoneaster*

落叶匍匐灌木。不规则分枝，平铺地上。单叶互生，宽卵形或倒卵形，长5～15毫米，宽4～10毫米，边缘全缘而呈波状；叶柄长1～2毫米。花1～2朵，几无梗；花直径7～8毫米；萼筒钟状，萼片卵状三角形；花瓣5枚，直径约4.5毫米，粉红色。梨果近球形，直径6～7毫米，鲜红色。

产于旗布沟、羊化湾。生于海拔2460～3100米山坡杂木林及岩石山坡。

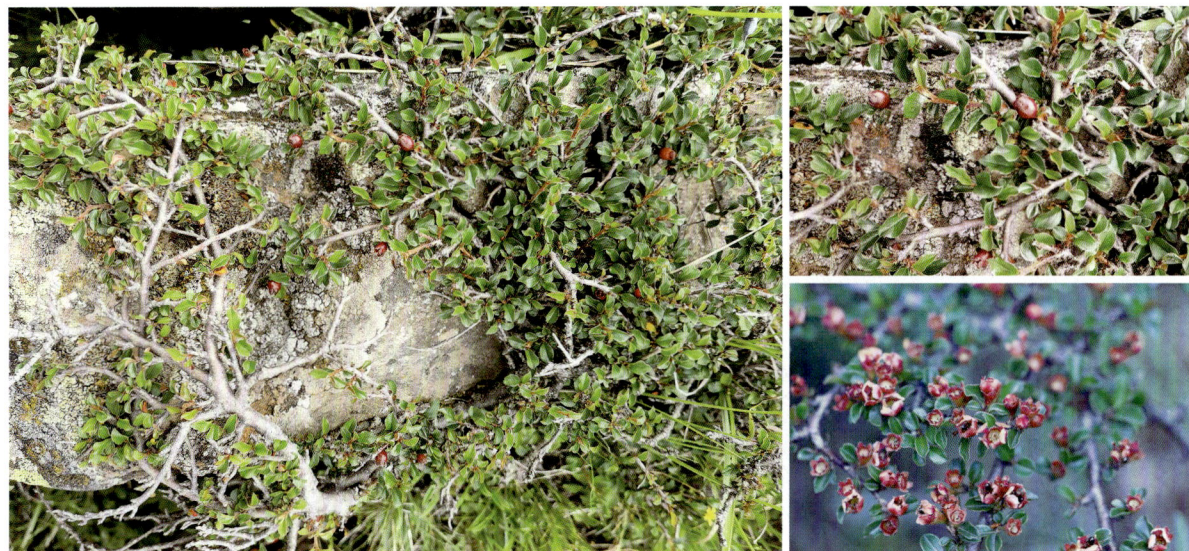

甘肃山楂
Crataegus kansuensis Wils.

科 蔷薇科 Rosaceae
属 山楂属 *Crataegus*

落叶灌木或乔木。枝刺多。单叶互生，宽卵形，长4~6厘米，宽3~4厘米，边缘有尖锐重锯齿和不规则羽状浅裂片；叶柄细，长1.8~2.5厘米；托叶边缘有腺齿，早落。伞房花序具8~18朵花；花梗长5~6毫米；花直径8~10毫米；萼筒钟状，萼片三角卵形；花瓣5枚，白色，直径3~4毫米。梨果红色或橘黄色，近球形，直径8~10毫米，萼片宿存；果梗长1.5~2厘米。

产于博峪村。生于海拔2610米左右杂木林及山沟旁。

西南花楸
Sorbus rehderiana Koehne

科 蔷薇科 Rosaceae
属 花楸属 *Sorbus*

落叶灌木或小乔木。奇数羽状复叶；小叶7~10对，长圆形至长圆披针形，长2.5~5厘米，宽1~1.5厘米，基部以上有细锐锯齿。复伞房花序具密集的花；花梗长1~2毫米；萼筒钟状，萼片三角形；花瓣5枚，白色，长3~5毫米。梨果卵形，直径6~8毫米，粉红色至深红色。

产于八十沟、三角石沟、旗布沟、扎路沟。生于海拔2800~3100米山地丛林。

陕甘花楸

***Sorbus koehneana* Schneid.**

科 蔷薇科 Rosaceae
属 花楸属 *Sorbus*

落叶灌木或小乔木。奇数羽状复叶；小叶8～14对，长圆形至长圆披针形，长1.5～3厘米，宽0.5～1厘米，边缘有尖锐锯齿。复伞房花序具多数花；花梗长1～2毫米；萼筒钟状，萼片三角形；花瓣5枚，白色，长4～6毫米。梨果球形，直径6～8毫米，白色。

产于大峪沟、八十沟。生于海拔2560～2850米杂木林。

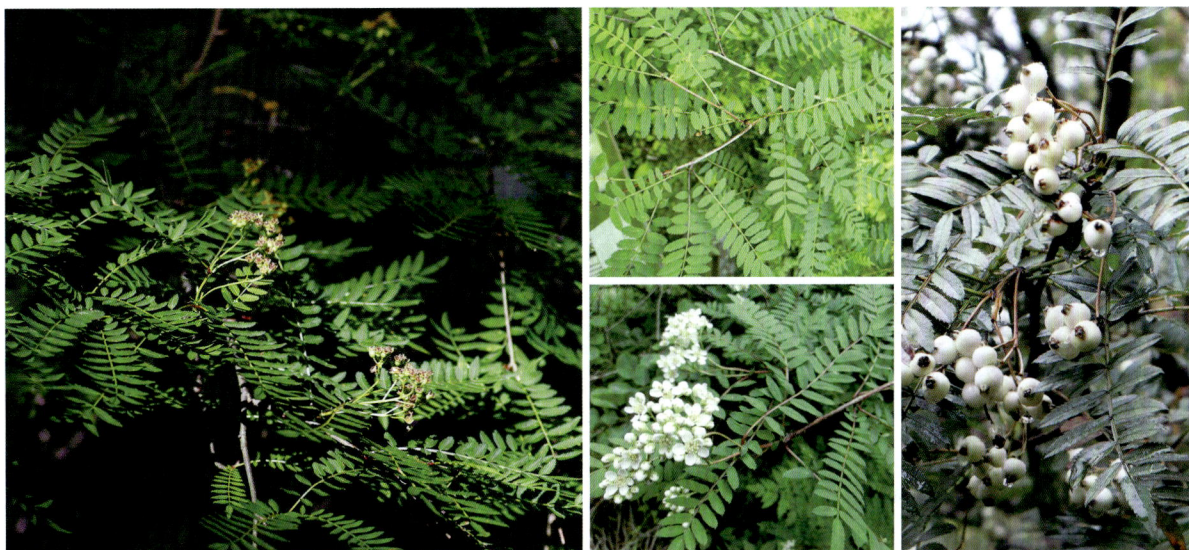

木梨

***Pyrus xerophila* Yu**

科 蔷薇科 Rosaceae
属 梨属 *Pyrus*

落叶乔木。单叶互生，卵形至长卵形，长4～7厘米，宽2.5～4厘米，边缘有钝锯齿；叶柄长2.5～5厘米。伞形总状花序具3～6朵花；花梗长2～3厘米；花两性，直径2～2.5厘米；萼筒无毛，萼片三角状卵形，边缘有腺齿；花瓣5枚，白色，长9～10毫米。梨果卵球形或椭圆形，直径1～1.5厘米，褐色，有稀疏斑点，萼片宿存；果梗长2～3.5厘米。

产于大扎沟口。生于海拔2450米左右山坡。

陇东海棠

Malus kansuensis (Batal.) Schneid.

科 蔷薇科 Rosaceae
属 苹果属 *Malus*

　　落叶灌木至小乔木。单叶互生，卵形，长5～8厘米，宽4～6厘米，边缘有细锐重锯齿，3浅裂，稀不裂；叶柄长1.5～4厘米。伞形总状花序具4～10朵花，直径5～6.5厘米；花梗长2.5～3.5厘米；花两性，直径1.5～2厘米；萼筒外面有长柔毛，萼片三角状卵形；花瓣5枚，白色。梨果椭圆形或倒卵形，直径1～1.5厘米，黄红色，萼片脱落；果梗长2～3.5厘米。

　　产于白路塔下。生于海拔2630米左右路旁灌丛。

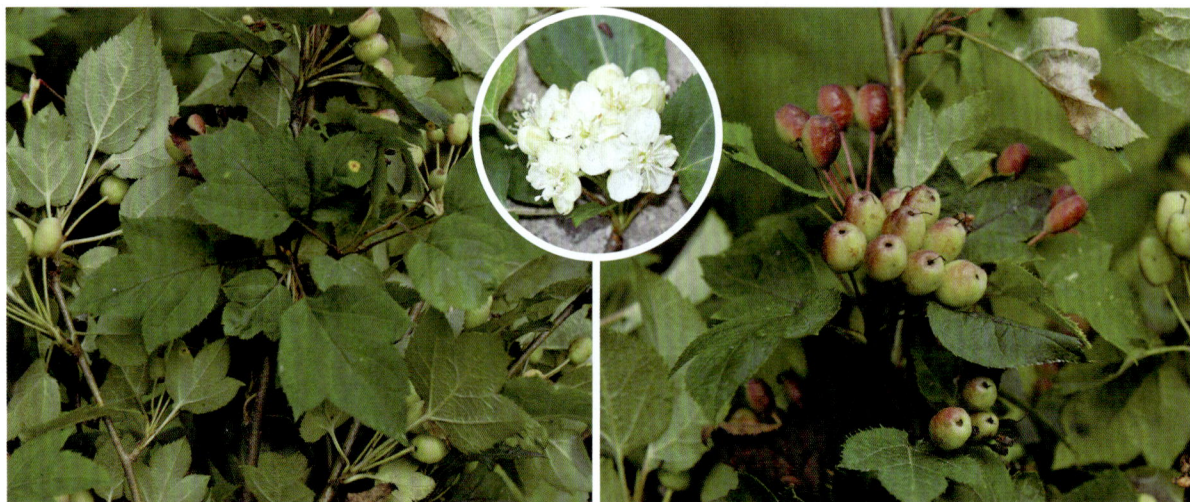

花叶海棠

Malus transitoria (Batal.) Schneid.

科 蔷薇科 Rosaceae
属 苹果属 *Malus*

　　落叶灌木至小乔木。单叶互生，卵形至广卵形，长2.5～5厘米，宽2～4.5厘米，边缘有不整齐锯齿，通常3～5不规则深裂，稀不裂，下面密被茸毛；叶柄长1.5～3.5厘米。花序近伞形，具3～6朵花；花梗长1.5～2厘米；花直径1～2厘米；萼筒密被茸毛，萼片三角状卵形；花瓣5枚，白色。梨果近球形，直径6～8毫米，萼片脱落；果梗长1.5～2厘米。

　　产于加当湾、洮河南岸。生于海拔2500～2700米山坡。

三对叶悬钩子

Rubus trijugus Focke

科 蔷薇科 Rosaceae
属 悬钩子属 *Rubus*

落叶灌木。枝疏生皮刺。羽状复叶；小叶7～9枚，卵形或卵状椭圆形，长2～5厘米，宽1.5～4厘米，下面被茸毛，边缘常具缺刻状重锯齿；叶柄长5～11厘米。花3～4朵簇生或组成伞房状花序；花梗长1～3厘米；花直径1.5～2厘米；萼片三角状披针形，长10～14毫米；花瓣白色。聚合果近球形，红色，直径约1厘米，密被白色茸毛。

产于小阿角沟。生于海拔2900～3000米草地或沟溪旁。

甘肃悬钩子

Rubus sachalinensis Lévl. var. *przewalskii* (Prochanov) L. T. Lu

科 蔷薇科 Rosaceae
属 悬钩子属 *Rubus*

落叶灌木。枝被较密针刺，并混生腺毛。小叶常3枚，卵形，长3～7厘米，宽1.5～5厘米，下面密被灰白色茸毛，边缘有不规则粗锯齿或缺刻状锯齿；叶柄长2～5厘米。花5～9朵组成伞房状花序；花梗长1～2厘米；花直径1～1.5厘米；花萼外面密被短柔毛、针刺和腺毛，萼片三角状披针形，顶端长尾尖；花瓣5枚，白色，短于萼。聚合果卵球形，直径1～1.5厘米，红色。

产于旗布沟、章巴库沟、拉力沟、扎路沟。生于海拔3000～3200米山坡林缘或灌丛。

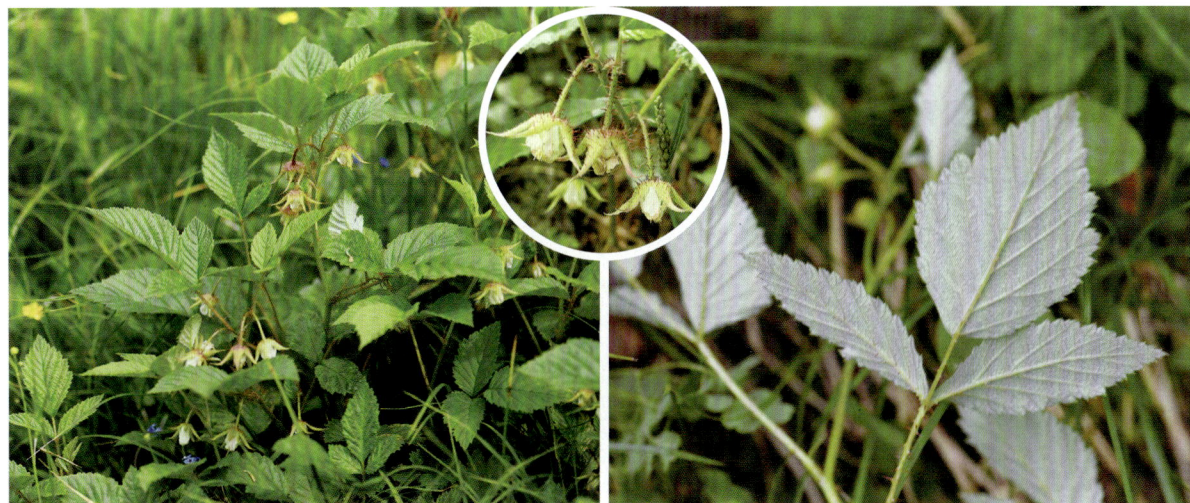

菰帽悬钩子

***Rubus pileatus* Focke**

科 蔷薇科 Rosaceae
属 悬钩子属 *Rubus*

攀援灌木。小枝被白粉，疏生皮刺。羽状复叶，小叶5～7枚，卵形或椭圆形，长2.5～8厘米，宽1.5～6厘米，边缘具粗重锯齿；叶柄长3～10厘米。伞房花序具3～5朵花；花梗长2～3.5厘米；花直径1～2厘米；萼片卵状披针形，顶端长尾尖；花瓣5枚，白色，比萼片稍短或几等长。聚合果卵球形，直径0.8～1.2厘米，红色，密被灰白色茸毛。

产于八十沟、拉力沟。生于海拔2800～3100米林下。

秀丽莓

***Rubus amabilis* Focke**

科 蔷薇科 Rosaceae
属 悬钩子属 *Rubus*

落叶灌木。枝具稀疏皮刺。羽状复叶；小叶7～11枚，卵形或卵状披针形，长1～5.5厘米，宽0.8～2.5厘米，顶生小叶边缘有时浅裂或3裂，下面沿叶脉具柔毛和小皮刺，边缘具缺刻状重锯齿；叶柄长1～3厘米。花单生，下垂；花梗长2.5～6厘米；花两性，直径3～4厘米；花萼外面密被短柔毛，萼片宽卵形；花瓣5枚，白色，比萼片稍长或几等长。聚合果长圆形，长1.5～2.5厘米，直径1～1.2厘米，红色。

产于小阿角沟、八十沟、旗布沟、三角石沟、博峪沟、扎路沟、车路沟。生于海拔2800～3100米林下。

直立悬钩子

Rubus stans Focke

科 蔷薇科 Rosaceae
属 悬钩子属 *Rubus*

落叶灌木。枝被柔毛和腺毛，疏生皮刺。羽状复叶；小叶3枚，卵形，小叶长2～4厘米，宽1.8～3厘米，两面均伏生柔毛，边缘有不整齐细锐锯齿和疏腺毛，顶生小叶有时3裂；叶柄长2～3.5厘米。花3～4朵生于侧生小枝顶端或单生腋生；花梗长1～3厘米；花两性，直径1～1.5厘米；花萼紫红色，外面密被柔毛和腺毛，萼片披针形；花瓣5枚，白色或带紫色，稍短于萼片。聚合果近球形，直径8～11毫米，橘红色，无毛。

产于拉力沟、下巴沟、洮河南岸。生于海拔2550～2700米林缘或高山林下。

黄果悬钩子

Rubus xanthocarpus Bureau et Franch.

科 蔷薇科 Rosaceae
属 悬钩子属 *Rubus*

低矮半灌木。茎疏生直立针刺。羽状复叶；小叶3～5枚，长圆形或椭圆状披针形，顶生小叶长5～10厘米，宽1.5～3厘米，基部常有2浅裂片，侧生小叶较小，下面沿脉有细刺，边缘具不整齐锯齿；叶柄长2～8厘米。花1～4朵成伞房状，稀单生；花梗长1～2.5厘米；花两性，直径1～2.5厘米；花萼外被较密直立针刺和柔毛，萼片里面有茸毛；花瓣5枚，白色，常较萼片长。聚合果扁球形，直径1～1.2厘米，橘黄色，无毛。

产于大峪沟、八十沟、博峪沟。生于海拔2600～2800米山坡路旁、林缘、山沟石砾滩地。

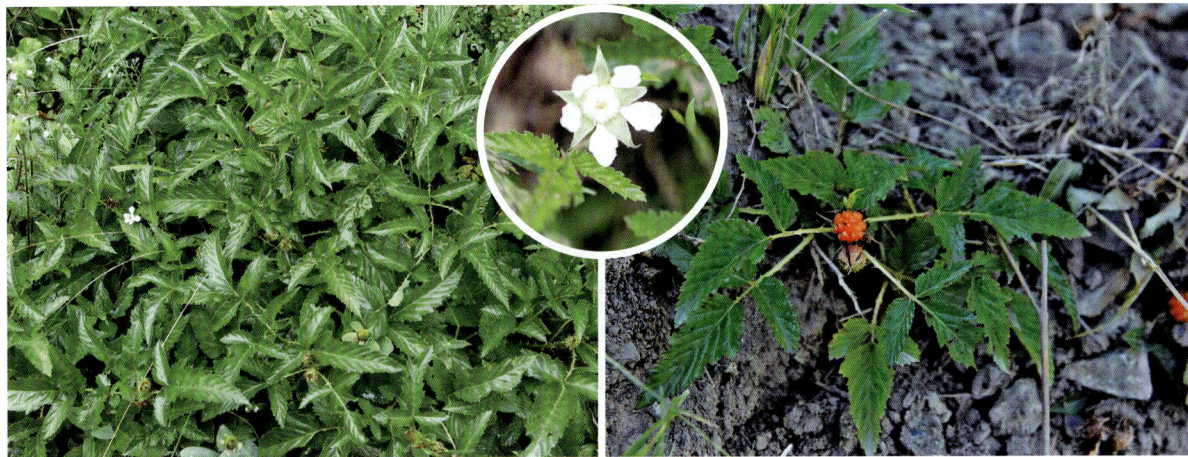

路边青
Geum aleppicum Jacq.

多年生草本，高30～100厘米。基生叶为大头羽状复叶，通常有小叶2～6对，小叶大小极不相等，顶生小叶最大，边缘常浅裂，有不规则粗大锯齿，两面疏生粗硬毛；茎生叶为羽状复叶，有时重复分裂，向上小叶逐渐减少；茎生叶托叶大，叶状，边缘有不规则粗大锯齿。伞房花序顶生，疏散排列；花两性，直径1～1.7厘米；花瓣5枚，黄色，比萼片长。聚合果倒卵状球形，瘦果被长硬毛，花柱宿存，顶端有小钩。

保护区广布。生于海拔2900～3150米山坡草地、沟边、河滩及林缘。

金露梅
Potentilla fruticosa Linn.

落叶灌木。羽状复叶互生；小叶2对，稀3小叶，上面一对小叶基部下延与叶轴汇合；小叶长圆形至卵状披针形，长0.7～2厘米，宽0.4～1厘米，全缘。单花或数朵生于枝顶；花梗密被毛；花两性，直径2.2～3厘米；花瓣5枚，黄色，比萼片长。瘦果近卵形，长1.5毫米，外被长柔毛。

产于小阿角沟、八十沟、拉力沟、业母沟、色树隆沟、车路沟、达加沟。生于海拔2800～3200米山坡草地、灌丛。

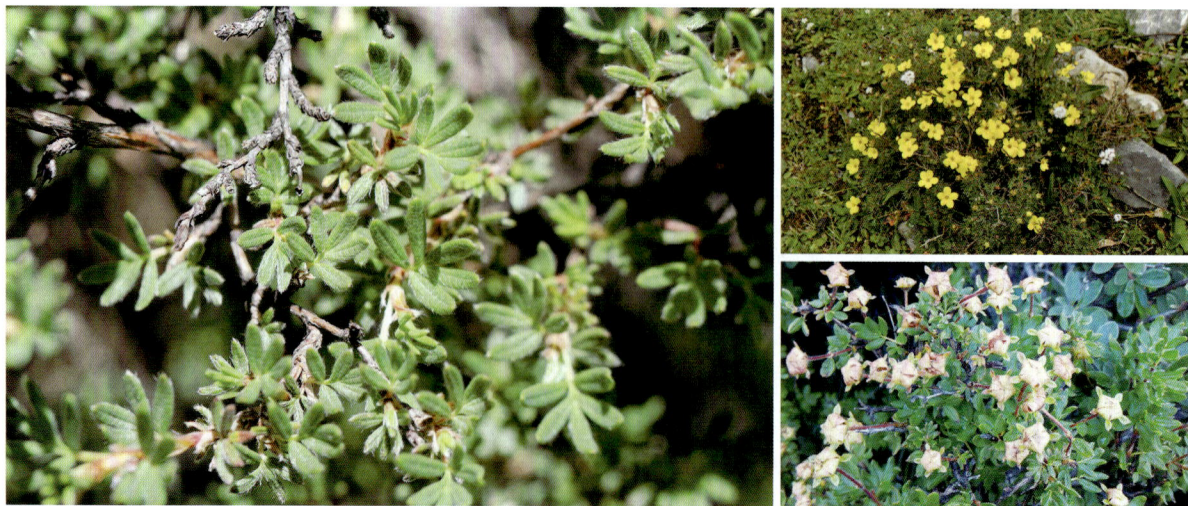

小叶金露梅

Potentilla parvifolia Fisch. ex Lehm.

落叶灌木。羽状复叶互生；小叶2对，常混生有3对，基部两对小叶呈掌状或轮状排列；小叶披针形或倒卵状披针形，长0.7～1厘米，宽2～4毫米，全缘，明显向下反卷，两面被绢毛。单花或数朵顶生；花梗被柔毛；花两性，直径1.2～2.2厘米；花瓣5枚，黄色，比萼片长1～2倍。瘦果卵形，表面被毛。

保护区广布。生于海拔2600～3600米干燥山坡、林缘。

银露梅

Potentilla glabra Lodd.

落叶灌木。羽状复叶互生；小叶2对，稀3小叶，上面一对小叶基部下延与轴汇合；小叶椭圆形至卵状椭圆形，长0.5～1.2厘米，宽0.4～0.8厘米，顶端圆钝或急尖，边缘平坦或微向下反卷，全缘，两面被疏柔毛或几无毛。单花或数朵顶生；花梗细长；花两性，直径1.5～2.5厘米；花瓣5枚，白色。瘦果表面被毛。

保护区广布。生于海拔2800～3300米山坡草地、灌丛及林中。

二裂委陵菜
Potentilla bifurca Linn.

多年生草本或亚灌木。羽状复叶；小叶5～8对，最上面2～3对小叶基部下延与叶轴汇合；小叶无柄，对生稀互生，椭圆形或倒卵椭圆形，长0.5～1.5厘米，宽0.4～0.8厘米，顶端常2裂，稀3裂，两面伏生疏柔毛。近伞房状聚伞花序，顶生，疏散；花两性，直径0.7～1厘米；花瓣5枚，黄色，比萼片稍长。瘦果表面光滑。

产于拉力沟、加当湾、卡车沟、色树隆沟、业母沟、车路沟。生于海拔2500～3100米路旁、沙地、山坡草地。

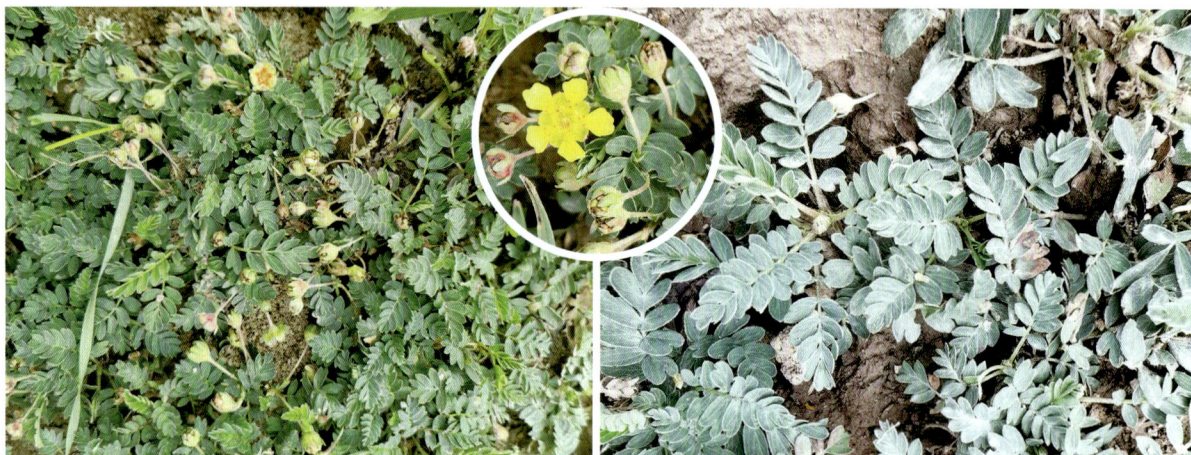

五叶双花委陵菜
Potentilla biflora Willd. ex Schlecht. var. *lahulensis* Wolf

多年生丛生或垫状草本。基生叶有5小叶；小叶线形，长0.8～1.7厘米，宽1～3毫米，边缘全缘，向下反卷。花单生或2朵，稀3朵；花梗长1～2厘米；花两性，直径1.5～1.8厘米；花瓣5枚，黄色，顶端下凹，比萼片长0.5～1倍。瘦果脐部有毛，表面光滑。

产于扎路沟、光盖山。生于海拔3600～3800米高山草地、多砾石坡。

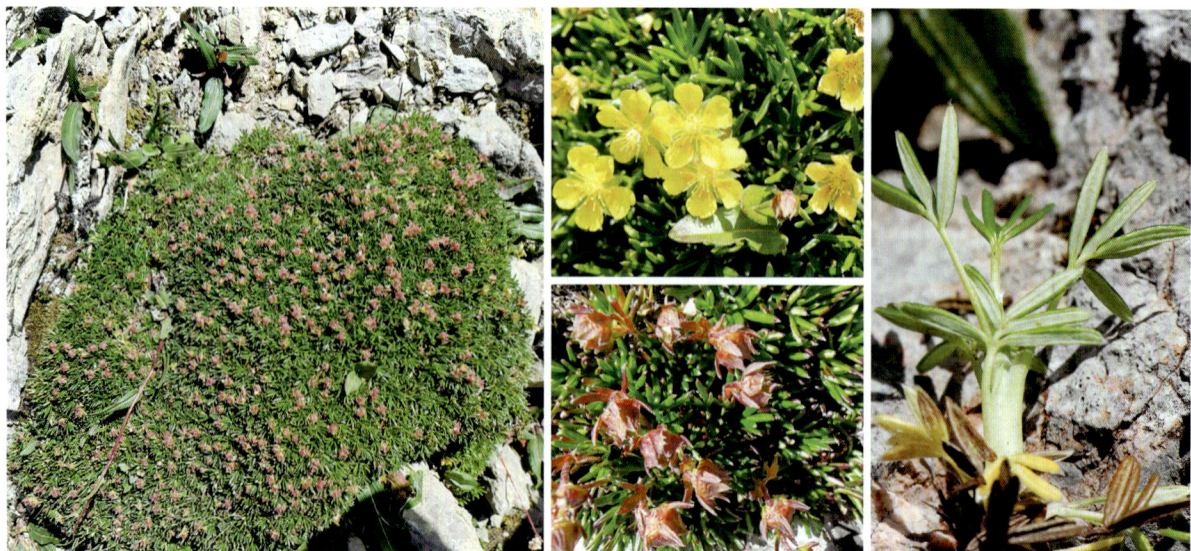

蕨麻

Potentilla anserina Linn.

科 蔷薇科 Rosaceae
属 委陵菜属 *Potentilla*

　　多年生草本。根的下部有时长成纺锤形或椭圆形块根。茎匍匐，在节处生根。基生叶为间断羽状复叶，小叶6～11对，对生或互生，最上面一对小叶基部下延与叶轴汇合，基部小叶渐小呈附片状；小叶椭圆形，长1～2.5厘米，宽0.5～1厘米，边缘有多数尖锐锯齿或呈裂片状，下面密被银白色绢毛；茎生叶较小。单花腋生；花梗长2.5～8厘米；花两性，直径1.5～2厘米；花瓣5枚，黄色，比萼片长1倍。

　　保护区广布。生于海拔2620～3200米路边、山坡草地。

多裂委陵菜

Potentilla multifida Linn.

科 蔷薇科 Rosaceae
属 委陵菜属 *Potentilla*

　　多年生草本。基生叶为羽状复叶；小叶3～5对，间隔0.5～2厘米，对生稀互生，长椭圆形或宽卵形，长1～5厘米，宽0.8～2厘米，向基部逐渐变小，羽状深裂几达中脉，裂片带形或带状披针形，下面被白色茸毛；茎生叶2～3枚，渐小。伞房状聚伞花序；花梗长1.5～2.5厘米；花两性，直径1.2～1.5厘米；花瓣5枚，黄色，顶端微凹，长不超过萼片1倍。瘦果平滑或具皱纹。

　　产于三角石沟、卡车沟、车巴沟、尼巴大沟。生于海拔2800～2900米山坡草地、沟谷及林缘。

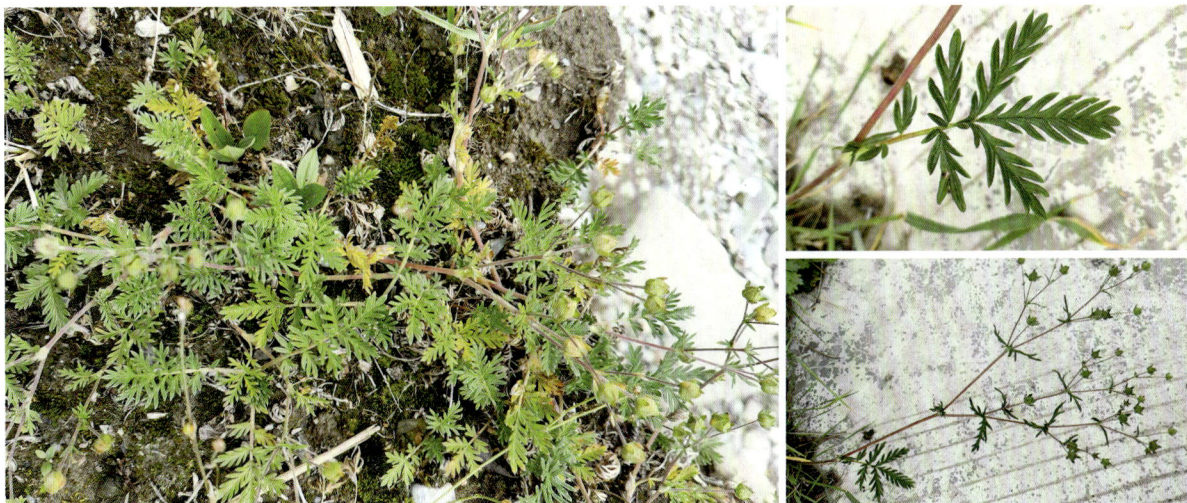

掌叶多裂委陵菜

Potentilla multifida Linn. var. *ornithopoda* Wolf

科 蔷薇科 Rosaceae
属 委陵菜属 *Potentilla*

与多裂委陵菜的区别：花茎上升，茎生叶2～3枚，小叶5枚，羽状深裂，紧密排列在叶柄顶端，有时近似掌状。

产于尼巴大沟。生于海拔2900米左右路旁。

多茎委陵菜

Potentilla multicaulis Bge.

科 蔷薇科 Rosaceae
属 委陵菜属 *Potentilla*

多年生草本。花茎多而密集丛生，上升或铺散。基生叶为羽状复叶，小叶4～6对，稀达8对，间隔0.3～0.8厘米，对生稀互生，无柄，椭圆形至倒卵形，长0.5～2厘米，宽0.3～0.8厘米，下部的渐小，边缘羽状深裂，裂片带形，叶下面被白色绒毛；茎生叶小叶较少。聚伞花序多花；花直径0.8～1.3厘米；花瓣5枚，黄色，顶端微凹，比萼片稍长或长达1倍。瘦果卵球形，有皱纹。

产于旗布沟、拉力沟、业母沟、车路沟。生于海拔2900～3100米向阳砾石山坡、草地。

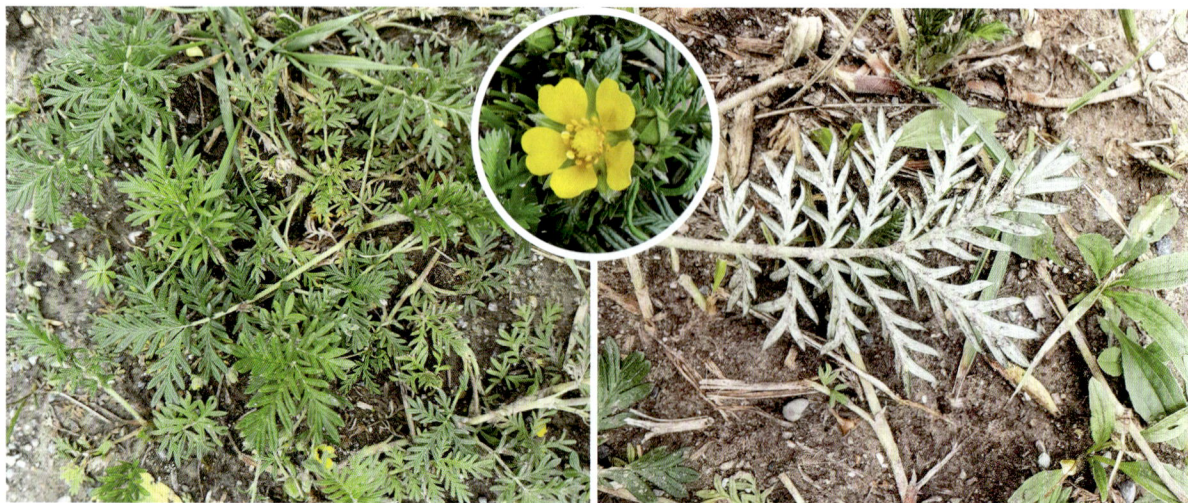

华西委陵菜
Potentilla potaninii Wolf

多年生草本。基生叶为羽状复叶；小叶2～3对，间隔0.3～0.5厘米，对生，倒卵形或倒卵状椭圆形，长0.5～2.5厘米，宽0.3～1.5厘米，边缘具长圆形锯齿，两面被毛；茎生叶羽状5小叶或掌状3小叶。聚伞花序疏散，有多花；花梗长1.5～2.5厘米；花两性，直径1～1.5厘米；花瓣5枚，黄色，顶端微凹，比萼片长0.5～1倍。瘦果光滑。

产于八十沟、旗布沟、三角石沟、章巴库沟、大峪沟、拉力沟、色树隆沟、车巴沟、尼巴大沟、扎古录、光盖山。生于海拔2800～3750米山坡草地、林缘或林下。

钉柱委陵菜
Potentilla saundersiana Royle

多年生草本。基生叶为掌状复叶；小叶3～5枚，长圆倒卵形，长0.5～2厘米，宽0.4～1厘米，边缘有多数缺刻状锯齿，下面密被白色茸毛；茎生叶1～2枚。聚伞花序顶生，有多花，疏散；花梗长1～3厘米；花两性，直径1～1.4厘米；花瓣5枚，黄色，顶端下凹，比萼片略长或长1倍。瘦果光滑。

产于扎古录。生于海拔2800米左右山坡草地。

丛生钉柱委陵菜

Potentilla saundersiana Royle var. *eaespitosa* (Lehm.) Wolf

　　与钉柱委陵菜的区别：植株矮小丛生；叶常3出，小叶宽倒卵形，边缘浅裂至深裂；单花顶生，稀2花。

　　产于扎路沟、光盖山。生于海拔3700～4000米高山草地及灌木林下。

羽叶钉柱委陵菜

Potentilla saundersiana Royle var. *subpinnata* Hand.-Mazz.

　　与钉柱委陵菜的区别：基生叶小叶3～8枚，近羽状排列，上面密被伏生绢状柔毛；副萼片顶端急尖或有1～2裂齿。

　　产于八十沟。生于海拔2760米左右高山草地、多石砾地。

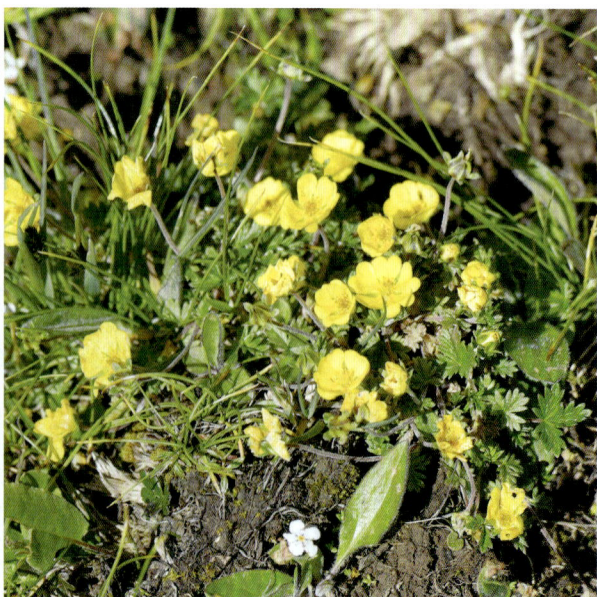

菊叶委陵菜

Potentilla tanacetifolia Willd. ex Schlecht.

多年生草本。基生叶为羽状复叶；小叶5～8对，间隔0.3～1厘米，互生或对生，最上面1～3对小叶基部下延与叶轴汇合，小叶长圆形或倒卵状披针形，长1～5厘米，宽0.5～1.5厘米，边缘有缺刻状锯齿；茎生叶小叶较少。伞房状聚伞花序多花；花梗长0.5～2厘米；花两性，直径1～1.5厘米；花瓣5枚，黄色，顶端微凹，比萼片长约1倍。瘦果卵球形，具脉纹。

产于下巴沟。生于海拔2800米左右山坡草地、沙地。

朝天委陵菜

Potentilla supina Linn.

一或二年生草本。基生叶为羽状复叶；小叶2～5对，间隔0.8～1.2厘米，互生或对生，最上面1～2对小叶基部下延与叶轴合生，小叶长圆形或倒卵状长圆形，长1～2.5厘米，宽0.5～1.5厘米，边缘有圆钝或缺刻状锯齿；茎生叶小叶减少。花茎上多叶，下部花生叶腋，顶端呈伞房状聚伞花序；花梗长0.8～1.5厘米；花两性，直径0.6～0.8厘米；花瓣5枚，黄色，顶端微凹，与萼片近等长或较短。瘦果长圆形，具脉纹。

产于白塔山。生于海拔2560米左右荒地、草地。

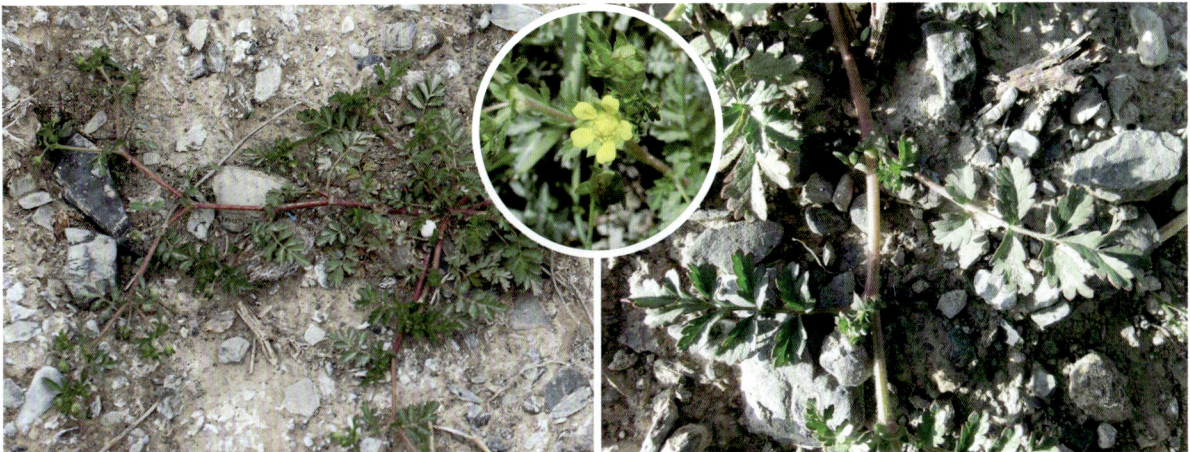

星毛委陵菜
Potentilla acaulis Linn.

多年生灰绿色草本，全株密被星状毛及开展微硬毛。花茎丛生。基生叶为掌状3出复叶；小叶片倒卵椭圆形或菱状倒卵形，长0.8～3厘米，宽0.4～1.5厘米，每边有4～6个圆钝锯齿；茎生叶1～3。顶生花1～5朵组成聚伞花序；花梗长1～2厘米；花直径1.5厘米；花瓣黄色，比萼片长约1倍。瘦果近肾形，直径约1毫米。

产于洮河南岸。生于海拔2670米左右山坡草地、黄土坡。

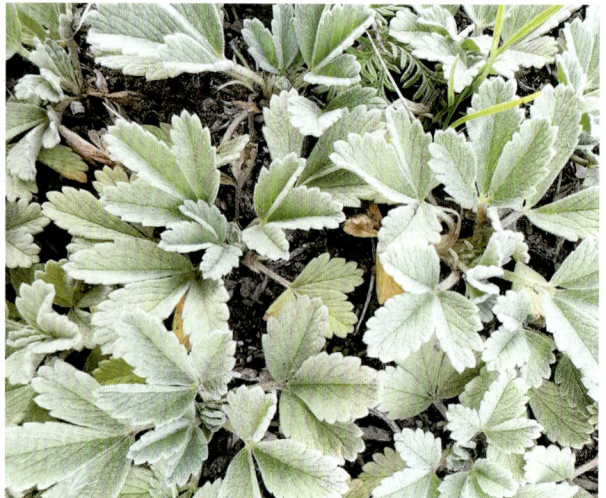

莓叶委陵菜
Potentilla fragarioides Linn.

多年生草本。基生叶羽状复叶，有小叶2～3对，间隔0.8～1.5厘米，连叶柄长5～22厘米；叶柄被开展疏柔毛，小叶有短柄或几无柄；小叶片倒卵形或长椭圆形，长0.5～7厘米，宽0.4～3厘米，边缘有多数急尖或圆钝锯齿，两面被疏柔毛；茎生叶常有3小叶。伞房状聚伞花序顶生，多花，松散；花梗长1.5～2厘米；花直径1～1.7厘米；花瓣黄色。成熟瘦果近肾形，直径约1毫米。

产于纳浪沟。生于海拔2470米左右草地、灌丛及疏林下。

绢毛匍匐委陵菜

Potentilla reptans Linn. var. *sericophylla* Franch.

　　多年生匍匐草本。三出掌状复叶，边缘两个小叶浅裂至深裂，有时混生有不裂者，小叶下面及叶柄伏生绢状柔毛，稀脱落被稀疏柔毛。单花自叶腋生或与叶对生；花梗长6～9厘米；花直径1.5～2.2厘米；花瓣黄色，宽倒卵形，顶端显著下凹，比萼片稍长。瘦果卵球形。

　　产于古姆茨娜、粒珠沟。生于海拔2490～3000米路旁潮湿处。

隐瓣山莓草

Sibbaldia procumbens Linn. var. *aphanopetala*
(Hand.-Mazz.) Yu et Li

　　多年生草本，全株被糙伏毛。基生叶为3出复叶；小叶倒卵状长圆形，长1～3厘米，宽0.6～1.5厘米，顶端截平，有3～5三角形急尖锯齿，基部楔形，两面疏被柔毛；茎生叶1～2枚。顶生伞房花序密集，有8～12朵花；花两性，直径4～6毫米；花瓣5枚，黄色，远较萼片短。瘦果光滑。

　　产于旗布沟、扎路沟、光盖山。生于海拔3100～4000米山坡草地及林下。

伏毛山莓草
Sibbaldia adpressa Bunge

科 蔷薇科 Rosaceae
属 山莓草属 *Sibbaldia*

　　多年生草本。花茎矮小丛生，高1.5～12厘米，被绢状糙伏毛。基生叶为羽状复叶，有小叶2对，上面一对小叶基部下延与叶轴汇合，有时混生有3小叶，连叶柄长1.5～7厘米；顶生小叶倒披针形或倒卵长圆形，顶端截形，有2～3齿，基部楔形，侧生小叶全缘，披针形或长圆披针形；茎生叶1～2枚。聚伞花序数朵，或单花顶生；花直径0.6～1厘米；花瓣黄色或白色。

　　产于洮河南岸。生于海拔2670米左右山坡草地。

野草莓
Fragaria vesca Linn.

科 蔷薇科 Rosaceae
属 草莓属 *Fragaria*

　　多年生草本。茎被开展柔毛。3小叶稀羽状5小叶，小叶倒卵圆形或宽卵圆形，长1～5厘米，宽0.6～4厘米，边缘具缺刻状锯齿；叶柄长3～20厘米。花序聚伞状，有花2～5朵；花梗被紧贴柔毛，长1～3厘米；花瓣白色，倒卵形。聚合果卵球形，红色。

　　保护区广布。生于海拔2620～3150米山坡草地或林下。

东方草莓
Fragaria orientalis Lozinsk.

多年生草本。茎被开展柔毛。三出复叶，小叶几无柄，倒卵形或菱状卵形，长1～5厘米，宽0.8～3.5厘米，边缘有缺刻状锯齿；叶柄被开展柔毛。花序聚伞状，有花1～6朵；花梗长0.5～1.5厘米，被开展柔毛；花两性，直径1～1.5厘米；花瓣白色，几圆形。聚合果半圆形，成熟后紫红色，宿存萼片开展或微反折。

保护区广布。生于海拔2600～3300米山坡草地或林下。

秦岭蔷薇
Rosa tsinglingensis Pax et Hoffm.

落叶灌木。小枝纤细，散生皮刺，偶有针刺及腺毛。羽状复叶具小叶11～13枚，稀9枚；小叶椭圆形或长圆形，长1～2厘米，宽8～12毫米，边缘有重锯齿或单锯齿，上面叶脉下陷，下面沿中脉有腺毛；托叶大部贴生于叶柄，离生部分耳状。花单生叶腋；花梗长1.5～2厘米，有散生腺毛；花直径2.5～3厘米；萼片三角状披针形，先端叶状，全缘或有锯齿，内面密被柔毛；花瓣白色，倒卵形。果倒卵圆形，长2～3厘米，红褐色，有宿存直立萼片。

产于旗布沟、拉力沟。生于海拔2800～3100米桦木林下或灌丛中。

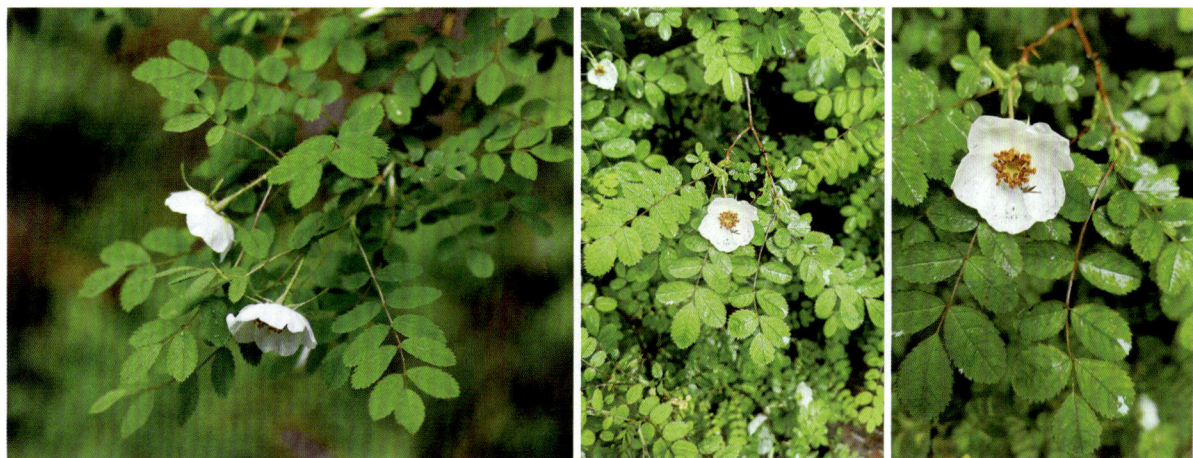

峨眉蔷薇
Rosa omeiensis Rolfe

落叶灌木。小枝细弱，无刺或有扁而基部膨大皮刺。羽状复叶具小叶9～13枚；小叶片长圆形或椭圆状长圆形，长8～30毫米，宽4～10毫米，边缘有锐锯齿；托叶大部贴生于叶柄，顶端离生部分呈三角状卵形。花单生叶腋；花梗长6～20毫米；花直径2.5～3.5厘米；萼片4片，披针形；花瓣4枚，白色，先端微凹。果倒卵球形或梨形，直径8～15毫米，亮红色，成熟时果梗肥大，萼片直立宿存。

产于八十沟、拉力沟、鲁延沟、业母沟、色树隆沟、车路沟、郭扎沟、鹿儿沟、下巴沟。生于海拔2700～3100米山坡、灌丛、林下。

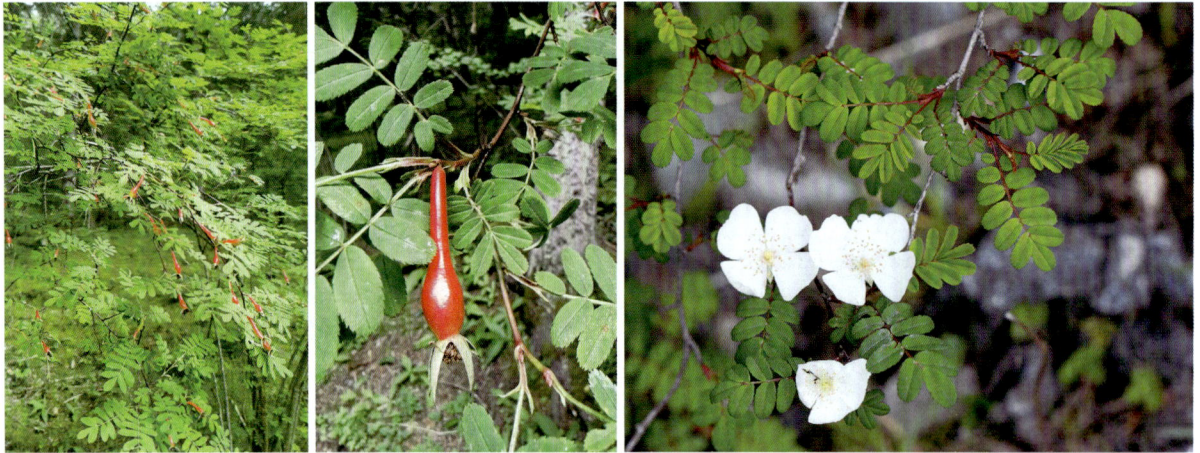

小叶蔷薇
Rosa willmottiae Hemsl.

落叶灌木。小枝细弱，有皮刺。羽状复叶具小叶7～9枚，稀11枚；小叶椭圆形或近圆形，长6～17毫米，宽4～12毫米，边缘有单锯齿，中部以上具重锯齿；托叶大部贴生于叶柄，离生部分卵状披针形。花单生；花梗长1～1.5厘米，常有腺毛；花直径约3厘米；萼片三角状披针形，内面密被柔毛；花瓣粉红色，先端微凹。果长圆形或近球形，直径约1厘米，橘红色，成熟时萼片同萼筒上部一同脱落。

产于加当湾、帕路沟、扎古录、洮河南岸。生于海拔2500～2650米灌丛、山坡路旁。

西北蔷薇
Rosa davidii Crep.

落叶灌木。羽状复叶具小叶7～9枚；小叶卵状长圆形或椭圆形，长2.5～4厘米，宽1～2厘米，边缘有尖锐单锯齿，近基部全缘，下面灰白色，密被柔毛；叶脉在叶表下陷；托叶离生部分卵形。伞房状花序；苞片大；花梗长1.5～2.5厘米，有柔毛和腺毛；花直径2～3厘米；萼片卵形，先端伸长成叶状，两面均有短柔毛，外面有腺毛；花瓣深粉色，先端微凹。果长椭圆形，直径1～2厘米，有腺毛或无腺毛，萼片宿存直立。

产于加当湾、扎古录。生于海拔2500～2800米山坡灌丛或林缘。

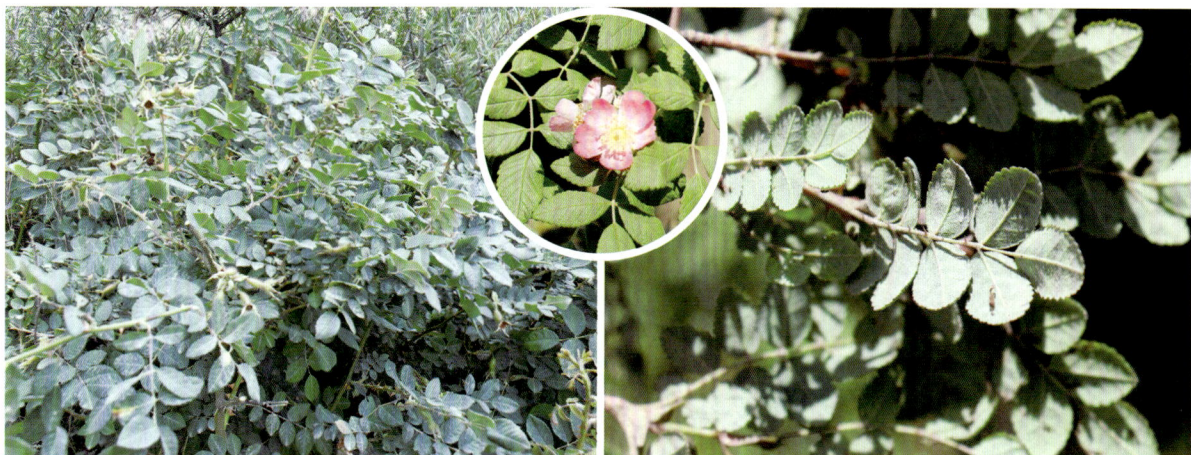

扁刺蔷薇
Rosa sweginzowii Koehne

落叶灌木。小枝有基部膨大而扁平的皮刺。羽状复叶具小叶7～11枚；小叶椭圆形至卵状长圆形，长2～5厘米，宽8～20毫米，边缘有重锯齿；托叶离生部分卵状披针形。花单生或2～3朵簇生；苞片1～2枚；花梗长1.5～2厘米，有腺毛；花直径3～5厘米；萼片卵状披针形，先端浅裂扩展成叶状，或有时羽状分裂；花瓣粉红色，先端微凹。果长圆形或倒卵状长圆形，长1.5～2.5厘米，外面常有腺毛，萼片直立宿存。

产于小阿角沟、大峪沟、八十沟、帕路沟、业母沟、色树隆沟、车路沟、扎古录、洮河南岸。生于海拔2600～3100米山坡路旁、灌丛或疏林中。

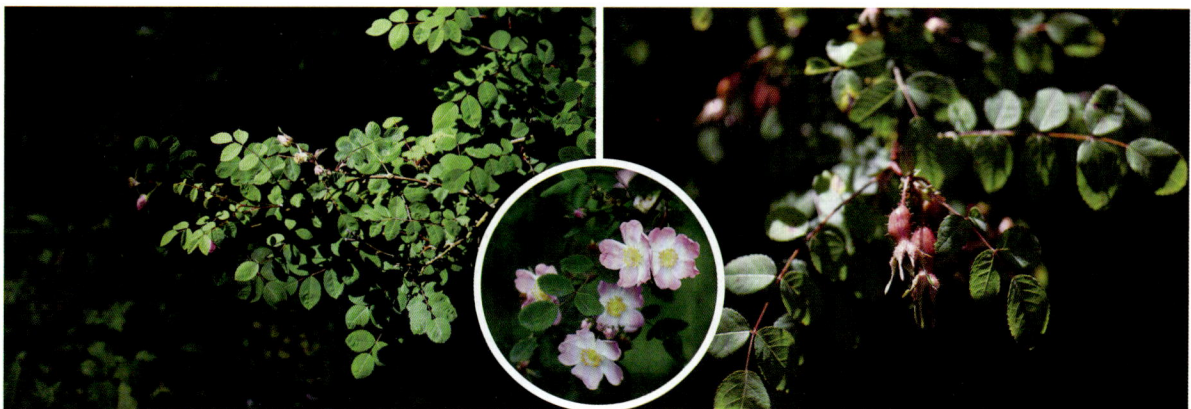

陕西蔷薇
Rosa giraldii Crep.

科 蔷薇科 Rosaceae
属 蔷薇属 *Rosa*

　　落叶灌木。小枝有疏生直立皮刺。羽状复叶具小叶7～9枚；小叶近圆形至椭圆形，长1～2.5厘米，宽6～15毫米，边缘有锐单锯齿，基部近全缘。花单生或2～3朵簇生；苞片1～2枚，边缘有腺齿；花梗短，有腺毛；花直径2～3厘米；萼片卵状披针形，先端延长成尾状，外面有腺毛；花瓣粉红色。果卵球形，直径约1厘米，先端有短颈，暗红色，有或无腺毛，萼片常直立宿存。

　　产于旗布沟。生于海拔3200米山坡或灌丛中。

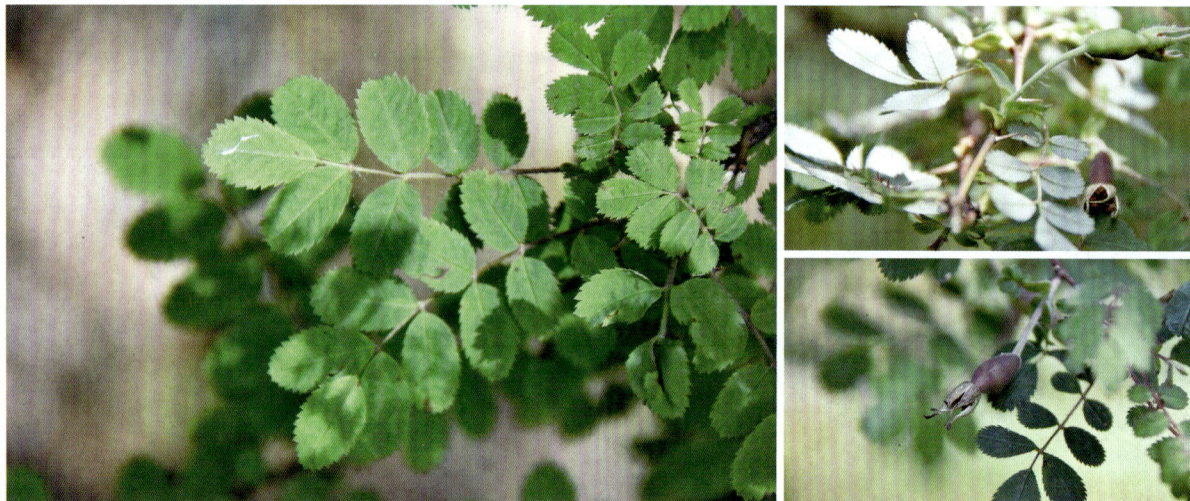

龙芽草
Agrimonia pilosa Ldb.

科 蔷薇科 Rosaceae
属 龙芽草属 *Agrimonia*

　　多年生草本。间断奇数羽状复叶，小叶3～4对，向上减少至3小叶；小叶倒卵形，长1.5～5厘米，宽1～2.5厘米，边缘有急尖到圆钝的锯齿。穗状总状花序顶生；花梗长1～5毫米；花直径6～9毫米；花瓣黄色。果倒卵圆锥形，外面有10条肋，顶端有数层钩刺。

　　产于大峪沟、八十沟、拉力沟、洮河南岸。生于海拔2600～3000米路旁、草地、灌丛、林缘及疏林下。

地榆

Sanguisorba officinalis Linn.

科　蔷薇科 Rosaceae
属　地榆属 *Sanguisorba*

　　多年生草本。基生叶为羽状复叶，小叶4～6对；小叶卵形或长圆状卵形，长1～7厘米，宽0.5～3厘米，边缘有多数粗大圆钝的锯齿；茎生叶较少。穗状花序椭圆形、圆柱形或卵球形，长1～4厘米，径0.5～1厘米；萼片4枚，紫红色；无花瓣。果实包藏在宿存萼筒内。

　　产于大峪沟、小阿角沟、八十沟、达加沟。生于海拔2550～2900米山坡草地、灌丛和疏林。

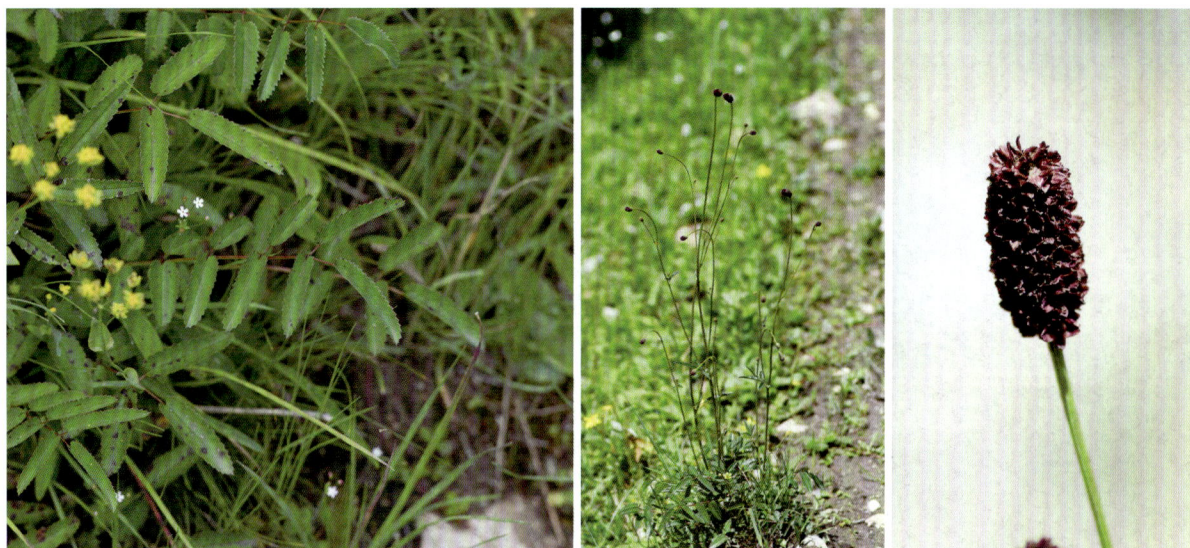

高山地榆

Sanguisorba alpina Bunge

科　蔷薇科 Rosaceae
属　地榆属 *Sanguisorba*

　　多年生草本。羽状复叶，小叶4～9对，有柄；小叶片椭圆形或长椭圆形，长1.5～7厘米，宽1～4厘米，边缘有缺刻状尖锐锯齿。穗状花序圆柱形，从基部向上逐渐开放，花后长达5厘米；苞片淡黄褐色，未开花时显著比花蕾长；萼片白色，或微带淡红色。果被疏柔毛，萼片宿存。

　　产于郭扎沟。生于海拔2820米左右林缘。

西康扁桃
Amygdalus tangutica (Batal.) Korsh.

科 **薔薇科 Rosaceae**
属 **桃属 *Amygdalus***

　　密生落叶灌木。枝条开展，有刺。短枝上叶多数簇生，一年生枝上叶常互生；叶片长椭圆形、长圆形或倒卵状披针形，长1.5~4厘米，宽0.5~1.5厘米，两面无毛，边缘有圆钝细锯齿；叶柄长5~10毫米。花单生，直径约2.5厘米；花无梗或近无梗；花萼无毛；花瓣白色或粉红色。核果近球形或卵球形，直径1.5~2厘米，紫红色，外面密被柔毛，近无梗；果肉薄而干燥，成熟时开裂。

　　产于扎古录、车巴沟、达加沟、下巴沟、洮河南岸。生于海拔2600~2900米山坡向阳处。

李
Prunus salicina Lindl.

科 **薔薇科 Rosaceae**
属 **李属 *Prunus***

　　落叶乔木。单叶互生，长圆倒卵形或长椭圆形，长6~8厘米，宽3~5厘米，边缘有圆钝重锯齿；叶柄长1~2厘米。花通常3朵并生；花梗长1~2厘米；花直径1.5~2.2厘米；萼筒钟状；花瓣白色，先端啮蚀状，有明显紫色脉纹。核果球形或卵球形，直径3.5~5厘米，外被蜡粉。

　　产于大峪沟、博峪沟、卡车沟、郭扎沟。生于海拔2550~2900米山坡灌丛、山谷疏林、路旁。

刺毛樱桃

***Cerasus setulosa* (Batal.) Yu et Li**

落叶灌木或小乔木。单叶互生，卵形、倒卵形或卵状椭圆形，长2～5厘米，宽1～2.5厘米，先端尾状渐尖或骤尖，边有圆钝重锯齿，齿尖有小腺体，上面伏生小糙毛；叶柄长4～8毫米；托叶长4～8毫米，边有腺齿。花序伞形，有花2～3朵；花梗长8～12毫米；花直径6～8毫米；萼筒管状，长5～6毫米，外面疏被糙毛；花瓣粉红色。核果红色，卵状椭球形，长约8毫米。

产于拉力沟、车路沟、郭扎沟、大扎湾、鹿儿沟、洮河南岸。生于海拔2440～3050米山坡、山谷林中或灌丛中。

托叶樱桃

***Cerasus stipulacea* (Maxim.) Yu et Li**

落叶灌木或小乔木。单叶互生，卵形、卵状椭圆形或倒卵状椭圆形，长3～6.5厘米，宽2～4厘米，先端渐尖或骤尾尖，边有缺刻状尖锐重锯齿；叶柄长1～1.3厘米；托叶在营养枝上较大，呈小叶状，边有羽裂状锯齿，在生殖枝上较小。伞形花序，有2～3朵花；花梗长7～13毫米；花直径1.2～1.3厘米；萼筒无毛；花瓣淡红色或白色。核果椭球形，红色，长1～1.2厘米。

产于大峪沟、八十沟、鹿儿沟、录巴湾、洮河南岸。生于海拔2580～3050米山坡、山谷林下。

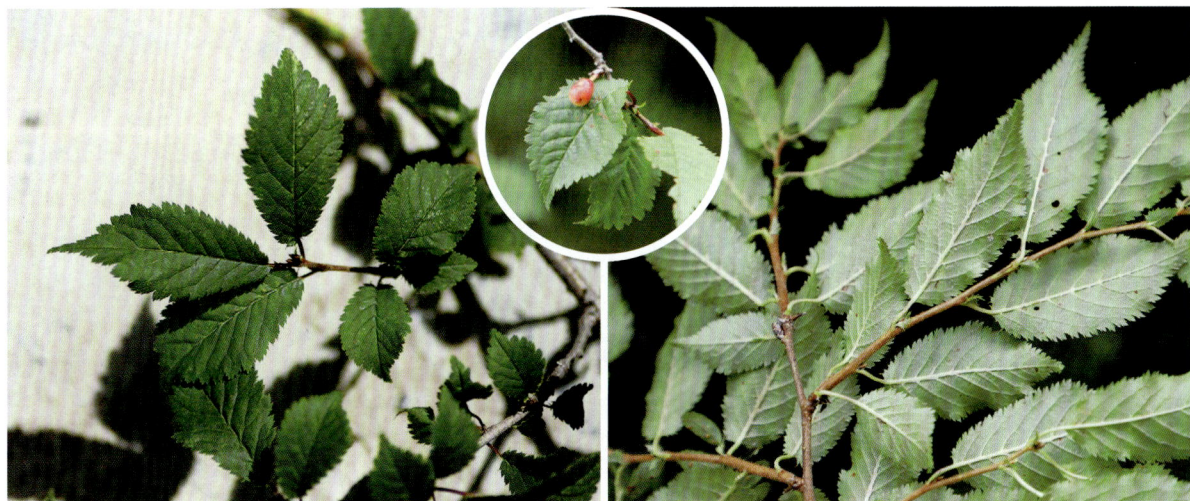

毛樱桃
Cerasus tomentosa (Thunb.) Wall.

　　落叶灌木。嫩枝密被绒毛到无毛。单叶互生，卵状椭圆形或倒卵状椭圆形，长2～7厘米，宽1～3.5厘米，先端急尖或渐尖，边有急尖或粗锐锯齿，上面被疏柔毛，下面密被茸毛或后变稀疏；叶柄长2～8毫米；托叶线形，长3～6毫米。花单生或2朵簇生；花梗长达2.5毫米或近无梗；萼筒外被短柔毛或无毛；花瓣白色或粉红色。核果近球形，红色，直径0.5～1.2厘米。

　　产于大峪沟、八十沟、拉力沟。生于海拔2600～2800米山坡林中、林缘、灌丛中。

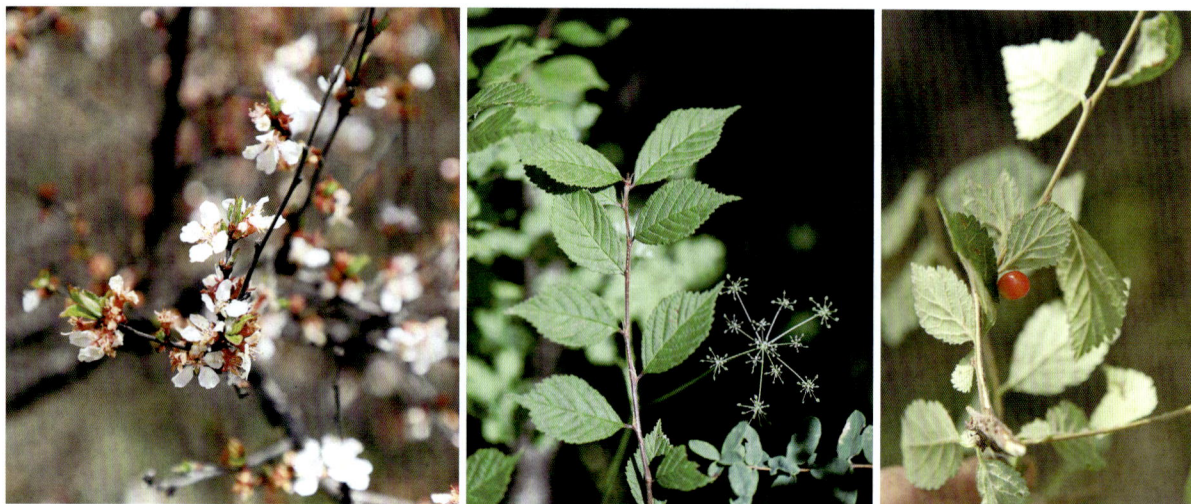

稠李
Padus racemosa (Lam.) Gilib.

　　落叶乔木。单叶互生，椭圆形、长圆形或长圆倒卵形，长4～10厘米，宽2～4.5厘米，先端尾尖，边缘有不规则锐锯齿，有时混有重锯齿，两面无毛；叶柄长1～1.5厘米，顶端两侧各具1腺体。总状花序具多花，长7～10厘米，基部通常有2～3叶；花梗长1～1.5厘米；花直径1～1.6厘米；萼筒钟状；花瓣白色。核果卵球形，直径8～10毫米，红褐色至黑色，光滑；萼片脱落。

　　产于帕路沟、下巴沟。生于海拔2600～2800米山坡、山谷。

鬼箭锦鸡儿

Caragana jubata (Pall.) Poir.

科　豆科 Fabaceae
属　锦鸡儿属 *Caragana*

多刺矮灌木；基部分枝。托叶不硬化成针刺状；叶轴全部宿存并硬化成针刺状，幼时密生长柔毛；叶密集于枝的上部；小叶8～12片，长椭圆形至条状长椭圆形，先端圆或急尖，有针尖，两面疏生长柔毛；花单生；花梗极短；花萼筒状，密生长柔毛，基部偏斜，萼齿披针形；花冠玫瑰色、淡紫色、粉红色或近白色，长27～32毫米。荚果长椭圆形，密生丝状长柔毛。

产于扎路沟、车巴沟、光盖山。生于海拔3000～3200米山坡灌丛。

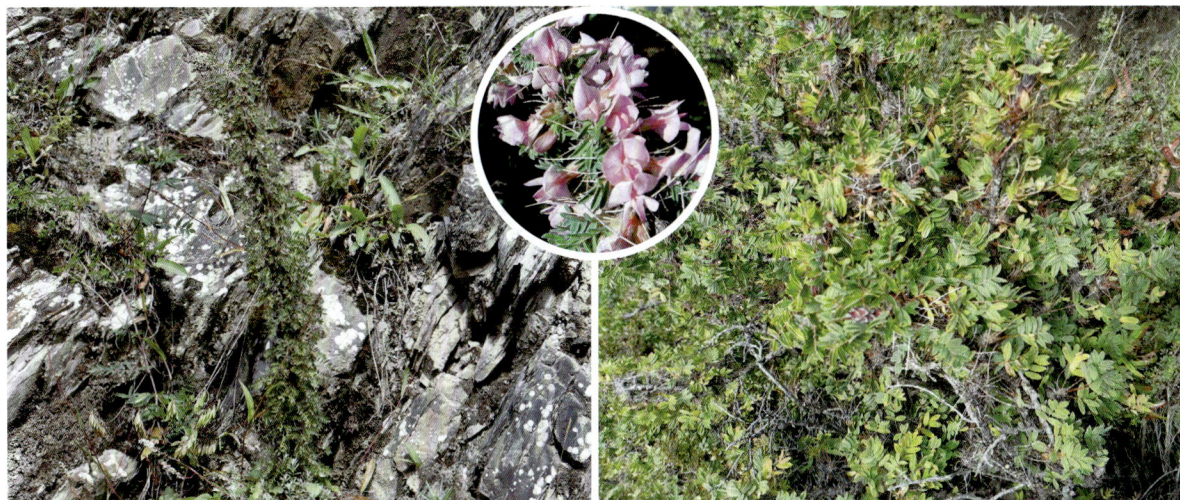

矮脚锦鸡儿

Caragana brachypoda Pojark.

科　豆科 Fabaceae
属　锦鸡儿属 *Caragana*

矮灌木，高20～30厘米。假掌状复叶有4片小叶；托叶和叶柄均宿存并硬化成针刺，短枝上叶无轴，簇生；小叶倒披针形，长2～10毫米，宽1～3毫米，先端有短刺尖，两面有短柔毛。花单生；花萼管状，基部偏斜成囊状凸起，长9～11毫米，萼齿卵状三角形；花冠黄色。荚果披针形，扁，长20～27毫米，宽约5毫米。

产于古姆茨娜。生于海拔2500米左右山坡。

短叶锦鸡儿
Caragana brevifolia Kom.

科 豆科 Fabaceae
属 锦鸡儿属 *Caragana*

灌木，全株无毛。假掌状复叶有4小叶；托叶硬化成针刺，宿存；小叶披针形或倒卵状披针形，长2～8毫米，宽1～4毫米，先端锐尖。花梗单生于叶腋，长5～8毫米，关节在中部或下部；花萼管状钟形，长5～6毫米；花冠黄色，长14～16毫米。荚果圆筒状，长1～3.5厘米，熟时黑褐色。

产于卡车沟、扎路沟、达加沟、扎古录。生于2750～3000米山坡杂木林。

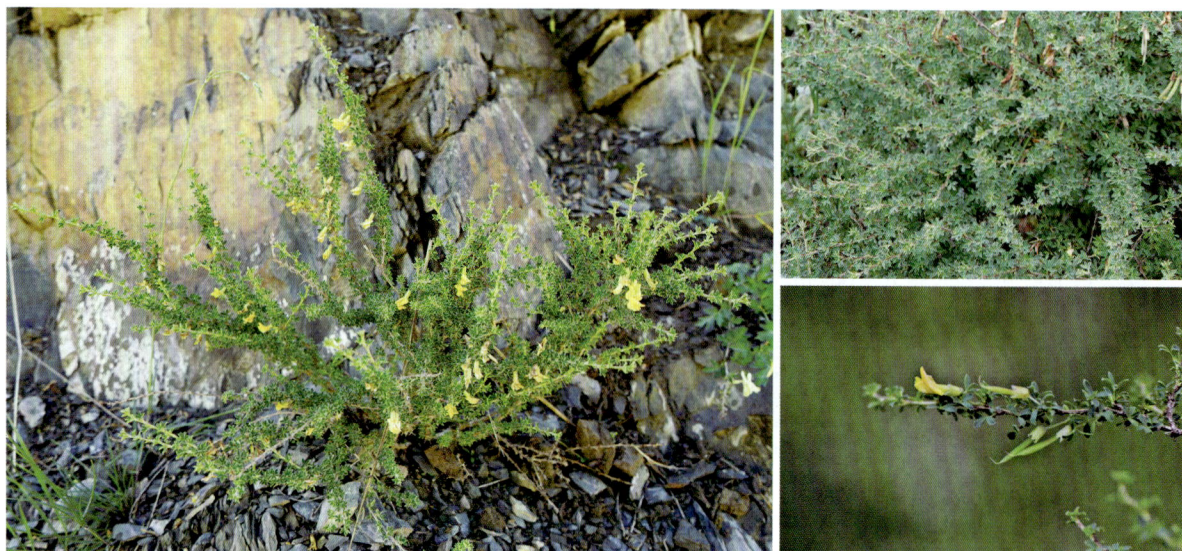

密叶锦鸡儿
Caragana densa Kom.

科 豆科 Fabaceae
属 锦鸡儿属 *Caragana*

丛生灌木。树皮条片状剥落；小枝有棱。假掌状复叶；小叶4片，倒披针形或线形，长6～13毫米，宽2～3毫米，先端有刺尖，仅下面疏被短柔毛；叶轴和托叶在长枝者常硬化成宿存针刺。花梗单生，长3～4毫米，关节在基部；花萼钟状；花冠黄色，长18～23毫米。荚果圆筒状，稍扁，无毛。

产于博峪沟、业母沟。生于海拔2800～2900米干旱山坡。

甘青黄耆
Astragalus tanguticus Batalin

科 豆科 Fabaceae
属 黄耆属 *Astragalus*

多年生草本。羽状复叶，小叶11～21枚，椭圆状长圆形，长4～11毫米，宽2～4毫米，下面被白色柔毛。总状花序呈伞形，生4～10花；总花梗长2～4厘米；苞片长约2.3毫米；花萼钟状，疏被白色及黑色柔毛，萼筒长2～2.5毫米，萼齿线状披针形；花冠青紫色，长约10毫米。荚果近圆形或长圆形，长7～8毫米，疏被白色短柔毛。

产于大峪沟、加当湾、卡车沟、扎古录、洮河南岸。生于海拔2530～2900米山谷、山坡。

单蕊黄耆
Astragalus monadelphus Bunge ex Maxim.

科 豆科 Fabaceae
属 黄耆属 *Astragalus*

多年生草本。羽状复叶，小叶9～15枚，长圆状披针形或长椭圆形，长6～24毫米，宽4～11毫米，下面疏生柔毛。总状花序疏生10～16花；总花梗较叶长；苞片长8～10毫米；花萼钟状，散生伏毛，萼筒长5～6毫米，萼齿披针形；花冠黄色，长12～13毫米。荚果略膨胀，披针形，长约2厘米，被白色柔毛。

产于章巴库沟、旗布沟、拉力沟、鹿儿沟。生于海拔2900～3100米山谷、山坡、灌丛下。

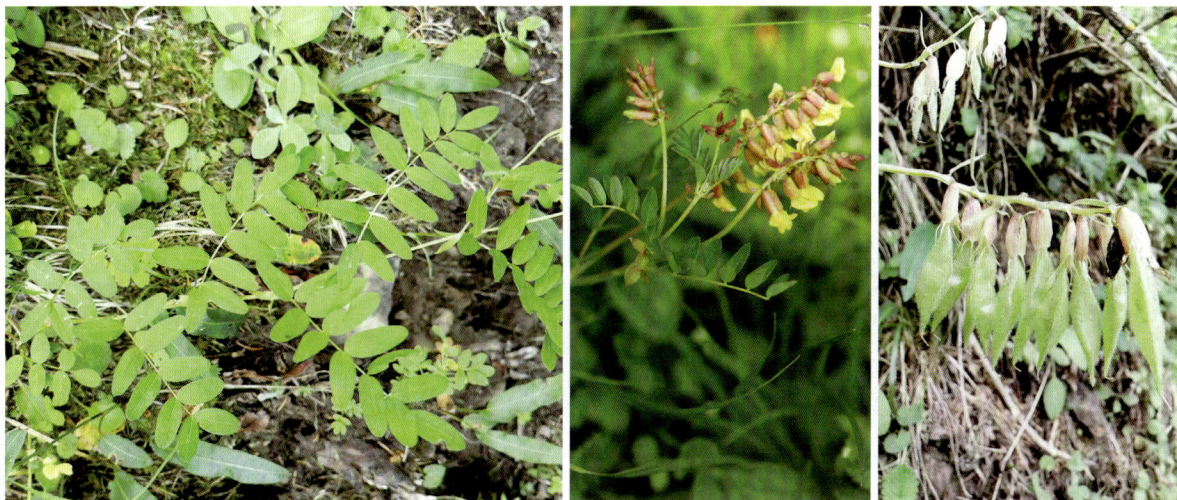

豆科

豆科

3
被子植物

285

长萼裂黄耆
Astragalus longilobus Pet.-Stib.

科 **豆科 Fabaceae**
属 **黄耆属 Astragalus**

多年生草本。羽状复叶，小叶5～11枚，长圆形或卵状披针形，长2～3厘米，宽5～10毫米，下面毛较密。短总状花序具多花，总花梗与叶近等长；苞片反折，长8～10毫米；花萼钟状，长约12毫米，萼齿线形，与萼筒近等长；花冠黄色或淡黄色，长约15毫米。荚果披针形，长20～22毫米，具短喙，外面密生黑色毛。

产于小阿角沟、八十沟、扎路沟、光盖山。生于海拔2850～3700米山坡及溪旁草地。

黑紫花黄耆
Astragalus przewalskii Bunge

科 **豆科 Fabaceae**
属 **黄耆属 Astragalus**

多年生草本。羽状复叶，小叶9～17枚，披针形，长1.5～3.5厘米，宽2～8毫米。总状花序稍密集，有10余朵花；总花梗与叶近等长或稍长；苞片长3～5毫米；花萼钟状，长5～7毫米，外面被黑色柔毛，萼齿三角状披针形；花冠黑紫色，旗瓣长10～12毫米。荚果膨大，梭形或披针形，长18～30毫米，被黑色短柔毛。

产于八十沟、拉力沟、车巴沟、扎路沟、业母沟、色树隆沟、车路沟。生于海拔2800～3650米山坡、灌丛。

黄耆

Astragalus membranaceus (Fisch.) Bunge

多年生草本。羽状复叶，小叶13～27枚，椭圆形或长圆状卵形，长7～30毫米，宽3～12毫米，下面被伏贴白色柔毛。总状花序稍密，有10～20朵花；总花梗与叶近等长或较长；苞片长2～5毫米；花萼钟状，长5～7毫米，外面被白色或黑色柔毛，萼齿短；花冠黄色或淡黄色，长12～20毫米。荚果稍膨胀，半椭圆形，长20～30毫米，顶端具刺尖，被柔毛。

产于拉力沟。生于海拔2600米左右向阳草地。

蒙古黄耆

Astragalus membranaceus (Fisch.) Bunge var. *mongholicus* (Bunge) P. K. Hsiao

科 豆科 Fabaceae
属 黄耆属 Astragalus

与黄耆的区别：植株较矮小；小叶较小，长5～10毫米，宽3～5毫米；荚果无毛。

产于大峪沟。生于海拔2600米左右向阳草地。

豆科

3 被子植物

287

淡紫花黄耆

Astragalus membranaceus (Fisch.) Bunge f. *purpurinus* (Y. C. Ho) Y. C. Ho

科 豆科 Fabaceae
属 黄耆属 *Astragalus*

与黄耆的区别：花冠淡紫红色。

产于大峪沟、拉力沟、卡车沟、洮河南岸。生于海拔2560～2900米山坡或灌丛中。

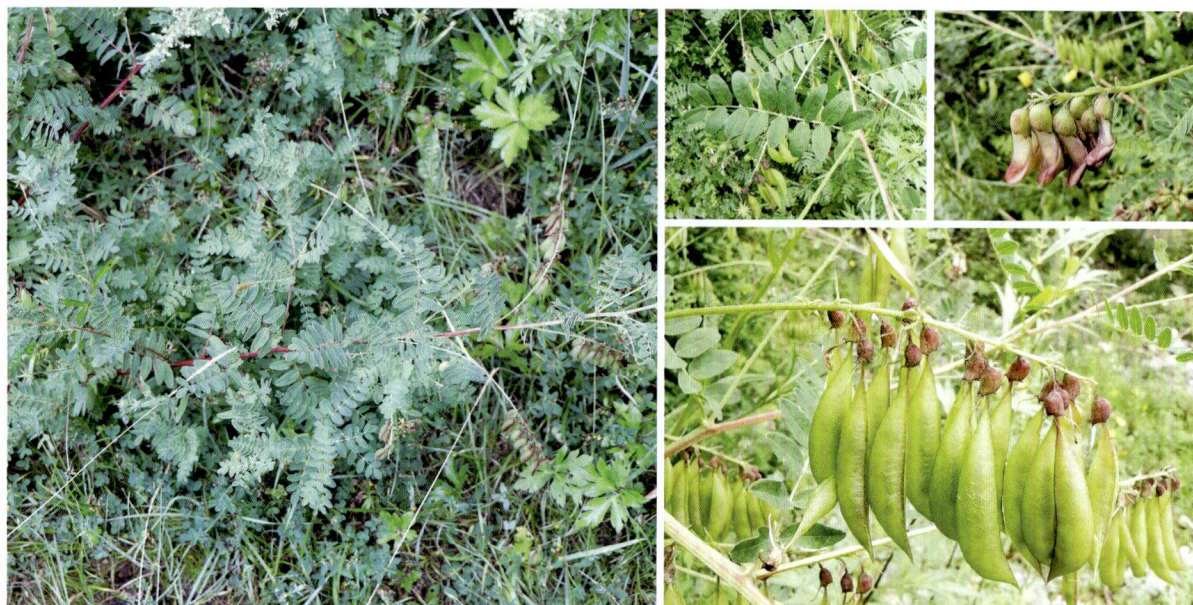

多花黄耆

Astragalus floridus Benth. ex Bunge

科 豆科 Fabaceae
属 黄耆属 *Astragalus*

多年生草本，被黑色或白色长柔毛。羽状复叶，小叶13～14枚，线状披针形或长圆形，长8～22毫米，宽2.5～5毫米，下面被柔毛。总状花序腋生，生多花，偏向一边；总花梗比叶长；苞片长约5毫米；花萼钟状，长5～7毫米，被黑色伏贴柔毛，萼齿钻形；花冠白色或淡黄色，长11～13毫米。荚果纺缍形，长12～15毫米，被柔毛。

产于八十沟、博峪沟、业母沟、车巴沟。生于海拔2850～3100米高山草坡或灌丛下。

东俄洛黄耆

Astragalus tongolensis Ulbr.

科 豆科 Fabaceae
属 黄耆属 *Astragalus*

多年生草本。羽状复叶，小叶9～13枚，卵形或长圆状卵形，长1.5～4厘米，宽0.5～2厘米，下面和边缘被白色柔毛。总状花序腋生，生10～20花，稍密集；总花梗远较叶为长；苞片长4～6毫米；花萼钟状，长约7毫米，萼齿三角形；花冠黄色，长约18毫米。荚果披针形，长约2.5厘米，表面密被黑色柔毛。

产于博峪沟、拉力沟、色树隆沟、车巴沟。生于海拔3000～3100米山坡草地。

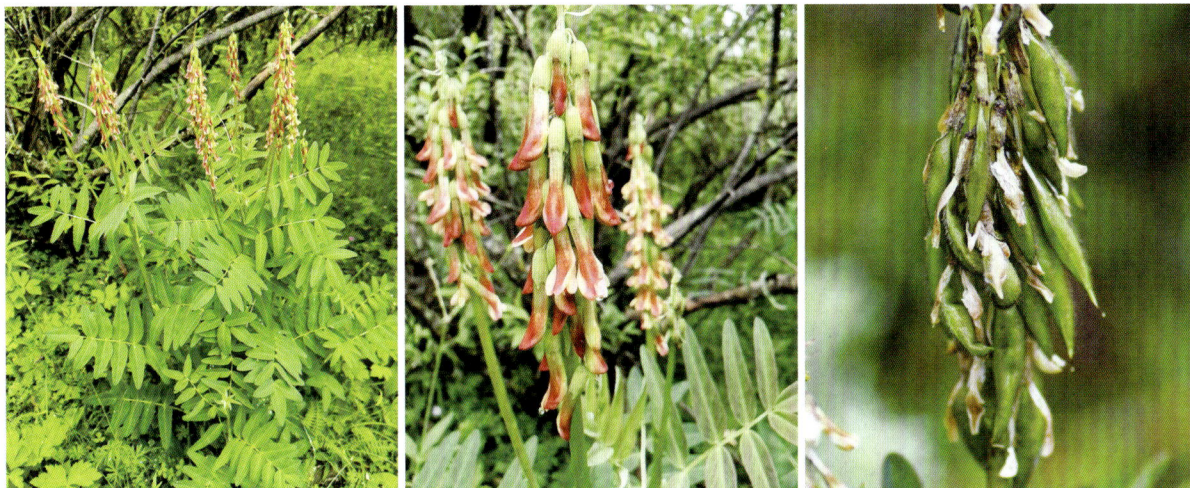

金翼黄耆

Astragalus chrysopterus Bunge

科 豆科 Fabaceae
属 黄耆属 *Astragalus*

多年生草本。羽状复叶，小叶11～21枚，宽卵形或长圆形，长7～20毫米，宽3～8毫米，下面粉绿色，疏被白色伏贴柔毛。总状花序腋生，生3～13花，疏松；总花梗通常较叶长；苞片长1～2毫米；花萼钟状，长约4.5毫米，萼齿狭披针形；花冠黄色，长8.5～12毫米。荚果倒卵形，长约9毫米，先端有尖喙，无毛，果颈远较荚果长。

产于大峪沟、八十沟、尼玛尼嘎沟、小阿角沟。生于海拔2800～2900米山坡、灌丛、林下。

豆科

豆科

3
被子植物

肾形子黄耆

Astragalus skythropos Bunge

科 豆科 Fabaceae
属 黄耆属 *Astragalus*

多年生草本。羽状复叶丛生呈假莲座状，小叶13～31枚，宽卵形或长圆形，长5～18毫米，宽4～10毫米。总状花序生多数花，下垂，偏向一边；总花梗长5～25厘米；苞片长5～8毫米；花萼狭钟状，长7～8毫米，外面被柔毛，萼齿披针形至钻形，长约3毫米；花冠红色至紫红色，长15～20毫米。荚果披针状卵形，长约2厘米，两端尖，密被长柔毛。

产于扎路沟、车巴沟、光盖山。生于海拔3300～3800米高山草甸。

川青黄耆

Astragalus peterae H. T. Tsai et T. T. Yu

科 豆科 Fabaceae
属 黄耆属 *Astragalus*

多年生草本。羽状复叶，小叶11～19枚，长圆状披针形至线状披针形，长8～20毫米，宽3～5毫米，下面被白色伏贴柔毛。总状花序生20～30花，较密集；总花梗比叶长；苞片长4～10毫米；花萼钟状，长7～9毫米，被柔毛，萼齿不等长，披针形；花冠深紫色，长13～14毫米。荚果狭卵形，长8～10毫米，被褐色短伏贴柔毛。

产于小阿角沟、拉力沟、卡车沟、扎路沟。生于海拔3000～3200米高山草丛。

甘肃洮河国家级自然保护区维管植物

草木樨状黄耆

Astragalus melilotoides Pall.

多年生草本。羽状复叶，小叶5～7枚，长圆状楔形或线状长圆形，长7～20毫米，宽1.5～3毫米，两面均被伏贴柔毛。总状花序生多数花，稀疏；总花梗远较叶长；苞片小；花萼短钟状，长约1.5毫米；花冠白色或带粉红色，长约5毫米。荚果宽倒卵状球形或椭圆形，长2.5～3.5毫米，具短喙。

产于大峪沟、卡车沟、扎古录。生于海拔2560～3000米向阳山坡。

小果黄耆

Astragalus tataricus Franch.

多年生草本。羽状复叶，小叶13～25枚，披针形或长圆形，长3～8毫米，宽1～3毫米，两面散生白色柔毛。总状花序生8～12花，较密集呈头状；总花梗较叶长；苞片长1～2毫米；花萼钟状，长3～4毫米，外面被伏贴短柔毛，萼齿线形；花冠淡红色或近白色，旗瓣长6～7毫米。荚果近椭圆形，长5～8毫米，被白色短柔毛。

产于大峪沟、鹿儿沟、下巴沟、洮河南岸。生于海拔2560～2800米山坡草地或沙地。

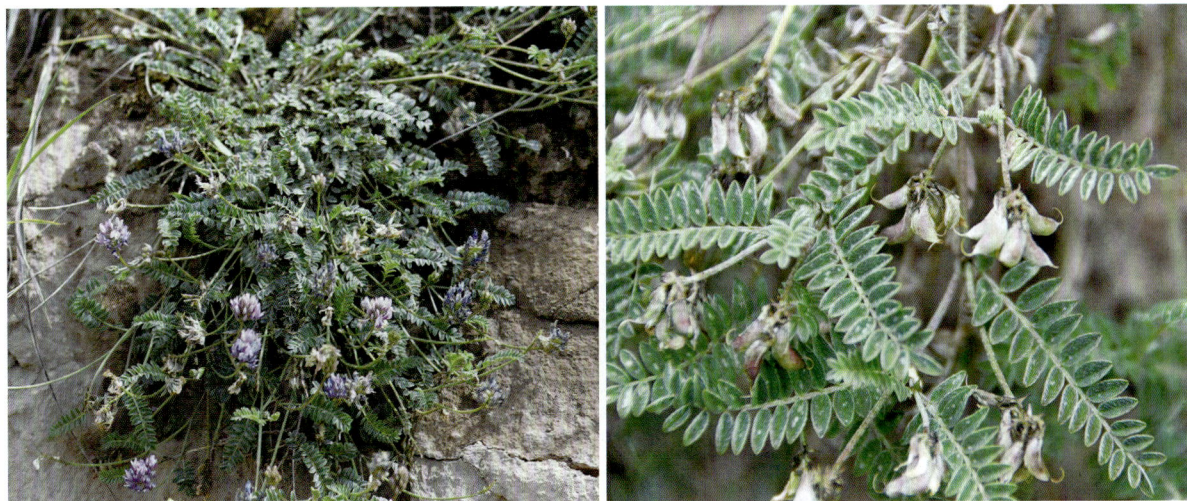

多枝黄耆
Astragalus polycladus Bur. et Franch.

科 豆科 Fabaceae
属 黄耆属 *Astragalus*

多年生草本。奇数羽状复叶，小叶11～23枚，披针形或近卵形，长2～7毫米，宽1～3毫米，两面白色伏贴柔毛。总状花序具多花，密集呈头状；总花梗较叶长；苞片长1～2毫米；花萼钟状，长2～3毫米，被毛，萼齿线形；花冠红色或青紫色，长7～8毫米。荚果长圆形，微弯曲，长5～8毫米，被伏贴柔毛。

产于三角石沟、大峪沟。生于海拔2600～2800米山坡、路旁。

斜茎黄耆
Astragalus adsurgens Pall.

科 豆科 Fabaceae
属 黄耆属 *Astragalus*

多年生草本。羽状复叶，小叶9～25枚，长圆形，长10～35毫米，宽2～8毫米。总状花序生多数花，排列密集；苞片狭披针形至三角形；花萼管状钟形，长5～6毫米，被毛，萼齿狭披针形；花冠近蓝色或红紫色，长11～15毫米。荚果长圆形，长7～18毫米，两侧稍扁，背缝凹入成沟槽，被毛。

产于大峪沟、卡车沟、扎古录、洮河南岸。生于海拔2560～2900米向阳山坡灌丛及林缘。

地八角

Astragalus bhotanensis Baker

科 豆科 Fabaceae
属 黄耆属 *Astragalus*

多年生草本。羽状复叶，小叶19～29枚，倒卵形或倒卵状椭圆形，长6～23毫米，宽4～11毫米，下面被白色伏贴毛。总状花序头状，生多数花；花梗粗壮；苞片宽披针形；花萼管状，萼齿与萼筒等长，疏被长柔毛；花冠红紫色、紫色、灰蓝色、白色或淡黄色。荚果圆筒形，长20～25毫米，无毛，背腹两面稍扁。

产于大峪沟、八十沟、拉力沟。生于海拔2560～2800米山坡、河漫滩及灌丛下。

甘肃棘豆

Oxytropis kansuensis Bunge

科 豆科 Fabaceae
属 棘豆属 *Oxytropis*

多年生草本，高8～20厘米。羽状复叶，小叶17～29枚，卵状长圆形或披针形，长5～13毫米，宽3～6毫米，先端急尖，两面疏被贴伏短柔毛。多花组成头状的总状花序；总花梗长7～15厘米；苞片线形，长约6毫米；花萼筒状，长8～9毫米，密被黑色间有白色贴伏长柔毛，萼齿线形；花冠黄色，长约12毫米。荚果长圆状卵形，膨胀，长8～12毫米，密被贴伏黑色短柔毛。

产于小阿角沟、博峪沟、拉力沟、业母沟、色树隆沟、车路沟、车巴沟。生于海拔2900～3150米路旁、高山草地、林下、灌丛下。

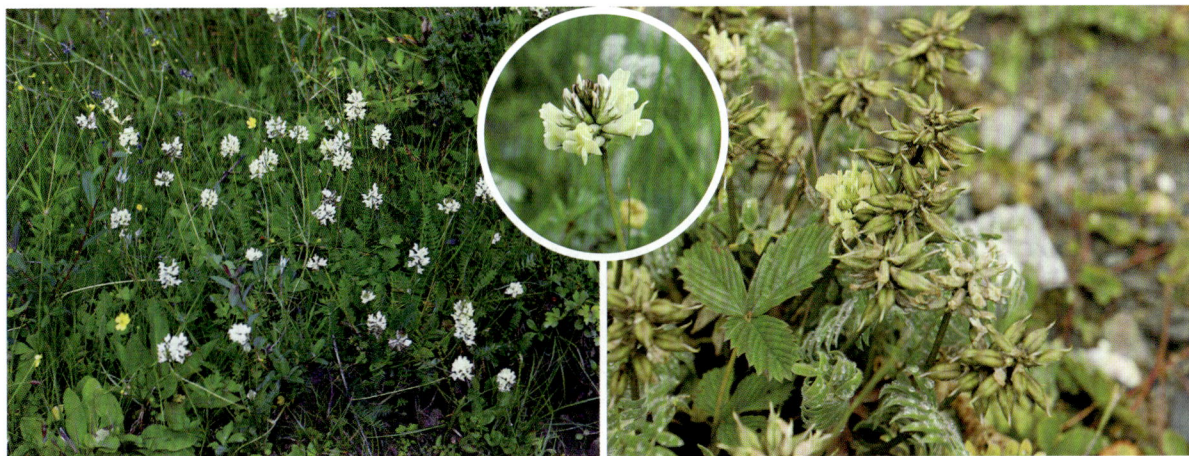

黄花棘豆
Oxytropis ochrocephala Bunge

科 豆科 Fabaceae
属 棘豆属 *Oxytropis*

多年生草本，高10～50厘米。羽状复叶，小叶17～31枚，卵状披针形，长10～30毫米，宽3～10毫米，幼时两面密被贴伏毛。多花组成密集总状花序，以后延伸；总花梗长10～25厘米；苞片线状披针形，下部的长12毫米；花萼筒状，长11～14毫米，密被柔毛，萼齿线状披针形；花冠黄色，长11～17毫米。荚果长圆形，膨胀，长12～15毫米，先端具弯曲的喙，密被黑色短柔毛。

产于扎路沟。生于海拔3000米左右草地。

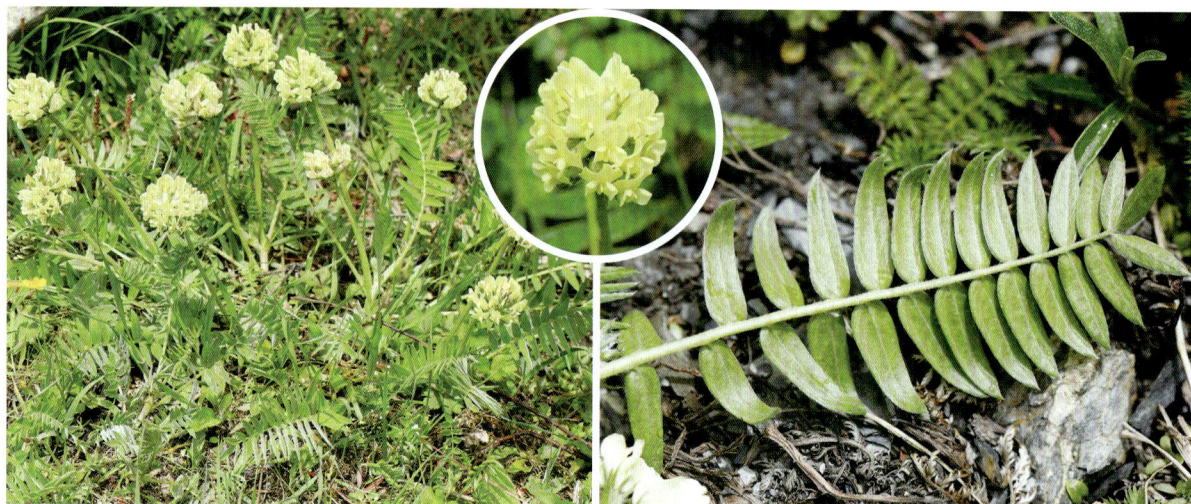

长苞黄花棘豆
Oxytropis ochrocephala Bunge var. *longibracteata* P. C. Li.

科 豆科 Fabaceae
属 棘豆属 *Oxytropis*

与黄花棘豆的区别：小叶对生，稀3～4片轮生；苞片比花萼长。

产于八十沟、业母沟。生于海拔2800～2900米砾石山地或高山草地。

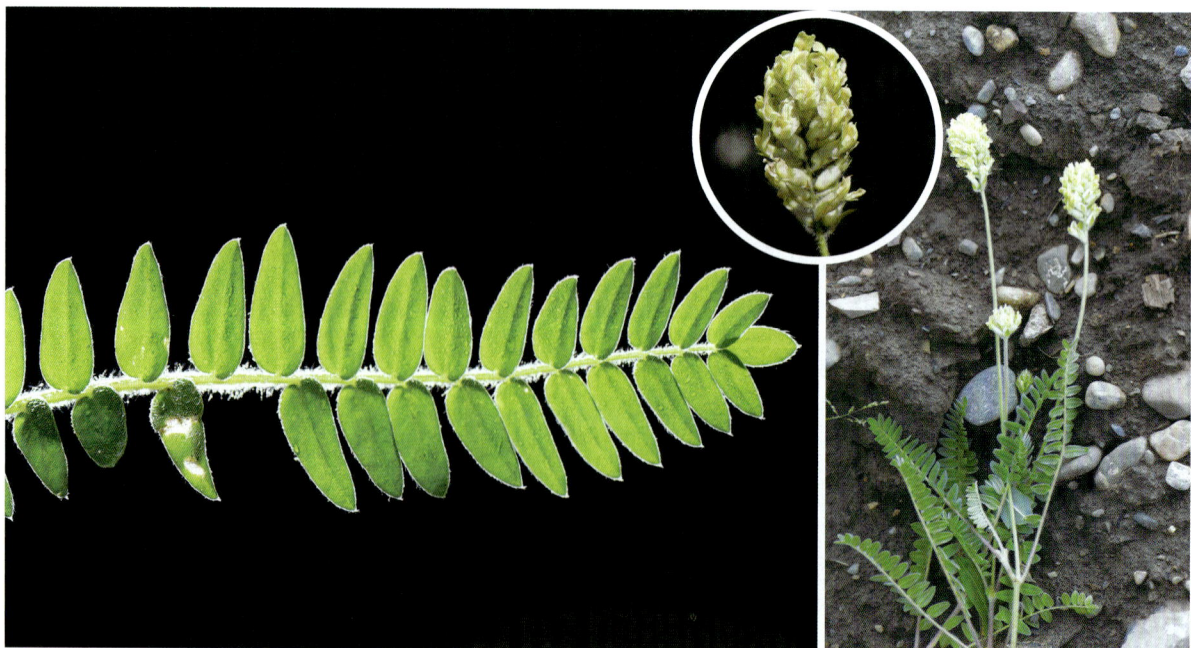

洮河棘豆
Oxytropis taochensis Kom.

科 豆科 Fabaceae
属 棘豆属 *Oxytropis*

多年生草本，高10～30厘米。羽状复叶，小叶13～17枚，长椭圆形、近圆形或披针状卵形，长5～10毫米，宽2～4毫米，两面被贴伏硬毛。3～8朵花组成较疏的短总状花序；总花梗长3.5～10厘米；苞片短；花萼钟状，长6～7毫米，外面被柔毛，萼齿线形；花冠紫色或蓝紫色，长10～15毫米。荚果圆柱形，膨大，长2～3厘米，喙长约5毫米，被贴伏短毛，腹面具深沟。

产于大峪沟、八十沟、小阿角沟。生于海拔2560～2900米山顶草地、山坡及路旁。

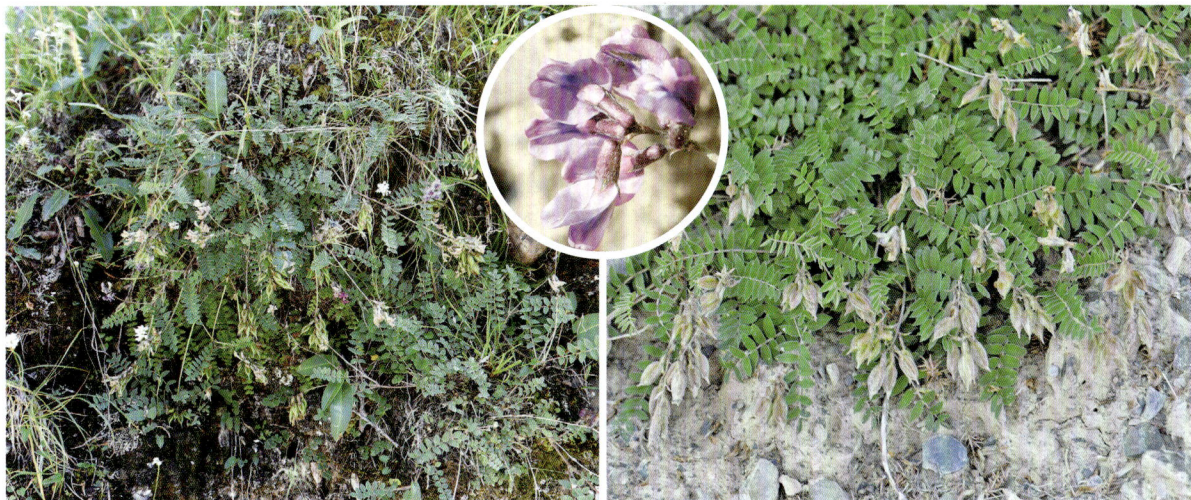

秦岭棘豆
Oxytropis chinglingensis C. W. Chang

科 豆科 Fabaceae
属 棘豆属 *Oxytropis*

多年生草本，高8～12厘米。茎缩短，铺散。羽状复叶，小叶19～21枚，卵形或卵状披针形，长6～8毫米，宽3～4.5毫米。6～8花组成头形总状花序；总花梗长8～10厘米；苞片披针形，长5毫米；花紫色，长10毫米；花梗长3毫米；花萼钟状，长4毫米；翼瓣先端微凹。荚果长椭圆形，膨胀，长13毫米，密被黑色短糙毛。

产于小阿角沟。生于海拔2800米左右山坡草地。

青海棘豆
Oxytropis qinghaiensis Y. H. Wu

多年生草本。羽状复叶，小叶13～29枚，对生或近对生，卵形至披针形，长3～12毫米，宽2～7毫米，两面密被白色长柔毛。总状花序最初头状，在果期延长；花序梗长于叶；苞片长4～7毫米；花萼钟状，长6～8毫米，被黑色和白色糙硬毛；花冠紫色至蓝色；旗瓣长约1厘米。荚果长12～16毫米，密被白色和黑色糙硬毛。

产于八十沟。生于海拔2820米砾石地、草地。

黑萼棘豆
Oxytropis melanocalyx Bunge

多年生草本，高10～15厘米。羽状复叶，小叶9～25枚，卵形至卵状披针形，长5～11毫米，宽2～4毫米，两面疏被柔毛。3～10朵花组成腋生短总状花序；总花梗在开花后伸长达14厘米；苞片较花梗长；花萼钟状，长4～6毫米，密被黑色短柔毛，萼齿披针状线形；花冠蓝色、紫色或紫红色，长约12.5毫米。荚果宽长椭圆形，膨胀，下垂，长15～20毫米，密被黑色短柔毛。

产于旗布沟、博峪沟、扎路沟、业母沟、色树隆沟、车巴沟。生于海拔2900～3100米山坡、草地或灌丛下。

密花棘豆
Oxytropis imbricata Kom.

科 豆科 Fabaceae
属 棘豆属 *Oxytropis*

多年生丛生草本。羽状复叶密生，小叶15~31枚，长椭圆形或卵状披针形，长5~11毫米，宽3~5毫米，两面被贴伏疏柔毛。多花组成紧密总状花序，果时延伸而稀疏，偏向一侧；苞片小；花长约8毫米；花萼钟状，萼齿披针状线形；花冠红紫色。荚果宽卵形或近圆形，长5~6毫米，钩状喙短。

产于古姆茨娜。生于海拔2500米左右砾石山坡。

地角儿苗
Oxytropis bicolor Bunge

科 豆科 Fabaceae
属 棘豆属 *Oxytropis*

多年生草本。羽状复叶，小叶对生或4片轮生，线形至披针形，长3~23毫米，宽1.5~6.5毫米，两面密被绢状长柔毛。10~23朵花组成或疏或密的总状花序；苞片披针形，长4~10毫米；花萼筒状，长9~12毫米，密被长柔毛，萼齿线状披针形；花冠紫红色或蓝紫色，长14~20毫米。荚果稍坚硬，卵状长圆形，膨胀，腹背稍扁，长17~22毫米，先端具长喙，密被长柔毛。

产于大山神。生于海拔2900米山坡、草地。

甘肃米口袋
Gueldenstaedtia gansuensis Tsui

科 豆科 Fabaceae
属 米口袋属 *Gueldenstaedtia*

多年生草本。羽状复叶，小叶9～15枚，椭圆形或长圆形，长2～8毫米，宽1.5～3.5毫米。伞形花序具2～3朵花；总花梗细长；花萼钟状，长5毫米；花冠紫红色，旗瓣倒卵形，长9毫米。荚果狭长卵形，长1.5厘米，被稀疏柔毛。

产于卡车沟。生于海拔2900米左右山坡、路旁、草地。

高山豆
Tibetia himalaica (Baker) H. P. Tsui

科 豆科 Fabaceae
属 高山豆属 *Tibetia*

多年生草本。羽状复叶长2～7厘米；小叶9～13枚，圆形、椭圆形至卵形，长1～9毫米，宽1～8毫米，顶端微缺至深缺，被贴伏长柔毛。伞形花序具1～3朵花；总花梗与叶等长；花萼钟状，长3～5毫米，被长柔毛；花冠深蓝紫色，长6～8毫米。荚果圆筒形或有时稍扁，被稀疏柔毛或近无毛。

产于大峪沟、业母沟。生于海拔2560～2900米高山草地。

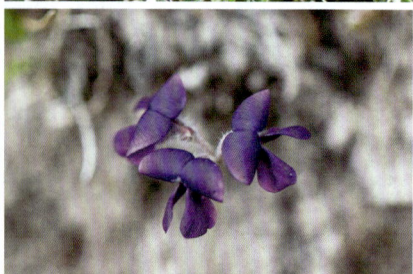

多序岩黄耆

Hedysarum polybotrys **Hand.-Mazz.**

科 **豆科 Fabaceae**
属 **岩黄耆属 *Hedysarum***

多年生草本，高100～120厘米。羽状复叶长5～9厘米；小叶11～19枚，卵状披针形或卵状长圆形，长18～24毫米，宽4～6毫米，下面被贴伏柔毛。总状花序腋生，高度一般不超出叶；花梗长3～4毫米；花萼斜宽钟状，长4～5毫米；花冠淡黄色，长11～12毫米。荚果2～4节，被短柔毛，节荚近圆形或宽卵形。

产于大峪沟、八十沟、卡车沟、车巴沟。生于海拔2560～2950米石质山坡、灌丛和林缘。

块茎岩黄耆

Hedysarum algidum **L. Z. Shue**

科 **豆科 Fabaceae**
属 **岩黄耆属 *Hedysarum***

多年生草本，高5～10厘米。地下茎节间膨大呈念珠状。羽状复叶具5～11枚小叶，椭圆形或卵形，长8～10毫米，宽4～5毫米，下面被贴伏短柔毛。总状花序腋生，高于叶近1倍；花6～12朵，疏散排列；花梗长3～4毫米；花萼钟状，长4～6毫米，淡污紫红色；花冠紫红色至粉色，长12～15毫米，下部色较淡或近白色。

产于旗布沟、章巴库沟、扎路沟、车路沟、扎古录、车巴沟。生于海拔2900～3350米高山草地、林缘。

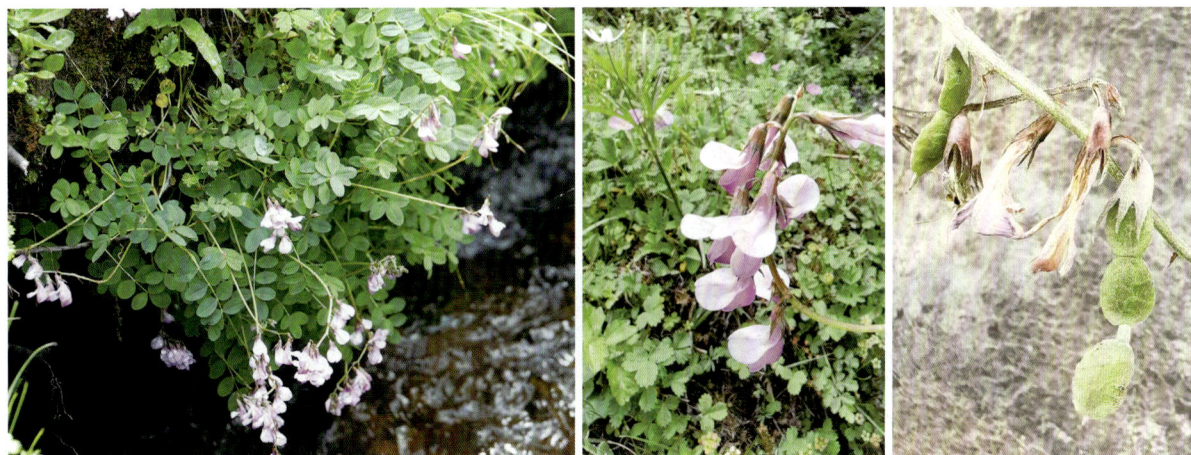

唐古特岩黄耆

Hedysarum tanguticum B. Fedtsch.

多年生草本，高15～20厘米。羽状复叶具15～25小叶，卵状长圆形至狭椭圆形，长8～15毫米，宽4～6毫米，下面被长柔毛。总状花序腋生，超出叶约1倍；花多数，下垂；花梗长约2毫米；萼钟状，长6～8毫，被柔毛；花冠深玫瑰紫色，长21～25毫米。荚果2～4节，下垂，被长柔毛，节荚近圆形或椭圆形。

产于章巴库沟、旗布沟、车巴沟、光盖山。生于海拔3000～3800米高山草地或灌丛下。

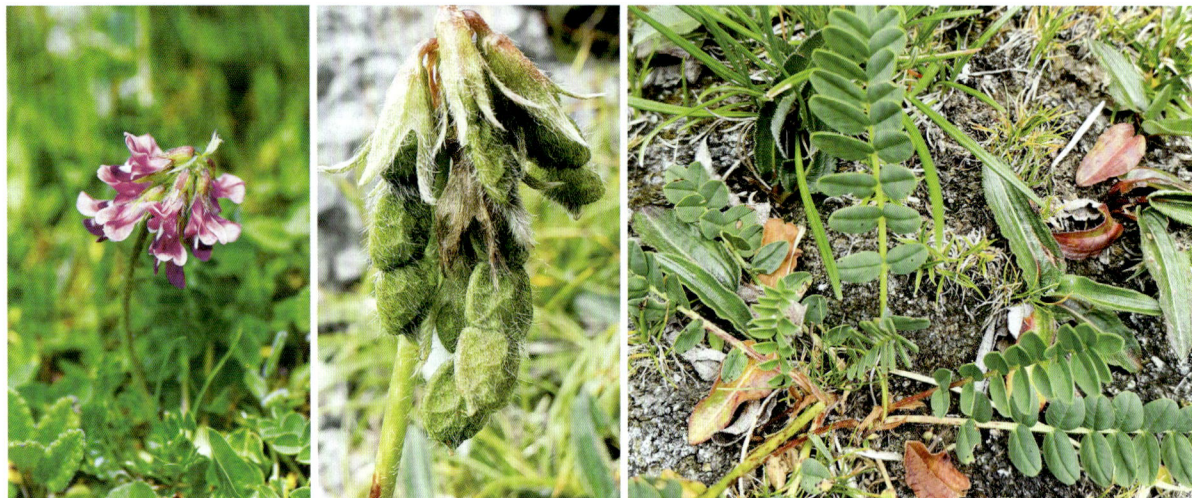

广布野豌豆

Vicia cracca Linn.

多年生草本，攀援或蔓生。偶数羽状复叶，叶轴顶端卷须有2～3分支；托叶半箭头形或戟形，上部2深裂；小叶5～12对，互生，线形、长圆或披针状线形，长1.1～3厘米，宽0.2～0.4厘米，全缘。总状花序与叶轴近等长，花多数密集一边；花萼钟状，萼齿近三角状披针形；花冠紫色、蓝紫色或紫红色，长0.8～1.5厘米。荚果长圆形，长2～2.5厘米。

产于大峪沟、八十沟、业母沟、色树隆沟、车路沟、郭扎沟。生于海拔2600～3100米林缘、草地及灌丛中。

甘肃洮河国家级自然保护区维管植物

山野豌豆

Vicia amoena Fisch. ex DC.

　　多年生草本，植株被疏柔毛。茎斜升或攀援。偶数羽状复叶，顶端卷须有2～3分支；托叶半箭头形，长0.8～2厘米，边缘有3～4裂齿；小叶4～7对，互生或近对生，椭圆形至长披针形，长1.3～4厘米，先端微凹，下面粉白色。总状花序长于叶，花多数密集；花萼斜钟状，萼齿近三角形；花冠红紫色至蓝色，长1～1.6厘米。荚果长圆形，长1.8～2.8厘米，无毛。

　　产于大峪沟、尼巴大沟。生于海拔2600～2900米草地、灌丛或杂木林中。

歪头菜

Vicia unijuga A. Braun

　　多年生草本。叶轴末端为细刺尖头，偶见卷须；托叶戟形或近披针形，长0.8～2厘米，边缘有不规则蚀状齿；小叶1对，卵状披针形或近菱形，长1.5～11厘米，宽1.5～5厘米，边缘具小齿，两面均疏被微柔毛。总状花序明显长于叶；花8～20朵；花萼紫色，斜钟状，长约0.4厘米；花冠蓝紫色、紫红色或淡蓝色，长1～1.6厘米。荚果扁、长圆形，长2～3.5厘米，无毛。

　　产于尼玛尼嘎沟、八十沟、卡车沟、业母沟、郭扎沟、达加沟。生于海拔2600～2900米林缘、草地及灌丛。

野豌豆
Vicia sepium Linn.

多年生草本。偶数羽状复叶，叶轴顶端卷须发达；托叶半戟形，有2～4裂齿；小叶5～7对，长卵圆形或长圆披针形，长0.6～3厘米，先端钝或平截，微凹，有短尖头，两面被柔毛。短总状花序具花2～6朵；花萼钟状，萼齿披针形或锥形；花冠红色、近紫色至浅粉红色，稀白色。荚果宽长圆状，长2.1～3.9厘米。

产于洮河南岸。生于海拔2600米山坡、林缘。

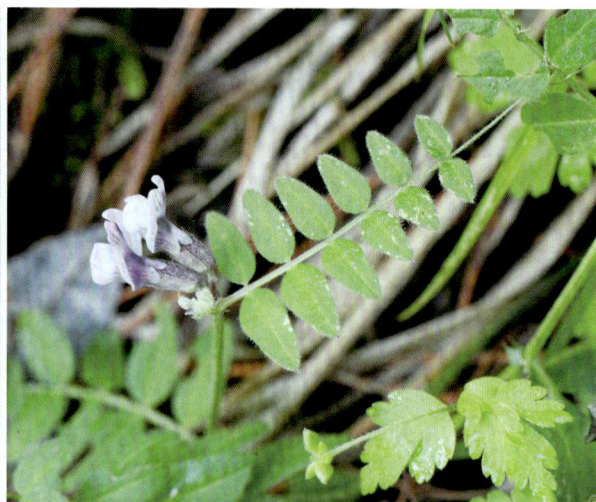

救荒野豌豆
Vicia sativa Linn.

一或二年生草本。茎斜升或攀援，具棱。偶数羽状复叶，叶轴顶端卷须有2～3分支；托叶戟形，通常2～4裂齿，长3～4毫米；小叶2～7对，长椭圆形或近心形，长0.9～2.5厘米，宽0.3～1厘米，先端圆或平截有凹，具短尖头，两面被贴伏黄柔毛。花1～4朵腋生，近无梗；萼钟形，萼齿披针形；花冠紫红色或红色长18～30毫米。荚果长圆形，长4～6厘米，宽0.5～0.8厘米，表皮土黄色，种子间缢缩，有毛。

产于博峪沟。生于海拔2600米荒山、草丛及林中。

窄叶野豌豆

Vicia angustifolia Linn. ex Reichard

一或二年生草本。茎斜升、蔓生或攀援。偶数羽状复叶，叶轴顶端卷须发达；托叶半箭头形或披针形；小叶4~6对，线形或线状长圆形，长1~2.5厘米，宽0.2~0.5厘米。花1~4朵腋生；花萼钟形，萼齿三角形，外面被黄色疏柔毛；花冠红色或紫红色。荚果长线形，长2.5~5厘米，宽约0.5厘米。

产于大峪沟、旗布沟、业母沟、色树隆沟、车路沟。生于海拔2560~3100米河滩、山沟、谷地、田边草丛。

大龙骨野豌豆

Vicia megalotropis Ledeb.

多年生草本，直立或斜升。偶数羽状复叶，卷须分支；托叶长0.5~0.8厘米，半箭头形或披针形，下部有1~2裂齿。小叶7~12对，披针形至线状披针形，长2~4厘米，宽1.5~6毫米，被贴伏柔毛。总状花序与叶近等长，具花10~20朵，密集并偏向一侧；萼钟形，萼齿三角形；花长12~15毫米，紫红色，旗瓣长于翼瓣和龙骨瓣。荚果菱形或长圆形，长2~2.5厘米，宽6~7毫米。

产于古姆茨娜。生于海拔2500米左右草地。

牧地山黧豆

Lathyrus pratensis Linn.

科 **豆科** Fabaceae
属 **山黧豆属** *Lathyrus*

多年生草本。茎上升、平卧或攀援。偶数羽状复叶具1对小叶；叶轴末端具卷须；托叶箭形，长5～45毫米；小叶椭圆形、披针形或线状披针形，长10～50毫米，两面多少被毛。总状花序腋生，具5～12朵花；花黄色，长12～18毫米；花萼钟状，被短柔毛。荚果线形，长23～44毫米，黑色。

产于八十沟。生于海拔2850米左右山坡草地、疏林下。

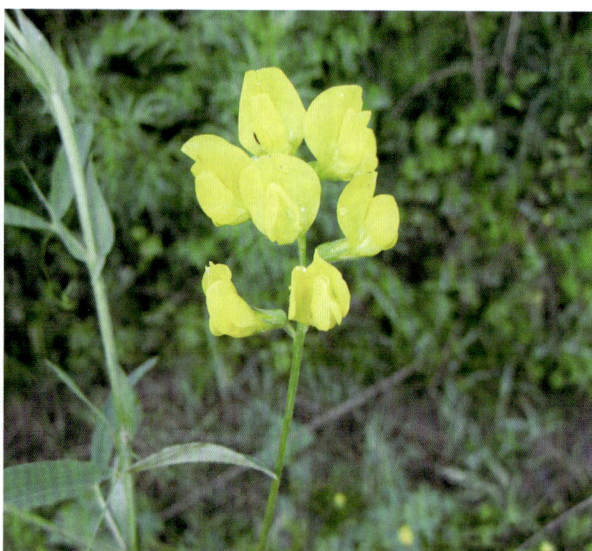

白花草木樨

Melilotus albus Medic. ex Desr.

科 **豆科** Fabaceae
属 **草木樨属** *Melilotus*

一或二年生草本。羽状三出复叶；托叶尖刺状锥形，长6～10毫米；小叶长圆形或倒披针状长圆形，长15～30厘米，宽4～12毫米，边缘疏生浅锯齿。总状花序长9～20厘米，腋生，具花多朵，排列疏松；苞片长1.5～2毫米；花梗长1～1.5毫米；萼钟形，长约2.5毫米，萼齿短于萼筒；花冠白色，长4～5毫米。荚果椭圆形至长圆形，长3～3.5毫米，先端具尖喙。

产于大峪沟、博峪沟、卡车沟。生于2550～2700米田边、路旁荒地。

草木樨

Melilotus officinalis (Linn.) Pall.

二年生草本。羽状三出复叶；托叶镰状线形，长3～7毫米；小叶倒卵形、倒披针形至线形，长15～30毫米，宽5～15毫米，边缘具不整齐疏浅齿。总状花序长6～20厘米，腋生，具花多朵；苞片长约1毫米；花梗与苞片等长或稍长；萼钟形，长约2毫米；花冠黄色，长3.5～7毫米。荚果卵形，长3～5毫米，先端具宿存花柱。

产于大峪沟、八十沟、卡车沟、车路沟、车巴沟。生于海拔2600～3100米山坡、河岸、路旁、林缘。

天蓝苜蓿

Medicago lupulina Linn.

一或二年生或多年生草本，全株被柔毛或有腺毛。羽状三出复叶；托叶长达1厘米，常齿裂；小叶倒卵形或倒心形，长5～20毫米，宽4～16毫米，先端多少截平或微凹，具细尖，边缘在上半部具不明显尖齿。花序头状，具花10～20朵；苞片刺毛状；花梗长不到1毫米；萼钟形，长约2毫米，密被毛；花冠黄色，长2～2.2毫米。荚果肾形，长3毫米。

产于三角石沟、拉力沟、尼巴大沟、下巴沟。生于海拔2750～2900米河岸、路边、田野及林缘。

被子植物

青海苜蓿
Medicago archiducis-nicolai Sirj.

多年生草本。羽状三出复叶；托叶戟形，长4～10毫米；叶柄长4～12毫米；小叶阔卵形至圆形，长6～18毫米，宽6～12毫米，先端截平或微凹，边缘具不整齐尖齿。花序伞形，具花4～5朵，疏松；苞片刺毛状；花梗长2～7毫米；萼钟形，长3～4毫米，被柔毛；花冠橙黄色，中央带紫红色晕纹，长7～10毫米。荚果长圆状半圆形，扁平，长10～18毫米，先端具短尖喙。

产于大峪沟、下巴沟、洮河南岸。生于海拔2560～2700米草地。

花苜蓿
Medicago ruthenica (Linn.) Trautv.

多年生草本。羽状三出复叶；托叶披针形，基部耳状；叶柄长2～12毫米；小叶长圆状倒披针形至卵状长圆形，长6～25毫米，先端截平、钝圆或微凹，中央具细尖，边缘在基部以上具尖齿。花序伞形；苞片刺毛状；花梗长1.5～4毫米；萼钟形，长2～4毫米；花冠黄褐色，中央深红色或具紫色条纹，长5～9毫米。荚果扁平，长8～20毫米。

产于三角石沟、卡车沟、业母沟、色树隆沟、车路沟、洮河南岸。生于海拔2700～3100米草地、砂石地。

紫苜蓿
Medicago sativa Linn.

多年生草本。羽状三出复叶；托叶大，卵状披针形；小叶长卵形至线状卵形，长5～40毫米，宽3～10毫米，先端钝圆，边缘基部以上具锯齿。花序总状或头状，长1～2.5厘米，具花5～30朵；苞片线状锥形；花梗长约2毫米；萼钟形，长3～5毫米，萼齿比萼筒长；花冠深蓝至暗紫色，长6～12毫米。荚果螺旋状紧卷2～6圈。

产于大峪沟、八十沟、博峪沟、拉力沟、洮河南岸。生于海拔2560～2900米路旁、草地。

披针叶野决明
Thermopsis lanceolata R. Brown

多年生草本，高10～40厘米。掌状三出复叶；叶柄长3～8毫米；小叶狭长圆形、倒披针形，长2.5～7.5厘米，宽5～16毫米，下面多少被贴伏柔毛。总状花序顶生，长6～17厘米，具花2～6轮，排列疏松；萼钟形，长1.5～2.2厘米，密被毛；花冠黄色。荚果线形，长5～9厘米，宽7～12毫米，先端具尖喙，被细柔毛。

产于古姆茨娜、拉力沟、郭扎沟、车巴沟、洮河南岸。生于海拔2490～3000米草地、砾石滩。

白花酢浆草

***Oxalis acetosella* Linn.**

多年生草本，高8~10厘米。叶基生；叶柄长3~15厘米；小叶3枚，倒心形，长5~20毫米，宽8~30毫米，先端凹陷，基部楔形。总花梗基生，与叶柄近等长或更长，单花；花梗长2~3厘米；萼片5片，长3~5毫米，宿存；花瓣5枚，白色稀粉红色，倒心形，长为萼片的1~2倍，先端凹陷，具白色或带紫红色脉纹。蒴果卵球形，长3~4毫米。

保护区广布。生于海拔2300~3400米针阔混交林和灌丛。

芹叶牻牛儿苗

***Erodium cicutarium* (Linn.) L'Hér. ex Ait.**

一或二年生草本，高10~20厘米。叶对生或互生；基生叶具长柄，茎生叶具短柄或无柄；叶片矩圆形或披针形，长5~12厘米，宽2~5厘米，二回羽状深裂，裂片7~11对，小裂片短小，全缘或具1~2齿，两面被灰白色伏毛。伞形花序腋生，明显长于叶，每梗具2~10花；花瓣紫红色，倒卵形，稍长于萼片，被糙毛；花丝紫红色；雌蕊密被白色柔色。蒴果长2~4厘米，被短伏毛。

产于粒珠沟、扎古录、洮河南岸。生于海拔2600~3000米山地砂砾质山坡、沙质草地和干河谷。

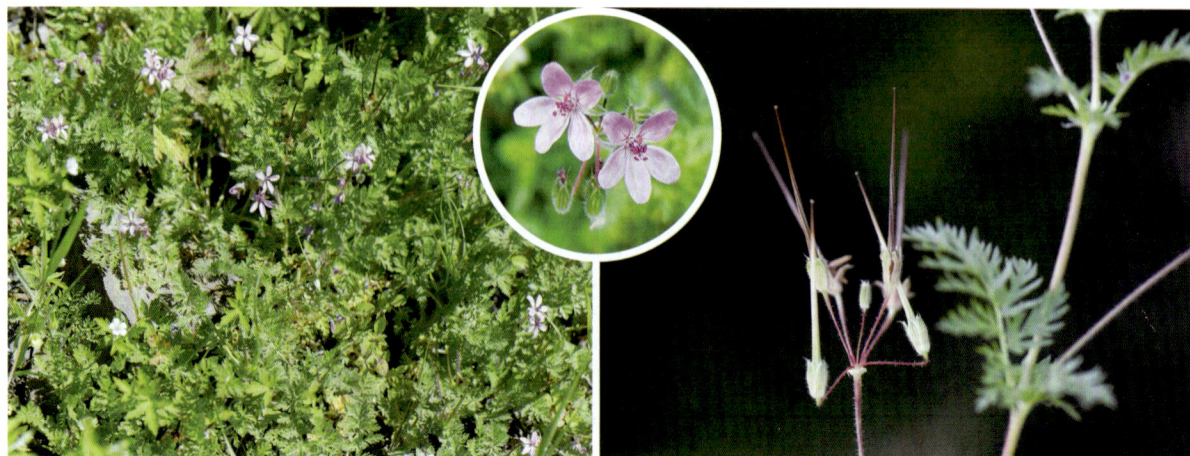

牻牛儿苗

Erodium stephanianum Willd.

科 牻牛儿苗科 Geraniaceae
属 牻牛儿苗属 *Erodium*

多年生草本，高15～50厘米。茎仰卧或蔓生。叶对生；基生叶和茎下部叶具长柄；叶片轮廓卵形或三角状卵形，基部心形，长5～10厘米，宽3～5厘米，二回羽状深裂，小裂片卵状条形，全缘或具疏齿。伞形花序腋生，明显长于叶，每梗具2～5花；花瓣紫红色，倒卵形；花丝紫色，被柔毛；雌蕊被糙毛，花柱紫红色。蒴果长约4厘米，密被短糙毛。

产于下巴沟。生于海拔2800米左右山坡、沙质河滩地。

尼泊尔老鹳草

Geranium nepalense Sweet

科 牻牛儿苗科 Geraniaceae
属 老鹳草属 *Geranium*

多年生草本，高30～50厘米。茎仰卧。基生叶和茎下部叶具长柄；叶片五角状肾形，基部心形，掌状5深裂，裂片菱形或菱状卵形，长2～4厘米，宽3～5厘米，中部以上边缘齿状浅裂或缺刻状；上部叶具短柄，叶片较小，通常3裂。总花梗腋生，长于叶，每梗2花，少有1花；花瓣紫红色或淡紫红色，倒卵形；雄蕊下部扩大成披针形，具缘毛。蒴果长15～17毫米，被柔毛。

产于小阿角沟、桑布沟、粒珠沟、扎古录。生于海拔2900～3000米林缘、灌丛、荒山草坡。

毛蕊老鹳草
Geranium platyanthum Duthie

科　牻牛儿苗科 Geraniaceae
属　老鹳草属 *Geranium*

　　多年生草本，高30～80厘米。基生叶和茎下部叶具长柄；叶片五角状肾圆形，长5～8厘米，宽8～15厘米，掌状5裂达叶片中部，裂片菱状卵形或楔状倒卵形，下部全缘，上部边缘具不规则牙齿状缺刻。伞形聚伞花序，顶生或有时腋生，总花梗具2～4花；花瓣淡紫红色，宽倒卵形或近圆形，经常向上反折，具深紫色脉纹；花丝淡紫色，下部扩展，边缘被糙毛。蒴果长约3厘米，被开展的短糙毛和腺毛。

　　产于拉力沟。生于海拔2600～2700米山地林下、灌丛和草地。

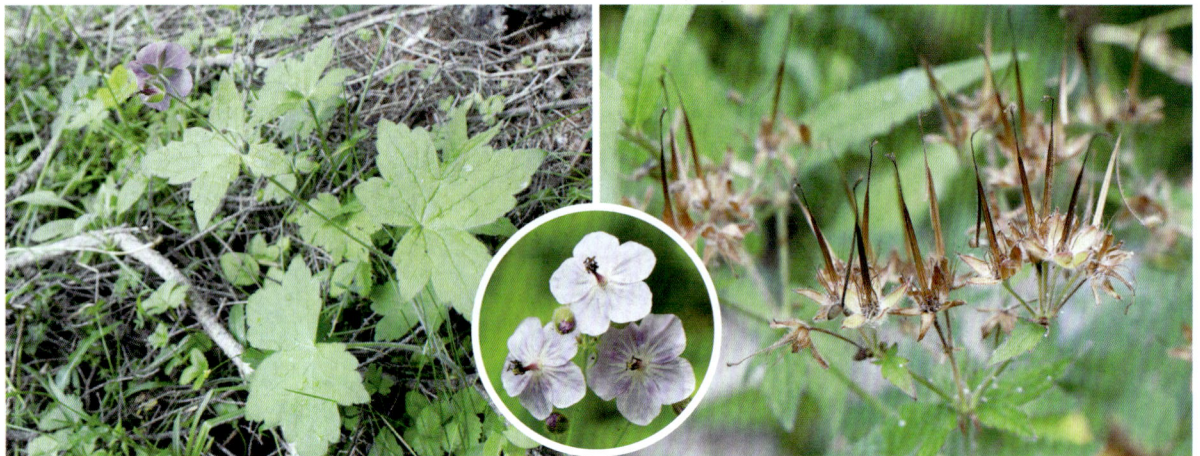

圆柱根老鹳草
Geranium farreri Stapf

科　牻牛儿苗科 Geraniaceae
属　老鹳草属 *Geranium*

　　多年生小草本，高15～20厘米。根近圆柱状。基生叶和茎生叶同形，具长柄；叶片肾状圆形，5深裂几达基部，裂片扇状楔形，2～3裂，小裂片矩圆形。花序顶生，具2花；花梗长2.4～3.5厘米；花瓣淡粉色，长1.5～1.7厘米。

　　产于扎路沟。生于海拔3200～3900米草坡、石砾中。

草地老鹳草

Geranium pratense Linn.

科 牻牛儿苗科 Geraniaceae
属 老鹳草属 *Geranium*

　　多年生草本，高30～50厘米。具多数纺锤形块根。基生叶和茎下部叶具长柄；叶片肾圆形或上部叶五角状肾圆形，基部宽心形，长3～4厘米，宽5～9厘米，掌状7～9深裂近基部，裂片菱形或狭菱形，羽状深裂，小裂片条状卵形，常具1～2齿。总花梗腋生或于茎顶集为聚伞花序，每梗具2花；花瓣紫红色，宽倒卵形；花丝下部扩展，具缘毛。蒴果长2.5～3厘米，被短柔毛和腺毛。

　　产于八十沟、卡车沟、达加沟、车巴沟。生于海拔2650～2850米草地。

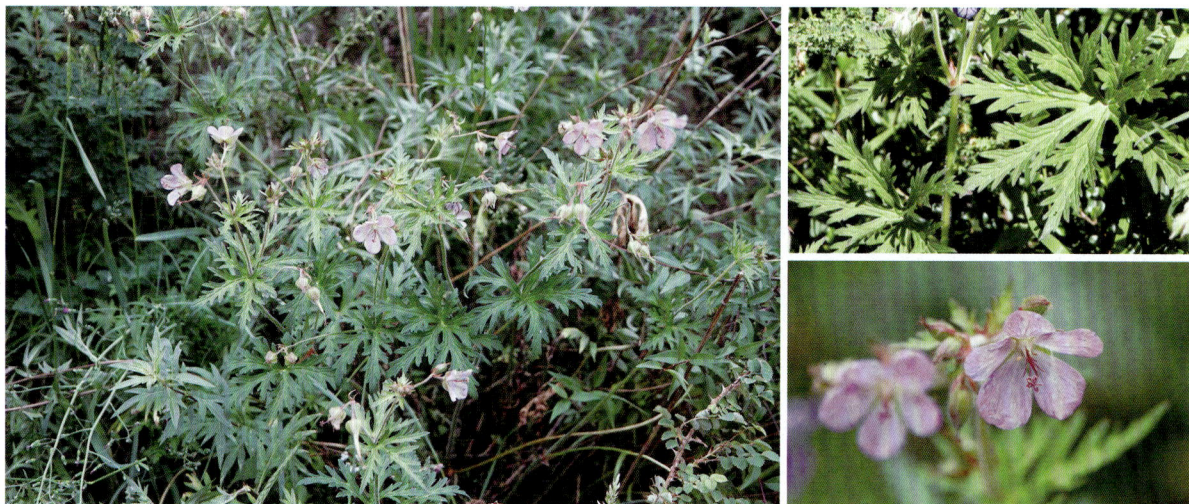

甘青老鹳草

Geranium pylzowianum Maxim.

科 牻牛儿苗科 Geraniaceae
属 老鹳草属 *Geranium*

　　多年生草本，高10～20厘米。基生叶和茎下部叶具长柄；叶片肾圆形，长2～3.5厘米，宽2.5～4厘米，掌状5～7深裂至基部，裂片倒卵形，1～2次羽状深裂，小裂片矩圆形或宽条形。花序腋生和顶生，每梗具2花或为4花的二歧聚伞状；花瓣紫红色，倒卵圆形；花丝下部扩展，被疏柔毛。蒴果长2～3厘米，被疏短柔毛。

　　保护区广布。生于海拔2750～3100米林缘草地、高山草地、灌丛。

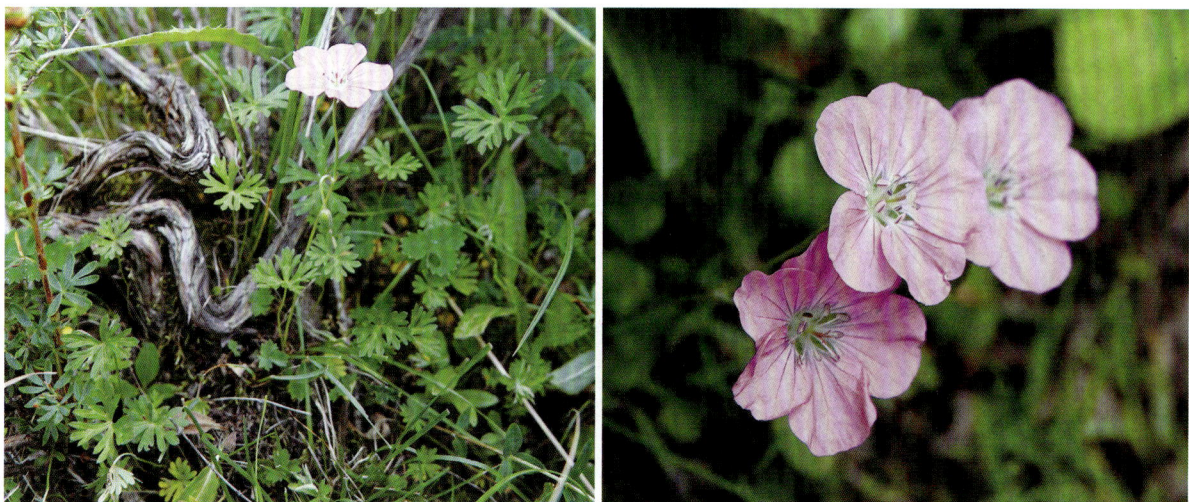

粗根老鹳草

Geranium dahuricum DC.

多年生草本，高20～60厘米。基生叶和茎下部叶具长柄；叶片七角状肾圆形，长3～4厘米，宽5～6厘米，掌状7深裂近基部，裂片羽状深裂，小裂片披针状条形。花序腋生和顶生，总花梗具2花；花瓣紫红色，倒长卵形；花丝下部扩展。蒴果密被短伏毛。

产于八十沟、博峪沟、卡车沟、下巴沟。生于海拔2650～2850米高山草地。

熏倒牛

Biebersteinia heterostemon Maxim.

一年生草本，高30～90厘米，具浓烈腥臭味，全株被深褐色腺毛和白色糙毛。叶三回羽状全裂，末回裂片长约1厘米，狭条形或齿状；基生叶和茎下部叶具长柄，上部叶柄渐短或无柄。圆锥状聚伞花序；花瓣黄色，倒卵形，稍短于萼片。蒴果肾形，不开裂。

产于拉力沟。生于海拔2630米左右杂草坡地。

宿根亚麻

Linum perenne Linn.

科 亚麻科 Linaceae
属 亚麻属 *Linum*

多年生草本，高20～90厘米。单叶互生，叶片狭条形或条状披针形，长8～25毫米，宽3～8毫米，全缘，边缘内卷。花两性；多数花组成聚伞花序；花梗长1～2.5厘米，直立或稍向一侧弯曲；花直径约2厘米；花瓣5枚，倒卵形，长1～1.8厘米，蓝色、蓝紫色、淡蓝色。蒴果近球形，直径3.5～7毫米，开裂。

产于鹿尔站水库、达加沟。生于海拔2600～2700米干河滩和干旱山地阳坡。

西伯利亚远志

Polygala sibirica Linn.

科 远志科 Polygalaceae
属 远志属 *Polygala*

多年生草本，高10～30厘米。单叶互生，下部叶小，卵形，长约6毫米，宽约4毫米，上部者大，披针形或椭圆状披针形，长1～2厘米，宽3～6毫米，全缘；叶具短柄。总状花序腋外生或假顶生，具少数花；花长6～10毫米；萼片5片，里面2枚花瓣状，近镰刀形，长约7.5毫米，淡绿色；花瓣3枚，蓝紫色，龙骨瓣具流苏状鸡冠状附属物。蒴果近倒心形，径约5毫米，顶端微缺。

产于大峪沟、加当湾、卡车沟、下巴沟。生于海拔2530～2800米山地灌丛、林缘或草地。

亚麻科

远志科

3
被子植物

泽漆
***Euphorbia helioscopia* Linn.**

一年生草本。单叶互生，倒卵形或匙形，长1～3.5厘米，宽5～15毫米，先端具牙齿。总苞叶5枚，倒卵状长圆形，长3～4厘米，宽8～14毫米，先端具牙齿，无柄；总伞幅5枚，长2～4厘米；苞叶2枚，卵圆形，先端具牙齿；花序单生，有柄或近无柄；总苞钟状，高约2.5毫米，边缘5裂；腺体4个，盘状；雄花数枚，明显伸出总苞外；雌花1枚。蒴果三棱状阔圆形，光滑，具明显的三纵沟。

产于八十沟、拉力沟、色树隆沟、下巴沟。生于海拔2600～3100米山沟、路旁、荒野和山坡。

甘肃大戟
***Euphorbia kansuensis* Prokh.**

多年生无毛草本，高20～60厘米。单叶互生，叶形变化大，长圆形至倒披针形，长6～9厘米，宽1～2厘米，无柄。总苞叶3～8枚，同茎生叶；苞叶2枚，卵状三角形，长2～2.5厘米，宽2.2～2.7厘米；花序单生二歧分枝顶端，无柄；总苞钟状，高2.5～3.0毫米，边缘4裂；腺体4个，半圆形，暗褐色；雄花多枚，伸出总苞之外；雌花1枚。蒴果三角状球形，具微皱纹；花柱宿存。

产于下巴沟。生于海拔2820米左右山坡、草丛。

甘青大戟

Euphorbia micractina Boiss.

多年生草本，高20～50厘米。单叶互生，长椭圆形至卵状长椭圆形，长1～3厘米，宽5～7毫米，全缘。总苞叶5～8枚，与茎生叶同形；伞幅5～8个，长2～4厘米；苞叶常3枚，卵圆形，长约6毫米；花序单生于二歧分枝顶端，近无柄；总苞杯状，高约2毫米，边缘4裂；雄花多枚，伸出总苞；雌花1枚，伸出总苞。蒴果球状，直径约3.5毫米，果脊上被稀疏的刺状或瘤状突起；花柱宿存。

产于旗布沟、拉力沟、业母沟、车巴沟。生于海拔2900～3400米山坡、草地、石缝中。

沼生水马齿

Callitriche palustris Linn.

一年生草本。茎纤细，多分枝。单叶对生，在茎顶常密集呈莲座状，倒卵形或倒卵状匙形，长4～6毫米，宽约3毫米；茎生叶匙形或线形，长6～12毫米，宽1～5毫米；叶无柄。花单性，同株，单生叶腋，为两个小苞片所托。果倒卵状椭圆形，长1～1.5毫米。

产于小阿角沟、扎路沟、车巴沟。生于海拔2600～3250米的静水中、沼泽地或湿地。

中亚卫矛

***Euonymus semenovii* Regel et Herd.**

落叶小灌木。枝条常具4条栓棱或窄翅。单叶对生，卵状披针形至线形，长1.5～6.5厘米，宽4～25毫米，边缘有细密浅锯齿；叶柄长3～6毫米。聚伞花序多具2次分枝，7花，少为3花；花序梗长2～4厘米；花紫棕色，4数，直径约5毫米。蒴果稍呈倒心状，4浅裂。

产于大峪沟、八十沟、小阿角沟。生于海拔2560～2850米山地阴处林下或灌丛中。

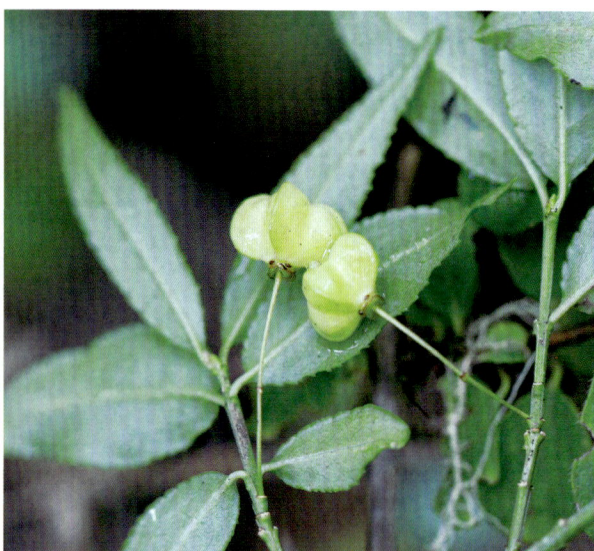

栓翅卫矛

***Euonymus phellomanus* Loes**

落叶灌木。枝条常具4纵列木栓质厚翅。单叶对生，长椭圆形或椭圆状倒披针形，长6～12厘米，宽2～4厘米，边缘具细密锯齿；叶柄长8～15毫米。3至多朵组成聚伞花序，2～3次分枝；花序梗长10～15毫米；花绿白色，直径约8毫米；花盘深褐色，4浅裂。蒴果4棱，倒圆心状，粉红色；假种皮橘红色。

产于拉力沟、扎古录、下巴沟。生于海拔2550～2800米山谷、山坡灌丛、林缘。

小卫矛

Euonymus nanoides Loes

科 卫矛科 Celastraceae
属 卫矛属 *Euonymus*

　　落叶小灌木。老枝常具栓翅。单叶对生，椭圆状披针形至窄长椭圆形，长1～2厘米，宽2～8毫米；叶柄长1～2毫米。聚伞花序有花1～2朵，偶为3朵；花序梗、小花梗均极短；花黄绿色或绿白色，直径约5毫米。蒴果熟时紫红色，近圆球状，上部1～4浅裂；假种皮橙色。

　　产于大峪沟、卡车沟、下巴沟、洮河南岸。生于海拔2560～2950米干旱山坡灌丛或土崖。

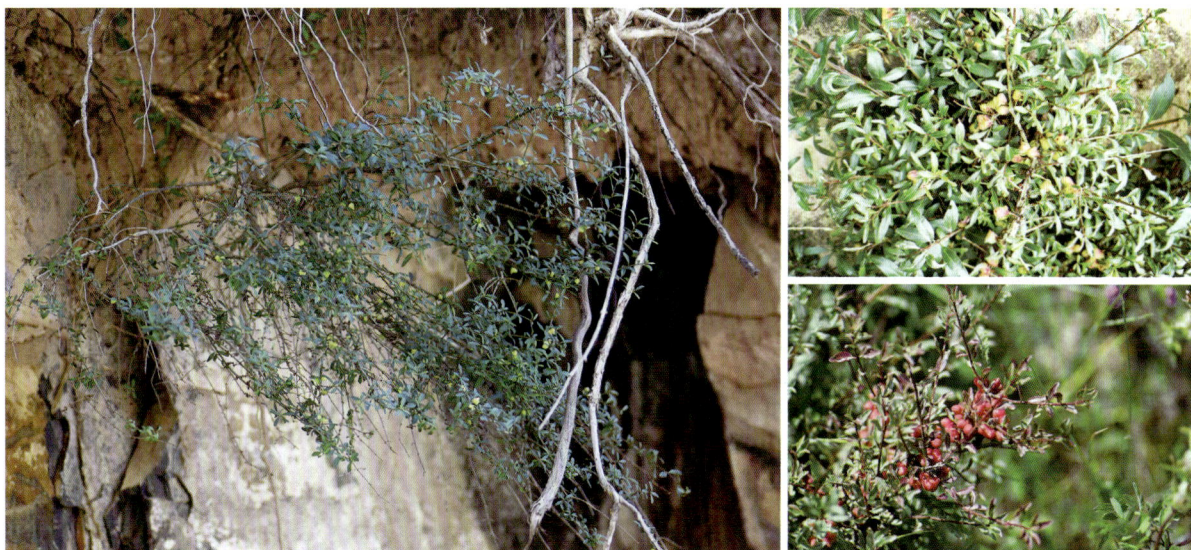

冷地卫矛

Euonymus frigidus Wall. ex Roxb.

科 卫矛科 Celastraceae
属 卫矛属 *Euonymus*

　　落叶灌木。单叶对生，椭圆形或长方窄倒卵形，长6～15厘米，宽2～6厘米，边缘有较硬锯齿；叶柄长6～10毫米。聚伞花序松散；花序梗长而细弱，长2～5厘米，顶端具3～5分枝，小花梗长约1厘米；花紫绿色，直径1～1.2厘米。蒴果具4翅，长1～1.4厘米，翅长2～3毫米；假种皮橙色。

　　产于桑布沟。生于海拔3000米左右林中。

纤齿卫矛
Euonymus giraldii Loes.

匍匐灌木。单叶对生，卵形、阔卵形或长卵形，长3～7厘米，宽2～3厘米，边缘具细密浅锯齿或明显的纤毛状深锯齿；叶柄长3～5毫米。聚伞花序梗长3～5厘米，顶端有3～5分枝，小花梗长1～2厘米；花淡绿色，有时稍带紫色，直径6～10毫米，4数。蒴果长方扁圆状，直径8～12毫米，有4翅，长5～10毫米；果序梗细长可达9厘米；假种皮鲜红色。

产于八十沟、洮河南岸。生于海拔2640～2840米山坡林中或路旁。

桦叶四蕊槭
Acer tetramerum Pax var. *betulifolium* (Maxim.) Rehd.

落叶乔木。单叶对生，菱形或长圆卵形，长5～7厘米，宽3～4厘米，基部阔楔形或近于圆形，微分裂或不分裂，边缘有较粗的钝锯齿。花黄绿色，单性，雌雄异株，成总状花序；雄花的总状花序很短，具3～5花；雌花的总状花序长4～5厘米，有5～8花。总状果序淡紫色，长10～13厘米；双翅果长3～4厘米，张开常成钝角，翅宽1.2～1.6厘米。

产于录巴湾。生于海拔2600米左右疏林。

齿瓣凤仙花

***Impatiens odontopetala* Maxim.**

一年生草本，高40～50厘米。单叶互生，具短柄或上部叶无柄；叶长圆形或卵状长圆形，长3～4厘米，宽2～4厘米，边缘具浅圆齿，稀近全缘。总花梗生于上部叶腋，长3～3.5厘米，具1～2花；花梗长1～1.5厘米；苞片极小；花淡黄色，长2～2.5厘米；侧生萼片2片，近圆形；旗瓣小，僧帽状，中部以上具鸡冠状突起；翼瓣长1.7～2厘米，2裂；唇瓣漏斗状，具红色斑点，基部狭为内弯的距。蒴果线形，长1.5～2厘米。

产于拉力沟。生于海拔2600米左右林下。

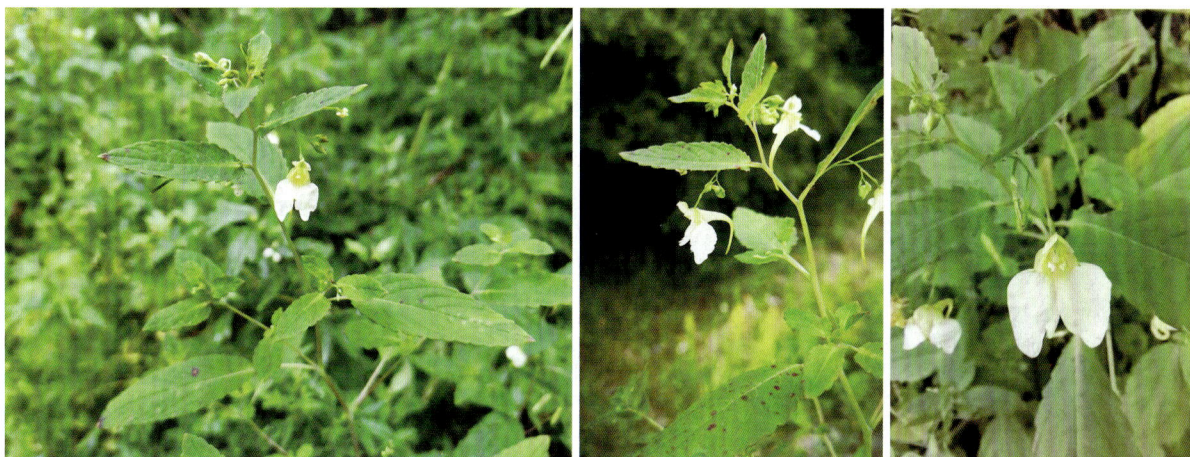

西固凤仙花

***Impatiens notolopha* Maxim.**

一年生细弱草本，高40～60厘米。单叶互生，具细长柄，宽卵形或卵状椭圆形，长3～6厘米，宽1.5～3.5厘米，边缘具粗圆齿，上部叶渐小，卵形，最上部叶近无柄。总花梗生于茎枝上部叶腋，长3～4厘米，具3～5花；花梗丝状；花小或极小，黄色；侧生萼片2片，卵状长圆形；旗瓣近圆形；翼瓣长约1.5厘米，2裂；唇瓣檐部小舟形，基部渐狭成内弯的细距。蒴果狭纺锤形，长1.5～2.5厘米。

产于三角石沟、郭扎沟、鹿儿沟。生于海拔2750～3100米混交林中或山坡林下阴湿处。

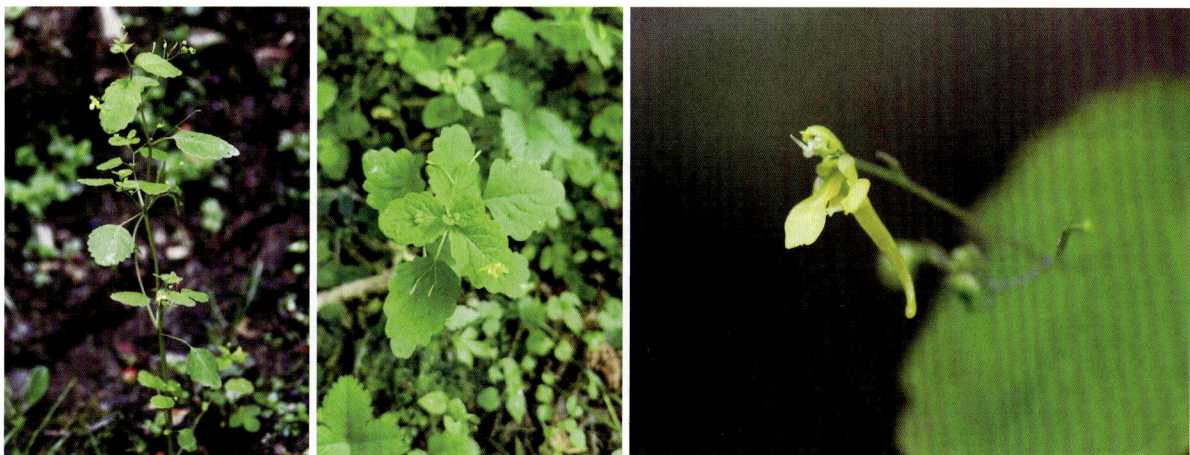

四裂凤仙花

Impatiens quadriloba K. M. Liu et Y. L. Xiang

一年生草本，高20～43厘米。单叶互生，长卵形，长4～7.5厘米，宽1.8～3.2厘米，边缘具锐锯齿；叶柄长2～11毫米。总花梗生于茎枝上部叶腋，长3～7毫米，具2～4花；花梗长10～16毫米；花黄色，长10～12毫米；侧生萼片2片，宽卵形；旗瓣帽状；翼瓣长10～11毫米，4裂；唇瓣基部渐狭成内弯的细距。蒴果棒状，长9～15毫米。

产于桑布沟。生于海拔2870米左右林下阴湿处。

小叶鼠李

Rhamnus parvifolia Bunge

落叶灌木。小枝对生或近对生，枝端及分叉处有针刺。叶对生或近对生，或在短枝上簇生，菱状倒卵形或菱状椭圆形，长1.2～4厘米，宽0.8～2厘米，边缘具圆齿状细锯齿；叶柄长4～15毫米。花单性，雌雄异株，黄绿色，4基数，有花瓣，通常数个簇生于短枝上；花梗长4～6毫米。核果倒卵状球形，直径4～5毫米，成熟时黑色。

产于加当湾。生于海拔2510米左右向阳山坡。

凤仙花科

鼠李科

甘肃洮河国家级自然保护区维管植物

刺鼠李

Rhamnus dumetorum Schneid.

　　落叶灌木。小枝对生或近对生，枝端和分叉处有细针刺。叶对生或近对生，或在短枝上簇生，椭圆形，长2.5～9厘米，宽1～3.5厘米，边缘具不明显波状齿或细圆齿；叶柄长2～7毫米。花单性，雌雄异株，4基数，有花瓣；花梗长2～4毫米；雌花数个簇生于短枝顶端。核果球形，直径约5毫米；果梗长3～6毫米。

　　产于洮河南岸。生于海拔2620米左右山坡灌丛。

甘青鼠李

Rhamnus tangutica J. Vass.

　　落叶灌木，稀乔木。小枝对生或近对生，枝端和分叉处有针刺；短枝较长。叶对生或近对生，或在短枝上簇生，椭圆形、倒卵状椭圆形或倒卵形，长2.5～6厘米，宽1～3.5厘米，边缘具钝或细圆齿；叶柄长5～10毫米。花单性，雌雄异株，4基数，有花瓣；花梗长4～6毫米；雌花3～9个簇生于短枝端。核果倒卵状球形，长5～6毫米，径4～5毫米，成熟时黑色；果梗长6～8毫米。

　　产于卡车沟。生于海拔2700～2750米山谷灌丛或林下。

野葵
Malva verticillata Linn.

科 锦葵科 Malvaceae
属 锦葵属 *Malva*

　　二年生草本，高50～100厘米。茎被星状长柔毛。单叶互生，肾形或圆形，直径5～11厘米，掌状5～7裂，裂片三角形，边缘具钝齿，两面被极疏糙伏毛或近无毛；叶柄长2～8厘米。花3至多朵簇生于叶腋，具极短柄至近无柄；萼杯状，直径5～8毫米，裂片5片；花冠稍长于萼片，白色至淡红色，花瓣5枚，先端凹入。果扁球形，径5～7毫米。

　　产于大峪沟、八十沟、石巴大沟。生于海拔2560～2900米路旁、草坡。

猕猴桃藤山柳
Clematoclethra actinidioides Maxim.

科 猕猴桃科 Actinidlaceae
属 藤山柳属 *Clematoclethra*

　　落叶木质藤本。单叶互生，卵形或椭圆形，长3.5～9厘米，宽1.5～4厘米，基部阔楔形至微心形，叶缘有纤毛状小齿；叶柄长2～8厘米，带紫红色。花单生，白色。果实浆果状，近球形，熟时紫红色或黑色。

　　产于云江。生于海拔2520米左右林中、林缘或沟谷边。

突脉金丝桃

Hypericum przewalskii Maxim.

多年生草本，高30～50厘米。单叶对生，无柄；茎下部叶倒卵形，上部者卵形或卵状椭圆形，长2～5厘米，宽1～3厘米，基部心形而抱茎，全缘；侧脉约4对，与中脉在上面凹陷，下面凸起。花序顶生；花直径约2厘米，开展；花梗长达3～3.5厘米；萼片果时增大，长达15毫米；花瓣5枚，黄色，长圆形。蒴果卵珠形，长约1.8厘米。

产于大峪沟、八十沟、小阿角沟、拉力沟、郭扎沟。生于海拔2600～3000米山坡、草地、河边灌丛。

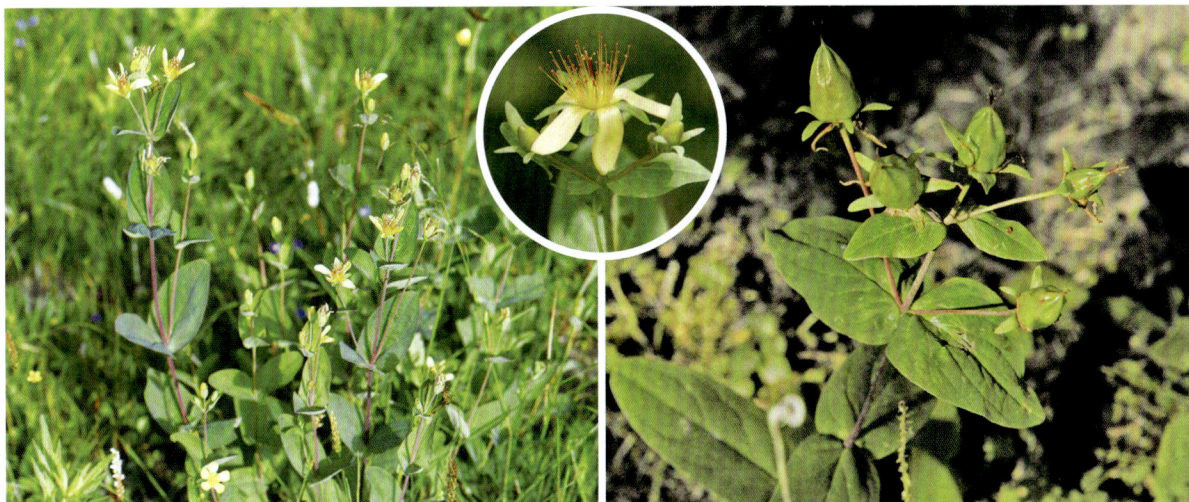

三春水柏枝

Myricaria paniculata P. Y. Zhang et Y. J. Zhang

落叶灌木。单叶互生，披针形或长圆形，长2～5毫米，宽0.5～1毫米；叶腋常生绿色小枝，枝上着生稠密的小叶；叶无柄。一年开两次花；春季总状花序侧生于去年生枝上，花淡紫红色；夏秋季大型圆锥花序生于当年生枝的顶端，长14～34厘米，花粉红色或淡紫红色。蒴果狭圆锥形，长8～10毫米，3瓣裂。

产于小阿角沟、拉力沟、车路沟、郭扎沟。生于海拔2900～3000米砾石质河滩、河谷、山坡。

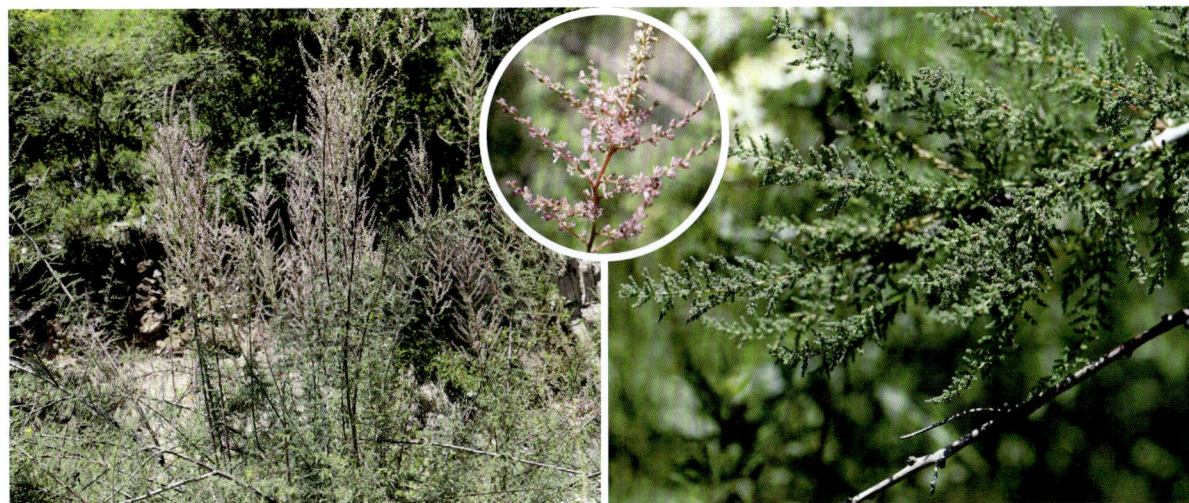

具鳞水柏枝
Myricaria squamosa Desv.

　　落叶灌木。单叶互生，披针形至狭卵形，长1.5～5毫米，宽0.5～2毫米，基部略扩展；叶无柄。总状花序侧生于老枝上，单生或数个花序簇生于枝腋，花序基部被多数覆瓦状排列的鳞片，鳞片宽，卵形或椭圆形；花紫红色或粉红色。蒴果狭圆锥形，长约10毫米。

　　产于大峪沟、洮河南岸。生于海拔2560～2650米山地河滩、河边沙地。

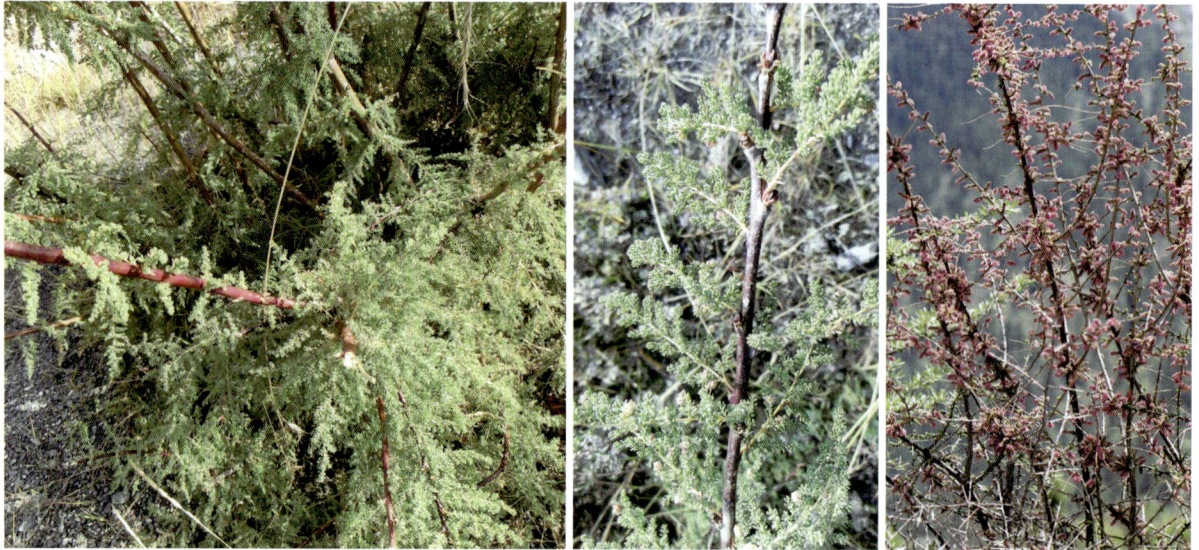

深山堇菜
Viola selkirkii Pursh ex Gold

　　多年生草本，高5～16厘米。叶基生，呈莲座状；叶片心形或卵状心形，长1.5～5厘米，宽1.3～3.5厘米，基部深心形，边缘具钝齿；叶柄长2～7厘米，果期长达13厘米。花淡紫色；花硬长4～7厘米；萼片卵状披针形，长6～7毫米，基部附属物长圆形，长约2毫米；距长5～7毫米，粗2～3毫米，末端圆，直或稍向上弯。蒴果椭圆形，长6～8毫米。

　　产于大扎沟。生于海拔2440米左右林下及灌丛下。

蒙古堇菜
Viola mongolica Franch.

多年生草本，高5～9厘米，果期高可达17厘米。叶数枚，基生；叶片卵状心形、心形或椭圆状心形，长1.5～3厘米，宽1～2厘米，基部浅心形或心形，边缘具钝锯齿，两面疏生短柔毛；叶柄长2～7厘米。花白色；花梗高出于叶；萼片椭圆状披针形或狭长圆形，基部附属物长2～2.5毫米；下方花瓣连距长1.5～2厘米，中下部有时具紫色条纹；距管状，长6～7毫米，稍向上弯。蒴果卵形，长6～8毫米。

产于下巴沟。生于海拔2810米左右林下及林缘。

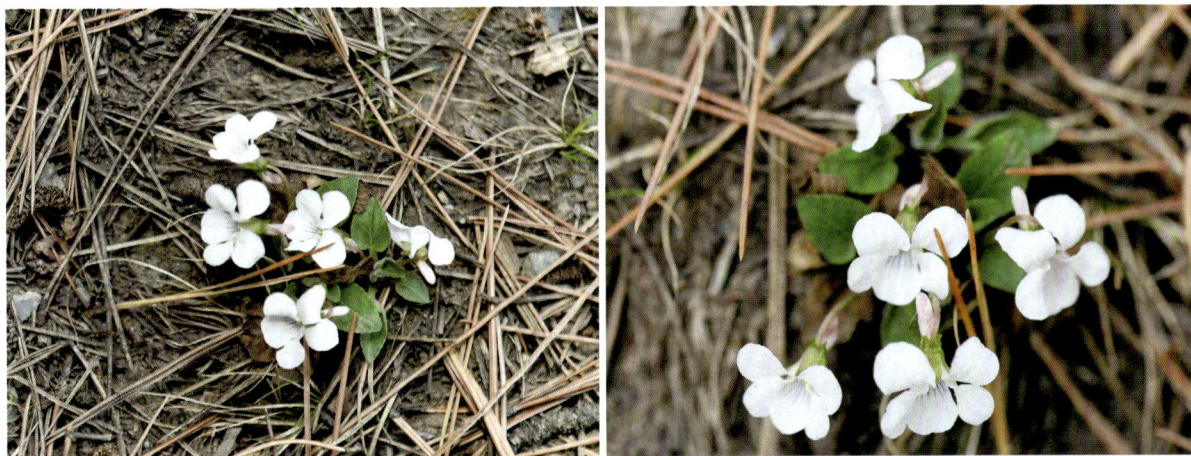

早开堇菜
Viola prionantha Bunge

多年生草本，果期高达20厘米。叶多数，基生；叶片在花期呈长圆状卵形、卵状披针形或狭卵形，长1～4.5厘米，宽6～20毫米，基部微心形至宽楔形，边缘密生细圆齿；叶柄在果期长达13厘米。花紫堇色或淡紫色，喉部色淡并有紫色条纹，直径1.2～1.6厘米；花梗超出于叶；萼片披针形，长6～8毫米；距长5～9毫米，粗1.5～2.5毫米，末端钝圆且微向上弯。蒴果长椭圆形，长5～12毫米。

产于纳浪沟。生于海拔2470米左右山坡草地、沟边向阳处。

鳞茎堇菜
***Viola bulbosa* Maxim.**

多年生草本，高2.5～4.5厘米。具1小鳞茎。叶簇集茎端，长圆状卵形或近圆形，长1～2.5厘米，宽5～14毫米，基部楔形或浅心形，边缘具明显的波状圆齿；叶柄具狭翅。花小，白色；花梗稍高于叶或与叶近等长；萼片长3～4毫米；花瓣倒卵形，侧瓣长8～10毫米，下方花瓣长7～8毫米，有紫堇色条纹；距短而粗，呈囊状，长1.2～1.7毫米，末端钝。

产于拉力沟、卡车沟、粒珠沟。生于海拔2900～3100米山地草丛、灌丛。

裂叶堇菜
***Viola dissecta* Ledeb.**

多年生草本，高度变化大。基生叶叶片轮廓圆形、肾形或宽卵形，长1.2～9厘米，宽1.5～10厘米，通常3、稀5全裂，两侧裂片具短柄，常2深裂，中裂片3深裂，裂片边缘全缘或疏生不整齐缺刻状钝齿，或近羽状浅裂；叶柄长度变化较大。花较大，淡紫色至紫堇色；萼片卵形；侧方花瓣里面基部有须毛；距圆筒形，长4～8毫米，粗2～3毫米，末端钝而稍膨胀。蒴果长圆形，长7～18毫米。

产于大扎沟。生于海拔2440米左右山坡草地、灌丛下。

双花堇菜
Viola biflora Linn.

科 堇菜科 Violaceae
属 堇菜属 *Viola*

  多年生草本，高10～25厘米。基生叶2至数枚，具长4～8厘米的柄；叶片肾形、宽卵形或近圆形，长1～3厘米，宽1～4.5厘米，基部深心形或心形，边缘具钝齿；茎生叶具短柄，叶片较小。花黄色或淡黄色，在开花末期有时变淡白色；花梗细弱，长1～6厘米；花瓣长6～8毫米，具紫色脉纹；距短筒状，长2～2.5毫米。蒴果长圆状卵形，长4～7毫米。

  保护区广布。生于海拔2800～3100米高山草地、灌丛、林下。

黄瑞香
Daphne giraldii Nitsche

科 瑞香科 Thymelaeacae
属 瑞香属 *Daphne*

  落叶灌木。单叶互生，倒披针形，长3～6厘米，宽0.7～1.2厘米，边缘全缘，下面带白霜；叶柄极短或无。花黄色，常3～8朵组成顶生的头状花序；花序梗极短或无；花萼圆筒状，长6～8毫米，裂片4片。浆果卵形或近圆形，成熟时红色。

  产于拉力沟。生于海拔2550米左右山地林缘或疏林中。

唐古特瑞香
Daphne tangutica Maxim.

科 瑞香科 Thymelaeacae
属 瑞香属 *Daphne*

常绿灌木。单叶互生，革质或亚革质，披针形至倒披针形，长2～8厘米，宽0.5～1.7厘米，基部下延于叶柄，边缘全缘，反卷；叶柄短或几无。花外面紫色或紫红色，内面白色，头状花序生于小枝顶端；花序梗长2毫米，花梗极短或几无；花萼圆筒形，长9～13毫米，裂片4片。浆果卵形或近球形，熟时红色。

产于小阿角沟、桑布沟、拉力沟、车路沟、郭扎沟。生于海拔2900～3100米疏林或灌丛。

狼毒
Stellera chamaejasme Linn.

科 瑞香科 Thymelaeacae
属 狼毒属 *Stellera*

多年生草本，高20～50厘米。单叶，散生，稀对生或近轮生，披针形或长圆状披针形，长12～28毫米，宽3～10毫米，边缘全缘。花白色带紫色，多花组成顶生的头状花序，圆球形；无花梗；花萼筒细瘦，长9～11毫米，裂片5片。小坚果圆锥形，长5毫米，为宿存的花萼筒所包围。

产于大峪沟、八十沟、小阿角沟、扎古录、业母沟、色树隆沟、车路沟。生于海拔2600～3100米向阳的高山草坡。

中国沙棘

Hippophae rhamnoides Linn. subsp. *sinensis* Rousi

　　落叶灌木或乔木。棘刺较多，粗壮。单叶，近对生，狭披针形或矩圆状披针形，长30～80毫米，宽4～10毫米，上面绿色，下面银白色或淡白色，被鳞片；叶柄极短或几无。花单性，雌雄异株；雄花无花梗，花萼2裂，雄蕊4枚；雌花单生叶腋，具短梗，花萼囊状，顶端2齿裂。核果状坚果圆球形，直径4～6毫米，橙黄色或橘红色；果梗长1～2.5毫米。

　　产于小阿角沟、三角石沟、桑布沟、拉力沟、达加沟、车巴沟、华尔盖沟、业母沟、色树隆沟、车路沟。生于海拔2800～3200米谷地、山坡。

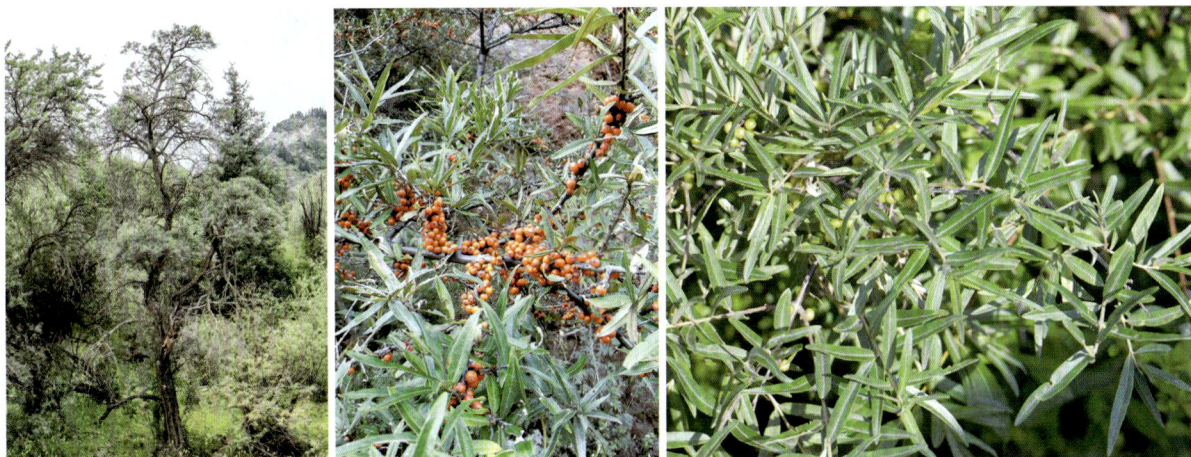

高山露珠草

Circaea alpina Linn.

　　多年生草本，高3～50厘米。叶形变异极大，狭卵状菱形至近圆形，长1～11厘米，宽0.7～8厘米，边缘近全缘至具尖锯齿。顶生总状花序长达17厘米；花萼无或短；花小，花瓣白色。蒴果棒状至倒卵状，长1.6～2.7毫米，径0.5～1.2毫米，熟时连果梗长3.5～7.8毫米。

　　保护区广布。生于海拔2800～3000米溪沟旁、林下、草地。

柳兰

Epilobium angustifolium Linn.

科 柳叶菜科 Onagraceae
属 柳叶菜属 *Epilobium*

多年生草本，高20～130厘米。单叶螺旋状互生，无柄；茎下部叶披针状长圆形至倒卵形；中上部叶长披针形，长8～14厘米，宽1～2.5厘米，边缘近全缘或具稀疏浅齿。花序总状，直立，长5～40厘米；花大而多，红紫色，直径1.5～2厘米。蒴果圆柱形，长4～8厘米。

产于大峪沟、八十沟、旗布沟、业母沟、车巴沟、石巴大沟、洮河南岸。生于海拔2500～3200米林缘、山坡草地。

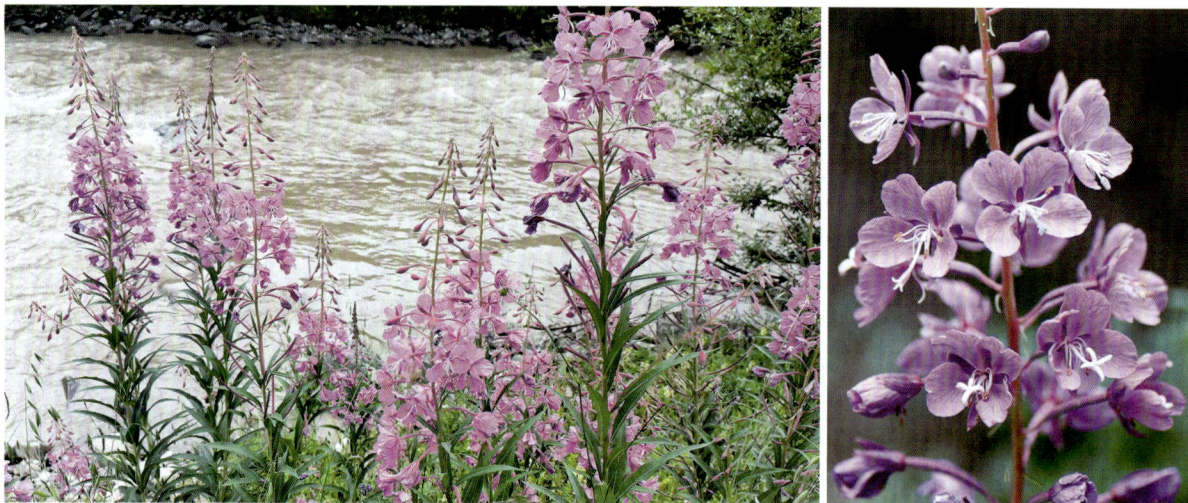

长籽柳叶菜

Epilobium pyrricholophum Franch. et Savat.

科 柳叶菜科 Onagraceae
属 柳叶菜属 *Epilobium*

多年生草本，高25～80厘米。单叶对生，花序上的互生，排列密，近无柄，卵形至宽卵形，茎上部叶有时披针形，长2～5厘米，宽0.5～2厘米，边缘具锐锯齿，两面被曲柔毛。花序直立，密被腺毛与曲柔毛；花直立；子房1.5～3厘米，密被腺毛；花管长1～1.2厘米；花瓣粉红色至紫红色，长6～8毫米。蒴果长3.5～7厘米，被腺毛。

产于拉力沟、光盖山、车巴沟。生于海拔3000～3800米河谷、溪旁、湿草地。

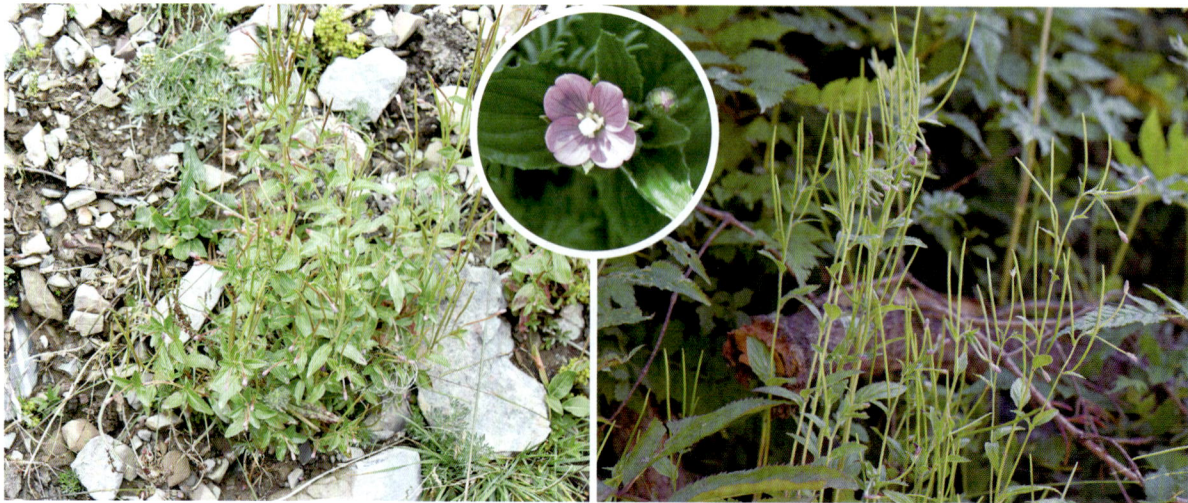

毛脉柳叶菜

Epilobium amurense Hausskn.

多年生直立草本，高10～80厘米。单叶对生，花序上的互生，近无柄或茎下部的有短柄，卵形，有时长圆状披针形，长2～7厘米，宽0.5～2.5厘米，边缘有锐齿，下面脉上与边缘有曲柔毛，其余无毛。花序直立，常被曲柔毛与腺毛；子房长1.5～2.8毫米；花管长0.6～0.9毫米；花瓣白色、粉红色或玫瑰紫色，长5～10毫米。蒴果长1.5～7厘米。

产于八十沟、旗布沟、章巴库沟、桑布沟、拉力沟、车路沟、车巴沟。生于海拔2800～3200米山谷溪沟边、沼泽地、林缘湿润处。

光滑柳叶菜

Epilobium amurense Hausskn. subsp. *cephalostigma* (Hausskn.) C. J. Chen

与毛脉柳叶菜的区别：叶长圆状披针形至狭卵形，基部楔形；叶柄长1.5～6毫米；花较小，长4.5～7毫米；萼片均匀地被稀疏的曲柔毛。

产于桑布沟。生于海拔3000米溪沟边、沼泽地、林缘湿润处。

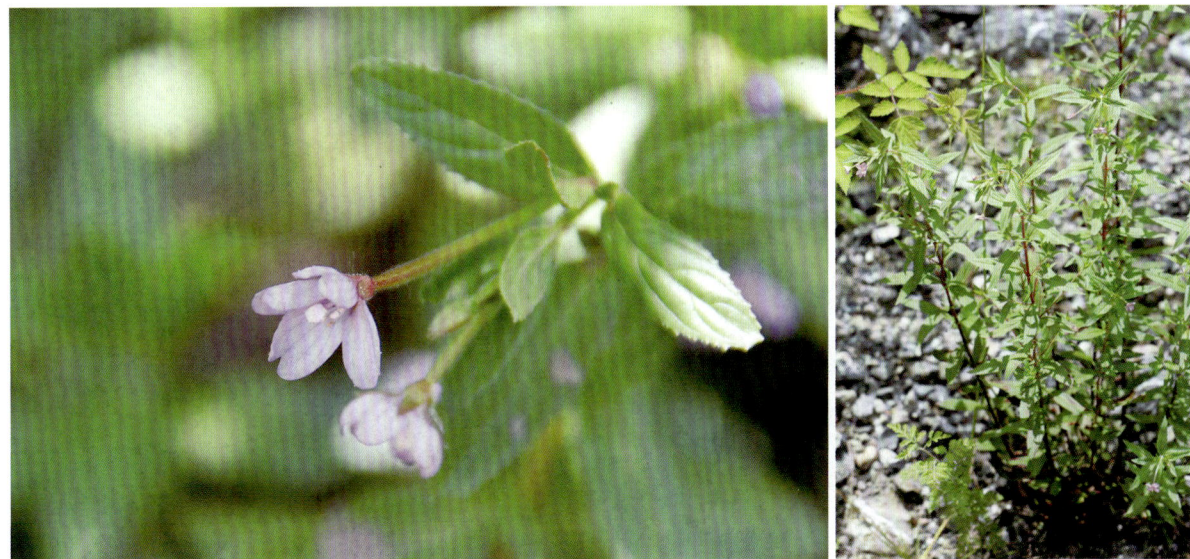

沼生柳叶菜
Epilobium palustre Linn.

科 柳叶菜科 Onagraceae
属 柳叶菜属 *Epilobium*

多年生直立草本，高5～70厘米。单叶对生，花序上互生，近线形至狭披针形，长1.2～7厘米，宽0.3～1.9厘米，边缘全缘或每边有5～9枚不明显浅齿；叶柄缺或长1～3毫米。花序花前直立或稍下垂，密被曲柔毛；花近直立；子房长1.6～3厘米，密被曲柔毛与稀疏腺毛；花管长1～1.2毫米；花瓣白色、粉红色或玫瑰紫色。蒴果长3～9厘米，被曲柔毛。

产于桑布沟。生于海拔3000米沼泽、溪沟、高山草地湿润处。

杉叶藻
Hippuris vulgaris Linn.

科 杉叶藻科 Hippuridaceae
属 杉叶藻属 *Hippuris*

多年生水生草本，全株无毛，高8～150厘米。叶条形，轮生，两型，无柄，4～12片轮生；沉水中叶线状披针形，长1.5～2.5厘米，宽1～1.5毫米，全缘，茎中部叶最长，向上或向下渐短；露出水面叶稍短而挺直。花细小，两性，稀单性，无梗，单生叶腋。果小，卵状椭圆形，长1.2～1.5毫米。

产于洮河沿岸。生于海拔2640米左右湖泊、河两岸浅水处。

红毛五加

Acanthopanax giraldii Harms

　　落叶灌木。小枝密生直刺，稀无刺。掌状复叶，小叶5枚，稀3枚，倒卵状长圆形，长2.5～6厘米，宽1.5～2.5厘米，边缘有不整齐细重锯齿；叶柄长3～7厘米；几无小叶柄。伞形花序单个顶生，直径1.5～2厘米，有多数花；总花梗长5～7毫米，或几无；花梗长5～7毫米；花白色。果球形，有5棱，黑色。

　　产于拉力沟。生于海拔2600米左右灌丛。

矮五加

Acanthopanax humillimus Y. S. Lian et X. L. Chen

　　矮小灌木，高5～15厘米。叶近对生；掌状复叶，小叶5枚，稀3枚，倒卵形或椭圆状菱形，长3.5～6厘米，宽1.8～2.5厘米，边缘具重锯齿，齿端有刚毛状芒刺；叶柄长4～8厘米。伞形花序单生枝顶，直径1.5～2厘米；花序梗长0.3～1.5厘米；花瓣淡白色。果黑色，近球形，长约8毫米，干时具3～5条纵棱。

　　产于八十沟、旗布沟、云江、拉力沟、业母沟、色树隆沟、车路沟。生于海拔2500～3350米林下阴湿地。

狭叶五加

Acanthopanax wilsonii **Harms**

　　落叶灌木。掌状复叶，小叶3～5枚，倒披针形至长圆状倒披针形，长4～6厘米，宽0.5～1.6厘米，边缘除基部外有钝齿；叶柄长0.5～6厘米；几无小叶柄。伞形花序单个顶生，直径约4厘米，有多数花；总花梗长1.5～4厘米；花梗长1～1.7厘米；花黄绿色。果球形，有5棱，直径6～7毫米。

　　产于大峪沟、八十沟、鲁延沟、郭扎沟、洮河南岸。生于海拔2560～2900米林下或灌丛中。

羽叶三七

Panax pseudo-ginseng **Wall. var.** *bipinnatifidus* **(Seem.) Li**

　　多年生草本。根状茎多为串珠状，也有竹鞭状及串珠状的混合型。掌状复叶，小叶5～7枚，长圆形，一至二回羽状深裂，裂片又有不整齐的小裂片和锯齿。伞形花序单个顶生，直径约3.5厘米；总花梗长约12厘米；花梗长约1厘米；花黄绿色。果卵球形，具3～5棱。

　　产于下巴沟。生于海拔2620米密林下。

秀丽假人参

Panax pseudo-ginseng Wall. var. elegantior (Burkill) Hoo et Tseng

科 **五加科** Araliaceae
属 **人参属** Panax

多年生草本。根状茎为长的串珠状或前端有短竹鞭状部分。掌状复叶，4～5枚轮生于茎顶；叶柄长4～5厘米；小叶5～7枚，中央的小叶片倒披针形或倒卵状椭圆形，最宽处在中部以上，先端长渐尖，侧生的较小，边缘有重锯齿；小叶近无柄。伞形花序单个顶生；花黄绿色。果红色，顶部黑色，扁球形或近球形。

产于大峪沟、尼玛尼嘎沟、八十沟、桑布沟、下巴沟。生于海拔2560～3100米林下或林缘。

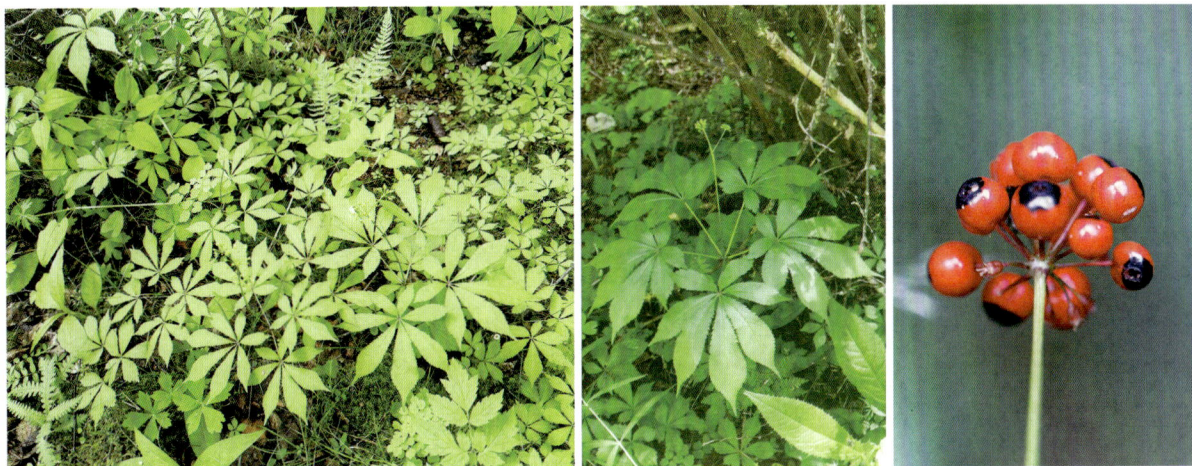

鳞果变豆菜

Sanicula hacquetioides Franch.

科 **伞形科** Umbelliferae
属 **变豆菜属** Sanicula

草本，高5～30厘米。基生叶圆形或心状圆形，长1.5～3厘米，宽2～6厘米，掌状3深裂，中间裂片宽倒卵形，3浅裂，侧面裂片菱状倒卵形，2浅裂至深裂，所有裂片的边缘有细锯齿；叶柄长3～22厘米。伞形花序顶生；总苞片2～3枚，叶状；伞幅3～4个，近等长；小伞形花序有花10～15朵；花瓣白色、灰白色或淡粉红色。果宽卵形或圆球形，长2～2.5毫米，表面为鳞片状和瘤状突起。

产于大峪沟。生于海拔2800米左右林下。

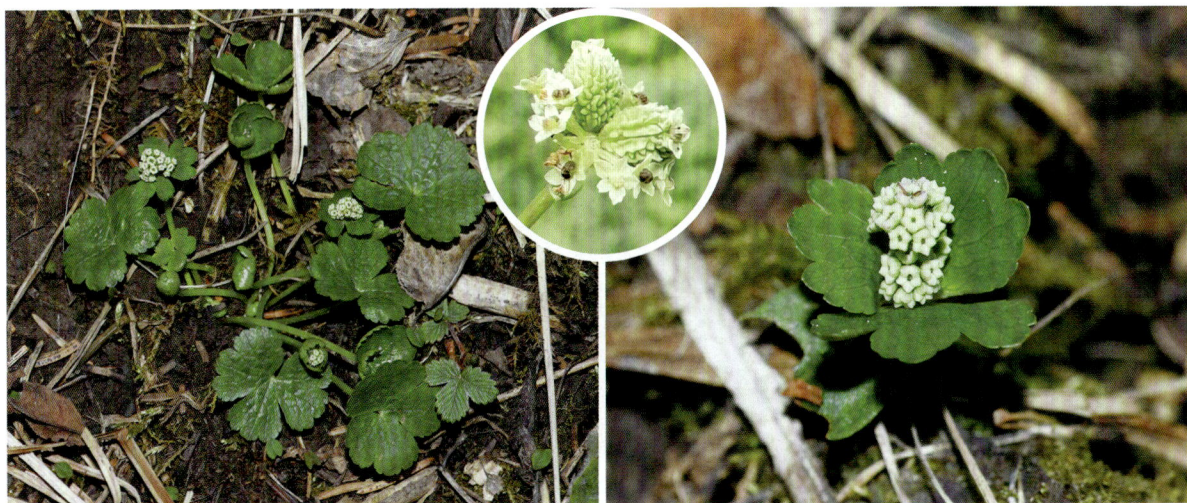

锯叶变豆菜
Sanicula serrata H. Wolff

多年生草本，高8～30厘米。基生叶近圆形、圆心形或近五角形，长1.5～3厘米，宽3～6厘米，掌状3～5深裂，中间裂片阔倒卵形，顶端通常3浅裂，侧面裂片深2裂，裂片边缘有不规则锐锯齿；叶柄长5～15厘米；茎生叶无柄或有短柄，掌状3～5深裂。伞形花序2～4个，伞幅长3～5毫米；小伞形花序有花6～8朵；花瓣白色或粉红色。果卵形或卵圆形，长约1.2毫米，下部的皮刺呈鳞片状突起，上部的皮刺略弯曲。

产于八十沟。生于海拔2720米左右林下。

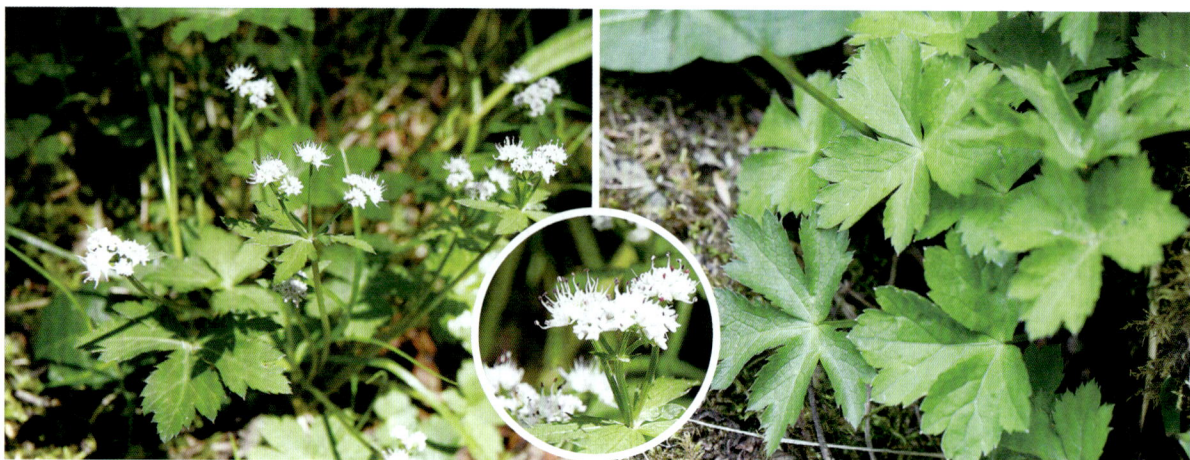

首阳变豆菜
Sanicula giraldii Wolff

多年生草本，高30～60厘米。基生叶多数，肾圆形或圆心形，长2～6厘米，宽3～10厘米，掌状3～5裂，中间裂片倒卵形，顶端边缘通常3浅裂，侧裂片深2裂，裂片边缘有不规则重锯齿；叶柄长5～25厘米；茎生叶有短柄。花序二至四回分叉，主枝伸长，长10～20厘米；伞形花序二至四出，伞幅长0.5～2厘米；小伞形花序有花6～7朵；花瓣白色或绿白色。果卵形，长2～2.5毫米，无柄或有短柄，表面有钩状皮刺。

保护区广布。生于海拔2800～3000米林下。

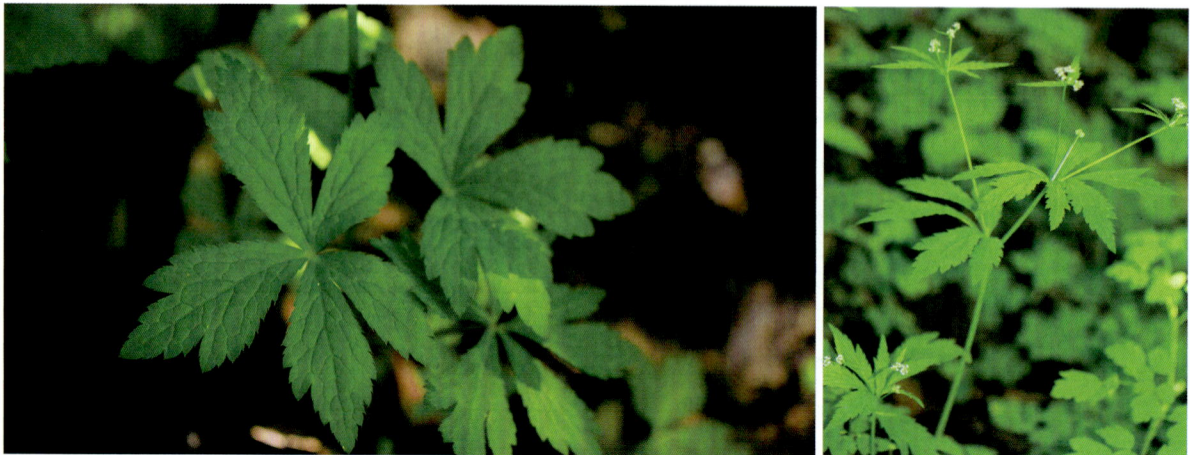

迷果芹

Sphallerocarpus gracilis (Besser ex Trevir.) Koso-Pol.

　　多年生草本，高50～120厘米。基生叶早落或凋存；茎生叶二至三回羽状分裂，二回羽片卵形或卵状披针形，末回裂片边缘羽状缺刻或齿裂；叶柄长1～7厘米，基部有棕褐色阔叶鞘。复伞形花序顶生和侧生；伞幅6～13个，不等长；小伞形花序有花15～25朵；花瓣倒卵形，顶端有内折的小舌片。果长圆形，长4～7毫米，两侧微扁，背部有5条突起的棱。

　　产于大峪沟、博峪沟、卡车沟。生于海拔2560～2850米山坡路旁、荒草地。

峨参

Anthriscus sylvestris (Linn.) Hoffm.

　　二或多年生草本。基生叶叶柄长5～20厘米，基部具鞘；叶片卵形，二回羽状分裂，一回羽片卵形至宽卵形，有二回羽片3～4对，二回羽片轮廓卵状披针形，羽状全裂或深裂，末回裂片卵形或椭圆状卵形，有粗锯齿；茎上部叶有短柄或无柄。复伞形花序直径2.5～8厘米，伞幅4～15个，不等长；花瓣白色。果长卵形至线状长圆形，长5～10毫米。

　　产于八十沟、卡车沟。生于海拔2800～3000米山坡林下、路旁。

小窃衣

Torilis japonica (Houtt.) DC.

一或多年生草本，高20～120厘米。茎有纵条纹及刺毛。叶柄长2～7厘米；叶片长卵形，一至二回羽状分裂，两面疏生粗毛，第一回羽片卵状披针形，边缘羽状深裂至全缘。复伞形花序顶生或腋生，花序梗长3～25厘米，有倒生的刺毛；伞幅4～12个；小伞形花序有花4～12朵；花瓣白色，倒圆卵形，顶端内折。双悬果圆卵形，长1.5～4毫米，密被内弯及钩状皮刺。

产于卡车沟。生于海拔2900米左右林缘、路旁。

滇西东俄芹

Tongoloa rockii Wolff

矮小草本，高8～17厘米。基生叶有柄，长5～5.5厘米；叶鞘抱茎；叶片轮廓呈阔三角形，二至三回羽状分裂，末回裂片细小；序托叶的叶片短于叶鞘，三出羽状分裂。复伞形花序顶生；总苞片无或有1枚；伞幅6～8个；小伞形花序有花8～15朵；花瓣白色或暗紫色而顶端边缘略带白色；花柱基圆盘状，呈暗紫色。果半卵圆形。

产于光盖山。生于海拔3770米左右高山草地。

矮泽芹
Chamaesium paradoxum H. Wolff

科 伞形科 Umbelliferae
属 矮泽芹属 *Chamaesium*

　　二年生草本，高8～35厘米。基生叶或茎下部的叶柄长4～6厘米，叶片长圆形，一回羽状分裂，羽片4～6对，卵形至卵状披针形，通常全缘，很少在顶端具2～3齿；茎上部叶有羽片3～4对，卵状披针形至阔线形，全缘。复伞形花序顶生或腋生；总苞片3～4枚，线形，短于伞幅；顶生的伞形花序有伞幅8～17个，不等长；小伞形花序有多花，排列紧密；花瓣白色或淡黄色。果长圆形，长1.5～2.2毫米。

　　产于八十沟。生于海拔2820～2850米山坡湿草地。

宽叶羌活
Notopterygium forbesii de Boiss.

科 伞形科 Umbelliferae
属 羌活属 *Notopterygium*

　　多年生草本，高80～180厘米。基生叶及茎下部叶有柄，基部有抱茎的叶鞘，叶大，三出式二至三回羽状复叶，一回羽片2～3对，末回裂片长圆状卵形至卵状披针形，长3～8厘米，宽1～3厘米，边缘有粗锯齿；茎上部叶少数，仅有3小叶，叶鞘发达。复伞形花序顶生和腋生，直径5～14厘米；花序梗长5～25厘米；伞幅10～23个；小伞形花序有多数花；花瓣淡黄色。分生果近圆形，背腹稍压扁，棱扩展成翅。

　　产于八十沟、尼玛尼嘎沟、小阿角沟、拉力沟、鲁延沟、郭扎沟、车路沟。生于海拔2800～3000米林缘及灌丛。

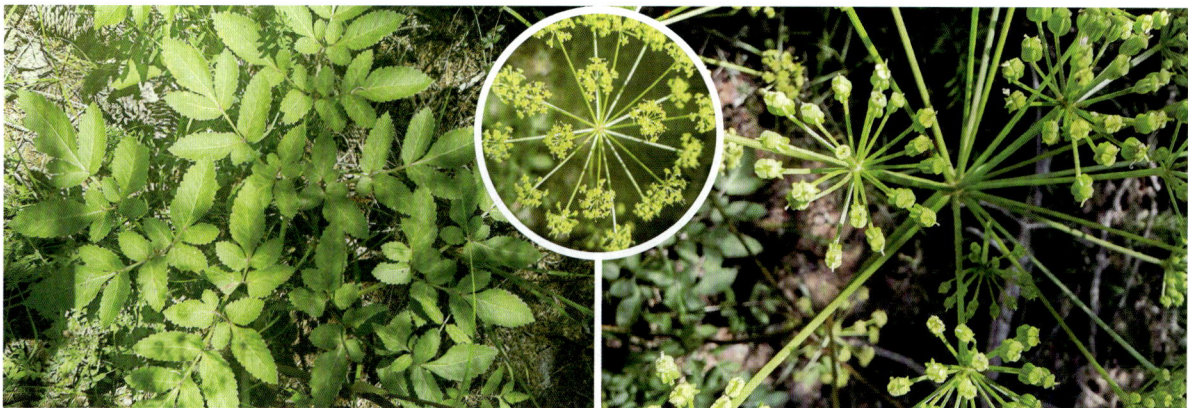

羌活
Notopterygium incisum C. T. Ting ex H. T. Chang

科 **伞形科** Umbelliferae
属 **羌活属** *Notopterygium*

多年生草本，高60～120厘米。基生叶及茎下部叶有柄，基部有膜质叶鞘；叶为三出式三回羽状复叶，末回裂片长圆状卵形至披针形，边缘缺刻状浅裂至羽状深裂；茎上部叶无柄，叶鞘膜质，长而抱茎。复伞形花序直径3～13厘米；伞幅7～18个；小伞形花序有多数花；花瓣白色，顶端内折。分生果长圆状，背腹稍压扁。

产于旗布沟、拉力沟、郭扎沟、车巴沟。生于海拔2900～3150米林缘及灌丛。

葛缕子
Carum carvi Linn.

科 **伞形科** Umbelliferae
属 **葛缕子属** *Carum*

多年生草本，高30～70厘米。基生叶及茎下部叶的叶柄与叶片近等长，叶片长圆状披针形，二至三回羽状分裂，末回裂片线形或线状披针形；茎中上部叶较小，无柄或有短柄。伞幅5～10个，极不等长；小伞形花序有花5～15朵；花瓣白色，或带淡红色。果长卵形，长4～5毫米，果棱明显。

保护区广布。生于海拔2600～3100米河滩草丛、林下或高山草地。

田葛缕子
Carum buriaticum Turcz.

　　多年生草本，高50～80厘米。基生叶及茎下部叶有柄，长6～10厘米，叶片轮廓长圆状卵形或披针形，三至四回羽状分裂，末回裂片线形；茎上部叶二回羽状分裂，末回裂片细线形。伞幅10～15个；小伞形花序有花10～30朵；花瓣白色。果长卵形，长3～4毫米。

　　产于大峪沟、拉力沟、业母沟、色树隆沟、车路沟、郭扎沟、洮河南岸。生于海拔2560～3100米田边、路旁、河岸、林下。

异叶囊瓣芹
Pternopetalum heterophyllum Hand.-Mazz.

　　多年生草本，高15～30厘米。基生叶有柄，长3～10厘米，基部有叶鞘，叶片三角形，三出分裂，裂片扇形或菱形，中下部3裂，边缘有锯齿，或二回羽状分裂，裂片线形，全缘或顶端3裂；茎生叶1～3枚，无柄或有短柄，一至二回三出分裂，裂片线形。复伞形花序顶生或侧生，无总苞；伞幅10～20个；小伞形花序有花1～3朵，通常2朵；花瓣长卵形，顶端不内折。果实卵形，长约1.5毫米。

　　产于大峪沟、下巴沟。生于海拔2600～3000米林下荫蔽潮湿处。

矮茎囊瓣芹

科 伞形科 Umbelliferae
属 囊瓣芹属 *Pternopetalum*

Pternopetalum longicaule Shan var. *humile* Shan et Pu

多年生草本，高4～30厘米。偶有一个基生叶，三出分裂，裂片宽卵形或菱形；茎下部和中部有1～2叶，叶柄长可达9厘米，基部膨大成鞘，叶片阔卵形，一至三回三出分裂，两侧的裂片半圆形至卵形，3裂；最上部茎生叶的裂片呈披针形。复伞形花序无总苞；伞幅4～20个，不等长；小伞形花序有花2～3朵。果实圆卵形。

产于八十沟、三角石沟、章巴库沟、桑布沟、鲁延沟、业母沟、色树隆沟、车巴沟、下巴沟。生于海拔2800～3250米林下。

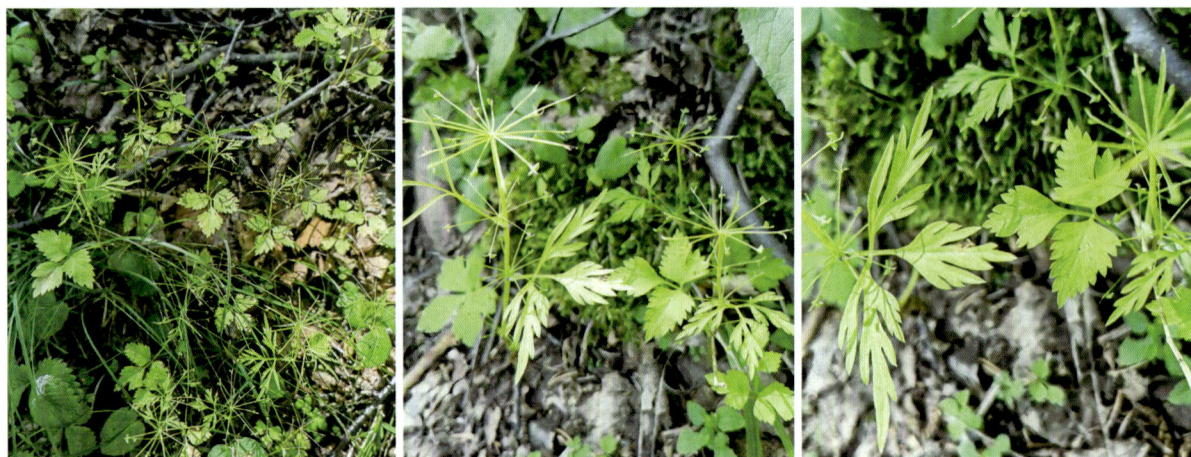

直立茴芹

科 伞形科 Umbelliferae
属 茴芹属 *Pimpinella*

Pimpinella smithii H. Wolff

多年生草本，高0.3～1.5米。基生叶和茎下部叶有柄，基部有叶鞘；叶片二回羽状分裂或二回三出分裂，末回裂片卵形、卵状披针形；茎中上部叶有短柄或无柄，叶片二回三出分裂或一回羽状分裂，或仅2～3裂，裂片卵状披针形或披针形。伞幅5～25个，极不等长；小伞形花序有花10～25朵；花瓣白色，顶端有内折小舌片。果实卵球形，直径约2毫米，果棱线形。

产于三角沟、拉力沟。生于海拔2780～3000米沟边、林下草地或灌丛。

皱果棱子芹

Pleurospermum nubigenum Wolff

多年生草本。叶连柄长7～10厘米，叶柄下部扩展呈膜质鞘状，叶片轮廓长圆形，2回羽状分裂，有4～5对羽片，末回裂片线形或披针形，长约5毫米。顶生的伞形花序大，总苞片叶状，较小；伞辐6～15，不等长，通常比叶长，粗壮，有条棱，顶端变粗，向上弯曲；小总苞片10～15，倒卵形至长圆形，长5～10毫米，有宽的白色膜质边缘；花多数，花柄长3～5毫米，扁平；花瓣白色，匙形，长约1.5毫米。果实长圆形，长3～4毫米，果棱明显折皱。

产于光盖山。生于海拔3900米高山和亚高山草甸。

青藏棱子芹

Pleurospermum pulszkyi Kanitz

多年生草本，高8～40厘米，常带紫红色。叶柄下部扩展呈卵圆形的叶鞘，叶片轮廓长圆形或卵形，一至二回羽状分裂，末回裂片长圆形或线形。顶生复伞形花序直径15～20厘米；总苞片5～8枚，圆形或披针形，顶端钝尖或呈羽状分裂，边缘宽白色膜质；伞辐5～10个；小伞形花序有多数花；花白色；花药暗紫色。果长圆形，果棱有狭翅。

产于八十沟、扎路沟、车巴沟、光盖山。生于海拔2800～3900米山坡草地或石隙。

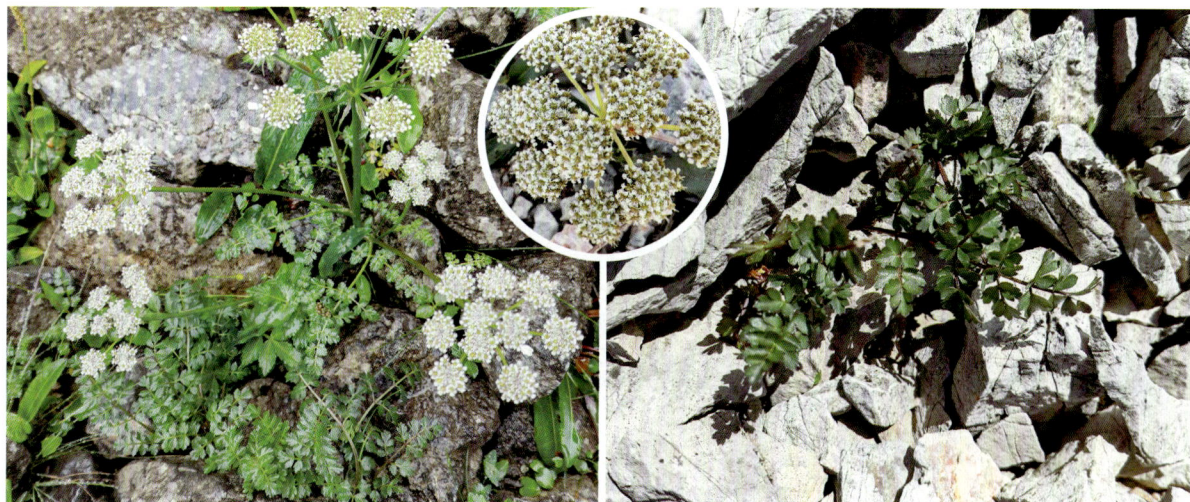

伞形科

被子植物

343

松潘棱子芹

Pleurospermum franchetianum Hemsl.

科 **伞形科** Umbelliferae
属 **棱子芹属** *Pleurospermum*

二或多年生草本，高40～70厘米。基生叶和茎下部叶有长柄，叶柄基部膜质鞘状；叶片卵形，近三出式三回羽状分裂，末回裂片披针状长圆形，边缘有不整齐缺刻；茎上部的叶简化，无柄，仅托以叶鞘。顶生复伞形花序有短的花序梗，花均能育；侧生复伞形花序有长花序梗，花不育；总苞片8～12枚，狭长圆形，顶端3～5裂，边缘白色；伞幅多数；小总苞片匙形，全缘或顶端3浅裂；花瓣白色；花药暗紫色。

产于八十沟、旗布沟、拉力沟、业母沟、色树隆沟、车路沟、郭扎沟。生于海拔2820～3100米高山坡或山梁草地。

鸡冠棱子芹

Pleurospermum cristatum de Boiss.

科 **伞形科** Umbelliferae
属 **棱子芹属** *Pleurospermum*

二年生无毛草本，高70～120厘米。基生叶或茎下部叶有长柄，叶柄基部鞘状，叶片轮廓三角状卵形，通常二回三出羽状分裂，末回裂片菱状卵形，边缘有不整齐缺刻；茎上部的叶简化，有短柄或近于无柄复伞形花序顶生的较大，侧生的较小；总苞片3～7片，匙形，全缘，有狭的白色边缘；小伞形花序有花15～25朵；花瓣白色，顶端有明显内折的小舌片。果卵状长圆形，表面密生水泡状微凸起，果棱凸起，呈明显鸡冠状。

产于大峪沟、拉力沟。生于海拔2560～2650米山坡林缘或山沟草地。

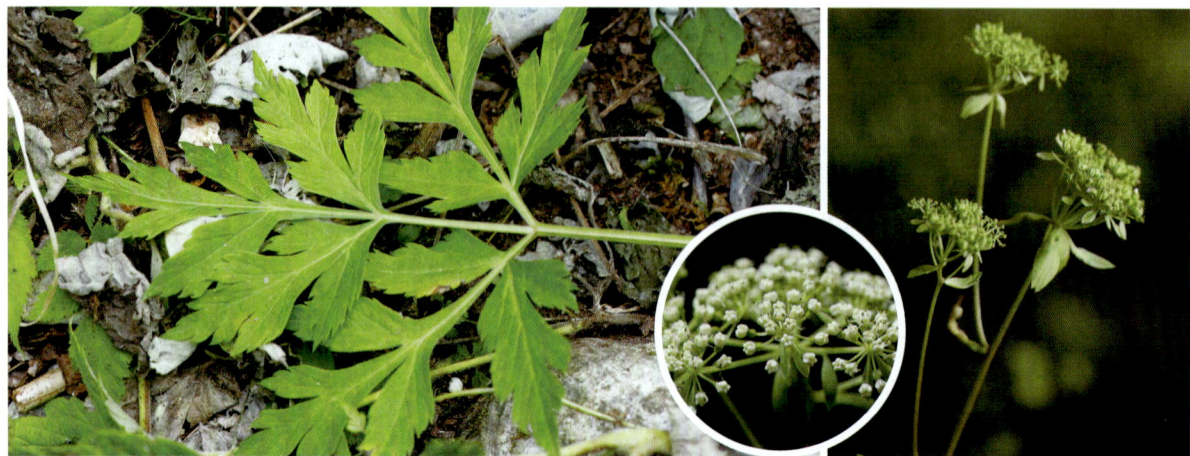

兰州岩风

Libanotis lanzhouensis K. T. Fu ex Shan et Sheh

多年生草本，高30～90厘米，全株多有柔毛。基生叶多数，叶柄长3.5～15厘米，基部有宽阔叶鞘，叶片轮廓长圆形，二至三回羽状深裂或全裂，长9～25厘米，宽2～8厘米，第一回羽片4～7对，第二回羽片3对，靠下部的3～5深裂或全裂，末回裂片线形或近菱形，灰绿色；茎上部叶少数，较小，少分裂，裂片线形。复伞形花序多分枝；伞形花序直径2～3厘米，无总苞或偶有1片；伞幅2～4个，不等长；小伞形花序有花5～10朵；花瓣长圆形，小舌片狭长内曲，白色。分生果椭圆形，密生长柔毛。

产于车巴沟。生于海拔2730米左右路旁山坡。

锐齿西风芹

Seseli incisodentatum K. T. Fu

多年生草本，高30～50厘米。基生叶叶柄长5～7厘米，基部有叶鞘，叶片轮廓卵形，三回羽状分裂，第一回羽片4～6对，第二回羽片3～4对，末回裂片卵形，有1～3锐齿或呈羽状分裂；茎上部叶逐渐退化，一回羽状分裂或3裂，具短柄或无柄，仅有稍宽阔的叶鞘。复伞形花序多分枝；无总苞片；伞幅5～7个，不等长；小伞形花序有花8～12朵；花瓣长圆形，小舌片细长内曲，黄色。分生果长圆形，长约2毫米，果棱微突起。

产于大峪沟、卡车沟。生于海拔2560～2850米山坡草地或路旁。

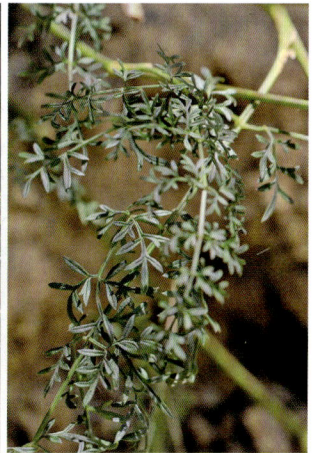

黑柴胡

Bupleurum smithii H. Wolff

　　多年生草本，高25～60厘米。根黑褐色。基部叶丛生，狭长圆形至倒披针形，长10～20厘米，宽1～2厘米，叶基扩大抱茎；中部的茎生叶同形。总苞片1～2枚或无；伞幅4～9个，不等长；小总苞片6～9枚，黄绿色，长于小伞形花序；花瓣黄色。果卵形，长3.5～4毫米。

　　产于大峪沟、八十沟、卡车沟、业母沟、色树隆沟、车路沟、洮河南岸。生于海拔2600～3100米山坡草地、山谷、山顶阴处。

黄花鸭跖柴胡

Bupleurum commelynoideum H. Boissieu var. *flaviflorum* Shan et Y. Li

　　多年生草本，高38～48厘米。根深褐色。基部叶细长，线形，长8～18厘米，宽2.5～4毫米，无叶柄，基部抱茎；茎中部叶卵状披针形，下半部扩大，抱茎，长8～11厘米，宽5～10毫米；茎顶部叶较短，狭卵形。伞形花序单生于枝顶；总苞片1～2枚，早落；伞幅3～7个；小总苞片长于小伞形花序；花瓣黄色，内卷。果熟时棕红色，短圆柱形。

　　产于加当湾、卡车沟、车巴沟。生于海拔2530～3100米高山草地。

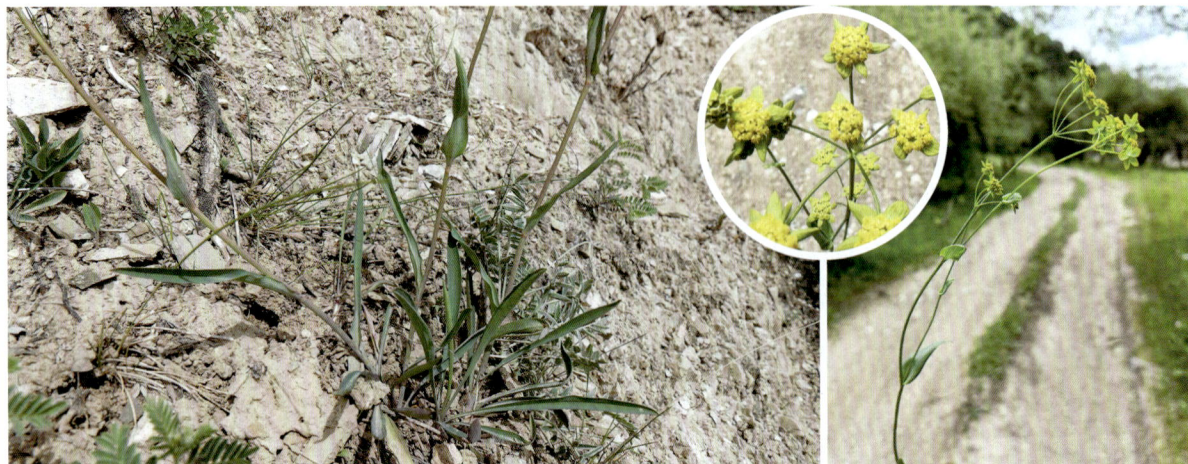

竹叶柴胡

***Bupleurum marginatum* Wall. ex DC.**

科 伞形科 Umbelliferae
属 柴胡属 *Bupleurum*

多年生草本，高50～120厘米。叶革质或近革质，下部叶与中部叶同形，长披针形或线形，长10～16厘米，宽6～14毫米，顶端有硬尖头，基部微收缩抱茎；茎上部叶同形，但逐渐缩小。复伞形花序很多，直径1.5～4厘米；伞幅3～7个，不等长；总苞片2～5枚，很小；小伞形花序直径4～9毫米；小总苞片5枚，披针形，短于花柄；小伞形花序有花6～12朵；花瓣浅黄色，小舌片方形。果长圆形，棱狭翼状。

产于加当湾、石巴大沟。生于海拔2500～2900米山坡草地或林下。

长茎藁本

***Ligusticum thomsonii* C. B. Clarke**

科 伞形科 Umbelliferae
属 藁本属 *Ligusticum*

多年生草本，高20～90厘米。基生叶叶柄长2～10厘米，基部扩大为鞘，叶片轮廓狭长圆形，长2～12厘米，宽1～3厘米，羽状全裂，羽片5～9对，卵形至长圆形，边缘具不规则锯齿至深裂；茎生叶1～3枚，无柄，向上渐简化。复伞形花序顶生或侧生，顶生者直径4～5厘米，侧生者常小而不发育；总苞片5～6枚，线形；伞幅12～20个；小总苞片10～15枚，线形至线状披针形；萼齿微小；花瓣白色，长约1毫米，具内折小舌片；花柱基隆起，花柱2枚，向下反曲。分生果长圆状卵形，主棱明显突起，侧棱较宽。

产于卡车沟、车巴沟。生于海拔2800～3000米林缘、灌丛及草地。

藁本

***Ligusticum sinense* Oliv.**

科 伞形科 Umbelliferae

属 藁本属 *Ligusticum*

多年生草本，高达1米。基生叶叶柄长达20厘米，叶片轮廓宽三角形，长10～15厘米，宽15～18厘米，二回三出式羽状全裂，第一回羽片轮廓长圆状卵形，小羽片卵形，边缘齿状浅裂；茎中部叶较大，上部叶简化。复伞形花序顶生或侧生；总苞片6～10枚，线形；伞幅14～30个；小总苞片10枚，线形，长3～4毫米；花白色；花瓣先端具内折小尖头。分生果长圆状卵形，背腹扁压，侧棱略扩大呈翅状。

产于八十沟、三角石沟、洮河南岸。生于海拔2600～3100米林下、沟边草丛。

线叶藁本

***Ligusticum nematophyllum* (Pimenov et Kljuykov) F. T. Pu et M. F. Watson**

科 伞形科 Umbelliferae

属 藁本属 *Ligusticum*

多年生草本，高30～80厘米。基生叶叶柄长8～10厘米，基部扩大成鞘，叶片三角状卵形，长8～10厘米，宽6～10厘米，二至三回羽状全裂，一回羽片6～10对，末回裂片线形；茎生叶向上逐渐退化，最上部的二回羽状。伞形花序顶生和侧生，顶生伞形花序直径3～5厘米；总苞片1～2枚，线形；伞幅8～13个，近等长；小总苞片5～8枚，线形，长于小伞形花序；萼齿不明显；花瓣白色。分生过长圆状卵球形，侧棱具狭翅。

产于小阿角沟、三角石沟、扎路沟、车巴沟。生于海拔3000～3100米林缘、灌丛、草丛。

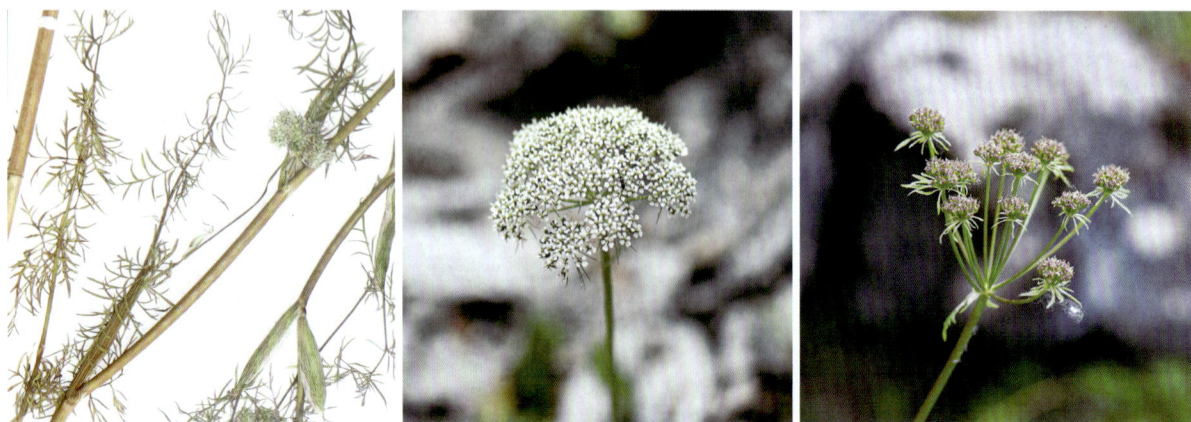

拉萨厚棱芹

Pachypleurum lhasanum H. T. Chang et Shan

　　多年生无茎草本。基生叶柄长2～3厘米，基部扩大，叶片轮廓长圆状披针形，长3～6厘米，宽1～2厘米，二至三回羽状全裂，羽片4～7对，轮廓卵形，末回裂片狭卵形至卵状披针形，长2～3毫米。伞幅11～14个，自基部发出，极不等长；小总苞片6～8枚，长约5毫米，一至二回羽状分裂；花瓣白色，先端具内折小舌片。分生果卵形，长3～4毫米，背腹扁压，主棱全部成较厚的翅。

　　产于车巴沟、光盖山。生于海拔3000～3800米山坡草地。

青海当归

Angelica nitida H. Wolff

　　多年生草本，高30～90厘米。基生叶为一至二回羽状全裂，裂片2～4对，叶柄长3～5厘米；茎上部叶为一至二回羽状全裂，叶片轮廓为阔卵形，末回裂片长圆形至椭圆形，边缘锯齿钝圆。复伞形花序，直径6～10厘米；伞幅9～19个；无总苞片；小伞形花序密集，有多数花；小总苞片6～10枚，披针形；花瓣白色或黄白色，少为紫红色，顶端稍反曲；花柱基扁平，紫黑色。果长圆形至卵圆形，长5～6.5厘米，侧棱翅状。

　　产于旗布沟、三角石沟、博峪沟、拉力沟、扎路沟、业母沟、色树隆沟、车路沟、车巴沟。生于海拔2900～3150米高山灌丛、山坡草地。

疏叶当归

Angelica laxifoliata Diels

科 **伞形科 Umbelliferae**
属 **当归属 Angelica**

　　多年生草本，高30～90厘米或更高。基生叶及茎生叶均为二回三出式羽状分裂，有排列较疏远的小叶片3～4对，叶柄长5～10厘米，下部叶柄长达30厘米；茎顶端叶简化成长管状的膜质鞘；末回裂片披针形至宽披针形，长2.5～4厘米，宽1～2厘米，无柄，边缘有细密锯齿。复伞形花序顶生，直径5～7厘米；伞幅30～50个；总苞片3～9枚，披针形，带紫色；小伞形花序有花10～35朵；小总苞片6～10枚，长披针形；花瓣白色，顶端内折。果卵圆形，长4～6毫米，侧棱翅状，较果体宽。

　　产于大峪沟、拉力沟。生于海拔2600米左右山坡草丛。

少毛北前胡

Peucedanum harry-smithii Fedde ex H. Wolff var. subglabrum (Shan et Sheh) Shan et Sheh

科 **伞形科 Umbelliferae**
属 **前胡属 Peucedanum**

　　多年生草本，高30～100厘米，植株各部分毛较少，或近无毛。基生叶叶柄长0.5～5厘米，叶柄基部具鞘，叶片轮廓为广三角状卵形，三回羽状分裂或全裂，末回裂片为菱状倒卵形至卵状披针形，边缘具1～3齿；茎生叶向上逐渐简化，无柄，叶鞘较宽，末回裂片狭窄。复伞形花序顶生和侧生，分枝较多；无总苞片或早落；伞幅8～20个，不等长；小伞形花序有花12～20朵；花瓣白色，小舌片内曲。果卵状椭圆形，长4～5毫米，密被短硬毛，侧棱呈翅状。

　　产于羊化湾。生于海拔2460米左右山坡林缘或空旷地。

渐尖叶独活

Heracleum acuminatum Franch.

多年生草本，高 0.6～1 米。叶片轮廓为三角形或阔卵状三角形，长 16～30 厘米，宽 9～16 厘米，3 裂或羽状分裂，裂片长卵形或披针形，边缘有卵圆齿，基部截形或心形；茎上部叶裂片较小，有宽展的叶鞘。复伞形花序顶生和侧生，花序梗长 13～20 厘米，粗壮；无总苞；伞幅 12～22 个；小总苞数片，线形，长达 1.2 厘米；花白色形。果倒卵形，扁平。

产于八十沟、小阿角沟、章巴库沟、业母沟、洮河南岸。生于海拔 2600～3000 米林间草地或林下沟旁、林缘。

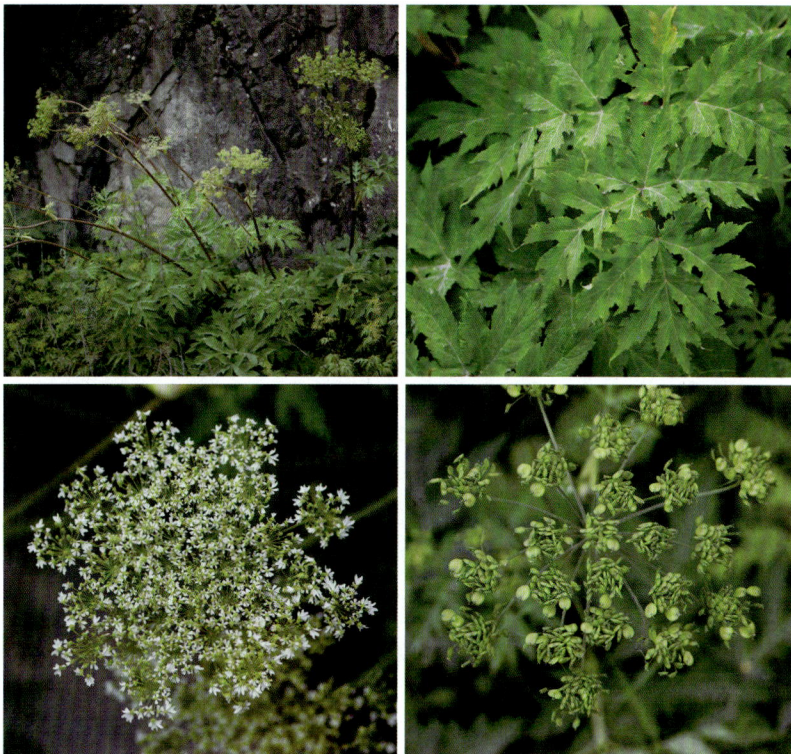

多裂独活

Heracleum dissectifolium K. T. Fu

多年生草本，高 60～100 厘米。基生叶叶柄长 3.5～7 厘米，基部有叶鞘，叶片轮廓卵形，长达 20 厘米，一至二回羽状全裂，一回裂片 3～4 对，斜卵形，小裂片卵状披针形，最下一对全裂，其它深裂或缺刻状，边缘有不整齐锯齿；茎生叶三回三出式羽状深裂，无柄，上部叶逐渐简化。复伞形花序顶生和侧生；无总苞片；伞幅 30～50 个，不等长；小总苞片少数，线形；花瓣白色，二型。果椭圆形或近圆形，长 4～6 毫米，光滑。

产于拉力沟、扎路沟、洮河南岸。生于海拔 2600～3300 米山谷灌丛或山地草丛。

锐尖叶独活

Heracleum longilobum (C. Norman) Sheh et T. S. Wang

科 伞形科 Umbelliferae
属 独活属 *Heracleum*

多年生草本，高10～50厘米。下部叶叶柄长2～10厘米，叶片轮廓为披针形，长3～15厘米，宽达3.5厘米，三至四回羽状分裂；末回裂片线形或披针形，先端尖锐；茎生叶逐渐短缩。复伞形花序顶生或侧生；总苞片4～5枚，披针形，长4～8毫米；伞幅6～9个，不等长；小伞形花序有多数花；花白色，辐射瓣2裂。果椭圆形，背部极扁平，长5～6毫米。

产于洮河南岸。生于海拔2600米左右山坡草地。

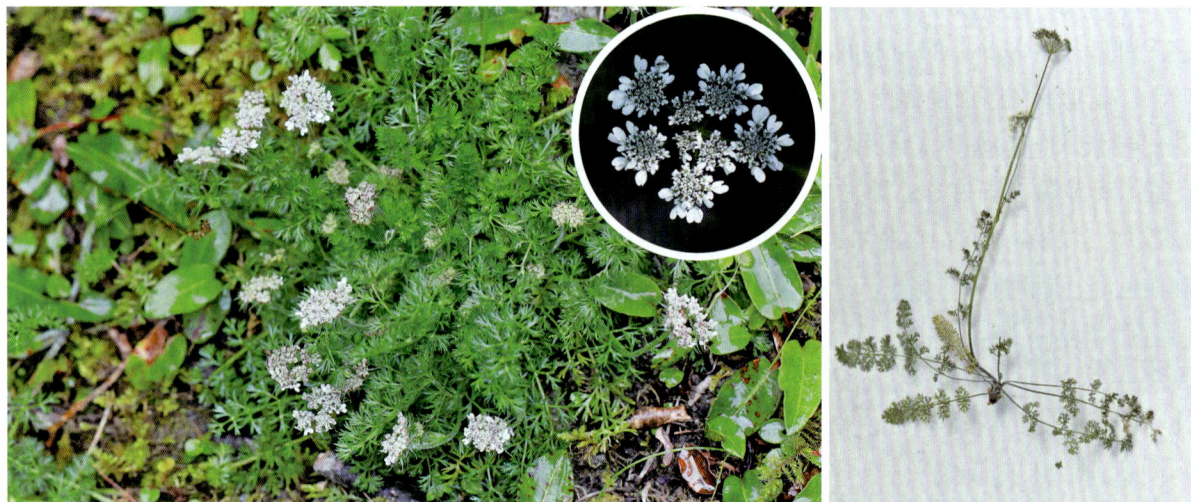

红椋子

Swida hemsleyi (Schneid. et Wanger.) Sojak

科 山茱萸科 Cornaceae
属 梾木属 *Swida*

落叶灌木或小乔木。幼枝红色，被贴生短柔毛。单叶对生，卵状椭圆形，长4.5～9.3厘米，宽1.8～4.8厘米，边缘微波状，上面有贴生短柔毛，下面灰绿色，密被白色贴生短柔毛及乳头状突起，侧脉6～7对，弓形内弯；叶柄长0.7～1.8厘米，淡红色。伞房状聚伞花序顶生，宽5～8厘米；花小，白色，直径6毫米；花萼裂片4片，卵状至长圆状舌形。核果近于球形，直径4毫米，黑色，疏被贴生短柔毛。

产于加当湾。生于海拔2550米左右杂木林。

鹿蹄草

***Pyrola calliantha* H. Andr.**

　　常绿草本状小半灌木，高10～30厘米。叶4～7枚，基生，革质，椭圆形或圆卵形，稀近圆形，长2.5～5.2厘米，宽1.7～3.5厘米，边缘近全缘或有疏齿，上面绿色，下面常有白霜，有时带紫色；叶柄长2～5.5厘米。花葶有1～2枚鳞片状叶；总状花序长12～16厘米，有9～13花，密生，花倾斜，稍下垂，花冠直径1.5～2厘米，白色，有时稍带淡红色；花梗长5～8毫米。蒴果扁球形，直径7.5～9毫米。

　　产于旗布沟、章巴库沟。生于海拔3150～3500米山地林下。

独丽花

***Moneses uniflora* (Linn.) A. Gray**

　　常绿草本状矮小半灌木，高4～17厘米。叶对生或近轮生于茎基部，薄革质，圆卵形或近圆形，长0.9～1.5毫米，基部稍下延于叶柄，边缘有锯齿；叶柄长4～8毫米。花葶有1～2枚鳞片状叶；花单生于花葶顶端，花冠碟状，直径1.5～2.5厘米，下垂，白色。蒴果近球形，直径6～8毫米。

　　产于郭扎沟、光盖山。生于海拔3300～3400米山地针叶林下苔藓层。

钝叶单侧花
Orthilia obtusata (Turcz.) Hara

常绿草本状小半灌木，高4～15厘米。叶近轮生于地上茎下部，薄革质，阔卵形，长1.2～2.5厘米，宽1～1.6厘米，边缘有圆齿，下面苍白色；叶柄长0.6～1.1厘米。花莛上部有疏细小疣，下部近光滑，有1～3枚鳞片状叶；总状花序长1.4～2.5厘米，有4～8花，偏向一侧；花水平倾斜或半下垂，花冠卵圆形或近钟形，直径3.5～4.2毫米，淡绿白色；花梗长1.5～2毫米；萼片和花瓣边缘有齿。蒴果近扁球形，直径4～4.5毫米。

产于尼玛尼嘎沟。生于海拔2800米左右山地针叶林下。

毛花松下兰
Monotropa hypopitys Linn. var. hirsuta Roth

多年生腐生草本，高8～27厘米，全株白色或淡黄色，肉质，被白色粗毛，干后变黑褐色。叶鳞片状，互生，卵状长圆形或卵状披针形，长1～1.5厘米，宽0.5～0.7厘米。总状花序有3～8花；花初下垂，后渐直立，花冠筒状钟形，长1～1.5厘米，直径0.5～0.8厘米；花瓣4～5枚；花药橙黄色。蒴果椭圆状球形。

产于八十沟。生于海拔2800米左右山地林下。

头花杜鹃
Rhododendron capitatum **Maxim.**

　　常绿小灌木，高0.5～1.5米。叶近革质，长椭圆形，长7～10毫米，宽3～7毫米，上面暗绿色，被淡黄色鳞片，下面淡褐色，具无色或禾秆色鳞片；叶柄长2～3毫米，被鳞片。花两性；伞形花序顶生，有花2～5朵；花梗长1～3毫米；花冠宽漏斗状，长13～15毫米，淡紫色、深紫色或紫蓝色，内面喉部密被绵毛。蒴果卵形，长约5毫米，被鳞片。

　　产于三角石沟、旗布沟、扎路沟、光盖山。生于海拔3000～3800米高山草地或冷杉林缘。

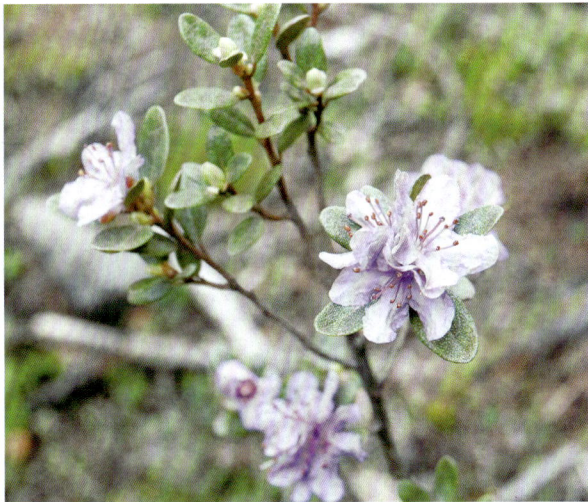

千里香杜鹃
Rhododendron thymifolium **Maxim.**

　　常绿小灌木，高0.5～1.2米。叶近革质，聚生枝顶，椭圆形至卵状披针形，长5～12毫米，宽2～5毫米，上面密被灰白色鳞片，下面被灰褐色鳞片；叶柄长1～2毫米，密被鳞片。花两性，单生枝顶或偶成双；花梗长1～2毫米；花萼小，环状，红色；花冠宽漏斗状，长6～12毫米，鲜紫蓝色至深紫色。蒴果卵圆形，被鳞片。

　　产于扎路沟。生于海拔3200米左右高山阴坡灌丛。

烈香杜鹃
Rhododendron anthopogonoides Maxim.

　　常绿直立灌木，高1～1.5米。叶革质，卵状椭圆形至卵形，长2～4厘米，宽1～2厘米，上面疏被鳞片或无，下面被暗褐色和带红棕色的鳞片；叶柄长2～5毫米。花两性；头状花序顶生，有花10～20朵，密集；花梗长1～2毫米；花萼发达，长3～5毫米；花冠狭筒状漏斗形，长1～1.5厘米，淡黄绿或绿白色，有浓烈的芳香，内面喉部密被髯毛，裂片开展。蒴果卵形，具鳞片，包于宿萼内。

　　产于旗布沟、章巴库沟、扎路沟。生于海拔3100～3600米山地、林缘、灌丛。

陇蜀杜鹃
Rhododendron przewalskii Maxim.

　　常绿灌木，高1～3米。叶革质，常集生于枝端，椭圆形至长圆形，长7～12厘米，宽3～5厘米，全缘，微反卷，上面深绿色，无毛，下面初被毛，后渐脱落为无毛；叶柄长1～2厘米。花两性；顶生伞房状伞形花序，有花10～15朵；花梗长1～2厘米；花冠钟形，长2～4厘米，白色至粉红色，筒部上方具紫红色斑点，裂片5片，近圆形。蒴果圆柱形，长1～2厘米，光滑。

　　产于旗布沟、光盖山。生于海拔3100～3800米高山灌丛、林缘。

黄毛杜鹃

Rhododendron rufum Batal.

科 杜鹃花科 Ericaceae
属 杜鹃属 *Rhododendron*

常绿灌木或小乔木，高1～7米。叶革质，椭圆形至长圆状卵形，长7～12厘米，宽3～5厘米，边缘稍反卷，上面暗绿色，无毛，下面锈黄色毛被；叶柄粗壮。花两性；顶生总状伞形花序，有花6～10朵；花梗长1～1.5厘米；花冠漏斗状钟形，长2～3厘米，白色至淡粉红色，上方具深红色斑点，裂片5片，近于圆形。蒴果圆柱形，微弯，长约2厘米；果梗长1.5～2厘米。

产于旗布沟、拉力沟。生于海拔3000～3600米高山灌丛或冷杉林缘。

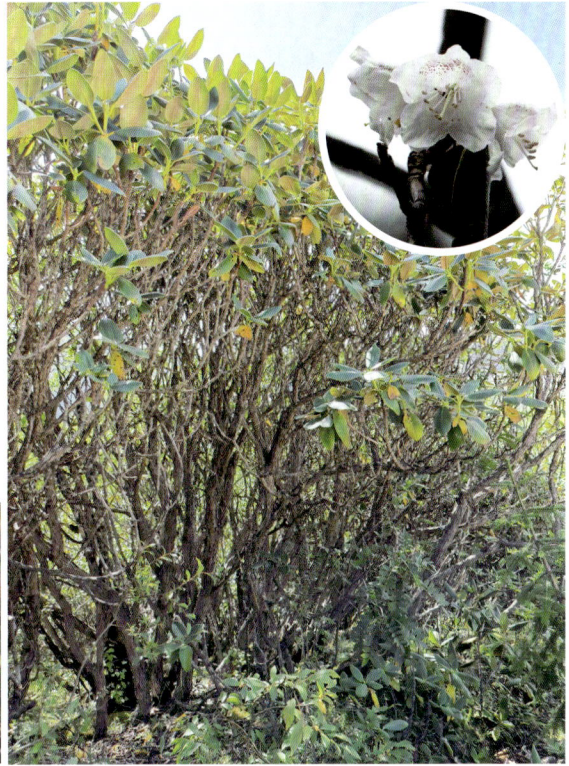

红北极果

Arctous ruber (Rehd. et Wils.) Nakai

科 杜鹃花科 Ericaceae
属 北极果属 *Arctous*

落叶矮小灌木，匍匐状，高6～12厘米。单叶互生，簇生枝顶，倒卵状披针形或倒卵形，长2～3厘米，宽8～12毫米，基部渐狭，下延于叶柄，边缘具细钝锯齿，上面亮绿色，微具皱纹；叶柄长约1厘米。花两性，常1～3朵组成总状花序，出自叶丛中；苞片2～3枚，叶状；花冠卵状坛形，淡黄绿色，长4～5毫米，口部5浅裂。浆果球形，直径6～10毫米，成熟时鲜红色。

产于八十沟、小阿角沟、旗布沟、博峪沟、扎路沟、车巴沟。生于海拔2800～3200米山坡、灌丛下。

短葶小点地梅

Androsace gmelinii (Gaertn.) Roem. et Schult. var. *geophila* Hand.-Mazz.

一年生小草本。叶基生，近圆形或圆肾形，直径4～7毫米，基部心形或深心形，边缘具7～9圆齿，两面疏被贴伏的柔毛；叶柄长2～3厘米。花葶高约1厘米或近无；伞形花序具2～3花；花梗长7～25毫米；花萼钟状，密被柔毛和腺毛；花冠白色，裂片长圆形。蒴果近球形。

产于三角石沟、章巴库沟。生于海拔2700～2800米山坡草地、路旁。

雅江点地梅

Androsace yargongensis Petitm.

多年生草本。叶基生，外层叶线形至舌状长圆形，长2～5毫米，早枯，内层叶常为匙状倒披针形或长圆状匙形，黄绿色，长5～9毫米，宽约1.5毫米。花葶单一，高5～25毫米；伞形花序具5～6花；苞片常对折成舟状；花梗短于苞片；花两性，白色或粉红色，直径6～8毫米。蒴果近球形。

产于扎路沟、光盖山。生于海拔3700～4000米高山石砾地、草地和湿润河滩。

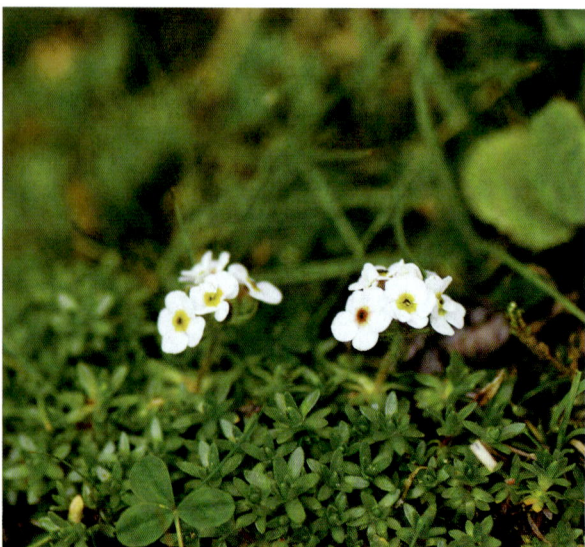

垫状点地梅

Androsace tapete Maxim.

多年生草本，株形为半球形的坚实垫状体。叶二型，外层叶卵状披针形或卵状三角形，长2～3毫米，较肥厚，背部隆起；内层叶线形或狭倒披针形，长2～3毫米，顶端具密集的白色画笔状毛。花莛近无或极短；花单生，无梗或具极短的梗；花两性，粉红色，直径约5毫米。蒴果近球形。

产于小阿角沟、扎路沟、光盖山。生于海拔3700～4000米砾石山坡、河谷阶地。

西藏点地梅

Androsace mariae Kanitz

多年生草本。莲座状叶丛直径1～3厘米；叶二型，外层叶舌形或匙形，长3～5毫米；内层叶匙形至倒卵状椭圆形，长7～15毫米。花莛单一，高2～8厘米；伞形花序2～7花；苞片披针形，长3～4毫米；花梗在花期长5～7毫米，花后可达18毫米；花两性，粉红色，直径5～7毫米。蒴果稍长于宿存花萼。

产于扎路沟、奋尼沟、光盖山。生于海拔2540～3700米山坡草地、林缘和砂石地。

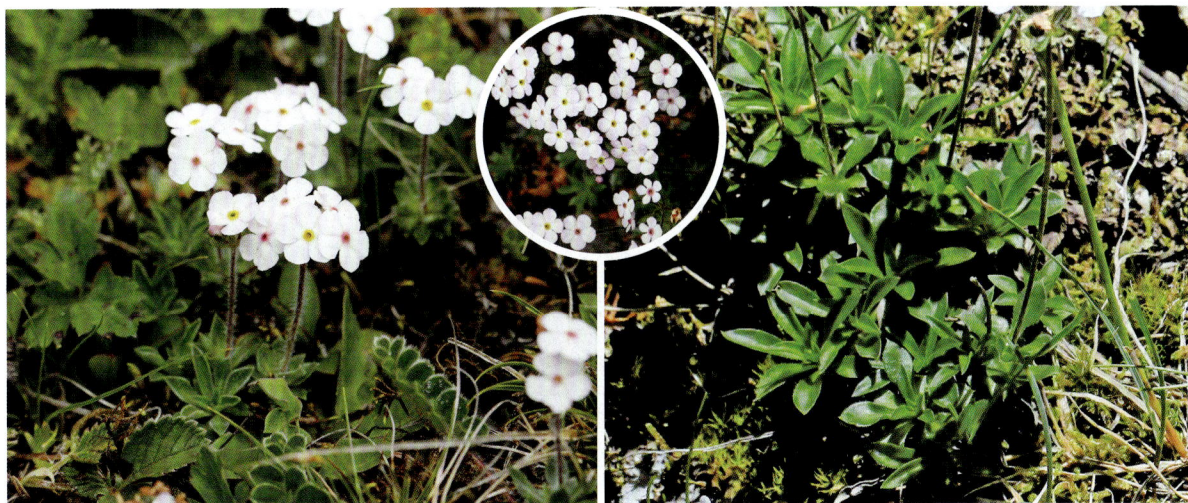

直立点地梅
Androsace erecta Maxim.

一或二年生草本，高10～20厘米。茎基部叶多少簇生，通常早枯；茎生叶互生，椭圆形至卵状椭圆形，长4～15毫米，宽1.2～6毫米；叶柄极短或近于无。多花组成伞形花序生于无叶的枝端，偶有单生于茎上部叶腋的；苞片长约3.5毫米，叶状；花梗长1～3厘米；花两性，白色或粉红色，直径2.5～4毫米。蒴果长圆形，稍长于花萼。

产于下巴沟。生于海拔2800米左右山坡草地。

多脉报春
Primula polyneura Franch.

多年生草本。叶基生，阔三角形至近圆形，长2～10厘米，基部心形，边缘掌状7～11裂，裂片阔卵形或矩圆形，边缘具浅裂状粗齿；叶柄长5～20厘米。花葶高10～50厘米；伞形花序1～2轮，每轮3～9花；苞片披针形，长5～10毫米；花梗长5～25毫米；花两性，粉红色或深玫瑰红色，冠筒口周围黄绿色至橙黄色。蒴果长圆形，约与花萼等长。

产于八十沟、博峪沟。生于海拔2800米左右林缘和潮湿沟谷边。

蔓茎报春
Primula alsophila **Balf. f. et Farrer**

多年生草本。根状茎匍匐；常自叶丛中生出匍匐枝。叶1～3枚丛生，叶片轮廓近圆形，长2～6厘米，宽2.5～8厘米，基部深心形，边缘掌状5～7裂，裂片通常具锐尖的3齿；叶柄长5～11厘米。花葶高10～16厘米；伞形花序具2～3花，顶生；苞片线形，长4～6毫米；花梗长1～2.5厘米；花两性，淡紫色或淡紫红色，冠筒长约9毫米，裂片倒卵形，先端具深凹缺。蒴果近球形，短于宿存花萼。

产于八十沟、旗布沟、桑布沟。生于海拔2800～3200米云杉或冷杉林下。

紫罗兰报春
Primula purdomii **Craib**

多年生草本。叶片披针形、矩圆状披针形或倒披针形，长3～12厘米，宽1～2.5厘米，边缘近全缘或具不明显小钝齿，通常极窄外卷，中肋宽扁；叶柄具阔翅，通常稍短于叶片。花葶高8～20厘米，近顶端被白粉；伞形花序1轮，具8～18花；苞片线状披针形至钻形；花梗长5～15毫米，被白粉，果时长2～5厘米；花萼狭钟状，分裂达中部；花冠蓝紫色，裂片矩圆形，全缘。蒴果筒状。

产于旗布沟、三角石沟、扎路沟、郭扎沟。生于海拔2900～3200米湿草地和灌丛下。

圆瓣黄花报春
Primula orbicularis Hemsl.

多年生草本。叶丛生，外轮少数叶片椭圆形，向内渐变成矩圆状披针形或披针形，长3～15厘米，宽1.5～3厘米，边缘常极窄外卷，近全缘或具细齿，中肋宽扁；叶柄具宽翅。花葶高10～50厘米，近顶端被乳黄色粉；伞形花序1轮，具4至多花；苞片披针形，长5～18毫米；花梗长5～20毫米，被淡黄色粉，果时长可达7.5厘米；花两性，鲜黄色，裂片近圆形至矩圆形，全缘。蒴果筒状，与花萼近等长。

产于三角石沟。生于海拔3100米左右高山草地、溪边。

甘青报春
Primula tangutica Duthie

多年生草本，全株无粉。叶基生，椭圆形至倒披针形，连柄长4～15厘米，边缘具小牙齿，稀近全缘。花葶粗壮，高20～60厘米；伞形花序1～3轮，每轮5～9花；苞片线状披针形，长6～10毫米；花梗长1～4厘米；花两性，朱红色，裂片线形，长7～10毫米。蒴果筒状，长于宿存花萼。

产于八十沟、三角石沟、旗布沟、博峪沟、拉力沟。生于海拔2800～3100米阳坡草地和灌丛。

狭萼报春

Primula stenocalyx Maxim.

多年生草本。叶片倒卵形至匙形，连柄长 1～5 厘米，宽 0.5～1.5 厘米，基部楔状下延，边缘全缘或具小圆齿或钝齿；叶柄具翅。花葶直立，高 1～15 厘米；伞形花序具 4～16 花；苞片狭披针形，长 5～15 毫米；花梗长 3～15 毫米；花两性，紫红色或蓝紫色，裂片先端深 2 裂；花萼筒状，裂片矩圆形或披针形。蒴果长圆形，与花萼近等长。

产于华尔盖沟。生于海拔 3200 米阳坡草地、林下。

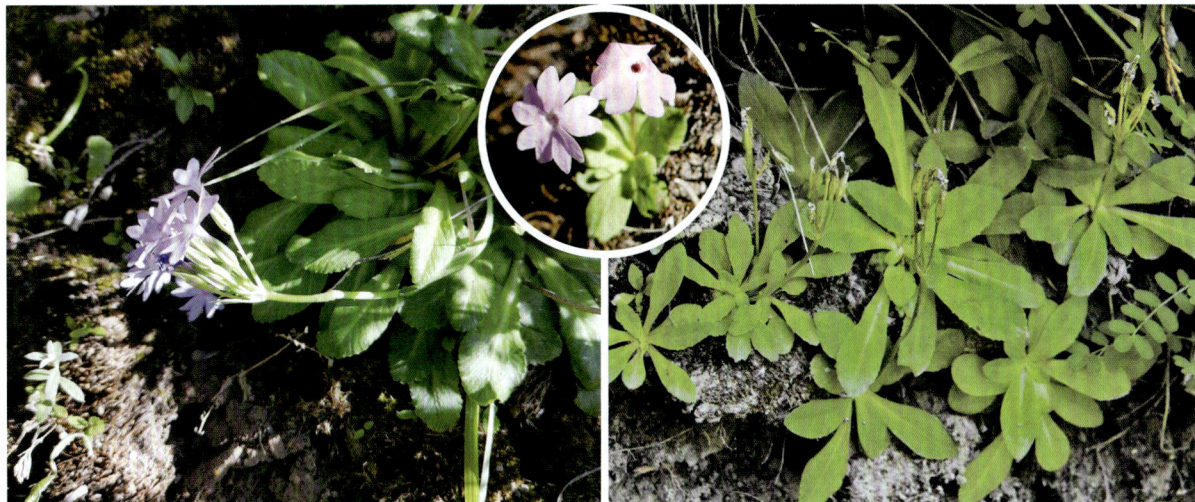

黄花粉叶报春

Primula flava Maxim.

多年生草本。叶片阔卵圆形、椭圆形或有时近圆形，长 1.5～4 厘米，宽 1～2.5 厘米，边缘具钝锯齿；叶柄纤细，具狭翅。花葶高 2～10 厘米；伞形花序顶生，具 2～13 花；苞片披针形，长 5～10 毫米；花梗长 0.8～3 厘米；花两性，黄色，裂片先端 2 深裂；花萼钟状，分裂约达全长的 2/3，裂片狭长圆形或披针形。蒴果稍短于花萼。

产于八十沟。生于海拔 2800～2850 米湿润岩石上。

散布报春
Primula conspersa Balf. f. et Purdom

多年生草本。叶椭圆形、狭矩圆形或披针形，长1～7厘米，宽0.5～3厘米，边缘具整齐的牙齿；叶柄具狭翅。花葶直立，高10～45厘米，近顶端被粉质腺体；伞形花序1～2轮，每轮5～15花；苞片线状披针形，长4～7毫米；花梗长1～5厘米；花冠蓝紫色或淡蓝色，冠筒口周围橙黄色，裂片先端具深凹缺；花萼钟状，分裂约达中部。蒴果长圆形，略长于宿存花萼。

产于大峪沟、博峪沟、拉力沟、郭扎沟、车路沟。生于海拔2600～3000米湿草地和林缘。

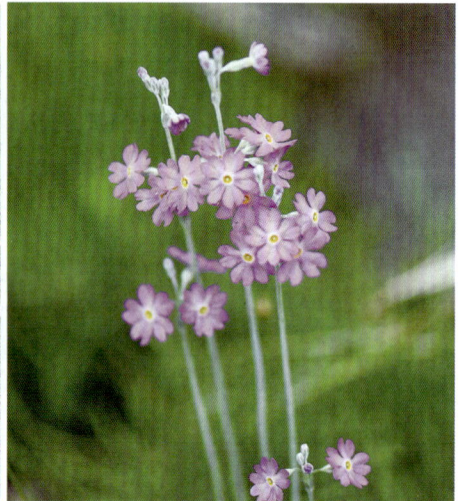

苞芽粉报春
Primula gemmifera Batalin

多年生草本。叶矩圆形、卵形或阔匙形，连柄长1～7厘米，宽0.5～2厘米，边缘具不整齐的稀疏小牙齿；叶柄具狭翅。花葶稍粗壮，高8～30厘米；伞形花序具3～10花；苞片长3～10毫米；花梗长6～35毫米，被粉质腺体；花两性，淡红色至紫红色，裂片先端具深凹缺；花萼狭钟状，分裂达中部。蒴果长圆形，略长于宿存花萼。

产于小阿角沟、八十沟、扎路沟、卡车沟。生于海拔2800～3150米湿草地、溪边和林缘。

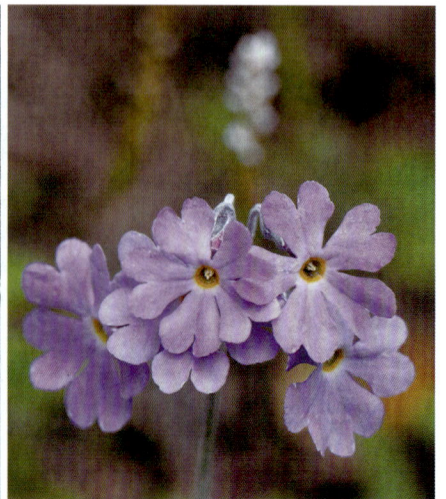

天山报春

***Primula nutans* Georgi**

多年生草本，全株无粉。叶片卵形、矩圆形或近圆形，长0.5～3厘米，宽0.4～1.5厘米，全缘或微具浅齿；叶柄与叶片近等长或长于叶片1～3倍。花葶高10～25厘米；伞形花序具2～10花；苞片矩圆形，基部下延成垂耳状；花梗长0.5～4.5厘米；花萼狭钟状，具5棱，基部稍收缩，下延成囊状，分裂深达全长的1/3；花冠淡紫红色，冠筒口周围黄色，裂片倒卵形，先端2深裂。蒴果筒状，长7～8毫米，顶端5浅裂。

产于华尔盖沟、下巴沟。生于海拔2690～3200米湿草地。

羽叶点地梅

***Pomatosace filicula* Maxim.**

一或二年生草本，高3～9厘米。叶基生，多数，轮廓线状矩圆形，长1.5～9厘米，宽6～15毫米，羽状深裂至近羽状全裂，裂片全缘或具1～2牙齿；叶柄甚短或长达叶片的1/2。花葶多枚自叶丛中抽出，高3～16厘米；伞形花序具6～12花；苞片线形，长2～6毫米；花梗长1～12毫米；花两性，白色；花萼杯状或陀螺状，果时增大。蒴果近球形，直径约4毫米。

产于旗布沟。生于海拔2800米左右高山草地、路旁。

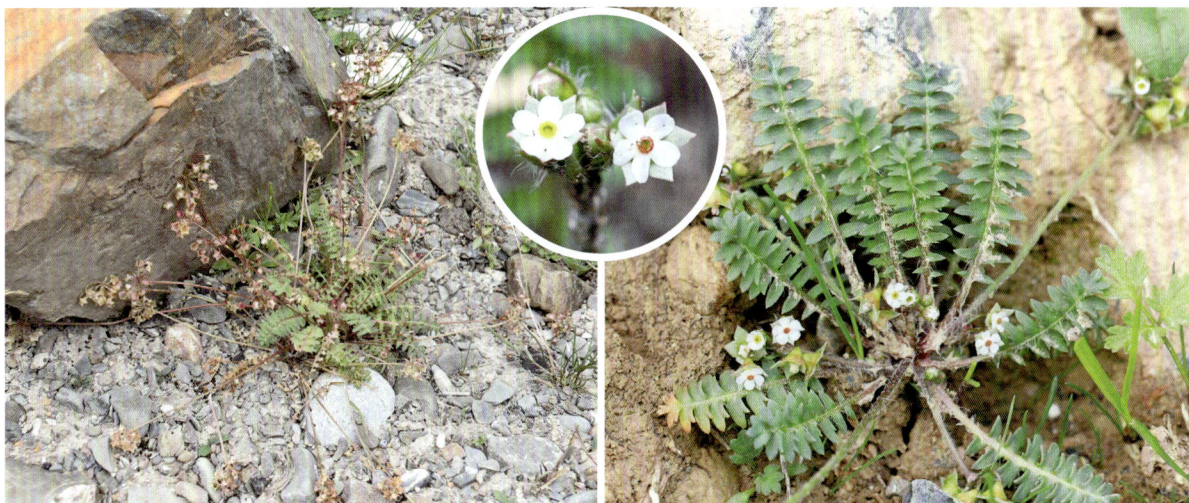

鸡娃草
Plumbagella micrantha (Ledeb.) Spach

科 **白花丹科** Plumbaginaceae
属 **鸡娃草属** *Plumbagella*

一年生草本，被细小钙质颗粒。茎具条棱，沿棱有稀疏细小皮刺。单叶互生，基部半抱茎，两侧耳部下延；中部叶最大，下部叶匙形至倒卵状披针形，茎上部叶狭披针形。花序生于茎枝顶端，初时近头状，渐延伸成短穗状，通常含4～12个小穗；小穗含2～3花；花两性，5数；萼筒部具5棱角，结果时萼筒的棱脊上生出鸡冠状突起，萼同时略增大而变硬；花冠淡蓝紫色。

产于大峪沟、下巴沟。生于海拔2600～2800米路边、河边向阳处。

麻花艽
Gentiana straminea Maxim.

科 **龙胆科** Gentianaceae
属 **龙胆属** *Gentiana*

多年生草本，高10～35厘米。须根多数，扭结成一个粗大、圆锥形的根。莲座丛叶宽披针形或卵状椭圆形，长6～20厘米，宽0.8～4厘米，叶柄宽，膜质，长2～4厘米；愈向茎上部叶愈小，柄愈短。聚伞花序顶生及腋生，排列疏松；花梗不等长，总花梗长达9厘米，小花梗长达4厘米；花萼筒膜质，黄绿色，一侧开裂呈佛焰苞状，萼齿2～5个，甚小；花冠黄绿色，喉部具多数绿色斑点，有时外面带紫色或蓝灰色，漏斗形，长3～4.5厘米，裂片卵形，褶偏斜，三角形。蒴果内藏，椭圆状披针形。

产于卡车沟、粒珠沟、洮河南岸。生于海拔2650～2950米高山草地、灌丛、林下及河滩地。

达乌里秦艽

Gentiana dahurica Fisch.

　　多年生草本，高10～25厘米。须根扭结成一个圆锥形的根。茎丛生。莲座丛叶披针形或线状椭圆形，长5～15厘米，宽1.5厘米，叶柄长约3厘米；茎生叶少数，披针形至线形，长2～5厘米，宽约4毫米，向上渐小。花两性；聚伞花序顶生及腋生；花梗极不等长；花冠深蓝色，有时喉部具多数黄色斑点，筒形或漏斗形，长约4厘米，裂片卵形，全缘，褶三角形或卵形，全缘或边缘啮蚀形。蒴果内藏，狭椭圆形。

　　产于大峪沟、车巴沟、洮河南岸。生于海拔2560～2750米路旁、河滩、草地。

粗茎秦艽

Gentiana crassicaulis Duthie ex Burk.

　　多年生草本，高30～45厘米。须根扭结成一个粗的根。茎丛生，粗壮。莲座丛叶卵状椭圆形或狭椭圆形，长12～25厘米，宽4～7厘米；茎生叶长6～16厘米，宽约4厘米，最上部叶密集呈苞叶状包被花序。花两性，多数，无花梗，在茎顶头状簇生，或腋生为轮状；花冠筒部黄白色，冠檐蓝紫色或深蓝色，内面有斑点，裂片卵状三角形，全缘，褶偏斜，三角形，边缘有不整齐细齿；花萼筒一侧开裂呈佛焰苞状。蒴果内藏，椭圆形。

　　产于小阿角沟、八十沟、章巴库沟、业母沟、色树隆沟、车路沟、郭扎沟。生于海拔2880～3200米山坡路旁、草地、灌丛、林下及林缘。

黄管秦艽
Gentiana officinalis H. Smith

科 **龙胆科** Gentianaceae
属 **龙胆属** *Gentiana*

多年生草本，高20～40厘米。须根粘结成一个细瘦圆柱形根。茎丛生。莲座丛叶披针形或椭圆状披针形，长7～25厘米，宽2～4厘米，叶柄长约5厘米；茎生叶长3～6厘米，宽约2厘米，向上渐小。花两性，无梗，多数簇生枝顶呈头状或轮状腋生；花冠黄绿色，具蓝色细条纹或斑点，筒形，长约2厘米，裂片全缘，褶偏斜，三角形，全缘；萼筒一侧开裂呈佛焰苞状。蒴果内藏，狭椭圆形。

产于小阿角沟、八十沟、卡车沟、华尔盖沟、车巴沟、石巴大沟、下巴沟、洮河南岸。生于海拔2700～3200米高山草地、灌丛、河滩。

六叶龙胆
Gentiana hexaphylla Maxim. ex Kusnez.

科 **龙胆科** Gentianaceae
属 **龙胆属** *Gentiana*

多年生草本，高5～20厘米。花枝多数丛生。莲座丛叶极不发达，三角形，长5～10毫米；茎生叶6～7枚，稀5枚轮生，先端具短小尖头，下部叶小，疏离，在花期常枯萎。花两性，单生枝顶，包围于上部叶丛中；无花梗；花冠蓝色，具深蓝色条纹或有时筒部黄白色，筒形或狭漏斗形，长3.5～5厘米，裂片卵形，先端具尾尖，褶截形或宽三角形，边缘齿蚀形；花萼筒长8～10毫米，裂片叶状。蒴果内藏，椭圆状披针形。

产于小阿角沟、扎路沟。生于海拔3400～3500米高山草地及灌丛。

岷县龙胆
Gentiana purdomii Marq.

多年生草本，高4～25厘米。茎2～4个丛生。叶基生，对折，线状椭圆形，长2～7厘米，宽2～8毫米，叶柄长2～4厘米；茎生叶1～2对，狭矩圆形，叶柄短。花两性，1～8朵，顶生和腋生；花冠淡黄色，具宽条纹和细短条纹，筒状钟形或漏斗形，长3～5厘米，裂片宽卵形，边缘有不整齐细齿，褶偏斜，截形，有不明显波状齿；花梗无至长达4厘米；花萼长至1.8厘米，裂片狭矩圆形。蒴果内藏，椭圆状披针形。

产于旗布沟、扎路沟。生于海拔3250～3760米高山草地、高山流石滩。

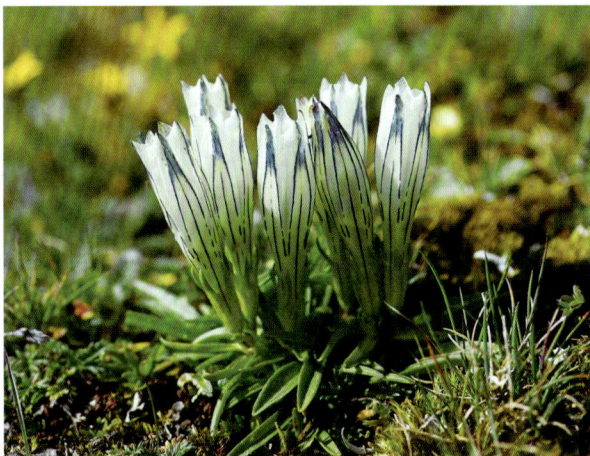

云雾龙胆
Gentiana nubigena Edgew.

多年生草本，高8～17厘米。枝2～5个丛生。叶大部分基生，常对折，线状披针形至匙形，长2～6厘米，宽0.4～1.1厘米，叶柄膜质，长1～3厘米；茎生叶1～3对，无柄，较小。花1～3朵，顶生；花梗短或无；花萼筒状钟形或倒锥形，具绿色或蓝色斑点，不开裂，裂片直立，不整齐，弯缺窄；花冠上部蓝色，下部黄白色，具深蓝色的条纹，漏斗形，长3.5～6厘米，裂片卵形，下部边缘有不整齐细齿，褶偏斜，截形，边缘具不整齐波状齿或啮蚀状。蒴果内藏或仅先端外露，椭圆状披针形。

产于光盖山。生于海拔3700～3800米高山草地、高山流石滩。

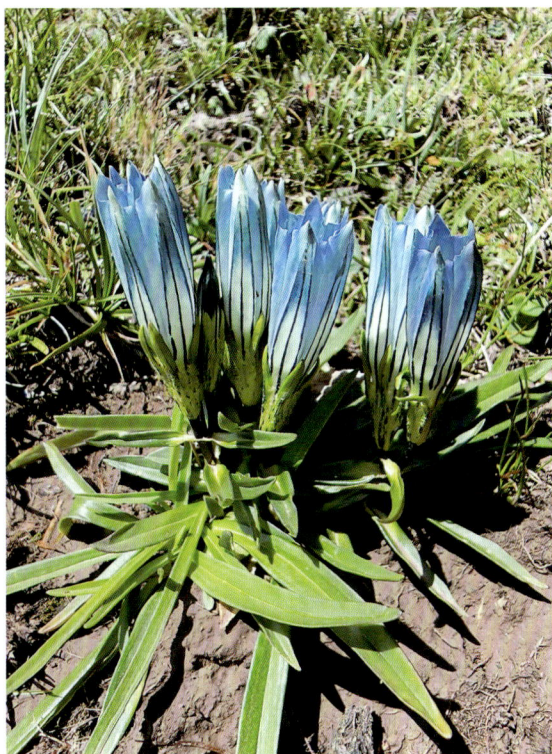

三歧龙胆
Gentiana trichotoma Kusnez.

科 **龙胆科** Gentianaceae
属 **龙胆属** Gentiana

多年生草本，高15~35厘米。茎2~7个丛生。叶大部基生，狭椭圆形、线状披针形至倒披针形，长2~8厘米，宽0.3~1.3厘米，叶柄长1.5~5厘米；茎生叶3~5对，椭圆形至披针形，向上叶渐小，叶柄渐短。花3~8朵，顶生和腋生，作三歧分枝，组成圆锥状聚伞花序；花梗不等长；花萼长1.5~2厘米，裂片不整齐，弯缺宽，截形；花冠蓝色，或有时下部黄白色，具深蓝色条纹，漏斗形，长4~5厘米，裂片卵形，全缘，褶偏斜，截形，边缘有不明显波状齿。蒴果内藏，狭椭圆形，具柄。

产于旗布沟、光盖山。生于海拔3400~3770米高山流石滩、灌丛、草地。

条纹龙胆
Gentiana striata Maxim.

科 **龙胆科** Gentianaceae
属 **龙胆属** Gentiana

一年生草本，高10~35厘米。茎生叶无柄，卵状披针形，长1~3厘米，宽至1.4厘米，基部抱茎呈短鞘。花单生茎顶；花冠淡黄色，有黑色纵条纹，长4~6厘米，裂片卵形，先端具尾尖，褶偏斜，截形，边缘具不整齐齿裂；弯筒钟形，裂片披针形，中脉突起下延呈翅，边缘及翅粗糙，弯缺圆形。蒴果内藏或先端外露，矩圆形。

产于扎路沟。生于海拔3600米左右高山草地、灌丛。

偏翅龙胆

Gentiana pudica Maxim.

一年生草本，高3～13厘米。基部多分枝，枝铺散。叶圆匙形或椭圆形，长4～9毫米，宽1～4毫米，愈向茎上部叶愈大，叶柄连合成筒状；基生叶在花期枯萎，宿存。花单生于小枝顶端；花梗长10～25毫米；花冠深蓝色或蓝紫色，下部黄绿色，宽筒形或漏斗形，长20～25毫米，裂片卵形，褶宽矩圆形，先端具不整齐细齿；花萼外面常带蓝紫色，筒状漏斗形，中脉在背面突起呈龙骨状，并向萼筒下延成翅，弯缺截形。蒴果内藏或先端外露，狭矩圆形。

产于扎路沟。生于海拔3300米左右草地、河滩。

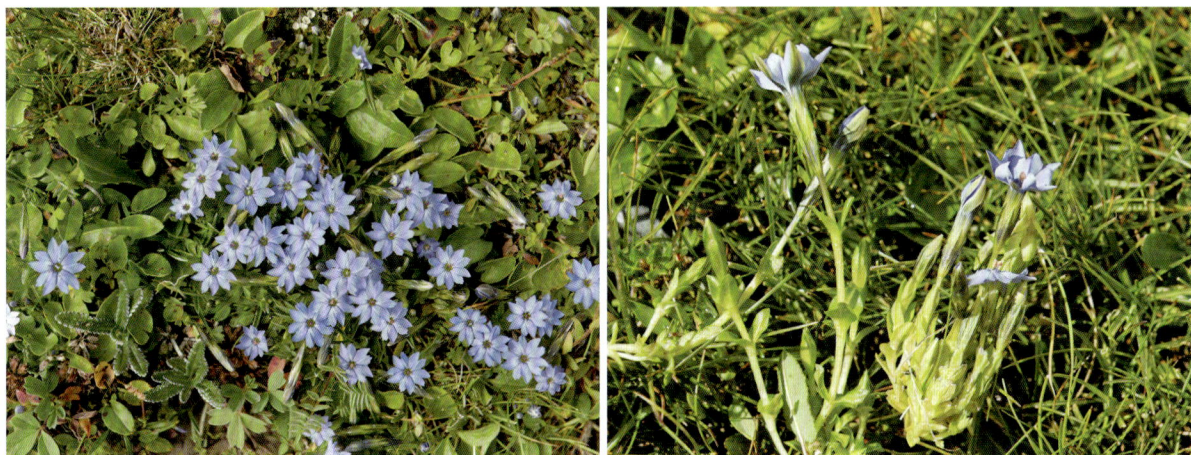

刺芒龙胆

Gentiana aristata Maxim.

一年生草本，高5～10厘米。基生叶大，在花期枯萎，宿存；茎生叶对折，线状披针形，长5～10毫米，宽约2毫米，向茎上部叶渐长；叶柄膜质，连合成长约2毫米的筒。花单生于小枝顶端；花梗长5～20毫米；花萼漏斗形，长7～10毫米，裂片线状披针形，中脉绿色，在背面呈脊状突起，并向萼筒下延，弯缺宽；花冠下部黄绿色，上部蓝色、深蓝色或紫红色，喉部具蓝灰色宽条纹，裂片卵形，褶宽矩圆形，先端不整齐短条裂状。蒴果外露，矩圆形。

产于旗布沟、章巴库沟、八十沟、博峪沟、拉力沟、业母沟、色树隆沟、车路沟。生于海拔2800～3100米草地。

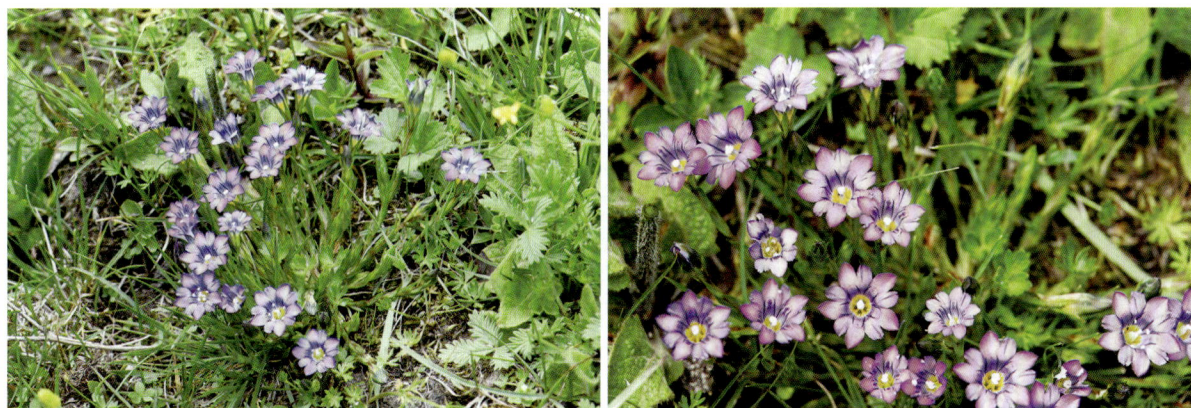

鳞叶龙胆
Gentiana squarrosa Ledeb.

一年生草本，高2～8厘米。枝铺散，斜升。基生叶卵形，长7～10毫米，宽5～9毫米，在花期枯萎，宿存；茎生叶小，外反。花单生于小枝顶端；花梗长3～8毫米；花冠蓝色，筒状漏斗形，长7～10毫米，褶卵形，先端全缘或有细齿；花萼倒锥状筒形，具白色膜质和绿色叶质相间的宽条纹，裂片外反，叶状，弯缺截形。蒴果外露，倒卵状矩圆形。

产于业母沟、色树隆沟、车路沟。生于海拔2800～3100米路边、山坡、灌丛下及高山草地。

肾叶龙胆
Gentiana crassuloides Bureau et Franch.

一年生草本，高2～6厘米。枝铺散，斜升。基生叶在花期枯萎，宿存；茎生叶近直立，中、下部者卵状三角形，上部者肾形或宽圆形，先端均具外反的小尖头。花单生于小枝顶端；花梗长2～3毫米；花冠上部蓝色或蓝紫色，下部黄绿色，高脚杯状，长9～21毫米，冠筒细，冠檐膨大，裂片卵形，褶宽卵形，边缘啮蚀形；花萼筒形，常带紫红色，裂片绿色，肾形或宽圆形，先端具外反的小尖头，弯缺狭窄，截形。蒴果外露或内藏，矩圆形。

产于旗布沟、章巴库沟、小阿角沟、桑布沟、车路沟。生于海拔3000～3100米路边、山坡、河滩、灌丛下及高山草地。

匙叶龙胆

Gentiana spathulifolia Maxim. ex Kusnez

一年生草本，高5～13厘米。基部多分枝，丛生状。基生叶在花期枯萎，宿存；茎生叶匙形，长4～5毫米，宽约2毫米，先端有小尖头，中脉在下面呈脊状突起。花单生于小枝顶端；花梗长3～12毫米；花冠紫红色，漏斗形，长10～14毫米，裂片卵形，褶卵形，先端2浅裂或不裂；花萼漏斗形，裂片三角状披针形，中脉在背面呈脊状突起，弯缺宽，截形。蒴果外露或内藏，矩圆状匙形。

产于小阿角沟、八十沟、旗布沟、扎路沟、色树隆沟、车路沟。生于海拔2800～3100米高山草地、灌丛下。

假水生龙胆

Gentiana pseudoaquatica Kusnez.

一年生草本，高3～5厘米。基部多分枝，枝铺散，斜升。基生叶在花期枯萎，宿存；茎生叶覆瓦状排列，倒卵形或匙形，长3～5毫米，宽2～3毫米，叶柄连合成长1～1.5毫米的筒。花单生于小枝顶端；花冠深蓝色，外面常具黄绿色宽条纹，漏斗形，长9～14毫米，裂片卵形，褶卵形，全缘或边缘啮蚀形；花萼筒状漏斗形，裂片三角形，狭窄，中脉在背面呈脊状突起，弯缺截形。蒴果外露，倒卵状矩圆形。

产于八十沟。生于海拔2850米左右水沟边、沼泽草地。

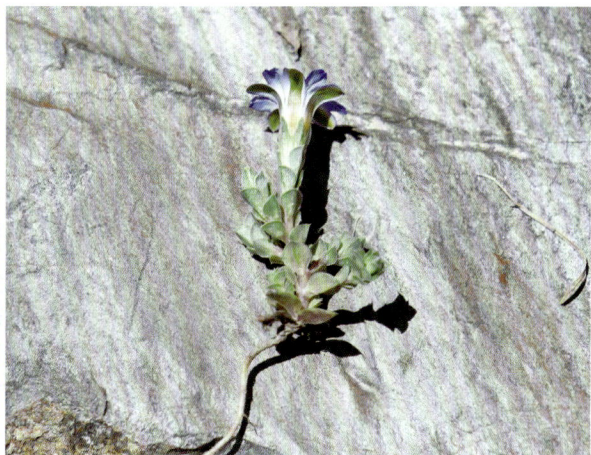

陕南龙胆
Gentiana piasezkii Maxim.

科 龙胆科 Gentianaceae
属 龙胆属 *Gentiana*

一年生草本，高6～9厘米。基部多分枝，枝铺散，斜升。基生叶大，卵状矩圆形或狭椭圆形，长20～25毫米，宽3～4毫米；茎生叶小，披针形至线形，长10～20毫米，宽约2毫米。花单生于小枝顶端；花梗长3～5毫米；花冠紫红色，高脚杯状，长3厘米，裂片卵状披针形，褶卵形，全缘；花萼筒状漏斗形，裂片钻形，中脉绿色或紫红色，在背面呈龙骨状突起，弯缺截形。蒴果内藏，狭椭圆形。

产于小阿角沟。生于海拔2900～3000米河滩、灌丛草地。

椭圆叶花锚
Halenia elliptica D. Don

科 龙胆科 Gentianaceae
属 花锚属 *Halenia*

一年生草本，高13～65厘米。茎四棱形，上部分枝。基生叶椭圆形，全缘，具宽扁的柄；茎生叶卵形至卵状披针形，长2～7厘米，宽1～3厘米，全缘，无柄或具短柄，抱茎。聚伞花序腋生和顶生；花4数，直径1～1.5厘米；花萼裂片椭圆形；花冠蓝色或紫色，裂片椭圆形，距长5～6毫米，向外水平开展。蒴果宽卵形，长约10毫米。

保护区广布。生于海拔2600～3200米林下、林缘、山坡草地、灌丛、水沟边。

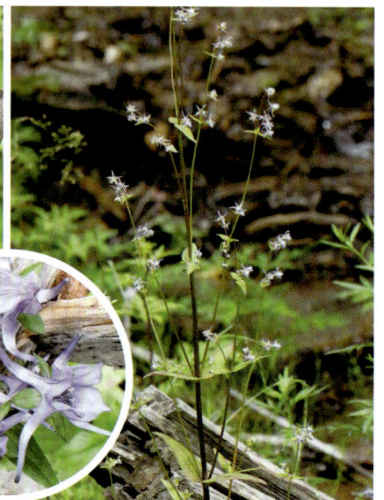

湿生扁蕾

Gentianopsis paludosa (Hook. f.) Ma

　　一年生草本，高4～50厘米。茎单生，在基部分枝或不分枝。基生叶3～5对，匙形，长1～3厘米，宽5～10毫米，基部狭缩成柄；茎生叶1～4对，无柄，矩圆形或椭圆状披针形，长2～6厘米。花单生茎、枝顶端；花梗直立，长2～20厘米；花萼筒形，长为花冠一半，背面中脉向萼筒下延成翅；花冠蓝色，或下部黄白色，上部蓝色，裂片4片，宽矩圆形，有微齿，基部边缘具流苏状毛；腺体4个，下垂。蒴果具长柄，椭圆形。

　　产于八十沟、卡车沟、色树隆沟、业母沟、车路沟、车巴沟。生于海拔2850～3000米河滩、山坡草地、林下。

卵叶扁蕾

Gentianopsis paludosa (Hook. f.) Ma var. *ovatodeltoidea* (Burk.) Ma ex T. N. Ho

　　与湿生扁蕾的区别：茎生叶卵状披针形或三角状披针形；茎上部分枝。

　　产于小阿角沟、车巴沟。生于海拔2950～3100米河滩、山坡草地、林下。

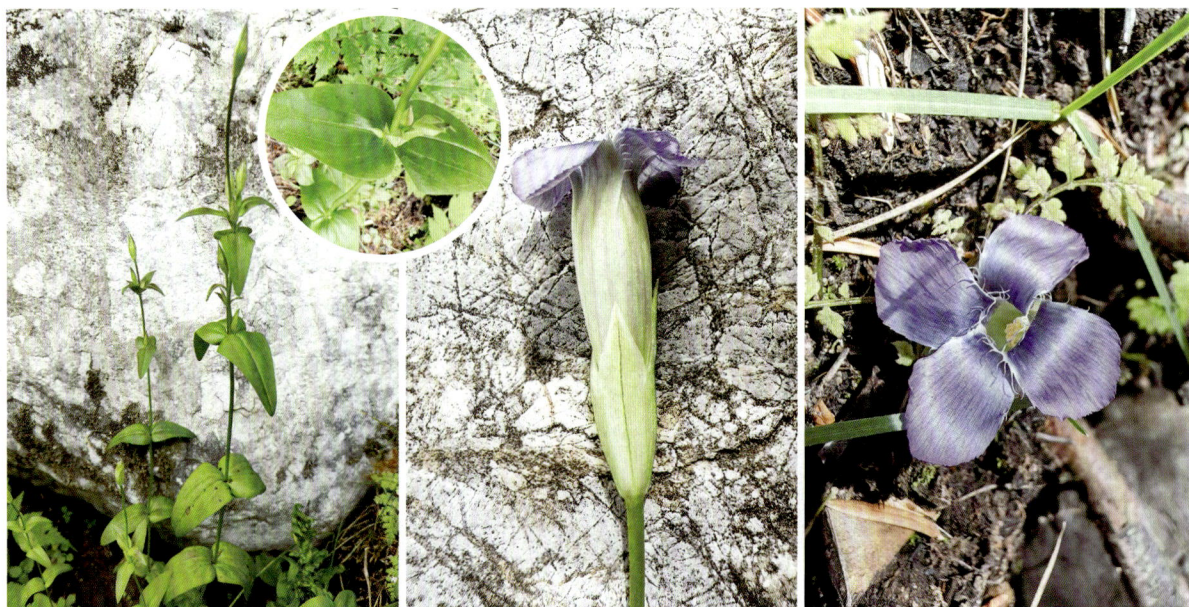

镰萼喉毛花

Comastoma falcatum (Turcz. ex Kar. et Kir.) Toyok.

科 龙胆科 Gentianaceae
属 喉毛花属 *Comastoma*

一年生草本，高4～25厘米。茎基部分枝，四棱形。基生叶矩圆形，长5～15毫米，宽3～6毫米，基部渐狭成柄；茎生叶无柄，矩圆形，长8～15毫米，宽3～6毫米。花单生分枝顶端；花梗长4～12厘米；花5数；花萼绿色或带蓝紫色，深裂近基部，裂片弯曲成镰状，边缘近于皱波状，基部有浅囊；花冠蓝色或蓝紫色，有深色脉纹，高脚杯状，长9～25毫米，花冠筒喉部具一圈白色副冠，10束，裂片流苏状。蒴果椭圆形至披针形。

产于光盖山。生于海拔3300米左右高山草地、灌丛。

喉毛花

Comastoma pulmonarium (Turcz.) Toyok.

科 龙胆科 Gentianaceae
属 喉毛花属 *Comastoma*

一年生草本，高6～25厘米。茎单生，分枝或不分枝。基生叶少数，无柄，矩圆形或矩圆状匙形；茎生叶无柄，卵状披针形，长1～3厘米，宽约1厘米，茎上部及分枝上叶变小，基部半抱茎。单花顶生或为聚伞花序；花萼开张，深裂近基部；花冠淡蓝色，具深蓝色纵脉纹，长9～25毫米，浅裂，花冠筒喉部具一圈白色副冠，5束，上部流苏状条裂。蒴果无柄，椭圆状披针形。

产于小阿角沟、桑布沟、车路沟、光盖山。生于海拔3000～3750米河滩、山坡草地、灌丛、林下。

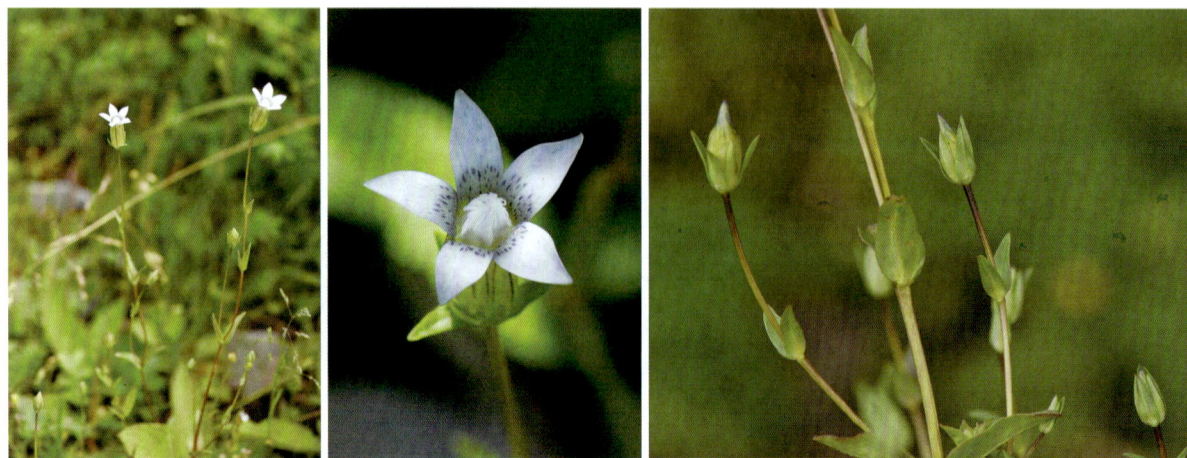

长梗喉毛花

Comastoma pedunculatum (Royle ex D. Don) Holub

科 **龙胆科** Gentianaceae
属 **喉毛花属** *Comastoma*

一年生草本，高4~15厘米。茎基部分枝。基生叶少，近无柄，矩圆状匙形，长5~16毫米，宽至3毫米，基部渐狭成柄；茎生叶无柄，椭圆形或卵状矩圆形，长2~12毫米。花5数，单生分枝顶端；花梗长达20厘米；花萼长为花冠之半，深裂近基部；花冠上部深蓝色或蓝紫色，下部黄绿色，具深蓝色脉纹，长6~10毫米，中裂，花冠筒喉部具一圈白色副冠，5束，上部流苏状条裂。蒴果无柄，略长于花冠。

产于扎路沟、光盖山。生于海拔3300~3460米草地。

紫红假龙胆

Gentianella arenaria (Maxim.) T. N. Ho

科 **龙胆科** Gentianaceae
属 **假龙胆属** *Gentianella*

一年生草本，高约4厘米，全株紫红色。基部多分枝，铺散状。基生叶和茎下部叶矩圆状匙形，连柄长5~8毫米。花4数，单生分枝顶端，直径约4毫米；花梗长至3厘米；花萼紫红色，裂片匙形，先端外反；花冠紫红色，筒状，长约5毫米，浅裂，冠筒基部具8个小腺体。蒴果卵状披针形，长约7毫米。

产于光盖山。生于海拔3880米左右高山流石滩。

红直獐牙菜
Swertia erythrosticta Maxim.

科 龙胆科 Gentianaceae
属 獐牙菜属 Swertia

多年生草本，高20～50厘米。茎直立，不分枝。基生叶在花期枯萎凋落；茎生叶对生，叶片矩圆形至卵形，长5～13厘米，宽1～6厘米，基部渐狭成柄，叶柄长2～7厘米，下部连合成筒状抱茎，愈向茎上部叶愈小，最上部叶无柄，苞叶状。圆锥状复聚伞花序具多数花；花5数，花冠绿色或黄绿色，具红褐色斑点，裂片矩圆形，边缘具长柔毛状流苏；花梗常弯垂。蒴果无柄，卵状椭圆形。

产于桑布沟、华尔盖沟。生于海拔3000～3200米干草原、高山草甸及疏林下。

二叶獐牙菜
Swertia bifolia Batal.

科 龙胆科 Gentianaceae
属 獐牙菜属 Swertia

一年生草本，高10～30厘米。茎不分枝。基生叶1～2对，卵状矩圆形，长2～6厘米，宽1～3厘米，基部渐狭成柄；茎中部无叶；最上部叶2～3对，无柄，苞叶状。复聚伞花序具2～13花；花5数，花冠蓝色或深蓝色，裂片椭圆状披针形，全缘或有时边缘啮蚀形，顶端具柔毛状流苏；花梗不等长。蒴果无柄，披针形，先端外露。

产于扎路沟、光盖山。生于海拔2800～3350米高山草地、灌丛、林下。

抱茎獐牙菜

Swertia franchetiana H. Smith.

一年生草本，高12～25厘米。茎直立，从基部起分枝。基生叶在花期枯存；茎生叶无柄，披针形或卵状披针形，长至35毫米，宽2～7毫米，基部耳形，半抱茎，并向茎下延成窄翅。圆锥状复聚伞花序，多花；花5数，花冠淡蓝色，裂片披针形，先端具芒尖，边缘具长柔毛状流苏；花梗粗，直立；花萼稍短于花冠。蒴果椭圆状披针形。

产于八十沟。生于海拔2800米左右山坡、林缘、灌丛。

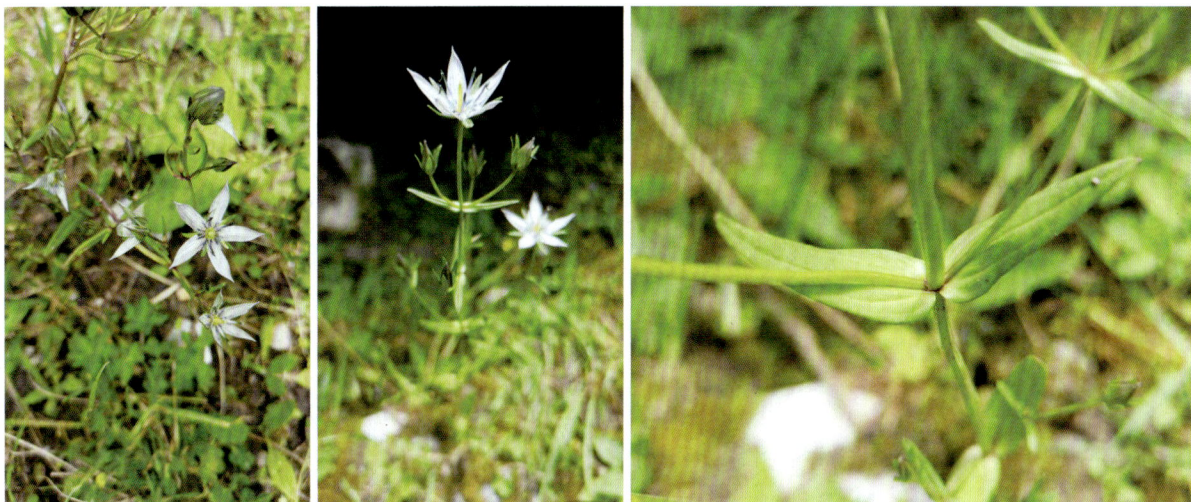

歧伞獐牙菜

Swertia dichotoma Linn.

一年生草本，高5～15厘米。茎细弱，从基部作二歧式分枝。下部叶匙形，长至15毫米，宽约8毫米，叶柄细，长8～20毫米；中上部叶无柄或有短柄，叶片卵状披针形。聚伞花序顶生或腋生；花5数，花冠白色带紫红色，裂片卵形；花梗细弱，弯垂；花萼长为花冠之半。蒴果椭圆状卵形。

产于大扎沟、拉力沟、车路沟。生于海拔2440～2800米河边、山坡、林缘。

四数獐牙菜
Swertia tetraptera Maxim.

一年生草本，高5～40厘米。基生叶花期枯萎；茎中上部叶卵状披针形，长2～4厘米，宽达1.5厘米，基部半抱茎；分枝叶较小，矩圆形或卵形。圆锥状复聚伞花序或聚伞花序多花，稀单花顶生；花4数；花梗细长；主茎上部的花比主茎基部和分枝上的花大2～3倍；大花的花冠黄绿色，有时带蓝紫色，开展，裂片卵形，先端啮蚀状，内侧边缘具短裂片状流苏；小花的花冠黄绿色，常闭合。大花的蒴果卵状矩圆形，长10～14毫米；小花的蒴果宽卵形或近圆形，长4～5毫米。

产于八十沟、拉力沟、业母沟、色树隆沟、车路沟、郭扎沟、华尔盖沟。生于海拔2800～3200米山坡、河滩、灌丛、疏林。

竹灵消
Cynanchum inamoenum (Maxim.) Loes.

直立草本。基部多分枝，被单列柔毛。单叶对生，稀轮生；叶广卵形，长4～5厘米，宽1.5～4厘米，顶端急尖，基部近心形，有缘毛。伞形聚伞花序，具8～10花；花5数，黄色；花萼裂片披针形；花冠辐状，裂片卵状长圆形；副花冠较厚，裂片三角形。蓇葖果双生，稀单生，狭披针形，长6厘米，直径约5毫米。

产于东湾咀。生于海拔2460米左右山地疏林、灌丛或山坡草地。

田旋花

Convolvulus arvensis Linn.

科 旋花科 Convolvulaceae
属 旋花属 *Convolvulus*

多年生草本。茎平卧或缠绕。单叶互生，卵状长圆形至披针形，长1.5～5厘米，宽1～3厘米，基部戟形、箭形或心形，全缘或3裂，侧裂片展开，中裂片卵状椭圆形至披针状长圆形；叶柄长1～2厘米。花序腋生，总梗长3～8厘米，具1花，或有时2至多花；苞片2枚，线形；花冠宽漏斗形，白色或粉红色，5浅裂。蒴果卵状球形或圆锥形。

产于拉力沟。生于海拔2510米左右路旁。

菟丝子

Cuscuta chinensis Lam.

科 旋花科 Convolvulaceae
属 菟丝子属 *Cuscuta*

一年生寄生草本，无叶。茎缠绕，黄色。花序侧生，少花或多花簇生成小伞形或小团伞花序，近于无总花序梗；苞片及小苞片鳞片状；花梗长仅1毫米；花萼杯状，中部以下连合，裂片三角状；花冠白色，壶形，长约3毫米，裂片三角状卵形，顶端向外反折，宿存。蒴果球形，几乎全为宿存的花冠所包围。

产于卡车沟、洮河南岸。生于海拔2580～2800米田边、山坡阳处、路边灌丛。

欧洲菟丝子
Cuscuta europaea Linn.

　　一年生寄生草本。茎缠绕，带黄色或带红色，无叶。花序侧生，少花或多花密集成团伞花序，花梗长1.5毫米或更短；花萼杯状，中部以下连合，裂片4～5片，三角状卵形；花冠淡红色，壶形，长2.5～3毫米，裂片4～5片，通常向外反折，宿存。蒴果近球形，直径约3毫米，上部覆以凋存的花冠。

　　产于拉力沟。生于海拔2600～2650米路边草丛。

中华花葱
Polemonium coeruleum Linn. var. *chinense* Brand

　　多年生草本，高0.5～1米。羽状复叶互生，茎下部叶长可达20多厘米，茎上部叶长7～14厘米；小叶互生，11～21片，长卵形至披针形，长1.5～4厘米，宽0.5～1.4厘米，全缘，无小叶柄；叶柄长1.5～8厘米。聚伞圆锥花序顶生或生上部叶腋，疏生多花；花梗长3～5毫米；花萼钟状，5裂；花冠紫蓝色，钟状，长1～1.5厘米，裂片倒卵形。蒴果卵形，长5～7毫米。

　　产于小阿角沟、八十沟、云江、拉力沟、业母沟、郭扎沟、车路沟。生于海拔2500～3000米潮湿草丛、林下。

狼紫草

Lycopsis orientalis Linn.

　　一年生草本，高10~40厘米。基生叶和茎下部叶有柄，倒披针形至线状长圆形，长4~14厘米，宽1.2~3厘米，两面疏生硬毛，边缘有微波状小牙齿。花序花期短，花后逐渐伸长达25厘米；苞片比叶小，卵形至线状披针形；花梗长约2毫米，果期伸长；花萼长约7毫米，5裂至基部，有半贴伏的硬毛，果期增大，星状开展；花冠蓝紫色，有时紫红色，长约7毫米，裂片开展，附属物疣状至鳞片状，密生短毛。小坚果肾形，表面有网状皱纹和小疣点。

　　产于拉力沟。生于海拔2500米左右山坡、河滩。

勿忘草

Myosotis silvatica Ehrh. ex Hoffm.

　　多年生草本，高20~45厘米。基生叶和茎下部叶有柄，狭倒披针形至线状披针形，长达8厘米，宽5~12毫米，基部渐狭成翅，两面被糙伏毛；茎中部以上叶无柄，较短而狭。花序在花后伸长达15厘米，无苞片；花梗较粗，长4~6毫米；花萼长1.5~2.5毫米，果期增大，裂片披针形，密被伸展或具钩的毛；花冠蓝色，直径6~8毫米，裂片5片，近圆形，喉部附属物高约0.5毫米。小坚果卵形。

　　产于章巴库沟。生于海拔3100米左右山地林缘、林下或草地。

短蕊车前紫草
Sinojohnstonia moupinensis (Franch.) W. T. Wang

| 科 | 紫草科 Boraginaceae |
| 属 | 车前紫草属 *Sinojohnstonia* |

多年生草本。茎细弱，平卧或斜升。基生叶数个，卵状心形，长4～10厘米，宽2.5～6厘米，两面有糙伏毛和短伏毛，叶柄长4～7厘米；茎生叶长1～2厘米，排列稀疏。花序长1～1.5厘米，含少数花，密生短伏毛；花萼5裂至基部，裂片披针形，背面密被短伏毛；花冠白色或带紫色，裂片倒卵形，喉部附属物半圆形。小坚果长约2.5毫米。

产于古姆茨娜。生于海拔2500米左右林下或阴湿岩石旁。

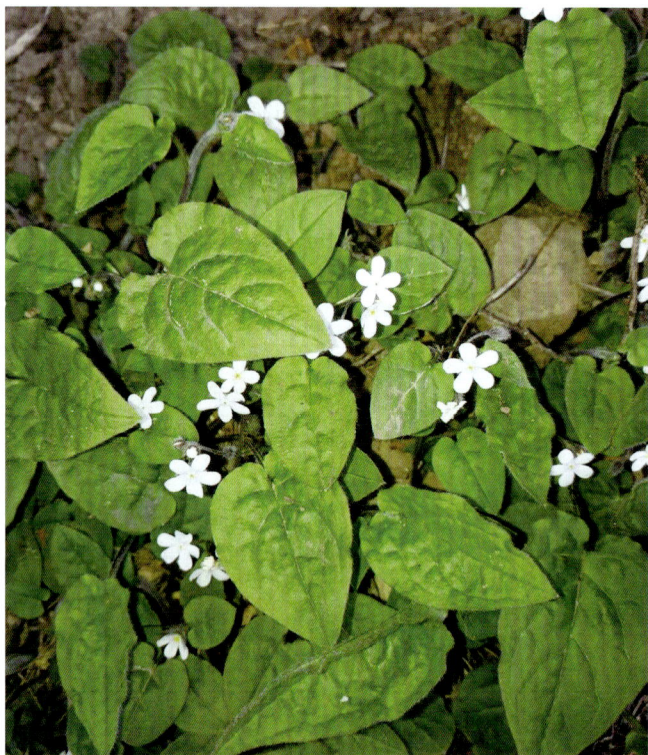

长梗微孔草
Microula longipes W. T. Wang

| 科 | 紫草科 Boraginaceae |
| 属 | 微孔草属 *Microula* |

多年生草本，高9～18厘米。基生叶与茎中部以下叶具长柄，茎顶部叶近无柄，椭圆状卵形或卵形，两面疏被短伏毛。下部花具细长梗，上部花梗长2～10毫米；花萼5裂近基部，裂片狭三角形，外面无毛；花冠蓝色，檐部5裂，裂片近圆形，附属物半月形。

产于章巴库沟。生于海拔3100米左右山地林边。

微孔草
Microula sikkimensis (Clarke) Hemsl.

　　二年生草本，高6～65厘米。基生叶和茎下部叶具长柄，卵形至宽披针形，长4～12厘米，宽0.7～4.4厘米，边缘全缘，两面有短伏毛；中部以上叶渐变小，具短柄至无柄。花序密集，生茎顶端及无叶的分枝顶端，基部苞片叶状；花梗短；花萼长约2毫米，果期长达3.5毫米，5裂近基部，被短柔毛和长糙毛；花冠蓝色或蓝紫色，裂片近圆形，附属物梯形或半月形。小坚果卵形，有小瘤状突起和短毛。

　　产于大峪沟、八十沟、色树隆沟。生于海拔2600～3100米山坡草地、灌丛、林缘、河边多石草地。

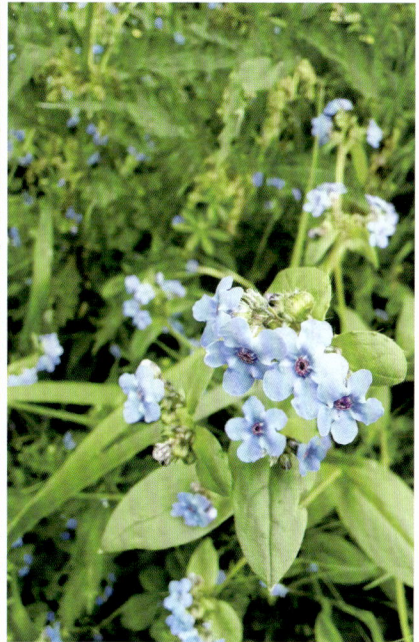

尖叶微孔草
Microula blepharolepis (Maxim.) Johnst.

　　二年生草本，高9～20厘米。茎中部以下叶卵形或狭卵形，连柄长3～7厘米，宽0.9～1.4厘米，顶部急尖；茎上部叶渐变小，披针形，两面密被短伏毛。少数花在茎顶端或茎顶部叶腋组成密集的短花序；苞片披针形，长2～4毫米；花梗长0.5～2毫米；花萼长约2毫米，5裂近基部，外面密被长糙毛；花冠5裂，裂片近圆形，附属物梯形。

　　产于大峪沟、八十沟、章巴库沟、桑布沟、车巴沟。生于海拔2550～3110米草地。

甘青微孔草
***Microula pseudotrichocarpa* W. T. Wang**

二年生草本。基生叶和茎下部叶有长柄，披针状长圆形或匙状倒披针形，长3～5.5厘米，宽5～15厘米，顶端微尖，基部渐狭，两面有糙伏毛；茎上部叶较小，无柄或近无柄。花序腋生或顶生，初密集，果期伸长；苞片长1～4毫米；花梗长约1毫米；花萼两面被短伏毛，5裂近基部；花冠蓝色，5裂，附属物梯形或半月形。小坚果卵形，长约2毫米，有小瘤状突起和极短的毛。

产于小阿角沟、八十沟、三角石沟、章巴库沟、桑布沟、拉力沟、华尔盖沟、业母沟、色树隆沟、车路沟。生于海拔2830～3200米草地。

锚刺果
***Actinocarya tibetica* Benth.**

一年生草本，高3～10厘米。基生叶倒披针形或匙形，长1.2～2.4厘米，宽1.5～4.5毫米，先端圆，基部渐狭；茎生叶较小。花单生叶腋，花梗长达10毫米；花萼长约1.5毫米，裂片狭椭圆形；花冠白色或淡蓝色，檐部裂片近圆形，喉部附属物浅2裂。小坚果狭倒卵形，具锚状刺和短糙毛，背面有杯状或鸡冠状突起。

产于车巴沟、下巴沟。生于海拔2620～3020米河滩草地、灌丛。

鹤虱

Lappula myosotis V. Wolf

一或二年生草本，高30～60厘米。基生叶长圆状匙形，全缘，基部渐狭成长柄，长达7厘米，宽3～9毫米，两面密被长糙毛；茎生叶较短而狭，无叶柄。花序在花期短，果期伸长达10～17厘米；苞片较果实稍长；花梗长约3毫米；花萼5深裂几达基部，裂片线形，果期增大，星状开展或反折；花冠淡蓝色，漏斗状至钟状，裂片长圆状卵形，喉部附属物梯形。小坚果卵状，长3～4毫米，通常有颗粒状疣突，边缘有2行近等长的锚状刺。

产于卡车沟、下巴沟。生于海拔2600～2700米草地。

糙草

Asperugo procumbens Linn.

一年生蔓生草本。茎攀援，有5～6条纵棱，沿棱有短倒钩刺。下部茎生叶具叶柄，叶片匙形或狭长圆形，长5～8厘米，宽8～15毫米，全缘或有明显的小齿，两面疏生短糙毛；中部以上茎生叶无柄，渐小。花单生叶腋，具短花梗；花萼5裂至中部稍下，有短糙毛，花后增大，左右压扁，略呈蚌壳状，边缘具不整齐锯齿；花冠蓝色，长约2.5毫米，喉部附属物疣状。小坚果狭卵形，长约3毫米，表面有疣点。

产于八十沟、卡车沟。生于海拔2700～2900米草丛。

大果琉璃草

Cynoglossum divaricatum Steph. ex Lehm.

科　紫草科 Boraginaceae
属　琉璃草属 *Cynoglossum*

多年生草本，高25～100厘米。基生叶和茎下部叶长圆状披针形或披针形，长7～15厘米，宽2～4厘米，基部渐狭成柄，灰绿色，两面均密生贴伏的短柔毛；茎中上部叶无柄，狭披针形。圆锥状花序顶生及腋生，长约10厘米，花稀疏；苞片狭披针形或线形；花梗长3～10毫米，果期长2～4厘米，下弯；花萼长2～3毫米，果期几不增大，向下反折；花冠蓝紫色，裂片卵圆形，先端微凹，喉部有5个梯形附属物。小坚果卵形，密生锚状刺。

产于车巴沟、粒珠沟。生于海拔2730～3000米干山坡、草地及路边。

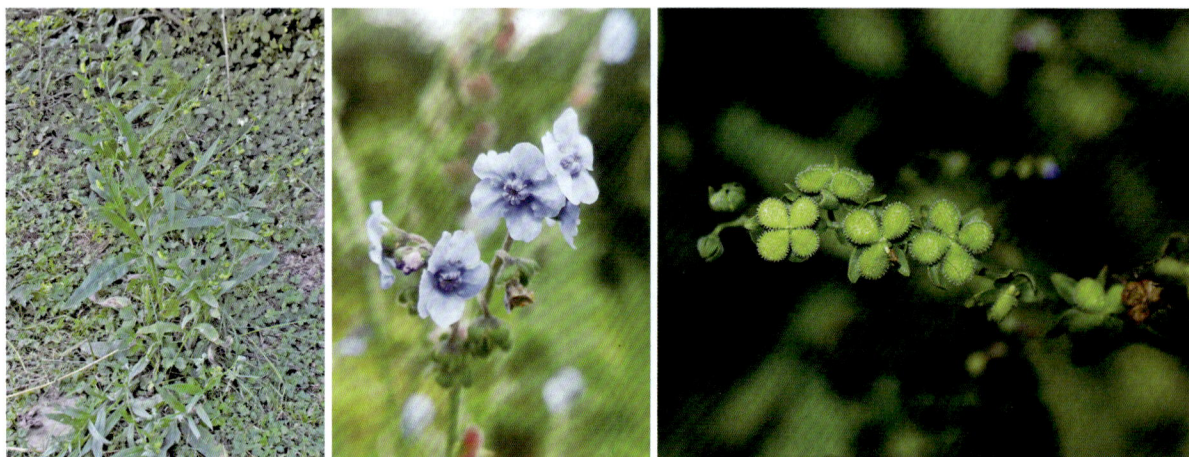

甘青琉璃草

Cynoglossum gansuense Y. L. Liu

科　紫草科 Boraginaceae
属　琉璃草属 *Cynoglossum*

多年生草本，高30～60厘米。茎下部叶线状披针形，长9～16厘米，宽1～1.5厘米，基部渐狭成柄，全缘或微波状，上面密生短伏毛及具基盘的长硬毛，下面密生白柔毛。花序侧生及顶生，集为较紧密的圆锥状花序；花梗长1～1.5毫米，果期增长达1厘米；花萼长4～5毫米，裂片果期增长，呈星状展开，较小坚果约长1倍；花冠蓝色，裂片圆形，喉部附属物梯形。小坚果卵形，密生锚状刺。

产于郭扎沟。生于海拔2850米左右山坡草地。

滇西琉璃草

Cynoglossum amabile Stapf et Drumm. var.
pauciglochidiatum Y. L. Liu

多年生草本，高15～60厘米。基生叶具长柄，长圆状披针形或披针形，两面密生短柔毛；茎生叶长圆形或披针形，无柄。花序分枝紧密，向上直伸，集为圆锥状；花梗长2～3毫米，果期稍增长；花萼外面密生柔毛，裂片卵形；花冠通常蓝色，稀白色，裂片圆形，喉部具5个梯形附属物。小坚果卵形，长3～4毫米，背面中央有龙骨突起，锚状刺极稀少，通常排列于龙骨突起上，或有时稀疏散生。

产于粒珠沟。生于海拔3000米左右山坡草地。

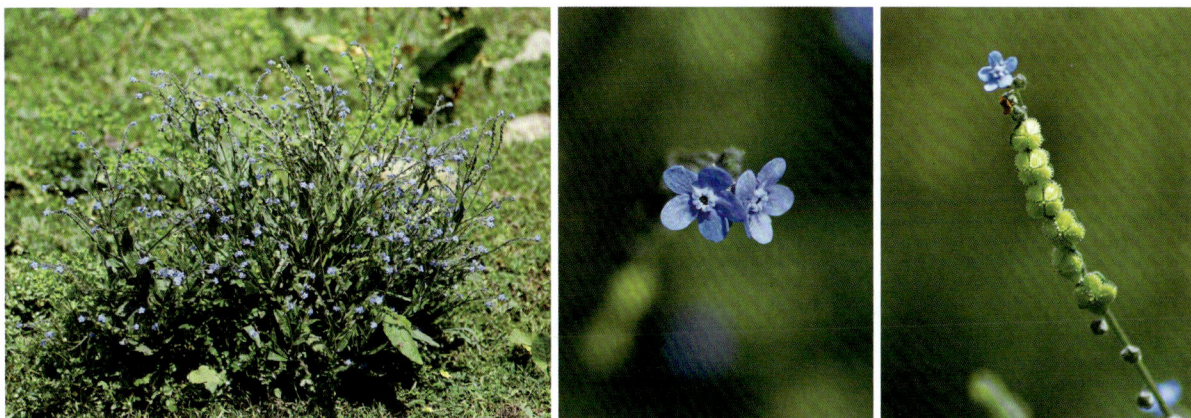

小花琉璃草

Cynoglossum lanceolatum Forsk.

多年生草本，高20～90厘米。基生叶及茎下部叶具柄，长圆状披针形，长8～14厘米，宽约3厘米，上面被具基盘的硬毛及稠密的伏毛，下面密生短柔毛；茎中部叶无柄或具短柄，披针形；茎上部叶极小。花序顶生及腋生，无苞片，果期延长呈总状；花梗长1～1.5毫米；花萼长1～1.5毫米，外面密生短伏毛，果期稍增大；花冠淡蓝色，钟状，喉部有5个半月形附属物。小坚果卵球形，密生长短不等的锚状刺。

产于三角石沟。生于海拔2800米左右山坡草地及路边。

光果莸

Caryopteris tangutica Maxim.

科 马鞭草科 Verbenaceae
属 莸属 *Caryopteris*

直立灌木，高0.5～2米。单叶对生，披针形至卵状披针形，长2～5.5厘米，宽0.5～2厘米，边缘常具深锯齿，表面疏被柔毛，背面密生灰白色茸毛；叶柄长0.4～1厘米。聚伞花序紧密呈头状，无苞片和小苞片；花萼果时增大至6毫米，外面密生柔毛，顶端5裂；花冠蓝紫色，二唇形，下唇中裂片较大，边缘呈流苏状；雄蕊4枚，与花柱伸出花冠管外。蒴果倒卵圆状球形，长约5毫米。

产于大峪沟、拉力沟、色树隆沟、扎古录、洮河南岸。生于海拔2510～3000米干燥山坡。

美花圆叶筋骨草

Ajuga ovalifolia Bur. et Franch. var. *calantha* (Diels) C. Y. Wu et C. Chen

科 唇形科 Labiatae
属 筋骨草属 *Ajuga*

一年生草本，高3～12厘米。叶2对，稀为3对，宽卵形或近菱形，长4～6厘米，宽3～7厘米，基部下延，边缘中部以上具波状或不整齐的圆齿，两面被糙伏毛。穗状聚伞花序顶生，几呈头状，长2～3厘米，由3～4轮伞花序组成；花梗短或几无；花冠红紫色至蓝色，长1.5～3厘米，外面被疏柔毛，冠檐二唇形，上唇2裂，裂片圆形，相等，下唇3裂，中裂片略大。

产于八十沟、章巴库沟、拉力沟、车路沟。生于海拔2820～3200米草地、灌丛。

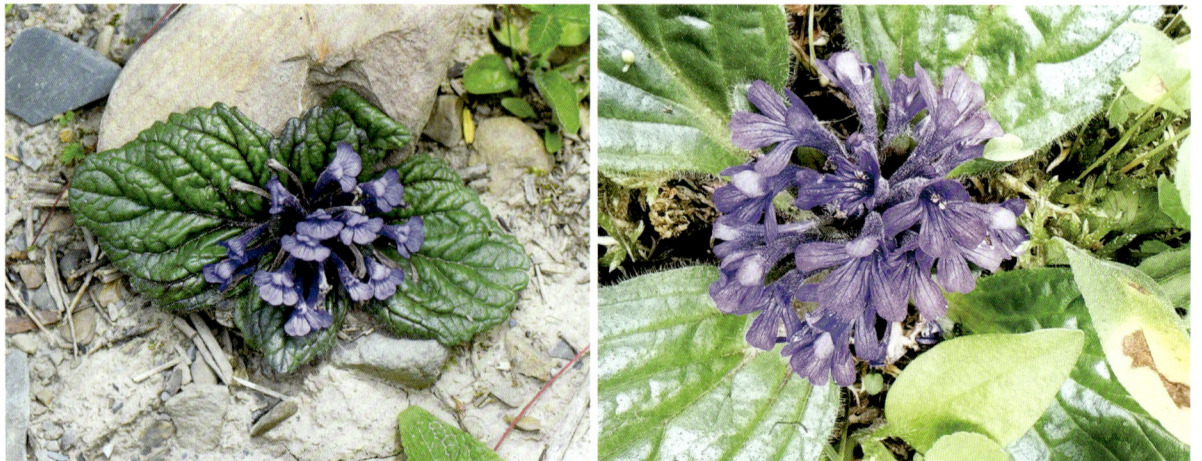

甘肃黄芩

Scutellaria rehderiana Diels

多年生草本，高12～35厘米。叶卵圆状披针形至卵圆形，长1.4～4厘米，宽0.6～1.7厘米，全缘，或自下部每侧有2～5个不规则远离浅牙齿而中部以上常全缘，边缘密被短睫毛；叶柄长3～12毫米。花序总状，顶生，长3～10厘米；苞片长3～8毫米，常带紫色；花梗长约2毫米；花冠粉红、淡紫至紫蓝，长1.8～2.2厘米，外面被具腺短柔毛，冠筒近基部膝曲，向上渐增大，冠檐2唇形，上唇盔状，先端微缺，下唇宽大，先端微缺。小坚果椭圆形，具瘤状突起。

产于达加沟、卡车沟、扎古录、洮河南岸。生于海拔2510～2910米山地向阳草坡。

并头黄芩

Scutellaria scordifolia Fisch. ex Schrank

多年生草本，高12～36厘米。叶具短柄或近无柄；叶片三角状狭卵形至披针形，长1.5～3.8厘米，宽0.4～1.4厘米，基部浅心形或近截形，边缘大多具浅锐牙齿，极少近全缘。花单生于茎上部叶腋，偏向一侧；花梗长2～4毫米；花萼果时增大；花冠蓝紫色，长2～2.2厘米，外面被短柔毛，冠筒基部浅囊状膝曲，向上渐宽，冠檐2唇形，上唇盔状，内凹，先端微缺，下唇宽大，先端微缺。小坚果椭圆形，具瘤状突起。

产于洮河南岸。生于海拔2510～2700米山坡。

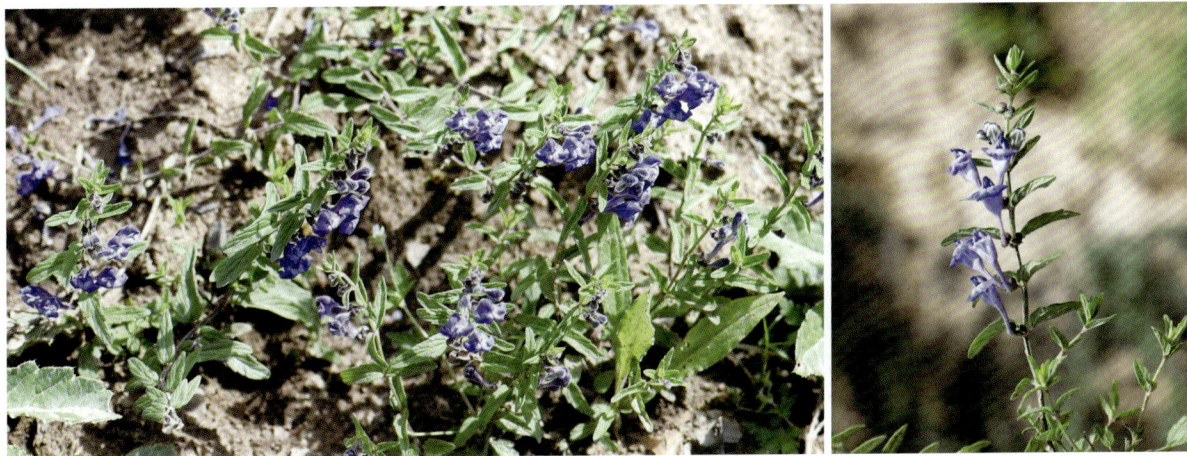

夏至草

Lagopsis supina (Steph.) Ik.-Gal. ex Knorr.

科　唇形科 Labiatae
属　夏至草属 *Lagopsis*

多年生草本，披散或上升。叶轮廓圆形，径1.5～2厘米，基部心形，3深裂，裂片有圆齿或长圆形犬齿，有时叶片为卵圆形，3浅裂或深裂，裂片无齿或有稀疏圆齿；基生叶叶柄长2～3厘米，上部叶叶柄较短。轮伞花序疏花，径约1厘米；小苞片长约4毫米，弯曲，刺状；花萼管状钟形，齿5，不等大；花冠白色，稀粉红色，稍伸出于萼筒，冠檐二唇形，上唇直伸，下唇斜展，3浅裂。小坚果微具沟纹。

产于冰角村。生于海拔2560米草地及路旁。

康藏荆芥

Nepeta prattii Lévl.

科　唇形科 Labiatae
属　荆芥属 *Nepeta*

多年生草本，高达90厘米。叶卵状披针形或披针形，长6～8厘米，宽2～3厘米，向上渐变小，边缘密生牙齿状锯齿；下部叶柄长3～6毫米，茎中部以上叶近无柄。轮伞花序密集成穗状；苞叶与茎叶同形；花萼长11～13毫米；花冠紫色或蓝色，长2.8～3.5厘米，疏被短柔毛，冠檐二唇形，上唇2裂至中部，下唇3裂，中裂片肾形，基部内面被白色髯毛，侧裂片半圆形。小坚果光滑。

产于小阿角沟、八十沟、卡车沟、业母沟、色树隆沟、车路沟、郭扎沟。生于海拔2800～3100米路旁、山坡、林下及草地。

甘青青兰

***Dracocephalum tanguticum* Maxim.**

多年生草本，高35～55厘米。叶轮廓椭圆状卵形或椭圆形，长3～7厘米，宽2～4厘米，羽状全裂，裂片2～3对，线形，下面密被灰白色短柔毛，边缘全缘，内卷；叶柄长3～8毫米。轮伞花序生于茎顶部，通常具4～6花，形成间断的穗状花序；苞片极小；花萼长1～1.4厘米，外面中部以下密被短毛及腺点，常带紫色，2裂；花冠紫蓝色至暗紫色，长2～2.7厘米，外面被短毛，下唇长为上唇的2倍。

产于大峪沟、卡车沟。生于海拔2560～2950米河岸、草地。

白花枝子花

***Dracocephalum heterophyllum* Benth.**

多年生草本，高10～30厘米。茎下部叶宽卵形至长卵形，长2～4厘米，宽1～2.3厘米，基部心形，边缘被短睫毛及浅圆齿，叶柄长2.5～6厘米；茎中部叶与基生叶同形，边缘具浅圆齿或尖锯齿；茎上部叶变小，叶柄变短。轮伞花序生于茎上部叶腋，具4～8花，密集；花梗短；苞片较萼稍短或为其之1/2，边缘具刺齿；花冠白色，长2～3.4厘米，外面密被短柔毛，二唇近等长。

产于扎路沟。生于海拔3160米左右山坡、草地。

岷山毛建草
Dracocephalum purdomii W. W. Smith

多年生草本，高7～15厘米。基出叶约6枚，卵状长圆形，基部截形或心形，长达3厘米，宽达1.5厘米，边缘密生钝齿，两面疏被伏毛，叶柄长3～4厘米；茎生叶2对，较小，具短柄或几无柄。轮伞花序顶生，密集成球形；苞片长约为萼的2/3，上部具5刺齿；花萼长1.1～1.5厘米；花冠深蓝色，长2.2～2.5厘米，外面密被白色长柔毛，冠檐二唇形，上唇2裂，下唇具斑点，3裂，中裂片伸长。

产于小阿角沟、八十沟、章巴库沟、博峪沟、拉力沟、扎路沟、业母沟、色树隆沟、车路沟、车巴沟。生于海拔2800～3200米多石处。

糙苏
Phlomis umbrosa Turcz.

多年生草本，高50～150厘米。叶近圆形至卵状长圆形，长5～12厘米，宽3～12厘米，先端急尖，基部浅心形或圆形，边缘为具胼胝尖的锯齿状牙齿，或为不整齐的圆齿，两面被毛；叶柄长1～12厘米。轮伞花序具常4～8花，生于主茎及分枝上；苞叶卵形，边缘为粗锯齿状牙齿；苞片线状钻形，较坚硬，长8～14毫米；花萼管状，长约10毫米，齿先端具小刺尖；花冠通常粉红色，外面密被毛，冠檐二唇形，下唇色较深，常具红色斑点，3圆裂。

产于东湾咀。生于海拔2410米左右疏林下。

鼬瓣花

Galeopsis bifida Boenn.

科　唇形科 Labiatae
属　鼬瓣花属 *Galeopsis*

　　一年生直立草本，高可达1米。茎生叶卵圆状披针形或披针形，长3～8厘米，宽2～4厘米，边缘有规则的圆齿状锯齿；叶柄长1～2.5厘米。轮伞花序腋生，多花密集；小苞片线形，长3～6毫米；花萼管状钟形，两面被毛，齿5，先端为长刺状；花冠白、黄或粉紫红色，长约1.4厘米，冠檐二唇形，上唇卵圆形，先端具不等的数齿，下唇3裂，具紫色脉纹。

　　产于八十沟、章巴库沟、拉力沟、卡车沟、色树隆沟、石巴大沟、郭扎沟、车路沟。生于海拔2800～3000米林缘、路旁、灌丛、草地。

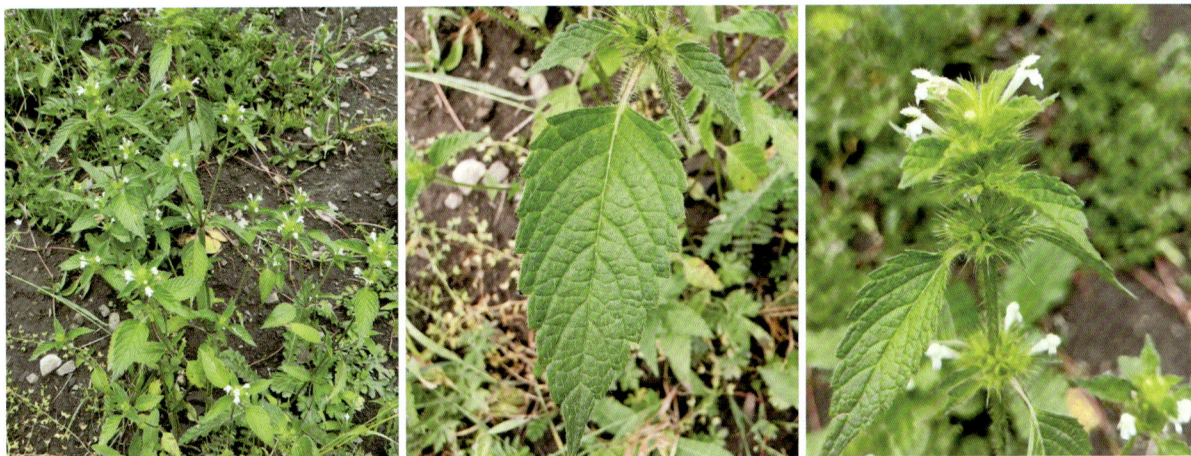

宝盖草

Lamium amplexicaule Linn.

科　唇形科 Labiatae
属　野芝麻属 *Lamium*

　　一或二年生草本，高10～30厘米。茎下部叶具长柄，上部叶无柄；叶片均圆形或肾形，长1～2厘米，宽0.7～1.5厘米，边缘具极深的圆齿，两面均疏生小糙伏毛。轮伞花序具6～10花；花萼管状钟形，外面密被柔毛；花冠紫红或粉红色，长约1.7厘米，上唇被有较密带紫红色的短柔毛，冠筒细长。小坚果倒卵圆形，具3棱。

　　产于大峪沟、扎路沟、色树隆沟、郭扎沟。生于海拔2560～3240米路旁、林缘、草地。

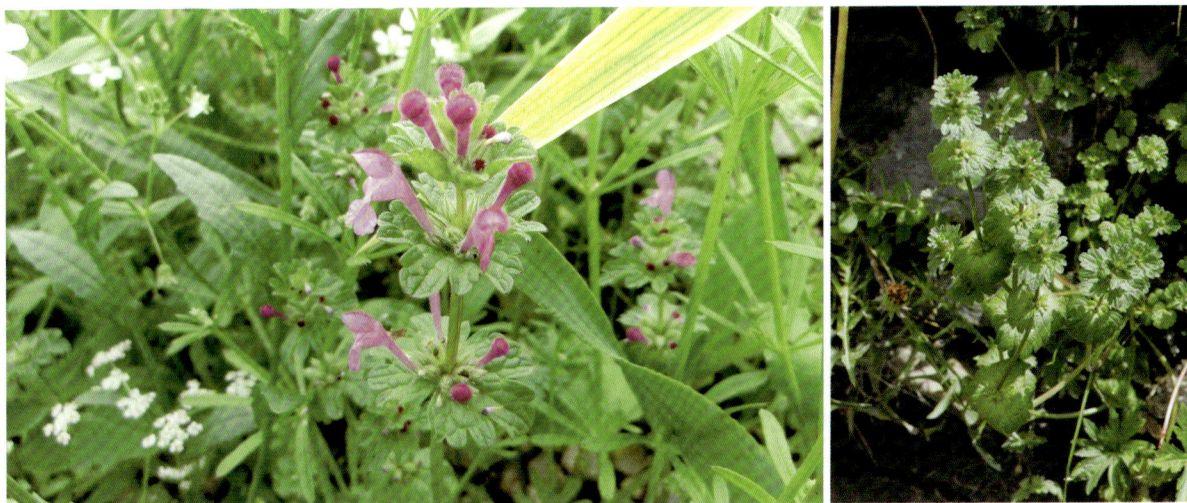

益母草
Leonurus artemisia (Lour.) S. Y. Hu

　　一或二年生草本，高30～150厘米。茎下部叶轮廓为卵形，掌状3裂，裂片长圆状菱形至卵圆形，裂片上再分裂，叶柄纤细，长2～3厘米；茎中部叶轮廓为菱形，较小，通常分裂成3个或多个长圆状线形的裂片，叶柄长0.5～2厘米。轮伞花序腋生，具8～15花，多数远离而组成长穗状花序；小苞片刺状，比萼筒短；花梗无；花冠粉红至淡紫红色，长1～1.2厘米，冠檐二唇形，上唇直伸，内凹，下唇略短于上唇，3裂。小坚果长圆状三棱形。

　　产于洮河南岸。生于海拔2600米左右野荒地、路旁、河边。

甘露子
Stachys sieboldii Miq.

　　多年生草本，高30～120厘米。根茎顶端具念珠状或螺狮形的肥大块茎。茎生叶卵圆形或长椭圆状卵圆形，长3～12厘米，宽1.5～6厘米，边缘有规则的圆齿状锯齿，两面被硬毛；叶柄长1～3厘米。轮伞花序具6花，多数远离组成顶生穗状花序；苞叶向上渐变小，下部者比轮伞花序长，上部者比花萼短；花梗长约1毫米；花萼狭钟形，外被具腺柔毛；花冠粉红至紫红色，冠檐二唇形，上唇直伸而略反折，下唇有紫斑，3裂，中裂片较大。小坚果卵珠形，具小瘤。

　　产于八十沟、扎古录、卡车沟、色树隆沟、洮河南岸。生于海拔2700～3100米湿润地。

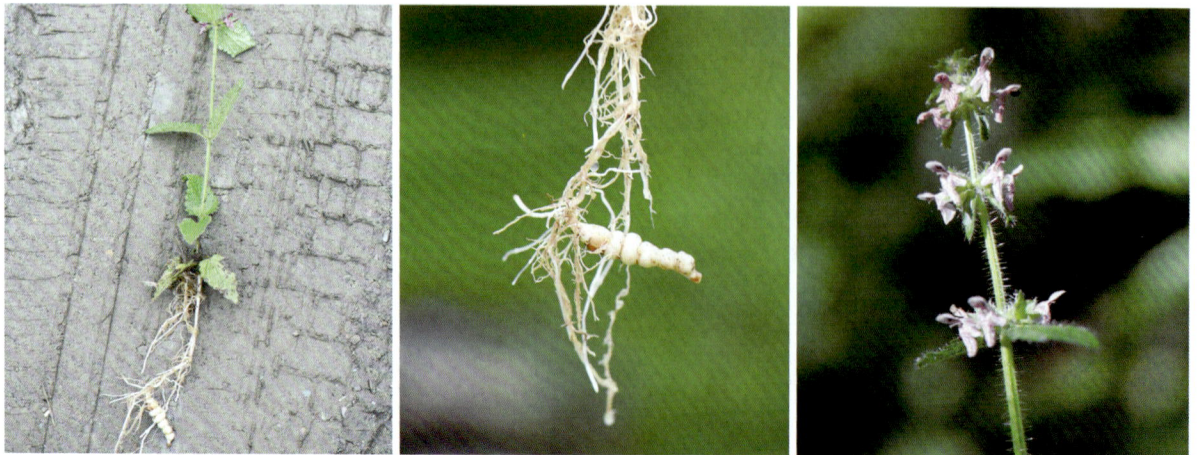

甘西鼠尾草
Salvia przewalskii Maxim.

多年生草本，高达60厘米。叶三角状或椭圆状戟形，有时具圆的侧裂片，长5～11厘米，宽3～7厘米，先端锐尖，基部心形或戟形，边缘具圆齿状牙齿，上面微被硬毛，下面密被灰白绒毛；基生叶具长柄，茎生叶叶柄较短。轮伞花序具2～4花，疏离，组成顶生总状花序，有时具腋生的总状花序而形成圆锥花序；花梗长1～5毫米；花萼钟形，外面密被具腺长柔毛；花冠紫红色，长2～4厘米，外面被疏柔毛，散布红褐色腺点，冠檐二唇形，上唇长圆形，下唇3裂。

产于小阿角沟、八十沟、章巴库沟、卡车沟、车路沟、粒珠沟。生于海拔2750～3000米林缘、路旁、沟边、山坡、灌丛及草地。

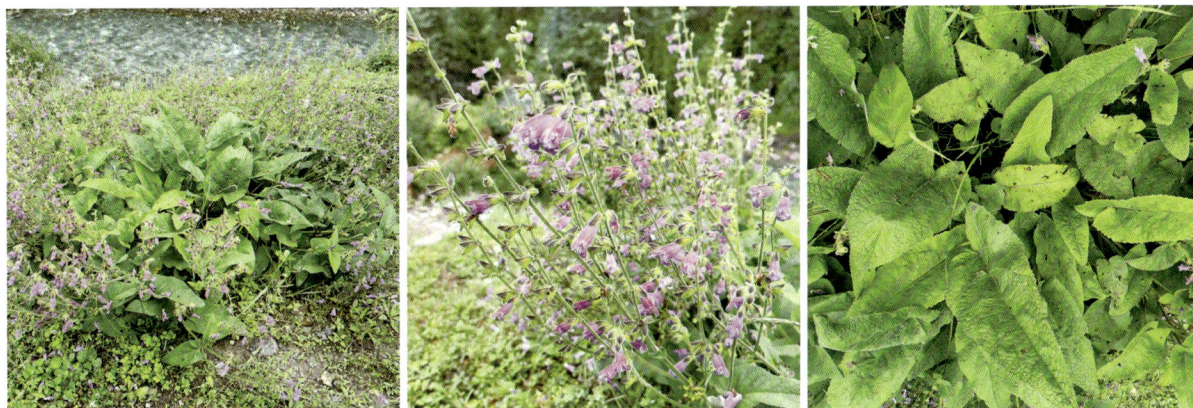

粘毛鼠尾草
Salvia roborowskii Maxim.

一或二年生草本，高30～90厘米。茎多分枝，密被有黏腺的长硬毛。叶戟形或戟状三角形，长3～8厘米，宽2～5厘米，基部浅心形或截形，边缘具圆齿，两面被粗伏毛；叶柄下部者较长，向茎顶渐变短。轮伞花序具4～6花，组成顶生或腋生的总状花序；下部苞片与叶相同，上部苞片渐小，被长柔毛及腺毛；花梗长约3毫米；花萼钟形，花后增大，外被长硬毛及腺短柔毛；花冠黄色，长1～1.6厘米，冠檐二唇形，上唇直伸，下唇比上唇大，3裂。

产于三角石沟、卡车沟、华尔盖沟、色树隆沟、鹿儿沟、洮河南岸。生于海拔2700～3200米山坡草地、沟边。

风车草

***Clinopodium urticifolium* (Hance) C. Y. Wu et Hsuan ex H. W. Li**

多年生草本，高25～80厘米。叶坚纸质，卵圆形至卵状披针形，长3～5.5厘米，宽1.2～3厘米，边缘锯齿状，两面被毛；下部叶的柄较长，向上渐短。轮伞花序多花密集，彼此远隔；苞叶叶状，向上渐小；苞片线形，紫红色；花梗长1.5～2.5毫米；花萼狭管状，上部紫红色；花冠紫红色，长约1.2厘米，冠檐二唇形，上唇直伸，先端微缺，下唇3裂。

产于洮河南岸。生于海拔2500～2600米山坡、草地、路旁、林下。

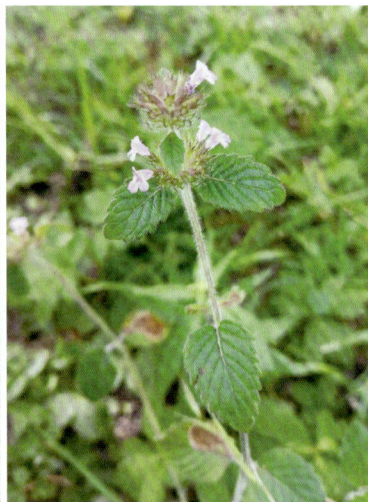

薄荷

***Mentha haplocalyx* Briq.**

多年生草本，高30～60厘米。叶片长圆状披针形至卵状披针形，长3～7厘米，宽0.8～3厘米，先端锐尖，基部楔形至近圆形，边缘在基部以上疏生粗大的牙齿状锯齿；叶柄长2～10毫米。轮伞花序腋生；花梗纤细，长2.5毫米；花萼管状钟形；花冠淡紫色，长约4毫米，冠檐4裂，上裂片先端2裂，较大，其余3裂片近等大。

产于拉力沟、车巴沟、下巴沟。生于海拔2600～3000米潮湿地。

密花香薷

***Elsholtzia densa* Benth.**

科 唇形科 Labiatae
属 香薷属 *Elsholtzia*

多年生草本，高20～60厘米。叶长圆状披针形至椭圆形，长1～4厘米，宽0.5～1.5厘米，边缘在基部以上具锯齿，两面被短柔毛；叶柄长0.3～1.3厘米。穗状花序长圆形或近圆形，长2～6厘米，密被紫色串珠状长柔毛，由密集的轮伞花序组成；最下的一对苞叶与叶同形，向上呈苞片状；花萼钟状；花冠小，淡紫色。

产于大峪沟、小阿角沟、八十沟、旗布沟、车巴沟、车路沟、下巴沟。生于海拔2600～3000米林缘、高山草地及山坡荒地。

小头花香薷

***Elsholtzia cephalantha* Hand.-Mazz.**

科 唇形科 Labiatae
属 香薷属 *Elsholtzia*

一年生铺散草本。叶宽卵状三角形，长、宽均0.5～4厘米或较狭，先端急尖，基部截形或微心形，边缘具圆锯齿，两面疏被毛；叶柄长0.3～1.3厘米。花序球形，顶生或腋生，无梗或具有比叶柄长的梗，疏花，直径4～7毫米；花梗长1～2毫米；花萼杯状，长3～4毫米，果时增大；花冠筒与萼筒近等长，冠檐5裂，裂片整齐。

保护区广布。生于海拔2840～3300米较湿润的疏松土坡。

鄂西香茶菜
Rabdosia henryi (Hemsl.) Hara

科 唇形科 Labiatae
属 香茶菜属 *Rabdosia*

多年生草本，高30～150厘米。叶对生，菱状卵圆形或披针形，中部者长约6厘米，宽约4厘米，向两端渐变小，基部下延成具渐狭长翅的假柄，边缘具圆齿状锯齿。圆锥花序顶生于侧生小枝上，长6～15厘米，由具3～5花的聚伞花序组成；苞叶叶状；花萼宽钟形，长约3毫米，果时增大；花冠白或淡紫色，具紫斑，长约7毫米，基部上方浅囊状，冠檐二唇形，上唇外反，先端具相等的圆裂，下唇宽卵圆形，内凹，舟形。

产于大峪沟、博峪沟。生于海拔2600～2700米谷地、山坡、林缘。

黄花山莨菪
Anisodus tanguticus (Maxim.) Pascher var. *viridulus* C. Y. Wu et C. Chen

科 茄科 Solanaceae
属 山莨菪属 *Anisodus*

多年生草本，高可达1米。叶片矩圆形至狭矩圆状卵形，长8～11厘米，宽2.5～4.5厘米，稀更大，顶端急尖或渐尖，基部楔形或下延，全缘或具1～3对粗齿，具啮蚀状细齿，两面无毛；叶柄长1～3.5厘米。花俯垂或有时直立，花梗长2～8厘米；花萼钟状，坚纸质，长2.5～4厘米，裂片宽三角形；花冠钟状，浅黄绿色，长2.5～3.5厘米，内藏或仅檐部露出萼外。果实球状或近卵状，直径约2厘米，宿存萼较果实长2倍；果梗长6～8厘米。

产于色树隆沟。生于海拔3030米左右山坡、草坡阳处。

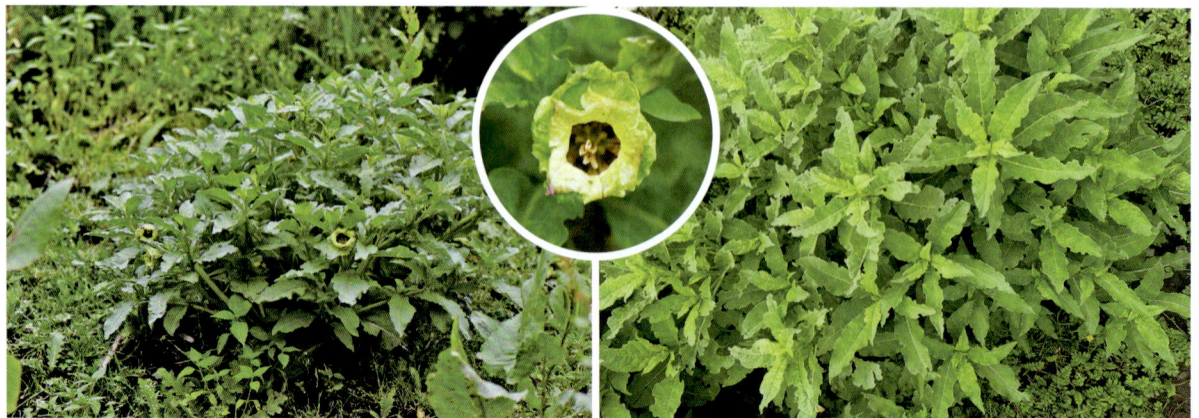

天仙子

Hyoscyamus niger Linn.

科 茄科 Solanaceae
属 天仙子属 *Hyoscyamus*

　　二年生草本，全体被黏性腺毛。自根茎发出莲座状叶丛，卵状披针形或长矩圆形，长可达30厘米，宽达10厘米，边缘有粗牙齿或羽状浅裂，有宽而扁平的翼状叶柄，基部半抱茎；茎生叶卵形，无柄，基部半抱茎或宽楔形，边缘羽状浅裂或深裂。花在茎中部以下单生叶腋，在茎上端则单生于苞状叶腋内而聚集成蝎尾式总状花序，偏向一侧；花萼筒状钟形，5浅裂，花后增大成坛状；花冠钟状，长约为花萼的一倍，黄色而脉纹紫堇色。蒴果包藏于宿存萼内。

　　产于大峪沟、博峪沟、拉力沟、粒珠沟。生于海拔2600～2800米山坡、路旁。

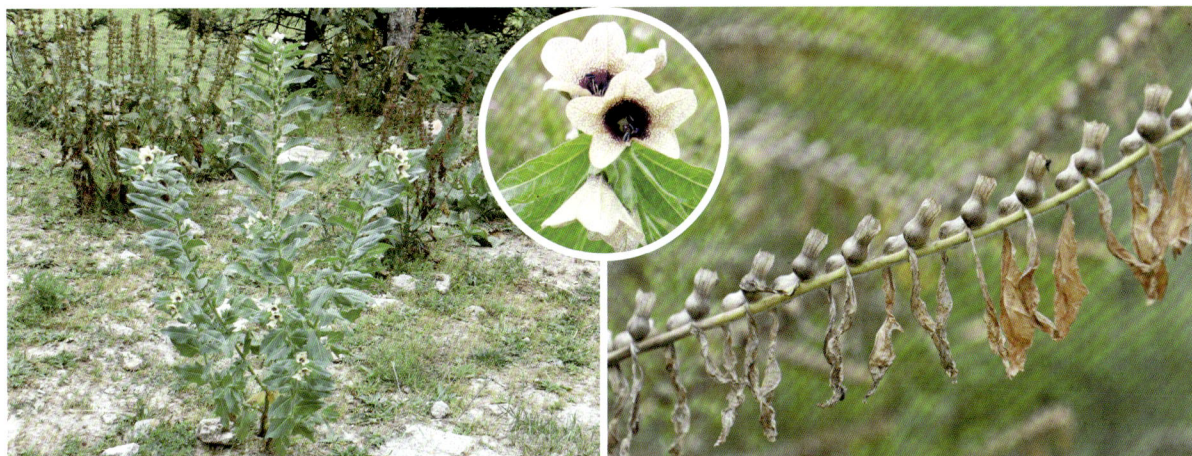

甘肃玄参

Scrophularia kansuensis Batal.

科 玄参科 Scrophulariaceae
属 玄参属 *Scrophularia*

　　多年生草本，高5～40厘米。茎中空，有腺毛。叶对生或上部的少有互生，叶片卵形，基部圆形至近心形，长1～3厘米，全缘或有不规则粗齿，下面毛较密；叶柄长达2厘米。聚伞花序具1～2朵花，单生上部叶腋，多少聚成顶生狭花序；总梗长1～2.5厘米，花梗略短，均生腺毛；花萼长4～5毫米，有腺毛；花冠绿白色，长约10毫米，花冠筒多少球形，上唇显著长于下唇。蒴果卵圆形，长约8毫米。

　　产于章巴库沟、卡车沟、车路沟。生于海拔2900～3150米山坡草地、路旁。

肉果草
Lancea tibetica Hook. f. et Thoms.

多年生矮小草。叶对生，几成莲座状；叶片近革质，倒卵形或匙形，长2～6厘米，顶端常有小凸尖，基部渐狭成短柄，全缘。花数朵簇生或伸长成总状花序；花萼钟状，萼齿5，钻状三角形；花冠深蓝色或紫色，上唇直立，2深裂，下唇开展。果实卵状球形，红色或深紫色，包于宿存花萼内。

产于旗布沟、博峪沟、拉力沟、扎路沟、业母沟、色树隆沟、车路沟。生于海拔2900～3350米草地或沟谷旁。

四川沟酸浆
Mimulus szechuanensis Pai

多年生草本，高15～60厘米。单叶对生，卵形，长2～6厘米，宽1～3厘米，顶端锐尖，基部渐狭为短柄，边缘有疏齿。花单生于茎枝近顶端叶腋；花梗长1～5厘米；萼圆筒形，果期膨大成囊泡状，肋有狭翅，萼齿5，刺状，后方一枚较大；花冠长约2厘米，黄色，喉部有紫斑，花冠筒稍长于萼，上下唇近等长。蒴果长椭圆形，包于宿存的萼内。

产于小阿角沟、拉力沟、郭扎沟、鹿儿沟、车路沟。生于海拔2800～3150米林下阴湿处、水沟边、溪旁。

水茫草

Limosella aquatica Linn.

科 玄参科 Scrophulariaceae
属 水茫草属 *Limosella*

一年生水生或湿生草本，个体小，丛生，全体无毛。叶基出，簇生成莲座状，具长柄；叶片宽条形或狭匙形，比叶柄短得多，全缘，多少带肉质。花3～10朵自叶丛中生出；花梗细长，长7～13毫米；花萼钟状，膜质，长1.5～2.5毫米；花冠白色或带红色，长2～3.5毫米，辐射状钟形，花冠裂片5片。蒴果卵圆形，超过宿萼。

产于车巴沟、下巴沟。生于海拔2620～3020米河岸、溪旁及林缘湿草地。

细穗玄参

Scrofella chinensis Maxim.

科 玄参科 Scrophulariaceae
属 细穗玄参属 *Scrofella*

多年生草本，高20～70厘米。单叶互生，稠密，无柄，全缘，长矩圆形至披针形，长2～6厘米，宽近1厘米。花序长达10厘米，花密集，花序轴、苞片、花萼裂片均被细腺毛；苞片钻形；花萼裂片钻形，长2毫米；花冠白色，长4毫米。蒴果长约4毫米。

产于八十沟、扎路沟、光盖山。生于海拔2850～3600米草地。

阿拉伯婆婆纳
Veronica persica Poir.

科 玄参科 Scrophulariaceae
属 婆婆纳属 *Veronica*

　　一年生铺散草本。叶2～4对，具短柄；叶片卵形或圆形，长6～20毫米，宽5～18毫米，边缘具钝齿，两面疏生柔毛。总状花序很长；苞片互生，与叶同形且几乎等大；花梗比苞片长；花萼长3～5毫米，果期增大；花冠蓝色、紫色或蓝紫色，长4～6毫米，裂片卵形至圆形，喉部疏被毛。蒴果肾形，被腺毛，凹口角度超过90度。

　　产于大峪沟、卡车沟。生于海拔2560～2800米荒地、路旁。

两裂婆婆纳
Veronica biloba Linn.

科 玄参科 Scrophulariaceae
属 婆婆纳属 *Veronica*

　　一年生草本；茎疏被腺毛。叶对生，具短柄，宽披针形，长5～20毫米，全缘或有疏而浅的锯齿。总状花序；花萼4裂，裂片卵形至卵状披针形，急尖，疏被腺毛；花冠白色、紫色或蓝色，后方裂片圆形，其余3枚卵圆形。蒴果宽4～5毫米，短于花萼，侧扁，被腺毛，几乎2裂达到基部。

　　产于拉力沟、卡车沟、石巴大沟。生于海拔2750～3000米荒地、草地和山坡。

毛果婆婆纳

Veronica eriogyne H. Winkl.

　　多年生草本，高20～70厘米。叶对生，无柄，披针形至条状披针形，长2～5厘米，宽4～15毫米，边缘有整齐的浅刻锯齿。总状花序2～4枚，侧生于茎近顶端叶腋，花密集，穗状，果期伸长达20厘米，具长3～10厘米的总梗，花序各部分被长柔毛；苞片远长于花梗；花萼裂片宽条形；花冠紫色或蓝色，长约4毫米。蒴果长卵形，被毛。

　　产于八十沟、旗布沟、章巴库沟、卡车沟。生于海拔2800～3100米高山草地。

长果婆婆纳

Veronica ciliata Fisch.

　　多年生草本，高10～30厘米。叶无柄或下部的有极短的柄，叶片卵形至卵状披针形，长1.5～3.5厘米，宽0.5～2厘米，全缘或具尖锯齿。总状花序1～4枚，侧生于茎顶端叶腋，花密集，除花冠外各部分被长柔毛或长硬毛；苞片宽条形，长于花梗；花萼裂片条状披针形；花冠蓝色或蓝紫色，长3～6毫米。蒴果卵状锥形，狭长，具长硬毛。

　　产于光盖山。生于海拔3500米左右高山草地。

光果婆婆纳
Veronica rockii H. L. Li

科 玄参科 Scrophulariaceae
属 婆婆纳属 *Veronica*

多年生草本，高17～60厘米。叶对生，无柄，卵状披针形至披针形，长1.5～8厘米，宽0.4～2厘米，边缘有三角状尖锯齿。总状花序2至数支，侧生于茎顶端叶腋，果期伸长达15厘米，各部分被柔毛；苞片条形，比花梗长；花萼裂片条状椭圆形，果期伸长，后方一枚很小或缺失；花冠蓝色、紫色或白色，长3～4毫米。蒴果卵形至长卵状锥形，无毛。

产于大峪沟、扎路沟、车巴沟、鹿儿沟。生于海拔2560～3240米高山草地。

丝梗婆婆纳
Veronica filipes P. C. Tsoong

科 玄参科 Scrophulariaceae
属 婆婆纳属 *Veronica*

多年生草本，高6～15厘米。下部叶鳞片状，正常叶卵形至圆形，长12～25毫米，宽6～18毫米，基部渐狭成短柄，下部叶全缘或具圆齿，上部叶边缘具钝齿或尖齿。总状花序多支，侧生叶腋，花期近头状，花后略伸长；苞片倒卵状披针形至宽条形，比花梗长或短；花梗长3～10毫米；花萼裂片4或5枚，宽条形；花冠蓝色或淡紫色，长5～7毫米。蒴果矩圆形或卵圆形，侧扁，被长硬毛。

产于扎路沟。生于海拔4030米左右高山多石山坡。

唐古拉婆婆纳

Veronica vandellioides Maxim.

　　多年生草本，高5～25厘米。叶对生，叶柄无至长达1厘米；叶片卵圆形，长7～20毫米，宽6～18毫米，每边具2～5个圆齿。总状花序多支，侧生于茎上部叶腋或几乎所有叶腋，退化为只具单花或两朵花；花序梗纤细，长6～20毫米；苞片宽条形，长不及5毫米；花梗纤细，长3～10毫米；花萼裂片长椭圆形，果期略增大；花冠浅蓝色、粉红色或白色，略比萼长。蒴果近于倒心状肾形，基部平截状圆形。

　　产于大峪沟、三角石沟、桑布沟、拉力沟、石巴大沟。生于海拔2600～3100米高山草地、流石滩。

北水苦荬

Veronica anagallis-aquatica Linn.

　　多年生草本，高10～100厘米。叶对生，无柄，上部的半抱茎，多为椭圆形或长卵形，长2～10厘米，宽1～3.5厘米，全缘或有疏而小的锯齿。花序比叶长，多花；花梗与苞片近等长；花萼裂片卵状披针形，果期直立或叉开；花冠浅蓝色、浅紫色或白色，直径4～5毫米。蒴果近圆形，几乎与萼等长。

　　产于卡车沟、石巴大沟、粒珠沟、洮河南岸。生于海拔2600～2900米水边及沼泽地。

短穗兔耳草
Lagotis brachystachya Maxim.

多年生矮小草本，高4～8厘米。匍匐走茎带紫红色。叶全部基出，莲座状；叶柄长1～5厘米，扁平，翅宽；叶片宽条形至披针形，长2～7厘米，全缘。花莛数条，纤细，倾卧或直立，高度不超过叶；穗状花序卵圆形，长1～1.5厘米，花密集；花萼成两裂片状，约与花冠筒等长或稍短；花冠白色或微带粉红或紫色，长5～6毫米，上唇全缘，下唇2裂。果实红色，卵圆形。

产于扎古录、下巴沟、洮河南岸。生于海拔2600～2850米高山草地、河滩。

圆穗兔耳草
Lagotis ramalana Batal.

多年生矮小草本，高5～8厘米。叶3～6枚，全部基生；叶柄长1～5厘米，扁平，翅宽，基部鞘状；叶片卵形，与叶柄近等长，边缘具圆齿。花莛2至数条，直立或斜卧；穗状花序卵球状，长1.5～2厘米；萼裂片2枚，分生，披针形，比花冠短；花冠蓝紫色，长6～7毫米，上唇顶端微凹或平截，下唇2裂。果实椭圆形，长约7毫米。

产于扎路沟、光盖山。生于海拔3700～4000米高山草地、流石滩。

短腺小米草

Euphrasia regelii Wettst.

科 玄参科 Scrophulariaceae
属 小米草属 *Euphrasia*

　　一年生直立草本，高3～35厘米。叶无柄，下部的楔状卵形，中部的稍大，卵形至宽卵形，基部宽楔形，长5～10毫米，每边有数枚急尖或稍钝的锯齿，两面被短腺毛。穗状花序疏花；花萼筒状，被短腺毛，裂片三角形；花冠白色或淡紫色，上唇直立，下唇开展，裂片叉状浅裂。蒴果扁。

　　保护区广布。生于海拔2800～3100米草地及林中。

白氏马先蒿

Pedicularis paiana H. L. Li

科 玄参科 Scrophulariaceae
属 马先蒿属 *Pedicularis*

　　多年生草本，高35厘米。叶多茎生，披针状长圆形，羽状开裂，裂片每边10～15条，边缘有齿。苞片叶状，羽状浅裂，长于花萼而短于花；花萼被短柔毛。花冠长40～45毫米，外面全部有毛，管约与盔等长，盔多少镰状弓曲，前端下缘有1个不显著的小凸尖，上半沿下缘有密须毛，下唇约与盔等长，裂片3枚近相等，长卵形钝头。

　　产于章巴库沟、桑布沟、博峪沟、拉力沟、扎路沟、车巴沟。生于海拔2800～3100米高山草地。

粗野马先蒿
Pedicularis rudis Maxim.

多年生草本，高可达1米。无基生叶；茎生叶披针形或线形，羽状深裂，无柄而抱茎，逐渐向上部变成苞片。花序穗状，长达30厘米，被腺状短柔毛；苞片下部叶状，上部变为卵形而全缘，稍长于萼；萼狭钟形，密被白色腺毛，齿5枚，大小相等；花冠白色，中部向前弓曲，盔上部紫红色，额部黄色，有一向上的小凸喙，下唇三裂，卵圆形，中裂较大。蒴果宽卵圆形，前端具刺尖。

产于大峪沟。生于海拔2620米左右草地或灌丛。

美观马先蒿
Pedicularis decora Franch.

多年生草本，高约1米。叶线状披针形至狭披针形，羽状深裂，缘有重锯齿。花序穗状，密被腺毛；苞片叶状，向上逐渐变为卵形而具长尖；花冠黄色，萼被密腺毛；萼齿三角形，几全缘；花管长约为萼的三倍，有毛；下唇裂片卵形，中裂较大于侧裂；盔舟形，与下唇等长。蒴果扁卵圆形，先端渐尖。

产于八十沟。生于海拔2840米左右草地及疏林。

毛颏马先蒿毛背变种

Pedicularis lasiophrys Maxim. var. *sinica* Maxim.

多年生草本。叶在基部发达，成假莲座状；叶片长圆状线形至披针状线形，缘有羽状裂片或深齿。花序头状或为伸长的短总状；苞片披针状线形至三角状披针形，密生褐色腺毛；萼钟形，齿5枚，大小略相等，三角形全缘；花冠淡黄色，下唇3裂，卵圆形，有缘毛；盔在直角自直立部分转折，在含有雄蕊的地方膨大，前额与额部均被黄色绒毛，并延及盔的全背部，且沿背下延至花管；花柱不伸出或稍伸出。

产于章巴库沟、扎路沟、车巴沟。生于3100～3350米草地。

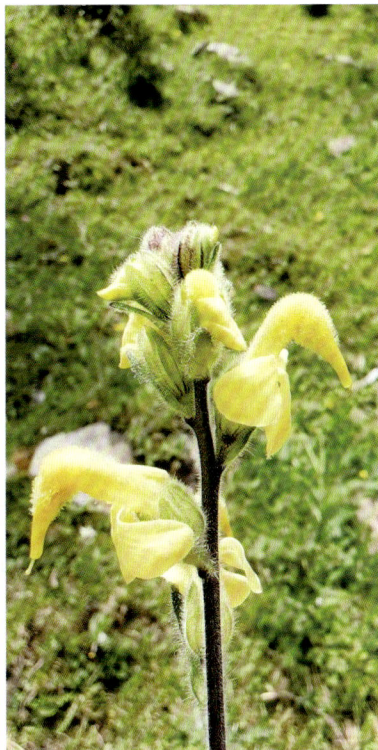

反曲马先蒿

Pedicularis recurva Maxim.

多年生草本，高40～80厘米。基出叶早枯，叶片长圆状披针形，两面无毛，裂片卵形至卵状披针形。花序总状，达30厘米；苞片膜质，基部膨大，端尾状，具绵毛；萼粗短，前方稍开裂，齿5枚，三角形全缘；花冠较小，淡紫红色；盔无直立，颏部被密绵毛，额部具紫黑色斑点；花柱伸出且上翘。蒴果卵圆形。

产于小阿角沟、尼玛尼嘎沟、八十沟、卡车沟。生于海拔2840～3000米高山草地。

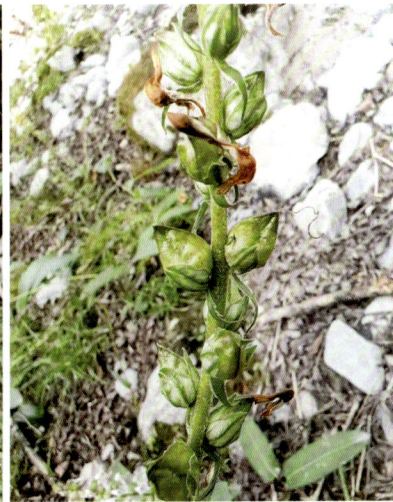

玄参科

玄参科

被子植物

藓生马先蒿

Pedicularis muscicola Maxim.

多年生草本，多毛；茎丛生。叶柄长达1.5厘米；叶片椭圆形至披针形，长达5厘米，羽状全裂，裂片每边4～9枚，有短柄，有锐重锯齿，上面有疏柔毛。花腋生，梗长达1.5厘米；花萼圆筒状，长达11毫米，齿5枚，上部卵形而有锯齿；花冠玫瑰色，筒长4～7.5厘米，盔几在基部即向左方扭折使其顶部向下，前方渐细为卷曲或"S"形的长喙，喙反向上方卷曲，长10毫米或更多，下唇极大，宽达2厘米，中裂较侧裂小，矩圆形。蒴果偏卵状，为宿存萼所包。

保护区广布。生于海拔2800～3200米林下苔藓层中或阴湿处。

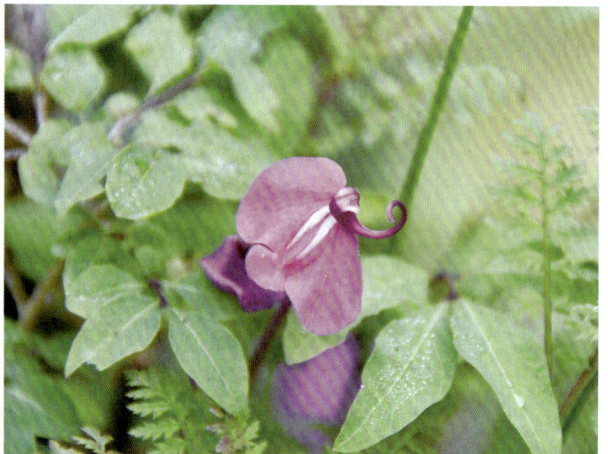

侏儒马先蒿

Pedicularis pygmaea Maxim.

一年生矮小草本，高不及3厘米。叶基生者长1.5厘米，具细长而膜质的柄；叶片线状长圆形，前方多羽状深裂，近叶柄处则为羽状全裂，裂片通常6～8对，缘有不规则缺刻状重齿。花序密而头状；苞片叶状；萼球状卵形；花紫红色，长9～10毫米，约在基部上2.5毫米处向前作直角膝屈，向喉强烈扩大，下唇宽约6毫米，侧裂斜卵形，中裂圆形而有柄，盔前缘长4毫米，额正圆形，略似有狭仄的鸡冠状凸起，前缘端有三角状的短喙状凸出；花柱不伸出。

产于光盖山。生于海拔4000米左右湿草地。

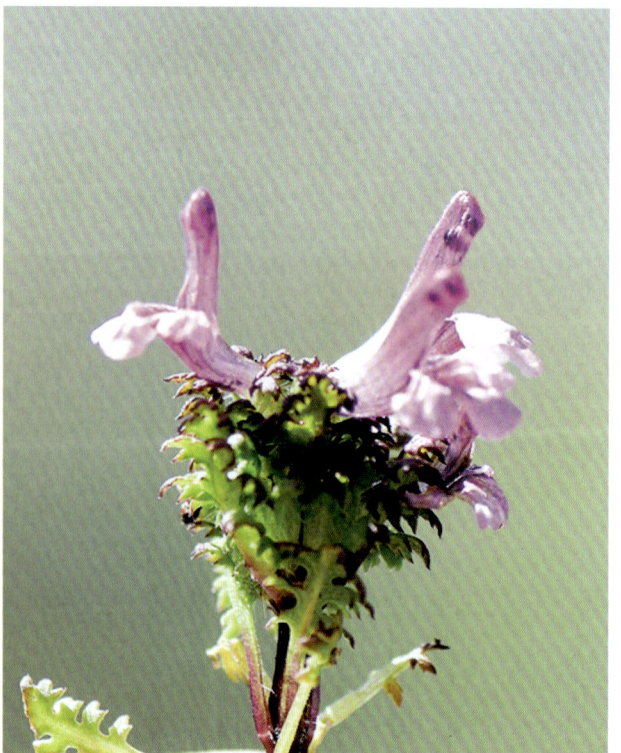

甘肃马先蒿

Pedicularis kansuensis Maxim.

科 玄参科 Scrophulariaceae
属 马先蒿属 *Pedicularis*

一或二年生草本，高达50厘米。基生叶长久宿存，茎生叶4枚轮生；叶片羽状全裂，叶缘常有反卷。花序穗状，苞片下部叶状，上部3裂；萼具短梗，前方不开裂，齿5枚，大小不等，三角形具齿；花冠紫红色或白色，管在基部向前弓曲；下唇3裂，中裂较小，基部狭缩，有缺刻；盔镰状弯曲，额具鸡冠状凸起；柱头略伸出。

产于大峪沟、八十沟、章巴库沟、华尔盖沟、车巴沟。生于海拔2800～3200米草地和多石砾处。

皱褶马先蒿

Pedicularis plicata Maxim.

科 玄参科 Scrophulariaceae
属 马先蒿属 *Pedicularis*

多年生草本，高达20厘米。基生叶有柄，被白色长毛；叶片羽状深裂或全裂，小裂片卵形，缘有锯齿常反卷；茎叶1～2轮，每轮4枚。花序穗状，苞片下部叶状，上部膜质；萼前方开裂，齿5枚，大小不一；花冠黄色，管在基部前倾，使花在喉部强烈扩大；下唇3裂，侧裂肾脏形，中裂向前伸出；盔镰状弓曲，连接下唇，稍向内褶，额部有明显皱褶；柱头伸出。

产于旗布沟。生于海拔3100米左右草坡。

罗氏马先蒿
Pedicularis roylei Maxim.

科 玄参科 Scrophulariaceae
属 马先蒿属 *Pedicularis*

多年生草本，高7～15厘米。叶基出者成丛；茎生者3～4枚轮生，柄长2～2.5厘米，叶片披针状长圆形，长2.5～4厘米，羽状深裂，边缘干后常反卷，有缺刻状锯齿。花序总状，花2～4朵成轮；苞片叶状；花长17～20毫米；花冠紫红色，长17～19毫米，花管长10～11毫米，约在近基处向前上方作膝屈，盔儿直立，略作镰状，额多少高凸，有鸡冠状凸起，下唇长8～9毫米，中裂近于圆形，侧裂椭圆形；花柱微伸出。蒴果卵状披针形，基部为宿萼所包。

产于光盖山。生于海拔3800米左右高山湿草地。

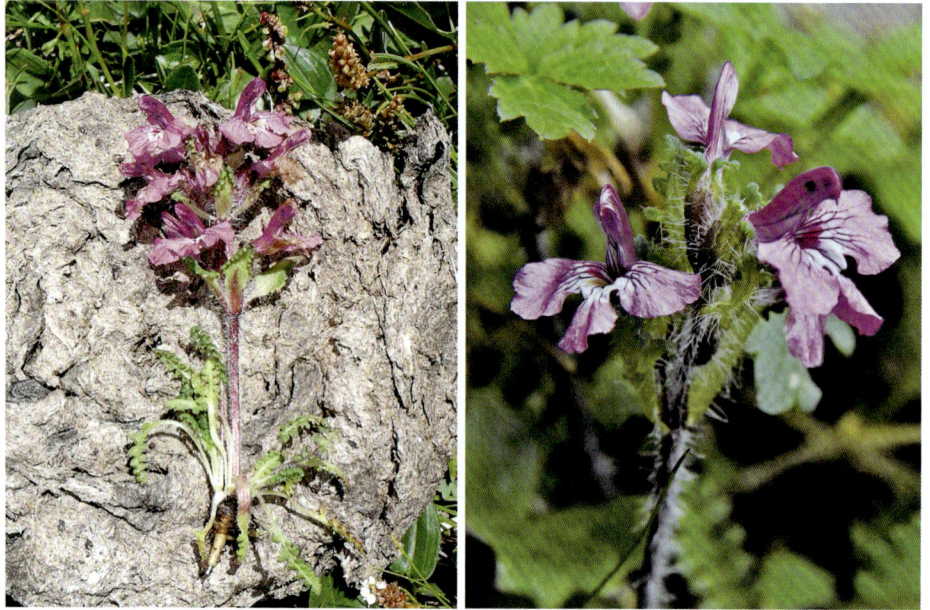

轮叶马先蒿
Pedicularis verticillata Linn.

科 玄参科 Scrophulariaceae
属 马先蒿属 *Pedicularis*

多年生草本，高可达40厘米。基出叶发达宿存，被白色长毛，叶片长圆形至线状披针形，羽状深裂至全裂。花序总状，稠密；苞片叶状，膜质；萼卵球形，红色，前方开裂，齿偏聚后方，5枚，1枚独立；花冠紫红色，管直角弯曲，使其上段由萼的裂口中伸出；盔略略镰状弓曲，额无鸡冠状凸起；下唇3裂，中裂圆形具柄，小于侧裂；花柱伸出。

保护区广布。生于海拔2800～3300米山坡、草地。

轮叶马先蒿唐古特亚种

Pedicularis verticillata Linn. subsp. *tangutica* (Bonati) Tsoong

科 **玄参科 Scrophulariaceae**
属 **马先蒿属 *Pedicularis***

　　与轮叶马先蒿的区别：全身的毛较多，叶与萼齿常多坚硬的白色胼胝，萼齿偶然结合为3齿，多为5齿；花一般较大，果先端钝而宽。

　　产于卡车沟、业母沟。生于海拔2800～3000米草地。

细小马先蒿

Pedicularis minima Tsoong et Cheng

科 **玄参科 Scrophulariaceae**
属 **马先蒿属 *Pedicularis***

　　一年生草本，植株矮小。叶具柄，卵状披针形，羽状深裂至全裂，裂片背面常反卷。花序可达2厘米，苞片叶状，短于花；萼短钟形，管前方仅稍稍开裂，膜质，齿5枚，后方1枚多少针形，端几不膨大，其余4枚基部三角形全缘而连于管；花冠红色，下唇3裂，中裂具柄；盔镰状弯曲，下部三角形；额圆凸，略有鸡冠状凸起；柱头不伸出。

　　产于光盖山。生于海拔3600～3770米草坡和多石砾处。

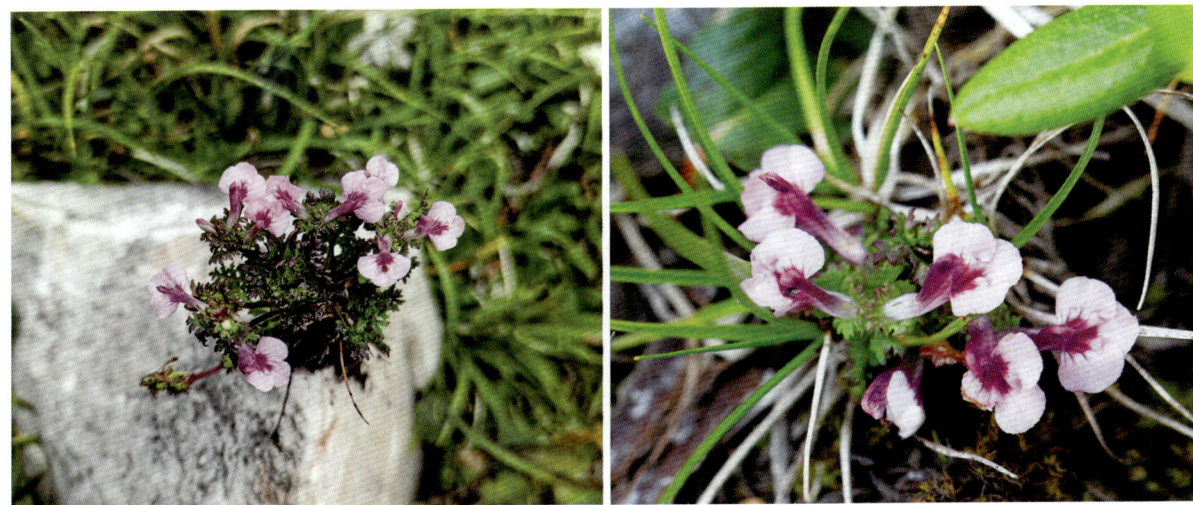

穗花马先蒿
Pedicularis spicata Pall.

　　一年生草本，高可达80厘米。基生叶莲座状，茎生叶较小，四枚轮生；叶片椭圆状长圆形，两面被毛，羽状深裂。花序穗状，生于茎顶；苞片叶状，基部膜质；萼短，钟形，前方微裂，齿5枚，两两结合成三角形；花冠红色，管以直角膝屈，盔较短，额高凸；下唇3裂，中裂较小；柱头稍伸出。

　　产于大峪沟、下巴沟、洮河南岸。生于海拔2500～2700米草地、溪流旁及灌丛。

四川马先蒿
Pedicularis szetschuanica Maxim.

　　一年生草本，高30厘米。叶变化极大，叶片长卵形或长圆状披针形，羽状浅裂至半裂。花序穗状，密集；苞片叶状，被长毛；萼膜质，在近萼齿处有少数横脉作网结，齿5枚；花冠紫红色，管在基部膝屈，上半截又仰起；下唇3裂，中裂前端微凹，侧裂盖迭中裂；额稍圆，转向前形成突出的三角形尖头；柱头多少伸出。

　　产于车巴沟。生于海拔3000～3200米草地。

四川马先蒿宽叶亚种

Pedicularis szetschuanica subsp. *latifolia* P. C. Tsoong

科 **玄参科**Scrophulariaceae
属 **马先蒿属**Pedicularis

与四川马先蒿的区别：其体几无毛，叶为长圆形至卵形，基部圆形至亚心脏形；花较大，有时可达20毫米。

产于八十沟。生于海拔2820米左右林下。

草莓状马先蒿

Pedicularis fragarioides P. C. Tsoong

科 **玄参科**Scrophulariaceae
属 **马先蒿属**Pedicularis

多年生草本，高达20厘米。茎倾卧或斜生。基生叶紫黑色，具长柄；茎生叶具短柄，被白色毛。花序总状或头状，苞片三角状亚心脏形至菱状宽卵形，仅具浅圆齿；萼管状，不开裂，齿5枚，常反卷；花冠紫红色，管在离基处膝屈；下唇3裂，卵圆形，等大；盔短，前缘内向皱褶；花柱从方角中伸出。

产于扎路沟。生于海拔3100米左右碎石坡。

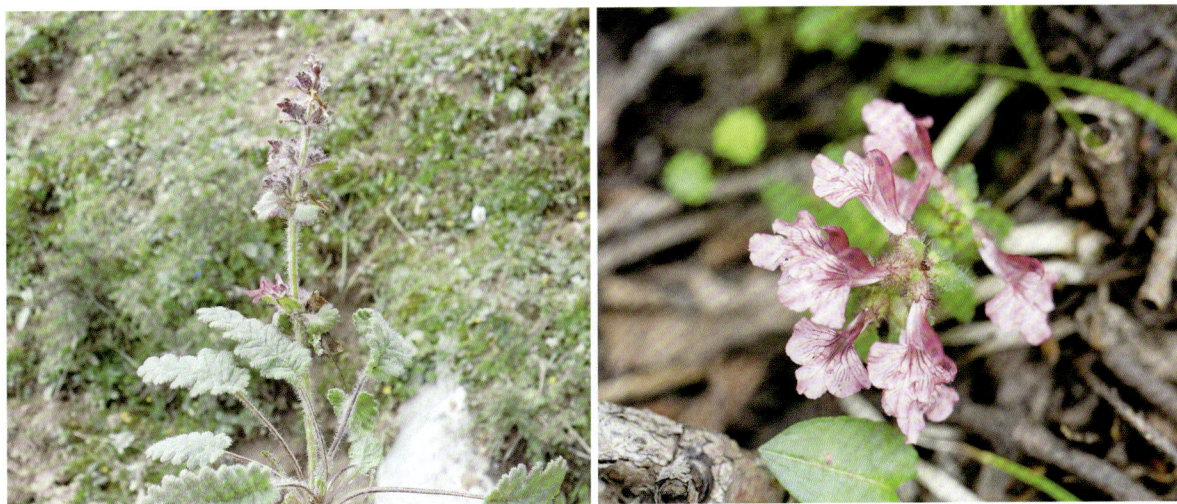

后生四川马先蒿
Pedicularis metaszetschuanica P. C. Tsoong

科 玄参科 Scrophulariaceae
属 马先蒿属 Pedicularis

一年生草本，高可达30厘米。茎偃卧或向上生长，被白毛。基生叶宿存，具长柄，羽状浅裂；茎叶柄较短，叶片大。花序穗状顶生，苞片下部叶状；萼膜质，前方不开裂，齿5枚，后侧方者1枚最大；花冠红紫色，管在基部向上膝屈；下唇3裂，中裂小于侧裂，边缘多少盖迭；盔与花冠下发指其一向，前额斜下与突然向前转折之前缘顶端组成宽阔的方形喙状凸出，再从其下缘伸出指向前方的细须状齿1对；花柱伸出。

产于色树隆沟、华尔盖沟、车巴沟、光盖山。生于海拔3000～3300米草地。

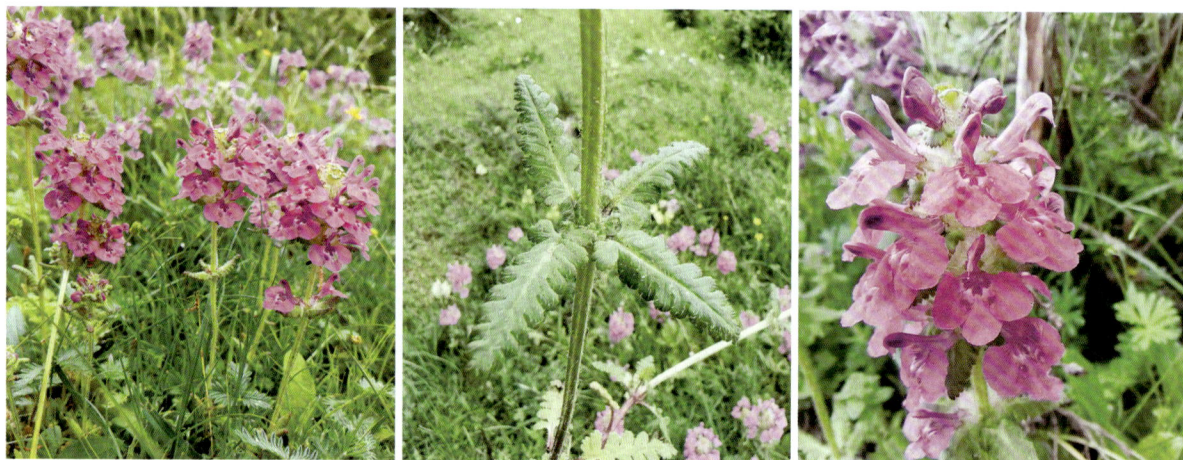

碎米蕨叶马先蒿
Pedicularis cheilanthifolia Schrenk

科 玄参科 Scrophulariaceae
属 马先蒿属 Pedicularis

多年生草本，高达25厘米。基生叶宿存，有长柄；茎生叶4枚轮生，叶片线状披针形，羽状全裂。花序亚头状；苞片叶状，与花等长；萼长圆状钟形，前方开裂，齿5枚，后方1枚三角形全缘；花冠紫红色至纯白色，管在花初放时伸直，后以直角向前弯曲；下唇3裂，中裂较大，基部狭缩；喙极短，花柱伸出。

产于扎路沟、色树隆沟、郭扎沟、华尔盖沟。生于海拔2800～3200米草地。

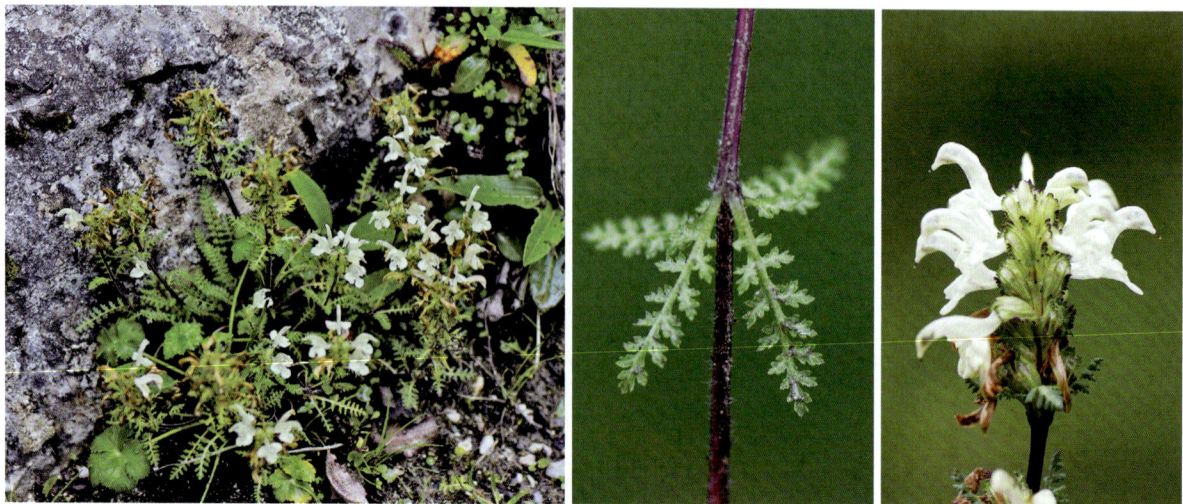

鸭首马先蒿
Pedicularis anas Maxim.

多年生草本，高达30厘米。基生叶宿存，具长柄，茎生叶柄短或无；叶片长卵圆形至线状披针形，羽状全裂。花序头状至穗状，苞片叶状，向上渐狭；萼卵圆形，具紫斑，齿5枚，后方1枚较小；花冠紫色或下唇浅黄色而盔暗紫色，管在基部膝屈；下唇3裂，侧裂肾形，中裂较圆；盔镰状弯曲，额凸起，与下缘组成细而直的喙；花柱伸出或不伸出。

产于车巴沟、光盖山。生于海拔3000～3900米高山草地。

鸭首马先蒿黄花变种
Pedicularis anas Maxim. var. xanthantha (Li) Tsoong

与鸭首马先蒿的区别：花冠为黄色，其喙更长。

产于扎路沟。生于海拔2800～3300米高山草地。

短唇马先蒿
Pedicularis brevilabris Franch.

科 玄参科 Scrophulariaceae
属 马先蒿属 *Pedicularis*

一年生草本，高25～45厘米。叶下部者对生，上部之叶4枚轮生，具短柄或几无柄，叶片长卵形至椭圆状长圆形，长1.5～3厘米，宽1.4～2厘米，羽状深裂，缘有不规则锐锯齿。花序穗状，长者达8厘米，下部的花轮远距；苞片叶状；萼钟形，齿5枚；花冠浅粉色，长1.5～2厘米，花管长6～8毫米，在中部以上向前弓曲，盔长9～12毫米，基部指向前上方，多少镰形弓曲，额圆形，先端略凸出作截形的小喙状，下唇短于盔，中裂较小，向前伸出一半；花柱不伸出。

产于大峪沟、小阿角沟、旗布沟、三角石沟、章巴库沟、博峪沟、拉力沟、卡车沟、业母沟、色树隆沟。生于海拔2900～3300米高山草地或灌丛。

阿拉善马先蒿
Pedicularis alaschanica Maxim.

科 玄参科 Scrophulariaceae
属 马先蒿属 *Pedicularis*

多年生草本，高可达35厘米。基生叶早枯，下部叶对生，上部3～4枚轮生；叶片披针形至卵状长圆形，羽状全裂。花序穗状，苞片叶状，有时长于花；萼长圆形，前方开裂，齿5枚；花冠黄色，花管与萼等长，中上部稍向前膝屈；下唇3浅裂，与盔等长或稍长，盔直立，背线向前上方转折形成多少膨大的含有雄蕊部分，而后再转向前下方成为倾斜之额，顶端渐细成为稍下弯的短喙，喙长短和粗细不一。

产于车巴沟、下巴沟、洮河南岸。生于海拔2600～2800米河谷多石砾山坡。

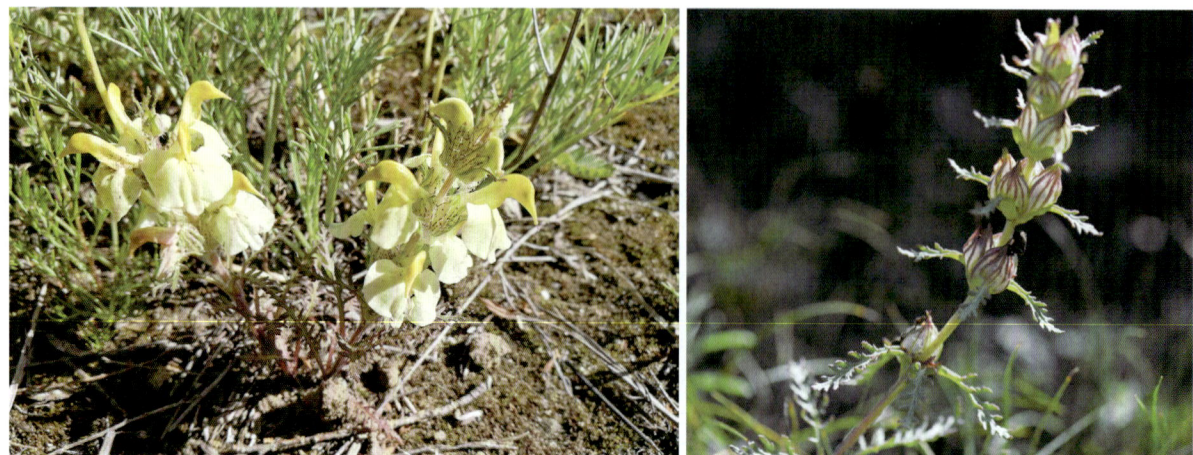

弯管马先蒿
Pedicularis curvituba Maxim.

一年生草本，高可达50厘米。无基出叶丛；茎叶下部者柄较长，叶片线状披针形、长圆状披针形至卵状长圆形，羽状全裂。花序以多数简断的花轮组成，苞片下部者叶状，短于花；花萼膨大，前方不开裂，齿5枚，不等大；花冠黄色，管在离基处膝屈，喉部扩大；下唇3裂，侧裂斜椭圆形，较大，中裂较小；盔直立，在近端处有三角形小凸齿一对，在含雄蕊的地方形成喙；花柱伸出。

产于下巴沟。生于海拔2820米向阳山坡、河滩地、路旁。

具冠马先蒿
Pedicularis cristatella Pennell et H. L. Li

一年生草本，高可达50厘米。叶基生者常枯萎；茎生叶3～5枚轮生，叶片羽状全裂，长圆状披针。花序穗状，3～7轮；苞片下部者叶状，上部为宽菱状卵形；萼薄膜质，白色，前方稍开裂。齿5枚；花冠红紫色，盔色较深；下唇较大，3裂，中裂短；盔直立，具鸡冠状凸起；喙向下弯曲，较长；花柱微伸出。

产于大峪沟、卡车沟、达加沟、车路沟、下巴沟、光盖山。生于海拔2560～3000米草地。

半扭卷马先蒿
Pedicularis semitorta Maxim.

科 玄参科 Scrophulariaceae
属 马先蒿属 *Pedicularis*

　　一年生草本，高可达60厘米。叶片卵状长圆形至线状长圆形，羽状全裂。花序穗状，下部少数花轮远距，上部连续；苞片短于花，下部叶状，上部为亚掌状3裂；萼狭卵状圆筒形，齿5枚，线形而偏聚于后方；花冠黄色，管伸直，盔直立，前方渐细形成半环的喙；下唇形状多变，宽大于长，中裂较侧裂略大；花柱在喙端伸出。蒴果尖卵形，扁平。

　　产于小阿角沟、八十沟、旗布沟、博峪沟、拉力沟、卡车沟、色树隆沟、车路沟。生于海拔2850～3100米高山草地。

扭旋马先蒿
Pedicularis torta Maxim.

科 玄参科 Scrophulariaceae
属 马先蒿属 *Pedicularis*

　　多年生草本，高者可达70厘米。叶互生或假对生，茎生下部者叶柄长可达5厘米，渐上渐短；叶片长圆状披针形至线状长圆形，渐上渐小，几为羽状全裂，裂片披针形至线状长圆形，边有锯齿，齿端具胼胝质刺尖。总状花序顶生，长可达18厘米；苞片叶状；萼卵状圆筒形，萼齿3枚；花冠具黄色的花管及下唇，紫色或紫红色的盔，盔扭旋，下唇大，3裂。蒴果卵形，扁平。

　　产于小阿角沟、八十沟、拉力沟、卡车沟、扎路沟、业母沟、色树隆沟、车巴沟、车路沟。生于海拔2850～3100米草地。

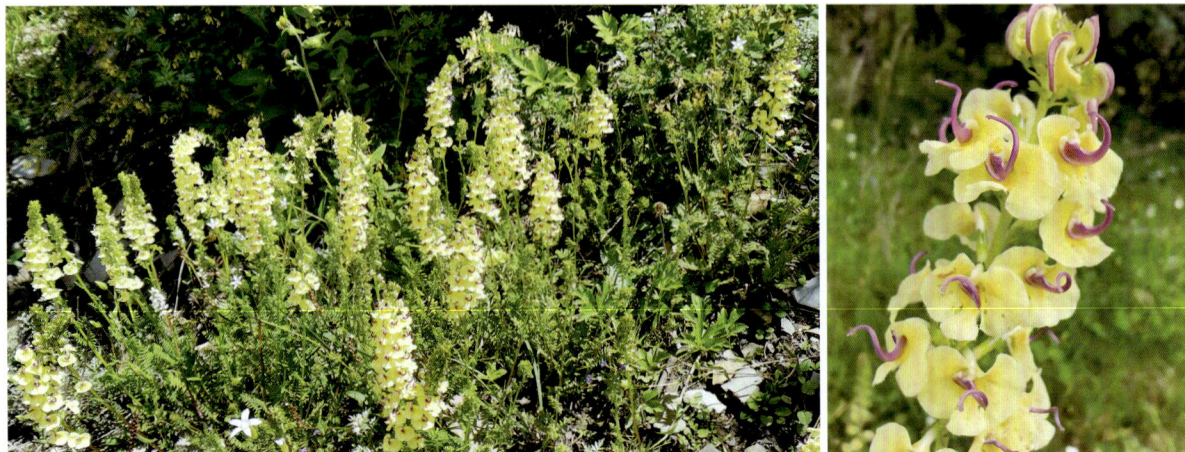

大卫氏马先蒿
Pedicularis davidii Franch.

科 **玄参科** Scrophulariaceae
属 **马先蒿属** *Pedicularis*

多年生草本，高可达50厘米。叶茂密，基生者早脱落；叶片卵状长圆形至披地状长圆形，羽状全裂，向上部的叶逐渐变为苞片。花序总状，疏稀；苞片叶状；萼卵状圆筒形，齿3枚，不等大；花冠紫色或红色，花管伸直，盔的直立部分在自身的轴上扭旋两整圈，复在含有雄蕊部分的基部强烈扭折，使其细长的喙指向后方，喙常卷成半环形，或近端处略作"S"形；下唇3裂，中裂较小，大部向前凸出；柱头伸出。

产于小阿角沟、桑布沟、扎路沟。生于海拔3000～3100米沟边、路旁及草坡。

拟鼻花马先蒿大唇亚种
Pedicularis rhinanthoides Schrenk ex Fisch. et Mey.
subsp. *labellata* (Jacq.) Tsoong

科 **玄参科** Scrophulariaceae
属 **马先蒿属** *Pedicularis*

多年生草本。叶基生者成丛，披针状矩圆形，羽状全裂，裂片缘有锐齿；茎生叶少。总状花序短；苞片叶状；花萼长卵状，齿5枚，后方1枚较小，全缘，其余的基部狭缩，上部卵形且有锯齿；花冠玫瑰色，盔上端多少膝状屈曲向前，喙常作"S"形卷曲，下唇基部宽心形，伸至筒的后方。蒴果披针状卵形。

产于八十沟、章巴库沟、扎路沟、业母沟、光盖山、华尔盖沟、车路沟。生于海拔2800～3500米高山草地。

琴盔马先蒿
Pedicularis lyrata Prain ex Maxim.

一年生矮小草本，最高者达6厘米。叶对生，基生者具长柄；叶片长圆状披针形或卵状长圆形，边缘有大圆齿。总状花序顶生，近于头状；苞片叶状；萼管状，前方不开裂，齿5枚；花冠黄色，较窄而小；花管直伸，与萼近于等长；盔略为镰形弯曲，额圆凸，具鸡冠状凸起；下唇3裂，中裂向前凸出一半，基部狭缩，侧裂较小；柱头伸出。蒴果斜披针状卵形。

产于桑布沟、拉力沟。生于海拔3000米左右高山草地。

欧氏马先蒿欧氏亚种中国变种
Pedicularis oederi Vahl subsp. *oederi* var. *sinensis* (Maxim.) Hurus

多年生矮小草本，高可达10厘米。叶多基生，宿存成丛，有长柄；叶片线状披针形至线形，羽状全裂。花序顶生，多变化；苞片短于花或等长；萼圆筒形，齿5枚，顶端膨大有锯齿；花冠多二色，盔端紫黑色，其余黄白色；盔与管的上段同其指向，几伸直；额圆形，前缘之端稍作三角形凸出；下唇3裂，多变化；花柱不伸出。

产于卡布川。生于海拔2610米左右山地草坡。

凸额马先蒿长角变种

Pedicularis cranolopha Maxim. var. *longicornuta* Prain

科 玄参科 Scrophulariaceae
属 马先蒿属 *Pedicularis*

多年生草本。叶基出与茎生；叶片长圆状披针形至披针状线形，羽状深裂。花序总状，顶生；苞片叶状；萼膜质，前方开裂，齿3枚；花冠黄色，外面有毛；盔直立部分略前俯，在含有雄蕊的地方略作半环状弓曲，形成指向喉部的喙；在额部与喙的基部相接处有细而尖的鸡冠状凸起；下唇3裂，密被缘毛。

产于达加沟、下巴沟。生于海拔2800米左右高山草地。

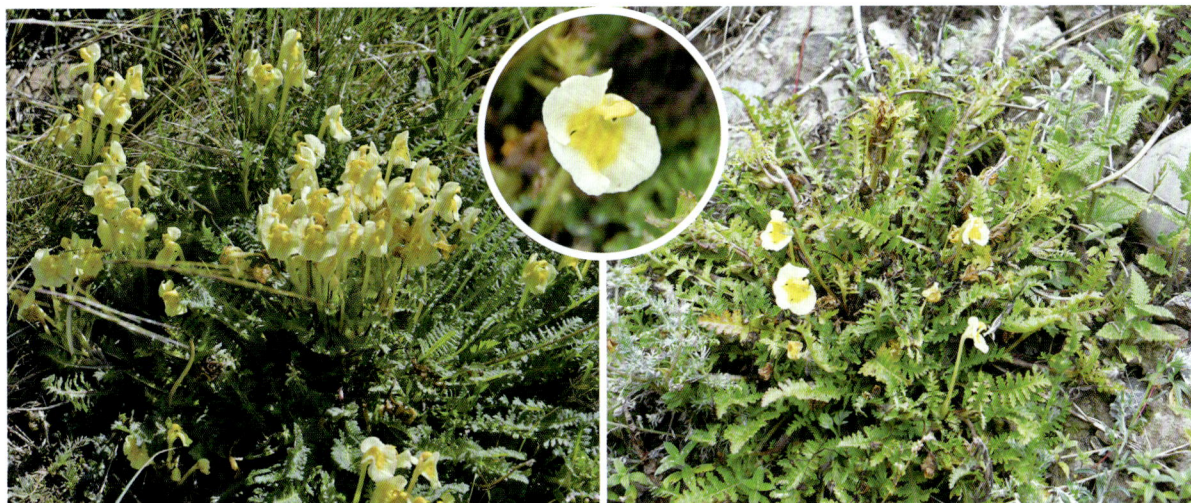

中国马先蒿

Pedicularis chinensis Maxim.

科 玄参科 Scrophulariaceae
属 马先蒿属 *Pedicularis*

一年生草本，高达30厘米。叶基出者具长柄，茎上部的柄较短；叶片披针状矩圆形至条状矩圆形，长达7厘米，羽状浅裂至半裂，裂片边缘有重锯齿。花序总状；花萼长15~18毫米，有白色长毛，齿仅2枚，上端叶状；花冠黄色，筒长4.5~5厘米，外面有毛，喙长9~10毫米，半环状而指向喉部，下唇宽大于长几达2倍，侧裂的基部深耳形。蒴果矩圆状披针形。

产于小阿角沟、八十沟、旗布沟、三角石沟、博峪沟、业母沟、色树隆沟、郭扎沟、车巴沟、车路沟、光盖山。生于海拔2850~3770米高山草地。

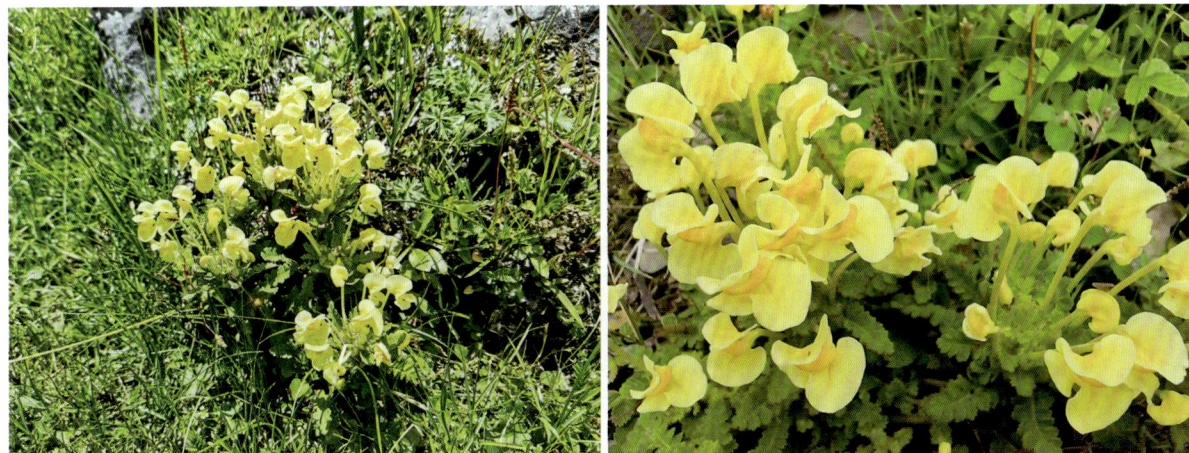

长花马先蒿管状变种

科 玄参科 Scrophulariaceae
属 马先蒿属 *Pedicularis*

Pedicularis longiflora Rudolph var. *tulaiformis* (Klotz.) Tsoong

　　一年生草本，最高者可达15厘米。叶基出与茎出，常成密丛，有长柄；叶片羽状浅裂至深裂，有时最下方之叶几为全缘。花均腋生，有短梗；萼管状，齿2枚；花冠黄色，长5～8厘米，管外有毛，盔直立部分稍后仰，盔前端很快狭细为一半环状卷曲的细喙，指向花喉；下唇3裂，近喉处有2个棕红色斑点，裂较小；花柱明显伸出。

　　产于车巴沟、华尔盖沟、光盖山。生于海拔3000～3770米高山草地、草地溪流旁。

三斑刺齿马先蒿

科 玄参科 Scrophulariaceae
属 马先蒿属 *Pedicularis*

Pedicularis armata Maxim. var. *trimaculata* X. F. Lu

　　多年生草本，高可达20厘米。叶基出与茎生，均有长柄；叶片线状长圆形，羽状深裂。花均腋生；花梗短；萼圆筒形，齿2枚，亚掌状3～5裂；花冠黄色，外面有毛；盔直立部分完全正直或稍向前俯，基部很细；额狭三角形而渐细为卷成一大半环之长喙，端反指后上方；下唇很大，近喉处具3个深红色或栗色的线形或椭圆形斑点，3裂，侧裂较中裂大2倍；柱头稍伸出。

　　产于旗布沟、车巴沟、华尔盖沟、光盖山。生于海拔3000～3800米高山草地。

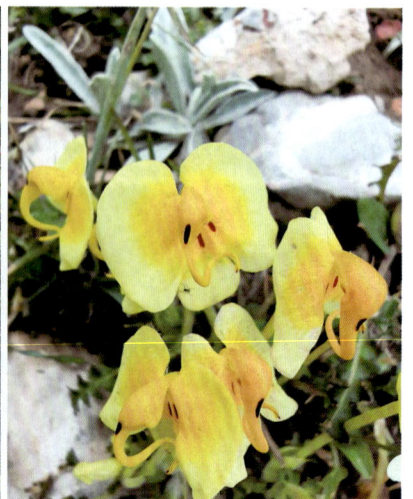

密生波罗花

Incarvillea compacta Maxim.

多年生草本。羽状复叶聚生于茎基部，长8～15厘米；小叶2～6对，卵形，长2～3.5厘米，宽1～2厘米。总状花序密集，聚生于茎顶端；苞片长1.8～3厘米；花梗长1～4厘米，线形；花萼钟状，绿色或紫红色，具深紫色斑点，长12～18毫米，萼齿三角形；花冠红色或紫红色，长3.5～4厘米，直径约2厘米，花冠筒外面紫色，具黑色斑点，内面具少数紫色条纹，裂片圆形。蒴果长披针形，具明显的4棱，长约11厘米。

产于下巴沟、光盖山。生于海拔2890～3700米干旱山坡。

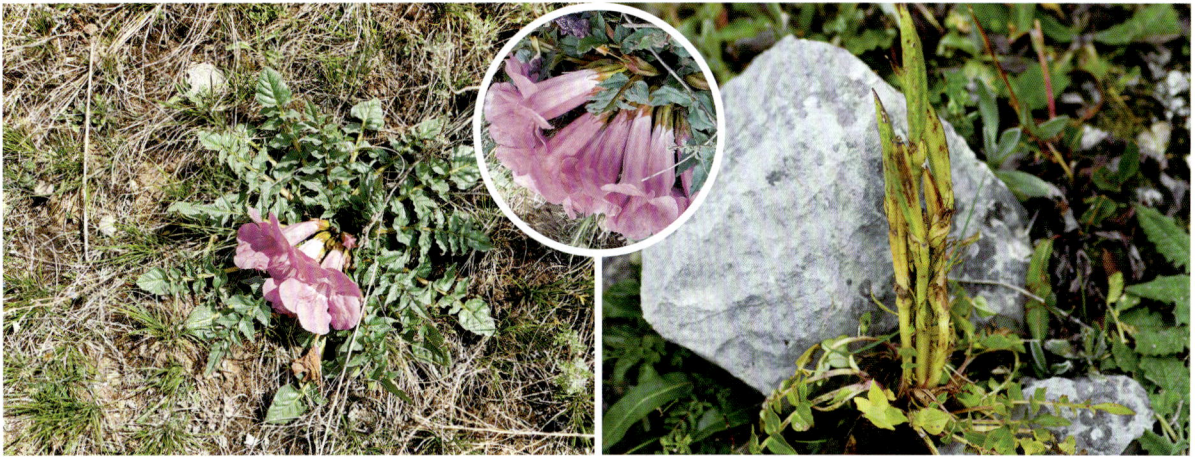

丁座草

Boschniakia himalaica Hook. f. et Thoms.

寄生肉质草本，高15～45厘米。茎不分枝，肉质。叶螺旋状排列，宽三角形至卵形，长1～2厘米，宽0.6～1.2厘米。总状花序，长8～20厘米，具密集的多数花；苞片1枚，三角状卵形；小苞片无或有2枚，早落或宿存；花两性，花冠长1.5～2.5厘米，黄褐色或淡紫色，上唇盔状，下唇远短于上唇，3浅裂，裂片常反折；花萼浅杯状，顶端5裂。蒴果近圆球形或卵状长圆形。

产于旗布沟。生于海拔3760米左右高山林下或灌丛中，常寄生于杜鹃花属植物根上。

高山捕虫堇
Pinguicula alpina Linn.

科 狸藻科 Lentibulariaceae
属 捕虫堇属 *Pinguicula*

多年生草本。叶3～13枚，基生呈莲座状；叶片长椭圆形，长1～4.5厘米，宽0.5～1.7厘米，边缘全缘并内卷，基部下延成短柄，上面密生多数分泌黏液的腺毛，背面无毛。花单生；花冠长9～20毫米，白色，距淡黄色，上唇2裂达中部，下唇3深裂，中裂片较大，筒漏斗状，距圆柱状，长3～6毫米。蒴果卵球形至椭圆球形，长5～7毫米。

产于八十沟、旗布沟、光盖山。生于海拔2800～3770米阴湿山坡。

大车前
Plantago major Linn.

科 车前科 Plantaginaceae
属 车前属 *Plantago*

二或多年生草本。叶基生呈莲座状，平卧、斜展或直立；叶片宽卵形至宽椭圆形，长3～18厘米，宽2～11厘米，边缘波状，疏生不规则牙齿或近全缘；叶柄长3～10厘米，基部鞘状。花序1至数个；花序梗长5～18厘米；穗状花序细圆柱状，基部常间断；花无梗；花冠白色；雄蕊与花柱明显外伸。蒴果近球形。

产于拉力沟、洮河南岸。生于海拔2600～2700米草地、河滩、山坡路旁。

车前
Plantago asiatica Linn.

　　二或多年生草本。须根多数。叶基生呈莲座状，平卧、斜展或直立；叶片宽卵形至宽椭圆形，长4～12厘米，宽2.5～6.5厘米，边缘波状，全缘或中部以下有锯齿，两面疏生短柔毛；叶柄长2～15厘米，基部扩大成鞘。花序3～10个；花序梗长5～30厘米；穗状花序细圆柱状，紧密或稀疏，下部常间断；花具短梗；花冠白色；雄蕊与花柱明显外伸。蒴果纺锤状卵形。

　　保护区广布。生于海拔2620～3200米山坡、草地、路旁。

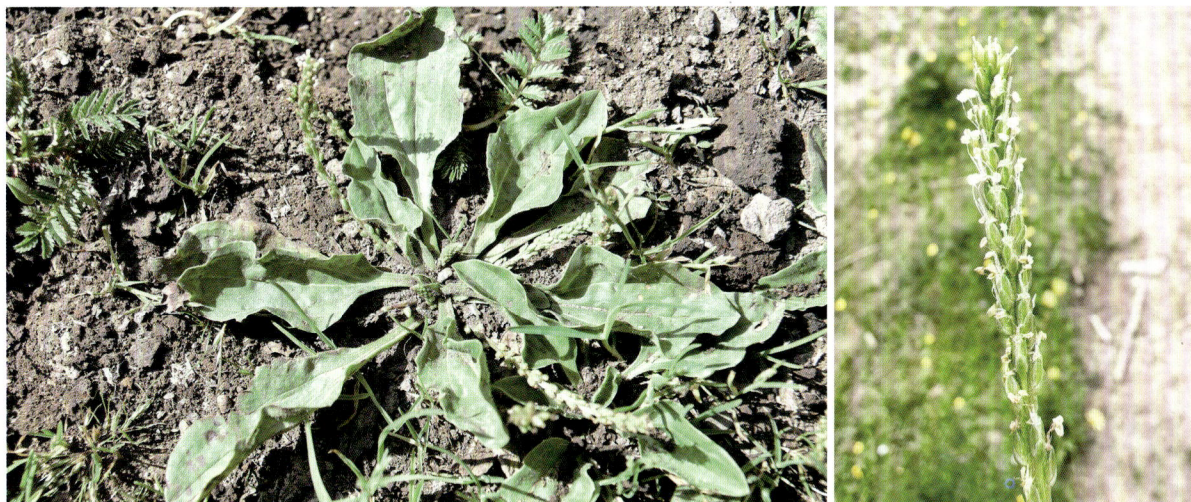

平车前
Plantago depressa Willd.

　　一或二年生草本。直根长。叶基生呈莲座状，平卧、斜展或直立；叶片椭圆形至卵状披针形，长3～12厘米，宽1～3.5厘米，边缘具浅波状钝齿、不规则锯齿或牙齿，基部下延至叶柄，两面疏生白色短柔毛；叶柄长2～6厘米，基部扩大成鞘状。花序3～10余个；花序梗长5～18厘米；穗状花序细圆柱状，上部密集，基部常间断；花冠白色；雄蕊同花柱明显外伸。蒴果卵状椭圆形至圆锥状卵形。

　　保护区广布。生于海拔2620～3100米草地、路旁。

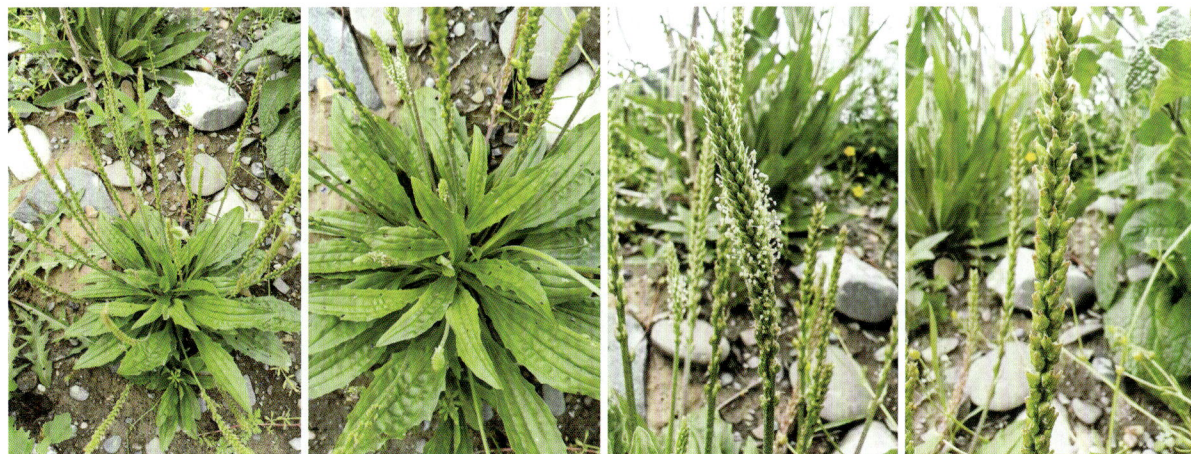

无梗拉拉藤
Galium smithii Cuf.

　　一年生草本，高5～30厘米。叶近革质，6片轮生，在茎上部的有时4片，披针形或倒披针形，长3～12毫米，宽1～2.5毫米，两面无毛，近无柄。花单生于侧生小枝的顶端，常无花梗；花冠白色，裂片4片。果球形或卵形，直径约2.5毫米，密被棕黄色的钩毛。

　　产于大峪沟。生于海拔2600米左右山坡。

六叶葎
**Galium asperuloides Edgew. subsp. *hoffmeisteri*
(Klotzsch) H. Hara**

　　一年生草本。叶片薄，纸质或膜质，生于茎中部以上的常6片轮生，生于茎下部的常4～5片轮生，长圆状倒卵形、卵形或椭圆形，顶端钝圆而具凸尖，基部渐狭或楔形，两面散生糙伏毛；近无柄或具短柄。聚伞花序顶生和生于上部叶腋，少花，2～3次分枝；花小；花冠白色或黄绿色，裂片卵形。果爿近球形，单生或双生，密被钩毛。

　　产于旗布沟。生于海拔3130米左右林下。

拉拉藤

Galium aparine Linn. var. *echinospermum* (Wallr.) Cuf.

多枝、蔓生或攀援状草本。叶纸质或近膜质，6～8片轮生，稀为4～5片，带状倒披针形或长圆状倒披针形，顶端有针状凸尖头，基部渐狭；近无柄。聚伞花序腋生或顶生，少至多花，花小，4数，有纤细的花梗；花冠黄绿色或白色，辐状，裂片长圆形。果干燥，有1或2个近球状的分果爿，肿胀，密被钩毛。

产于大峪沟、八十沟。生于海拔2600～2880米山坡、林缘、草地。

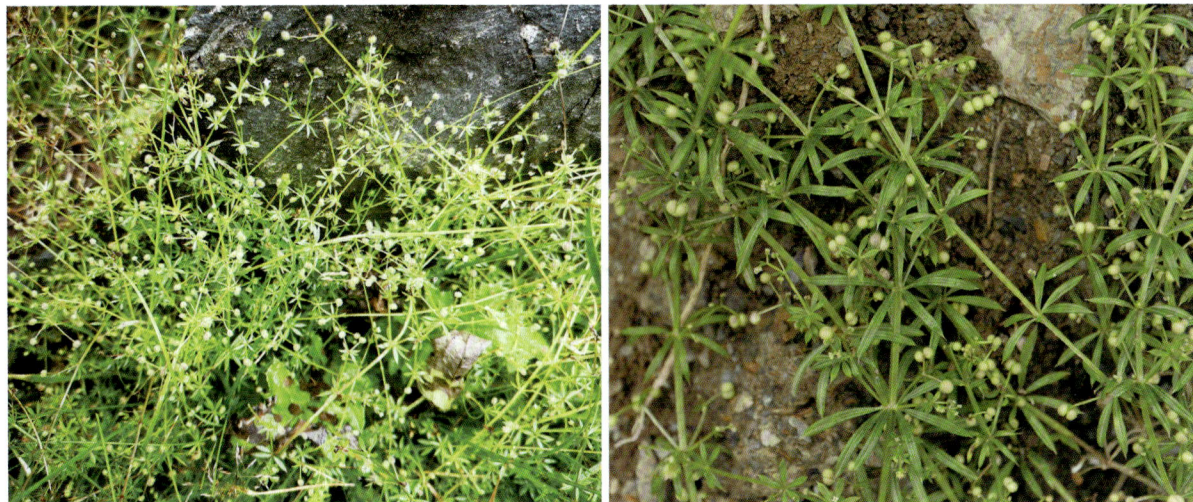

林猪殃殃

Galium paradoxum Maxim.

多年生矮小草本，高4～25厘米。叶膜质，4片轮生，其中2片较大，其余小得常缩小而成托叶状，在茎下部有时2片，卵形或近圆形至卵状披针形，顶端钝圆而有小凸尖，基部钝圆而急剧下延成柄，两面有倒伏的刺状硬毛。聚伞花序顶生和生于上部叶腋，常三歧分枝，每一分枝具1～2朵花；花小，白色。果爿单生或双生，近球形，密被黄棕色钩毛。

产于八十沟、桑布沟、拉力沟、鲁延沟、郭扎沟。生于海拔2800～3000米林下、草地。

北方拉拉藤
Galium boreale Linn.

多年生直立草本，高20～65厘米。叶4片轮生，狭披针形或线状披针形，长1～3厘米，宽1～4毫米，边缘常稍反卷；无柄或具极短的柄。花两性；聚伞花序顶生和生于上部叶腋，常在枝顶结成圆锥花序状，密花；花梗长0.5～1.5毫米；花萼被毛；花小，白色或淡黄色，直径3～4毫米。果爿单生或双生，密被白色稍弯的糙硬毛；果柄长1.5～3.5毫米。

产于八十沟、加当湾、卡车沟。生于海拔2500～2900米山坡、草丛、灌丛或林下。

蓬子菜
Galium verum Linn.

多年生近直立草本，高25～45厘米。叶6～10片轮生，线形，长1.5～3厘米，宽1～1.5毫米，边缘极反卷，常卷成管状；无柄。花两性；聚伞花序顶生和腋生，多花，通常在枝顶结成带叶的圆锥花序状；总花梗密被短柔毛；花小，稠密，黄色。果爿双生，近球状，直径约2毫米，无毛。

产于大峪沟、达加沟、下巴沟、洮河南岸。生于海拔2560～2650米草地、灌丛或林下。

车轴草

Galium odoratum (Linn.) Scop.

科 茜草科 Rubiaceae
属 拉拉藤属 *Galium*

多年生草本。叶纸质，6～10片轮生，倒披针形、长圆状披针形或狭椭圆形，长1.5～6.5厘米，宽4.5～17毫米，顶端短尖或渐尖，基部渐狭，两面被稀疏刚毛；无柄或具极短的柄。伞房状聚伞花序顶生；花小；花冠白色或蓝白色，短漏斗状，裂片4片，长圆形。果爿双生或单生，球形，密被钩毛。

产于拉力沟。生于海拔2640米左右山地林中或灌丛。

中亚车轴草

Galium rivale (Sibth. et Smith) Griseb.

科 茜草科 Rubiaceae
属 拉拉藤属 *Galium*

多年生草本。茎直立或攀援，具4角棱，棱上有倒向的疏小刺或小刺毛。叶每轮6～10片，披针形至狭椭圆形，长0.6～5厘米，宽2～8毫米，沿边缘具倒向的小刺毛；近无柄。花两性；圆锥花序式的聚伞花序腋生或顶生，长达12厘米，多花；总花梗比叶长数倍；花梗与花等长或较短；花冠白色，直径约2.5毫米。果爿单生或双生，常具小瘤状凸起。

产于大峪沟。生于海拔2600米左右山谷林下、草地。

茜草
Rubia cordifolia Linn.

草质攀援藤本。叶4片轮生，纸质，披针形至长圆状披针形，长0.7～3.5厘米，顶端渐尖，基部心形，边缘有齿状皮刺，两面粗糙，脉上和叶柄常有倒生小刺，基出脉3条。聚伞花序腋生和顶生，多回分枝；花小，黄白色。浆果近球形，熟时橘黄色。

产于拉力沟、下巴沟。生于海拔2500～2700米疏林、灌丛、林缘及草丛。

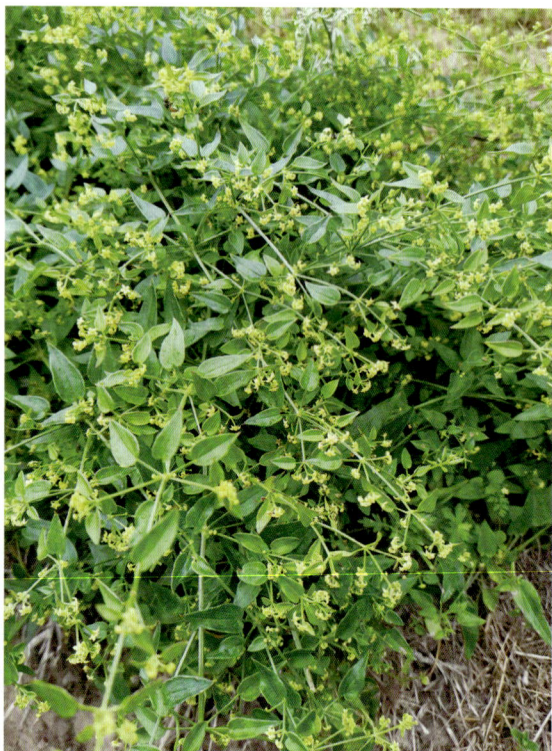

血满草
Sambucus adnata Wall. ex DC.

多年生高大草本或半灌木。根和根茎折断后流出红色汁液。奇数羽状复叶对生；小叶3～5对，长椭圆形或披针形，长4～15厘米，宽1.5～2.5厘米，边缘有锯齿。伞形聚伞花序顶生，长约15厘米；花小，两性，白色，有恶臭。浆果状核果红色，圆形。

产于拉力沟、卡车沟、郭扎沟、下巴沟。生于海拔2700～2950米林下、灌丛及高山草地。

聚花荚蒾
Viburnum glomeratum Maxim.

　　落叶灌木或小乔木。单叶对生，卵状椭圆形或宽卵形，长4～15厘米，宽2～6厘米，边缘有牙齿，上面疏被星状毛；叶柄长1～3厘米。聚伞花序，直径3～6厘米，总花梗长1～7厘米；萼筒被白色簇状毛；花两性，白色，辐状，直径约5毫米。核果红色，后变黑色；核椭圆形，扁。

　　产于拉力沟、洮河南岸。生于海拔2550～2700米林中、灌丛。

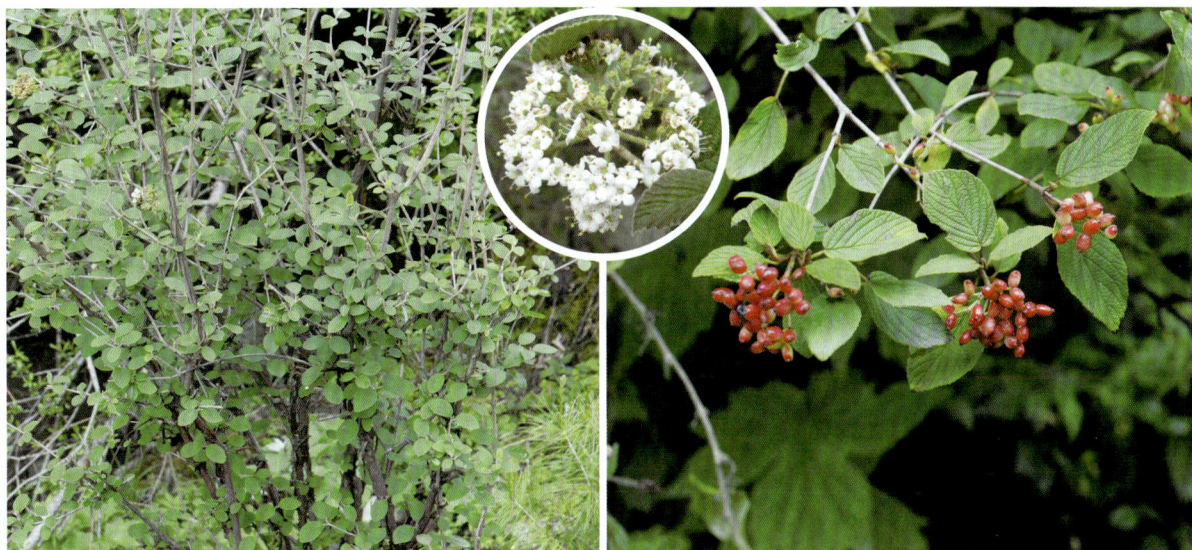

蒙古荚蒾
Viburnum mongolicum (Pall.) Rehd.

　　落叶灌木。单叶对生，宽卵形至椭圆形，长2～6厘米，边缘有波状浅齿，齿顶具小突尖，上面被簇状或星状毛，下面灰绿色；叶柄长4～10毫米。聚伞花序，直径1.5～3厘米，花少数，总花梗长5～15毫米；萼筒矩圆筒形，无毛；花两性，花冠筒状钟形，淡黄白色。核果红色，后变黑色，椭圆形，长约10毫米；核扁。

　　产于下巴沟、洮河南岸。生于海拔2600～2700米山坡疏林。

莛子藨
Triosteum pinnatifidum Maxim.

多年生草本。单叶对生，轮廓倒卵形至倒卵状椭圆形，长8~20厘米，宽6~18厘米，羽状深裂，裂片1~3对；近无柄。聚伞花序对生，各具3朵花，无总花梗，有时花序下具全缘的苞片，在茎或分枝顶端集合成短穗状花序；萼筒被刚毛和腺毛；花两性，黄绿色，狭钟状，长1厘米，筒基部弯曲，一侧膨大成浅囊，被腺毛。浆果状核果卵圆形，肉质，白色。

产于章巴库沟、三角石沟、八十沟、拉力沟、车路沟、郭扎沟。生于海拔2800~3000米林下、灌丛或草地。

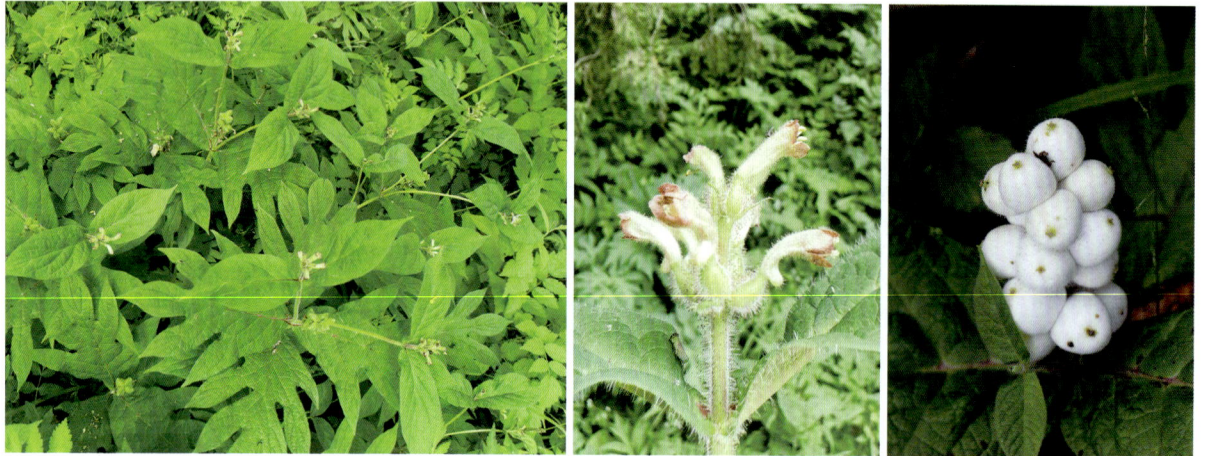

岩生忍冬
Lonicera rupicola Hook. f. et Thoms.

落叶灌木。叶脱落后小枝顶常呈针刺状。单叶，3~4枚轮生，很少对生，条状披针形至矩圆形，长0.5~3.5厘米，全缘，边缘背卷，下面全被白色毡毛；叶柄长约3毫米。花两性，芳香；总花梗极短；苞片条状披针形，略超出萼筒；相邻两萼筒分离；花冠淡紫色或紫红色，筒状钟形，长1~1.5厘米。浆果红色，椭圆形，长约8毫米。

产于三角石沟、桑布沟、光盖山。生于海拔3000~3600米高山灌丛、林缘、河滩。

红花岩生忍冬

Lonicera rupicola Hook. f. et Thoms. var. syringantha (Maxim.) Zabel

　　落叶灌木。单叶对生，长圆形或椭圆形，长1～2厘米，宽1～1.5厘米，全缘；叶柄长2毫米。2朵花组成聚伞花序；总花梗长1～3毫米；苞片条状披针形，长0.8～1.2厘米；相邻两萼筒分离；花冠合生成高脚蝶形，粉红色，长1～1.5厘米。浆果橙红色至鲜红色，近圆形，直径4～8毫米。

　　产于小阿角沟、八十沟、桑布沟、拉力沟、卡车沟、业母沟、色树隆沟、车路沟、郭扎沟。生于海拔2900～3100米山坡灌丛或高山草地。

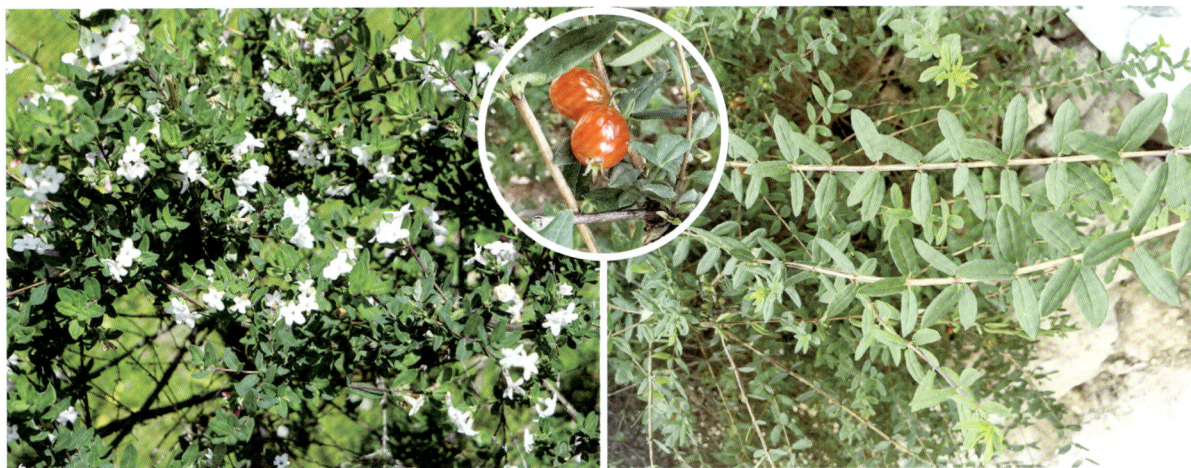

太白忍冬

Lonicera taipeiensis P. S. Hsu et H. J. Wang

　　落叶灌木。单叶对生，倒卵形或倒披针形，长1～3厘米；叶柄短。2朵花并生成聚伞花序；总花梗细长，长2～4厘米；苞片叶状，宽卵形，长4～6毫米；相邻两萼筒中部以上全部合生；花冠白色，后变浅红色，筒状漏斗形，长约1厘米，筒基部一侧具袋囊；花柱伸出。浆果红色，扁圆形，直径约5毫米。

　　产于八十沟、三角石沟、粒珠沟。生于海拔2840～3000米林下。

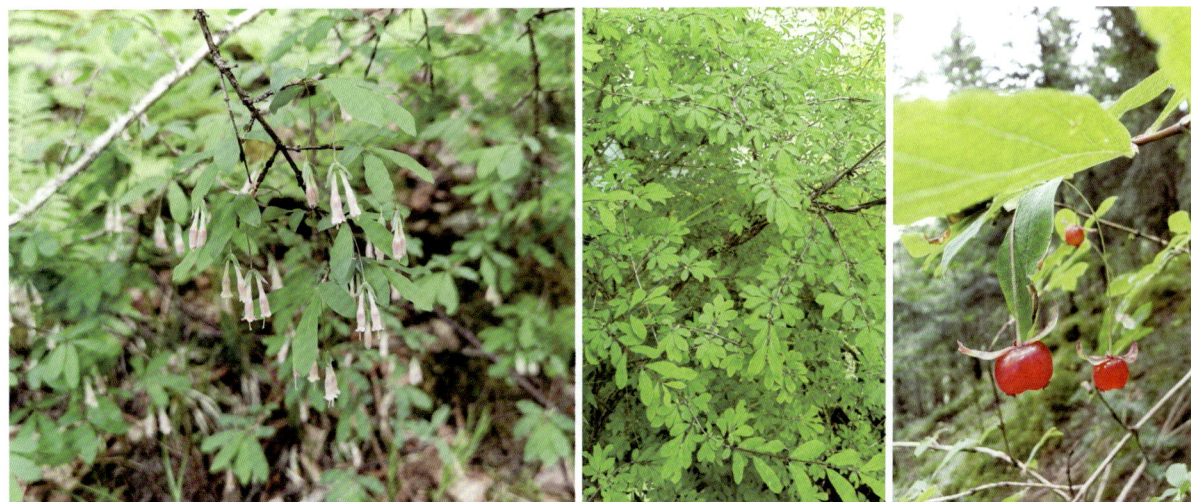

唐古特忍冬
Lonicera tangutica Maxim.

科 忍冬科 Caprifoliaceae
属 忍冬属 *Lonicera*

　　落叶灌木。单叶对生，倒披针形至矩圆形或倒卵形至椭圆形，长1～6厘米，两面常被短糙毛；叶柄长2～3毫米。2朵花并生成聚伞花序；总花梗纤细，长2～3厘米；苞片狭细，略短于至略超出萼筒；花冠白色、黄白色或有淡红晕，筒状漏斗形，长8～13毫米，筒基部稍一侧肿大或具浅囊。浆果红色，圆形，直径5～6毫米。

　　产于八十沟、郭扎沟。生于海拔2800～2900米林下、山坡草地、灌丛。

袋花忍冬
Lonicera saccata Rehd.

科 忍冬科 Caprifoliaceae
属 忍冬属 *Lonicera*

　　落叶灌木。单叶对生，倒卵形至矩圆形，长1～5厘米，全缘，两面被糙伏毛；叶柄长1～4毫米。花序聚伞状；总花梗纤细，长1～4厘米；苞片叶状，与萼筒近等长或长达2～3倍；相邻两萼筒完全或2/3连合；花冠黄色、白色或淡黄白色，筒状漏斗形，长5～15毫米，筒基部一侧明显具囊或有时仅稍肿大；花柱伸出。浆果红色，圆形，直径5～8毫米。

　　产于八十沟、小阿角沟、拉力沟、鲁延沟、郭扎沟。生于海拔2800～3000米草地、灌丛、林下或林缘。

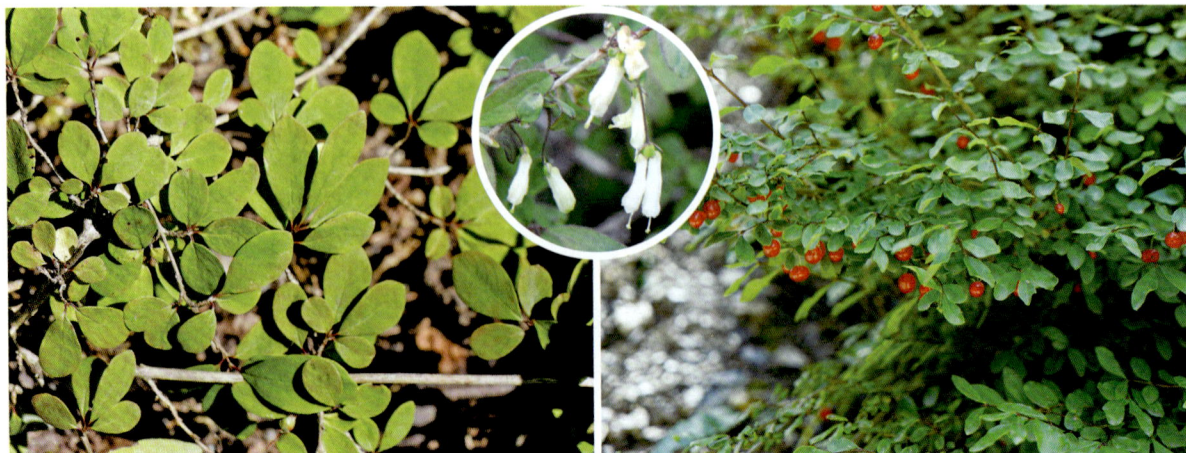

四川忍冬

Lonicera szechuanica **Batal.**

科　忍冬科 Caprifoliaceae
属　忍冬属 *Lonicera*

落叶灌木。单叶对生，倒卵形至矩圆形，长0.5～2.5厘米，全缘，下面绿白色；叶柄长1～3毫米。2朵花并生成聚伞状花序；总花梗长2～20毫米；苞片卵形至条状披针形；相邻两萼筒大部合生；花冠黄白色或淡黄绿色，筒状或筒状漏斗形，长8～13毫米，基部一侧具囊或稍肿大；花柱伸出。浆果红色，圆形，直径5～6毫米。

产于八十沟、小阿角沟。生于海拔2800～2900米林下、林缘。

小叶忍冬

Lonicera microphylla **Willd. ex Roem. et Schult.**

科　忍冬科 Caprifoliaceae
属　忍冬属 *Lonicera*

落叶灌木。单叶对生，倒卵形至矩圆形，长5～22毫米，两面被密或疏的微柔伏毛或近无毛，下面常带灰白色；叶柄很短。总花梗成对生于幼枝下部叶腋，长5～12毫米；苞片钻形，长略超过萼檐或达萼筒的2倍，相邻两萼筒几乎全部合生；花冠黄色或白色，长7～14毫米，上唇裂片直立，下唇反曲；雄蕊与花柱均稍伸出。浆果红色或橙黄色，圆形，直径5～6毫米。

产于洮河南岸。生于海拔2670米左右干旱多石山坡。

华西忍冬

Lonicera webbiana Wall. ex DC.

　　落叶灌木。单叶对生，卵状椭圆形至卵状披针形，长4～16厘米，顶端渐尖或长渐尖，边缘常不规则波状起伏或浅圆裂，两面有糙毛及疏腺。2朵花并生成聚伞状花序；总花梗长2.5～6厘米；苞片条形至矩圆形；相邻两萼筒离生；花冠唇形，紫红色或绛红色，基部具浅囊，上唇直立，具圆裂，下唇反曲。浆果先红色后转黑色，圆形，直径约1厘米。

　　产于大峪沟、小阿角沟、八十沟、桑布沟、拉力沟、扎路沟、业母沟、色树隆沟、郭扎沟、车路沟、下巴沟、洮河南岸。生于海拔2560～3100米林下、林缘、灌丛或草坡。

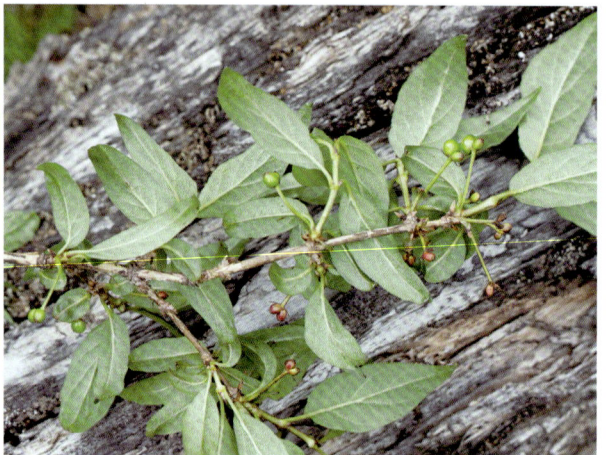

红脉忍冬

Lonicera nervosa Maxim.

　　落叶灌木。单叶对生，椭圆形至卵状矩圆形，全缘，长2～5厘米，叶脉带紫红色，两面无毛；叶柄长4毫米。2朵花并生成聚伞状花序；总花梗长约1厘米；苞片钻形；相邻两萼筒分离；花冠淡紫红色或黄色，基部具囊。浆果黑色，球形，直径5～6毫米。

　　产于大峪沟、八十沟、桑布沟、鲁延沟、业母沟、车路沟。生于海拔2560～3000米林下、灌丛。

蓝果忍冬

Lonicera caerulea Linn.

科 忍冬科 Caprifoliaceae
属 忍冬属 *Lonicera*

　　落叶灌木。单叶对生，宽椭圆形，长1.5～5厘米，全缘。花序聚伞状；总花梗长2～10毫米；苞片条形，长为萼筒的2～3倍；小苞片合生成一坛状壳斗，完全包被相邻两萼筒，果熟时变肉质；花冠黄白色，筒状漏斗形，长9～13毫米，外面有柔毛；花柱伸出。浆果蓝黑色，稍被白粉，椭圆形，长约1.5厘米。

　　保护区广布。生于海拔2560～3100米林下、林缘。

葱皮忍冬

Lonicera ferdinandii Franch.

科 忍冬科 Caprifoliaceae
属 忍冬属 *Lonicera*

　　落叶灌木，茎皮条状剥落。单叶对生，卵形至矩圆状披针形，长3～10厘米，全缘，顶端尖或短渐尖，下面密被刚伏毛和红褐色腺；叶柄极短。花序聚伞状；总花梗极短；苞片大，叶状，长约1.5厘米，被刚伏毛；小苞片合生成坛状壳斗，完全包被相邻两萼筒；花冠唇形，白色后变淡黄色，长1.5～2厘米，外面密被刚伏毛或腺毛，内被长柔毛，基部一侧肿大，上唇浅4裂，下唇细长反曲。浆果红色，卵圆形，长达1厘米，外包以撕裂的壳斗。

　　产于大峪沟、洮河南岸。生于海拔2560～2700米阳坡林中或林缘灌丛中。

刚毛忍冬

Lonicera hispida Pall. ex Roem. et Schult.

科 忍冬科 Caprifoliaceae
属 忍冬属 *Lonicera*

落叶灌木。单叶对生，椭圆形至矩圆形，长 2～8 厘米，顶端急尖或钝尖，全缘，边缘有刚睫毛。花序聚伞状；总花梗长 1～2 厘米；苞片宽卵形，长 1～3 厘米；相邻两萼筒分离，常具刚毛和腺毛；花冠白色或淡黄色，漏斗状，长 2～3 厘米，筒基部具囊；花柱细长伸出。浆果红色，卵圆形至长圆筒形，长 1～1.5 厘米。

产于扎路沟、业母沟、光盖山。生于海拔 2900～3650 米山坡林中、林缘灌丛或高山草地。

金花忍冬

Lonicera chrysantha Turcz.

科 忍冬科 Caprifoliaceae
属 忍冬属 *Lonicera*

落叶灌木。单叶对生，菱状卵形或卵状披针形，长 4～10 厘米，顶端渐尖或急尾尖，全缘；叶柄长 4～7 毫米。2 朵组成聚伞状花序；总花梗长 1.5～4 厘米；苞片条形，长于萼筒；相邻两萼筒分离；花冠唇形，先白色后变黄色，长 0.8～2 厘米，外面疏生短糙毛，唇瓣长 2～3 倍于筒，筒基部有 1 深囊或有时囊不明显。浆果红色，圆形，直径约 5 毫米。

产于帕路沟、洮河南岸。生于海拔 2600 米左右林下、林缘灌丛中。

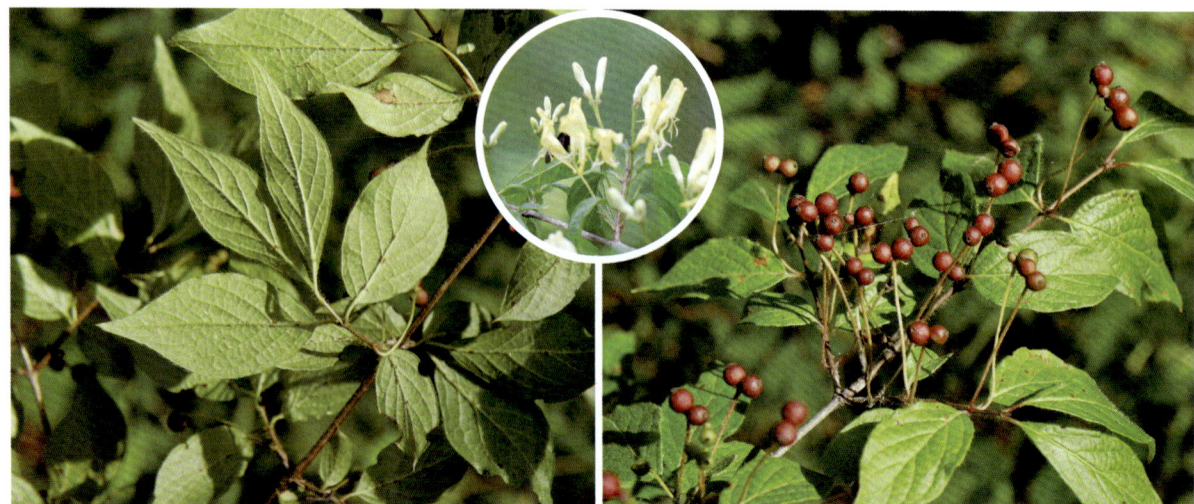

毛花忍冬

Lonicera trichosantha Bur. et Franch.

科 忍冬科 Caprifoliaceae
属 忍冬属 *Lonicera*

　　落叶灌木。单叶对生，矩圆形或倒卵状矩圆形，长2～6厘米，全缘；叶柄长3～7毫米。花序聚伞状；总花梗长2～10毫米；苞片条状披针形，与萼筒近等长；相邻两萼筒分离；花冠黄色，长1～1.5厘米，唇形，上唇裂片浅圆形，下唇反曲。浆果橙黄色至红色，圆形，直径6～8毫米。

　　产于大峪沟、八十沟、旗布沟、博峪沟、拉力沟、业母沟、色树隆沟、郭扎沟、车路沟。生于海拔2560～3100米林下、林缘。

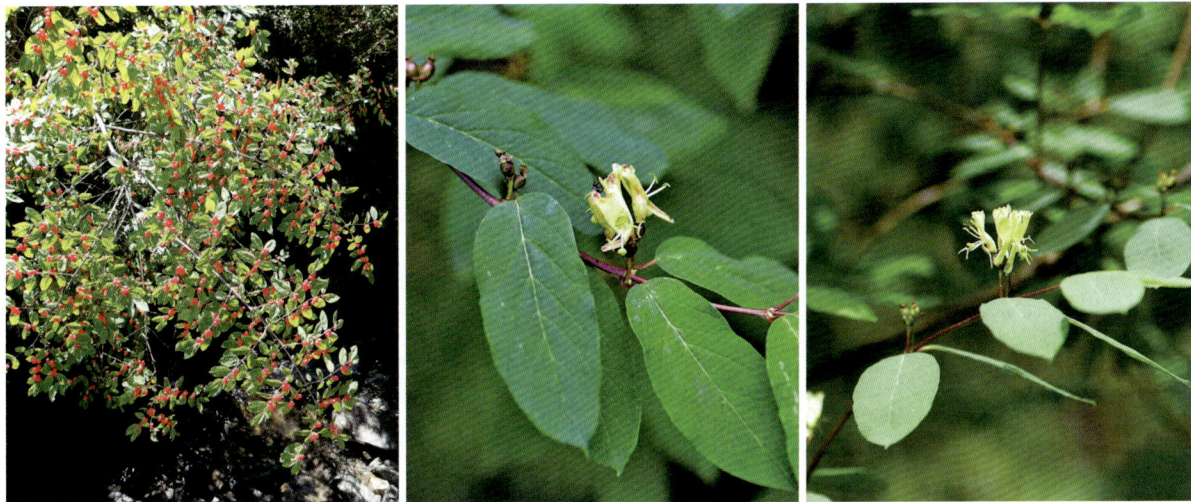

长叶毛花忍冬

Lonicera trichosantha Bur. et Franch. var. *xerocalyx* (Diels) Hsu et H. J. Wang

科 忍冬科 Caprifoliaceae
属 忍冬属 *Lonicera*

　　与毛花忍冬的区别：叶矩圆状披针形至披针形，很少卵状披针形或卵状矩圆形，长4～10厘米，顶端长渐尖至短渐尖。

　　产于业母沟。生于海拔2900米左右林下、林缘灌丛或阳坡草地。

五福花

Adoxa moschatellina Linn.

　　多年生矮小草本。茎单一，纤细。基生叶1～3枚，为1～2回三出复叶，叶柄长4～9厘米；小叶片宽卵形或圆形，长1～2厘米，3裂，小叶柄长0.6～1.2厘米；茎生叶2枚，对生，3深裂，裂片再3裂。花5～7朵组成顶生聚伞头状花序；花两性，黄绿色，直径4～6毫米，无花梗；花冠幅状，管极短，顶生花的花冠裂片4片，侧生花的花冠裂片5片。

　　产于旗布沟。生于海拔2790米左右林下、林缘或草地。

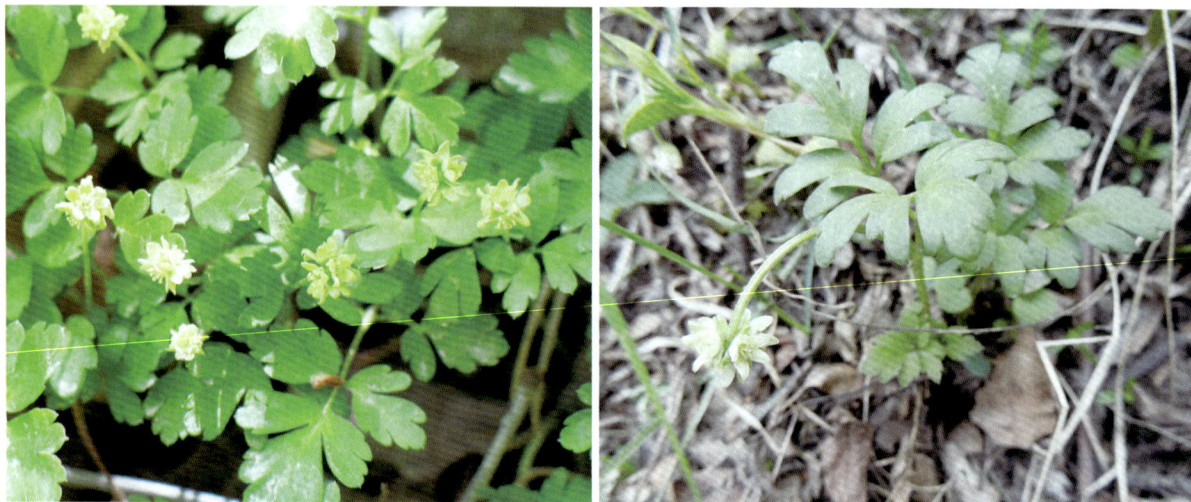

岩败酱

Patrinia rupestris (Pall.) Juss.

　　多年生草本，高20～100厘米。基生叶开花时常枯萎脱落；茎生叶长圆形或椭圆形，长3～7厘米，羽状深裂至全裂，通常具3～6对侧生裂片，裂片条状披针形，常疏具缺刻状钝齿或全缘。顶生伞房状聚伞花序具3～7级对生分枝，最下分枝处总苞叶羽状全裂；萼齿5枚；花冠黄色，漏斗状钟形，长3～4毫米。瘦果倒卵圆柱状。

　　产于洮河南岸。生于海拔2500～2600米石质山坡灌丛、草地、林缘。

缬草

***Valeriana officinalis* Linn.**

多年生高大草本。匍枝叶、基出叶和基部叶在花期常凋萎；茎生叶对生，卵形至宽卵形，羽状深裂，裂片7～11片，披针形或条形，全缘或有疏锯齿。圆锥花序顶生；花两性，花冠淡紫红色或白色，长4～5毫米。瘦果长卵形。

产于大峪沟、小阿角沟、八十沟、旗布沟、拉力沟、业母沟、色树隆沟、车路沟、郭扎沟。生于海拔2560～3100米山坡草地、林下、沟边。

髯毛缬草

***Valeriana barbulata* Diels**

细小草本，高5～15厘米。茎基部叶椭圆形至宽卵形，全缘或有波状疏齿，长0.5～1.2厘米，宽0.5～1厘米，叶柄长约1厘米；茎生叶2～3对，3裂或羽状5裂，顶裂片卵圆至宽椭圆形，长0.8～1.5厘米，宽0.5～1厘米，侧裂片极小；叶柄长1～1.2厘米，向上渐短而至无柄。密集的头状聚伞花序顶生，直径1～1.5厘米；花两性，淡红色，花冠长3～4毫米。瘦果长卵形至长椭圆形。

产于扎路沟。生于海拔4000米左右高山草坡、石砾堆。

小花缬草

Valeriana minutiflora Hand.-Mazz.

纤细草本，高25～40厘米。匍枝上叶鳞片状；茎基部叶具1.5～3厘米的长柄，叶片不裂，倒卵形至椭圆形，具不规则的疏圆齿；茎生叶2～3对，向上柄渐短至无柄，叶片羽状分裂或不裂。圆锥状聚伞花序顶生；花杂性，两性花的花冠长3～3.5毫米，单性雌花常较小；花冠粉红色，漏斗状。果序圆锥形。

产于拉力沟。生于海拔3000米左右山坡林下、草地、沟边。

小缬草

Valeriana tangutica Bat.

细弱小草本，高10～20厘米，全株无毛。基生叶心状宽卵形或长方状卵形，长1～4厘米，宽约1厘米，全缘或大头羽裂；叶柄长达5厘米；茎上部叶羽状3～7深裂，裂片线状披针形，全缘。半球形的聚伞花序顶生，直径1～2厘米；花两性，白色或有时粉红色，花冠筒状漏斗形，长5～6毫米。瘦果椭圆形。

产于八十沟。生于海拔2820米左右山沟或潮湿草地。

全缘叶缬草
Valeriana hiemalis Graebner

草本，高20～50厘米。基生叶匙形，早落；茎生叶3～5对，下部叶叶柄长0.5～3厘米，上部叶近无柄至无柄，叶片卵形或长圆形，长1～5厘米，宽0.7～3厘米，具粗毛，边缘全缘或有锯齿。花序头状，直径1～2厘米；花冠白色或淡粉红色，漏斗状。瘦果狭卵球形。

产于八十沟。生于海拔2820米左右林缘。

白花刺参
Morina nepalensis D. Don var. *alba* (Hand.-Mazz.) Y. C. Tang

多年生草本，高10～40厘米。茎单一或2～3分枝。基生叶线状披针形，长10～20厘米，宽5～9毫米，基部渐狭成鞘状抱茎，边缘有疏刺毛；茎生叶2～4对，长圆状卵形至披针形，向上渐小，边缘具刺毛。假头状花序顶生，径3～5厘米；总苞片4～6对，坚硬，长卵形，向上渐小，边缘具多数硬刺；小总苞钟形，被长短不一的齿刺；花萼筒状，边缘具齿刺；花冠白色，外弯，被长柔毛，裂片5片。瘦果长圆楔形。

产于八十沟。生于海拔2820米左右山坡草地或林下。

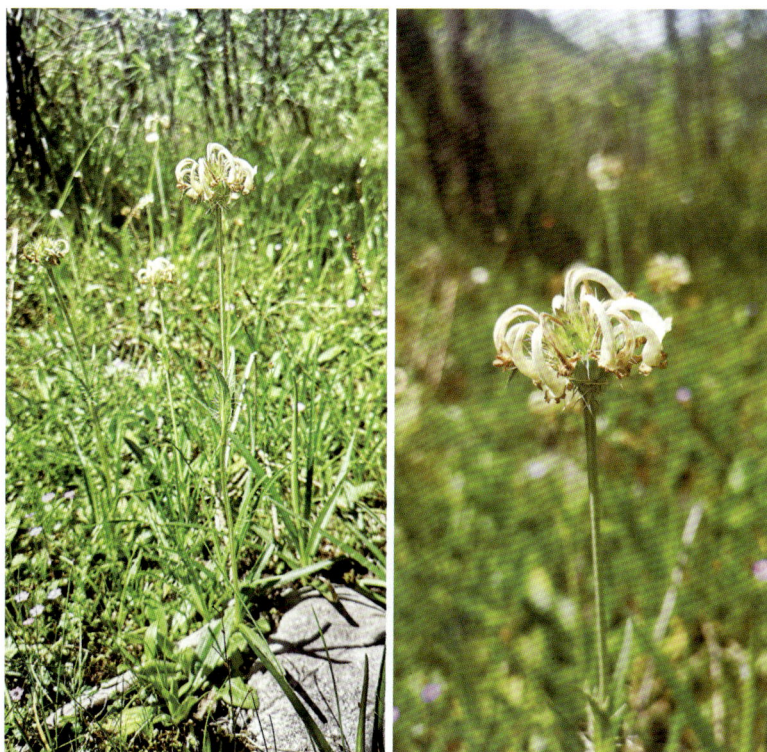

圆萼刺参
Morina chinensis (Bat.) Diels

多年生草本，高20～60厘米。基生叶6～8枚，簇生，线状披针形，长10～25厘米，宽1～2厘米，质地较坚硬，基部下延抱茎，边缘具不整齐裂片，边缘有3～9枚硬刺；茎生叶与基生叶相似，较短，通常4枚轮生，向上渐小，裂片边缘具硬刺。轮伞花序顶生，紧密穗状，花后疏离，每轮有总苞片4枚，叶状，边缘具密集的刺；萼露出总苞外，二唇形；花冠二唇形，短于花萼，淡绿色，上唇2裂，下唇3裂。瘦果长圆形，藏于小总苞内。

产于尼玛尼嘎沟、八十沟、小阿角沟、博峪沟。生于海拔2820～3000米高山草坡灌丛。

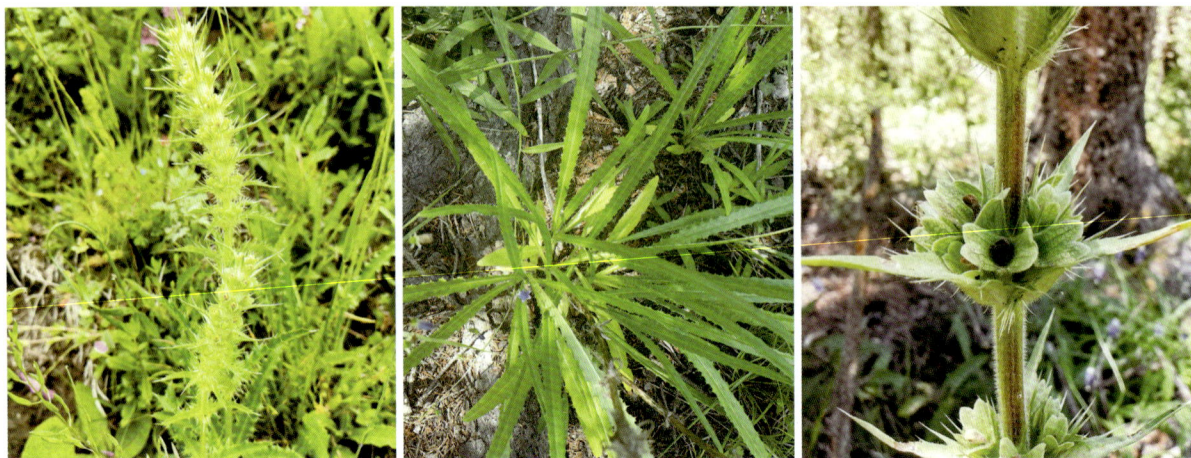

日本续断
Dipsacus japonicus Miq.

多年生草本，高1米以上。茎具棱，棱上具钩刺。基生叶具长柄，叶片长椭圆形，分裂或不裂；茎生叶对生，椭圆状卵形至长椭圆形，长8～20厘米，宽3～8厘米，常为3～5裂，顶端裂片最大，两侧裂片较小，边缘具粗齿或近全缘。头状花序顶生，圆球形，直径1.5～3.2厘米；总苞片线形，具白色刺毛；小苞片花期长达9～11毫米，顶端喙尖长5～7毫米，两侧具长刺毛；花萼盘状，4裂；花冠管长5～8毫米，4裂。

产于卡车沟、郭扎沟。生于海拔2800～2950米山坡、路旁。

赤瓟
Thladiantha dubia Bunge

　　攀援草质藤本，全株被黄白色的长柔毛状硬毛。单叶互生，叶柄稍粗，长2～6厘米；叶片宽卵状心形，长5～8厘米，宽4～9厘米，边缘浅波状，有大小不等的细齿，基部心形，弯缺深，近圆形或半圆形，两面粗糙。花单性，雌雄异株；花冠黄色，裂片长圆形，上部向外反折。果实卵状长圆形，长4～5厘米，径2.8厘米，表面橙黄色或红棕色，被柔毛，具10条明显的纵纹。

　　产于洮河沿岸。生于海拔2600米左右山坡及林缘湿处。

蓝钟花
Cyananthus hookeri C. B. Cl.

　　一年生草本。单叶互生，花下数枚常聚集呈总苞状；叶片菱形或卵形，长3～7毫米，宽1.2～4毫米，边缘有少数钝牙齿，有时全缘，两面被疏柔毛。花小，单生茎和分枝顶端，几无梗；花萼卵圆状，裂片3～5枚；花冠紫蓝色，筒状，长7～15毫米，裂片3～5枚。蒴果卵圆状，成熟时露出花萼外。

　　产于扎路沟、粒珠沟、光盖山。生于海拔3000～3400米山坡草地、路旁或沟边。

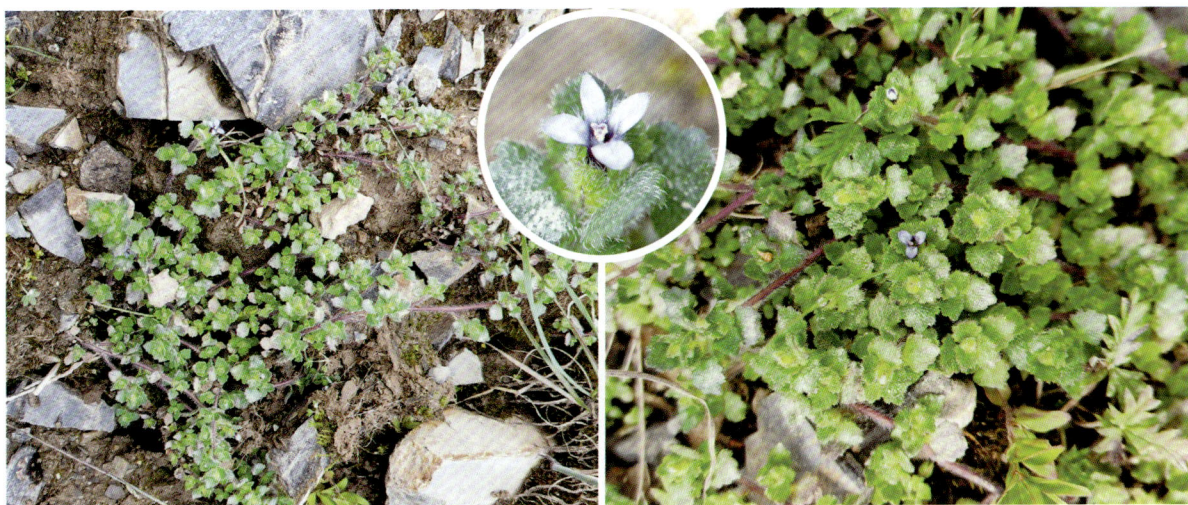

党参

***Codonopsis pilosula* (Franch.) Nannf.**

多年生草本，有乳汁。茎缠绕。叶在主茎及侧枝上的互生，在小枝上的近对生，卵形或狭卵形，长1～6.5厘米，宽0.8～5厘米，边缘具波状钝锯齿，两面疏或密地被贴伏毛；叶柄长0.5～2.5厘米。花单生于枝端，有梗；花萼贴生至子房中部，筒部半球状；花冠阔钟状，长1.8～2.3厘米，黄绿色，内面有明显紫斑，浅裂，裂片正三角形。

产于大峪沟、拉力沟、色树隆沟、华尔盖沟。生于海拔2560～3200米灌丛、山坡。

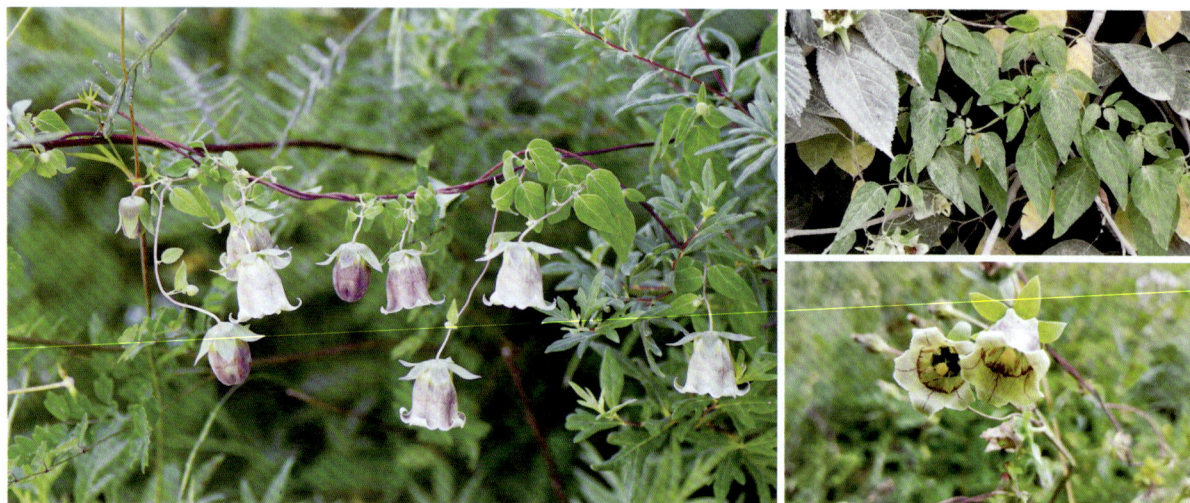

川鄂党参

***Codonopsis henryi* Oliv.**

多年生草本。茎缠绕。主茎上的叶互生，在侧枝上的近于对生；叶柄长0.2～2厘米；叶片长卵状披针形或披针形，长3～15厘米，宽1～7厘米，边缘具较深而明显的粗锯齿，两面被毛。花单生于侧枝顶端，花梗长约1厘米；花萼贴生至子房中部，筒部半球状，裂片彼此远隔；花冠钟状，长1.5～3厘米，裂片三角状。

产于大峪沟、拉力沟。生于海拔2510～2600米山坡林缘及灌丛中。

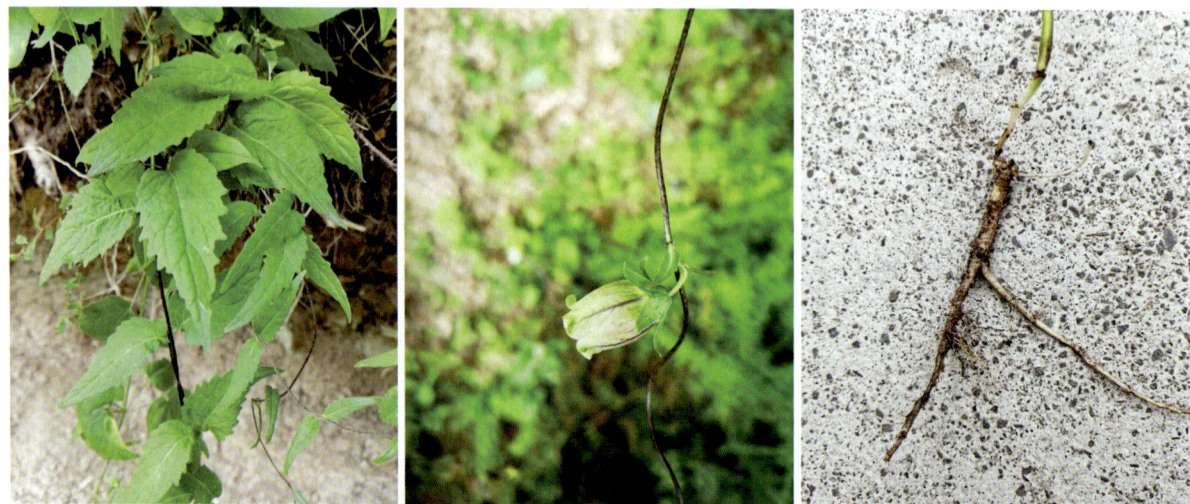

绿花党参

Codonopsis viridiflora Maxim.

多年生草本，有乳汁。主茎1～3枚，近于直立。叶在主茎上的互生，在茎上部的小而呈苞片状，在侧枝上的对生或近于对生，似羽状复叶；叶片阔卵形至披针形，长1.5～5厘米，宽1.3～3厘米，叶缘疏具波状浅钝锯齿，两面被短硬毛。花1～3朵，着生于主茎及侧枝顶端；花萼贴生至子房中部，筒部半球状；花冠钟状，长1.7～2厘米，黄绿色，仅近基部微带紫色，浅裂，裂片三角形。

产于八十沟、旗布沟、卡车沟、扎路沟、色树隆沟、业母沟、车巴沟。生于海拔2800～4000米高山草地及林缘。

钻裂风铃草

Campanula aristata Wall.

多年生草本，高10～50厘米。基生叶卵圆形至卵状椭圆形，具长柄；茎中下部的叶披针形至宽条形，具长柄，中上部的条形，无柄，长2～7厘米，全缘或有疏齿。花萼筒部狭长，长0.5～1.5厘米，直径约1.5毫米，裂片丝状，通常比花冠长；花冠蓝色或蓝紫色，长7～15毫米。蒴果圆柱状，长2～4厘米，径约3毫米。

产于旗布沟。生于海拔3240米高山草丛及灌丛。

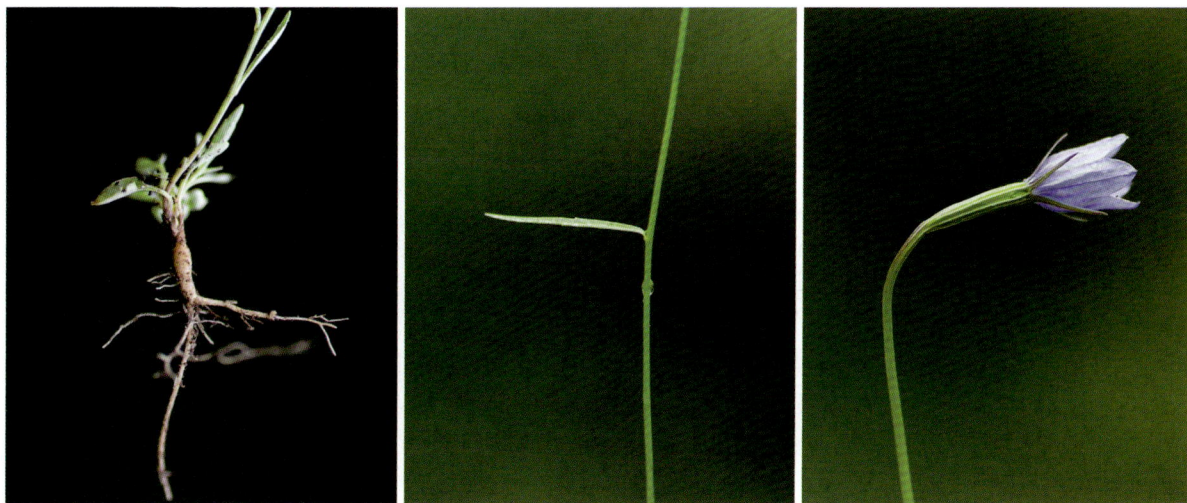

泡沙参

Adenophora potaninii Korsh.

多年生草本，高30～100厘米。茎生叶无柄，卵状椭圆形或矩圆形，长2～7厘米，宽0.5～3厘米，每边具2至数个粗大齿，两面有短毛。花序通常在基部分枝，组成圆锥花序，或仅数朵花集成假总状花序；花梗短；花萼无毛，裂片狭三角状钻形；花冠钟状，紫色、蓝色或蓝紫色，长1.5～2.5厘米，裂片卵状三角形。花柱与花冠近等长。蒴果球状椭圆形，长约8毫米。

产于大峪沟、车巴沟、粒珠沟。生于海拔2440～3100米草地、灌丛、林下、石缝中。

长柱沙参

Adenophora stenanthina (Ledeb.) Kitag.

多年生草本，高40～120厘米。基生叶心形，边缘有深刻而不规则的锯齿；茎生叶丝条状至卵形，长2～10厘米，全缘或边缘有疏离的刺状尖齿，通常两面被糙毛。花序无分枝而呈假总状花序，或有分枝而集成圆锥花序。花萼无毛，裂片钻状三角形；花冠近于筒状，5浅裂，长10～17毫米，浅蓝色至紫色；花柱长20～22毫米。蒴果椭圆状，长7～9毫米。

产于大峪沟、八十沟、小阿角沟、博峪沟、卡车沟。生于海拔2850～3000米林缘、路旁、石缝中。

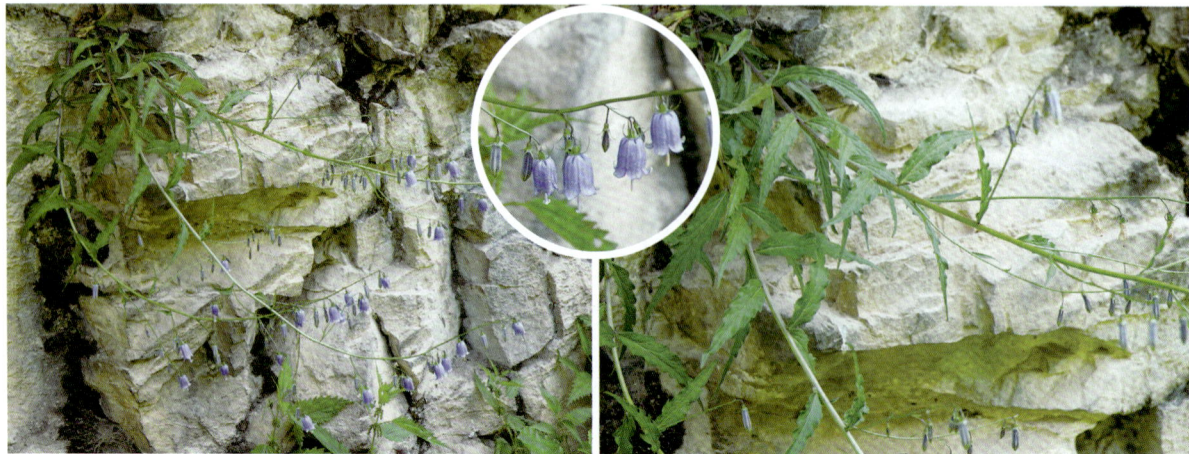

川藏沙参

Adenophora liliifolioides Pax et Hoffm.

多年生草本，有白色乳汁，高30～100厘米。基生叶心形，具长柄，边缘有粗锯齿；茎生叶卵形至条形，边缘具疏齿或全缘，长2～11厘米，宽0.4～3厘米。花序常有短分枝，组成狭圆锥花序，有时全株仅数朵花；花萼无毛，筒部圆球状，裂片钻形；花冠细小，近于筒状，蓝色、紫蓝色或淡紫色，极少白色，长8～12毫米；花柱长15～17毫米。蒴果卵状，长6～8毫米。

产于大峪沟、尼玛尼嘎沟、业母沟、洮河南岸。生于海拔2600～2900米草地、灌丛和乱石中。

毛冠菊

Nannoglottis carpesioides Maxim.

多年生草本，高60～100厘米。茎被蛛丝状绒毛。叶互生，下部叶矩圆形或卵状披针形，长10～33厘米，宽6～16厘米，基部渐狭，沿茎下延成具翅的柄；叶柄长达10厘米，边缘具粗牙齿。头状花序直径约2厘米，常3～12个生于茎顶排成疏总状或伞房状聚伞花序，有长梗；总苞片2～3层；舌状花栗色；丝状花少数或无；管状花淡黄色。

产于大峪沟、小阿角沟、八十沟、扎路沟、郭扎沟。生于海拔2560～3160米林下。

狗娃花
Heteropappus hispidus (Thunb.) Less.

　　一或二年生草本。基部及下部叶在花期枯萎；中部叶矩圆状披针形或条形，长3～7厘米，宽0.3～1.5厘米，常全缘，上部叶小，条形。头状花序径3～5厘米，单生于枝端而排列成伞房状；总苞半球形，长7～10毫米，径10～20毫米；总苞片2层；舌状花约30余个，舌片浅红色或白色，条状矩圆形。

　　产于卡车沟、车巴沟。生于海拔2900～3100米路旁、林缘及草地。

圆齿狗娃花
Heteropappus crenatifolius (Hand. -Mazz.) Griers.

　　一或二年生草本，高10～60厘米。基部叶在花期枯萎；下部叶倒披针形至匙形，长2～10厘米，宽0.5～1.6厘米，全缘或有圆齿或密齿；中部叶较小，全缘，无柄；上部叶小，常条形；全部叶两面被伏粗毛。头状花序径2～2.5厘米；总苞半球形，径1～1.5厘米；总苞片2～3层；舌状花35～40个，舌片蓝紫色或红白色。

　　产于大峪沟。生于海拔2500～2600米山坡、路旁。

灰枝紫菀

Aster poliothamnus Diels

科 菊科 Asteraceae
属 紫菀属 *Aster*

　　丛生亚灌木，高40～100厘米。茎多分枝，帚状。下部叶枯落；中部叶长圆形或线状长圆形，长1～2厘米，宽0.2～0.5厘米，全缘；上部叶小，椭圆形；全部叶上面被短糙毛，下面被柔毛，两面有腺点。头状花序在枝端密集成伞房状或单生；总苞宽钟状，长5～7毫米；总苞片4～5层；舌状花10～20个，淡紫色，舌片长圆形；管状花黄色。

　　产于大峪沟、卡车沟、扎古录、粒珠沟。生于海拔2560～3000米山坡。

三脉紫菀

Aster ageratoides Turcz.

科 菊科 Asteraceae
属 紫菀属 *Aster*

　　多年生草本，高40～100厘米。下部叶宽卵形，急狭成长柄，在花期枯落；中部叶椭圆形或矩圆状披针形，长5～15厘米，顶端渐尖，基部楔形，边缘有浅或深锯齿；上部叶渐小，有浅齿或全缘；离基三出脉。头状花序排列成伞房状或圆锥伞房状；总苞倒锥状或半球形；舌状花紫色、浅红色或白色；筒状花黄色。

　　产于卡车沟。生于海拔2800米左右林下、林缘、灌丛。

高山紫菀
Aster alpinus Linn.

多年生草本，高10～35厘米。有莲座状叶丛；下部叶密集，匙状或线状长圆形，长1～10厘米，宽0.4～1.5厘米，基部渐狭成具翅的柄，全缘；中部叶长圆披针形或近线形，无柄；上部叶狭小；全部叶被柔毛或稍有腺点。头状花序在茎端单生，径3～5厘米；总苞半球形，径15～20毫米；总苞片2～3层；舌状花35～40个，舌片紫色、蓝色或浅红色；管状花黄色。

产于小阿角沟、业母沟、色树隆沟、车路沟、车巴沟。生于海拔2900～3100米草地及林缘。

萎软紫菀
Aster flaccidus Bge.

多年生草本，高5～40厘米。基部叶及莲座状叶匙形，长2～7厘米，宽0.5～2厘米，下部渐狭成柄，全缘或有少数浅齿；中部叶长圆形，长3～7厘米，宽0.3～2厘米，基部半抱茎；上部叶小，线形；全部叶两面被密长毛或近无毛。头状花序在茎端单生，径3.5～5厘米；总苞半球形，径1.5～2厘米，被长毛或有腺毛；总苞片2层；舌状花40～60个，舌片紫色，稀浅红色；管状花黄色。

产于八十沟、色树隆沟。生于海拔2800～3100米高山草地。

重冠紫菀

***Aster diplostephioides* (DC.) C. B. Clarke.**

多年生草本，高16～45厘米。有莲座状叶丛；下部叶与莲座状叶长圆状匙形，渐狭成细长或具狭翅而基部宽鞘状的柄，连同柄长6～16厘米，全缘或有小尖头状齿；中部叶长圆状或线状披针形；上部叶渐小。头状花序单生，径6～9厘米；总苞半球形，径2～2.5厘米；总苞片约2层；舌状花常2层，舌片蓝色或蓝紫色，线形；管状花上部紫褐色或紫色，后黄色。

产于八十沟、旗布沟、拉力沟。生于海拔2800～3100米高山草地及灌丛。

展苞飞蓬

***Erigeron patentisquamus* J. F. Jeffr.**

多年生草本，高20～45厘米。基部叶密集，莲座状，匙形或倒披针状匙形，长4～15厘米，宽1～2厘米，全缘，基部渐狭成具翅的长柄；中部和上部叶狭披针形，无柄，基部宽且半抱茎；最上部叶渐小，线形；全部叶两面被毛。头状花序径2.5厘米，单生或2～4个排成伞房状；总苞半球形，径1.5～2厘米；总苞片3层；外围的雌花舌状，舌片紫红色，不开展；中央的两性花管状，黄色，檐部或裂片紫色。

产于尼玛尼嘎沟。生于海拔3100米左右草地或林缘。

飞蓬
Erigeron acris Linn.

二年生草本，高5～60厘米。基部叶较密集，倒披针形，长1.5～10厘米，宽0.3～1.2厘米，基部渐狭成长柄，全缘或极少具尖齿；中上部叶披针形，无柄；最上部叶极小，线形；全部叶两面被开展硬长毛。头状花序多数，在茎枝端排列成密而窄的圆锥花序；总苞半球形，径10～20毫米；总苞片3层；雌花外层的舌状，舌片淡红紫色，少有白色；中央的两性花管状，黄色。

产于三角石沟、小阿角沟。生于海拔2900～3100米草地、林缘。

薄雪火绒草
Leontopodium japonicum Miq.

多年生草本，高10～80厘米。叶狭披针形，长2.5～5.5厘米，宽0.5～1.3厘米，下面被银白色或灰白色薄层密茸毛；下部叶较小，在花期枯萎或凋落；苞叶多数，较茎上部叶短小，两面被灰白色密茸毛，排列成直径达4厘米的苞叶群，或有长花序梗而开展成径达10厘米的复苞叶群。头状花序径3.5～4.5毫米，多数；总苞钟形或半球形，被密茸毛；总苞片3层；小花异形或雌雄异株。

产于八十沟。生于海拔2820米左右灌丛、草地和林下。

香芸火绒草

Leontopodium haplophylloides Hand.-Mazz.

多年生草本，高15～30厘米。叶狭披针形或条状披针形，长1～4厘米，宽1～3毫米，灰绿色，两面被灰色短茸毛，下面杂有腺毛。头状花序苞叶常多数，披针形，较叶短，上面被白色厚绵毛，苞叶群直径2～5厘米。头状花序直径约5毫米，5～9个在茎端密集成伞房状。瘦果极小。

产于扎路沟。生于海拔3240米左右高山草地、石砾地、灌丛。

戟叶火绒草

Leontopodium dedekensii (Bur. et Franch.) Beauv.

多年生草本，高10～80厘米。无莲座状叶丛；叶宽或狭线形，基部心形或箭形，抱茎，边缘波状，两面被毛；小枝的叶较短；基部叶常较宽大；苞叶多数，较花序长2～4倍，披针形或线形，两面密被毛，开展成径2～7厘米的星状苞叶群。头状花序径4～5毫米，5～30个密集；总苞片约3层；小花异形，有少数雌花，或雌雄异株。

产于大峪沟。生于海拔2600米左右高山灌丛、草地。

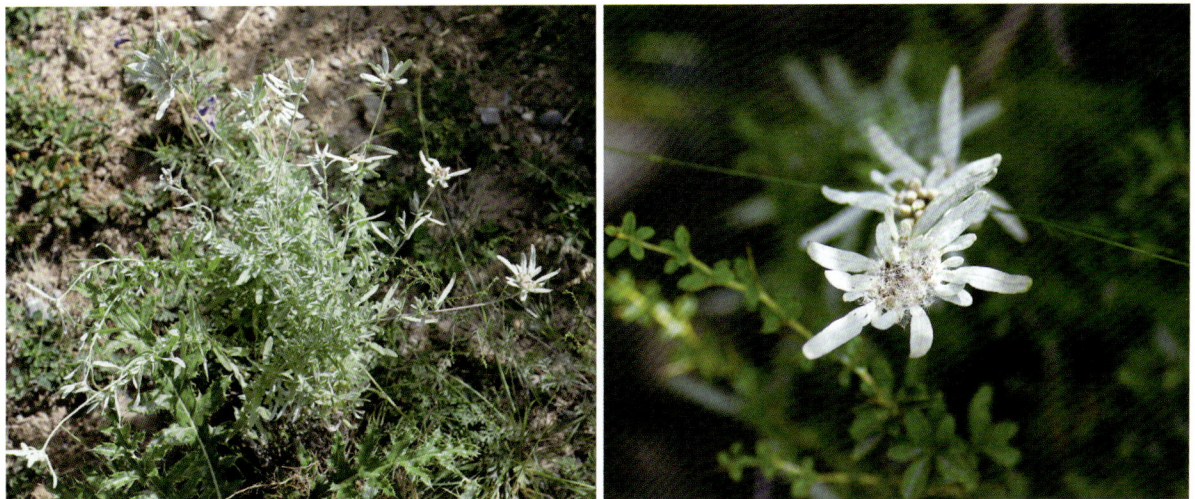

柔毛火绒草

***Leontopodium villosum* Hand.-Mazz.**

多年生草本，高20～32厘米。莲座状叶和茎基部叶长圆状倒披针形或线状倒披针形，长2～5厘米，宽0.3～0.4厘米，下部渐狭成长柄，有鞘部，两面被毛；上部叶较狭长，线形，边缘极反卷；苞叶多数，较花冠长5倍，开展成密集的径7～11厘米的苞叶群。头状花序径4～5毫米，5～10个密集；总苞片3层，顶端无毛，红褐色；小花异形，边缘有较少的雌花。

产于旗布沟。生于海拔3200米左右高山草地、疏林中。

矮火绒草

***Leontopodium nanum* (Hook. f. et Thoms.) Hand.-Mazz.**

多年生草本，垫状丛生。基部叶在花期生存；茎部叶较莲座状叶稍大，匙形或线状匙形，长7～25毫米，宽2～6毫米，下部渐狭成短窄的鞘部，两面密被茸毛；苞叶少数，与花序同长。头状花序径6～13毫米，单生或3～7个密集；总苞长4～5.5毫米，被灰白色棉毛；总苞片4～5层；小花异形，通常雌雄异株。

产于拉力沟、扎路沟、业母沟、色树隆沟、车路沟、扎古录。生于海拔2900～3320米高山草地、石砾坡地。

美头火绒草

Leontopodium calocephalum (Franch.) Beauv.

科 菊科 Asteraceae
属 火绒草属 *Leontopodium*

多年生草本，高10～50厘米。基部叶在花期枯萎宿存；下部叶与不育茎的叶披针形或线状披针形，长2～20厘米，宽0.2～1.2厘米，基部渐狭成具鞘的长叶柄；中上部叶渐短，基部常较宽大，抱茎；全部叶上面无毛或有绢状毛，下面被茸毛；苞叶多数，尖三角形，两面被茸毛，较花序长2～5倍，开展成径4～12厘米的苞叶群。头状花序5～25个，径5～12毫米；总苞长4～6毫米；总苞片约4层；小花异型，有1或少数雄花和雌花，或雌雄异株。

产于车巴沟。生于海拔3100米左右高山草地、石砾坡地、灌丛。

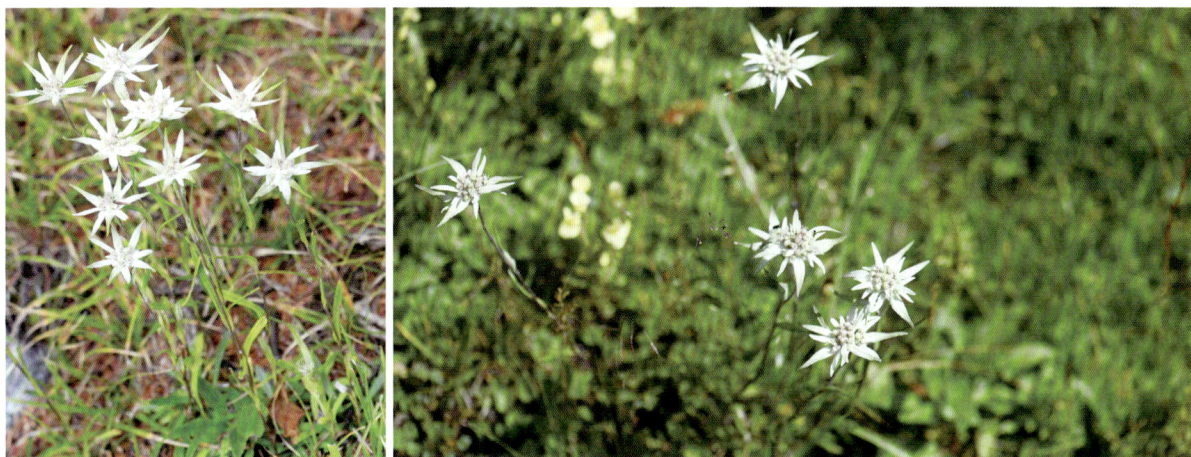

绢茸火绒草

Leontopodium smithianum Hand. -Mazz.

科 菊科 Asteraceae
属 火绒草属 *Leontopodium*

多年生草本，高10～45厘米。下部叶在花期枯萎宿存；叶线状披针形，长2～5.5厘米，宽0.4～0.8厘米，基部渐狭，无柄，上面被柔毛，下面被绢状毛。苞叶少数或较多数，长椭圆形或线状披针形，两面被茸毛，较花序稍长或长2～3倍，排列成稀疏的、不整齐的苞叶群。头状花序径6～9毫米，常3～25个密集，或有花序梗而成伞房状；总苞长4～6毫米；总苞片3～4层；小花异型，有少数雄花，或雌雄异株。

产于小阿角沟、旗布沟、扎路沟、车巴沟、华尔盖沟。生于海拔3000～3200米草地。

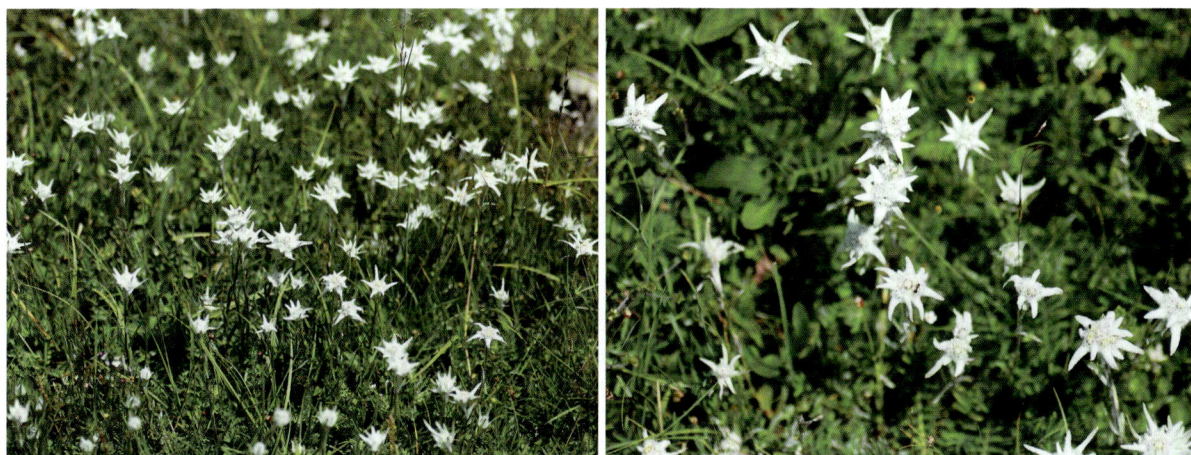

珠光香青线叶变种

Anaphalis margaritacea **(Linn.) Benth. et Hook. f. var.**
japonica **(Sch.-Bip.) Makino**

多年生草本。下部叶在花期常枯萎；中部叶开展，线形，长3～10厘米，宽0.3～0.6厘米，下面被黄褐色密绵毛，基部多少抱茎，不下延；全部叶稍革质。头状花序多数，在茎和枝端排列成复伞房状；总苞宽钟状或半球状；总苞片5～7层，基部多少褐色，上部白色。

产于大峪沟、尼玛尼嘎沟、八十沟、卡车沟、车巴沟、石巴大沟、光盖山。生于海拔2800～3200米山坡、草地、路旁。

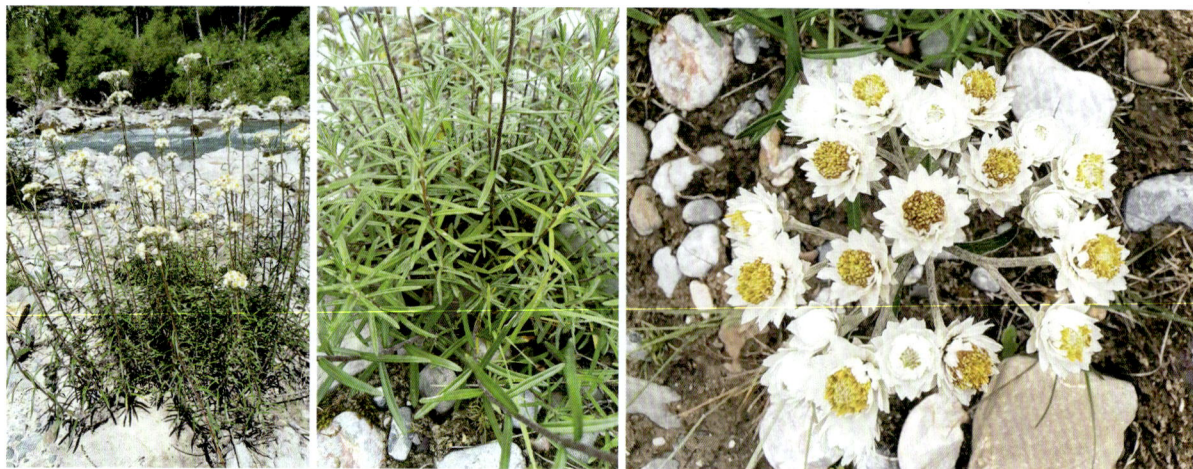

宽翅香青绿变种

Anaphalis latialata **Y. Ling et Y. L. Chen var.** *viridis*
(Hand.-Mazz.) Y. Ling et Y. L. Chen

多年生草本，高30～50厘米。下部叶短小，在花期常枯萎；中部叶线状披针形或线状长圆形，长3～5厘米，宽0.3～0.8厘米，基部沿茎下延成狭窄或楔形的翅；上部叶渐小，有枯焦干膜质长尖头；叶两面被腺毛。头状花序极多数，密集于茎枝顶端成复伞房状；总苞钟状，长6～7毫米；总苞片6～7层，白色或浅黄色。

产于粒珠沟。生于海拔2950米左右山坡。

二色香青长叶变种

Anaphalis bicolor (Franch.) Diels var. *longifolia* Chang

多年生草本。下部叶在花期枯萎；中上部叶线形或长圆状线形，基部沿茎下延成狭长的翅，两面被毛。头状花序多数在茎枝端密集成复伞房花序；总苞钟状，长6～7毫米；总苞片5～6层，顶端稍黄色或污白色，基部浅褐色。

产于尼玛尼嘎沟、卡车沟、粒珠沟。生于海拔2800～3000米草地、山坡。

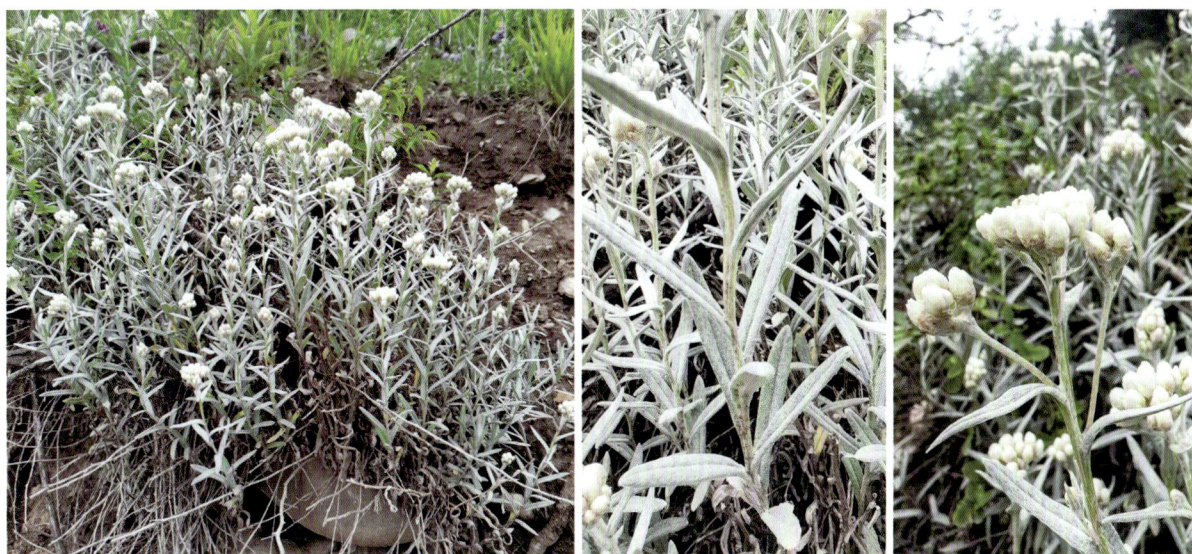

膜苞香青

Anaphalis hymenolepis Ling

科　菊科 Asteraceae
属　香青属 *Anaphalis*

多年生草本，高14～45厘米。基部及下部叶较小，在花期枯萎；中部叶倒披针状长圆形或线状长圆形，长2.5～4.5厘米，宽0.5～1厘米，基部沿茎下延成狭长或楔形的翅；上部叶小，线形，有小或枯焦状长尖头；全部叶两面被蛛丝状毛。头状花序7～19个，在茎顶端密集成复伞房状；总苞钟状，长6～7毫米；总苞片5～6层，上部白色，中部以下透明。

产于旗布沟。生于海拔3350米左右山坡草地。

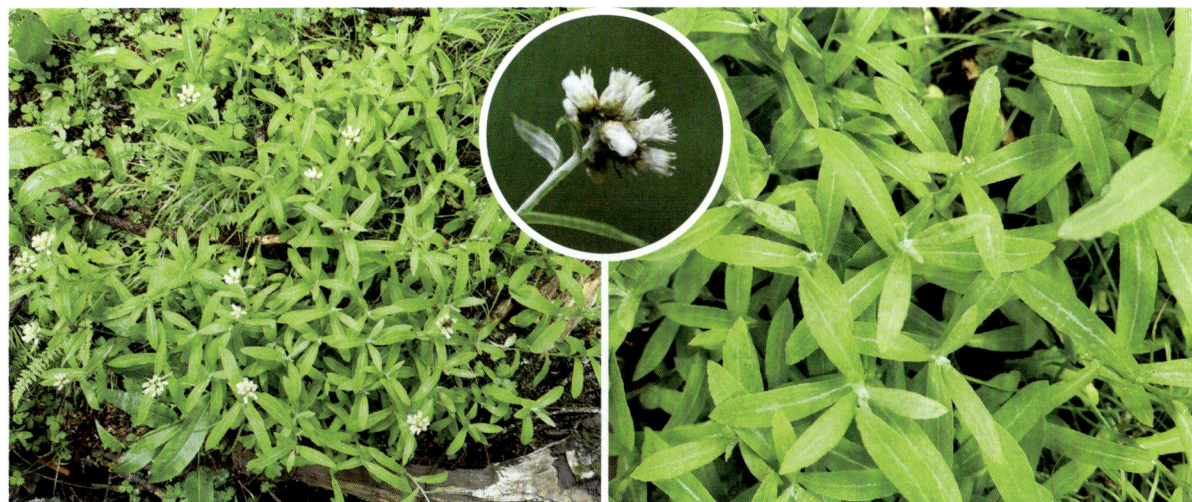

乳白香青
Anaphalis lactea Maxim.

多年生草本，高10～40厘米。莲座状叶披针状或匙状长圆形，长6～13厘米，宽0.5～2厘米，下部渐狭成具翅而基部鞘状的长柄；茎下部叶较莲座状常稍小；中上部叶直立或依附于茎上，长椭圆形或线形，长2～10厘米，宽0.8～1.3厘米，基部沿茎下延成狭翅，顶端有枯焦状长尖头；全部叶被密绵毛。头状花序多数，在茎枝端密集成复伞房状；总苞钟状，长6毫米；总苞片4～5层，外层浅或深褐色，内层乳白色。

产于八十沟、业母沟。生于海拔2800～2900米草地及林下。

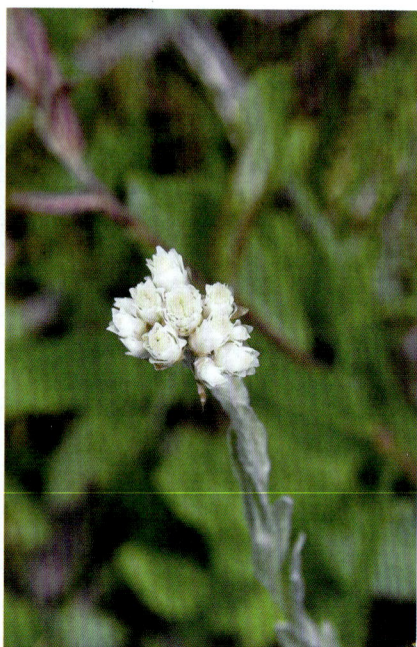

黄腺香青
Anaphalis aureopunctata Lingelsh. et Borza

多年生草本，高20～50厘米。莲座状叶宽匙状椭圆形，基部渐狭成长柄，密被绵毛；下部叶在花期枯萎，匙形或披针状椭圆形，有具翅的柄，长5～16厘米；中部叶稍小，基部沿茎下延成宽或狭翅；上部叶小；全部叶被腺毛及蛛丝状毛。头状花序多数或极多数密集成复伞房状；总苞钟状，长5～6毫米；总苞片约5层，外层浅或深褐色，内层白色或黄白色。

产于大峪沟、卡车沟、扎路沟、郭扎沟、车巴沟、扎古录、洮河南岸。生于海拔2600～3300米灌丛、草地、山坡。

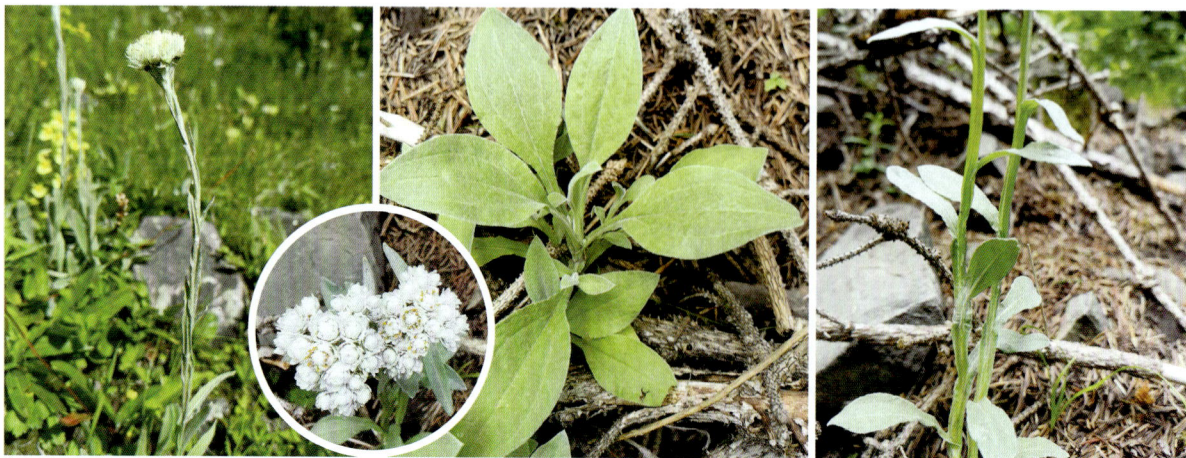

铃铃香青

Anaphalis hancockii Maxim.

多年生草本，高5～35厘米。莲座状叶与茎下部叶匙状或线状长圆形，长2～10厘米，宽0.5～1.5厘米，基部渐狭成具翅的柄或无柄；中部及上部叶直立，常贴附于茎上，线形，稀线状长圆形而多少开展；全部叶薄质，两面被蛛丝状毛及头状具柄腺毛。头状花序9～15个，在茎端密集成复伞房状；总苞宽钟状；总苞片4～5层，稍开展。

产于业母沟。生于海拔2900～3000米草地。

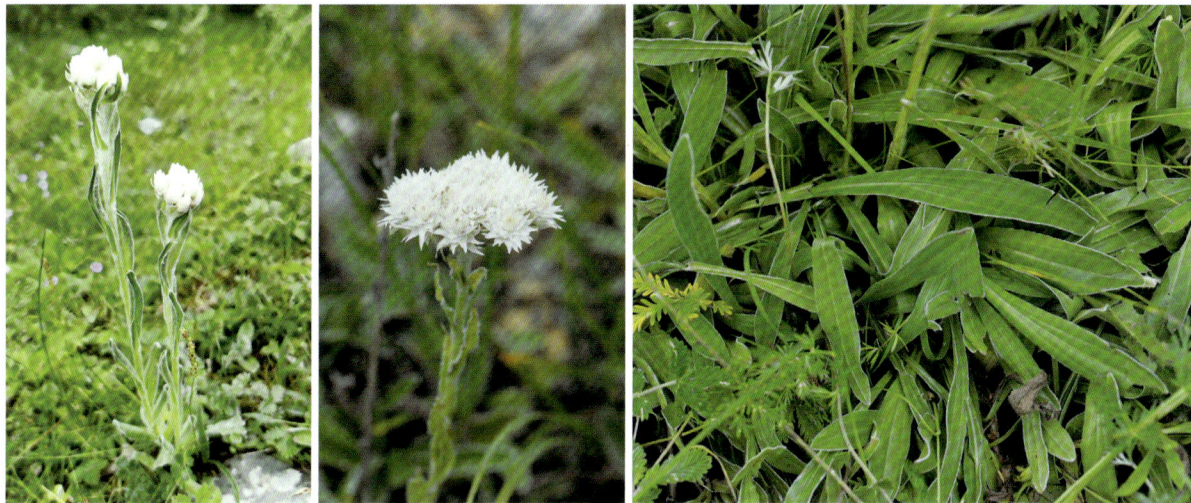

尼泊尔香青

Anaphalis nepalensis (Spreng.) Hand. -Mazz.

多年生草本，高5～45厘米。下部叶在花期生存，与莲座状叶同形，匙形或长圆披针形，长1～7厘米，宽0.5～2厘米；中部叶长圆形或倒披针形，基部稍抱茎，不下延；上部叶渐狭小；全部叶两面或下面被绵毛和腺毛。头状花序1或少数，稀较多而排列成疏散伞房状；总苞多少球状，径15～20毫米；总苞片8～9层，在花期放射状开展，外层卵圆状披针形，除顶端外深褐色，内层披针形，白色，基部深褐色。

产于车巴沟、洮河南岸。生于海拔2600～3100米草地、灌丛。

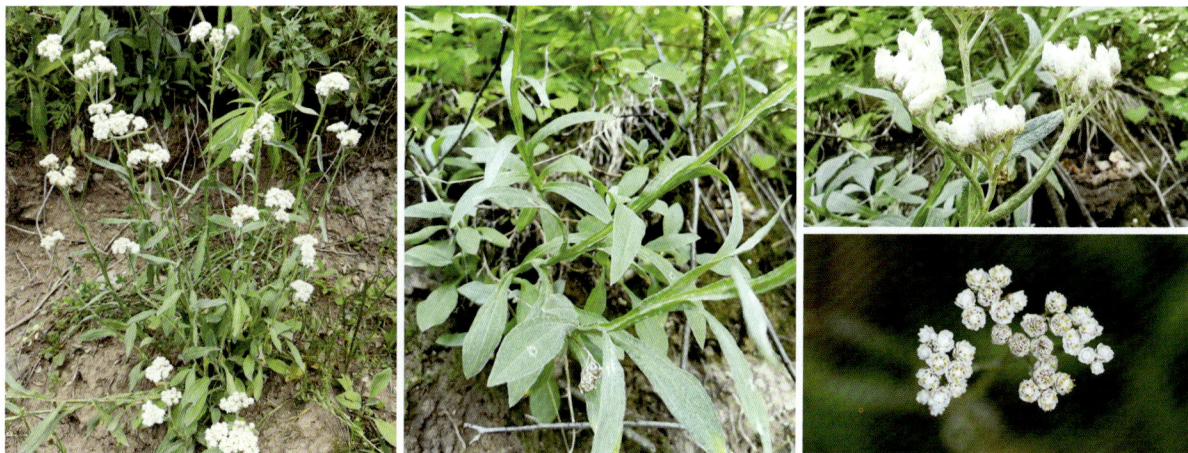

高原天名精
Carpesium lipskyi C. Winkl.

多年生草本，高35～70厘米。基生叶于开花前凋萎或有时宿存；茎下部叶椭圆形，长7～15厘米，宽3～7厘米，基部下延至叶柄，叶柄长1.5～6厘米，叶片边缘近全缘，仅有腺体状突出的胼胝或具小齿，上面被倒伏柔毛，下面疏被白色长柔毛；上部叶椭圆形至椭圆状披针形，基部阔楔形，无柄；上部叶小，披针形。头状花序单生茎、枝端或腋生而具较长的花序梗，开花时下垂；苞叶5～7枚，披针形，大小近相等，反折；总苞直径1～1.5厘米；苞片4层；两性花长3～3.5毫米，冠檐漏斗状，5齿裂；雌花狭漏斗状，冠檐5齿裂。

保护区广布。生于海拔2900～3200米路旁、草地及灌丛。

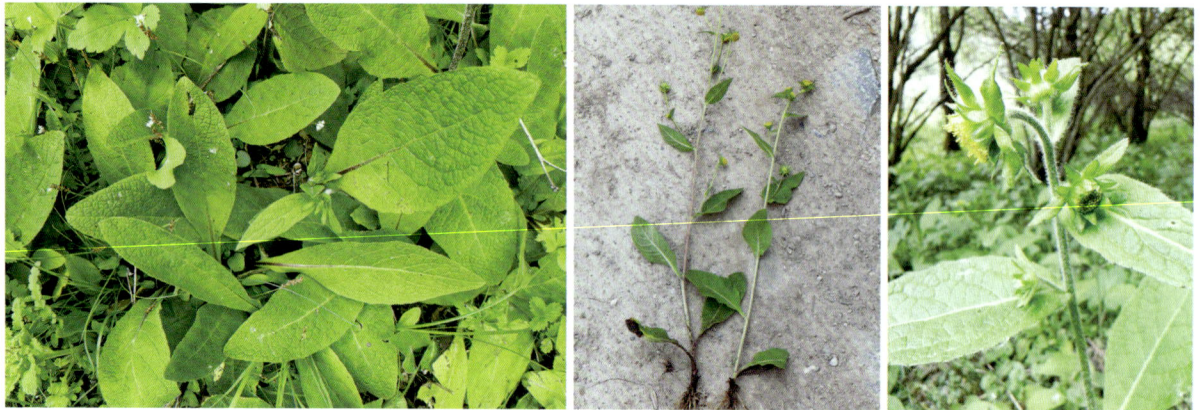

齿叶蓍
Achillea acuminata (Ledeb.) Sch. -Bip.

多年生草本，高30～100厘米。基部和下部叶花期凋落；中部叶披针形或条状披针形，长3～8厘米，宽4～7毫米，无柄，边缘具整齐上弯的重锯齿。头状花序较多数，排成疏伞房状；总苞半球形；总苞片3层；边缘舌状花14枚，舌片白色，顶端具3圆齿；两性管状花长约3毫米，白色。

产于大峪沟、小阿角沟、桑布沟。生于海拔2600～3000米草地、林缘。

云南蓍

Achillea wilsoniana Heimerl ex Hand.-Mazz.

多年生草本，高35～100厘米。叶无柄；下部叶在花期凋落；中部叶矩圆形，长4～6.5厘米，宽1～2厘米，二回羽状全裂。头状花序多数，集成复伞房花序；总苞宽钟形或半球形；总苞片3层；边花6～16枚，舌片白色，偶有淡粉红色边缘，顶端具深或浅的3齿；管状花淡黄色或白色。

产于车巴沟。生于海拔3320米草地或灌丛中。

小山菊

Dendranthema oreastrum (Hance) Ling

多年生草本，高3～45厘米。基生叶及中部茎叶菱形、扇形或近肾形，二回掌状或掌式羽状分裂；上部叶与茎中部叶同形，但较小，花序下部的叶羽裂或3裂；末回裂片线形；全部叶有柄。头状花序直径2～4厘米，单生茎顶；总苞浅碟状，直径1.5～3.5厘米；总苞片4层；舌状花白色或粉红色，舌片顶端具3齿或微凹。

产于小阿角沟。生于海拔3000米左右草地。

甘菊

Dendranthema lavandulifolium (Fisch. ex Trautv.) Ling et Shih

科 菊科 Asteraceae
属 菊属 Dendranthema

多年生草本，高0.3~1.5米。基部和下部叶花期脱落；中部茎叶卵形或椭圆状卵形，二回羽状分裂，一回裂片全裂，二回裂片半裂或浅裂。头状花序直径10~20毫米，多数在茎枝顶端排成复伞房花序；总苞碟形，直径5~7毫米；总苞片约5层；舌状花黄色，舌片椭圆形，先端全缘或具2~3个不明显的齿裂。

产于洮河南岸。生于海拔2700米左右山坡、荒地。

同花母菊

Matricaria matricarioides (Less.) Porter ex Britton

科 菊科 Asteraceae
属 母菊属 Matricaria

一年生草本，高5~30厘米。叶矩圆形或倒披针形，长2~3厘米，宽0.8~1厘米，二回羽状全裂，裂片条形，叶两面无毛，基部稍抱茎；无叶柄。头状花序同型，直径0.5~1厘米，生于茎枝顶端；总苞片3层；全部小花管状，淡绿色。

产于小阿角沟、三角石沟、章巴库沟、郭扎沟。生于海拔3000~3100米旷野、路边。

柳叶亚菊

Ajania salicifolia (Mattf.) Poljak.

　　小半灌木，高30～60厘米。有长20～30厘米的当年花枝和顶端有密集的莲座状叶丛的不育短枝；花枝紫红色，被绢毛。叶线形、狭线形或披针形，长5～10厘米；全部叶两面异色，下面白色，被密厚的绢毛。头状花序多数在枝端排成密集的伞房花序；总苞钟状；花冠细管状，顶端3尖齿裂。

　　产于大峪沟、小阿角沟、扎路沟、光盖山。生于海拔2600～3500米山坡灌丛、草地。

细裂亚菊

Ajania przewalskii Poljak.

　　多年生草本，高35～80厘米。叶宽卵形或卵形，二回羽状分裂，裂片又全裂，末回裂片线状披针形或长椭圆形；叶下面灰白色，被稠密短柔毛。头状花序小，多数在茎枝顶端排成大型复伞房花序或伞房花序；总苞钟状，直径2.5～3毫米；总苞片4层；边缘雌花4～7个，花冠细管状，顶端3裂，中央两性花细管状。

　　产于三角石沟。生于海拔3100米左右草地、林缘或岩石上。

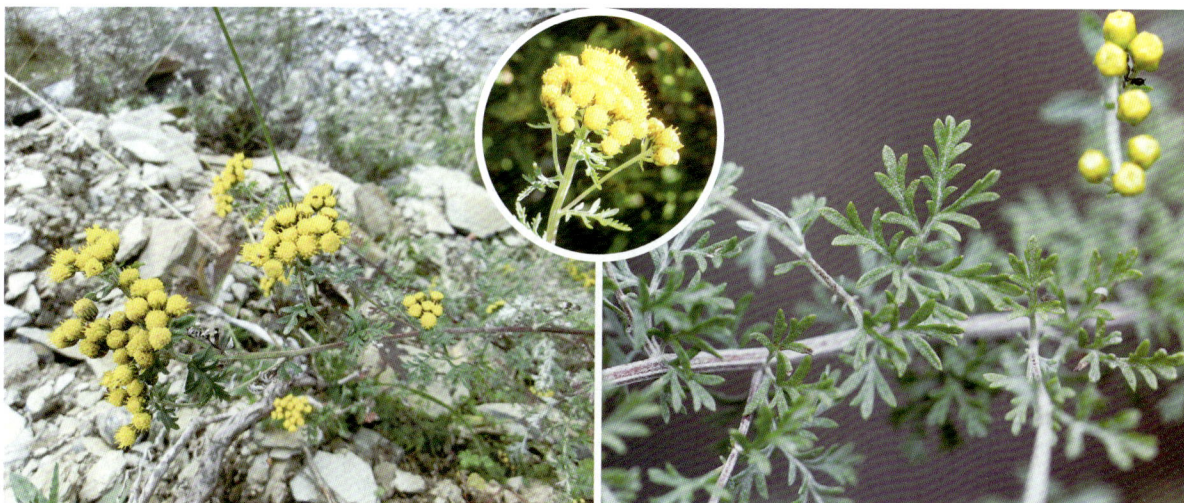

多花亚菊

Ajania myriantha (Franch.) Ling ex Shih

科 菊科 Asteraceae
属 亚菊属 Ajania

多年生草本或小半灌木，高25～100厘米。中部叶卵形或长圆形，二回羽状分裂，末回裂片椭圆形或斜三角形，全缘或偶有单齿；向上叶渐小，花序下部的叶常羽裂；全部叶有短柄；叶下面灰白色，被密厚柔毛。头状花序多数在茎枝顶端排成复伞房花序；总苞钟状，直径2.5～3毫米；总苞片4层；边缘雌花3～6个，细管状，中央两性花管状。

产于大峪沟、扎路沟、业母沟、光盖山、洮河南岸。生于海拔2550～3300米草地、路旁、山坡。

大籽蒿

Artemisia sieversiana Ehrhart ex Willd.

科 菊科 Asteraceae
属 蒿属 Artemisia

一或二年生草本，高50～150厘米。叶卵形或宽卵圆形，二至三回羽状全裂，裂片常不规则羽状全裂或深裂，小裂片线形；叶柄长1～4厘米。头状花序多数，半球形或近球形，直径3～6毫米，基部常有线形小苞叶，在分枝上排成总状花序或复总状花序，在茎上组成圆锥花序；总苞片3～4层；雌花2层，花冠狭圆锥状；两性花多层，花冠管状。

产于大峪沟、拉力沟、洮河南岸。生于海拔2550～2650米路旁、荒地、河漫滩、干山坡。

冷蒿
Artemisia frigida Willd.

多年生草本，高20～70厘米。茎下部叶与营养枝叶长圆形或倒卵状长圆形，二至三回羽状全裂，小裂片线状披针形；中部叶长圆形或倒卵状长圆形，一至二回羽状全裂，小裂片披针形；上部叶与苞片叶羽状全裂或3～5全裂。头状花序半球形或球形，在茎上排成总状花序或狭窄的圆锥花序；总苞片3～4层；雌花8～13朵，花冠狭管状；两性花20～30朵，花冠管状。

产于洮河南岸。生于海拔2670米左右山坡、路旁、草地。

细裂叶莲蒿
Artemisia gmelinii Web. ex Stechm.

半灌木状草本，高10～100厘米。叶背面密被蛛丝状柔毛；茎下部、中部与营养枝叶卵形或三角状卵形，二至三回栉齿状的羽状分裂，小裂片边缘具小栉齿；上部叶一至二回栉齿状的羽状分裂。头状花序近球形，直径3～6毫米，有短梗或近无梗，密集着生在茎端或在分枝端排成穗状花序，并在茎上组成狭窄的圆锥花序；总苞片3～4层；雌花10～12朵，花冠狭圆锥状；两性花多朵，花冠管状。

产于大峪沟、卡车沟、业母沟、洮河南岸。生于海拔2600～2900米山坡、路旁、灌丛、草地。

毛莲蒿

Artemisia vestita Wall. ex Bess.

　　半灌木状草本，高50～120厘米。叶两面被灰白色密绒毛或上面毛略少；茎下部与中部叶卵形至近圆形，2～3回栉齿状的羽状分裂，小裂片边缘常具数枚栉齿状深裂齿；上部叶小。头状花序多数，球形或半球形，直径2.5～4毫米，有短梗或近无梗，下垂，基部有线形小苞叶，在茎的分枝上排成总状、复总状花序，又在茎上复合为圆锥花序；总苞片3～4层；雌花6～10朵，花冠狭管状；两性花13～20朵，花冠管状。

　　产于业母沟、下巴沟、洮河南岸。生于海拔2630～2900米山坡、路旁、灌丛。

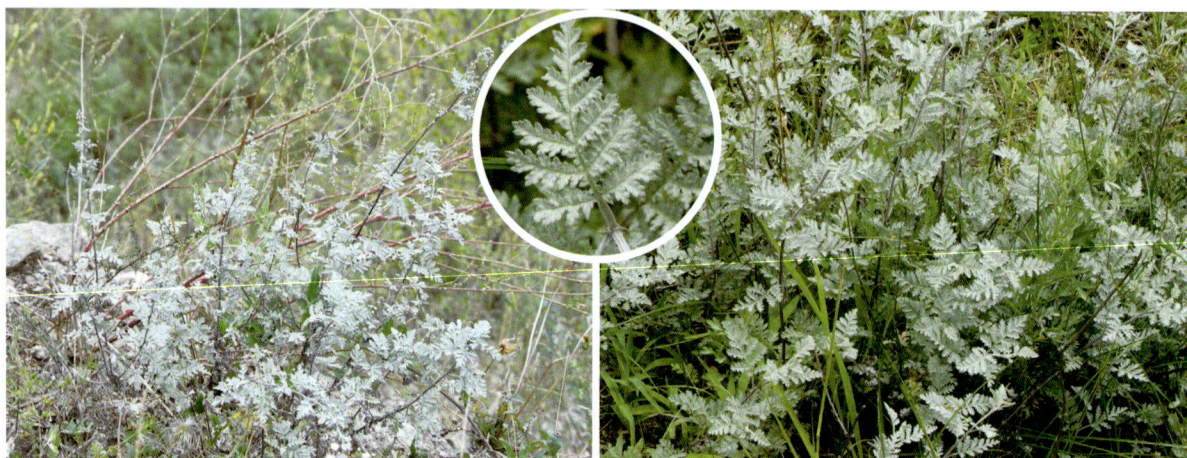

褐苞蒿

Artemisia phaeolepis Krasch.

　　多年生草本，高15～40厘米。基生叶与茎下部叶椭圆形或长圆形，二至三回栉齿状羽状分裂；中部叶二回栉齿状羽状分裂，小裂片全缘或有小锯齿；叶柄长3～5厘米；上部叶一至二回栉齿状羽状分裂。头状花序少数，半球形，直径4～6毫米，有短梗，下垂，在茎上或在分枝上排成总状花序，而在茎上排成狭圆锥花序；总苞片3～4层；雌花12～18朵，花冠狭管状；两性花多朵，花冠管状。

　　产于章巴库沟、扎路沟、业母沟。生于海拔2900～3200米山坡、路旁、草地、荒滩、灌丛。

黄花蒿

Artemisia annua Linn.

一年生草本，高100～200厘米。茎下部叶宽卵形或三角状卵形，三至四回栉齿状羽状深裂，裂片再次分裂，小裂片边缘具多枚栉齿状深裂齿；中部叶二至三回栉齿状羽状深裂。头状花序球形，多数，直径1.5～2.5毫米，有短梗，下垂或倾斜，基部有线形的小苞叶，在分枝上排成总状或复总状花序，并在茎上组成圆锥花序；总苞片3～4层；花深黄色，雌花10～18朵，两性花10～30朵。

产于拉力沟、业母沟、色树隆沟、华尔盖沟、洮河南岸。生于海拔2600～3200米路旁、荒地、山坡、林缘。

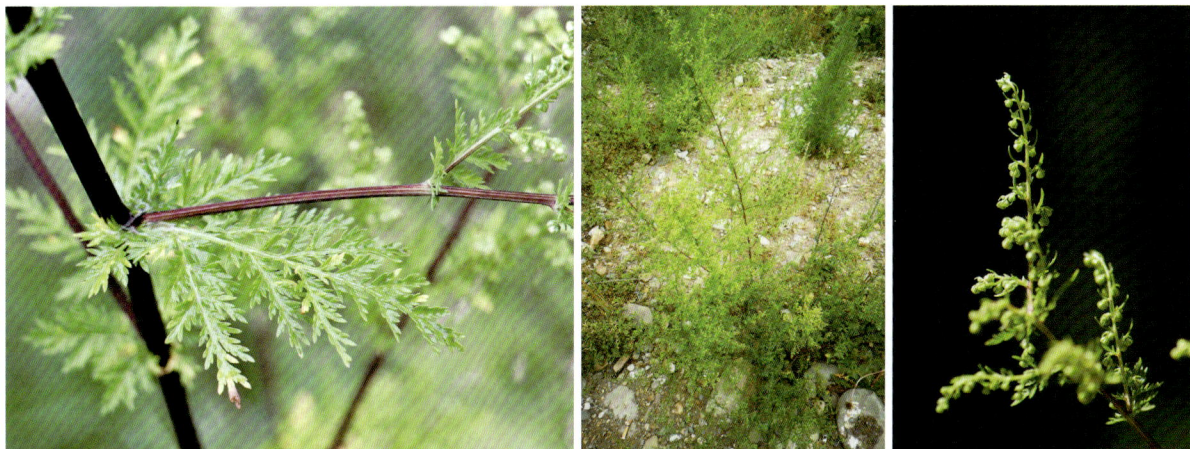

臭蒿

Artemisia hedinii Ostenf. et Pauls.

一年生草本，高15～100厘米。基生叶多数，密集成莲座状，长椭圆形，二回栉齿状羽状分裂，裂片再次羽状深裂或全裂，小裂片具多枚细小栉齿，叶柄短或近无；茎下部与中部叶二回栉齿状羽状分裂；上部叶与苞片叶渐小，一回栉齿状羽状分裂。头状花序半球形或近球形，直径3～5毫米，在茎端及短的花序分枝上排成密穗状花序，并在茎上组成狭窄的圆锥花序；总苞片3层；雌花3～8朵，两性花15～30朵。

产于小阿角沟、三角石沟、拉力沟、卡车沟。生于海拔2750～3000米草地、河滩、砾质坡地、路旁、林缘。

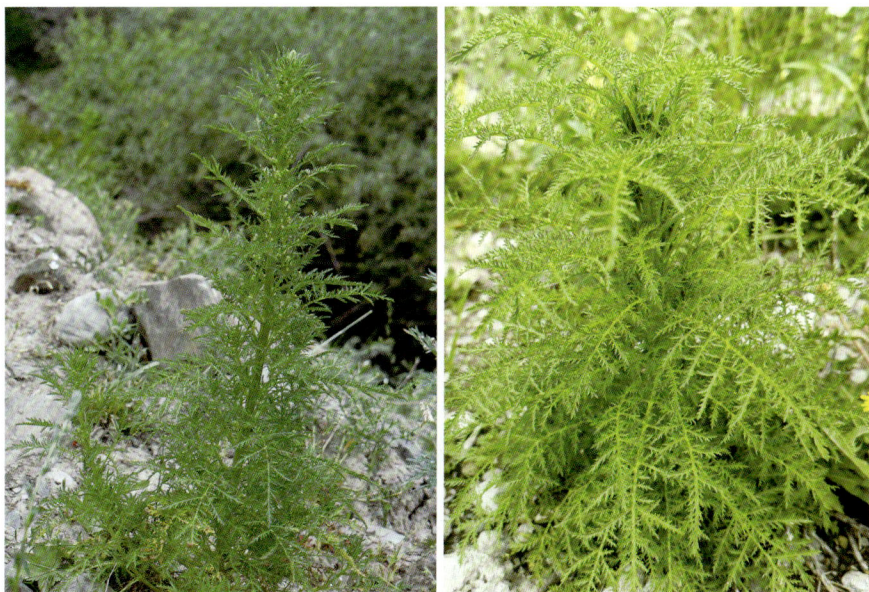

北艾
Artemisia vulgaris Linn.

多年生草本，高40～160厘米。叶背密被灰白色毛；茎下部叶椭圆形或长圆形，二回羽状深裂或全裂，花期凋谢；中部叶椭圆形或长卵形，一至二回羽状深裂或全裂；上部叶小，羽状深裂；苞片叶小，3深裂或不分裂。头状花序长圆形，直径2.5～3.5毫米，无梗或有极短梗，基部有小苞叶，在小枝上排成密穗状花序，而在茎上组成圆锥花序；总苞片3～4层；雌花7～10朵，紫色；两性花8～20朵，檐部紫红色。

产于大峪沟、小阿角沟、三角石沟、拉力沟、卡车沟、扎路沟、郭扎沟、下巴沟、洮河南岸。生于海拔2550～3000米草地、林缘、荒坡及路旁。

猪毛蒿
Artemisia scoparia Waldst. et Kit.

多年生草本，高40～130厘米。基生叶与营养枝叶近圆形或长卵形，二至三回羽状全裂，花期凋谢；茎下部叶长卵形或椭圆形，二至三回羽状全裂，小裂片狭线形；中部叶一至二回羽状全裂，小裂片丝线形；茎上部叶与分枝上叶及苞片叶3～5全裂或不裂。头状花序近球形，极多数，直径1～2毫米，具极短梗或无梗，在分枝上偏向外侧生长，在茎上组成大型圆锥花序；总苞片3～4层；雌花5～7朵，两性花4～10朵。

产于拉力沟。生于海拔2630米左右山坡、林缘、路旁。

东俄洛沙蒿

***Artemisia desertorum* Spreng. var. *tongolensis* Pamp.**

多年生草本，高10～15厘米。基生叶长椭圆形，长3厘米以上，二回羽状全裂，小裂片线形；茎下部叶与营养枝叶二回羽状全裂或深裂，裂片再3～5深裂或浅裂，小裂片线形；中部叶略小，一至二回羽状深裂；上部叶3～5深裂；苞片叶3深裂或不分裂。头状花序小，直径1.5～2毫米，在茎上排成总状花序或狭圆锥花序；总苞片3～4层；雌花4～8朵，两性花5～10朵，花冠管状。

产于卡车沟、洮河南岸。生于海拔2600～2900米草地与砾质坡地。

狭叶牡蒿

***Artemisia angustissima* Nakai**

多年生草本，高20～50厘米。基生叶与茎下部叶卵形或近圆形，一至二回羽状全裂，裂片再次羽状深裂或具深裂齿；中部叶羽状全裂或近全裂，裂片狭线形；上部叶与苞片叶3全裂或不分裂。头状花序卵球形或近球形，直径1～1.5毫米，下垂，具短梗或近无梗，在分枝上排成疏的穗状花序，在茎上组成狭窄的圆锥花序；总苞片3层；雌花2～3朵，两性花2～5朵，花冠管状。

产于卡车沟。生于海拔2700米左右山坡及路旁。

牛尾蒿
Artemisia dubia Wall. ex Bess.

半灌木状草本，高80～120厘米，分枝多。基生叶与茎下部叶大，卵形或长圆形，羽状5深裂，无柄，花期凋谢；中部叶卵形，羽状5深裂，裂片椭圆状披针形或披针形；上部叶与苞片叶指状3深裂或不分裂。头状花序多数，宽卵球形或球形，在分枝的小枝上排成穗状花序或穗状花序状的总状花序，而茎上排成圆锥花序；总苞片3～4层；雌花6～8朵，两性花2～10朵。

产于大峪沟、拉力沟、卡车沟、洮河南岸。生于海拔2560～2950米山坡、草地、疏林下及林缘。

甘肃多榔菊
Doronicum gansuense Y. L. Chen

多年生草本，高10～20厘米。基部叶及匍枝上叶倒卵状长圆形，长2.5厘米，宽1.5～2厘米，叶柄长3.5～7.5厘米；下部茎叶倒卵形或倒卵状匙形，基部狭成长达2厘米具翅的叶柄；中上部茎叶无柄，卵形至卵状长圆形，基部心形抱茎。头状花序单生于茎端，径3～5厘米；总苞半球形或宽钟形；总苞片2层，绿色；舌片黄色，顶端具3细齿；管状花黄色。

产于旗布沟。生于海拔3200米左右草坡、灌丛。

狭舌多榔菊
Doronicum stenoglossum Maxim.

科 菊科 Asteraceae
属 多榔菊属 Doronicum

多年生草本，高50～100厘米。基部叶在花期常凋落，椭圆形，长8～10厘米，宽3～4厘米，基部楔状渐狭成长3～6厘米的叶柄；下部茎叶长圆形，基部渐狭成狭翅状叶柄；上部茎叶无柄，卵状披针形或披针形，基部心形半抱茎；全部叶边缘有细尖齿或近全缘。头状花序直径2～2.5厘米，通常2～10个排列成总状花序；总苞半球形；总苞片2～3层，绿色；舌状花淡黄色，舌片线形，顶端具2～3细齿；管状花黄色。

产于旗布沟、三角石沟、章巴库沟、拉力沟。生于海拔3000～3200米高山草地、林缘、灌丛。

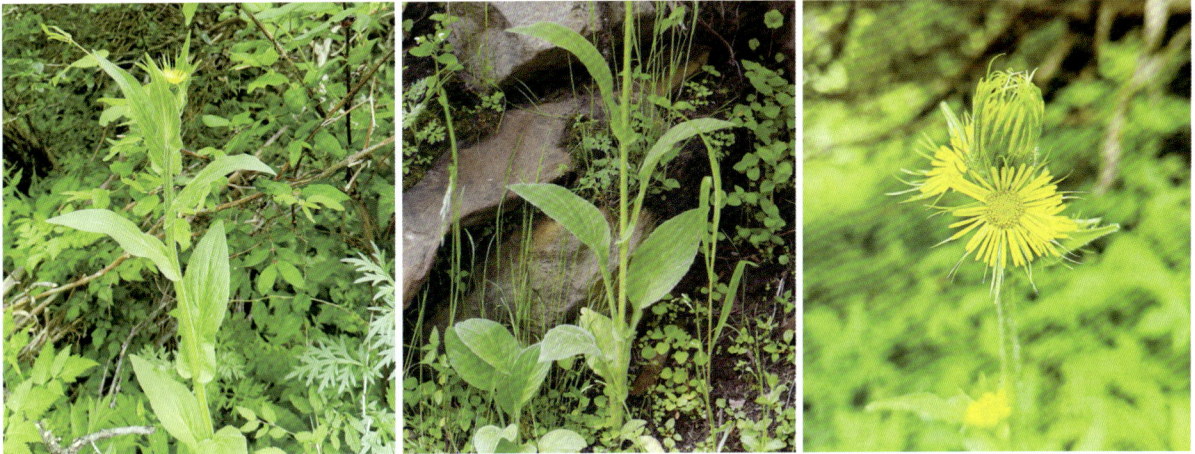

华蟹甲
Sinacalia tangutica (Maxim.) B. Nord.

科 菊科 Asteraceae
属 华蟹甲属 Sinacalia

多年生草本，高50～100厘米。叶片厚纸质，卵形或卵状心形，顶端具小尖，羽状深裂，每边各有3～4侧裂片，狭至宽长圆形，顶端具小尖，边缘常具数个小尖齿；叶柄较粗壮，基部扩大且半抱茎。头状花序小，多数常排成多分枝宽塔状复圆锥状；总苞圆柱状；舌状花2～3个，黄色，舌片长圆状披针形，顶端具2小齿；管状花4个，花冠黄色。

产于八十沟、拉力沟、卡车沟、业母沟、色树隆沟、郭扎沟、车路沟。生于海拔2800～3100米草地、沟边、林缘。

三角叶蟹甲草

科 菊科 Asteraceae
属 蟹甲草属 *Parasenecio*

***Parasenecio deltophyllus* (Maxim.) Y. L. Chen**

多年生草本，高50～80厘米。下部叶在花期枯萎凋落；中部叶三角形，长4～10厘米，宽5～7厘米，边缘具不规则浅波状齿，叶柄长3～6厘米；上部叶渐小，最上部叶披针形，具短柄。头状花序数个至10个，下垂，在茎端或上部叶腋排列成伞房状花序；总苞钟状；总苞片8～10枚；小花多数，花冠黄色或黄褐色。

产于旗布沟、拉力沟、鹿儿沟、洮河南岸。生于海拔2700～3200米山坡、灌丛。

蛛毛蟹甲草

科 菊科 Asteraceae
属 蟹甲草属 *Parasenecio*

***Parasenecio roborowskii* (Maxim.) Y. L. Chen**

多年生草本，高60～100厘米。叶卵状三角形，基部截形或微心形，边缘有不规则的锯齿，齿端具小尖，下面被白色或灰白色蛛丝状毛；基出5脉；叶柄无翅，长6～10厘米，被疏蛛丝状毛；上部叶渐小。头状花序多数，通常在茎端或上部叶腋排列成塔状疏圆锥状花序偏向一侧着生，开展或下垂。总苞圆柱形；小花3～4朵，花冠白色。

产于大峪沟、洮河南岸。生于海拔2550～2650米林下、林缘、灌丛和草地。

毛裂蜂斗菜
Petasites tricholobus Franch.

多年生草本，雌雄异株，全株被薄蛛丝状白色绵毛。早春从根状茎先长出花茎，近雌雄异株；雌株花茎高约60厘米；雌头状花序直径约8毫米，排成密集的聚伞圆锥花序生于花茎顶端；雄头状花序聚伞圆锥状，排列疏散。后生出基生叶，宽肾形，边缘齿状，上面被疏绵毛，下面被较厚的蛛丝状白绵毛，具掌状脉，有长叶柄。

产于八十沟。生于海拔2770米左右山谷路旁。

莲座蒲儿根
Sinosenecio subrosulatus (Hand.-Mazz.) B. Nord.

多年生草本，高20~35厘米。叶基生或近基生，莲座状，肾形，长4~9厘米，宽5~8厘米，基部心形，边缘波状，或有时具三角形粗齿，上面深绿色，无毛，下面灰绿色，被蛛丝状毛；叶柄长6~8厘米。头状花序直径1.5~2厘米，3~5个排成顶生疏伞房状；总苞倒锥状或钟状；总苞片1层，披针形，暗紫色；舌状花8~10个，舌片黄色，顶端具3细齿；管状花多数，黄色。

产于小阿角沟。生于海拔3200米左右冷杉林下。

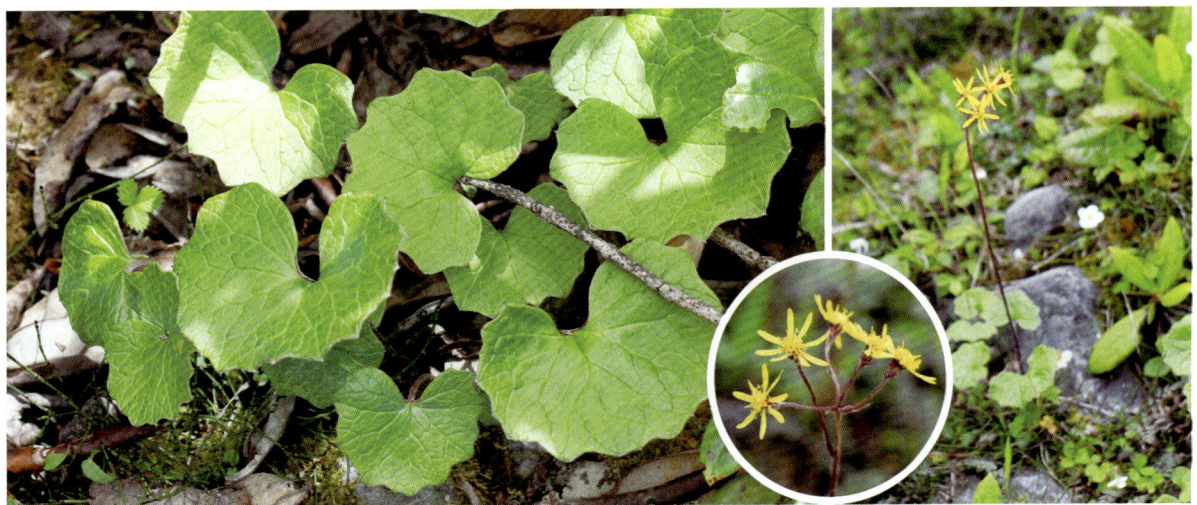

耳柄蒲儿根

Sinosenecio euosmus (Hand.-Mazz.) B. Nord.

科 **菊科 Asteraceae**
属 **蒲儿根属** *Sinosenecio*

多年生草本。基生叶花期凋落；中部茎叶卵形，长2～5厘米，宽3～6厘米，具浅齿牙或有时具5～13较深掌状裂，裂片近三角形，具粗齿；叶柄长为叶片的1～2倍，中上部叶柄基部渐扩大成半抱茎的耳；上部茎叶渐小，最上部叶苞片状，线形。头状花序排列成顶生伞房花序或复伞房花序；总苞近钟形；总苞片1层，披针形，紫色；舌状花约10个，舌片黄色，顶端具3细齿；管状花多数，黄色。

产于旗布沟、三角石沟、郭扎沟。生于海拔3000～3150米林缘、草地或潮湿处。

橙舌狗舌草

Tephroseris rufa (Hand.-Mazz.) B. Nord.

科 **菊科 Asteraceae**
属 **狗舌草属** *Tephroseris*

多年生草本，高9～60厘米。基生叶数个，莲座状，卵形、椭圆形或倒披针形，全缘或具疏小尖齿，叶柄具翅，基部扩大；下部茎叶长圆形；中部茎叶无柄，长圆形，基部扩大且半抱茎，向上部渐小；上部茎叶线状披针形至线形。头状花序辐射状，排成顶生伞房花序；总苞钟状；总苞片褐紫色或仅上端紫色；舌状花约15个，舌片橙黄色或橙红色，长圆形，顶端具3细齿；管状花多数，橙黄色至橙红色。

产于洮河南岸。生于海拔2560米左右山坡草地。

异羽千里光
Senecio diversipinnus Y. Ling

科 菊科 Asteraceae
属 千里光属 *Senecio*

多年生草本，高50～100厘米。基生叶和下部茎叶在花期生存或有时枯萎，倒披针状匙形，长达30厘米，宽约10厘米，大头羽状分裂，叶柄基部扩大；中部茎叶与下部茎叶同形，具短柄或无柄，基部多少有耳；上部茎叶渐小，无柄。头状花序多数，排列成顶生复伞房花序；总苞狭钟状；总苞片8～9枚，上端紫色；舌状花5或无，舌片黄色，长圆形，顶端有3细齿；管状花12～15个，黄色。

产于大峪沟、八十沟、卡车沟。生于海拔2560～2950米开阔草地和岩石山坡。

额河千里光
Senecio argunensis Turcz.

科 菊科 Asteraceae
属 千里光属 *Senecio*

多年生草本，高30～80厘米。中部叶密集，叶片椭圆形，无柄，长6～10厘米，宽3～6厘米，羽状深裂，裂片约6对，条形，全缘或有1～2小裂片或齿，下面色浅而被疏蛛丝状毛；上部叶小，有少数裂片或全缘。头状花序多数，复伞房状排列；总苞近钟状；舌状花10余个，黄色，舌片条形；管状花多数，黄色。

产于大峪沟、桑布沟、郭扎沟。生于海拔2560～3000米灌丛、草地。

欧洲千里光
Senecio vulgaris Linn.

科 菊科 Asteraceae
属 千里光属 *Senecio*

一年生草本，高12～45厘米。叶无柄，倒披针状匙形或长圆形，长3～11厘米，宽0.5～2厘米，羽状浅裂至深裂，侧生裂片3～4对，具不规则齿；中部叶基部扩大且半抱茎；上部叶较小，线形，具齿。头状花序无舌状花，少数至多数，排列成顶生密集伞房花序；总苞钟状；总苞片线形，上端变黑色；管状花多数，黄色。

产于石巴大沟、下巴沟。生于海拔2620～2900米山坡、草地及路旁。

鹿蹄橐吾
Ligularia hodgsonii Hook.

科 菊科 Asteraceae
属 橐吾属 *Ligularia*

多年生草本，高达100厘米。丛生叶及茎下部叶肾形或心状肾形，长2～8厘米，宽4.5～13.5厘米，边缘具三角状齿或圆齿，叶质厚，叶柄长10～30厘米，基部具窄鞘；茎中上部叶少，肾形，具短柄或近无柄，鞘膨大。头状花序辐射状，单生至多数排列成伞房状或复伞房状花序；苞片舟形，长2～3厘米；总苞宽钟形；总苞片2层，紫红色；舌状花黄色，舌片长圆形，先端有小齿；管状花多数。

产于洮河南岸。生于海拔2720米左右山坡草地。

大齿橐吾
Ligularia macrodonta Ling

科 **菊科 Asteraceae**
属 **橐吾属 Ligularia**

多年生草本，高50～80厘米。丛生叶与茎下部叶具柄，叶柄长达30厘米，基部具膨大的鞘，叶片肾形，长5～16厘米，宽8～20厘米，先端凹缺，边缘具大而深裂的齿，齿不整齐，先端具黑紫色软骨质小尖头，基部弯缺宽，长为叶片的1/3；茎中部叶较小，叶柄短，具膨大的鞘；最上部叶仅有膨大的鞘。复伞房状聚伞花序开展，分枝长达15厘米；头状花序多数，总苞狭筒形；小花黄色，全部管状。

产于三角石沟、博峪沟、拉力沟、卡车沟、扎路沟、色树隆沟。生于海拔3000～3100米山坡。

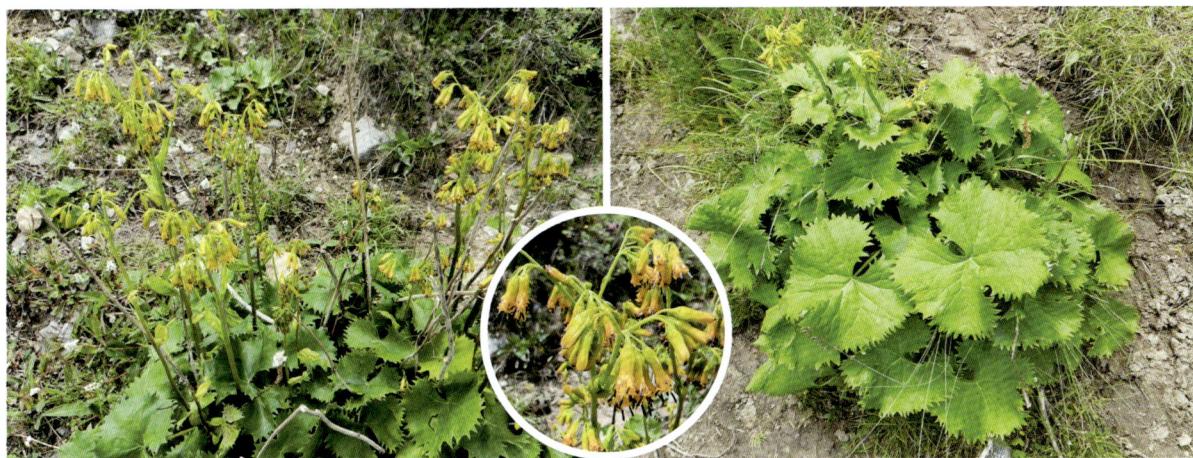

莲叶橐吾
Ligularia nelumbifolia (Bur. et Franch.) Hand.-Mazz.

科 **菊科 Asteraceae**
属 **橐吾属 Ligularia**

多年生草本，高80～100厘米。丛生叶和茎下部叶盾状着生，肾形，长7～30厘米，宽13～38厘米，有时直径达80厘米，边缘具尖锯齿，下面被白色蛛丝状柔毛，叶柄长10～50厘米，基部有短鞘；茎上部叶具短柄，具极度膨大的鞘。复伞房状聚伞花序开展，分枝极多；头状花序多数，总苞狭筒形；总苞片5～7枚；小花6～8个，稍伸出总苞之外。

产于旗布沟、小阿角沟、八十沟、桑布沟。生于海拔2800～3000米河边、林下、草地。

浅齿橐吾
Ligularia potaninii (C. Winkl.) Y. Ling

　　多年生草本，高达35厘米。丛生叶和茎下部叶宽肾形，长4.5～6厘米，宽9～11厘米，边缘具波状圆形齿，齿端具软骨质小尖头，叶近革质，下面紫红色，叶柄长达11厘米，常紫红色，基部具窄鞘；茎中部叶较小，叶柄极度膨大成鞘状；最上部叶仅有膨大的鞘。头状花序盘状，3～9排列伞房状花序；总苞陀螺形；总苞片约10个，2层；小花黄色，全部管状。

　　产于扎路沟。生于海拔3270米左右高山流石滩。

蹄叶橐吾
Ligularia fischeri (Ledeb.) Turcz.

　　多年生草本，高80～200厘米。丛生叶与茎下部叶具长柄，叶片肾形，长10～30厘米，宽13～40厘米，边缘有整齐的锯齿，两面光滑；茎中上部叶具短柄，鞘膨大。总状花序长25～75厘米；苞片下部者长达6厘米，向上渐小；花序梗下部者长达9厘米，向上渐短；头状花序多数，辐射状；总苞钟形；总苞片2层；舌状花5～9个，黄色，舌片长圆形；管状花多数。

　　产于色树隆沟。生于海拔3050米左右林缘。

离舌橐吾

Ligularia veitchiana (Hemsl.) Greenm.

　　多年生草本，高60～120厘米。丛生叶和茎下部叶具长柄，叶片三角状或卵状心形，有时近肾形，长7～17厘米，宽12～26厘米，边缘有整齐的尖齿，基部近戟形；茎中上部叶较小，具短柄或无柄，鞘膨大。总状花序长13～40厘米；头状花序多数，辐射状；总苞钟形；总苞片7～9枚，2层；舌状花6～10个，黄色，疏离；管状花多数。

　　产于鹿儿沟。生于海拔3030米左右林下。

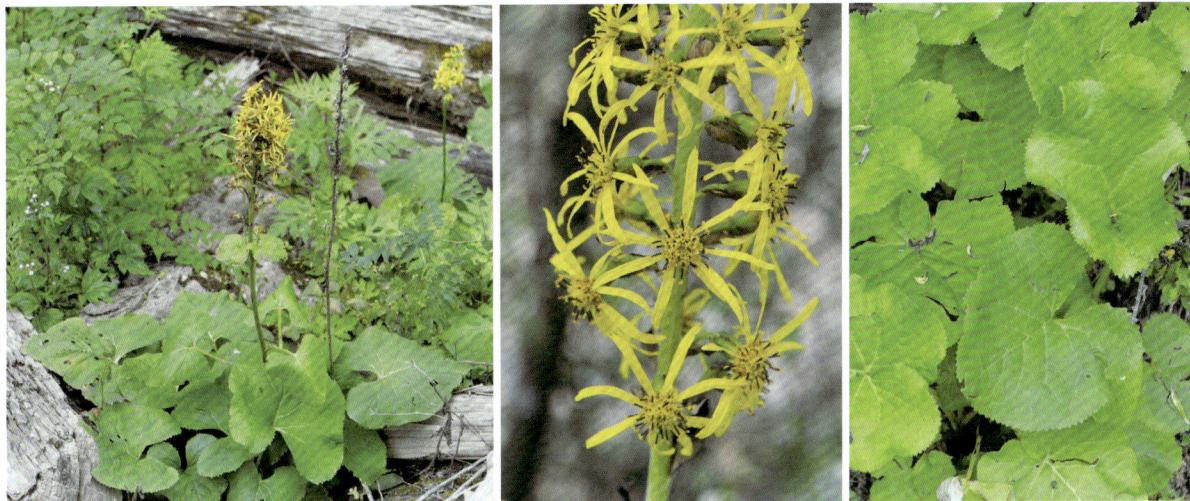

掌叶橐吾

Ligularia przewalskii (Maxim.) Diels

　　多年生草本，高30～130厘米。叶有基部扩大抱茎的长柄，叶片宽过于长，宽16～30厘米，掌状4～7深裂，中裂片3裂，侧裂片2～3裂，边缘有疏齿或小裂片；上部叶少数，有时3裂或不裂。花序总状，长达50厘米；头状花序多数；总苞狭圆柱形；小花5～7个，黄色，其中两个舌状，其余筒状。

　　产于八十沟、桑布沟、色树隆沟。生于海拔2800～3000米林缘、林下及灌丛。

总状橐吾

Ligularia botryodes (C. Winkl.) Hand.-Mazz.

多年生草本，高50～70厘米。丛生叶与茎下部叶卵状心形或近圆心形，长2.5～16厘米，宽4～15厘米，边缘具整齐的小齿，基部心形，叶柄长达25厘米，基部鞘状；茎中部叶心形，具短柄，有膨大的鞘；最上部叶披针形，无柄。总状花序长12～26厘米，疏散；头状花序多数，辐射状；总苞钟形；总苞片7～9枚，2层；舌状花5～6个，黄色；管状花多数。

产于旗布沟、八十沟、拉力沟、卡车沟、扎路沟、鹿儿沟。生于海拔2800～3200米草地和林下。

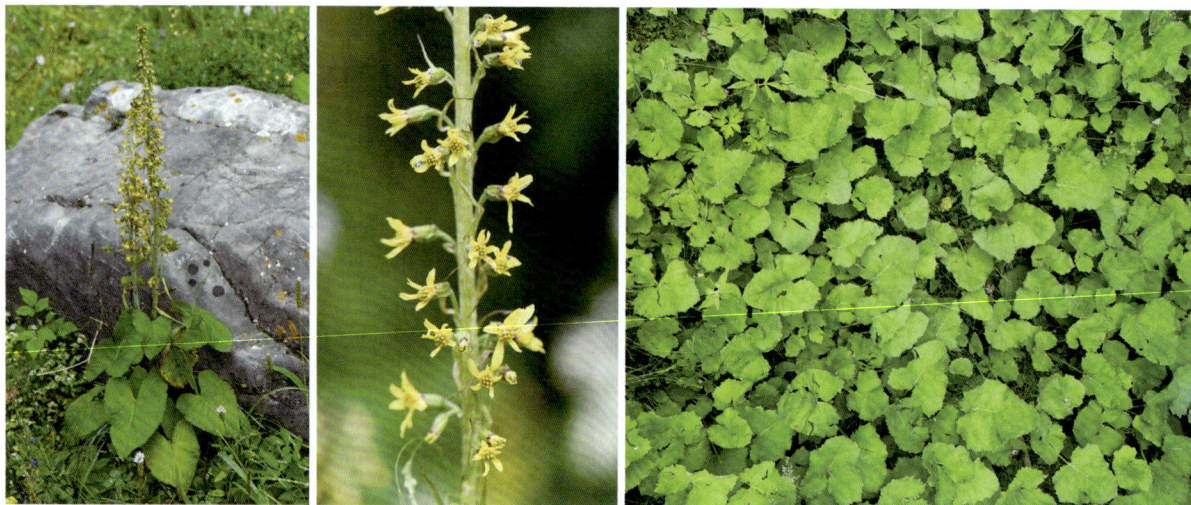

箭叶橐吾

Ligularia sagitta (Maxim.) Maettf.

多年生草本，高25～80厘米。丛生叶与茎下部叶箭形、戟形或长圆状箭形，边缘具齿，叶柄长4～18厘米，具狭翅，基部鞘状；茎中部叶箭形或卵形，较小，具短柄，鞘状抱茎；最上部叶披针形至狭披针形，苞叶状。总状花序长达40厘米；头状花序多数，辐射状；总苞钟形，长7～10毫米；舌状花5～9个，黄色，舌片长圆形；管状花多数。

产于大峪沟、八十沟、小阿角沟、业母沟、色树隆沟、郭扎沟、车路沟、石巴大沟。生于海拔2600～3100米草地、林缘、林下及灌丛。

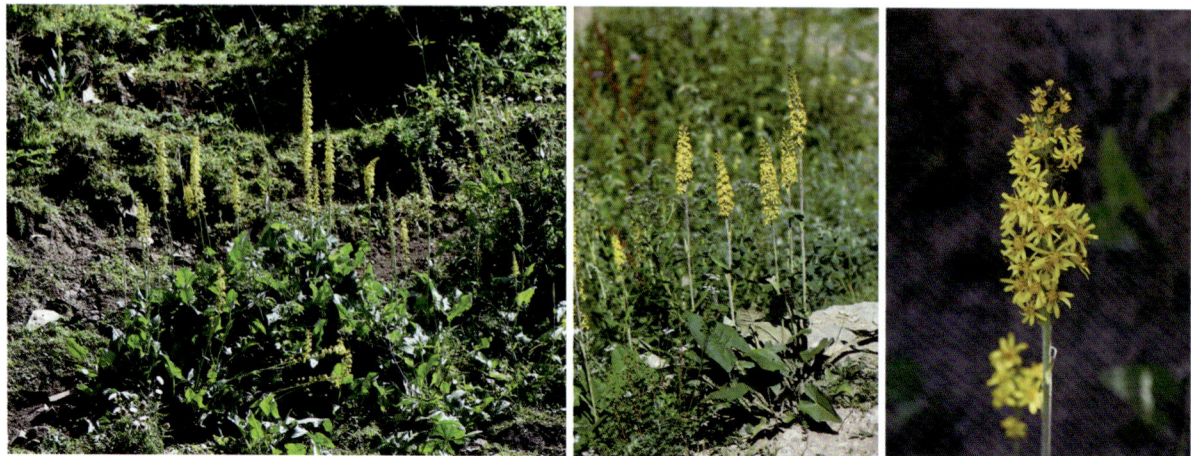

唐古特橐吾

Ligularia tangutorum Pojark.

　　多年生灰绿色草本，高40～100厘米。基生叶具柄，叶柄上部具宽翅，叶片宽卵形或椭圆形，长6～21厘米，宽3～13厘米，无毛，基部突然狭窄成宽翅，叶缘具小齿或粗波状牙齿；中上部茎叶稍小，基部抱茎。总状花序长15厘米，疏松；头状花序多；总苞陀螺形；总苞片8～10枚，2层；舌状花6～10个，黄色，舌片长圆形；管状花多数。

　　产于旗布沟、章巴库沟、小阿角沟、八十沟、拉力沟。生于海拔2760～3100米阴坡、灌丛。

黄帚橐吾

Ligularia virgaurea (Maxim.) Mattf.

　　多年生灰绿色草本，高15～80厘米。丛生叶和茎基部叶卵形至长圆状披针形，长3～15厘米，宽1.3～11厘米，全缘至有齿，基部突然狭缩，下延成翅柄，两面光滑；茎生叶小，无柄。总状花序密集，或上部密集而下部疏离；头状花序辐射状；总苞陀螺形或杯状；总苞片10～14枚，2层；舌状花5～14个，黄色，舌片狭椭圆形；管状花多数。

　　产于章巴库沟、三角石沟、八十沟、桑布沟、扎路沟、车路沟。生于海拔2800～3200米河滩、草地及灌丛。

疏序黄帚橐吾

Ligularia virgaurea (Maxim.) Mattf. var. oligocephala (R. D. Good) S. W. Liu

　　与黄帚橐吾的区别：植物较矮小；头状花序通常单生，或少数组成松散的总状花序。

　　产于扎路沟、光盖山。生于海拔3100～3800米高山草地。

喜马拉雅垂头菊

Cremanthodium decaisnei C. B. Clarke

　　多年生草本，高6～25厘米。丛生叶与茎基部叶肾形，长5～45毫米，宽9～50毫米，边缘具不整齐浅圆钝齿，稀浅裂，上面光滑，下面有密的褐色柔毛，叶柄长3～14厘米，基部有窄鞘；茎中上部叶常1～2枚，有柄或无柄，叶片小或减退。头状花序单生，下垂，辐射状；总苞半球形，被褐色柔毛，长7～15毫米，宽1～2厘米；总苞片8～12枚，2层；舌状花黄色，舌片长1～2厘米，先端具3齿；管状花多数。

　　产于扎路沟、光盖山。生于海拔3600～3800米高山草地、高山流石滩。

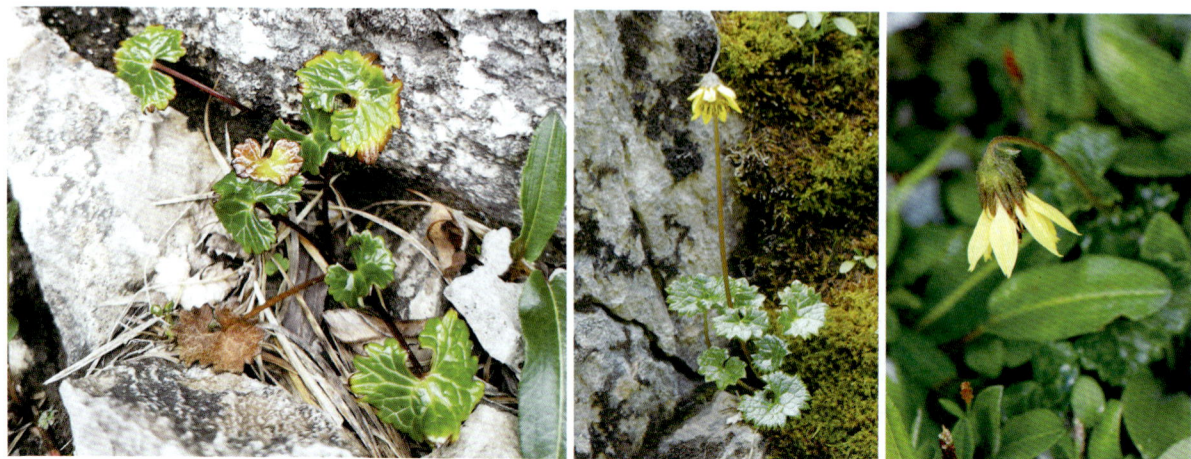

褐毛垂头菊

Cremanthodium brunneo-piloesum S. W. Liu

多年生草本，全株灰绿色或蓝绿色。丛生叶多达7枚，与茎下部叶均具宽柄，柄基部具宽鞘，叶片长椭圆形至披针形，长6～40厘米，宽2～8厘米，全缘或有骨质小齿；茎中上部叶4～5枚，向上渐小，基部具鞘；最上部茎生叶苞叶状。头状花序辐射状，下垂，1～13个，通常排列成总状花序，偶有单生；总苞半球形，被密的褐色长柔毛；总苞片10～16枚，2层；舌状花黄色，舌片线状披针形；管状花多数，褐黄色。

产于华尔盖沟。生于海拔3200米左右草地。

小舌垂头菊

Cremanthodium microglossum S. W. Liu

矮小草本，高4～15厘米。丛生叶卵形或宽卵形，长1～3厘米，全缘，两面被白色和黑色柔毛，叶柄紫褐色，长4～14厘米，基部鞘状；茎上部叶卵形或卵状长圆形，基部半抱茎；茎下部叶鳞片状。头状花序单生；总苞半球形，密被黑色和白色柔毛；总苞片9～12枚，1层；边花舌状或细管状，舌片白色，线形，短于总苞；管状花多数，桔黄色。

产于扎路沟、光盖山。生于海拔3900～4030米高山草地和多石砾山坡。

矮垂头菊
Cremanthodium humile Maxim.

多年生草本，高 5～20 厘米。无丛生叶丛；茎下部叶卵形或卵状长圆形，有时近圆形，长 0.7～6 厘米，宽 1～4 厘米，全缘或具浅齿，上面光滑，下面密被白色柔毛，叶柄长 2～14 厘米，基部略呈鞘状；茎中上部叶无柄或有短柄，叶片卵形至线形，向上渐小，全缘或有齿，下面密被白色柔毛。头状花序单生，下垂，辐射状；总苞半球形，密被的黑色和白色柔毛；总苞片 8～12 枚，1 层；舌状花黄色，椭圆形，伸出总苞之外；管状花黄色，多数。

产于扎路沟、光盖山。生于海拔 3900～4030 米高山流石滩。

盘花垂头菊
Cremanthodium discoideum Maxim.

多年生草本，高 15～30 厘米。丛生叶和茎基部叶卵状长圆形或卵状披针形，长 1.5～4 厘米，宽 0.7～1.5 厘米，全缘，稀有小齿，两面光滑，叶柄长 1～6 厘米，基部鞘状；茎生叶少，下部叶披针形，半抱茎，上部叶线形。头状花序单生，下垂，盘状；总苞半球形，被密的黑褐色长柔毛；总苞片 8～10 枚，2 层；小花多数，紫黑色，全部管状。

产于扎路沟。生于海拔 3320 米左右草坡、高山流石滩。

条叶垂头菊
Cremanthodium lineare Maxim.

　　多年生草本，全株蓝绿色，高达45厘米。丛生叶和茎基部叶线形或线状披针形，长达23厘米，全缘，两面光滑；茎生叶多数，披针形至线形，苞叶状。头状花序单生，辐射状，下垂；总苞半球形；总苞片12～14枚，2层；舌状花黄色，舌片长达4厘米；管状花黄色。

　　产于光盖山。生于海拔3600米高山草地和灌丛。

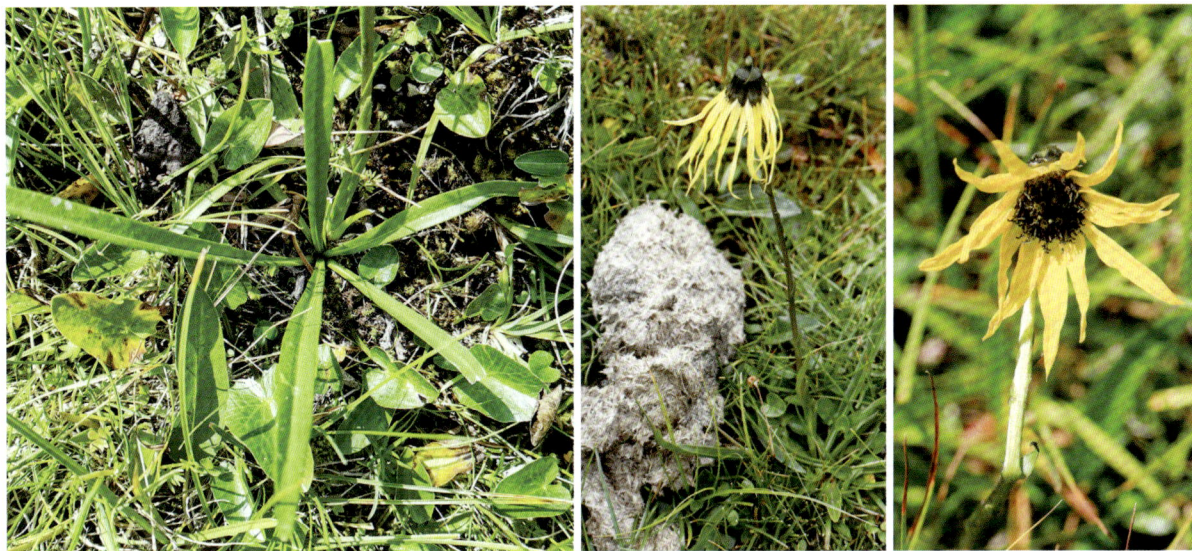

牛蒡
Arctium lappa Linn.

　　二年生草本，高达2米。基生叶宽卵形，边缘具稀疏的浅波状齿或齿尖，基部心形，上面有稀疏短糙毛，下面灰白色或淡绿色，叶柄长；茎生叶与基生叶同形，较小。头状花序在茎枝顶端排成疏松的伞房花序或圆锥状伞房花序；总苞卵球形，直径1.5～2厘米；总苞片多层，多数，顶端有软骨质钩刺；小花紫红色。

　　产于大峪沟、旗布沟、三角石沟、拉力沟、业母沟、色树隆沟、车路沟、郭扎沟。生于海拔2560～3100米山坡、林缘、灌丛、路旁。

黄缨菊
Xanthopappus subacaulis C.Winkl

科 菊科 Asteraceae
属 黄缨菊属 *Xanthopappus*

多年生无茎草本。叶莲座状，坚硬，革质，长椭圆形或线状长椭圆形，长20～30厘米，宽5～8厘米，羽状深裂，裂片边缘具长或短针刺，叶上面绿色，无毛，下面灰白色，被密厚的蛛丝状绒毛；叶柄长达10厘米，基部扩大成鞘。头状花序多达20个，密集成团球状；总苞宽钟状，宽达6厘米；总苞片8～9层，披针形，坚硬，革质，顶端渐尖成芒刺；小花黄色。

产于大峪沟、车巴沟、下巴沟。生于海拔2560～2830米草地、干燥山坡。

刺疙瘩
Olgaea tangutica Iljin

科 菊科 Asteraceae
属 蝟菊属 *Olgaea*

多年生草本，高20～100厘米。基生叶线形或线状长椭圆形，长达33厘米，宽达3厘米，羽状浅裂或深裂，裂片边缘具刺齿；茎生叶与基生叶同形，向上渐小；全部茎叶基部两侧沿茎下延成茎翼，翼缘有三角形刺齿；全部叶及茎翼质地坚硬，革质，下面灰白色，被密厚的茸毛。头状花序单生枝端，或4～5个集生于茎端；总苞钟状，直径3～4厘米；总苞片多层，多数，顶端针刺状渐尖；小花紫色或蓝紫色。

产于下巴沟。生于海拔2650米左右山坡、灌丛、河滩地及荒地。

魁蓟

***Cirsium leo* Nakai et Kitag.**

多年生草本，高40～100厘米。基部和下部茎叶长椭圆形，长10～25厘米，宽4～7厘米，羽状深裂，侧裂片边缘具不等大三角形刺齿，叶柄长达5厘米或无柄；向上的叶渐小，无柄或基部扩大半抱茎；全部叶两面被多细胞长节毛。头状花序在茎枝顶端排成伞房花序，极少单生；总苞钟状，直径达4厘米；总苞片8层，边缘有平展或向下反折的针刺；小花紫色或红色。

产于小阿角沟、旗布沟、三角石沟、博峪沟、拉力沟、色树隆沟、业母沟、车路沟、车巴沟、扎古录。生于海拔2900～3100米草地、林缘、河滩或路旁。

葵花大蓟

***Cirsium souliei* (Franch.) Mattf.**

多年生铺散草本。全部叶基生，莲座状，长椭圆形至倒披针形，羽状浅裂、半裂、深裂至几全裂，长8～21厘米，宽2～6厘米，侧裂片7～11对，边缘有针刺或不等大的三角形刺齿，叶柄长1.5～4厘米；花序梗上的叶小，苞叶状。头状花序多数或少数集生于莲座状叶丛中；花序梗极短或无；总苞宽钟状；总苞片3～5层，边缘有针刺；小花紫红色。

产于桑布沟、扎路沟、车巴沟、华尔盖沟、扎古录。生于海拔2900～3200米路旁、林缘、荒地、河滩地。

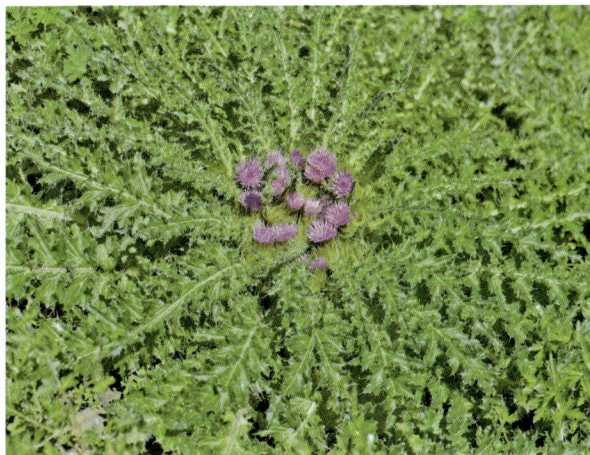

牛口刺
Cirsium shansiense Petrak

多年草本，高0.3～1.5米。中部茎叶卵形至线状长椭圆形，长5～14厘米，宽1～6厘米，羽状浅裂、半裂或深裂，侧裂片3～6对，顶端及边缘有针刺，有柄，或无柄而基部扩大抱茎；向上的叶渐小，有柄或无柄；全部茎叶上面绿色，被多细胞节毛，下面灰白色，被密厚的绒毛。头状花序多数在茎枝顶端排成伞房花序，少有单生；总苞卵球形，直径2～2.5厘米；总苞片7层，顶端有针刺，外面有黑色黏腺；小花粉红色或紫色。

产于大峪沟、八十沟。生于海拔2560～2850米山坡、草地。

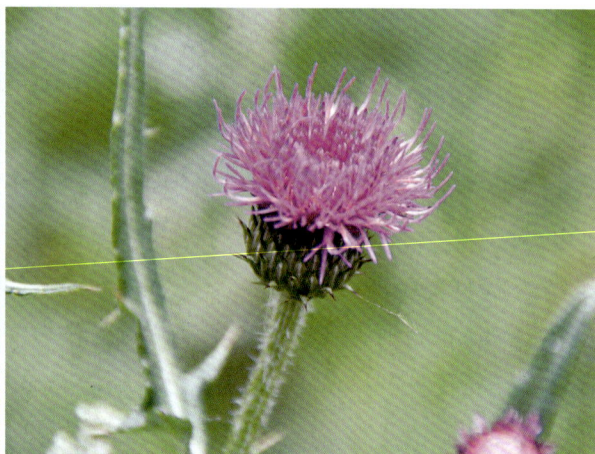

刺儿菜
Cirsium setosum (Willd.) MB.

多年生草本，高30～120厘米。基生叶和中部茎生叶椭圆形至椭圆状倒披针形，长7～15厘米，通常无柄；上部叶渐小，茎生叶均不裂，叶缘有细密针刺，或大部茎叶羽状浅裂或半裂或有粗大圆齿，裂片先端有较长针刺。头状花序单生茎端，或在茎枝顶端排成伞房花序；总苞卵形，直径1.5～2厘米；总苞片约6层，顶端针刺状；小花紫红色或白色。

产于大峪沟、卡车沟、石巴大沟、洮河南岸。生于海拔2560～2900米山坡、河旁或荒地。

飞廉

***Carduus nutans* Linn.**

科 菊科 Asteraceae
属 飞廉属 *Carduus*

二或多年生草本，高30～100厘米。茎枝有条棱，被蛛丝毛和多细胞长节毛。中下部茎叶长卵圆形或披针形，长5～40厘米，宽1.5～10厘米，羽状半裂或深裂，侧裂片斜三角形，顶端及边缘有针刺；向上茎叶渐小，羽状浅裂或不裂；全部茎叶基部两侧沿茎下延成茎翼，茎翼边缘有大小不等的三角形刺齿裂。头状花序通常下垂或下倾，单生茎顶或长分枝的顶端；总苞钟状，直径4～7厘米；总苞片多层，不等长，顶端针刺状；小花紫色。

产于大峪沟、博峪沟、拉力沟、卡车沟、车路沟、车巴沟。生于海拔2600～3100米草地、路旁。

丝毛飞廉

***Carduus crispus* Linn.**

科 菊科 Asteraceae
属 飞廉属 *Carduus*

二或多年生草本，高40～150厘米。茎有条棱，上部有蛛丝状毛。下部茎叶椭圆形或倒披针形，长5～18厘米，宽1～7厘米，羽状深裂或半裂，侧裂片边缘有大小不等的三角形刺齿，或下部茎叶不分裂，边缘具大锯齿或重锯齿；中部茎叶渐小；全部茎叶下面被蛛丝状薄绵毛，两侧沿茎下延成茎翼，茎翼边缘齿裂。头状花序通常3～5个集生于分枝顶端或茎端；总苞卵圆形，直径1.5～2.5厘米；总苞片多层，顶端针刺状；小花红色或紫色。

产于大峪沟、八十沟、博峪沟、卡车沟、车路沟、扎古录。生于海拔2560～2900米草地、荒地、河滩地及林下。

菊科

菊科

3
被子植物

495

缢苞麻花头
Serratula strangulata Iljin

科 菊科 Asteraceae
属 麻花头属 *Serratula*

多年生草本，高40～100厘米。基生叶与下部茎叶长椭圆形至倒披针形，长10～20厘米，宽3～7厘米，羽状深裂，极少不裂而边缘有锯齿，叶柄长4～7厘米；中部茎叶无柄；茎中上部无叶或有1～2线形不裂的小叶。头状花序单生茎顶；花序梗极长或较长；总苞半圆球形，直径2～3.5厘米；总苞片约10层，顶端有刺尖；全部小花两性，紫红色。

产于大峪沟、卡车沟、洮河南岸。生于海拔2560～2850米山坡、草地、路旁。

星状雪兔子
Saussurea stella Maxim.

科 菊科 Asteraceae
属 风毛菊属 *Saussurea*

无茎莲座状草本，全株光滑无毛。叶莲座状，星状排列，线状披针形，长3～19厘米，宽3～10毫米，无柄，全缘，紫红色或近基部紫红色。头状花序无小花梗，多数，在莲座状叶丛中密集成半球形总花序；总苞圆柱形；总苞片5层；小花紫色。

产于八十沟、小阿角沟、扎路沟、车巴沟、光盖山。生于海拔3000～3600米高山草地。

水母雪兔子
Saussurea medusa Maxim.

多年生草本。茎直立，密被白色绵毛。叶密集，下部叶倒卵形、扇形、圆形、长圆形至菱形，连叶柄长达10厘米，基部楔形渐狭成柄，上半部边缘有8～12个粗齿；上部叶渐小，向下反折；最上部叶线形，向下反折，边缘有细齿；全部叶灰绿色，被稠密或稀疏的白色长绵毛。头状花序多数，在茎端密集成半球形的总花序；苞叶线状披针形，两面被白色长绵毛；总苞狭圆柱状；总苞片3层；小花蓝紫色。

产于扎路沟、光盖山。生于海拔3800～4150米多砾石山坡、高山流石滩。

球花雪莲
Saussurea globosa F. H. Chen

多年生草本，高10～60厘米。基生叶长椭圆形或披针形，长13～20厘米，宽1.5～3厘米，边缘有小尖齿，叶柄长达14厘米；茎生叶渐小，线状披针形或线形，无柄；上部苞叶卵状舟形，紫色，膜质。头状花序数个或多数在茎顶排成伞房状总花序，有长的小花梗；总苞钟状或球形；总苞片3～4层，全部或边缘紫红色，外面被白色长柔毛和腺毛；小花紫色。

产于扎路沟、光盖山。生于海拔3200～3700米高山草地。

紫苞雪莲
Saussurea iodostegia Hance

科 菊科 Asteraceae
属 风毛菊属 *Saussurea*

菊科

多年生草本，高30～70厘米。基生叶线状长圆形，长20～35厘米，宽1～5厘米，顶端渐尖，基部渐狭成长7～9厘米的叶柄，柄基鞘状，边缘有稀疏的锐细齿；茎生叶向上渐小，无柄，基部半抱茎；最上部茎叶苞叶状，膜质，紫色，包围总花序。头状花序4～7个，在茎顶密集成伞房状花序；总苞宽钟状；总苞片4层，全部或上部边缘紫色，外面被白色长柔毛；小花紫色。

产于大峪沟、八十沟、章巴库沟、扎路沟、车巴沟。生于海拔2570～3320米山坡草地、林缘。

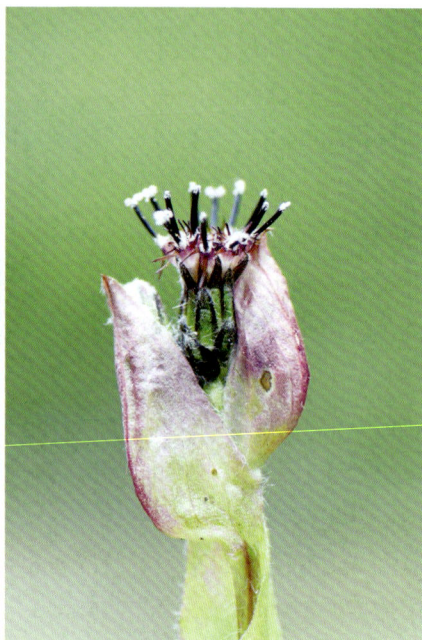

钝苞雪莲
Saussurea nigrescens Maxim.

科 菊科 Asteraceae
属 风毛菊属 *Saussurea*

菊科

多年生草本，高15～45厘米。基生叶线状披针形或线状长圆形，长8～15厘米，宽约1厘米，顶端急尖或渐尖，基部楔形渐狭，边缘有倒生细尖齿；中部和上部茎叶渐小，无柄，基部半抱茎；最上部茎叶小，紫色，不包围总花序。头状花序1～6个在茎顶成伞房状排列；总苞狭钟状；总苞片4～5层，干后黑褐色或深褐色，外面被白色长柔毛；小花紫色。

产于小阿角沟。生于海拔2900～3100米高山草地。

甘肃洮河国家级自然保护区维管植物

498

翼茎风毛菊

Saussurea alata DC.

　　多年生草本，高20～50厘米。茎有宽翼，翼边缘有锯齿或全缘。基生叶有长柄，柄基褐色鞘状扩大，叶片长椭圆形，长10～11厘米，宽1.5～4厘米，大头羽状或羽状浅裂至全裂，极少不裂，中部和下部茎叶渐小；上部茎叶长椭圆形或线状披针形，边缘全缘，无柄。头状花序多数，在茎枝顶端排列成伞房花序或伞房圆锥花序；总苞长圆状；总苞片5层，紫色；小花紫红色。

　　产于大峪沟、拉力沟、粒珠沟、下巴沟。生于海拔2510～3000米山坡、草地。

重齿风毛菊

Saussurea katochaete Maxim.

科 菊科 Asteraceae
属 风毛菊属 *Saussurea*

　　多年生无茎莲座状草本。叶莲座状，椭圆形至卵圆形，长3～9厘米，宽2～4厘米，边缘有细密的尖锯齿或重锯齿，下面白色，被稠密的白色绒毛，叶柄宽，长1.5～6厘米。头状花序单生于莲座状叶丛中，花序梗短或无；总苞宽钟状，直径达4厘米；总苞片4层，边缘紫黑色狭膜质；小花紫色。

　　产于光盖山。生于海拔3700米左右山坡草地、林缘。

小风毛菊
Saussurea minuta C. Winkl.

科 菊科 Asteraceae
属 风毛菊属 *Saussurea*

　　多年生矮小草本。基生叶线形或线状披针形，几革质，长3～7厘米，宽2～4毫米，下面白色，密被白色短柔毛，边缘全缘，反卷，基部有细柄，鞘状扩大；茎生叶少数。头状花序单生茎端；总苞狭钟状；总苞片3～4层，紫色；小花紫蓝色。

　　产于光盖山。生于海拔3700～3800米山坡砾石地。

川甘风毛菊
Saussurea acroura Cummins

科 菊科 Asteraceae
属 风毛菊属 *Saussurea*

　　多年生草本，高40～60厘米。基生叶长圆形，长4～13厘米，宽2～5厘米，羽状全裂，侧裂片长椭圆形，边缘全缘，叶柄长4厘米，柄基鞘状扩大；下部与中部茎叶无柄，基部有抱茎的小耳；上部茎叶渐小。头状花序多数在茎枝顶端排列成伞房花序状；总苞狭圆柱状；总苞片4层；小花粉红色。

　　产于大峪沟、洮河南岸。生于海拔2420～2560米山坡、疏林下。

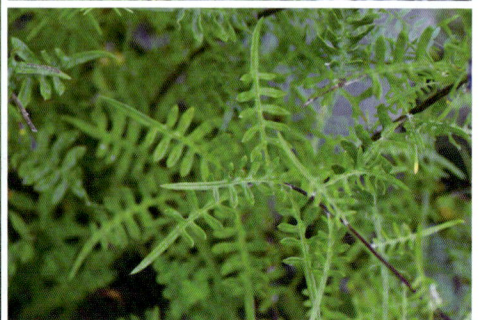

异色风毛菊

Saussurea brunneopilosa Hand.-Mazz.

多年生草本，高7～45厘米。基生叶狭线形，长3～15厘米，边缘全缘，内卷，下面密被白色绢毛；茎生叶与基生叶类似；花序基部有多数星状排列的叶。头状花序单生茎端；总苞近球形，直径约2厘米；总苞片4层，紫褐色，外弯，外面被褐色和白色的长柔毛；小花紫色。

产于扎路沟。生于海拔2800～3400米山坡草地。

拟禾叶风毛菊

Saussurea pseudograminea Y. F. Wang, G. Z. Du et Y. S. Lian

多年生草本，高16～24厘米。茎直立，密被绢毛短柔毛。基生叶线形，长5～17厘米，背面密被毛，叶基部鞘状抱茎，边缘全缘，略向下反卷；茎生叶少，略小。头状花序2～3个，在茎枝顶端成伞房状排列；总苞钟形，直径0.7～1.2厘米；总苞片4～5层，黑紫褐色，被密或疏的长柔毛；小花紫色。

产于八十沟、小阿角沟、扎路沟。生于海拔2800～3300米草地。

直鳞禾叶风毛菊

Saussurea graminea Dunn var. *ortholepis* Hand.-Mazz.

多年生草本，高3～25厘米。茎直立，密被白色绢状柔毛。基生叶狭线形，长3～15厘米，边缘全缘，内卷，下面密被绒毛；茎生叶少数，较短。头状花序单生茎端；总苞钟状，直径1.5～1.8厘米；总苞片4～5层，密或疏被绢状长柔毛；小花紫色。

产于扎路沟、光盖山。生于海拔3700～3900米高山草地。

昂头风毛菊

Saussurea sobarocephala Diels

多年生草本，高20～60厘米。下部与中部茎生叶无柄，叶片披针状长圆形，长8～12厘米，宽1～2厘米，基部沿茎下延成翼，边缘有细尖锯齿，叶两面无毛；上部茎叶渐小。头状花序2～11个，在茎枝顶端排列成伞房状；总苞半球状钟形，直径2～3.5厘米；总苞片4层，通常黑色；小花紫色。

产于旗布沟、扎路沟、光盖山、车巴沟。生于海拔2820～3700米山坡草地及林缘。

弯齿风毛菊
Saussurea przewalskii Maxim.

科 菊科 Asteraceae
属 风毛菊属 *Saussurea*

多年生草本，高6~25厘米。茎粗壮，黑紫色，被白色蛛丝状绵毛。基生叶长椭圆形，长8~15厘米，宽1~2厘米，羽状浅裂或半裂，侧裂片三角形，叶基部渐狭成翼柄，柄基鞘状扩大；茎生叶3~4枚，渐小；接花序下部的叶线状披针形，无柄，羽状浅裂或半裂；全部叶下面灰白色，被稠密的白色蛛丝状绒毛。头状花序小，6~8个集聚于茎端，排成球形的总花序；总苞卵形；总苞片5层，黑紫色；小花紫色。

产于旗布沟、扎路沟、光盖山。生于海拔3270~3760米山坡灌丛草地、流石滩、林缘。

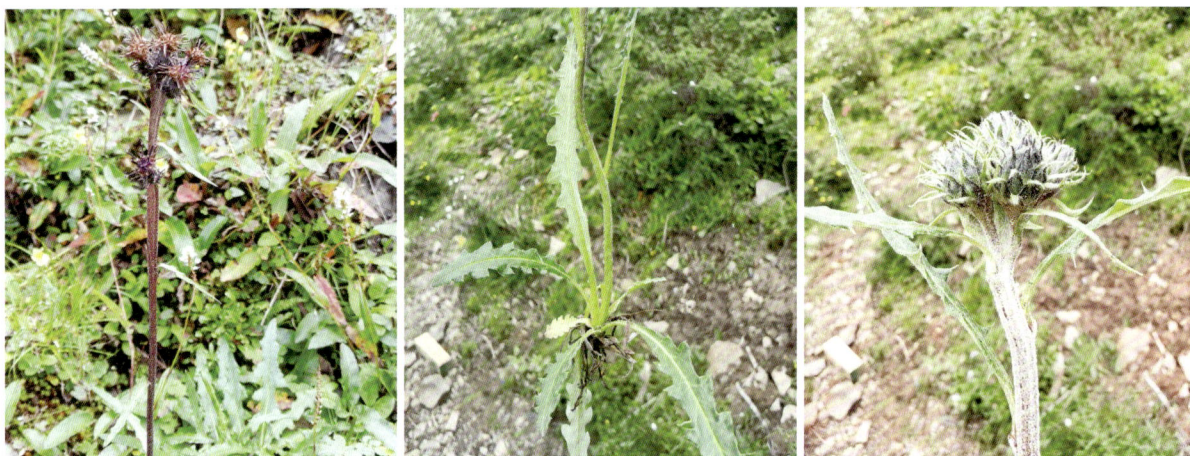

沙生风毛菊
Saussurea arenaria Maxim.

科 菊科 Asteraceae
属 风毛菊属 *Saussurea*

多年生草本，高3~7厘米。叶莲座状，长圆形或披针形，长4~11厘米，宽1.2~3.5厘米，基部渐狭成1.5~4厘米的叶柄，边缘全缘或微波状或有尖锯齿，下面灰白色，密被白色绒毛。头状花序单生于莲座状叶丛中；总苞宽钟状，直径2~3厘米；总苞片5层；小花紫红色。

产于扎路沟、业母沟、光盖山。生于海拔3000~3800米山坡、草地或沙地。

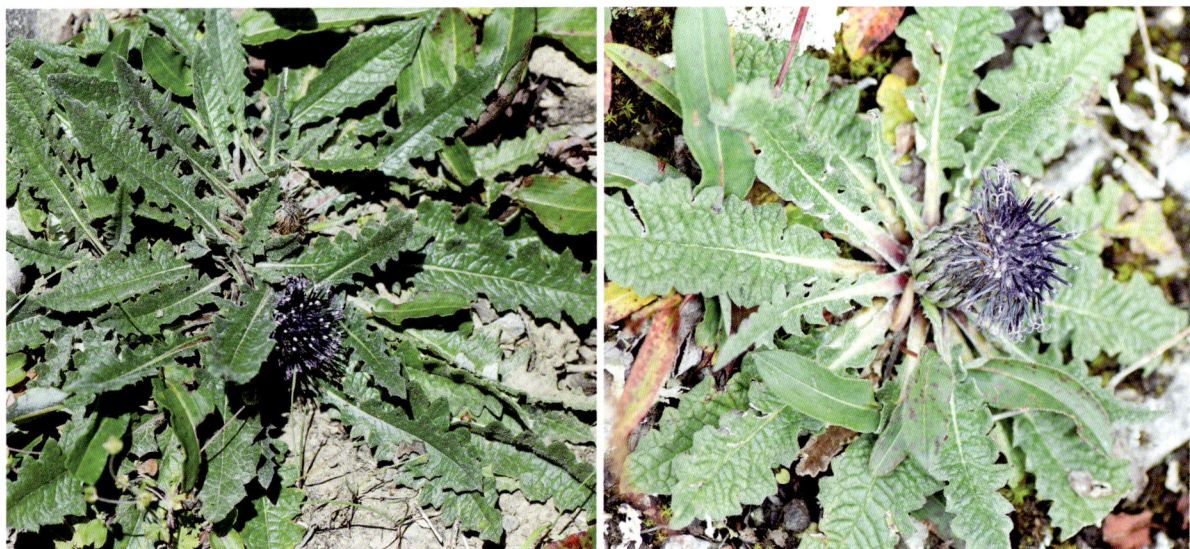

甘肃风毛菊

Saussurea kansuensis Hand.-Mazz.

多年生无茎草本。叶莲座状，宽线形，长6～14厘米，宽1～2厘米，羽状全裂，叶下面灰白色，被稠密的白色绒毛；叶柄长1～2厘米。头状花序单生于莲座状叶丛中；总苞钟状，直径2～3厘米；总苞片4层，无毛；小花深紫色。

产于八十沟、小阿角沟、三角石沟、桑布沟、扎路沟、色树隆沟、车巴沟。生于海拔2800～3100米草坡。

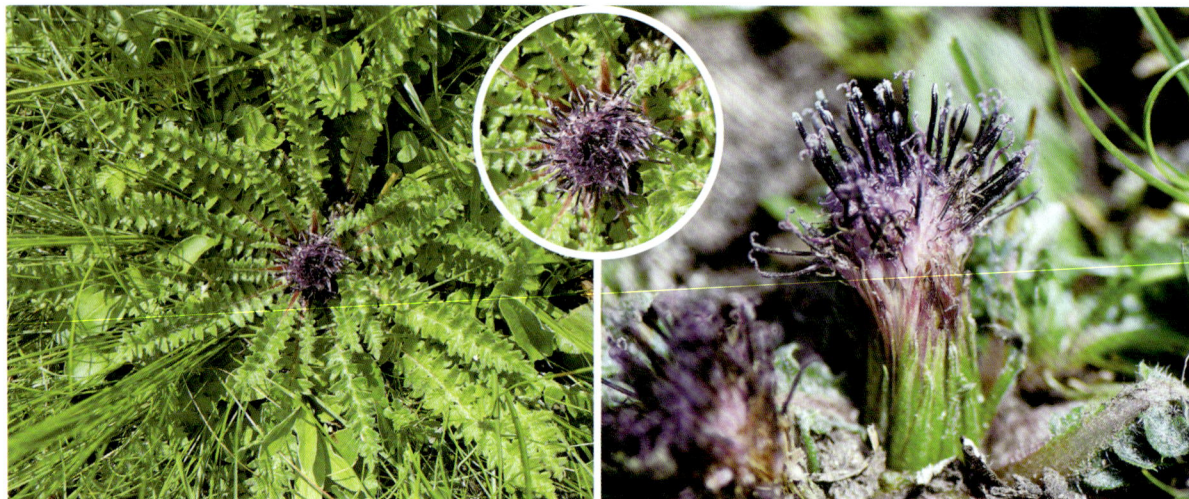

杨叶风毛菊

Saussurea populifolia Hemsl.

多年生草本，高30～90厘米。基生叶花期枯萎；下部与中部茎叶心形或卵状心形，长5～11厘米，宽3～8厘米，顶端渐尖或长渐尖，基部心形或圆形，边缘有锯齿，叶上面密被糙毛，叶柄长2～8厘米；上部茎叶有短柄或几无柄，渐小。头状花序单生茎端或茎生2个头状花序；总苞宽钟状，直径2～2.5厘米；总苞片5～7层，带紫色；小花紫色。

产于桑布沟。生于海拔3000米左右山坡草地。

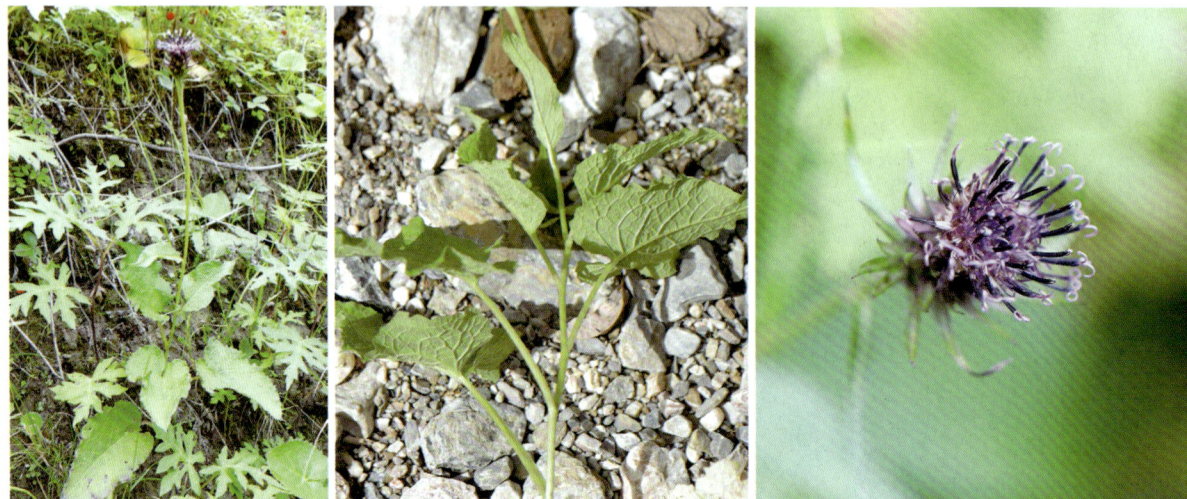

蒙古风毛菊

Saussurea mongolica (Franch.) Franch.

多年生草本，高30～90厘米。下部茎叶有长柄，柄长达16厘米，叶片卵状三角形或卵形，长5～20厘米，宽3～6厘米，羽状深裂，或下半部羽状深裂或浅裂，而上半部边缘有粗齿；中上部茎叶同形；全部叶两面绿色，下面色淡。头状花序多数，在茎枝顶端排成伞房花序或伞房圆锥花序；总苞长圆状；总苞片5层，顶端有马刀形的附属物，附属物长渐尖，反折；小花紫红色。

产于洮河南岸。生于海拔2410～2510米山坡、林下、灌丛、路旁及草地。

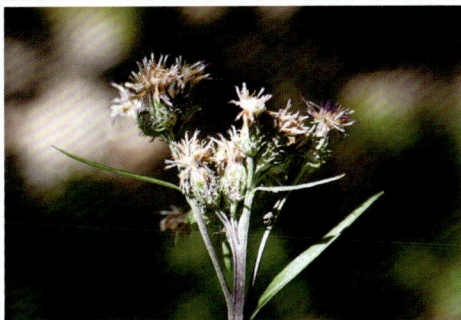

洮河风毛菊

Saussurea pseudobullockii Lipsch.

多年生草本，高25～30厘米。下部茎叶有柄，叶片三角状披针形，长9.5厘米，宽2厘米，基部不明显心形或近戟形或截形，边缘有锯齿；中部茎叶有短柄；上部茎叶渐小；最上部茎叶苞片状；全部叶几革质，两面绿色，几无毛。头状花序多数，在茎枝顶端排成伞房状圆锥花序；总苞倒圆锥形；总苞片4～5层，被蛛丝毛；小花紫色。

产于峪沟、车路沟。生于海拔2560～2900米草地。

大耳叶风毛菊
Saussurea macrota Franch.

多年生草本，高25～75厘米。基生叶花期凋落；下部与中部茎叶无柄，叶片椭圆形，长10～22厘米，宽3～6厘米，基部深心形，有抱茎的大叶耳；上部茎叶渐小，无柄；全部叶边缘有疏齿。头状花序2～10个在茎枝顶端排成稠密的伞房花序；总苞卵球形；总苞片5～6层，边缘及顶端常紫红色或褐色；小花深紫色。

产于大峪沟、八十沟、三角石沟、博峪沟、车巴沟、粒珠沟、洮河南岸。生于海拔2560～3100米山坡、林下及灌丛中。

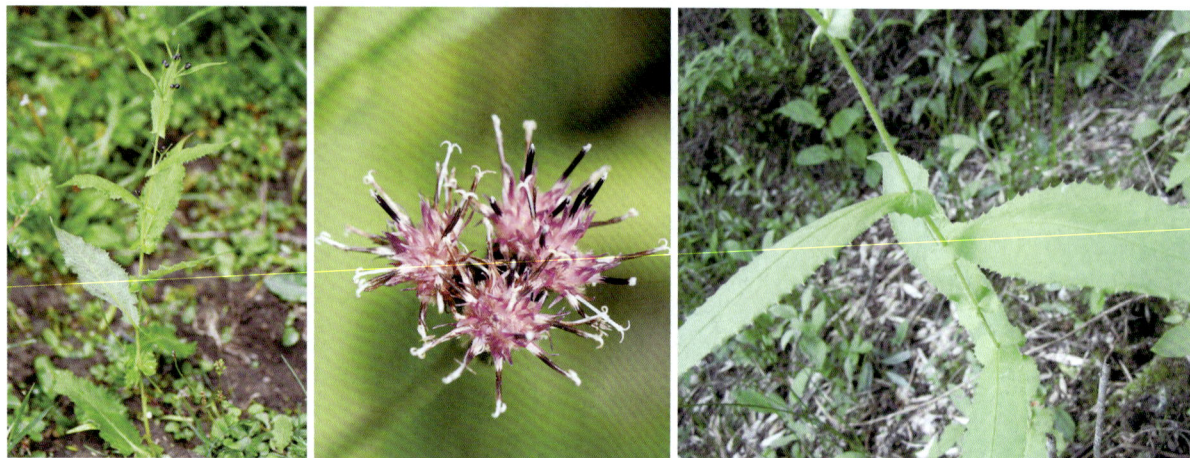

长毛风毛菊
Saussurea hieracioides Hook.

多年生草本，高5～35厘米。茎直立，密被白色长柔毛。基生叶莲座状，椭圆形，长4.5～15厘米，宽2～3厘米，边缘全缘或有不明显的稀疏浅齿，基部渐狭成具翼的短叶柄；茎生叶与基生叶同形至线形，无柄；全部叶两面被稀疏的长柔毛。头状花序单生茎顶；总苞宽钟状，直径2～3.5厘米；总苞片4～5层，全部或边缘黑紫色，密被长柔毛；小花紫色。

产于八十沟、卡车沟、扎路沟、业母沟、色树隆沟、车巴沟。生于海拔2820～3350米高山草地。

柳叶菜风毛菊

Saussurea epilobioides Maxim.

多年生草本，高25～60厘米。基生叶花期脱落；下部及中部茎叶无柄，线状长圆形，长8～10厘米，宽1～2厘米，顶端长渐尖，基部渐狭成深心形而半抱茎的小耳，边缘有具长尖头的齿；上部茎叶渐小。头状花序多数，在茎端排成密集的伞房花序；总苞钟状；总苞片4～5层，外层和中层顶端有黑绿色钻状附属物；小花紫色。

产于旗布沟、三角石沟、博峪沟、扎路沟、车巴沟、光盖山。生于海拔2820～3150米山坡、荒滩、灌丛及草地。

小花风毛菊

Saussurea parviflora (Poir.) DC.

多年生草本，高30～100厘米。茎有狭翼。基生叶花期凋落；下部茎叶椭圆形，长8～30厘米，宽1.5～4厘米，顶端渐尖，基部沿茎下延成狭翼，有翼柄，边缘有锯齿；中部茎叶披针形或椭圆状披针形；上部茎叶渐小，披针形或线状披针形，无柄。头状花序多数在茎枝顶端排列成伞房状花序；总苞钟状；总苞片5层，顶端或全部暗黑色；小花紫色。

产于八十沟、拉力沟、业母沟、色树隆沟、郭扎沟、车路沟。生于海拔2850～3100米草地、灌丛、林下或石缝中。

牛耳风毛菊
Saussurea woodiana Hemsl.

科 菊科 Asteraceae
属 风毛菊属 Saussurea

　　多年生矮小草本。茎直立，黑褐色，无毛。基生叶莲座状，宽椭圆形至倒披针形，长5.5～20厘米，宽1.3～7厘米，基部渐狭成短翼柄，边缘有稀疏的锯齿或全缘，叶上面绿色，被腺毛，下面白色或褐色，密被绒毛；茎生叶1～3枚，与基生叶同形。头状花序单生茎顶；总苞钟状，直径2～2.5厘米；总苞片5～6层，边缘紫色，外面被稠密的淡黄色长柔毛；小花紫色。

　　产于旗布沟。生于海拔3600米左右山坡草地。

变裂风毛菊
Saussurea variiloba Ling

科 菊科 Asteraceae
属 风毛菊属 Saussurea

　　多年生草本，高60～100厘米。下部茎叶花期枯萎脱落；中部茎叶椭圆状披针形，长18厘米，宽4.5厘米，基部下延或耳状抱茎，边缘不规则莛齿状羽状浅裂或为不规则大头羽状浅齿或缺刻状锯齿，叶上面有短糙毛，下面被薄蛛丝毛；上部茎叶线状披针形；最上部茎叶线形，边缘具尖锐疏齿或全缘。头状花序在茎顶排列成伞房花序；总苞卵状；总苞片6层，顶端紫红色；小花紫色。

　　产于大峪沟、洮河南岸。生于海拔2560米左右山坡、林下。

华帚菊

Pertya sinensis Oliv.

　　落叶灌木。有长短枝。长枝上的叶互生，长圆状披针形至披针形，长3～5厘米，宽12～15毫米，全缘；短枝上的叶4～6片簇生，长圆状披针形或狭椭圆形，大小不等。头状花序单生于短枝叶丛中，雌雄异株；雌头状花序于花期长约10毫米，具花4～5朵；雄头状花序略短，具花9～12朵；总花梗极纤细，长2～3厘米；总苞狭钟形；总苞片4～5层。

　　产于八十沟。生于海拔2840米左右山坡、溪边灌丛或林中。

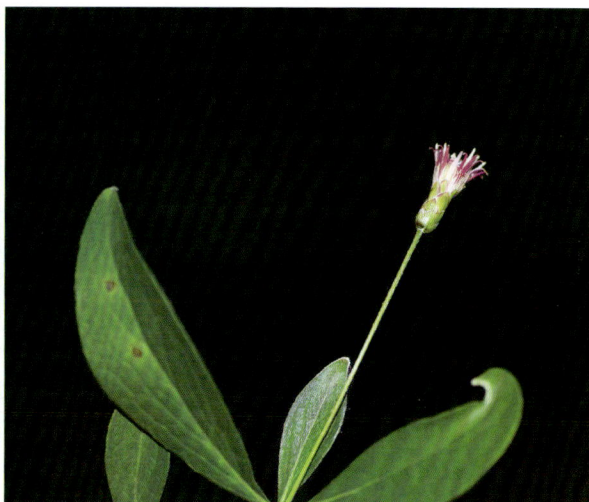

大丁草

Gerbera anandria (Linn.) Sch.-Bip.

　　多年生草本，植株具春秋二型之别，秋型者植株较高。叶基生，莲座状，形状多变异，长2～6厘米，宽1～3厘米，秋型者叶片大，边缘具齿、深波状或琴状羽裂，顶裂片大，叶下面密被蛛丝状绵毛；叶柄长2～4厘米或更长。花葶单生或数个丛生，直立或弯垂，纤细，秋型者花葶长达30厘米；头状花序单生；总苞片约3层，顶端带紫红色；雌花花冠舌状，舌片长圆形，带紫红色，秋型者雌花管状二唇形，无舌片；两性花花冠管状二唇形。

　　产于下巴沟。生于海拔2830米左右灌丛或岩石上。

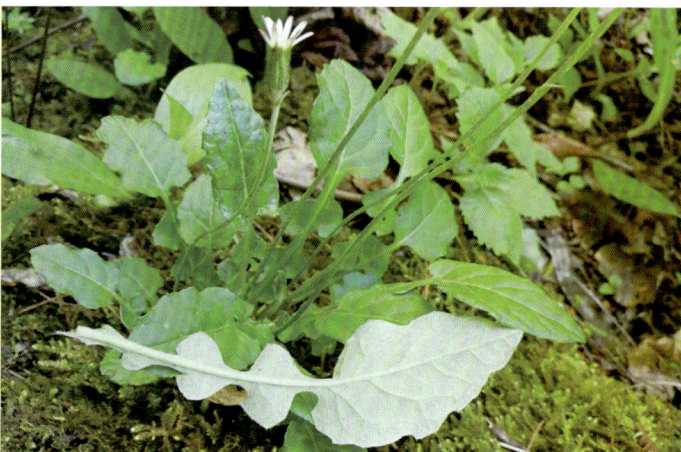

鸦葱
***Scorzonera austriaca* Willd.**

多年生草本，高10～42厘米。基生叶线形至长椭圆形，长3～35厘米，宽0.2～2.5厘米，下部渐狭成具翼的长柄，柄基鞘状扩大；茎生叶少数，2～3枚，鳞片状，基部心形，半抱茎。头状花序单生茎端；总苞圆柱状，直径1～2厘米；总苞片约5层，外面光滑无毛；舌状小花黄色。

产于加当湾。生于海拔2540米左右山坡、草地。

长喙婆罗门参
***Tragopogon dubius* Scopoli**

二年生草本，全株具乳汁。基生叶丛生，线形或线状披针形，基部扩展半抱茎。头状花序单生，大；总苞2层，线状披针形，明显超出花；舌状花黄色。瘦果具长喙，冠毛污白色或带黄色。

产于大峪沟、冰角村、洮河沿岸。生于海拔2500～2600米路边荒地。

日本毛连菜

Picris japonica Thunb.

科 菊科 Asteraceae
属 毛连菜属 *Picris*

多年生草本，高30～120厘米。茎枝被钩状黑色硬毛。基生叶花期枯萎，脱落；下部茎叶倒披针形或椭圆状披针形，长12～20厘米，宽1～3厘米，基部渐狭成有翼的柄，边缘有齿或浅波状；中部叶披针，无柄，基部稍抱茎；上部茎叶渐小，线状披针形；全部叶两面被分叉的钩状硬毛。头状花序多数在茎枝顶端排成伞房花序或伞房圆锥花序；总苞圆柱状钟形；总苞片3层，黑绿色，外面被黑色硬毛；舌状小花黄色。

产于大峪沟、卡车沟。生于海拔2560～2900米草地、路旁。

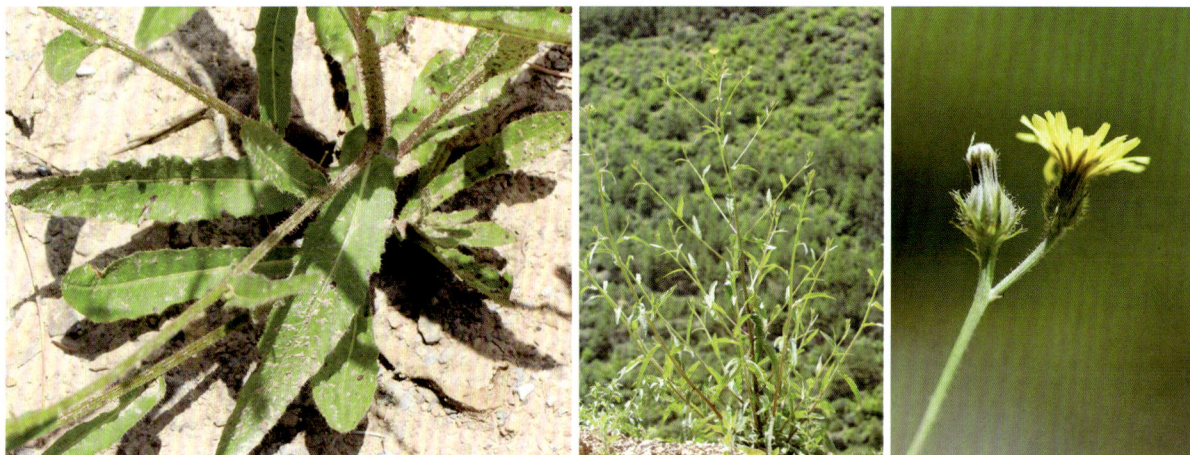

苦苣菜

Sonchus oleraceus Linn.

科 菊科 Asteraceae
属 苦苣菜属 *Sonchus*

一或二年生草本，高40～150厘米。基生叶叶形变异大，羽状深裂、大头羽状深裂或不裂，基部渐狭成翼柄；中下部茎叶羽状深裂，椭圆形或倒披针形，基部急狭成翼柄，柄基耳状抱茎；全部叶或裂片边缘有大小不等的锯齿。头状花序少数在茎枝顶端排成紧密的伞房花序或总状花序或单生；总苞宽钟状，长1.5厘米；总苞片3～4层；舌状小花多数，黄色。

产于大峪沟。生于海拔2600米左右山坡、草地。

弯茎还阳参
Crepis flexuosa (Ledeb.) C. B. Clarke

多年生草本，高3～30厘米。茎自基部分枝，分枝铺散或斜升。基生叶及下部茎叶倒披针形至线形，基部渐狭或急狭成柄，边缘羽状深裂、半裂或浅裂；中部与上部茎叶渐小，无柄或有短柄。头状花序多数或少数在茎枝顶端排成伞房状花序；总苞狭圆柱状；总苞片4层，果期黑色或淡黑绿色；舌状小花黄色。

产于下巴沟。生于海拔2800米山坡、河滩、多石地。

川西黄鹌菜
Youngia pratti (Babcock) Babcock et Stebbins

多年生草本，高15～50厘米。基生叶倒披针形或长椭圆形，长5.5～12.5厘米，宽1～3厘米，基部渐狭成翼柄，大头羽状或倒向羽状浅裂、半裂或深裂；茎生叶同形，或中上部茎叶狭线形，不分裂。头状花序多数或少数在茎枝顶端排成伞房花序或伞房圆锥花序，约含11枚舌状小花；总苞狭圆柱状；舌状小花黄色。

产于八十沟、小阿角沟、章巴库沟。生于海拔2800～3000米山坡灌丛或草地。

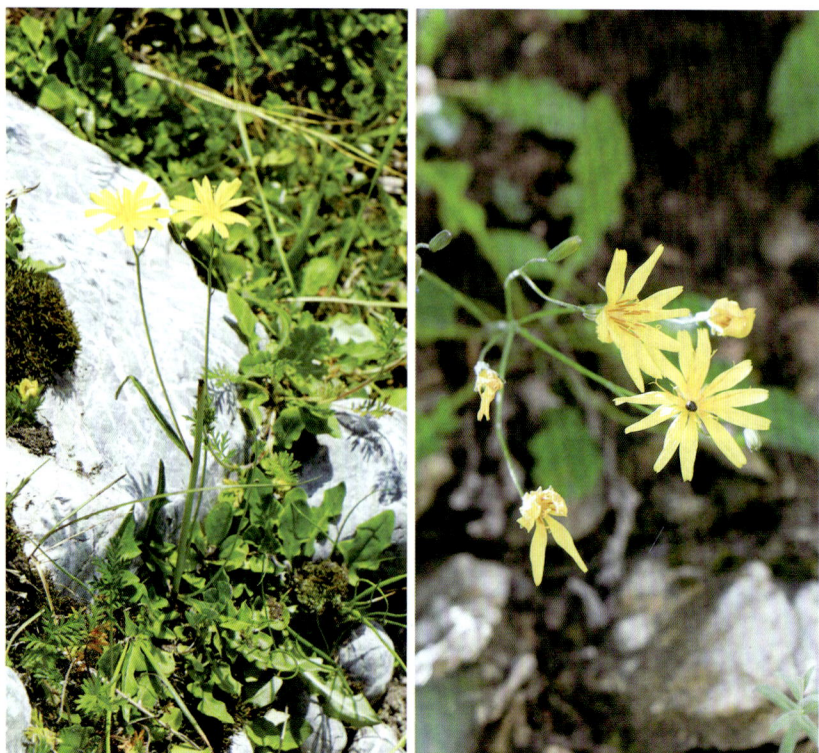

福王草

Prenanthes tatarinowii Maxim.

多年生高大草本，高0.5～1.5米。中下部茎叶心形或卵状心形，不裂，有长柄，或大头羽状全裂；向上的茎叶渐小，有短柄；全部叶两面被稀疏的膜片短刚毛。头状花序含5枚舌状小花，多数沿茎枝排成疏松的圆锥状花序或少数沿茎排列成总状花序；总苞狭圆柱状；总苞片3层；舌状小花紫色或粉红色，极少白色或黄色。

产于拉力沟。生于海拔2600米左右林缘、林下、草地。

空桶参

Soroseris erysimoides (Hand.-Mazz.) Shih

多年生草本，高5～30厘米。茎单生，圆柱状，粗0.5～1.5厘米。叶多数，沿茎螺旋状排列；中下部茎叶线形或线状长椭圆形，边缘全缘；上部茎叶渐小。头状花序多数，在茎端集成团伞状花序；总苞狭圆柱状；总苞片2层；舌状小花黄色，4枚。

产于旗布沟、扎路沟。生于海拔3250～3600米高山灌丛、草地或流石滩。

绢毛苣
Soroseris glomerata (Decne.) Stebbins

多年生草本，高3～20厘米。地上茎极短，被稠密的莲座状叶。鳞片状叶卵形或长披针形，长0.7～1.5厘米，宽3～5毫米；莲座状叶匙形、宽椭圆形或倒卵形，基部渐狭成翼柄，边缘全缘或有极稀疏的微齿。头状花序多数，在莲座状叶丛中集成团伞花序；总苞狭圆柱状；总苞片2层；舌状小花4～6枚，黄色，极少白色或粉红色。

产于光盖山。生于海拔3900～4000米高山流石滩、高山草地。

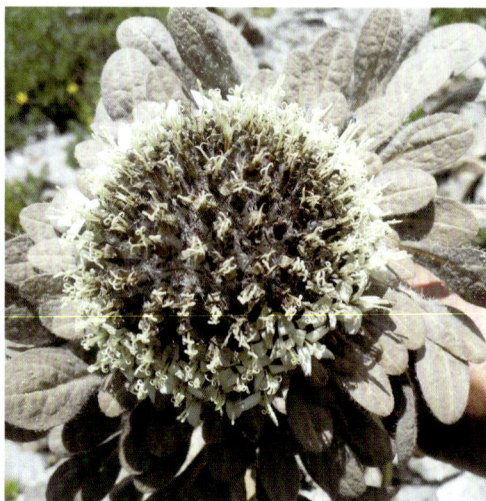

苦荬菜
Ixeris polycephala Cass.

一年生草本，高10～80厘米。基生叶花期生存，线形或线状披针形，包括叶柄长7～12厘米，宽5～8毫米，基部渐狭成柄；中下部茎叶披针形或线形，基部箭头状半抱茎；向上或最上部的叶渐小，基部箭头状半抱茎或收窄；全部叶两面无毛，边缘全缘。头状花序多数，在茎枝顶端排成伞房状花序；总苞圆柱状，长5～7毫米；总苞片3层；舌状小花黄色，极少白色，10～25枚。

产于大峪沟、卡车沟。生于海拔2550～2650米林缘、灌丛、草地、路旁。

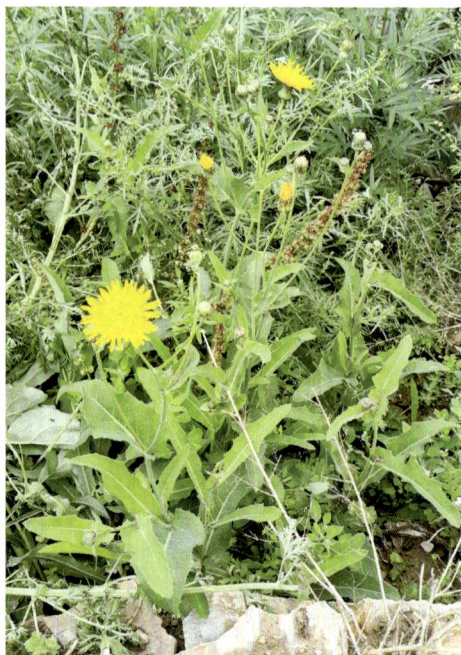

川甘毛鳞菊
Chaetoseris roborowskii (Maxim.) Shih

多年生草本，高20～90厘米。基生叶大头羽裂或羽状深裂或几全裂，长4.5～10厘米，宽1.5～3厘米；中下部茎叶与基生叶同形，有翼柄，基部耳状扩大；最上部茎叶小，不裂，无柄，基部箭头状或小耳状；全部叶两面无毛。头状花序多数，在茎枝顶端排成圆锥状花序；总苞圆柱状；总苞3～4层，紫红色；舌状小花10～12枚，紫红色。

产于卡车沟。生于海拔2650～2750米林下、灌丛或草地。

多裂蒲公英
Taraxacum dissectum (Ledeb.) Ledeb.

多年生草本。叶线形，很少披针形，长2～5厘米，宽3～10毫米，羽状全裂，顶端裂片长三角状戟形，每侧裂片3～7片。花莛1～6个，长于叶；头状花序直径10～25毫米；总苞钟状；总苞片绿色，无角；舌状花黄色。

产于小阿角沟、章巴库沟。生于海拔3600米高山草地。

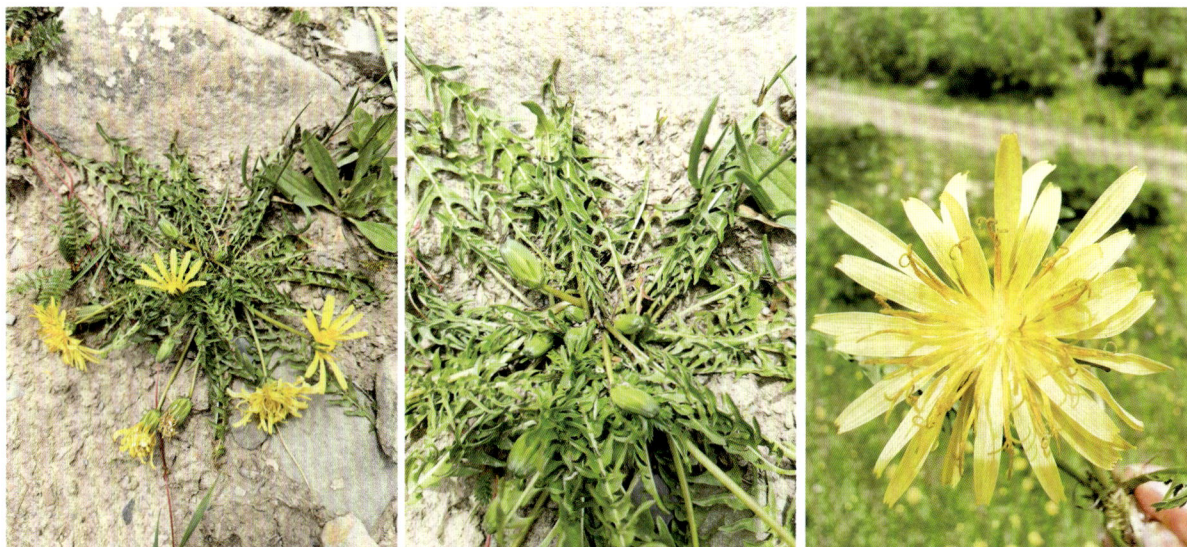

蒲公英
Taraxacum mongolicum **Hand.-Mazz.**

多年生草本。叶倒卵状披针形或长圆状披针形，长4~20厘米，宽1~5厘米，边缘有时具波状齿或羽状深裂，有时倒向羽状深裂或大头羽状深裂，裂片三角形。花莛1至数个，上部紫红色，密被蛛丝状白色长柔毛；头状花序直径3~4厘米；总苞钟状；总苞片2~3层；舌状花黄色。

保护区广布。生于海拔2500~3700米草地、路边、田野、河滩。

大头蒲公英
Taraxacum calanthodium **Dahlst.**

多年生草本。叶宽披针形或倒卵状披针形，长7~20厘米，宽1.2~3厘米，羽状深裂，侧裂片三角形，平展或倒向，顶端裂片较大。花莛数个，高达25厘米；头状花序大，直径5~6厘米；总苞大，长15~20毫米；舌状花黄色。

产于大峪沟、小阿角沟、旗布沟、章巴库沟、拉力沟、业母沟、色树隆沟、车路沟、车巴沟、光盖山。生于海拔2600~3600米高山草地、山坡。

主要参考文献

黄大燊. 甘肃植被 [M]. 兰州：甘肃科学技术出版社, 1997.

王文采. 甘肃乌头属二新种 [J]. 植物研究, 2015, 35(4): 481–483.

张耀甲, 蒲训, 孙纪周, 等. 甘肃洮河流域种子植物区系的初步研究 [J]. 云南植物研究, 1997, 19(1): 15–22.

中国科学院北京植物研究所. 中国高等植物图鉴 (第 1–5 册) [M]. 北京：科学出版社, 1972–1983.

中国植物志编辑委员会. 中国植物志 [M]. 北京：科学出版社, 1959–2004.

CONG Y Y, XIANG Y L, LIU K M. *Impatiens quadriloba* sp. nov. (Balsaminaceae) from Sichuan, China[J]. Nordic Journal of Botany, 2010, 28: 309–312.

WANG Y F, LI Q J, DU G Z, *et al. Saussurea pseudograminea* sp. nov. (Asteraceae) from the Qinghai–Tibetan plateau, China[J]. Nordic Journal of Botany, 2014, 32: 185–189.

WANG Y W, LIDEN M, LIU Q R, *et al. Corydalis pinnatibracteata* (Fumariaceae), a new species from Qinghai, China[J]. Annales Botanici Fennici, 2003, 40: 295–298.

中文名索引

A

阿拉伯婆婆纳　404
阿拉善马先蒿　420
矮垂头菊　490
矮火绒草　460
矮箭竹　066
矮脚锦鸡儿　283
矮金莲花　171
矮茎囊瓣芹　342
矮麻黄　062
矮五加　333
矮泽芹　339
暗绿紫堇　209
昂头风毛菊　502
凹舌兰　118

B

巴山冷杉　054
巴天酸模　151
白背铁线蕨　036
白草　085
白花草木樨　304
白花刺参　447
白花枝子花　393
白花酢浆草　308
白桦　137
白蓝翠雀花　178
白氏马先蒿　409
斑花黄堇　209
半裸茎黄堇　210
半扭卷马先蒿　422
苞芽粉报春　364
薄荷　398
薄蒴草　165
薄雪火绒草　458
薄叶铁线莲　192
宝盖草　395
宝兴百合　097
抱茎獐牙菜　379
北艾　474
北方拉拉藤　432
北京铁角蕨　040
北水苦荬　407
北天门冬　106
贝加尔唐松草　183
萹蓄　143
扁刺蔷薇　277
扁果草　181
变裂风毛菊　508

变异铁角蕨　041
藨草　086
冰川蓼　146
冰岛蓼　142
并头黄芩　391
播娘蒿　223
布袋兰　115

C

糙草　387
糙果紫堇　207
糙皮桦　137
糙苏　394
糙野青茅　078
草地老鹳草　311
草莓状马先蒿　417
草木樨　305
草木樨状黄耆　291
草问荆　051
昌都耳蕨　046
长瓣铁线莲　190
长苞黄花棘豆　294
长苞香蒲　064
长柄唐松草　184
长刺茶藨子　246
长萼裂黄耆　286
长梗喉毛花　377
长梗金腰　240
长梗微孔草　384
长梗蝇子草　166
长果茶藨子　247
长果婆婆纳　405
长花马先蒿管状变种　426
长花天门冬　106
长喙婆罗门参　510
长茎藁本　347
长芒草　083
长毛风毛菊　506
长叶毛花忍冬　443
长柱沙参　452
长籽柳叶菜　330
朝天委陵菜　271
车前　429
车轴草　433
橙黄虎耳草　236
橙舌狗舌草　480
齿瓣凤仙花　319
齿叶薯　466
赤飑　449

稠李　282
臭蒿　473
川贝母　095
川藏沙参　453
川赤芍　170
川滇柳　133
川鄂党参　450
川鄂乌头　176
川甘风毛菊　500
川甘韭　098
川甘毛鳞菊　515
川青黄耆　290
川西翠雀花　179
川西黄鹌菜　512
穿叶眼子菜　066
垂果南芥　219
垂穗披碱草　073
垂枝祁连圆柏　059
刺柏　061
刺儿菜　494
刺疙瘩　492
刺芒龙胆　371
刺毛樱桃　281
刺鼠李　321
葱皮忍冬　441
葱状灯芯草　092
丛生钉柱委陵菜　270
粗根老鹳草　312
粗茎秦艽　367
粗野马先蒿　410
簇生卷耳　160

D

达乌里秦艽　367
大苞柳　131
大车前　428
大齿橐吾　483
大丁草　509
大耳叶风毛菊　506
大果红景天　229
大果琉璃草　388
大果圆柏　060
大火草　188
大龙骨野豌豆　303
大麻　138
大头蒲公英　516
大卫氏马先蒿　423
大籽蒿　470
袋花忍冬　438

单蕊黄耆　285
单枝灯芯草　092
单子麻黄　062
淡紫花黄耆　288
弹裂碎米荠　219
党参　450
道孚虎耳草　231
地八角　293
地肤　157
地角儿苗　297
地榆　279
滇西东俄芹　338
滇西金毛裸蕨　037
滇西琉璃草　389
垫状点地梅　359
迭裂黄堇　211
丁座草　427
钉柱委陵菜　269
东俄洛黄耆　289
东俄洛沙蒿　475
东方草莓　275
东陵绣球　246
独丽花　353
独行菜　214
独叶草　193
短柄草　072
短柄小檗　198
短齿韭　099
短唇马先蒿　420
短梗箭头唐松草　186
短花针茅　083
短芒披碱草　073
短蕊车前紫草　384
短穗兔耳草　408
短葶小点地梅　358
短尾铁线莲　191
短腺小米草　409
短叶锦鸡儿　284
短柱梅花草　244
堆花小檗　201
对叶虎耳草　238
钝苞雪莲　498
钝叶单侧花　354
多斑鸢尾　108
多刺绿绒蒿　204
多花地杨梅　094
多花黄耆　288
多花亚菊　470
多茎委陵菜　268

多裂独活 351
多裂蒲公英 515
多裂委陵菜 267
多脉报春 360
多序岩黄耆 299
多叶韭 100
多枝黄耆 292

E
峨参 337
峨眉蔷薇 276
额河千里光 481
鄂西虎耳草 238
鄂西香茶菜 400
耳柄蒲儿根 480
二裂委陵菜 266
二色香青长叶变种 463
二叶兜被兰 120
二叶红门兰 116
二叶獐牙菜 378

F
繁缕 161
繁缕虎耳草 234
反曲马先蒿 411
方枝柏 060
防己叶菝葜 107
飞廉 495
飞蓬 458
费菜 226
风车草 398
伏地卷柏 051
伏毛山莓草 274
伏毛铁棒锤 176
拂子茅 080
浮毛茛 195
福禄草 162
福王草 513

G
甘川铁线莲 191
甘菊 468
甘露子 396
甘南红景天 227
甘南景天 224
甘南岩蕨 043
甘青报春 362
甘青大戟 315
甘青黄耆 285
甘青老鹳草 311
甘青琉璃草 388
甘青青兰 393
甘青鼠李 321

甘青铁线莲 190
甘青微孔草 386
甘青乌头 174
甘肃贝母 096
甘肃大戟 314
甘肃多榔菊 476
甘肃风毛菊 504
甘肃黄芩 391
甘肃棘豆 293
甘肃耧斗菜 182
甘肃马先蒿 413
甘肃梅花草 245
甘肃米口袋 298
甘肃山梅花 245
甘肃山楂 258
甘肃嵩草 089
甘肃小檗 199
甘肃玄参 401
甘肃悬钩子 261
甘肃雪灵芝 162
甘西鼠尾草 397
刚毛忍冬 442
高丛珍珠梅 253
高河菜 215
高山柏 059
高山捕虫堇 428
高山地榆 279
高山豆 298
高山韭 100
高山冷蕨 038
高山露珠草 329
高山梅花草 242
高山鸟巢兰 112
高山唐松草 186
高山梯牧草 082
高山绣线菊 250
高山紫菀 456
高乌头 173
高原毛茛 195
高原天名精 466
藁本 348
葛缕子 340
钩柱唐松草 183
狗娃花 454
狗尾草 084
菰帽悬钩子 262
光果婆婆纳 406
光果莸 390
光滑柳叶菜 331
光茎大黄 152
光岩蕨 042
广布红门兰 117
广布野豌豆 300

广序臭草 070
鬼箭锦鸡儿 283

H
海韭菜 064
禾叶繁缕 161
合瓣鹿药 102
河北红门兰 116
褐苞蒿 472
褐花杓兰 110
褐毛垂头菊 489
褐鞘毛茛 196
褐紫乌头 174
鹤虱 387
黑柴胡 346
黑萼棘豆 296
黑褐穗薹草 090
黑麦草 069
黑蕊虎耳草 232
黑蕊无心菜 163
黑水柳 128
黑紫花黄耆 286
红北极果 357
红萼茶藨子 248
红花绿绒蒿 204
红花岩生忍冬 437
红花紫堇 210
红桦 138
红椋子 352
红脉忍冬 440
红毛五加 333
红皮柳 135
红杉 057
红直獐牙菜 378
红紫桂竹香 221
喉毛花 376
后生四川马先蒿 418
虎榛子 136
花苜蓿 306
花莛驴蹄草 171
花叶海棠 260
华北剪股颖 081
华北鳞毛蕨 044
华北落叶松 057
华北驼绒藜 154
华北岩蕨 042
华北珍珠梅 254
华扁穗草 087
华西贝母 096
华西忍冬 440
华西委陵菜 269
华蟹甲 477
华帚菊 509

桦叶四蕊槭 318
黄管秦艽 368
黄果悬钩子 263
黄花杓兰 109
黄花垫柳 129
黄花粉叶报春 363
黄花蒿 473
黄花棘豆 294
黄花山莨菪 400
黄花鸭跖柴胡 346
黄花野青茅 079
黄毛杜鹃 357
黄耆 287
黄瑞香 327
黄三七 172
黄水枝 239
黄腺香青 464
黄缨菊 492
黄帚橐吾 487
灰绿黄堇 213
灰绿藜 155
灰栒子 256
灰枝紫菀 455
火烧兰 112

J
芨芨草 084
鸡冠棱子芹 344
鸡娃草 366
鸡爪大黄 153
基芽耳蕨 048
急折百蕊草 142
戟叶火绒草 459
茅 216
假北紫堇 213
假升麻 253
假水生龙胆 373
假苇拂子茅 079
尖唇鸟巢兰 113
尖叶微孔草 385
尖叶栒子 256
碱茅 068
渐尖叶独活 351
箭叶橐吾 486
角蒿香藜 156
角盘兰 119
节节草 052
金花忍冬 442
金露梅 264
金色狗尾草 085
金翼黄耆 289
堇色早熟禾 067
近多鳞鳞毛蕨 044

救荒野豌豆 302
菊叶委陵菜 271
巨序剪股颖 080
苣叶秃疮花 205
具刚毛薹草 088
具冠马先蒿 421
具鳞水柏枝 324
锯叶变豆菜 336
聚花荚蒾 435
卷耳 159
卷茎蓼 149
卷叶黄精 104
绢毛苣 514
绢毛匍匐委陵菜 273
绢茸火绒草 461
蕨 034
蕨麻 267

K
康藏荆芥 392
康定柳 127
空茎驴蹄草 170
空桶参 513
孔唇兰 122
苦苣菜 511
苦荬菜 514
苦荞麦 149
块茎岩黄耆 299
宽翅香青绿变种 462
宽叶羌活 339
宽叶荨麻 140
葵花大蓟 493
魁蓟 493
阔叶景天 225

L
拉拉藤 431
拉马山柳 135
拉萨厚棱芹 349
赖草 076
兰州岩风 345
蓝侧金盏花 194
蓝翠雀花 180
蓝果忍冬 441
蓝钟花 449
狼毒 328
狼紫草 383
老芒麦 072
冷地卫矛 317
冷蒿 471
离舌橐吾 485
藜 156
藜芦 095

李 280
莲叶橐吾 483
莲座蒲儿根 479
镰萼喉毛花 376
两裂婆婆纳 404
烈香杜鹃 356
裂唇虎舌兰 123
裂叶堇菜 326
林金腰 241
林猪殃殃 431
鳞果变豆菜 335
鳞茎堇菜 326
鳞叶龙胆 372
铃铃香青 465
零余虎耳草 231
瘤糖茶藨子 247
柳兰 330
柳叶菜风毛菊 507
柳叶亚菊 469
六叶龙胆 368
六叶葎 430
龙芽草 278
陇东海棠 260
陇南铁线蕨 036
陇蜀杜鹃 356
芦苇 067
鹿蹄草 353
鹿蹄橐吾 482
路边青 264
露蕊乌头 177
卵叶扁蕾 375
卵叶韭 098
轮叶八宝 224
轮叶黄精 104
轮叶马先蒿 414
轮叶马先蒿唐古特亚种 415
罗氏马先蒿 414
绿花党参 451

M
麻花艽 366
麻叶荨麻 140
马蔺 108
麦瓶草 074
蔓孩儿参 158
蔓茎报春 361
蔓茎蝇子草 165
芒洽草 076
牦牛儿苗 309
毛杓兰 111
毛翠雀花 177
毛茛 196

毛茛状金莲花 172
毛冠菊 453
毛果婆婆纳 405
毛果荨麻 139
毛花忍冬 443
毛花松下兰 354
毛额马先蒿毛背变种 411
毛莲蒿 472
毛裂蜂斗菜 479
毛脉柳叶菜 331
毛披碱草 075
毛蕊老鹳草 310
毛葶苈 218
毛叶耳蕨 047
毛叶水栒子 255
毛叶绣线菊 251
毛樱桃 282
毛榛 136
锚刺果 386
莓叶委陵菜 272
美观马先蒿 410
美花铁线莲 192
美花圆叶筋骨草 390
美头火绒草 461
蒙古风毛菊 505
蒙古黄耆 287
蒙古荚蒾 435
蒙古堇菜 325
蒙古绣线菊 251
迷果芹 337
猕猴桃藤山柳 322
密花兜被兰 120
密花虎耳草 232
密花棘豆 297
密花香薷 399
密生波罗花 427
密序山蓼菜 222
密叶锦鸡儿 284
密枝圆柏 061
岷江冷杉 054
岷山毛建草 394
岷山银莲花 189
岷县龙胆 369
膜苞香青 463
膜叶冷蕨 038
木梨 259
牧地山黧豆 304

N
南川绣线菊 249
尼泊尔老鹳草 309
尼泊尔蓼 146
尼泊尔酸模 152

尼泊尔香青 465
拟鼻花马先蒿大唇亚种 423
拟禾叶风毛菊 501
拟楼斗菜 181
拟穆坪耳蕨 045
鸟爪状香藜 157
牛蒡 491
牛耳风毛菊 508
牛口刺 494
牛尾蒿 476
扭柄花 103
扭旋马先蒿 422
女娄菜 168

O
欧黑麦草 070
欧氏马先蒿欧氏亚种和中国变种 424
欧洲千里光 482
欧洲菟丝子 382

P
攀援天门冬 105
盘花垂头菊 490
泡沙参 452
蓬子菜 432
膨囊薹草 089
披针叶野决明 307
偏翅龙胆 371
平车前 429
匍匐栒子 257
蒲公英 516

Q
七筋姑 102
漆姑草 164
祁连圆柏 058
奇花柳 131
歧伞獐牙菜 379
千里香杜鹃 355
浅齿橐吾 484
茜草 434
羌活 340
墙草 141
芹叶牻牛儿苗 308
秦岭耳蕨 047
秦岭槲蕨 050
秦岭虎耳草 235
秦岭棘豆 295
秦岭柳 133
秦岭蔷薇 275
琴盆马先蒿 424
青藏棱子芹 343

青藏蓼 147
青甘韭 099
青海当归 349
青海棘豆 296
青海苜蓿 306
青海云杉 055
青杆 056
青山生柳 130
青杨 126
蜻蜓兰 118
球果芥 217
球花雪莲 497
曲花紫堇 207
瞿麦 169
全缘叶绿绒蒿 203
全缘叶缬草 447
雀麦 071

R
髯毛缬草 445
日本毛连菜 511
日本续断 448
柔毛火绒草 460
柔毛金腰 241
柔毛蓼 147
肉果草 402
乳白香青 464
软叶筒距兰 124
锐齿西风芹 345
锐果鸢尾 109
锐尖叶独活 352

S
三斑刺齿马先蒿 426
三春水柏枝 323
三对叶悬钩子 261
三角叶假冷蕨 039
三角叶蟹甲草 478
三脉梅花草 243
三脉紫菀 455
三歧龙胆 370
散布报春 364
涩荠 221
沙生风毛菊 503
山丹 097
山地虎耳草 233
山生柳 130
山羊臭虎耳草 233
山杨 125
山野豌豆 301
杉叶藻 332
珊瑚兰 125
陕甘灯芯草 093

陕甘花楸 259
陕南龙胆 374
陕西耳蕨 045
陕西蔷薇 278
扇苞黄堇 208
扇叶垫柳 129
少花孪荠 088
少毛北前胡 350
蛇果黄堇 214
深山堇菜 324
肾形子黄耆 290
肾叶金腰 239
肾叶龙胆 372
升麻 173
湿生扁蕾 375
石生绳子草 168
匙叶柳 132
匙叶龙胆 373
匙叶小檗 199
首阳变豆菜 336
绶草 115
疏齿银莲花 188
疏花黑麦草 069
疏花剪股颖 081
疏序黄帚橐吾 488
疏叶当归 350
栓翅卫矛 316
双果荠 216
双花堇菜 327
水葱 086
水葫芦苗 197
水麦冬 065
水莔草 403
水母雪兔子 497
水生酸模 150
水枸子 254
丝梗婆婆纳 406
丝毛飞廉 495
丝毛柳 128
四齿无心菜 164
四川沟酸浆 402
四川马先蒿 416
四川马先蒿宽叶亚种 417
四川忍冬 439
四裂凤仙花 320
四裂红景天 226
四数獐牙菜 380
松潘黄堇 211
松潘棱子芹 344
松潘乌头 175
松潘小檗 201
宿根亚麻 313
酸模 150

酸模叶蓼 143
碎米蕨叶马先蒿 418
穗花马先蒿 416

T
太白忍冬 437
唐古拉婆婆纳 407
唐古特虎耳草 237
唐古特忍冬 438
唐古特瑞香 328
唐古特橐吾 487
唐古特岩黄耆 300
桃儿七 202
蹄叶橐吾 484
天蓝苜蓿 305
天山报春 365
天仙子 401
田葛缕子 341
田旋花 381
条裂黄堇 208
条纹龙胆 370
条叶垂头菊 491
条叶银莲花 189
莛子藨 436
同花母菊 468
头花杜鹃 355
凸额马先蒿长角变种 425
突隔梅花草 244
突脉金丝桃 323
菟丝子 381
托叶樱桃 281
脱毛银背柳 132
椭果黄堇 206
椭圆叶花锚 374

W
瓦松 223
歪头菜 301
弯齿风毛菊 503
弯管马先蒿 421
弯喙乌头 175
弯茎还阳参 512
弯距翠雀花 179
网眼瓦韦 050
莴草 082
微孔草 385
萎软紫菀 456
问荆 052
卧龙斑叶兰 114
乌拉绣线菊 249
乌柳 134
无苞杓兰 111
无梗拉拉藤 430

无距耧斗菜 182
无芒雀麦 071
五福花 444
五叶双花委陵菜 266
舞鹤草 103
勿忘草 383

X
西北蔷薇 277
西伯利亚蓼 148
西伯利亚远志 313
西藏杓兰 110
西藏点地梅 359
西藏对叶兰 113
西藏玉凤花 122
西固凤仙花 319
西康扁桃 280
西南花楸 258
西南手参 121
西南无心菜 163
菥蓂 215
稀蕊唐松草 184
稀叶珠蕨 034
喜马灯芯草 093
喜马拉雅垂头菊 488
喜马拉雅绳子草 167
喜山葶苈 217
细叉梅花草 243
细秆藨草 087
细果角茴香 206
细茎铁角蕨 041
细裂亚菊 469
细裂叶莲蒿 471
细穗玄参 403
细小马先蒿 415
细须翠雀花 178
细叶珠芽蓼 144
细蝇子草 166
细枝绣线菊 250
细枝枸子 257
狭瓣虎耳草 237
狭萼报春 363
狭舌多郎菊 477
狭叶红景天 228
狭叶康定柳 127
狭叶牡蒿 475
狭叶五加 334
狭叶圆穗蓼 145
夏至草 392
纤齿卫矛 318
鲜卑花 252
鲜黄小檗 198
薛生马先蒿 412

线叶藁本　348
腺毛繁缕　160
腺毛粉条儿菜　107
香芸火绒草　459
小斑叶兰　114
小大黄　153
小灯芯草　091
小风毛菊　500
小果黄芪　291
小花草玉梅　187
小花风毛菊　507
小花琉璃草　389
小花舌唇兰　117
小花缬草　446
小黄紫堇　212
小窃衣　338
小山菊　467
小舌垂头菊　489
小头花香薷　399
小卫矛　317
小缬草　446
小芽虎耳草　235
小眼子菜　065
小叶金露梅　265
小叶蔷薇　276
小叶忍冬　439
小叶鼠李　320
小叶杨　126
小银莲花　187
斜茎黄芪　292
缬草　445
星毛委陵菜　272
星叶草　193
星状雪兔子　496
秀丽假人参　335
秀丽莓　262
血满草　434
熏倒牛　312

Y

鸦葱　510
鸦跖花　197
鸭首马先蒿　419
鸭首马先蒿黄花变种　419

雅江点地梅　358
亚欧唐松草　185
岩败酱　444
岩菖蒲　094
岩生忍冬　436
羊齿天门冬　105
杨叶风毛菊　504
洮河风毛菊　505
洮河红景天　228
洮河棘豆　295
洮河柳　134
野草莓　274
野葱　101
野葵　322
野豌豆　302
野燕麦　077
一把伞南星　091
一花无柱兰　119
一叶兜被兰　121
异色风毛菊　501
异叶囊瓣芹　341
异羽千里光　481
异株荨麻　141
益母草　396
缯苞麻花头　496
翼茎风毛菊　499
薏草　078
银粉背蕨　035
银露梅　265
银洽草　077
淫羊藿　202
蚓果芥　222
隐瓣山莓草　273
隐瓣蝇子草　167
隐匿景天　225
硬毛蓼　148
硬毛南芥　220
硬叶山兰　124
硬质早熟禾　068
优越虎耳草　234
油松　058
有边瓦韦　049
鼬瓣花　395
虞美人　205

羽苞黄堇　212
羽节蕨　039
羽叶点地梅　365
羽叶钉柱委陵菜　270
羽叶三七　334
玉龙蕨　048
玉树梅花草　242
圆瓣黄花报春　362
圆齿狗娃花　454
圆丛红景天　227
圆尊刺参　448
圆穗蓼　145
圆穗兔耳草　408
圆柱根老鹳草　310
圆柱披碱草　074
缘毛卷耳　159
云南红景天　230
云南蓍　467
云杉　055
云生毛茛　194
云雾龙胆　369
云雾薹草　090
芸香叶唐松草　185

Z

杂配藜　155
早开堇菜　325
泽漆　314
窄叶鲜卑花　252
窄叶野豌豆　303
窄颖赖草　075
粘毛鼠尾草　397
展苞飞蓬　457
展毛翠雀花　180
掌叶多裂委陵菜　268
掌叶铁线蕨　035
掌叶橐吾　485
爪瓣虎耳草　236
沼兰　123
沼生蔊菜　220
沼生柳叶菜　332
沼生水马齿　315
折被韭　101
蜘蛛岩蕨　043

直立点地梅　360
直立茴芹　342
直立悬钩子　263
直鳞禾叶风毛菊　502
直穗小檗　200
置疑小檗　200
中国马先蒿　425
中国沙棘　329
中华耳蕨　046
中华花荵　382
中华金腰　240
中华水龙骨　049
中华蹄盖蕨　040
中亚车轴草　433
中亚卫矛　316
重齿风毛菊　499
重冠紫菀　457
轴藜　154
皱孢冷蕨　037
皱果棱子芹　343
皱叶酸模　151
皱褶马先蒿　413
侏儒马先蒿　412
珠光香青线叶变种　462
珠芽虎耳草　230
珠芽蓼　144
猪毛菜　158
猪毛蒿　474
蛛毛蟹甲草　478
竹灵消　380
竹叶柴胡　347
准噶尔栒子　255
紫苞雪莲　498
紫果云杉　056
紫红假龙胆　377
紫花碎米荠　218
紫罗兰报春　361
紫绿红景天　229
紫苜蓿　307
总状绿绒蒿　203
总状橐吾　486
钻裂风铃草　451

学名索引

A

Abies fargesii Franch. 054

Abies faxoniana Rehd. et Wils. 054

Acanthopanax giraldii Harms 333

Acanthopanax humillimus Y. S. Lian et X. L. Chen 333

Acanthopanax wilsonii Harms 334

Acer tetramerum Pax var. *betulifolium* (Maxim.) Rehd. 318

Achillea acuminata (Ledeb.) Sch. –Bip. 466

Achillea wilsoniana Heimerl ex Hand.–Mazz. 467

Achnatherum splendens (Trin.) Nevski 084

Aconitum brunneum Hand.–Mazz. 174

Aconitum campylorrhynchum Hand.–Mazz. 175

Aconitum flavum Hand.–Mazz. 176

Aconitum gymnandrum Maxim. 177

Aconitum henryi Pritz. 176

Aconitum sinomontanum Nakai 173

Aconitum sungpanense Hand.–Mazz. 175

Aconitum tanguticum (Maxim.) Stapf 174

Actinocarya tibetica Benth. 386

Adenophora liliifolioides Pax et Hoffm. 453

Adenophora potaninii Korsh. 452

Adenophora stenanthina (Ledeb.) Kitag. 452

Adiantum davidii Franch. 036

Adiantum pedatum Linn. 035

Adiantum roborowskii Maxim. 036

Adonis coerulea Maxim. 194

Adoxa moschatellina Linn. 444

Agrimonia pilosa Ldb. 278

Agrostis clavata Trin. 081

Agrostis gigantea Roth 080

Agrostis perlaxa Pilger 081

Ajania myriantha (Franch.) Ling ex Shih 470

Ajania przewalskii Poljak. 469

Ajania salicifolia (Mattf.) Poljak. 469

Ajuga ovalifolia Bur. et Franch. var. *calantha* (Diels) C. Y. Wu et C. Chen 390

Aletris glandulifera Bur. et Franch. 107

Aleuritopteris argentea (Gmel.) Fée 035

Allium chrysanthum Regel 101

Allium chrysocephalum Regel 101

Allium cyathophorum Bur. et Franch. var. *farreri* Stearn 098

Allium dentigerum Prokh. 099

Allium ovalifolium Hand.–Mazz. 098

Allium plurifoliatum Rendle 100

Allium przewalskianum Regel 099

Allium sikkimense Baker 100

Amitostigma monanthum (Finet) Schltr 119

Amygdalus tangutica (Batal.) Korsh. 280

Anaphalis aureopunctata Lingelsh. et Borza 464

Anaphalis bicolor (Franch.) Diels var. *longifolia* Chang 463

Anaphalis hancockii Maxim. 465

Anaphalis hymenolepis Ling 463

Anaphalis lactea Maxim. 464

Anaphalis latialata Y. Ling et Y. L. Chen var. *viridis* (Hand.–Mazz.) Y. Ling et Y. L. Chen 462

Anaphalis margaritacea (Linn.) Benth. et Hook. f. var. *japonica* (Sch.–Bip.) Makino 462

Anaphalis nepalensis (Spreng.) Hand. –Mazz. 465

Androsace erecta Maxim. 360

Androsace gmelinii (Gaertn.) Roem. et Schult. var. *geophila* Hand.–Mazz. 358

Androsace mariae Kanitz 359

Androsace tapete Maxim. 359

Androsace yargongensis Petitm. 358

Anemone exigua Maxim. 187

Anemone obtusiloba D. Don subsp. *ovalifolia* Brühl 188

Anemone rivularis Buch.–Ham. ex DC. var. *flore-minore* Maxim 187

Anemone rockii Ulbr. 189

Anemone tomentosa (Maxim.) Pei 188

Anemone trullifolia Hook. f. et Thoms. var. *linearis* (Brühl) Hand.–Mazz. 189

Angelica laxifoliata Diels 350

Angelica nitida H. Wolff 349

Anisodus tanguticus (Maxim.) Pascher var. *viridulus* C. Y. Wu et C. Chen 400

Anthriscus sylvestris (Linn.) Hoffm. 337

Aquilegia ecalcarata Maxim. 182

Aquilegia oxysepala Trautv. et Mey. var. *kansuensis* Brühl 182

Arabis hirsuta (Linn.) Scop. 220

Arabis pendula Linn. 219

Arctium lappa Linn. 491

Arctous ruber (Rehd. et Wils.) Nakai 357

Arenaria forrestii Diels 163

Arenaria kansuensis Maxim. 162

Arenaria melanandra (Maxim.) Mattf. ex Hand. –Mazz. 163

Arenaria przewalskii Maxim. 162

Arenaria quadridentata (Maxim.) Will. 164

Arisaema erubescens (Wall.) Schott 091

Artemisia angustissima Nakai 475

Artemisia annua Linn. 473

Artemisia desertorum Spreng. var. *tongolensis* Pamp. 475

Artemisia dubia Wall. ex Bess. 476

Artemisia frigida Willd. 471

Artemisia gmelinii Web. ex Stechm. 471

Artemisia hedinii Ostenf. et Pauls. 473

Artemisia phaeolepis Krasch. 472

Artemisia scoparia Waldst. et Kit. 474

Artemisia sieversiana Ehrhart ex Willd. 470

Artemisia vestita Wall. ex Bess. 472

Artemisia vulgaris Linn. 474

Aruncus sylvester Kostel. 253

Asparagus brachyphyllus Turcz. 105

Asparagus filicinus Ham. ex D. Don 105

Asparagus longiflorus Franch. 106

Asparagus przewalskyi N. A. Ivanova ex Grubov et T. V. Egorova 106

Asperugo procumbens Linn. 387

Asplenium pekinense Hance 040

Asplenium tenuicaule Hayata 041

Asplenium varians Wall. ex Hook. et Grev. 041

Aster ageratoides Turcz. 455

Aster alpinus Linn. 456

Aster diplostephioides (DC.) C. B. Clarke. 457

Aster flaccidus Bge. 456

Aster poliothamnus Diels 455

Astragalus adsurgens Pall. 292

Astragalus bhotanensis Baker 293

Astragalus chrysopterus Bunge 289

Astragalus floridus Benth. ex Bunge 288

Astragalus longilobus Pet.–Stib. 286

Astragalus melilotoides Pall. 291

Astragalus membranaceus (Fisch.) Bunge f. *purpurinus* (Y. C. Ho) Y. C. Ho 288

Astragalus membranaceus (Fisch.) Bunge var. *mongholicus* (Bunge) P. K. Hsiao 287

Astragalus membranaceus (Fisch.) Bunge 287

Astragalus monadelphus Bunge ex Maxim. 285

Astragalus peterae H. T. Tsai et T. T. Yu 290

Astragalus polycladus Bur. et Franch. 292

Astragalus przewalskii Bunge 286

Astragalus skythropos Bunge 290

Astragalus tanguticus Batalin 285

Astragalus tataricus Franch. 291

Astragalus tongolensis Ulbr. 289

Athyrium sinense Rupr. 040

Avena fatua Linn. 077

Axyris amaranthoides Linn. 154

B

Beckmannia syzigachne (Steud.) Fern. 082

Berberis aggregata Schneid. 201

Berberis brachypoda Maxim. 198

Berberis dasystachya Maxim. 200

Berberis diaphana Maxim. 198

Berberis dictyoneura C. K. Schneid. 201

Berberis dubia Schneid. 200

Berberis kansuensis Schneid. 199

Berberis vernae Schneid. 199

Betula albo-sinensis Burk. 138

Betula platyphylla Suk. 137

Betula utilis D. Don 137

Biebersteinia heterostemon Maxim. 312

Blysmus sinocompressus Tang et Wang 087

Boschniakia himalaica Hook. f. et Thoms. 427

Brachypodium sylvaticum (Huds.) Beauv. 072

Bromus inermis Leyss. 071

Bromus japonicus Thunb. ex Murr. 071

Bupleurum commelynoideum H. Boissieu var. *flaviflorum* Shan et Y. Li 346

Bupleurum marginatum Wall. ex DC. 347

Bupleurum smithii H. Wolff 346

C

Calamagrostis epigeios (Linn.) Roth 080

Calamagrostis pseudophragmites (Hall. f.) Koel. 079

Callitriche palustris Linn. 315

Caltha palustris Linn. var. *barthei* Hance 170

Caltha scaposa Hook. f. et Thoms. 171

Calypso bulbosa (Linn.) Oakes 115

Campanula aristata Wall. 451

Cannabis sativa Linn. 138

Capsella bursa-pastoris (Linn.) Medic. 216

Caragana brachypoda Pojark. 283

Caragana brevifolia Kom. 284

Caragana densa Kom. 284

Caragana jubata (Pall.) Poir. 283

Cardamine impatiens Linn. 219

Cardamine tangutorum O. E. Schulz 218

Carduus crispus Linn. 495

Carduus nutans Linn. 495

Carex atrofusca Schkuhr subsp. *minor* (Boott) T. Koyama 090

Carex lehmannii Drejer 089

Carex nubigena D. Don 090

Carpesium lipskyi C. Winkl. 466

Carum buriaticum Turcz. 341

Carum carvi Linn. 340

Caryopteris tangutica Maxim. 390

Cerastium arvense Linn. 159

Cerastium fontanum Baumg. subsp. *triviale* (Link) Jalas 160

Cerastium furcatum Cham. et Schlecht 159

Cerasus setulosa (Batal.) Yu et Li 281

Cerasus stipulacea (Maxim.) Yu et Li 281

Cerasus tomentosa (Thunb.) Wall. 282

Ceratoides arborescens (Losinsk.) Tsien et C. G. Ma 154

Chaetoseris roborowskii (Maxim.) Shih 515

Chamaesium paradoxum H. Wolff 339

Cheiranthus roseus Maxim. 221

Chenopodium album Linn. 156

Chenopodium glaucum Linn. 155

Chenopodium hybridum Linn. 155

Chrysosplenium axillare Maxim. 240

Chrysosplenium griffithii Hook. f. et Thoms. 239

Chrysosplenium lectus-cochleae Kitag. 241

Chrysosplenium pilosum Maxim. var. *valdepilosum* Ohwi   241

Chrysosplenium sinicum Maxim.   240

Cimicifuga foetida Linn.   173

Circaea alpina Linn.   329

Circaeaster agrestis Maxim.   193

Cirsium leo Nakai et Kitag.   493

Cirsium setosum (Willd.) MB.   494

Cirsium shansiense Petrak   494

Cirsium souliei (Franch.) Mattf.   493

Clematis akebioides (Maxim.) Hort. ex Veitch   191

Clematis brevicaudata DC.   191

Clematis gracilifolia Rehd. et Wils.   192

Clematis macropetala Ledeb.   190

Clematis potaninii Maxim.   192

Clematis tangutica (Maxim.) Korsh.   190

Clematoclethra actinidioides Maxim.   322

Clinopodium urticifolium (Hance) C. Y. Wu et Hsuan ex H. W. Li   398

Clintonia udensis Trautv. et Mey.   102

Codonopsis henryi Oliv.   450

Codonopsis pilosula (Franch.) Nannf.   450

Codonopsis viridiflora Maxim.   451

Coeloglossum viride (Linn.) Hartm   118

Comastoma falcatum (Turcz. ex Kar. et Kir.) Toyok.   376

Comastoma pedunculatum (Royle ex D. Don) Holub   377

Comastoma pulmonarium (Turcz.) Toyok.   376

Convolvulus arvensis Linn.   381

Corallorhiza trifida Chat.   125

Corydalis adunca Maxim.   213

Corydalis cheilosticta Z. Y. Su et Lidén   209

Corydalis curviflora Maxim. ex Hemsl.   207

Corydalis dasyptera Maxim.   211

Corydalis ellipticarpa C. Y. Wu et Z. Y. Su   206

Corydalis laucheana Fedde   211

Corydalis linarioides Maxim.   208

Corydalis livida Maxim.   210

Corydalis melanochlora Maxim.   209

Corydalis ophiocarpa Hook. f. et Thoms.   214

Corydalis pinnatibracteata Y. W. Wang   212

Corydalis potaninii Maxim.   210

Corydalis pseudoimpatiens Fedde   213

Corydalis raddeana Regel   212

Corydalis rheinbabeniana Fedde   208

Corydalis trachycarpa Maxim.   207

Corylus mandshurica Maxim.   136

Cotoneaster acuminatus Lindl.   256

Cotoneaster acutifolius Turcz.   256

Cotoneaster adpressus Bois   257

Cotoneaster multiflorus Bunge   254

Cotoneaster soongoricus (Regel et Herd.) Popov   255

Cotoneaster submultiflorus Popov   255

Cotoneaster tenuipes Rehd. et Wils.   257

Crataegus kansuensis Wils.   258

Cremanthodium brunneo-piloesum S. W. Liu   489

Cremanthodium decaisnei C. B. Clarke   488

Cremanthodium discoideum Maxim.   490

Cremanthodium humile Maxim.   490

Cremanthodium lineare Maxim.   491

Cremanthodium microglossum S. W. Liu   489

Crepis flexuosa (Ledeb.) C. B. Clarke   512

Cryptogramma stelleri (Gmel.) Prantl   034

Cuscuta chinensis Lam.   381

Cuscuta europaea Linn.   382

Cyananthus hookeri C. B. Cl.   449

Cynanchum inamoenum (Maxim.) Loes.   380

Cynoglossum amabile Stapf et Drumm. var. *pauciglochidiatum* Y. L. Liu   389

Cynoglossum divaricatum Steph. ex Lehm.   388

Cynoglossum gansuense Y. L. Liu   388

Cynoglossum lanceolatum Forsk.   389

Cypripedium bardolphianum W. W. Smith et Farrer   111

Cypripedium calcicola Schltr.   110

Cypripedium flavum P. F. Hunt et Summerh.   109

Cypripedium franchetii E. H. Wilson   111

Cypripedium tibeticum King ex Rolfe   110

Cystopteris dickieana Sim   037

Cystopteris montana (Lam.) Bernh. ex Desv.   038

Cystopteris pellucida (Franch.) Ching ex C. Chr.   038

D

Daphne giraldii Nitsche   327

Daphne tangutica Maxim.   328

Delphinium albocoeruleum Maxim.   178

Delphinium caeruleum Jacq. ex Camb.   180

Delphinium campylocentrum Maxim.   179

Delphinium kamaonense Huth var. *glabrescens* (W. T. Wang) W. T. Wang   180

Delphinium siwanense Franch. var. *leptopogon* (Hand. –Mazz.) W. T. Wang   178

Delphinium tongolense Franch.   179

Delphinium trichophorum Franch.   177

Dendranthema lavandulifolium (Fisch. ex Trautv.) Ling et Shih   468

Dendranthema oreastrum (Hance) Ling   467

Descurainia Sophia (Linn.) Webb. ex Prantl   223

Deyeuxia flavens Keng   079

Deyeuxia scabrescens (Griseb.) Munro ex Duthie   078

Dianthus superbus Linn.   169

Dicranostigma lactucoides Hook. f. et Thoms.   205

Dipsacus japonicus Miq.   *448*

Doronicum gansuense Y. L. Chen   476

Doronicum stenoglossum Maxim.   477

Draba eriopoda Turcz.   218

Draba oreades Schrenk   217

Dracocephalum heterophyllum Benth.   393

Dracocephalum purdomii W. W. Smith   394

Dracocephalum tanguticum Maxim. 393

Drynaria sinica Diels 050

Dryopteris goeringiana (Kunze) Koidz. 044

Dryopteris komarovii Kossinsky 044

E

Elsholtzia cephalantha Hand.–Mazz. 399

Elsholtzia densa Benth. 399

Elymus breviaristatus (Keng) Keng f. 073

Elymus cylindricus (Franch.) Honda 074

Elymus nutans Griseb. 073

Elymus sibiricus Linn. 072

Elymus tangutorum (Nevski) Hand.–Mazz. 074

Elymus villifex C. P. Wang et H. L. Yang 075

Ephedra minuta Florin 062

Ephedra monosperma Gmel. ex Mey. 062

Epilobium amurense Hausskn. subsp. *cephalostigma* (Hausskn.) C. J. Chen 331

Epilobium amurense Hausskn. 331

Epilobium angustifolium Linn. 330

Epilobium palustre Linn. 332

Epilobium pyrricholophum Franch. et Savat. 330

Epimedium brevicornu Maxim. 202

Epipactis helleborine (Linn.) Crantz 112

Epipogium aphyllum (F. W. Schmidt) Sw. 123

Equisetum arvense Linn. 052

Equisetum pratense Ehrh. 051

Equisetum ramosissimum Desf. 052

Erigeron acris Linn. 458

Erigeron patentisquamus J. F. Jeffr. 457

Erodium cicutarium (Linn.) L'Hér. ex Ait. 308

Erodium stephanianum Willd. 309

Euonymus frigidus Wall. ex Roxb. 317

Euonymus giraldii Loes. 318

Euonymus nanoides Loes 317

Euonymus phellomanus Loes 316

Euonymus semenovii Regel et Herd. 316

Euphorbia helioscopia Linn. 314

Euphorbia kansuensis Prokh. 314

Euphorbia micractina Boiss. 315

Euphrasia regelii Wettst. 409

Eutrema heterophylla (W. W. Smith) Hara 222

F

Fagopyrum tataricum (Linn.) Gaertn. 149

Fallopia convolvulus (Linn.) A. Löve 149

Fargesia demissa Yi 066

Fragaria orientalis Lozinsk. 275

Fragaria vesca Linn. 274

Fritillaria cirrhosa D. Don 095

Fritillaria przewalskii Maxim. ex Batal. 096

Fritillaria sichuanica S. C. Chen 096

G

Galeopsis bifida Boenn. 395

Galium aparine Linn. var. *echinospermum* (Wallr.) Cuf. 431

Galium asperuloides Edgew. subsp. *hoffmeisteri* (Klotzsch) H. Hara 430

Galium boreale Linn. 432

Galium odoratum (Linn.) Scop. 433

Galium paradoxum Maxim. 431

Galium rivale (Sibth. et Smith) Griseb. 433

Galium smithii Cuf. 430

Galium verum Linn. 432

Gentiana aristata Maxim. 371

Gentiana crassicaulis Duthie ex Burk. 367

Gentiana crassuloides Bureau et Franch. 372

Gentiana dahurica Fisch. 367

Gentiana hexaphylla Maxim. ex Kusnez. 368

Gentiana nubigena Edgew. 369

Gentiana officinalis H. Smith 368

Gentiana piasezkii Maxim. 374

Gentiana pseudoaquatica Kusnez. 373

Gentiana pudica Maxim. 371

Gentiana purdomii Marq. 369

Gentiana spathulifolia Maxim. ex Kusnez 373

Gentiana squarrosa Ledeb. 372

Gentiana straminea Maxim. 366

Gentiana striata Maxim. 370

Gentiana trichotoma Kusnez. *370*

Gentianella arenaria (Maxim.) T. N. Ho 377

Gentianopsis paludosa (Hook. f.) Ma var. *ovatodeltoidea* (Burk.) Ma ex T. N. Ho 375

Gentianopsis paludosa (Hook. f.) Ma 375

Geranium dahuricum DC. 312

Geranium farreri Stapf 310

Geranium nepalense Sweet 309

Geranium platyanthum Duthie 310

Geranium pratense Linn. 311

Geranium pylzowianum Maxim. 311

Gerbera anandria (Linn.) Sch.–Bip. 509

Geum aleppicum Jacq. 264

Goodyera repens (Linn.) R. Br. 114

Goodyera wolongensis K. Y. Lang 114

Gueldenstaedtia gansuensis Tsui 298

Gymnadenia orchidis Lindl. 121

Gymnocarpium jessoense (Koidz.) Koidz. 039

Gymnopteris delavayi (Bak.) Underw. 037

H

Habenaria tibetica Schltr. 122

Halenia elliptica D. Don 374

Halerpestes cymbalaria (Pursh) Green 197

Hedysarum algidum L. Z. Shue 299

Hedysarum polybotrys Hand.–Mazz. 299

Hedysarum tanguticum B. Fedtsch. 300

Heleocharis pauciflora (Lightf.) Link　088

Heleocharis valleculosa Ohwi f. *setosa* (Ohwi) Kitag.　088

Heracleum acuminatum Franch.　351

Heracleum dissectifolium K. T. Fu　351

Heracleum longilobum (C. Norman) Sheh et T. S. Wang　352

Herminium monorchis (Linn.) R. Br.　119

Heteropappus crenatifolius (Hand. –Mazz.) Griers.　454

Heteropappus hispidus (Thunb.) Less.　454

Hippophae rhamnoides Linn. subsp. *sinensis* Rousi　329

Hippuris vulgaris Linn.　332

Hydrangea bretschneideri Dipp.　246

Hylotelephium verticillatum (Linn.) H. Ohba　224

Hyoscyamus niger Linn.　401

Hypecoum leptocarpum Hook. f. et Thoms　206

Hypericum przewalskii Maxim.　323

I

Impatiens notolopha Maxim.　319

Impatiens odontopetala Maxim.　319

Impatiens quadriloba K. M. Liu et Y. L. Xiang　320

Incarvillea compacta Maxim.　427

Iris farreri Dykes　108

Iris goniocarpa Baker　109

Iris lactea Pall. var. *chinensis* (Fisch.) Koidz　108

Isopyrum anemonoides Kar. et Kir.　181

Ixeris polycephala Cass.　514

J

Juncus allioides Franch.　092

Juncus bufonius Linn.　091

Juncus himalensis Klotzsch　093

Juncus potaninii Buchen.　092

Juncus tanguticus G. Sam.　093

Juniperus formosana Hayata　061

K

Kingdonia uniflora Balf. f. et W. W. Smith　193

Kobresia kansuensis Kukenth.　089

Kochia scoparia (Linn.) Schrad.　157

Koeleria litvinowii Dom. subsp. *argentea* (Griseb.) S. M. Phillips et Z. L. Wu　077

Koeleria litvinowii Dom.　076

Koenigia islandica Linn.　142

L

Lagopsis supina (Steph.) Ik.–Gal. ex Knorr.　392

Lagotis brachystachya Maxim.　408

Lagotis ramalana Batal.　408

Lamium amplexicaule Linn.　395

Lancea tibetica Hook. f. et Thoms.　402

Lappula myosotis V. Wolf　387

Larix potaninii Batalin　057

Larix principis-rupprechtii Mayr.　057

Lathyrus pratensis Linn.　304

Leontopodium calocephalum (Franch.) Beauv.　461

Leontopodium dedekensii (Bur. et Franch.) Beauv.　459

Leontopodium haplophylloides Hand.–Mazz.　459

Leontopodium japonicum Miq.　458

Leontopodium nanum (Hook. f. et Thoms.) Hand.–Mazz.　460

Leontopodium smithianum Hand. –Mazz.　461

Leontopodium villosum Hand.–Mazz.　460

Leonurus artemisia (Lour.) S. Y. Hu　396

Lepidium apetalum Willd.　214

Lepisorus clathratus (C. B. Clarke) Ching　050

Lepisorus marginatus Ching　049

Lepyrodiclis holosteoides (C. A. Mey.) Fisch. et Mey.　165

Leymus angustus (Trin.) Pilger　075

Leymus secalinus (Georgi) Tzvel.　076

Libanotis lanzhouensis K. T. Fu ex Shan et Sheh　345

Ligularia botryodes (C. Winkl.) Hand.–Mazz.　486

Ligularia fischeri (Ledeb.) Turcz.　484

Ligularia hodgsonii Hook.　482

Ligularia macrodonta Ling　483

Ligularia nelumbifolia (Bur. et Franch.) Hand.–Mazz.　483

Ligularia potaninii (C. Winkl.) Y. Ling　484

Ligularia przewalskii (Maxim.) Diels　485

Ligularia sagitta (Maxim.) Maettf.　486

Ligularia tangutorum Pojark.　487

Ligularia veitchiana (Hemsl.) Greenm.　485

Ligularia virgaurea (Maxim.) Mattf. var. *oligocephala* (R. D. Good) S. W. Liu　488

Ligularia virgaurea (Maxim.) Mattf.　487

Ligusticum nematophyllum (Pimenov et Kljuykov) F. T. Pu et M. F. Watson　348

Ligusticum sinense Oliv.　348

Ligusticum thomsonii C. B. Clarke　347

Lilium duchartrei Franch.　097

Lilium pumilum DC.　097

Limosella aquatica Linn.　403

Linum perenne Linn.　313

Listera pinetorum Lindl.　113

Lolium perenne Linn.　069

Lolium persicum Boiss. et Hoh. ex Boiss.　070

Lolium remotum Schrank　069

Lonicera caerulea Linn.　441

Lonicera chrysantha Turcz.　442

Lonicera ferdinandii Franch.　441

Lonicera hispida Pall. ex Roem. et Schult.　442

Lonicera microphylla Willd. ex Roem. et Schult.　439

Lonicera nervosa Maxim.　440

Lonicera rupicola Hook. f. et Thoms. var. *syringantha* (Maxim.) Zabel　437

Lonicera rupicola Hook. f. et Thoms.　436

Lonicera saccata Rehd.　438

Lonicera szechuanica Batal.　439

Lonicera taipeiensis P. S. Hsu et H. J. Wang　437

Lonicera tangutica Maxim. 438

Lonicera trichosantha Bur. et Franch. var. *xerocalyx* (Diels) Hsu et H. J. Wang 443

Lonicera trichosantha Bur. et Franch. 443

Lonicera webbiana Wall. ex DC. 440

Luzula multiflora (Ehrh.) Lej. 094

Lycopsis orientalis Linn. 383

M

Maianthemum bifolium (Linn.) F. W. Schmidt 103

Malaxis monophyllos (Linn.) Sw. 123

Malcolmia africana (Linn.) R. Brown 221

Malus kansuensis (Batal.) Schneid. 260

Malus transitoria (Batal.) Schneid. 260

Malva verticillata Linn. 322

Matricaria matricarioides (Less.) Porter ex Britton 468

Meconopsis horridula Hook. f. et Thoms. 204

Meconopsis integrifolia (Maxim.) Franch. 203

Meconopsis punicea Maxim. 204

Meconopsis racemosa Maxim. 203

Medicago archiducis-nicolai Sirj. 306

Medicago lupulina Linn. *305*

Medicago ruthenica (Linn.) Trautv. 306

Medicago sativa Linn. 307

Megacarpaea delavayi Franch. 215

Megadenia pygmaea Maxim. 216

Melica onoei Franch. et Sav. *070*

Melilotus albus Medic. ex Desr. 304

Melilotus officinalis (Linn.) Pall. 305

Mentha haplocalyx Briq. 398

Microula blepharolepis (Maxim.) Johnst. 385

Microula longipes W. T. Wang 384

Microula pseudotrichocarpa W. T. Wang 386

Microula sikkimensis (Clarke) Hemsl. 385

Mimulus szechuanensis Pai 402

Moneses uniflora (Linn.) A. Gray 353

Monotropa hypopitys Linn. var. *hirsuta* Roth 354

Morina chinensis (Bat.) Diels 448

Morina nepalensis D. Don var. *alba* (Hand.–Mazz.) Y. C. Tang 447

Myosotis silvatica Ehrh. ex Hoffm. 383

Myricaria paniculata P. Y. Zhang et Y. J. Zhang 323

Myricaria squamosa Desv. 324

N

Nannoglottis carpesioides Maxim. 453

Neobotrydium corniculatum G. L. Chu et M. L. Zhang 156

Neobotrydium ornithopodum G. L. Chu et M. L. Zhang 157

Neottia acuminata Schltr. 113

Neottia listeroides Lindl. 112

Neottianthe calcicola (W. W. Smith) Schltr. 120

Neottianthe cucullata (Linn.) Schltr. 120

Neottianthe monophylla (Ames et Schltr.) Schltr. 121

Nepeta prattii Lévl. 392

Neslia paniculata (Linn.) Desv. 217

Notopterygium forbesii de Boiss. 339

Notopterygium incisum C. T. Ting ex H. T. Chang 340

O

Olgaea tangutica Iljin 492

Orchis chusua D.Don 117

Orchis diantha Schltr. 116

Orchis tschiliensis (Schltr.) Soo 116

Oreorchis nana Schltr. 124

Orostachys fimbriata (Turcz.) Berge 223

Orthilia obtusata (Turcz.) Hara 354

Ostryopsis davidiana Decne. 136

Oxalis acetosella Linn. 308

Oxygraphis glacialis Bunge 197

Oxytropis bicolor Bunge 297

Oxytropis chinglingensis C. W. Chang 295

Oxytropis imbricata Kom. 297

Oxytropis kansuensis Bunge 293

Oxytropis melanocalyx Bunge 296

Oxytropis ochrocephala Bunge var. *longibracteata* P. C. Li. 294

Oxytropis ochrocephala Bunge 294

Oxytropis qinghaiensis Y. H. Wu 296

Oxytropis taochensis Kom. 295

P

Pachypleurum lhasanum H. T. Chang et Shan 349

Padus racemosa (Lam.) Gilib. 282

Paeonia veitchii Lynch 170

Panax pseudo-ginseng Wall. var. *bipinnatifidus* (Seem.) Li 334

Panax pseudo-ginseng Wall. var. *elegantior* (Burkill) Hoo et Tseng 335

Papaver rhoeas Linn. 205

Paraquilegia microphylla (Royle) Drumm. et Hutch. 181

Parasenecio deltophyllus (Maxim.) Y. L. Chen 478

Parasenecio roborowskii (Maxim.) Y. L. Chen 478

Parietaria micrantha Ledeb. 141

Parnassia brevistyla (Brieg.) Hand.–Mazz. 244

Parnassia cacuminum Hand. –Mazz. f. *yushuensis* Ku 242

Parnassia cacuminum Hand.–Mazz. 242

Parnassia delavayi Franch. 244

Parnassia gansuensis Ku 245

Parnassia oreophila Hance 243

Parnassia trinervis Drude 243

Patrinia rupestris (Pall.) Juss. 444

Pedicularis alaschanica Maxim. 420

Pedicularis anas Maxim. var. *xanthantha* (Li) Tsoong 419

Pedicularis anas Maxim. 419

Pedicularis armata Maxim. var. *trimaculata* X. F. Lu 426

Pedicularis brevilabris Franch. 420

Pedicularis cheilanthifolia Schrenk 418

Pedicularis chinensis Maxim. 425

Pedicularis cranolopha Maxim. var. *longicornuta* Prain   425

Pedicularis cristatella Pennell et H. L. Li   421

Pedicularis curvituba Maxim.   421

Pedicularis davidii Franch.   423

Pedicularis decora Franch.   410

Pedicularis fragarioides P. C. Tsoong   417

Pedicularis kansuensis Maxim.   413

Pedicularis lasiophrys Maxim. var. *sinica* Maxim.   411

Pedicularis longiflora Rudolph var. *tulaiformis* (Klotz.)
　　Tsoong   426

Pedicularis lyrata Prain ex Maxim.   424

Pedicularis metaszetschuanica P. C. Tsoong   418

Pedicularis minima Tsoong et Cheng   415

Pedicularis muscicola Maxim.   412

Pedicularis oederi Vahl subsp. *oederi* var. *sinensis* (Maxim.)
　　Hurus   424

Pedicularis paiana H. L. Li   409

Pedicularis plicata Maxim.   413

Pedicularis pygmaea Maxim.   412

Pedicularis recurva Maxim.   411

Pedicularis rhinanthoides Schrenk ex Fisch. et Mey. subsp. *labellata*
　　(Jacq.) Tsoong   423

Pedicularis roylei Maxim.   414

Pedicularis rudis Maxim.   410

Pedicularis semitorta Maxim.   422

Pedicularis spicata Pall.   416

Pedicularis szetschuanica Maxim.   416

Pedicularis szetschuanica subsp. *latifolia* P. C. Tsoong   417

Pedicularis torta Maxim.   422

Pedicularis verticillata Linn. subsp. *tangutica* (Bonati) Tsoong   415

Pedicularis verticillata Linn.   414

Pennisetum centrasiaticum Tzvel.   085

Pertya sinensis Oliv.   509

Petasites tricholobus Franch.   479

Peucedanum harry-smithii Fedde ex H. Wolff var. *subglabrum* (Shan
　　et Sheh) Shan et Sheh   350

Phalaris arundinacea Linn.   *078*

Philadelphus kansuensis (Rehd.) S. Y. Hu   245

Phleum alpinum Linn.   082

Phlomis umbrosa Turcz.   394

Phragmites australis (Cav.) Trin. ex Steud.   067

Picea asperata Mast.   055

Picea crassifolia Kom.   055

Picea purpurea Mast.   056

Picea wilsonii Mast.   056

Picris japonica Thunb.   511

Pimpinella smithii H. Wolff   342

Pinguicula alpina Linn.   428

Pinus tabulaeformis Carr.   058

Plantago asiatica Linn.   429

Plantago depressa Willd.   429

Plantago major Linn.   428

Platanthera minutiflora Schltr.   117

Pleurospermum cristatum de Boiss.   344

Pleurospermum franchetianum Hemsl.   344

Pleurospermum nubigenum Wolff   343

Pleurospermum pulszkyi Kanitz   343

Plumbagella micrantha (Ledeb.) Spach   366

Poa ianthina Keng ex H. L. Yang   067

Poa sphondylodes Trin.   068

Polemonium coeruleum Linn. var. *chinense* Brand   382

Polygala sibirica Linn.   313

Polygonatum cirrhifolium (Wall.) Royle   104

Polygonatum verticillatum (Linn.) All.   104

Polygonum aviculare Linn.   *143*

Polygonum fertile (Maxim.) A. J. Li   147

Polygonum glaciale (Meisn.) Hook.   146

Polygonum hookeri Meisn.   148

Polygonum lapathifolium Linn.   143

Polygonum macrophyllum D. Don var. *stenophyllum* (Meisn.) A. J.
　　Li   145

Polygonum macrophyllum D. Don   145

Polygonum nepalense Meisn.   146

Polygonum sibiricum Laxm.   148

Polygonum sparsipilosum A. J. Li   147

Polygonum viviparum Linn. var. *angustum* A. J. Li   144

Polygonum viviparum Linn.   144

Polypodiodes chinensis (Christ) S. G. Lu   049

Polystichum capillipes (Baker) Diels   048

Polystichum mollissimum Ching   047

Polystichum paramoupinense Ching   045

Polystichum qamdoense Ching et S. K. Wu   046

Polystichum shensiense Christ   045

Polystichum sinense Christ   046

Polystichum submite (Christ) Diels   047

Pomatosace filicula Maxim.   365

Populus cathayana Rehd.   126

Populus davidiana Dode   125

Populus simonii Carr.   126

Porolabium biporosum (Maxim.) T. Tang et F. T. Wang   122

Potamogeton perfoliatus Linn.   066

Potamogeton pusillus Linn.   065

Potentilla acaulis Linn.   272

Potentilla anserina Linn.   267

Potentilla biflora Willd. ex Schlecht. var. *lahulensis* Wolf   266

Potentilla bifurca Linn.   266

Potentilla fragarioides Linn.   272

Potentilla fruticosa Linn.   264

Potentilla glabra Lodd.   265

Potentilla multicaulis Bge.   268

Potentilla multifida Linn. var. *ornithopoda* Wolf   268

Potentilla multifida Linn.   267

Potentilla parvifolia Fisch. ex Lehm.   265

Potentilla potaninii Wolf   269

Potentilla reptans Linn. var. *sericophylla* Franch.   273

Potentilla saundersiana Royle var. *eaespitosa* (Lehm.) Wolf   270

Potentilla saundersiana Royle var. *subpinnata* Hand.–Mazz.　270

Potentilla saundersiana Royle　269

Potentilla supina Linn.　271

Potentilla tanacetifolia Willd. ex Schlecht.　271

Prenanthes tatarinowii Maxim.　513

Primula alsophila Balf. f. et Farrer　361

Primula conspersa Balf. f. et Purdom　364

Primula flava Maxim.　363

Primula gemmifera Batalin　364

Primula nutans Georgi　365

Primula orbicularis Hemsl.　362

Primula polyneura Franch.　360

Primula purdomii Craib　361

Primula stenocalyx Maxim.　363

Primula tangutica Duthie　362

Prunus salicina Lindl.　280

Pseudocystopteris subtriangularis (Hook.) Ching　039

Pseudostellaria davidii (Franch.) Pax　158

Pteridium aquilinum (Linn.) Kuhn var. *latiusculum* (Desv.) Underw. ex Heller　034

Pternopetalum heterophyllum Hand. –Mazz.　341

Pternopetalum longicaule Shan var. *humile* Shan et Pu　342

Puccinellia distans (Linn.) Parl.　068

Pyrola calliantha H. Andr.　353

Pyrus xerophila Yu　259

R

Rabdosia henryi (Hemsl.) Hara　400

Ranunculus japonicus Thunb.　196

Ranunculus longicaulis C. A. Mey. var. *nephelogenes* (Edgew.) L. Liou　194

Ranunculus natans C. A. Mey.　195

Ranunculus tanguticus (Maxim.) Ovcz.　195

Ranunculus vaginatus Hand.–Mazz.　196

Rhamnus dumetorum Schneid.　321

Rhamnus parvifolia Bunge　320

Rhamnus tangutica J. Vass.　321

Rheum glabricaule Sam.　152

Rheum pumilum Maxim.　153

Rheum tanguticum Maxim. ex Balf.　153

Rhodiola gannanica K. T. Fu　227

Rhodiola juparensis (Fröd.) S. H. Fu　*227*

Rhodiola kirilowii (Regel) Maxim.　228

Rhodiola macrocarpa (Praeg.) S. H. Fu　229

Rhodiola purpureoviridis (Praeg.) S. H. Fu　229

Rhodiola quadrifida (Pall.) Fisch. et. Mey.　226

Rhodiola taohoensis S. H. Fu　228

Rhodiola yunnanensis (Franch.) S. H. Fu　230

Rhododendron anthopogonoides Maxim.　356

Rhododendron capitatum Maxim.　355

Rhododendron przewalskii Maxim.　356

Rhododendron rufum Batal.　357

Rhododendron thymifolium Maxim.　355

Ribes alpestre Wall. ex Decne.　246

Ribes glaciale Wall.　248

Ribes himalense Royle ex Decne. var. *verruculosum* (Rehd.) L. T. Lu　247

Ribes rubrisepalum L. T. Lu　248

Ribes stenocarpum Maxim.　247

Rorippa islandica (Oed.) Borb.　220

Rosa davidii Crep.　277

Rosa giraldii Crep.　278

Rosa omeiensis Rolfe　276

Rosa sweginzowii Koehne　277

Rosa tsinglingensis Pax et Hoffm.　275

Rosa willmottiae Hemsl.　276

Rubia cordifolia Linn.　434

Rubus amabilis Focke　262

Rubus pileatus Focke　262

Rubus sachalinensis Lévl. var. *przewalskii* (Prochanov) L. T. Lu　261

Rubus stans Focke　263

Rubus trijugus Focke　261

Rubus xanthocarpus Bureau et Franch.　263

Rumex acetosa Linn.　150

Rumex aquaticus Linn.　150

Rumex crispus Linn.　151

Rumex nepalensis Spreng.　152

Rumex patientia Linn.　151

S

Sabina convallium (Rehd. et Wils.) Cheng et W. T. Wang　061

Sabina przewalskii Kom. f. *pendula* Cheng et L. K. Fu　059

Sabina przewalskii Kom.　058

Sabina saltuaria (Rehd. et Wils.) Cheng et W. T. Wang　060

Sabina squamata (Buch.–Hamilt.) Ant.　059

Sabina tibetica Kom.　060

Sagina japonica (Sw.) Ohwi　164

Salix alfredii Gorz　133

Salix atopantha Schneid.　131

Salix cheilophila Schneid.　134

Salix ernesti Schneid. f. *glabrescens* Y. L. Chou et C. F. Fang　132

Salix flabellaris Anderss.　129

Salix heishuiensis N. Chao　128

Salix lamashanensis Hao　135

Salix luctuosa Lévl.　128

Salix oritrepha Schneid. var. *amnematchinensis* (Hao ex Fang et Skvortsov) G. Zhu　130

Salix oritrepha Schneid.　130

Salix paraplesia Schneid. f. *lanceolata* C. Wang et C. Y. Yu　127

Salix paraplesia Schneid.　127

Salix pseudospissa Gorz　131

Salix rehderiana Schneid.　133

Salix sinopurpurea C. Wang et Ch. Y. Yang　135

Salix souliei Seemen　129

Salix spathulifolia Seemen　132

Salix taoensis Gorz   134

Salsola collina Pall.   158

Salvia przewalskii Maxim.   397

Salvia roborowskii Maxim.   397

Sambucus adnata Wall. ex DC.   434

Sanguisorba alpina Bunge   279

Sanguisorba officinalis Linn.   279

Sanicula giraldii Wolff   336

Sanicula hacquetioides Franch.   335

Sanicula serrata H. Wolff   336

Saussurea acroura Cummins   500

Saussurea alata DC.   499

Saussurea arenaria Maxim.   503

Saussurea brunneopilosa Hand.–Mazz.   501

Saussurea epilobioides Maxim.   507

Saussurea globosa F. H. Chen   497

Saussurea graminea Dunn var. *ortholepis* Hand.–Mazz.   502

Saussurea hieracioides Hook.   506

Saussurea iodostegia Hance   498

Saussurea kansuensis Hand.–Mazz.   504

Saussurea katochaete Maxim.   499

Saussurea macrota Franch.   506

Saussurea medusa Maxim.   497

Saussurea minuta C. Winkl.   500

Saussurea mongolica (Franch.) Franch.   505

Saussurea nigrescens Maxim.   498

Saussurea parviflora (Poir.) DC.   507

Saussurea populifolia Hemsl.   504

Saussurea przewalskii Maxim.   503

Saussurea pseudobullockii Lipsch.   505

Saussurea pseudograminea Y. F. Wang, G. Z. Du et Y. S. Lian   501

Saussurea sobarocephala Diels   502

Saussurea stella Maxim.   496

Saussurea variiloba Ling   508

Saussurea woodiana Hemsl.   508

Saxifraga aurantiaca Franch.   236

Saxifraga cernua Linn.   231

Saxifraga congestiflora Engl. et Irmscher   232

Saxifraga contraria H. Smith   238

Saxifraga egregia Engl.   234

Saxifraga gemmigera Engl. var. *gemmuligera* (Engler) J. T. Pan et
    Gornall   235

Saxifraga giraldiana Engl.   235

Saxifraga granulifera H. Smith   230

Saxifraga hirculus Linn.   233

Saxifraga lumpuensis Engl.   231

Saxifraga melanocentra Franch.   232

Saxifraga montana H. Smith   233

Saxifraga pseudohirculus Engl.   237

Saxifraga stellariifolia Franch.   234

Saxifraga tangutica Engl.   237

Saxifraga unguiculata Engl.   236

Saxifraga unguipetala Engl.   238

Scirpus setaceus Linn.   087

Scirpus triqueter Linn.   086

Scirpus validus Vahl   086

Scorzonera austriaca Willd.   510

Scrofella chinensis Maxim.   403

Scrophularia kansuensis Batal.   401

Scutellaria rehderiana Diels   391

Scutellaria scordifolia Fisch. ex Schrank   391

Sedum aizoon Linn.   226

Sedum celatum Fröd.   225

Sedum roborowskii Maxim.   225

Sedum ulricae Fröd.   224

Selaginella nipponica Franch. et Sav.   051

Senecio argunensis Turcz.   481

Senecio diversipinnus Y. Ling   481

Senecio vulgaris Linn.   482

Serratula strangulata Iljin   496

Seseli incisodentatum K. T. Fu   345

Setaria glauca (Linn.) Beauv.   085

Setaria viridis (Linn.) Beauv.   084

Sibbaldia adpressa Bunge   274

Sibbaldia procumbens Linn. var. *aphanopetala* (Hand.–Mazz.) Yu et
    Li   273

Sibiraea angustata (Rehd.) Hand.–Mazz.   252

Sibiraea laevigata (Linn.) Maxim.   252

Silene aprica Turcz. ex Fisch. et Mey.   168

Silene conoidea Linn.   169

Silene gonosperma (Rupr.) Bocquet   167

Silene gracilicaulis C. L. Tang   166

Silene himalayensis (Rohrb.) Majumdar   167

Silene pterosperma Maxim.   *166*

Silene repens Patr.   165

Silene tatarinowii Regel   168

Sinacalia tangutica (Maxim.) B. Nord.   477

Sinojohnstonia moupinensis (Franch.) W. T. Wang   384

Sinopodophyllum hexandrum (Royle) Ying   202

Sinosenecio euosmus (Hand.–Mazz.) B. Nord.   480

Sinosenecio subrosulatus (Hand.–Mazz.) B. Nord.   479

Smilacina tubifera Batal.   102

Smilax menispermoidea A. DC.   107

Sonchus oleraceus Linn.   511

Sorbaria arborea Schneid.   253

Sorbaria kirilowii (Regel) Maxim.   254

Sorbus koehneana Schneid.   259

Sorbus rehderiana Koehne   258

Sorolepidium glaciale Christ   048

Soroseris erysimoides (Hand.–Mazz.) Shih   513

Soroseris glomerata (Decne.) Stebbins   514

Souliea vaginata (Maxim.) Franch.   172

Sphallerocarpus gracilis (Besser ex Trevir.) Koso–Pol.   337

Spiraea alpina Pall.   250

Spiraea mollifolia Rehd.   251

Spiraea mongolica Maxim.   251

Spiraea myrtilloides Rehd.　250

Spiraea rosthornii Pritz.　249

Spiraea uratensis Franch.　249

Spiranthes sinensis (Pers.) Ames　115

Stachys sieboldii Miq.　396

Stellaria graminea Linn.　161

Stellaria media (Linn.) Cyr.　161

Stellaria nemorum Linn.　160

Stellera chamaejasme Linn.　328

Stipa breviflora Griseb.　083

Stipa bungeana Trin.　083

Streptopus obtusatus Fassett　103

Swertia bifolia Batal.　378

Swertia dichotoma Linn.　379

Swertia erythrosticta Maxim.　378

Swertia franchetiana H. Smith　379

Swertia tetraptera Maxim.　380

Swida hemsleyi (Schneid. et Wanger.) Sojak　352

T

Taraxacum calanthodium Dahlst.　516

Taraxacum dissectum (Ledeb.) Ledeb.　515

Taraxacum mongolicum Hand.–Mazz.　516

Tephroseris rufa (Hand.–Mazz.) B. Nord.　480

Thalictrum alpinum Linn.　186

Thalictrum baicalense Turcz. ex Ledeb.　183

Thalictrum minus Linn.　185

Thalictrum oligandrum Maxim.　184

Thalictrum przewalskii Maxim.　184

Thalictrum rutifolium Hook. f. et Thoms.　185

Thalictrum simplex Linn. var. *brevipes* Hara　186

Thalictrum uncatum Maxim.　183

Thermopsis lanceolata R. Brown　307

Thesium refractum C. A. Mey.　142

Thladiantha dubia Bunge　449

Thlaspi arvense Linn.　215

Tiarella polyphylla D. Don　239

Tibetia himalaica (Baker) H. P. Tsui　298

Tipularia cunninghamii (King et Prain) S. C. Chen　124

Tofieldia thibetica Franch.　094

Tongoloa rockii Wolff　338

Torilis japonica (Houtt.) DC.　338

Torularia humilis (C. A. Mey.) O. E. Schulz　222

Tragopogon dubius Scopoli　510

Triglochin maritimum Linn.　064

Triglochin palustris Linn.　065

Triosteum pinnatifidum Maxim.　436

Trollius farreri Stapf　171

Trollius ranunculoides Hemsl.　172

Tulotis fuscescens (Linn.) Czer　118

Typha angustata Bory et Chaubard　064

U

Urtica cannabina Linn.　140

Urtica dioica Linn.　141

Urtica laetevirens Maxim.　140

Urtica triangularis Hand.–Mazz. subsp. *pinnatifida*(Hand.–Mazz.) C. J. Chen　139

Urtica triangularis Hand.–Mazz. subsp. *trichocarpa* C. J. Chen　139

V

Valeriana barbulata Diels　445

Valeriana hiemalis Graebner　447

Valeriana minutiflora Hand.–Mazz.　446

Valeriana officinalis Linn.　445

Valeriana tangutica Bat.　446

Veratrum nigrum Linn.　095

Veronica anagallis-aquatica Linn.　407

Veronica biloba Linn.　404

Veronica ciliata Fisch.　405

Veronica eriogyne H. Winkl.　405

Veronica filipes P. C. Tsoong　406

Veronica persica Poir.　404

Veronica rockii H. L. Li　406

Veronica vandellioides Maxim.　407

Viburnum glomeratum Maxim.　435

Viburnum mongolicum (Pall.) Rehd.　435

Vicia amoena Fisch. ex DC.　301

Vicia angustifolia Linn. ex Reichard　303

Vicia cracca Linn.　300

Vicia megalotropis Ledeb.　303

Vicia sativa Linn.　302

Vicia sepium Linn.　302

Vicia unijuga A. Braun　301

Viola biflora Linn.　327

Viola bulbosa Maxim.　326

Viola dissecta Ledeb.　326

Viola mongolica Franch.　325

Viola prionantha Bunge　325

Viola selkirkii Pursh ex Gold　324

W

Woodsia andersonii (Bedd.) Christ　043

Woodsia glabella R. Brown ex Richards.　042

Woodsia hancockii Baker　042

Woodsia macrospora C. Chr. et Maxon　043

X

Xanthopappus subacaulis C.Winkl　492

Y

Youngia pratti (Babcock) Babcock et Stebbins　512